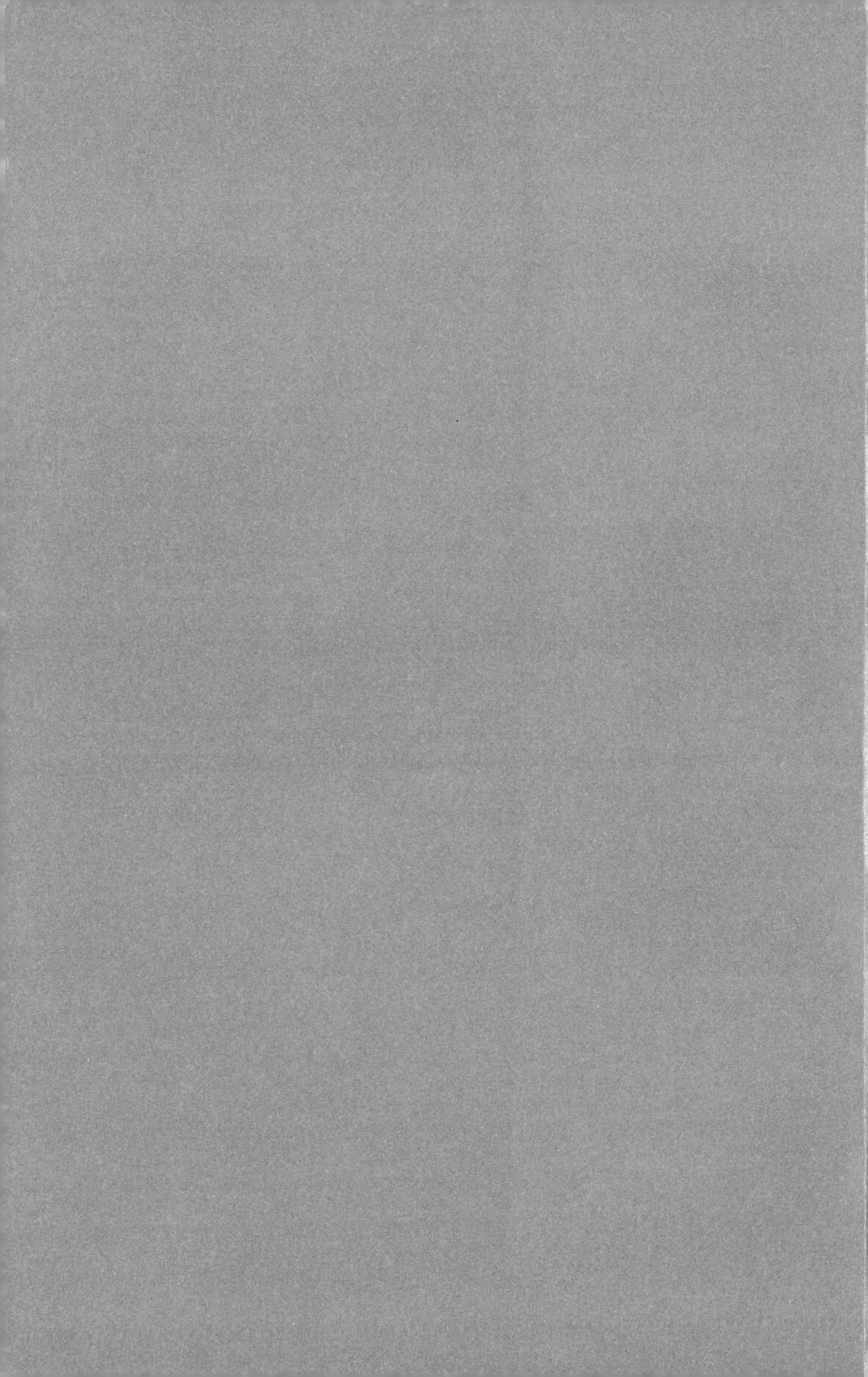

Progress

in

Research

on

Information

Science

Research Progress
of Library
and Information Science
in Digital Era

数字时代图书馆学情报学研究进展（第三辑）

情报学研究进展

主编　陆伟　查先进　姜婷婷

WUHAN UNIVERSITY PRESS
武汉大学出版社

图书在版编目(CIP)数据

情报学研究进展/陆伟,查先进,姜婷婷主编.—武汉:武汉大学出版社,2017.6

数字时代图书馆学情报学研究进展.第三辑

ISBN 978-7-307-18851-8

Ⅰ.情…　Ⅱ.①陆…　②查…　③姜…　Ⅲ.情报学—研究进展
Ⅳ.G350

中国版本图书馆 CIP 数据核字(2016)第 275201 号

责任编辑:徐胡乡　　　　责任校对:汪欣怡　　　　版式设计:韩闻锦

出版发行:**武汉大学出版社**　　(430072　武昌　珞珈山)

(电子邮件:cbs22@ whu. edu. cn 网址:www. wdp. com. cn)

印刷:武汉中远印务有限公司

开本:720×1000　　1/16　　印张:40　　字数:574 千字　　插页:3

版次:2017 年 6 月第 1 版　　　2017 年 6 月第 1 次印刷

ISBN 978-7-307-18851-8　　　定价:98.00 元

前　言

　　情报学是随着科技和经济的发展以及伴之而来的信息量急速增长而导致的信息生产与利用矛盾日益突出而涌现出来的学科。如果将 1945 年万尼瓦尔·布什(Vannevar Bush)发表在《大西洋月刊》上的《As we may think(诚若所思)》看做是情报学诞生的标志，那么，情报学已经走过了 70 年的历史。在曲折的 70 年发展历程中，情报学不断地经受着各种新的学科理念、理论、方法和技术的冲击，同时也面临着许多新的发展机遇。当代的情报学研究正是在这样的社会大环境下砥砺前行，不断发展和壮大起来的。由武汉大学信息管理学院策划的《情报学研究进展》共收录 15 篇论文，这些论文大部分是综述或述评，有的放眼国际视野，有的立足国内本土，内容涉及当代情报学研究的现状、热点和前沿领域，由武汉大学信息管理学院从事情报学研究的专家撰写。

　　图书馆知识社区构建与社区服务组织是一个值得关注的重要课题，在社会网络环境下社区服务存在着内容深化和服务拓展问题。胡昌平、曹鹏、万华和陈果撰写的《图书馆知识社区服务理论与实践发展》从社区知识交互与面向用户认知需求的知识聚合和服务组织出发，围绕图书馆网络知识社区构建与社区平台支撑服务、面向图书馆社区用户交互需求的知识分享服务和基于图书馆社区领域概念关联的知识聚合服务，在研究与实践回顾的基础上，进行了该领域的研究和展望。

　　竞争情报已经成为企业取得核心竞争力的关键手段。李纲、才世杰和杜智涛撰写的《大数据环境下企业竞争情报研究》，运用共词分析方法建立国内外大数据环境下企业竞争情报的相关研究的关键词共词矩阵及其相关矩阵、相异矩阵；通过聚类分析和多维尺度分析，将国内外大数据环境下的企业竞争情报分别划分为七个类团和八个类团；运用战略坐标分析方法，分析各类团研究的成熟度与向心度；运用社会网络分析方法，绘制国内外大数据环境下企业竞争情报研究的知识网络。

随着互联网和信息技术的快速发展与普及，信息质量良莠不齐的现象日益严重。查先进和杨海娟撰写的《国外信息质量研究现状及进展》首先对 SSCI 数据库所收录的 798 篇有关信息质量的论文进行统计，对其发表年代、文献类型、来源期刊、国家与机构分布、研究领域、论文作者及合作情况分布、被引频次、ESI 高水平论文分布等现状进行统计和分析。然后结合关键词频次和相关论文的内容，对研究热点和进展进行分析，旨在对国外信息质量研究的发展状况进行概要性总结，为进一步研究提供参考。

结构化信息的增长和语义网的发展促进了传统文本检索逐步向面向语义网的实体检索发展。陆伟和武川撰写的《实体检索研究综述》首先对实体检索的主要研究问题进行系统的梳理。在此基础上，将传统的实体检索研究与基于语义网的新兴实体检索相联系，介绍语义网背景下实体检索研究的变化，并对现有的面向语义网的实体检索方法进行总结。最后，详细描述现有的实体检索评测方法、指标和所用的数据集。

社会化媒体是一种在线交互媒体，具有广泛的用户参与性。唐晓波和傅维刚撰写的《社会化媒体知识组织与服务研究综述》首先提出了社会化媒体知识组织与服务研究框架，然后基于此框架的逻辑顺序依次介绍并分析了社会化媒体类型及其知识属性、社会化媒体知识发现的主要技术和语义分析的主要方法、基于社会化媒体的知识服务内容。

数据密集型科学促进了数据监护的产生，数据监护服务则提升了数据的再利用价值。邓仲华和宋秀芬撰写的《英美数据监护研究》探讨了数据监护的理论基础，综合分析了英美数据监护的研究现状，评述了监护活动、基础设施与监护机构的研究主题，全面总结了未来数据监护研究的挑战与机会，为国内学者研究其领域提供参考与借鉴。

Web2.0 技术的进步和发展引发了计量学领域的发展和革命，补充计量学应运而生。赵蓉英和吴胜男撰写的《Web 2.0 环境下计量学的新发展——补充计量学》回顾了补充计量学的产生和发展历程，剖析了补充计量学的内涵和外延，探讨了补充计量学的研究对象和特点，明确了其研究范围和学科界限。

随着社交网络时代的到来，基于用户知识贡献形成的社交问答社区服务已成为人们日常寻求问题解答、满足自身信息需求的一种重要途径。邓胜利和杨丽娜撰写的《社交问答用户行为、服务及信息内容的研究进展》从用户行为、服务以及信息内容三方面对社交问答平台的研究进展进行了全面梳理，为社交问答的发展研究指明了方向。

随着互联网的发展，图像信息在网络应用中的地位日趋重要。陆泉和汪艾莉撰写的《图像语义与图像用户行为研究述评》系统梳理了图像语义与图像用户行为领域的研究进展，并提出了对图像语义与图像用户行为进行系统研究、以图像语义层次理论为二者联系纽带、以社会图像标注与检索为切入点等研究建议。

大数据时代科学发现范式变革深刻地影响着科研组织和活动模式。代君和郭世新撰写的《基于信息视域的跨学科协同信息行为研究》从基于信息视域的信息行为理论框架与分析方法、协同信息行为理论、跨学科个人信息行为及跨学科协同信息行为四个方面对国内外相关研究进展进行梳理，有助于国内学者找出进一步研究的方向。

网络技术的迅猛发展改变了用户信息交流和信息共享的模式。宋恩梅和苏环撰写的《网络百科用户协作行为研究综述》总结了网络百科用户协作行为模式，从协作程度指标和协作关系网络构建两个方面归纳了目前对网络百科用户协作行为定量化研究的方法，并对网络百科用户协作行为与词条质量之间关系的相关研究进行了梳理，提出今后研究可以拓展和深化的方向。

搜索日志记录了用户与搜索系统的交互情况，是目前研究网络搜索行为的重要数据来源之一。姜婷婷撰写的《国外搜索日志分析研究述评》以国外出版物上发表的搜索日志分析研究文献为对象，对搜索日志分析的方法论以及相关实证研究进展进行了梳理与分析，提出在日志文件可获得的前提下，搜索日志分析研究未来可以考虑移动搜索、社会搜索、探寻式搜索等发展方向。

信息安全已经成为当今世界的一个重要问题，越来越多的企业开始实施一系列信息安全政策以预防因信息泄露带来的潜在风险。孙永强撰写的《信息安全行为研究：文献综述与整合模型》对信息安全政策的以往文献进行了系统综述，对阐述信息安全政策遵循行为的相关理论与影响因素进行了梳理，并提出了一个整合模型以指明未来的研究方向。

科研机构是国家科技创新与学术交流的主体。安璐撰写的《科研机构研究领域的可视化挖掘综述》全面回顾了国内外科研机构的主题分析、新兴与热点主题及其探测方法与实践、信息可视化及其在科研机构研究领域挖掘中的应用，指出目前研究的不足及未来的研究方向。

主题建模对于把握文本中的内容、了解用户兴趣、进行商品推荐等意义重大。李旭晖、朱佳晖和彭敏撰写的《基于 LDA 的文本主题建模研究综述》围绕主题建模中的大数据环境、实时性需求、短文本处理、相关性挖掘和语义性强化的挑战，重点介绍了时空主题建模、语义主题建模和分布式主题建模。

上述论文涵盖情报学理论、方法、应用等方面，体现了武汉大学国家级重点学科情报学学科点专家在该领域的最新研究成果，同时也在一定程度上揭示了近年来国际视野中情报学研究的现状、问题、热点和趋势，具有较强的学术性和前瞻性。

本书内容新颖、综述性强、深浅适中，可供高等学校情报学、信息管理与信息系统、图书情报、信息资源管理等专业作教学参考书。对于从事情报学研究的广大理论工作者和实际工作者，本书也具有一定的参考价值。我们希望借助本书搭建一个作者与读者心灵沟通的平台，从这些研究成果中进一步凝练思想，推动情报学研究的创新和发展。需要指出的是，本书的选题在一定程度上兼顾了各位作者当前的研究兴趣，因此在选题的典型性和代表性方面难免存在一些不足。同时，由于时间仓促，加之水平有限，本书难免存在疏漏甚至错误之处，望各位读者不吝指正。

查先进

2016 年 5 月于珞珈山

目　　录

1

图书馆知识社区服务理论与实践发展

胡昌平　曹　鹏　万　华　陈　果

(武汉大学信息资源研究中心)

[摘　要]图书馆知识社区构建与社区服务组织是一个值得关注的重要课题，在社会网络环境下社区服务存在着内容深化和服务拓展的问题。围绕这一问题的解决，国内外学界针对理论研究滞后于实践发展的现实，进行了全方位探索。本文从社区知识交互和面向用户认知需求的知识聚合和服务组织出发，围绕图书馆网络知识社区构建与社区平台支撑服务、面向图书馆社区用户交互需求的知识分享服务和基于图书馆社区领域概念关联的知识聚合服务，在研究与实践回顾基础上，进行了该领域的研究发和展望。

[关键词]知识社区　知识交互　知识聚合服务

A Theoretical and Practical Summary of Library Knowledge Community

Hu Changping　Cao Peng　Wan Hua　Chen Guo

(Center for Studies of Information Resowrces, Wuhan Universityy)

[**Abstract**] Installation of library knowledge community and organization of community service are important subjects of concern. In the context of social networks, there are problems about deepening of the content and expansion of services. Around these problems solving, researchers at home and abroad carried out comprehensive exploration against the reality that theoretical research lagging behind practice. This

1

paper, started from community knowledge interaction, knowledge aggregation and service organization based on cognitive needs of users, discussed the research and prospects of this field on the basis of the existing studies and practices in these aspects, such as the installation of library online knowledge community and support services for online community platform, knowledge-sharing services based on the need of library community users interaction and knowledge aggregation services in network community based on domain conceptual relations.

[**Keywords**] knowledge community　knowledge interaction knowledge aggregation service

社会网络环境下，图书馆知识社区（library knowledge community，LKC)构建和面向用户的服务拓展，已成为国内外关注的重要问题。在图书馆知识服务推进中，由于知识社区构建与平台支持、社区用户知识交流与交互共享以及基于用户认知关系的知识聚合服务的开展，是各类图书馆社区服务面临的共同问题，其理论研究和实践发展直接关系到图书馆社会化服务的拓展和用户知识交互的实现。基于这一认识，以下从三个方面出发对图书馆知识社区服务理论和实践发展中的前沿进展进行梳理，以此为基础展示该领域的发展趋势。

1　图书馆知识社区构建与社区平台支撑服务

图书馆知识社区是一种重要的网络知识社区，除具有虚拟知识社区所共有的开放式知识交流与基于网络节点的知识交互传播和内容分享功能外，图书馆知识资源网络与用户社区网络的融合，以及面向用户认知的知识聚合和服务嵌入，从整体上适应了图书馆用户知识获取与利用的需求，体现了知识交互服务的深化与拓展。

从服务组织流程看，构建用户知识社区，进行平台支持，是任何图书馆都不可能回避的问题。对于这一问题，国内外从知识社区概念模型、知识社区网络结构和平台支持层面进行了研究和探索，从而形成了图书馆知识社区服务的构建和平台支持规范。与此同时，按需求引动和技术驱动的客观规律，展示了未来的发展前景。

1.1 图书馆知识社区的形成机制与社区活动组织

图书馆知识社区形成的动力机制表现为用户需求引动与外部环境驱动。图书馆知识社区的形成往往出于部分用户对某一主题的共同兴趣和相似的知识获取与交流需求，这种由用户需求引发的利用图书馆网络平台所进行的知识交互活动即为图书馆知识社区活动。在社区活动中，图书馆提供服务，社区所聚集的用户群体开展学习、交流和创新活动[1]。

从图书馆社区活动上看，知识社区是一群人通过社会网络，围绕共同目的，就共同主题内容互相连接，进行会话，以达到知识交互获取和知识分享的目标。

从社区构建上看，图书馆知识社区结构是一种基于社会网络的更高层次的虚拟信息交互空间结构，它将人、信息、设施等因素组合在一起，通过合作方式完成各项工作。

从图书馆知识社区的发展历程来看，BBS 是图书馆社区最早采用的交互工具，它的作用相当于电子意见箱。社会网络支持工具和技术的发展，促进了图书馆知识社区的形成和发展。目前的图书馆知识社区包括以学习为主的"读书社区"、以学术探讨为主的"学术社区"、以信息交互为主的"百科知识社区"等。

图书馆知识社区为用户创造了一个开放的生态式的学习和知识交流环境，社区构建由图书馆担任策划者的角色，具有共同目标需求的用户则构成了一个交互的、协作的知识团体，社区成员之间以网络为平台进行沟通交流，通过共享信息和知识促进自身的社会发展。可见，知识社区服务是一种新的图书馆服务组织形态，它为用户学习兴趣和需求所驱动。其本质是以人为本的系统，通过用户之间的互动和协作来释放人的潜能，通过提供明确的目标和协作工具来实现知识的价值化，其社区服务具有开放、合作、交互和聚合等特征。

"社区"概念是德国社会科学家滕尼斯 1887 年在《社区与社会》一书中最早提出的。一个社区应该包括一定数量的人口、一定范围的地域、一定规模的设施、一定特征的文化、一定类型的组织，即"聚居在一定地域范围内的人们所组成的社会生活共同体"。在知识社区研究中，国外学者通常从多维应用角度，将包括图书馆社区在内的知识社区与知识管理、社会网络和组织学习等问题结合起来，强调知识社区在组织知识共享中所起到的重要作用。Allen 最早从社会网络视角出发，将知识社区界定为由职业同行或共同兴趣者相互关联构成的社会网络社区[2]。Granovetter 则从知识社区演化的角度，将知识网络分为两类，一类是自然形成的，另一类是人为构建的，同时指出无论哪种网络社区，其参与者都需要付出一定努力以形成"共有心智"[3]。Sharda R 等认为目前日益发达的计算机通信网络仍然不能有效解决组织中信息的有效传递问题，因而提出"知识社区"共享服务解决方案[4]。Buchel 和 Raub 在实证研究后指出，知识社区从广义上是指一种知识交互者实现知识在个人、团体、组织和组织间创造与传递的社会网络社区[5]。Smith 和 Powell 在探讨波士顿生物技术行业的知识溢出效应时发现，不仅地理邻近能够带来知识溢出效应，在具有多元交互特征的社区联盟中，也会因为公共机构的存在和社区成员的交流带来知识溢出效应[6]。

Mohanetal 认为知识社区是一种具有知识交流跨体系特征的社会化知识共享体，它关注的焦点是知识与知识之间的交互作用[7]。Giuliani 认为知识社区是转移创新知识的社区，是由共同解决问题、需求主体间合作而形成的社区网络[8]。此后，Davenport, Anne, Huggins 和 Johnston, Stefan 等围绕着地理邻近和跨区域连通的社区组织问题阐释了知识社区的开放度结构[9]。

对于我国图书馆知识社区服务，刘植惠提出，可以依靠成熟的技术进行知识网络构建，从而为大众提供最新的知识服务[10]。李丹等认为，知识社区是一种社会化组织网络，是由于网络用户之间因知识合作与知识交互需求而形成的关系社区，其中，基于知识链的知识分享是构成社区服务的基点。孙锐将知识社区界定为知识工作者在执行创新任务时，通过调用社会化知识链上的知识，而在知识团队外围形成的领域知识链网络。

对于图书馆社区，赵蓉英等认为，数字图书馆网络化知识社区是知识信息数字化的产物，指出数字图书馆功能的进化和概念的泛化催生了知识网络。黄晓斌和夏明春认为，数字图书馆知识社区是指从数字信息资源中提取知识元，以这些知识元之间的各种关联为基础，利用知识组织系统组织数字资源的网状知识体系，而数字信息资源是知识网络的基础和关联对象。

1.2 基于小世界模型的图书馆知识社区网络平台架构

图书馆知识社区具有小众化的组织特点，知识社区在网络环境中形成，从知识社区服务组织上看需要在开放网络平台中进行面向小众主体的服务构架。因而，"小世界"理论的拓展应用具有重要现实意义。对此，国内外学者予以了充分关注。在诸多研究中，具有代表性的理论成果包括 WS 小世界网络模型、NW 小世界网络模型、Monasson 小世界网络模型以及其他演化模型（包括 BW 小世界网络模型等）[5][11]。其中，Watts 和 Strogatz 开创性地提出了"小世界网络"并给出了 WS 小世界网络模型；随后 Newman 和 Watts 对 WS 小世界网络模型进行改造，提出了 NW 小世界网络模型。至此，WS 和 NW 小世界网络模型被认为是最为经典的小世界网络模型[12]。

1998 年，Watts 和 Strogatz 提出了小世界网络概念，随后建立了相应的模型。从知识社区的形成机制上看，图书馆知识社区网络具有小世界特性和网络聚类特性，社区交互具有典型的小世界效应。据此认为，Watts 和 Strogatz 建立的 WS 小世界网络模型可以展示图书馆知识社区的真实网络[13]。WS 小世界网络模型从规则图开始，考虑到一个含有 N 个节点的最近邻耦合网络，它们形成一个环，其中每个节点都与它左右相邻的各 $k/2$ 个节点相连，其中 k 为节点数。如以概率 p 随机连接网络中的每个边，即将边的一个端点保持不变，而另一个端点则为网络中随机选择的一个节点，由此规定任意两个不同节点之间的连接。在 WS 小世界网络模型中，这种基本的网络关联关系决定了图书馆知识社区的构成和面向社区用户的知识社区网络平台构架。

在国内所进行的研究中，姜永常强调 Web2.0 的信息自交互功能，认为功能拓展促进了知识社区网络服务的变化，因此可以建立融合泛在知识空间的图书馆网络平台[14]。曾建勋在知识网络构架中进行了知识关联与知识链接研究，指出序列化或结构化的知识集合是构成知识网络的资源基础。这些知识网络模型，可应用于图书馆知识社区的知识关联组织和知识聚合平台服务体系的架构。陈雪飞等指出，领域知识社区可以根据知识单元和知识关系的不同，以时间、网络类型和层次为维度建立知识社区网络平台，同时从不同水平的知识单元和知识关系出发构建知识社区服务体系。

国内外研究表明，知识社区具有网络化特征，知识社区用户和服务人员通过任务和技术相互联结，形成图书馆知识社区的内部网络，同时实现与外部网络的知识交换关系。

综合基于小世界网络的图书馆知识社区平台架构，可以按不同的知识交互与网络构成进行建设，其基本构架可以分为图 1 所示的类型。

如图 1 所示，根据知识网络的闭合性，图书馆知识社区网络平台结构可按类进行建设：内部网络闭合性较低，外部网络闭合性较

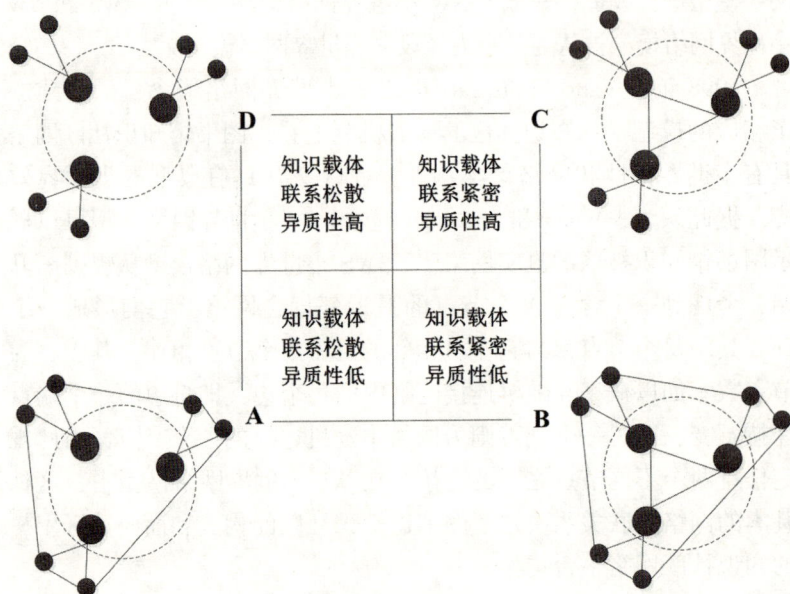

图 1　知识社区网络结构图

6

高；内部网络闭合性较高，外部网络闭合性较高；内部网络闭合性较高，外部网络闭合性较低；内部网络闭合性较低，外部网络闭合性较低。网络交互平台建设模式取决于图书馆知识社区小世界网络结构和具体的环境及目标。

1.3 开放平台环境下图书馆社区的知识关联与服务组织

从图书馆知识社区组织结构和技术支持出发，构建基于开放技术平台的图书馆知识社区服务体系是可行的，其通用方式是利用已有的第三方支撑平台实现图书馆知识社区服务功能。

开放平台技术是指在社会网络环境下，社交软件系统通过公开其应用程序接口（API）或函数（function），使外部程序可以增加该软件系统的功能或使用该软件系统的资源，而不需要更改该软件系统的源代码。这说明，开放平台环境对图书馆知识社区服务提供了可供选择的多种途径和方式，从而使服务具有灵活性。在知识社区服务架构中，社区知识关联是服务组织的前提，这是因为只有具有相关性的知识才能为图书馆社区用户所接受。围绕知识社区的知识关联，以及基于知识关联和服务组织问题，学术界和图书馆进行了多方的探索和实践。

Yang，Ross 和 Kim 针对图书馆学习社区活动进行了关联服务研究，他们通过基于 Web 学习内容的关联知识单元抽取和主题分类，构建具有学习反馈功能的知识社区[15]。Sun 等从知识创新动态化出发，构建了一种知识单元概念关联模型，从而实现了知识单元的传输[16]。

知识点是信息传递的基本关联单元，知识点之间不是孤立存在的，而是相互关联的，因而通过知识点之间的知识关联构建概念图可以展现知识社区结构。国外知识关联的研究主要集中在其应用上，Ruiz 指出，知识概念图应该具有层次性、标注性和关联性，表明层次的子单元之间的关系可以利用层次结构来揭示概念之间的关联[17]。Berners 在 TED 大会上提出网络知识关联服务问题，他认为"关联数据"同万维网的发明一样，都是一场巨大的变革，由此提出了关联数据的组织原则，即通过 URI 对资源进行标识，使用

HTTP 定位这些资源对象，提供更多的 URI 链接，发掘与 URI 对象相关的资源[18]。Bradley 等分析了图书馆知识社区服务如何利用知识关联来实现信息共享问题，讨论了图书馆运用关联数据链接各地馆藏资源的措施[19]。Afshin 和 Fallah 等从记录知识关联数据的概率不确定性对数据统计分析的影响入手，利用贝叶斯方法来分析知识关联关系[20]。

Contractor 和 Monge 提出，知识社区的服务应为用户知识查找提供网络空间活动的指引，而基于用户认知的知识社区链接机制则为其中的关键[21]。张晓林对知识服务的模式进行了描述，提出了包括基于分析和基于内容的服务模式，其研究展示了图书馆社区的知识关联关系[22]。李桂华等借鉴了企业化的运营方式，提出图书馆结构化服务模式的实现和基于关联关系的服务组织问题[23]。靳红和罗彩冬等人总结提出高校图书馆门户网站式服务模式和知识库服务模式改进问题[24]。陈红梅从系统内容和结构角度对社区智能知识服务系统进行了分析，在此基础上设计了基于知识服务系统的知识服务网络模式[25]。段和平则概括出专业化服务模式、创新服务平台模式、全过程服务模式和数字资源整合服务模式[26]。

在关联服务体系构建研究中，刘江认为知识社区应关注知识网络管理、知识社区内容以及知识社区平台等构建要素关系[27]。马德辉等认为知识社区网络的基本构成要素应该包括知识社区网络的主体(用户)、知识社区网络的客体(知识)、知识社区网络的骨架(社会网络)和知识社区网络发生作用的环境等四个部分，由此进行知识关联服务架构[28]。

肖冬平从知识嵌入的视角，探讨了图书馆社区知识网络的形成，认为促成知识网络形成的原因是多方面的，其基点是知识的交互关联关系，这也是开展社区服务的依据[29]。毕强分析得出，数字图书馆的知识组织系统功能结构一直决定着知识组织和知识服务的深度及应用广度。他认为从 Web 信息网络向语义 Web 知识网络的渐进与渐变昭示了数字图书馆知识组织的未来发展。从知识社区服务上看，这是一个值得关注的重要问题[30]。

2 面向图书馆社区用户的知识分享服务

图书馆社区吸引了大量用户沟通交流、分享感悟，从而促进了新知识的产生、传播与利用。对社区用户知识共享行为的研究和面向用户的知识分享服务的组织探索，是图书馆知识社区服务组织中的又一关键问题。由于这一问题的普遍性，国内外学者同步推进了研究、实践课题的深化。

2.1 知识社区用户交互中的分享需求与行为分析

国内外学者将社会学、心理学和系统理论应用于虚拟社区的研究中，从不同的角度分析了虚拟社区的知识共享行为。

Wasko 和 Faraj 基于社会资本理论对社会网络中知识贡献的影响因素进行了分析，结果表明个人动机、网络使用经验和结构对社会网络中的知识分享构成影响[31]。Chang 和 Chuang 等在 Wasko 和 Faraj 研究的基础上，将用户的社区参与程度作为调节变量加以考虑，得出有普遍意义的研究结论[32]。Kankanhalli 和 Chiu，Hsu 等研究了用户在虚拟社区的知识分享数量和知识分享质量，发现社区关系、信任和互惠规范是其中的关键[33]。Zhao 基于社会资本理论，研究了虚拟社区归属感对用户知识共享意愿的影响，从社会资本的三个维度选取了变量，通过影响归属感，分析影响用户利用虚拟社区分享和获取知识的行为[34]。

Wang 和 Lai 从个人动机因素和能力因素的角度考察研究用户虚拟社区的知识共享行为，认为用户的行为受动机驱动，但具体行为的产生则受到个人能力的制约[35]。Ye 从被共享的知识、用户个人和共享环境三个方面分析了促使用户产生知识共享意愿的驱动因素，建立了基于自我概念的动机模型(self-concept-based motivation model)，研究结果表明自我效能和自我形象是影响用户知识贡献意愿的最显著因素[36]。Yang 和 Lai 研究了维基百科内容贡献者的知识共享动机，从基于自我的动机影响出发，对用户在维基百科知识共享意愿进行了研究，发现内在动机是用户在百科中进行知识共享的主要原因[37]。

徐小龙和王方华基于社会交换理论，将虚拟社区的知识共享行为看作一种社会交换行为，由此从社会交换的角度出发，分析了用户信任、信息技术、知识主体和社区文化等四方面因素对知识分享行为的影响，建立了虚拟社区知识分享机制模型[38]。Lin 在研究知识虚拟社区中的知识分享时，将情境因素作为根本的影响因素对待，认为情景因素通过影响个人知识分享感知，进而影响知识分享行为[39]。Fang 研究了虚拟社区用户自发的持续性知识分享行为的影响因素，验证了公平对信任的影响，而信任可以导致利他主义和自觉的产生，从而影响用户的知识分享行为[40]。另外，Chiu 基于期望失验理论对虚拟社区用户持续性知识共享的影响因素进行了研究和规律揭示[41]。

周涛和鲁耀斌[42]分析了用户参与移动社区行为的影响因素，将用户的参与行为分为信息获取和信息提供行为，结果表明共同愿景、信任和认同对用户的参与分享行为有显著正向影响。成全等从三个不同维度探讨了网络社区用户知识分享水平的提高问题，包括通过信息技术提高网络社区用户间的互动水平激发用户的学习动力，提高社区内的知识转化水平，通过完善激励机制提高成员间的交流与协作水平，培养群体意识以提高协作水平等四个方面[43]。张萧和周年喜[44]在借鉴国外研究方法的同时，将动机和社会作为影响因素在虚拟社区中进行验证，以此构建了理论模型。刘蕤等基于社会认知理论，从个体心理维度和社会文化维度，对中国文化情景下虚拟社区知识共享的影响因素进行验证性研究[45]。研究结果表明自我效能、个人结果预期均与虚拟社区知识共享意愿正向相关，他们依照实证研究结果，提出了促进虚拟社区知识共享的激励机制。

2.2　基于用户认知的知识交互分享服务推进

社会认知理论由 Bandura 等提出，在验证个体认知行为方面取得了很好的效果，并被广泛应用。社会认知理论强调社会环境和个体思维认知是影响个体行为的两大关键因素，其中个体的思维认知

10

水平由自我效能体现，而自我效能是个体基于以往经验对自己是否能够完成某一行为的主观认识，其认知最终影响个体的思维意识活动和行为动机水平[46]。国内外许多学者围绕这一理论展开研究，如：Kankanhalli 等在研究知识库中个体的知识共享行为时发现，自我效能显著影响用户的知识分享认知[47]；廖成林等研究发现，自我效能对组织内知识共享行为有直接影响[48]；尚永辉等研究了社区氛围、自我效能和结果预期与知识分享行为的关系，发现社区氛围和自我效能均对知识共享行为有明显的正向相关关系[49]。

图书馆知识社区中的用户知识分享行为可视为一种社会交换分享行为，社区用户在知识分享之前，会对知识分享结果给出预期，他们强调在与其他成员交流分享知识后，自己能够得到的相应回报。

社会交换理论中，信任是影响社会交换发生的一个重要的因素，反过来同样受社会交换过程的影响[50]。由于信任在社会交换行为中的重要作用，很多学者把信任视为影响用户知识分享行为的一个重要因素，将其纳入研究模型，以验证信任的重要作用。在虚拟社区的知识分享过程中，知识贡献者将自己的知识发布到虚拟社区，知识收集者则学习利用其中的知识，两者之间的信任影响相互的知识分享行为。首先，知识贡献者在发布知识时，可能会出于知识被其他用户掌握和利用，使自己丧失某些优势的担心，而不愿意将知识贡献出来；而知识收集用户对知识贡献用户的信任则会影响其对分享的知识的真实性和可靠性的判断，从而影响知识收集行为。知识分享用户间的信任有利于促进成员之间的交流互动，建立和谐、开放共享的社区氛围。成员间信任程度越高，共享行为的阻力就越小，知识共享行为更容易发生。因此，信任对虚拟知识社区用户间的知识共享具有重要作用。

社会交换理论中，互惠是用户间进行知识交换的另一重要前提。从经济学的角度考虑，交换是为了使双方各取所需，共同获得收益。知识是一种特殊的资源，并不会因为交换而失去，相反，交换双方通过知识分享，可以增长自己的知识，获得收益。然而，这种交换必须建立在互惠的基础上，如果一方贡献出自己的知识，却没有得到回报，这种行为就不会进行下去。事实上，人们总是习惯于以他人过去对待自己的方式去对待别人，因此，互惠规范的建立在于使社区用户彼此向对方贡献知识，在知识交换与分享的过程中共同获益，因而进一步强化这种知识共享行为。有研究表明，知识分享者可能担忧知识分享会使自己丧失优势，因而不愿意分享某些核心知识，如发明专利，发明者可以从独享知识中获得巨大收益，而共享知识则会使这种收益受损，因此也就不愿意共享知识。

在基于用户的知识社区知识分享服务中，存在着用户认知基础上的分享知识内容的接受问题[51]。Davis 应用理性行为理论研究用户对信息系统接受时提出了技术接受模型。模型中有两个关键因素，即感知有用性和感知易用性。盛振中在研究商务虚拟社区知识分享行为中引入了技术接受模型，分析了感知有用性和感知易用性对网商虚拟社区知识共享行为的影响[52]。陈明红将感知易用性和感知有用性应用于学术虚拟社区的持续性知识共享意愿的研究模型中，发现感知易用性和感知有用性对用户知识共享满意度有显著影响关系，得出满意度是影响用户持续性知识共享意愿的关键因素的结论[53]。

在知识社区知识分享服务的组织中，国外比较注重于基于知识社区的知识链接和社区用户交互知识的分享组织。对于基于交互知识的分享服务，Cross R 等认为，知识社区对组织知识创造与分享具有支持作用，通过人与人的相互联结，每个人都能够清楚地了解"谁知道什么"等重要信息，从而有助于在必要时高效地获得所需的知识[54]。Drusan 等人基于马斯洛的"需求层次理论"，提出了"知识分享层次理论"，在此基础上构建了"知识组织层次模型"，由此决定分享服务组织架构[55]。Jones P M 认为组织中人与人之间的关系同样存在于网络社区知识分享组织之中，认为分享社会网络有助于组织中知识的创造与传递，从而对以提高组织整体绩效为目的的组织学习与知识管理起到良好的支撑作用[56]。Groth K 则探讨了社区模式对知识管理与知识主体之间相互合作的支持。

国内关于图书馆知识社区分享服务的研究注重于知识内容的描述和面向用户的"虚拟"分享提供。在图书馆知识社区分享服务的构建研究中，刘江认为知识社区构建与分享服务的组织应考虑用户动机、社区组织、分享机制、网络管理以及知识社区平台构建等要素[29]。马德辉等还提出了知识社区网络内紧外松的三层构建模式（核心层、中间层和外围层），以及基于三层架构的知识分享方式[30]。

国内外关于社区知识分享和社区知识交互服务进行了多层面研究，然而在服务实现中存在着分享需求识别和分享知识管理问题。这些方面的问题有待今后进一步研究。

3 基于图书馆社区领域概念关联的知识聚合服务

图书馆知识社区存在着活动领域的区别，其社区构建和服务组织由社区用户的活动领域所决定，即活动领域与社区主题领域具有一致性[57]。事实上，目前应用的各种典型知识组织体系均以概念及其关联为基础元素，面向特定领域的概念关联体系构建因而成为知识社区组织实现的重要前提。社会化网络环境下，图书馆知识社区可资利用的网络资源大量累积，新的知识资源迅速增长，因此基于海量资源挖掘与发现的领域概念关联和基于概念关联的社区知识聚合便成为推进图书馆知识社区服务的又一关键。

3.1 社区领域概念提取研究与实现

在对社区关联资源进行知识挖掘时，从中识别归属于特定领域的概念单元是一项基本工作。早在 1989 年，Güntzer 等人设计的 TEGEN 系统中，从用户检索日志中抽取检索词，以此作为主题词表的来源术语[58]。基于此，闫兴龙等人在面向用户的服务组织中，探讨了从用户查询日志中提取领域术语的效果，发现查询日志语料库可带来极高的成词率，但领域术语出现率较低，从而需要优化领域标注[59]。Hayman 等认为应促进用户参与到网络社区活动的一个重要问题是，从用户标签中动态抽取新词，以补充更新受控词表[60]。另外，用户标签（tag）也可作为领域术语获取的原始数据，李鹏等人通过对 tag 数据统计进行分析以辅助网页中的主题词抽取[61]。百科系统以术语为基本元素进行知识组织使之成为领域术语抽取的重要来源。Nakayama 等人在对 Wiki 进行挖掘的基础上抽取领域术语以构建相应的主题词表[62]。另外，唐晓波和胡华提出了一种基于语言学的细粒度词抽取方法，采用统计过滤组成概念，实现从中文 WIKI 中抽取本体概念的目标[63]。以上研究可用于图书馆知识社区领域的概念挖掘和基于领域概念的知识聚合。

此外，从已有的文本语料库中提取领域概念术语是最为常见的做法[64]。相应的方法包括基于规则的方法、基于统计的方法、基于语言学的方法和基于混合策略的方法[65]。其中，术语识别流程涉及短语划分、术语领域度判别等一系列操作。相关研究表明，数字图书馆社区知识领域概念的表征在于，综合了领域术语在领域内外出现的概率，根据同一领域内的概念分布和基于术语的领域概念关系进行概念聚合以及基于领域概念聚合的知识结构描述。

社区活动领域概念的关联提取，除了从已有知识社区概念关联体系中进行外，主要通过对已有资源内容进行挖掘。其中，从数据库、社区网络系统中获取概念术语间关联是一种可行的方法。在相关研究中，Suchanek 等人从维基百科中抽取了 10 万个概念术语和 50 万对语义关系，在此基础上构建了一个较为全面的语义系统，称为 YAGO[66]。DBPedia 项目从维基百科中自动抽取海量结构化数据，包括 11 万多个分类概念、65 万个实例概念以及 8000 对明确的语义关系[67]。另外一种思路是从文本数据中抽取概念关联，包括基于规则的方法和基于统计的方法。Berland 和 Kozareva 等人通过人工构建相应的词语规则发现概念关系[68][69]；Girju 等人利用构造规则模板，通过概念扩展自动添加更多规则，以获取更多概念关联关系[70]。韩红旗等人以科技论文文本为数据源，进行基于词语匹配的关系抽取，继而按术语的类属关系和整体部分关系进行概念关联[71]。基于规则匹配的术语关系抽取方法虽然有较高的准确性，但其覆盖率较低[72]。基于统计的概念关系提取方法能够扩大关系提取的覆盖面，但其准确率较低。从应用角度看，相应的方法包括基于上下文的术语关系提取、基于共现关系统计的术语关系提取、基于句法依存关系的术语关系提取等[73][74]。这些方法在图书馆知识社区中的应用存在着深化和扩展问题，由此提出结构化的社区领域概念组织实现课题。在知识深化服务的背景下，图书馆知识社区服务必然凭借领域概念关联进行基于聚合的服务内容深化。

3.2 基于领域概念关系的知识关联组织

图书馆社区知识组织的重要前提是针对资源内容的知识单元揭示和知识关联发现进行的，因此从概念关联层面组织资源是知识组织的关键。领域知识在用户知识利用和资源组织中均起着重要作用，以领域概念关联为前提可优化社区知识组织体系。

滕广青等人在总结知识组织体系研究的基础上指出，数字时代知识组织的主要问题已由排序和归属转变为知识关联和知识链接的构建[75]。目前，用户知识交互内容的组织对象已从文献单元深入到知识单元[76]。王知津等人指出，知识组织所研究的最小单元是概念及其术语表达[77]。因此，图书馆社区从概念关联的角度构建知识组织方案是必要的，以概念关联为基础的语义技术的发展极大地促进了知识组织的理论深化[78]。

在基于知识社区活动的知识产生、交流和利用过程描述中，兰卡斯特曾强调，知识内容的标注和利用需要结合用户群体的特征[79]。因而，知识社区服务者有必要按所属领域的用户群体进行知识聚类和基于聚类的内容推送。立足于特定知识领域来审视知识社区信息活动作为一种新的知识分析视角，由丹麦学者 Hjørland 等人提出，其中的"领域知识分析范式"已成为一种值得关注的范式[80]。王琳等人围绕其代表学说，针对领域知识分析范式作了应用阐述[81]。目前，领域知识分析的典型方法已引起国内外广泛关注[82]。

实践研究表明，领域特征对于用户信息搜索、知识利用具有必然的影响。Vakkari 等人指出，用户所具备的与其需求相关的领域背景知识会影响到表达和选择[83]。Hsieh 等人发现，用户领域知识的匮乏会导致其检索词选择效率降低以及在后续检索词重新调整过程中更多错误的出现，而全面掌握领域知识的用户会使用更为多样化的方式来表达其需求[84]。Wildemuth 等人则从知识交互角度研究了领域概念的核心作用[85]。Buckland 等人以 INSPEC 数据库为对象进行研究，发现区分领域概念所构建的服务可以明显地提高用户的知识利用水平[86]。

基于领域概念关联的社区知识组织在于，根据社区活动领域内已有的概念关联规则和关联信息，优化相应的知识组织方法。钟伟金在医学领域的知识交流与聚合服务中，构建了包括"药物""治疗""疾病"等概念在内的语义结构模板，依托相应的领域语料库提出了词汇语义关系识别方法[87]。李纲和王忠义等人为了优化共词分析方法，利用主题词间的概念关联构建主题图[88]。类似地，唐晓波和肖璐等人则针对待分析领域内的主题概念关联，构建了更为详细具体的领域本体，以优化共词聚类的相关性计算效果[89]。朱靖波等人提出了一种基于领域知识的文本分类算法，其核心是使用领域特征作为文献特征标识依据，而将领域特征及其权重的计算依据作为领域词典中的领域词关联映射[90]。

在当前研究和实践中，领域概念关联的主流方法是融合语义信息的知识单元相似度计算，其思路是结合词语的语境和语义特征，将词语间的相似度匹配由字符串层面上升到概念匹配层面，目前有基于概念网络和基于领域本体的计算方法。值得指出的是，图书馆知识社区领域概念关联需要在动态环境下进行基于内容的知识关联构架，以下三个方面的研究具有前沿性：

基于距离的语义相似系数算法。主要依据两个概念在已有的领域知识体系中的路径长度来计算其相似度，经典的有短路径算法、权重链接法、Wu 和 Palmer 算法[91][92][93]。

基于信息共享的算法。其依据是知识社区活动中两个概念在已有领域知识体系中的相似度，主要算法包括 Lord 算法、Resink 算法、Lin 算法和 Jiang-Conrath 算法[94][95][96][97]。

混合方法。结合以上两种方法综合计算概念的语义相似度，即分别考虑概念的位置关系、关联类型和概念属性，其相关的算法主要有 Richards 算法和 Knappe 算法[98]。

3.3　基于图书馆社区领域知识概念关联的聚合服务发展

早期的社区网络信息聚合服务，以 RSS 为代表的方案侧重于信息的收集和整合[99]，未能有效地进行知识内容的质量控制，更无法实现资源内容层面的关联，因而以其为基础的服务出现了瓶颈。相应地，从语义层面挖掘更为丰富的潜在关联知识，以实现知识聚合，是一个较好的方式，其领域概念知识聚合正是这一方式的深化与发展。

近几年来，包括图书馆社区聚合服务在内的以"聚合"为题的研究项目较多，因而也涌现出一大批成果，相对国外而言是一个明显特色。相应的研究多以学术交流资源为对象，由于学术资源具有较为丰富的内容标注和外部属性，其标注项和外部属性间的关联相对易于挖掘，由此出现了基于计量分析的资源聚合方案和基于本体的资源聚合方案。

贺德方等人在更广的范围内归纳了图书馆馆藏资源聚合中的问题，提出了面向学术资源主题社群需求的概念关联聚合构架[100]。楼雯从微观层面出发，设计了知识资源语义化模型并探讨了相应的关键技术[101]。丁楠等基于本体映射技术，提出了关联数据的图书馆资源聚合方案[102]。李春明等在相关领域对其中的本体构建、文本自动分析技术和可视化技术等关键问题进行了讨论，其中，以本体为基础进行资源聚合的一个代表是学术社交网络 VIVO[103]。在技术实现中，它结合了关联数据、本体和可视化等技术进行资源集成[104]。毕强等人以数字资源为对象，进一步深入到概念语义关联的层次，将数字资源的知识聚合区分为概念聚类层、概念关联层和知识关联层三个层面[105]。

当前，以馆藏资源为对象的知识聚合方法过于依赖资源的外部属性，对于资源的内容本身还缺乏深入的挖掘。因此，在面对图书馆网络社区的用户信息发布内容，这些方法的应用还有待拓展。

在社区用户交互内容的知识聚合实践中，较为主流的方法是依托用户关系进行资源的关联挖掘聚合，即"社会化聚合"。胡昌平等人提出结合社会化的群体作用，构建了信息推荐聚合服务模型，并验证了其有效性[106]。近年来涌现的社会化聚合应用，也采用了相似的思路，典型的有网络掘客 Digg，社区新闻聚合网站 Reddit 和 LinkedIn Today、个性化社交新闻聚合网站 Trove、基于浏览器的社交新闻聚合网站 NewsMix 等。

另外，由于知识网络社区具有向用户提供社会化标签的服务功能，因此基于分众分类法(Folksonomy)的资源聚合方法也广受研究者关注。Halpin H 等从社会标签系统的功能机制出发，利用统计分析发现常用标签间的语义关系，由此绘制了标签关系图[107]。曹高辉等人将文本层次聚类中的凝聚式聚类算法引入到标签聚类中，在两两计算标签相似性的基础上，自底向上地对标签进行聚类合并，从而实现对标签的重新组织[108]。标签聚合的关键问题是计算标签相似性，针对这一问题，Xu 等人在标签共现关系的基础上总结了8 种标签相似度计算方法[109]。

形式概念分析作为一种基于概念聚类的服务组织分析技术，在分析复杂概念结构和发现概念隶属关系方面具有优势，因而应用于基于概念的图书馆社区知识聚合是有效的[110]。张明卫等探讨了基于形式概念分析进行资源聚类的方法，认为相应的聚类结果比其他聚类更具有可解释性[111]。石光莲等梳理了形式概念分析和社会标签结合的机理，取得了概念分析在层级导航、用户行为分析与偏好挖掘、标签本体构建方面的应用成果[112]。

杨萌等人从社会网络活动中社会化标注系统的深度语义聚合、广度关联聚合、跨系统聚合和资源导航等多个角度探讨了基于Folksonomy 聚合的成果和不足之处，他们认为用户标签存在语义模糊稀疏、资源组织形式单一等问题[113]。由此可见，多种概念体系的结合引起了众多研究者的关注，Wal 认为可以利用本体对用户标签进行形式化描述，以从中提取语义信息[114]。Angeletou 等则验证了使用在线本体向用户标签系统提供语义关联的有效性[115]。Special 等将用户标签的聚类结果和本体概念进行映射，以增强其语义性[116]。受控词表的层次化结构和用户标签系统的扁平化各有优劣，目前对二者结合的研究较多。贾君枝对受控词表与Folksonomy 的结合问题作了一系列研究，取得了丰富的研究成果[117]。Kiu 等人提出了一种将 Folksonomy 整合到分类法中的算法，以促进知识分类和导航[118]。Limpens 为促进社会网络中的知识共享，将在线 Wiki 资源与标签系统进行连接[119]。

综上所述，基于图书馆知识社区领域概念关联的知识聚合服务是图书馆服务面向社会网络用户的拓展。其中，知识聚合不仅包括按社区领域概念聚合图书馆和外部网络资源，而且还包括聚合社区用户的交互知识。因此，其研究发展，一是突出基于社区领域概念的深度聚合，二是社区交互知识动态聚合和社区知识的融合推荐。这一问题的研究，是值得深化的重要课题。

参 考 文 献

[1] Hodgkinson-Williams C, Slay H, Siebörger I. Developing communities of practice within and outside higher education institutions[J]. British Journal of Educational Technology, 2008, 39(3): 433-442.

[2] Allen J, James A D, Gamlen P. Formal versus informal knowledge networks in R&D: a case study using social network analysis[J]. R&D Management, 2007, 37(3): 179-196.

[3] Granovetter M. Economic action and social structure: the problem of embeddedness[J]. American Journal of Sociology, 1985: 481-510.

[4] Sharda R, Frankwick G L, Turetken O. Group knowledge networks: a framework and an implementation[J]. Information Systems Frontiers, 1999, 1(3): 221-239.

[5] Büchel B, Raub S. Building knowledge-creating value networks[J]. European Management Journal, 2002, 20(6): 587-596.

[6] Smith, Powell. Research of i-knowledge system based on reading behavior[C]. Proceedings of 7th International Conference of Machine Learning and Cybernetics. IEEE, 2004: 1626-1631.

[7] Mohanetal. Structure and evolution of knowledge networks[C]. Proceedings of 12th International Conference on Knowledge Discovery in Data Minining. New York: ACM Press, 2007: 611-617.

[8] Kim B D, Kim S O. A new recommender system to combine content-based and collaborative filtering systems [J]. The Journal of Database Marketing, 2001, 8(3): 244-252.

[9]Basile P, Tinelli E, Degemmis M, et al. Semantic Bayesian profiling services for information recommendation[C]//Knowledge-Based Intelligent Information and Engineering Systems. Springer Berlin Heidelberg, 2007: 711-719.

[10]刘植惠. 知识社区中的社会资本及其作用[J].科技进步与对策, 2009 (11).

[11]Hartig O, Langegger A. A database perspective on consuming linked data on the web[J]. Datenbank-Spektrum, 2010, 10(2): 57-66.

[12]Yu Y, Lin H, Yu Y, et al. Personalized web recommendation based on path clustering[M]//Flexible Query Answering Systems. Springer Berlin Heidelberg, 2006: 368-377.

[13]Patterson D, Rooney N, Galushka M, et al. SOPHIA-TCBR: a knowledge discovery framework for textual case-based reasoning [J]. Knowledge-Based Systems, 2008, 21(5): 404-414.

[14]姜永常,金岩. 泛在知识环境的产生机制与发展趋势[J]. 情报杂志,2009(7):122-125,121.

[15]Yang K M, Ross R J, Kim S B. Constructing different learning paths through e-learning[C]//Information Technology: Coding and Computing, 2005. ITCC 2005. International Conference on. IEEE, 2005(1): 447-452.

[16]Sun J, Guo W, Wang L, et al. Knowledge representation method of product design based on ontology [C]//Materials Science Forum. 2012(697): 774-778.

[17]Ruiz-Primo M A, Shavelson R J. Problems and issues in the use of concept maps in science assessment[J]. Journal of Research in Science Teaching, 1996, 33(6): 569-600.

[18]Berners-Lee T. Linked Data-Design Issues[EB/OL]. [2015-07-12]. http://www.w3.org/DesignIssues/ LinkedData.html.

[19]Bradley F. Discovering linked data[J]. Library Journal, 2009, 134 (7): 48-50.

［20］Afshin Fallah.Bayesian regression analysis using［J］.Stat Papers, 2010（51）:421-430.

［21］Contractor N S, Monge P R. Managing knowledge networks［J］. Journal of Marketing Research 2002, 16（2）: 249.

［22］张晓林. 走向知识服务:寻找新世纪图书情报工作的生长点［J］. 中国图书馆学报, 2000, 26（5）:32-37.

［23］李桂华, 张晓林, 党跃武. 知识服务之运营方式探索［J］. 图书馆, 2001（1）:18-22.

［24］靳红, 罗彩冬, 袁立强,等. 高校图书馆知识服务模式的比较研究［J］. 中国图书馆学报, 2004（30）:59-61.

［25］陈红梅. 基于系统的图书馆网络知识服务模式设计［J］. 大学图书馆学报, 2004（22）:34-37.

［26］段和平. 关于图书馆知识服务的思考［J］.社会科学管理与评论,2006（1）:60-63.

［27］刘江. 谈知识网络构建［J］. 情报杂志, 2005,24（11）:40-42.

［28］马德辉, 包昌火. 构建企业知识网络的思考［J］. 图书情报工作, 2008（52）:28-32.

［29］肖冬平. 知识网络研究综述［J］. 重庆工商大学学报:自然科学版, 2006（23）:617-623.

［30］毕强. 数字图书馆知识组织系统建构的发展趋势——从机器可读到机器可理解［J］. 国家图书馆学刊, 2010（19）:12-17.

［31］Wasko M M,Faraj S. Why should I share examining social capital and knowledge contribution in electronic networks of practice［J］. MIS QUARTERLY,2005,（1）:35-57.

［32］Chou S W, Chang Y C. An empirical investigation of knowledge creation in electronic networks of practice: social capital and theory of planned behavior（TPB）［C］//Hawaii International Conference on System Sciences, Proceedings of the 41st Annual. IEEE, 2008: 340-340.

［33］Chiu C, Hsu M H, Wang E T G. Understanding knowledge sharing in virtual communities: an integration of social capital and social cognitive theories [J]. Decision Support Systems, 2006, (3): 1872-1888.

[34] Zhao L, Lu Y B, Wang B. Cultivating the sense of belonging and motivating user participation in virtual communities: a social capital perspective[J]. International Journal of Information Management, 2012, (6): 574-588.

[35] Wang C C, Lai C Y. Knowledge contribution in the online virtual community: capability and motivation[M]//Knowledge Science, Engineering and Management. Springer Berlin Heidelberg, 2006: 442-453.

[36] Ye S, Chen H, Jin X. An empirical study of what drives users to share knowledge in virtual communities[M]//Knowledge Science, Engineering and Management. Springer Berlin Heidelberg, 2006: 563-575.

[37] Yang H L, Lai C Y. Motivations of Wikipedia content contributors [J]. Computers In Human Behavior, 2010(6): 1377-1383.

[38] 徐小龙, 王方华. 虚拟社区的知识共享机制研究[J]. 自然辩证法研究, 2007(23): 83-86.

[39] Lin M J J, Hung S W, Chen C J. Fostering the determinants of knowledge sharing in professional virtual communities [J]. Computers in Human Behavior, 2009, 25(4): 929-939.

[40] Fang Y H, Chiu C M. In justice we trust: exploring knowledge-sharing continuance intentions in virtual communities of practice [J]. Computers In Human Behavior, 2010(26): 235-246.

[41] Chiu C M, Hsu M H, Wang E T G. Understanding knowledge sharing in virtual communities: an integration of expectancy disconfirmation and justice theories[J]. Online Information Review, 2011, 35(1): 134-153.

[42] 周涛, 鲁耀斌. 基于社会资本理论的移动社区用户参与行为研究[J]. 管理科学, 2008(21).

[43] 成全. 基于社会资本理论的网络社区知识共享影响因素研究

[J]. 图书馆论坛, 2012(32):1-5.

[44]张鼐, 周年喜. 虚拟社区知识共享行为影响因素的实证研究 [J]. 图书馆学研究, 2010(11):44-48.

[45]刘蕤, 田鹏, 王伟军. 中国文化情境下的虚拟社区知识共享影响 因素实证研究[J]. 情报科学, 2012(6):866-872.

[46]Compeau D R, Higgins C A. Computer self-efficacy development of a measure and initial test[J].MIS Quarterly, 1995, 19(2):189-211

[47]Kankanhalli A, Tan B C Y, Wei K K. Contributing knowledge to e-lectronic knowledge repositories: an empirical investigation [J]. MIS Quarterly, 2005(1):113-143.

[48]廖成林, 袁艺. 基于社会认知理论的企业内知识分享行为研究 [J]. 科技进步与对策, 2009(3):137-139

[49]尚永辉, 艾时钟, 王凤艳. 基于社会认知理论的虚拟社区成员知识共享行为实证研究[J]. 科技进步与对策, 2012(7):127-132.

[50]彼得·布劳, 孙非, 张黎勤. 社会生活中的交换与权力[M]. 北京:华夏出版社, 1998:108-113.

[51]Davis F D. Perceived usefulness, perceived ease of use, and user acceptance of information technology[J]. MIS Quarterly, 1989, 13 (3):319-342.

[52]盛振中. 网商虚拟社区知识共享影响因素研究[J]. 科技资讯, 2011(8):6-7.

[53]陈明红. 学术虚拟社区持续知识共享意愿研究[D]. 中山大学, 2013.

[54]Yang R, Kafatos M, Wang X S. Managing scientific metadata using XML[J]. Internet Computing, IEEE, 2002, 6(4):52-59.

[55]Drusan. Holistic Framework for Knowledge Discovery and Manage-ment[J]. Management Communication Quarterly, 2002, 16(2):136-145.

[56]Decker S, Mitra P, Melnik S. Framework for the semantic Web: an RDF tutorial[J]. Internet Computing, IEEE, 2000, 4(6):68-73.

[57] 文峰,杜小勇. 关于知识组织体系的若干理论问题[J]. 中国图书馆学报, 2007(2): 13-17.

[58] Güntzer U, Jüttner G, Seegmüller G, et al. Automatic thesaurus construction by machine learning from retrieval sessions[J]. Information Processing & Management, 1989, 25(3): 265-273.

[59] 闫兴龙,刘奕群,方奇,张敏,马少平,茹立云. 基于网络资源与用户行为信息的领域术语提取[J]. 软件学报, 2013(9): 2089-2100.

[60] Hayman S, Lothian N. Taxonomy directed folksonomies[C]//New Developments in Social Bookmarking, Ark Group Conference: Developing and Improving Classification Schemes, Sydney June, 2007.

[61] 李鹏,王斌,石志伟,崔雅超,李恒训. Tag-TextRank:一种基于Tag 的网页关键词抽取方法[J]. 计算机研究与发展, 2012(11):2344-2351.

[62] Nakayama K, Hara T, Nishio S. Wikipedia mining for an association web thesaurus construction[M]//Web Information Systems Engineering—WISE 2007. Springer Berlin Heidelberg, 2007: 322-334.

[63] 唐晓波,胡华. 中文 UGC 信息源的本体概念抽取研究[J]. 现代图书情报技术, 2014(5): 41-49.

[64] Nakagawa H, Mori T. A simple but powerful automatic term extraction method[C]//Coling-02 on Computerm 2002: Second International Workshop on Computational Terminology-Volume 14. Association for Computational Linguistics, 2002: 1-7.

[65] 季培培,鄢小燕,岑咏华. 面向领域中文文本信息处理的术语识别与抽取研究综述[J]. 图书情报工作, 2010(16): 124-129.

[66] Suchanek F M, Kasneci G, Weikum G. Yago: a core of semantic knowledge[C]//Proceedings of the 16th International Conference on World Wide Web. ACM, 2007: 697-706.

[67] Auer S, Bizer C, Kobilarov G, et al. Dbpedia: a nucleus for a web

of open data[M]. Springer Berlin Heidelberg, 2007.

[68] Berland M, Charniak E. Finding parts in very large corpora[C]// Proceedings of the 37th Annual Meeting of the Association for Computational Linguistics on Computational Linguistics. Association for Computational Linguistics, 1999: 57-64.

[69] Kozareva Z, Riloff E, Hovy E H. Semantic class learning from the Web with hyponym pattern linkage graphs[C]//ACL. 2008(8): 1048-1056.

[70] Girju R, Badulescu A, Moldovan D. Learning semantic constraints for the automatic discovery of part-whole relations [C]// Proceedings of the 2003 Conference of the North American Chapter of the Association for Computational Linguistics on Human Language Technology-Volume 1. Association for Computational Linguistics, 2003: 1-8.

[71] 韩红旗, 徐硕, 桂婕, 等. 基于词形规则模板的术语层次关系抽取方法[J]. 情报学报, 2013(7):708-715.

[72] 张巍, 于洋, 游宏梁. 面向词汇知识库自动构建的概念术语关系识别[J]. 现代图书情报技术, 2009(11): 10-16.

[73] Pantel P, Ravichandran D. Automatically labeling semantic classes [C]//HLT-NAACL. 2004(4): 321-328.

[74] Pantel P, Lin D. Discovering word senses from text[C]//Proceedings of the Eighth ACM SIGKDD International Conference on Knowledge Discovery and Data Mining. ACM, 2002: 613-619.

[75] 滕广青, 毕强. 知识组织体系的演进路径及相关研究的发展趋势探析[J]. 中国图书馆学报, 2010(5): 49-53

[76] 陈树年, 李青华, 朱连花. 近年来我国信息组织研究进展及趋势[J]. 图书馆建设, 2006 (3): 62-67.

[77] 王知津. 从情报组织到知识组织[J]. 情报学报, 1998, 17(3): 230-234.

[78] 牟冬梅, 毕强. 语义 Web 技术对知识组织理论和实践的影响研究[J]. 图书情报工作, 2006, 50(6): 6-10.

[79] Lancaster F W. Indexing and abstracting in theory and practice [M]. London: Facet, 2003.

[80] Hjørland B, Albrechtsen H. Toward a new horizon in information science: Domain-analysis[J]. JASIS, 1995, 46(6): 400-425.

[81] 王琳. 领域分析:北欧情报学研究的代表性学说[J]. 图书情报工作, 2010(18): 24-27.

[82] Hjørland B. Domain analysis in information science: eleven approaches-traditional as well as innovative[J]. Journal of Documentation, 2002, 58(4): 422-462.

[83] Vakkari Pertti. Subject knowledge, source of terms, and term selection in query expansion: An analytical study[M]//Advances in Information Retrieval. Springer Berlin Heidelberg, 2002: 110-123.

[84] Hsieh yee Ingrid. Effects of search experience and subject knowledge on the search tactics of novice and experienced searchers[J]. Journal of the American Society for Information Science, 1993,44 (3): 161-174.

[85] Wildemuth, Barbara M. The effects of domain knowledge on search tactic formulation[J]. Journal of the American Society for Information Science and Technology, 2004,55 (3): 246-258.

[86] Buckland M K, Chen A, Gebbie M, et al. Variation by subdomain in indexes to knowledge organization systems [J]. Advances In Knowledge Organization, 2000(7): 48-54.

[87] 钟伟金. 基于概念关联的词汇语义关系识别研究[J]. 情报杂志, 2014(1).

[88] 李纲, 王忠义. 基于语义的共词分析方法研究[J]. 情报杂志, 2011(12): 145-149.

[89] 唐晓波, 肖璐.融合关键词增补与领域本体的共词分析方法研究[J].现代图书情报技术, 2013, 29(11): 60-67.

[90] 朱靖波, 陈文亮. 基于领域知识的文本分类[J]. 东北大学学报:自然科学版, 2005(8).

[91] Rada R, Mili H, Bicknell E, et al. Development and application

of a metric on semantic nets［J］. IEEE Transactions on Systems, Man, and Cybernetics, 1989,19(1):17-30.

［92］Richardson Ray, AF Smeaton, John Murphy. Using WordNet as a knowledge base for measuring semantic similarity between words ［D］. School of Computer Applications, Dublin City University, 1994.

［93］Wu Z, Palmer M. Verb semantics and lexical selection［C］. In: Proceedings of the 32nd Annual Meeting of the Associations for Computational Linguistics,1994:133-138.

［94］Lord P W, Stevens R D, Brass A, et al. Investigating semantic similarity measures across the gene ontology: the relationship between sequence and annotation［J］. Bioinformatics, 2003, 19 (10):1275-1283.

［95］Resnik O. Semantic similarity in a taxonomy: an information-based measure and its application to problems of ambiguity and natural language［J］. Journal of Artificial Intelligence Research, 1999 (11):95-130.

［96］Lin D. Principle-based parsing without overgeneration［C］. In: Proceedings of the 31st Annual Meeting of the Association for Computational Linguistics.1993:112-120.

［97］Jiang J J, Conrath D W. Semantic similarity based on corpus statistics and lexical taxonomy ［J］. ArXiv Preprint cmp-lg/ 9709008, 1997.

［98］Sabou M, Richards D, Van Splunter S. An experience report on using DAML-S［C］//The Proceedings of the Twelfth International World Wide Web Conference Workshop on E-Services and the Semantic Web (ESSW'03). Budapest, 2003.

［99］胡昌平,胡吉明,邓胜利. 基于社会化群体作用的信息聚合服务 ［J］. 中国图书馆学报, 2010(3): 51-56.

［100］贺德方,曾建勋. 基于语义的馆藏资源深度聚合研究［J］. 中国 图书馆学报, 2012(4): 79-87.

［101］楼雯．馆藏资源语义化关键技术及实证研究［J］．中国图书馆学报，2013（6）：27-40.

［102］丁楠,潘有能．基于关联数据的图书馆信息聚合研究［J］．图书与情报，2011（6）：50-53.

［103］李春明,萨蕾,梁蕙玮．基于地方志资源的知识聚合服务系统构建［J］．图书情报工作，2013（18）：44-47.

［104］张艳侠,齐飞,毕强．关联数据的语义互联应用研究——以VIVO 为实例［J］．图书情报工作，2013（17）：16-20.

［105］毕强,尹长余,滕广青,等．数字资源聚合的理论基础及其方法体系建构［J］．情报科学，2015（1）：9-14.

［106］胡昌平,胡吉明,邓胜利．基于社会化群体作用的信息聚合服务［J］．中国图书馆学报，2010（3）：51-56.

［107］Halpin H, Robu V, Shepherd H. The complex dynamics of collaborative tagging［C］//Proceedings of the 16th International Conference on World Wide Web. ACM, 2007：211-220.

［108］曹高辉,焦玉英,成全．基于凝聚式层次聚类算法的标签聚类研究［J］.现代图书情报技术，2008，24（4）：23-28.

［109］Xu K, Chen Y, Jiang Y, et al. A comparative study of correlation measurements for searching similar tags［M］//Advanced Data Mining and Applications. Springer Berlin Heidelberg, 2008：709-716.

［110］Ganter B, Wille R. Formal concept analysis：mathematical foundations［M］. Springer Science & Business Media, 2012.

［111］张明卫,刘莹,张斌,等．一种基于概念的数据聚类模型［J］．软件学报,2009,20（9）:2387-2396.

［112］石光莲, 张敏, 郑伟伟．形式概念分析在 Folksonomy 中的应用研究进展［J］．图书情报工作，2014，58（9）：136-142.

［113］杨萌,张云中,徐宝祥．社会化标注系统资源聚合与导航研究综述［J］．情报理论与实践，2014（3）：140-144.

［114］WAL T V. Folksonomy explanations［EB/OL］.［2015-07-18］. http：//www. vanderwal. net /random /entrysel. php? blog= 1622.

［115］Angeletou S. Semantic enrichment of Folksonomy tagspaces［M］. Springer Berlin Heidelberg, 2008.

［116］Specia L, Motta E. Integrating Folksonomies with the semantic web［M］//The Semantic Web: Research and Applications. Springer Berlin Heidelberg, 2007: 624-639.

［117］贾君枝,李婷. 图书标签与书目记录结合方式［J］.图书情报工作,2013,57(3): 96-99.

［118］Kiu C C, Tsui E. TaxoFolk: A hybrid taxonomy—Folksonomy structure for knowledge classification and navigation［J］. Expert Systems with Applications, 2011, 38(5): 6049-6058.

［119］Limpens F, Gandon F, Buffa M. Bridging Ontologies and Folksonomies to leverage knowledge sharing on the social web: a brief survey［C］//Automated Software Engineering-Workshops, 2008. ASE Workshops 2008. 23rd IEEE/ACM International Conference on. IEEE, 2008: 13-18.

【作者简介】

胡昌平,男,1946 年出生,教授,博士生导师,现任武汉大学信息资源研究中心学术委员会副主任,上海师范大学信息资源研究中心主任。系武汉大学杰出学者、上海师范大学特聘教授、湖北省有突出贡献中青年专家,2011 年被评为湖北名师,享受国务院政府特殊津贴。研究方向：情报学理论、信息资源管理与服务。主持包括国家社科重大项目在内的各类项目 20 余项,出版专著 30 余部,在国内外发表学术论文 300 余篇。获国家及省部奖 20 余项。

曹鹏,男,1983 年出生,武汉大学博士,湖北大学新闻传播学院讲师,研究方向为信息服务与用户体验。从事信息资源管理研究,参加国家自科基金和国家社科基金重大项目研究,发表学术论文 10 余篇。

万华，男，1982 年出生，武汉大学博士，中南财经政法大学工商管理学院讲师，从事数字图书馆信息资源整合与服务研究，参加国家自科基金和国家社科基金重大项目研究，发表学术论文 10 余篇。

陈果，男，1986 年出生，武汉大学博士，南京理工大学经济管理学院讲师，从事数字信息资源管理与服务研究，主持国家社科基金项目一项，发表学术论文约 30 篇。

大数据环境下企业竞争情报研究[*]

李 纲 才世杰 杜智涛

(武汉大学信息资源研究中心)

[摘 要]运用共词分析方法，基于对中国知网 CNKI 和 Web of Science 数据库的检索，建立了国内外大数据环境下企业竞争情报的相关研究的关键词共词矩阵及其相关矩阵、相异矩阵；通过聚类分析和多维尺度分析，将国内外大数据环境下的企业竞争情报分别划分为七个类团和八个类团；运用战略坐标分析方法，分析了各类团研究的成熟度与向心度，并对各类团的主要研究内容进行了归纳；运用社会网络分析方法，绘制了国内外大数据环境下企业竞争情报研究的知识网络，并对知识网络中的中心性进行了分析。

[关键词]大数据环境 企业 竞争力 综述 共词分析 社会网络分析

Competition Intelligence Research
of the Enterprises in Big DataEra

Li Gang Cai Shijie Du Zhitao

(Center for Studies of Information Resources, Wuhan University)

[Abstract] With the method of co-word analysis, based on the searching of the CNKI and Web of Science, keywords of matrix and its

* 本文系国家社会科学基金重大项目"智慧城市应急决策情报体系建设研究"(项目编号：13&ZD173)的研究成果之一。

related matrix, dissimilar matrix of the related enterprise competition have been built in big data era both at home and abroad. By clustering analysis and multiple dimensions analysis, competition intelligence of enterprises in big data era home and abroad are divided into seven clusters and eight clusters. By using the method of strategic diagram analysis, we have analyzed the maturity and centrality of the clusters research and have concluded the main research of the clusters. We have used the method of social network analysis, drew the knowledge net of the enterprise competition intelligence research and analyzed the centrality of knowledge net.

［**Keywords**］ big data era   enterprise   competiveness   summarization   co-word analysis   social network analysis

20 世纪 80 年代，竞争情报开始作为一门学科被学者们广泛地进行研究，研究的成果也被积极地应用到个各个领域。随着时间的推移，技术的进步，在 21 世纪，竞争情报已经成为了企业取得核心竞争力的关键手段，为企业作出决策提供了很大的帮助。当前的社会环境下充斥着各种各样的数据，行业的竞争也在数据争夺中悄无声息地进行着，随着大数据技术的开发，不少国家已经开始意识到大数据时代的洪流。大数据以其数据量大、传输速度快、价值稀疏但重要、数据类型多的特点占据着整个信息社会的主流地位，它不仅仅描述数据量的庞大，也呈现出对数据进行分析、采集、挖掘以提取其价值的技术过程。而企业竞争情报主要指的是一个持续演化中的正式与非正式操作流程相结合的企业管理子系统，其主要功能是为企业组织和成员评估关键发展趋势，跟踪正在出现的不连续变化，把握行业结构的进化，以及分析现有和潜在竞争对手的能力和动向，从而协助企业保持和发展竞争优势。在这样的一个环境下，企业对数据的依赖不断加强，因此情报能力的强弱成为了一个企业优胜劣汰的基本标准。目前，对于大数据环境下的企业竞争情报研究尚处于探索阶段，且并未形成系统的研究成果，本文通过共词分析方法，对国内外关于大数据环境下企业竞争情报的相关研究

进行梳理，以知识图谱的方式描述出国内外的重点研究领域和研究
程度。

1 数据来源与数据整理

中文文献选取中国学术期刊网（CNKI）中以关键词大数据环境
下企业竞争情报、网络环境下企业竞争情报、互联网环境下企业竞
争情报、大数据环境下商业情报、网络环境下的商业情报、互联网
环境下的商业情报、大数据环境下企业竞争情报数据挖掘/采集为
主题，搜索到期刊从 2005—2014 年的文献共 3653 篇。英文文献以
Web of Science 数据库为外文检索源，检索关键词为 Enterprise
Competitive Intelligence、Web、Information Mining、Competitive
Intelligence、Data Mining、Competitive Information 等，时间段为所
有年限，得到英文文献 2027 篇，去除无关文献，剔除重复关键词，
将同类关键词合并。见表 1 和表 2。

表 1　　　　　国内相关研究去重后高频关键词表

序号	关键词	频次	序号	关键词	频次	序号	关键词	频次	序号	关键词	频次
1	竞争情报	345	14	社会网络分析	42	27	商业情报	24	40	网络战	14
2	网络	328	15	竞争情报系统	41	28	情报学	23	41	情报网络	14
3	大数据	82	16	情报研究	36	29	科技情报	23	42	网络组织	13
4	文献计量	75	17	情报工作	35	30	情报机构	22	43	网络系统	13
5	情报	68	18	数据挖掘	34	31	网络舆情	22	44	竞争对手	13
6	信息服务	63	19	信息技术	34	32	情报检索语言	19	45	网络引文	13
7	信息	62	20	情报收集	33	33	网络信息资源	19	46	数据库	13
8	企业	57	21	网络安全	33	34	信息检索	19	47	聚类分析	12
9	人际情报网络	47	22	信息安全	32	35	信息需求	18	48	网络威胁	12
10	情报分析	44	23	知识管理	32	36	网络技术	18	49	情报科学	12
11	人际网络	44	24	社会网络	31	37	网络攻击	18	50	网络资源	11
12	可视化	43	25	情报信息	28	38	搜索引擎	15	51	信息分析	11
13	情报服务	42	26	信息时代	24	39	企业竞争情报	15	52	协同研究	11

表2   国外相关研究去重后高频词表(部分)

1	Competitive intelligence	21	Resource-based view	41	Knowledge sharing
2	Web	22	Technology	42	Decision support systems
3	Information management	23	Chain management	43	Benchmarking
4	Data mining	24	ERP	44	Business value
5	E-commerce	25	Service	45	Business process
6	Competitive advantage	26	Decision making	46	Architecture
7	Innovation	27	Information systems	47	Supply chain
8	Web service	28	Adoption	48	XML
9	Competitive	29	Development	49	Customer satisfaction
10	Business	30	Business models	50	Integration
11	Management	31	Intelligent agents	51	Research
12	Knowledge	32	Data quality	52	Strategic planning
13	Information technology	33	Organizational learning	53	Data analysis
14	Strategy	34	Artificial intelligence	54	Flexibility
15	Value	35	Supply	55	Portugal
16	Competitive strategy	36	Use	56	Global manufacturing
17	Performance	37	Case study	57	Resource-based
18	Marketing	38	Strategic management	58	ICT
19	Intellectual capital	39	Ontology	59	CSCW
20	Collaboration	40	Social media	60	View

    利用 SATI 软件形成共词矩阵,见表3和表4,矩阵中单元格中数据代表两个不同关键词之间的共现次数。利用 SPSS19.0 软件将共词矩阵转换为斯皮尔曼相关矩阵(Spearman),消除由词频差异所带来的影响,见表5和表6。

表3 国内相关研究的共词矩阵(部分)

	竞争情报	网络	大数据	情报	信息服务	人际情报网络	企业	信息	情报分析
竞争情报	345	48	21	1	5	15	40	3	9
网络	48	142	1	15	18	1	12	17	2
大数据	21	1	82	4	5	0	8	2	7
情报	1	15	4	68	0	1	2	4	0
信息服务	5	18	5	0	63	0	0	2	0
人际情报网络	15	1	0	1	0	47	1	0	0
企业	40	12	8	2	0	1	46	1	0
信息	3	17	2	4	2	0	1	45	0
情报分析	9	2	7	0	0	0	0	0	44

表4 国外相关研究的共词矩阵(部分)

	Competitive intelligence	Web	Information management	Data mining	E-commerce	Competitive advantage	Innovation
Competitive intelligence	117	10	34	34	16	14	14
Web	10	60	23	8	9	5	7
Information management	34	23	54	5	5	4	1
Data mining	34	8	5	57	1	0	1
E-commerce	16	9	5	1	47	7	1
Competitive advantage	14	5	4	0	7	39	2
Innovation	14	7	1	1	1	2	35

表 5   国内研究的相关系数矩阵(部分)

	竞争情报	网络	大数据	情报	信息服务	人际情报网络	企业	信息	情报分析
竞争情报	1.000	0.163	0.280	0.165	0.157	0.526	0.638	0.090	0.381
网络	0.163	1.000	0.583	0.348	0.375	0.250	0.227	0.536	0.174
大数据	0.280	0.583	1.000	0.512	0.436	0.074	0.409	0.468	0.316
情报	0.165	0.348	0.512	1.000	0.244	0.102	0.364	0.534	0.118
信息服务	0.157	0.375	0.436	0.244	1.000	0.087	0.226	0.643	0.252
人际情报网络	0.526	0.250	0.074	0.102	0.087	1.000	0.415	0.079	0.144
企业	0.638	0.227	0.409	0.364	0.226	0.415	1.000	0.259	0.085
信息	0.090	0.536	0.468	0.534	0.643	0.079	0.259	1.000	0.030
情报分析	0.381	0.174	0.316	0.118	0.252	0.144	0.085	0.030	1.000

表 6   国外研究的相关系数矩阵(部分)

	Competitive intelligence	Web	Information management	Data mining	E-commerce	Competitive advantage	Innovation	Web service	Competitive
Competitive intelligence	1.000	0.413	0.417	0.321	0.367	0.357	0.139	0.133	0.460
Web	0.413	1.000	0.422	0.292	0.309	0.234	0.212	0.022	0.170
Information management	0.417	0.422	1.000	0.320	0.328	0.271	0.402	0.063	0.240
Data mining	0.321	0.292	0.320	1.000	0.280	0.242	0.250	0.035	0.181
E-commerce	0.367	0.309	0.328	0.280	1.000	0.505	0.350	0.224	0.142
Competitive advantage	0.357	0.234	0.271	0.242	0.505	1.000	0.319	0.089	0.199
Innovation	0.139	0.212	0.402	0.250	0.350	0.319	1.000	0.046	0.111
Web service	0.133	0.022	0.063	0.035	0.224	0.089	0.046	1.000	-0.046
Competitive	0.460	0.170	0.240	0.181	0.142	0.199	0.111	-0.046	1.000

在相关系数矩阵中,选择不同统计方法可能会因为零值的干扰造成较大的分析误差,因此,用 1 减去相关矩阵中各单元数据构造相异矩阵。相异矩阵表征关键词间的差异化程度,值越大则关键词间的联系越小,距离越远,反之亦然。

2 区域创新型人才竞争力的研究视域

本文将上文构造的相关系数矩阵进行聚类分析，采用 SPSS19.0系统聚类法，聚类结果见图1和图2：国内研究可以分为 7个类团、国外研究可分为8个类团。

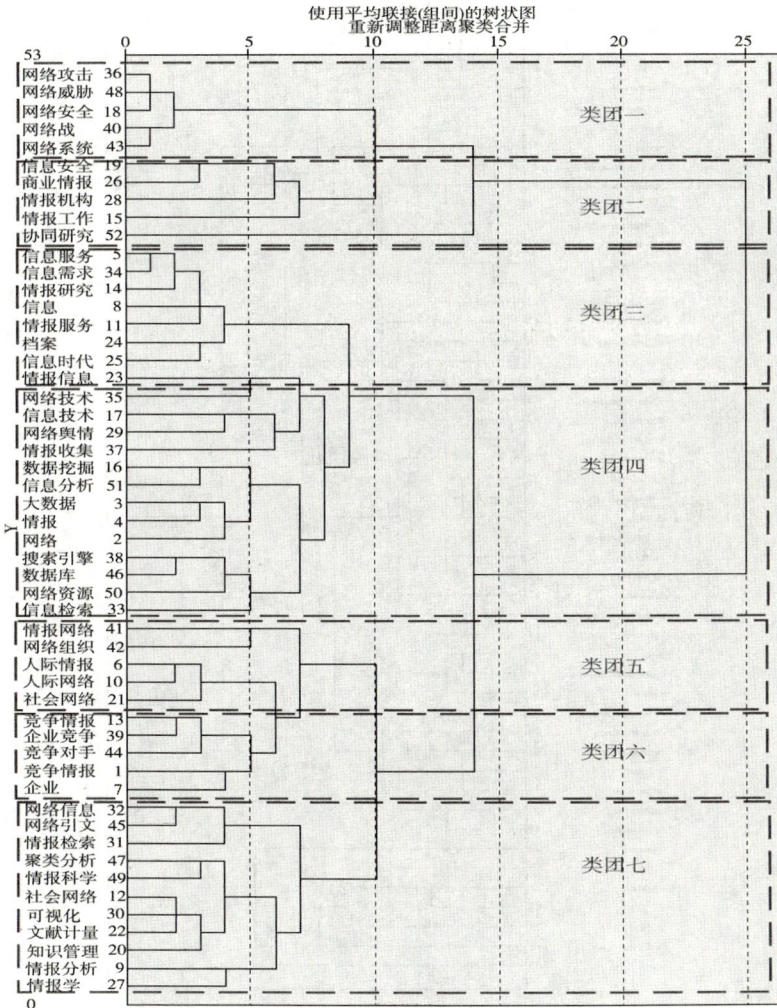

图 1　国内相关研究的聚类分析树状图

使用平均联接（组间）的树状图

重新调整距离聚类合并

| 0 | 5 | 10 | 15 | 20 | 25 |

61
Use   36
Portugal   55
ERP   24
Resourcebased   57
Value   15
innovation   7
business   10
resourcebasedview   21
view   60
Informationsystems   27
organizationallearning   33
architecture   46
globalmanufacturing   56
flexibility   54
WebService   8
Intelligentagents   31
decisionsupportsystems   42
management   11
artificialintelligence   34
businessvalue   44
XML   48
Informationtechnology   13
Supplychain   47
collaboration   20
integration   50
chainmanagement   23
performance   17
strategicmanagement   38
service   25
dataquality   32
customersatisfaction   49
Benchmarking   43
Competitivestrategy   16
businessmodels   30
Ecommerce   5
Competitiveadvantage   6
strategy   14
competitiveintelligence   1
Technology   22
competitive   9
Knowledge   12
intellectualcapital   19
Datamining   4
Web   2
Informationmanagement   3
marketing   18
knowledgesharing   41
decisionmaking   26
strategicplanning   52
development   29
dataanalysis   53
casestudy   37
SocialMedia   40
ontology   39
CSCW   59
adoption   28
ICT   58
research   51
Businessprocess   45
supply   35
0

类团一
类团二
类团三
类团四
类团五
类团六
类团七
类团八

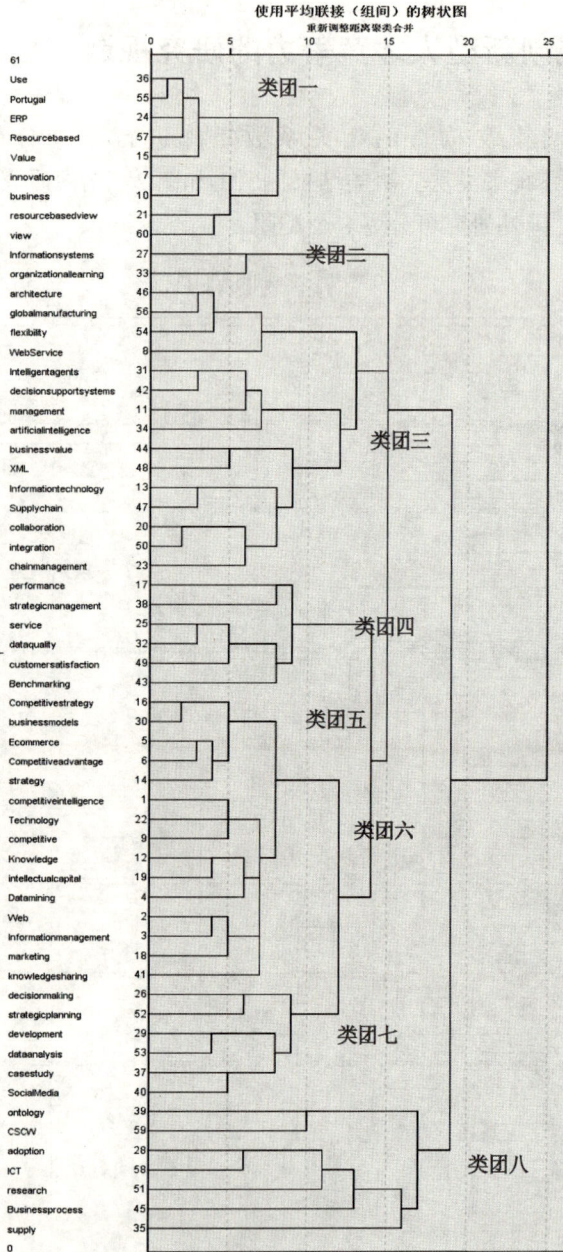

图 2　国外相关研究的聚类分析树状图

多维尺度分析利用降维的思想，通过低维空间展示对象之间的联系，并利用平面距离来反映对象之间的相似程度，被分析的对象以点表示，并将具有高度关联和相似性的对象聚集在一起，形成类团，越在中间的对象越核心。采用 SPSS 尺度分析功能，距离设置为"数据为距离数据"，度量标准用区间 Euclidean 距离，度量水平选择二维尺度分析，得到对应结果，如图 3 和图 4 所示。可见，多维尺度分析也可以将国内与国外相关研究划分为 7 个类团、8 个类团，且各类团包含的关键词也基本相同，与聚类分析所得到的结果基本吻合。

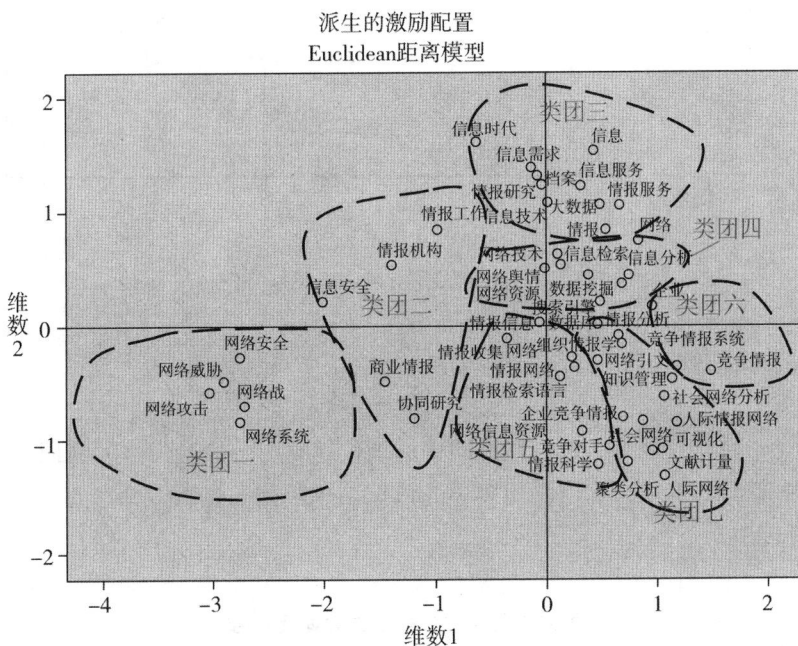

图 3　国内相关研究的多维尺度分析

类团命名通过计算各类团中每个关键词的黏合力来确定。黏合力是用于衡量类团内各主题词对聚类成团的贡献程度，对于 n 个关键词的类团，关键词 $A_i(i \leqslant n)$ 对类团内另一关键词 B_j 来说，其黏合力为：

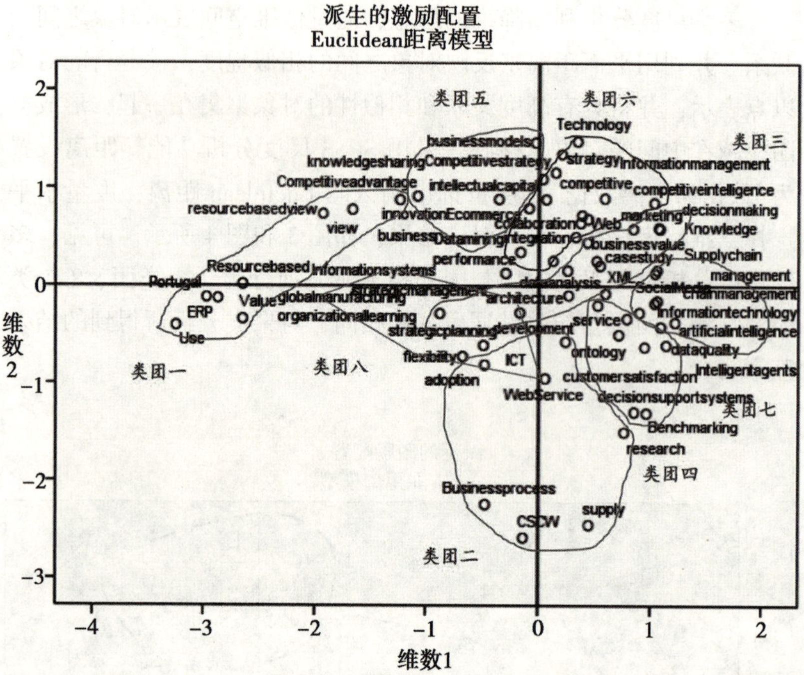

图 4　国外相关研究的多维尺度分析

$$N(A_i) = \frac{1}{n-1} \times \sum_{j=1}^{n \neq i} F(A_i \rightarrow B_j)$$

黏合力越大，该词在类团中的地位越突出。黏合力最大的词为中心词，可作为确定类团名称的依据，各类团关键词及命名见表 7 和表 8。

表 7　　　　　国内相关研究各类团关键词及命名

类别	关　键　词	命名
类团一	网络安全、网络威胁、网络攻击、网络战、网络系统	网络攻击与网络安全
类团二	情报工作、情报机构、信息安全、商业情报、协同研究	企业情报机构及其工作

类别	关　键　词	命名
类团三	信息时代、信息、信息需求、信息服务、档案、情报研究、情报信息、情报服务	信息需求与情报服务
类团四	网络技术、信息技术、网络舆情、情报收集、数据挖掘、数据库、信息检索、信息分析、大数据、情报、网络、搜索引擎、网络资源	情报采集与技术实现
类团五	情报网络、网络组织、人际情报、人际网络、社会网络	人际网络情报
类团六	企业、竞争情报、竞争对手、企业竞争、竞争情报系统	企业竞争对手与情报系统
类团七	网络信息、网络引文、情报检索、社会网络、知识管理、情报学聚类分析、情报科学、可视化、文献计量、情报分析	情报研究方法

表8　　　　　国外相关研究各类团关键词及命名

类别	关　键　词	命名
类团一	Use, Portugal, ERP, Resource-based, Value, Innovation, Business, Resource-based View, View	Business Value
类团二	Information System, Organizational Learning, Architecture, Global Manufacturing, Flexibility, Web Service	Information System
类团三	Intelligent Agents, Decision Support Systems, Management, Artificial Intelligence, Business Value, XML, Information Technology, Supply Chain, Collaboration, Integration, Chain Management	Artificial Intelligence
类团四	Performance, Strategic Management, Service, Data Quality, Customer Satisfaction, Benchmarking	Strategic Management
类团五	Competitive Strategy, Business Models, E-commerce, Competitive Advantage, Strategy	E-commerce

类别	关　键　词	命名
类团六	Competitive Intelligence, Technology, Competitive, Knowledge, Intellectual Capital, Data Mining, Web, Information Management, Marketing, Knowledge Sharing	Data Mining
类团七	Decision Making, Strategic Planning, Development, Data Analysis, Case Study, Social Media	Data Analysis
类团八	Ontology, CSCW, Adoption, ICT, Research, Business Process, Supply	ICT

3　类团的成熟度与向心度

将上述各类团间用战略坐标图描述,可以分析各研究视域的成熟度与核心度。在战略坐标图中,X轴为向心度,表示领域间相互影响的强度;Y轴为密度,表示某一领域内部联系的强度;坐标原点是两个轴的中位数或者平均数。X、Y轴把一个二维空间划分为四个象限,第一象限表示研究主题处于核心位置、研究内容较为成熟;第二象限表示研究较为成熟,但处于边缘位置;第三象限表示研究处于边缘位置,且不成熟;第四象限表示研究处于核心位置,但尚不成熟。

国内研究中(图5),类团六"企业竞争对手与情报系统"、类团四"情报采集与技术实现"、类团三"信息需求与情报服务"位于第一象限,说明向心度大,并且与其他类团关系较为密切,占有比较重要的地位,是较受关注的热点主题;类团二"企业情报机构及其工作"位于第三象限,说明研究主题不成熟,且处于边缘位置,还有较大发展空间;类团一"网络攻击与网络安全"、类团五"人际网络情报"以及类团七"情报研究方法"处于第四象限,说明这类研究与核心主题距离较近,处于核心地位,但类团内部较为松散,未能形成稳定的研究体系,尚不成熟。[1]

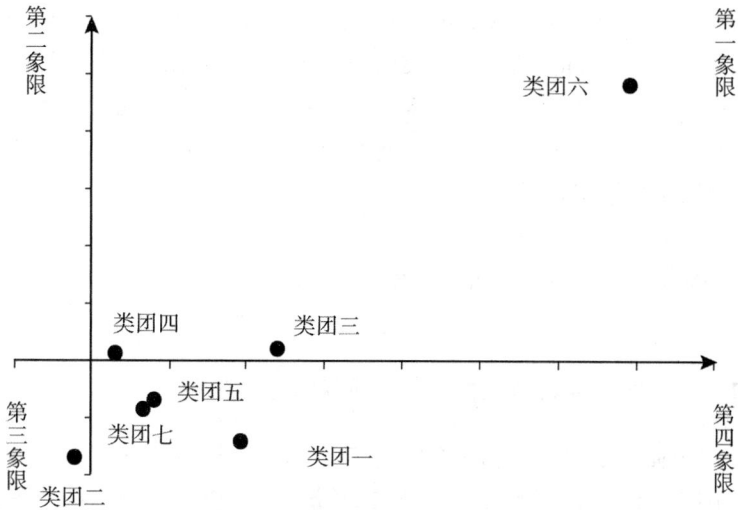

图 5　国内相关研究的战略坐标图

国外研究中(图 6),类团二"Information System"、类团七"Data Analysis"和类团八"ICT"处于第一象限,说明在本研究中地位重要、

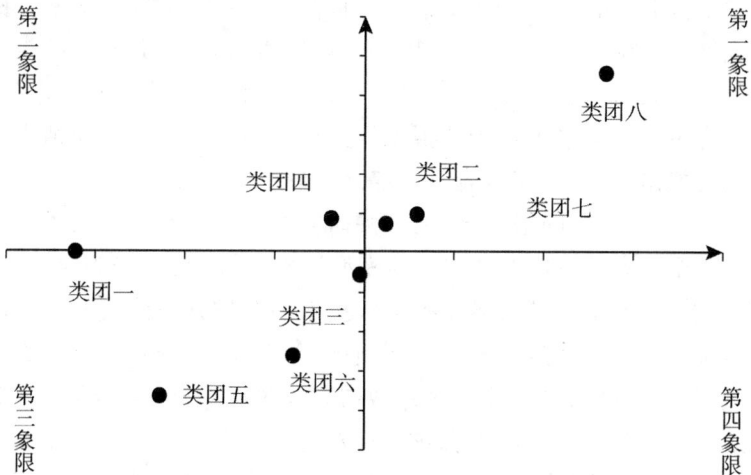

图 6　国外相关研究的战略坐标图

发展成熟、受关注程度高;类团四(Strategic Management)处于第二象限,说明该类团内部链接紧密,形成了一定规模,但处于边缘化的位置;类团一"Business Value"、类团三"Artificial Intelligence"、类团五"E-commerce"和类团六"Data Mining"处于第三象限,说明这类研究与核心主题距离较近,处于核心地位,但类团内部较为松散,未能形成稳定的研究体系,尚不成熟。

4 类团的主要研究内容

4.1 国内区域创新型人才竞争力研究的主要内容

"企业竞争对手与情报系统""情报采集与技术实现""信息需求与情报服务"作为与向心度最高、关联最紧密、成熟度最高的研究视域,受到很多学者的关注。关于"企业竞争对手与情报系统"的研究中,主要集中在企业竞争情报模型的建构[2][3][4]。而"信息需求与情报服务"的相关研究主要体现在大数据环境下企业等不同领域对情报的重视[5][6],企业与政府相结合的竞争情报[7][8],从而提高政府和企业的决策能力。"情报采集与技术实现"的研究主要介绍了竞争情报的获取方式,这些方式主要包括采用数据采集方法、利用数据仓库和数据挖掘技术、网络爬虫技术、KNN算法、云计算的数据分析技术来获取竞争情报[9][10][11][12][13],"企业情报机构及其工作"研究内容主要的着眼点在于情报工作人员的培养[14][15],商业情报的收集与数据分析[16]、商业情报的定价策略[17]。

"网络攻击与网络安全"的相关研究主要集中利用云技术来构建中小企业竞争情报安全体系的模型设想,通过"云"作为保护伞,保证数据的安全[18][19],然而有了云技术的保护并不能说明企业的竞争情报系统就一定安全,一旦云平台遭到病毒等网络威胁那么信息数据就很可能泄漏,因此,网络攻击导致的企业情报安全问题不容乐观,因此需要采取相应的策略来应对这些攻击[20]。人际情报网络建构对企业竞争情报工作开展具有重大的意义,关于人际情报网络的研究集中在从不同视角来分析人际情报网络的类型[21][22]、人际竞争情报网络的建构与开发[23][24][25][26]以及人际情报网络在竞争情报网络中的应用[27][28][29]。综合近十年来的关于企业竞争情报的文献来看,研究竞争情报多以文献计量学中定量分析的方法,从论文主题、期刊来源、时空分布、作者情况等方面分析来展示整个竞争情报的现状和问题以及发展态势[30][31][32][33]。还有一些文献研究主要采用共词分析、聚类分析的方式,通过可视化效果展现了整个竞争情报的研究热点和重点[34][35]。陈琼、赵燕平两位学者的研究总结介绍了一些在网络环境下国内外的企业竞争情报获取方式以及发展趋势[36]。

4.2　国外大数据环境下的企业竞争情报研究的主要内容

国外对于大数据环境下的企业竞争情报系统的相关研究分散在竞争情报、信息管理等领域。Competitive Intelligence(竞争情报)相关研究主要体现在数据挖掘、电子商务、数据分析等方面。Information Management(信息管理)的相关研究主要体现在信息系统、网络化制造、软件工程等方面。电子商务(E-commerce)的相关研究主要体现在在线支付、第三方平台等方面。此外,其他研究主要是对信息通信技术、业务流程、知识分享的研究,集中在不同的企业业务信息技术以及商务运作流程对企业竞争情报的影响。

在企业中,竞争情报的重要性正在逐渐被重视,在今天的企业中,利用竞争情报已经成为一种必然选择[37]。一个国家经济上的成功取决于其创造出竞争优势的能力[38],而作为提高企业竞争力的一种战略管理方式,企业竞争情报在国外具有一个较为复杂的操作系统。传统的竞争情报收集方式专注于收集网页却难以从网页中收集到实用的情报信息,如今互联网已经成为企业获取竞争情报的主要信息来源[39],大数据和 Web 2.0 的出现创造了新的机遇及更多的挑战,使企业能够更加有效地建立企业形象。

国外竞争情报的学术研究多是围绕职业活动进行的,因而广泛涉及了竞争情报业务中的诸多环节因素,如环境、活动主体、策略方法、技术、资源等;对传统的竞争情报理论、方法的探讨较为侧重,同时又十分注重实践与案例分析及新思想、新观念向竞争情报领域的引进研究[40]。除了对竞争情报的职业活动研究外,国外竞争情报的研究范围还涉及理论、技术与方法、竞争情报与知识管理、竞争情报实践及竞争情报教育,由此可以总结国外竞争情报发展的五大趋势:技术化趋势、网络化趋势、知识化趋势、集成化趋势以及职业化趋势[41]。

5 知识网络及其中心性分析

社会网络分子是社会研究中的一种研究方法,它以社会行动者之间的互动关系为研究基础[42]。一个社会网络是由多个节点和节点之间的连线组成的集合为关键,节点代表网络中的社会行动者,可以是人物、机构或者地点等;连线表示行动者之间的关系。下面运用社会网络分析法对由关键词构成的知识网络进行分析。知识网络以关键词为节点,关键词之间的共现关系为边,也可以共词矩阵的形式表现。借鉴社会网络分析的原理和方法,通过 UCINET 对大数据环境下的企业竞争情报的共现网络进行分析,绘制图 7、图 8 所示的社会网络图谱。

(1)节点的度数中心度分析。点的度数中心度用于衡量各节点的中心性,与其他节点连接越多,其点度中心度越高。国内研究中"竞争情报、网络"的点度中心度最高,说明这两个点是国内研究的焦点和热点。国内把区域竞争情报研究作为一项独立而重要的工作来推进,而"网络"则是目前竞争情报最主要的信息来源,因此,在网络环境下的竞争情报研究会成为学界的热点。

(2)中间中心度分析。中间中心度测量某节点对网络中资源的控制程度,即网络中某个节点在多大程度上位于其他节点对的中间位置,起到桥接的角色。中间度值较大的词往往控制着各个关键词之间的信息交流,指引资源的流动方向,在网络中占据着重要的位置。

图 7 中,"竞争情报""网络"两个关键词的中间中心度最高,分别为 23.060 和 15.217。说明这两个点是国内区域竞争力相关研究的核心主题,其他研究都以其为基础展开系列的研究与课题。而网

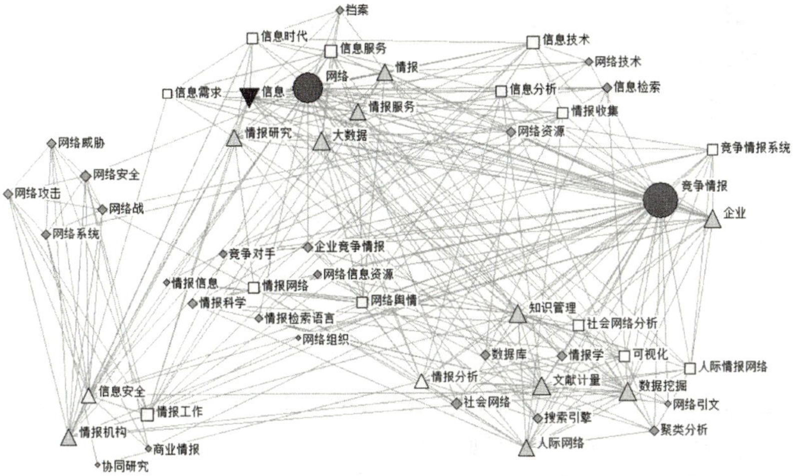

注:图中节点的度越大,则其形状越大。设节点的度为 D,当 $10>D\geqslant2$,关键词节点以菱形表示;当 $15>D\geqslant10$,节点以矩形表示;当 $20>D\geqslant15$,节点以三角形表示;当 $25>D\geqslant20$,节点以倒三角表示;当 $D\geqslant25$,节点以圆形表示。

图7　国内相关研究的社会网络分析

络安全、网络威胁、网络攻击、网络战、网络系统的中间中心度最小,其值均接近0,说明在网络中桥接其他点的作用不大,而在聚类图中也可看出这几个关键词所形成的类团相对孤立。图 8 中,"Competitive Intelligence""Business"两个关键词的中间中心度最高,分别为 24.916 和 9.829。说明这两个点是国外相关研究的核心主题,其他研究都以其为基础;而 XML(可扩展标示语言)、Development(发展)、CSCW(计算机协同工作)这三个关键词的中间中心度均为0,在网络中桥接其他点的作用不大。

(3)接近中心度分析。接近中心度是指网络中某个节点与其他节点的接近程度,即该点是否通过比较短的路径与其他点相连。路径越短表示该点在信息传递过程中越能较少地依靠其他点,路径较长则多数情况下是需要通过其他点充当媒介来传递信息。在关键词网络中,一个节点的接近度数值越小,说明该关键词离中心越近,自

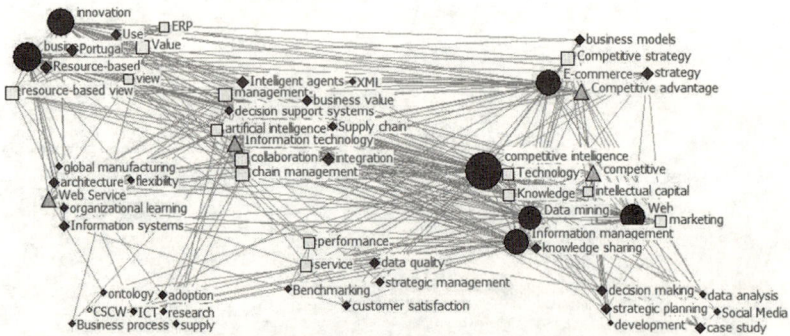

注:图中节点的度越大,则其形状越大。设节点的度为 D,当 $D<2$,以灰色菱形表示,当 $10>D\geq2$,以黑色菱形表示;$15>D\geq10$ 以矩形表示;$25>D\geq15$ 以三角形表示;$D\geq25$ 以圆形表示。

图 8　国外相关研究的社会网络分析

然而然就占据了核心地位。

国内研究中,"竞争情报和网络"的 Farness 最小,分别为 63 和 69,表明它们可以通过最短的路径与其他关键词相连,这两个节点处于核心位置。而网络安全、网络威胁、网络攻击、网络战、网络系统节点值最大,分别为 112、114、118、119、122,说明这几个点处于边缘位置,需要通过网络中其他的点来传递信息。国外研究中,"Competitive Intelligence""Business"两个词的 Farness 值最小,分别为 74 和 84,表明它们可以通过最短的路径与其他关键词相连,处于核心位置;而 Business process(业务流程)、supply(供应)、CSCW(计算机协同工作)节点 Farness 值最大,分别为 142、153、180,说明它们距中心问题较远,处于边缘主题。

(4)知识网络的密度分析。国内研究知识网络密度为 0.7911,比较适中,一方面,显示出关键词之间联系比较紧密,信息交流频繁,体现出知识共享的特点;另一方面,也显示该领域的研究主题正朝着多元化方向发展。国外研究知识网络密度为 0.7051,较为适中,但低于国内网络密度的 0.7911,说明相关研究在国内比国外受到更多关注,但差异化并不明显。

(5)网络的平均距离与网络凝聚度分析。共词网络的平均距离是指网络中任意两个关键词大约经过几个关键词产生共现。平均距离与节点之间信息沟通的容易度成反比。距离越长,网络内节点分散,联系较少;相反,则说明节点之间的联系较多,信息交流很频繁。

国内研究的关键词网络平均距离为1.895,说明大概通过两个关键词就能与其他的词产生联系,说明此网络很好地符合小世界理论特征,中间人越少,网络的联系就越强。可见,国内大数据环境下企业竞争情报的各研究主题充分连接与交叉,同时也具有一定的集中性。国外研究的关键词网络平均距离为1.943,与国内这一值相近。另外,对网络连接的紧密程度可以用网络凝聚度来表示,该值越大则说明网络内部联系越紧密,凝聚力越强。利用 Distance 功能,计算网络节点间的平均距离,得到国内、外关键词网络的凝聚度分别为0.593 和0.572,两者的值相近,且均比较适中。可见,国内、外区域创新型人才竞争力的各研究主题充分连接与交叉,同时也具有一定的集中性。

5 结 语

大数据环境下的企业竞争情报研究吸引了国内外诸多学者的广泛关注,国内研究大致可以分为"网络攻击与网络安全、企业情报机构及其工作、信息需求与情报服务、情报采集与技术实现、人际网络情报、企业竞争对手与情报系统、情报研究方法"这七个类团。这些类团中,国内在"竞争情报"方面的研究受到较大的关注,并且研究较为成熟,而"竞争情报"的研究重点又在于企业竞争情报的相关研究。国外研究大体可以分为"商业价值、信息系统、人工智能、战略管理、电子商务、数据挖掘、数据分析、信息通信技术"八个类团。这些类团中,国外在"竞争情报、信息挖掘"上的研究受到较大的关注,且研究较为成熟。无论是国内还是国外,其研究主题之间都充分连接、交叉与融合,形成了良好的传播形式,同时也具有一定的研究集中度,形成了较为成熟的研究框架与诸多有价值的研究成果,未来这一研究方向具有良好的研究前景。

国内的情报研究重点还在于对理论层面的分析,关于实证方面的研究刚刚起步,理论滞后于实证的发展,且研究尚不成熟,情报机构及其工作与国外相比也缺乏系统性和规范性;在近年的国外竞争情报技术研究中,探讨较多的主要是新技术的运用,如商业卫星遥感技术用于搜集竞争情报、模拟方法用于了解市场竞争的动态规律、网络神经用于提高决策的精确度、数据仓库对竞争情报的重要性及评估方法、数据挖掘对竞争情报分析与搜集的作用等。此外还有不少论文描述了实现 BI(商业情报)自动化的软件开发等。国内的企业竞争情报就目前的研究状况来看,特别是中小企业由于资源的局限性没有形成一个自己的竞争情报系统,在这方面的建设相比于国外还比较薄弱,还需要政府的扶持才能够完善自己的竞争体系;国内的情报研究涉及互联网、大数据环境下的企业竞争情报的研究综述较少,这主要也在于目前大数据技术在我国刚刚兴起,相比于国外,国内各项情报工作也不够成熟,没有形成一个完整的知识体系。因此,本文主要利用共词分析的方法,在大数据、网络的环境背景下,对整个企业竞争情报的研究状况进行了综合分析,力求能够展现出一个完整的知识图谱。

参 考 文 献

[1]钟伟金,李佳.共词分析研究方法(二)——类团分析[J].情报杂志,2008(6).

[2]刘红庆,李硕,王晰巍.Web 集成环境下企业竞争情报模型构建研究[J].情报科学,2006,24(11).

[3]罗迪.大数据环境下的多源融合型竞争情报研究[J].情报理论与实践,2015,38(4).

[4]彭玉芳,马铭苑.大数据环境下的企业竞争情报蛙跳模式构建研究[J].博士论坛,2015,33(8).

[5]彭靖里,邓艺,刘亚伟,赵鸿阳.网络环境下企业竞争情报系统构建与服务研究[J].情报杂志,2006(8).

[6]李广建,江信昱.不同领域的情报分析及其在大数据环境下的

发展[J].图书与情报,2014(5).

[7]顾穗珊,孙山山.大数据时代智慧政府主导的中小企业竞争情报服务供给研究[J].图书情报工作,2014,58(5).

[8]王鹏,李军.国内外竞争情报研究概述[J].情报杂志,2009(28).

[9]刘红庆,李硕,王晰巍.Web集成环境下企业竞争情报模型构建研究[J].情报科学,2006,24(11).

[10]王勇,许钟涛,王瑛.大数据环境下竞争情报系统的研究与实现[J].广东工业大学学报,2014,31(3).

[11]张兴旺,麦范金,李晨晖.基于大数据的企业竞争情报动态信息处理的内涵及共性技术体系研究[J].情报理论与实践,2014,37(3).

[12]何军,基于云计算技术的大数据下企业危机管理系统研究[J].科技管理研究,2014(21).

[13]石文萍,基于资源基础观的大数据技术探析[J].信息传媒,2014.

[14]雷莉萍,刘爱菊,孙敏.大数据背景下企业竞争情报人员胜任力分析[J].新西部,2013(20).

[15]马林山,赵庆峰.大数据时代企业竞争情报运行保障机制建设研究[J].现代情报,2015,35(7).

[16]李宝虹,白建东,张会来.基于数据驱动的企业商业情报管理[J].情报科学,2014(8).

[17]赖茂生,张梦雅.网络情报产品的定价策略研究[J].情报科学,2011,29(10).

[18]周海炜,王洪亮,郝云剑.云计算环境下中小企业竞争情报安全模型构建[J].图书馆理论与实践,2013(11).

[19]王洪亮,郝云剑.云时代我国中小企业竞争情报安全子系统构建[J].

[20]张伟匡,刘敏榕,李治准.云时代企业竞争情报安全问题及对策研究[J].情报杂志,2011,30(7).

[21]刘俊阳,万姗,李晓菲.基于多视角的企业人际竞争情报网络的构建研究[J].现代情报,2011,31(11).

[21]梁雁,张翠英.基于社会网络视角的企业竞争情报系统设计思考[J].科技情报开发与经济,2008,18(28).

[23]李丹,吴晓伟.企业人际竞争情报系统开发研究[J].情报杂志,2007(10).

[24]张翼.浅谈企业人际情报网络的构建[J].科技信息,2007(28).

[25]张恒.中小企业分布式竞争情报系统基本框架构建研究[J].农业图书情报学刊,2012,24(9).

[26]仝丽娟,秦铁辉.试论企业人际情报网络的构建[J].图书情报工作,2009,53(16).

[27]单冠贤.浅析人际网络在企业竞争情报系统中的应用[J].科技创新导报,2009.

[28]董智文,张旭.使用人际情报网络解决企业研发中的问题[J].图书情报工作,2008.

[29]张晓丹,王守宁.企业竞争情报活动中的人际网络构建和利用[J].情报科学,2006,24(7).

[30]岳凌云,1989—2005年我国企业竞争情报论文的计量分析[J].情报科学,2006,24(4).

[31]张素芳,张令宽.1994—2005年我国企业竞争情报研究[J].情报科学,2006,24(8).

[32]伍若梅,杨晓菲.我国企业竞争情报研究进展的文献计量学分析[J].情报科学,2009,27(9).

[33]党春勇,胡笑梅.我国企业竞争情报系统研究综述[J].情报探索,2010(9).

[34]李纲,吴瑞.国内近十年竞争情报领域研究热点分析[J].情报科学,2011,29(9).

[35]李颖,贾二鹏.基于共词分析的国内竞争情报研究演进态势[J].现代情报,2011,31(4).

[36]陈琼,赵燕平.基于Internet的企业竞争情报系统研究综述[J].情报杂志,2003(10).

[37]L'ubica Stefanikova, Gabriela Masarova. The need of complex competitive intelligence [J]. Procedia-Social and Behavioral

Sciences,2014:110.

[38] Nisha Sewdass, Adeline Du Toit. Current state of competitive intelligence in South Africa[J]. International Journal of Information Management,2013.

[39] Jie Zhao, Peiquan Jin. Extraction and credibility evaluation of Web-based competitive intelligence[J]. Journal of Software,2011: 68.

[40] 马海群,乔丽春. 国外竞争情报学术研究进展的分析与评价 [J]. 图书情报知识,2002(3):16-20.

[41] 徐芳. 国外竞争情报研究进展:概念辨析、问题论域及发展趋 势[J]. 情报资料工作,2011(1):46-51.

[42] 林顿·C·费里曼. 社会网络分析发展史[M].张文宏,等,译. 北京:中国人民大学出版社,2008.

【作者简介】

李纲，博士，长江学者特聘教授，武汉大学博士生导师，1966 年 8 月生。武汉大学信息资源研究中心主任，国家信息资源管理武汉研究基地主任，武汉大学智慧城市研究中心主任。兼任全国高校管理科学与工程专业教学指导委员会委员，全国高校图书情报专业学位教学指导委员会委员兼秘书长，中国科技情报学会常务理事，湖北省电子商务学会理事长。先后主持完成了国家社会科学基金项目"面向竞争情报的 Internet 信息自动采集方法与系统模型"、教育部人文社会科学重点研究基地重大项目"基于知识组织的竞争情报研究"、国家自然科学基金项目"文本特征提取方法及应用研究"、国家自然科学基金面上项目"科研团队动态演化规律研究"以及国家社会科学基金重大项目"面向突发事件应急决策的智慧城市快速响应情报体系研究"等重要科研项目。

才世杰，男，1967 年生，武汉大学管理科学与工程专业博士生，主要研究方向：竞争情报与战略管理。

杜智涛，1974 年生，中国青年政治学院新闻与传播系副教授，主要研究方向：竞争情报，网络传播。

国外信息质量研究现状及进展*

查先进　　杨海娟

（武汉大学信息管理学院）

[摘　要]随着互联网和信息技术的快速发展与普及，信息质量良莠不齐的现象日益严重。本文首先对 SSCI（Social Sciences Citation Index）数据库所收录的 798 篇有关信息质量的论文进行统计，对其发表年代、文献类型、来源期刊、国家与机构分布、研究领域、论文作者及合作情况分布、被引频次、ESI 高水平论文分布等现状进行统计和分析。然后结合关键词频次和相关论文的内容，对研究热点和进展进行分析。本文为信息质量研究和实践提供了参考。

[关键词]信息质量　信息系统成功　用户满意度　社会化媒体　信任

Review on the Research Status and
Progress of Foreign Information Quality

Zha Xianjin　　Yang Haijuan

（School of Information Management，Wuhan University）

[**Abstract**] Information quality has long been a concern with the

---

* 本文系国家自然科学基金项目"认知转变和 IT 社会结构视角下互联网用户适应性信息行为影响规律及优化研究"（编号：71573195）和国家自然科学基金项目"需求和能力调节下的网络信息行为影响规律及优化研究"（编号：71373193）的研究成果之一。

rapid development and popularity of the Internet and information technologies. In the current study, a statistical analysis was first performed on 798 papers related to information quality that are indexed by Social Sciences Citation Index（SSCI）in terms of publication years, article types, source journals, countries and institutions, research areas, authors and co-authors, cited frequency and ESI highly cited papers. Then, the hot spots and progress were explored and analyzed based on the frequency of keywords and the content of relative papers. We suggest this study has important implications for information quality research and practice alike.

［**Keywords**］information quality　information system success user satisfaction　social media　trust

1 引　言

　　信息技术特别是互联网技术的迅猛发展，一方面极大地降低了用户发表、传播和获取信息的门槛，但另一方面，用户却又在无处不在、无时不有、随处可取的信息汪洋中感叹"信息贫乏"。信息质量（information quality，IQ）不佳是造成这种现象的主要原因之一，即信息不能满足用户的实际需求。人们徜徉在信息的海洋中，信息超载、信息造假、信息空间缺乏有效监管等现象日益严重。面对泛滥成灾的劣质信息和信息垃圾的不断冲击和困扰，人们的学习、工作和生活面临着各种不确定性和茫然[1]。如何增强信息用户辨识和利用有用或有益信息的能力，是信息时代提出的新挑战。

　　"信息质量"一词虽被广泛使用，但在不同的研究领域，其含义是有所差别的。因为研究者对"信息"和"质量"本身以及两者之间的关系有多种定义与理解，同时又受到各自研究内容范围的约束。具体来说，关于"信息质量"的定义具有代表性的观点主要有以下四类：第一，早期的数据质量研究者认为，信息质量就是数据质量[2]，主要集中于数据的精确性维度，将其分为正确和错误的两种。第二，质量管理领域的学者将"信息质量"看作是"质量"的下位概念。目前在质量管理领域将"质量"理解为适用性质量的观点已经成为主流，从适用性角度出发，信息质量是满足信息用户需求的信息特征[3][4]。这一定义说明了信息在使用过程中的相关性是信息质量的主要方面。第三，信息系统领域的研究者将信息系统产出视为一种信息产品，认为信息质量是信息产品的质量[5]。第四，在上述三种观点的基础上，也有学者提出信息质量是一种综合性的判断，是信息产品质量和用户期望的融合[6]。该定义在信息生产和评价中可实现操作化，具有一定的实践意义。本研究认为上述定义在特定环境下都具有一定的合理性和适用性，从信息视角来看，信息质量指信息（产品）结构、品种、效用等属性在质和量两个方面优劣程度的总和；从信息使用者视角来看，信息质量指信息（产品）满足用户实际需求和期望的程度。信息价值的发挥依赖于用户开发利用的程度，离开用户纯粹谈信息是否符合规范标准是没有任何价值的；然而信息用户的需求和期望往往很难在短时间内准确地捕捉到，需要把它转化成具体的产品和过程规范才能得以实现。因此，对于信息质量的理解，需要将两种视角有效结合起来，以用户为导向，兼顾信息（产品）要求[7]。

信息质量问题是在信息社会发展过程中产生的，也是伴随着信息资源开发利用活动向纵深方向发展而被加剧的问题，是由信息资源无限增长和用户的吸收利用能力有限、信息的分布和流向不确定与用户需求多样化的矛盾造成的[1]。针对信息质量的研究是时代赋予的使命，在过去的十年中，信息质量国际会议（International Conference on Information Quality，ICIQ）每年都在麻省理工学院（Massachusetts Institute of Technology，MIT）召开年会，并为信息质量的研究者和实践者建立了讨论论坛。而国际数据管理协会和国际数据与信息质量协会专门设置了信息质量主题的工业会议和工作室，这些举措都推动了信息质量研究的发展[8]。本研究将对国外信息质量领域的研究论文进行统计和分析，以期展现国外信息质量的研究现状和发展动态，旨在推动信息质量的理论研究和实践发展。如无特别说明，本研究所指的国外信息质量领域的研究论文是指在国外英文期刊上发表的信息质量领域的研究论文。

2 研究方法和数据搜集

信息质量领域的研究论文是研究者学术观点和研究思路的最直接体现，因此，从文献的角度分析该领域的研究现状和进展是可行的。文献计量分析法侧重于分析文献外部特征的"量"，内容分析法侧重于分析文献内容特征的"量"，两种方法的共同使用能够突破单一研究思维的狭隘性，有利于实现文献量化分析的全面性和科学性。

2.1 研究方法

2.1.1 文献计量分析法

文献计量分析法是利用数学和统计学方法对文献进行统计分析，以数据来描述和揭示文献的数量特征和变化规律，从而达到一定研究目的的一种研究分析方法[9]。它以各种科学文献的外部特征为研究对象，以输出量化的信息内容为主要特点。在对某一领域学术文献进行定量评价时，可选择的外部特征很多，选取原则一般立足于研究目的和预期的研究效果。本研究考察以下外部特征：论文发表年代、文献类型、期刊分布、国家(地区)分布、核心机构、研究领域、作者分布以及合作情况、论文被引频次、ESI 高水平论文分布、英文关键词。

2.1.2 内容分析法

内容分析法是一种对具有明确特性的文献内容进行的客观、系统和定量描述的研究技术[10]。它以定性研究为前提，找出能反映文献内容的某种本质的量的特征，并将它转换为定量的数据，通过对这些数据的比较、分析和推理，弄清或测度出文献中本质性的事实和趋势，解释文献中所含有的隐性情报内容，以在此基础上科学、合理地描述和揭示学科发展的特点、动态和趋势。

本研究在关键词词频统计分析的基础上，结合信息质量领域相关论文的内容分析，总结出该领域的研究热点，同时对未来研究的内容趋势作出预测。这个层面的内容分析是对前面计量分析的有力深化和拓展。

2.2 数据搜集

本研究所采用的数据来源于美国科学情报研究所（Institute for Scientific Information）出版的 Web of Science 旗下的引文数据库 Social Sciences Citation Index（SSCI），以主题"information quality"为检索式进行检索（检索日期：2015 年 7 月 6 日），时间跨度默认为所有年份（1900 年至 2015 年）。检索结果表明，截至检索日期，国外有关信息质量的研究文献共 798 篇，这 798 篇论文成为本研究探讨国外信息质量研究现状和研究特点的原始数据。

3 信息质量研究现状

3.1 信息质量研究的文献计量分析

利用 Web of Science 自带的在线分析功能和文献题录信息统计分析工具（Statistical Analysis Toolkit for Informetrics，SATI）对检索结果进行分析，可以了解国外信息质量研究领域的历年发文数量、文献类型、重要出版物、核心国家、核心机构、研究领域、作者分布以及合作情况、高水平论文分布情况等。

3.1.1 论文年度趋势统计分析

通过年代分布情况计量可以系统地反映该领域产生、发展与成熟的过程，有助于了解和把握该领域研究的发展历程，揭示其发展趋势。国外信息质量领域研究论文的发表年代分布如图 1 所示。

从图 1 可以明显看出，国外对信息质量的研究起步于 20 世纪 60 年代，从 1968 年开始出现了相关研究论文，但是直到 1978 年才出现第二批信息质量研究文献，时间间隔长达十年之久，这种"慢热型"的研究状况一直延续到 20 世纪 80 年代末才得以改善。这说明信息质量在最初出现的 20 年间似乎并没有引起学术界足够

文献数量（篇）

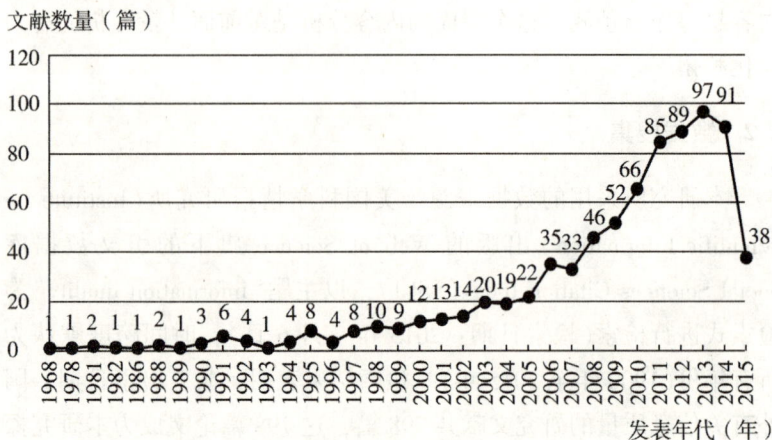

图 1　国外信息质量领域论文发表年代分布

的重视。具体来讲，国外关于信息质量的研究大致可以分为四个阶段：（1）1968—1988 年是萌芽阶段，这一阶段前一批研究论文距离后一批研究论文出现的时间间隔较长，说明此时关于信息质量的研究尚处于"游离"的曲折探索阶段。（2）1989—1999 年是初步发展阶段，论文产出在时间上的连续性标志着信息质量研究已经引起了人们的关注，但发文量比较少，基本上为个位数。（3）2000—2005年发文量有了一定幅度的增长，是平稳发展期。（4）2006—2014 年是国外信息质量研究的快速发展期，总体呈现明显上升的态势，2013 年发文量达到峰值 97 篇，这期间的文献发表量明显大于前三个时期。在数据搜集时，由于当时 SSCI 的文献更新时间为 2015 年7 月 6 日，所以 2015 年的文献数据未完全统计。尽管如此，从图 1仍不难看出，2006 年至今，国际学术界对信息质量的研究热度较高。

3.1.2　文献类型分析

文献的类型能从一定程度上反映某领域内学术互动形态、研究范式的现状[11]。本次检索得到的 798 篇研究论文的文献类型分布如表 1 所示。

表1 　　　　　　国外信息质量研究论文文献类型分布

文献类型	论文数(篇)	所占比例(%)
Article(期刊论文)	718	89.975
Proceedings Paper(会议论文)	26	3.258
Review(评论)	25	3.133
Book Review(书评)	15	1.880
Editorial Material(编辑文献)	8	1.003
Meeting Abstract(会议摘要)	4	0.501
Note	1	0.125
News Item(新闻)	1	0.125

由表1可以看出国外信息质量领域文献类型的分布特点如下：

(1)主要文献类型为期刊论文,此文献类型的论文数量约占总数的90%,说明期刊发表是信息质量研究领域的主要学术交流途径。这与信息质量作为一个尚未成熟的研究领域,主要学术活动着重于信息质量理论体系、研究模式的构建以及方法阐述的情况是相符的。相对于其他出版物,期刊出版周期短、速度快、内容新颖、信息量大,代表了本研究领域的最新成果和发展趋势。

(2)排在第2位的是会议文献,这里的会议文献仅为出现在Web of Science的SSCI引文数据库里的会议文献,同样的检索式在Web of Science的CPCI-SSH引文数据库中的检索结果包含会议引文多达200多篇,远远高于这26篇的数字,说明关于信息质量的会议交流并不缺乏,成果也较为可观。

(3)评论、书摘、新闻等其他类型的文献较少,只占7%左右,说明信息质量领域内较权威、有引用价值、有较深远学术意义的专著不多,这从一定程度上也说明该领域发展尚未成熟,理论体系尚不完善,主流指导思想尚未完全形成。

3.1.3　刊载文献的重要出版物分析

通过分析文献来源出版物,不仅可以确定该领域的核心出版物,为文献收集和管理提供依据,而且可以为读者的重点阅读提供指导。经统计，798 篇文献共刊载在 380 种不同的期刊上，平均每刊载文 2.1 篇。根据布拉德福定律，刊载论文总数约占 33% 的期刊属于该领域的核心期刊[12]。表 2 根据收录文献量的多少进行排序，列出前 25 种期刊的累积载文百分比为 33.08%（264/798），所以可以初步确定这 25 种期刊是国外信息质量领域的核心期刊。上述分析表明，有关信息质量的研究论文空间分布既分散，又相对集中。

表 2   载文量前 25 名的重要出版物分布

序号	期刊名称	载文量（篇）	期刊类别
1	Journalof the American Society for Information Science and Technology	25	图书情报类、计算机科学-信息系统
2	Decision Support Systems	22	计算机科学-信息系统、计算机科学-人工智能、运筹管理学
3	Information & Management	17	图书情报类、计算机科学-信息系统、管理学
4	Computers in Human Behavior	15	心理学
5	Journal of Management Information Systems	13	图书情报类、计算机科学-信息系统、管理学
6	International Journal of Information Management	13	图书情报类
7	Behaviour & Information Technology	12	人体工程学、计算机科学与控制论
8	Journal of Information Science	11	图书情报类、计算机科学-信息系统
9	Government Information Quarterly	10	图书情报类
10	International Journal of Medical Informatics	10	医学信息学、卫生保健学、计算机科学-信息系统

序号	期刊名称	载文量（篇）	期刊类别
11	Information Systems Research	9	图书情报类、管理学
12	Accounting Review	9	商业与金融
13	Online Information Review	9	图书情报类、计算机科学-信息系统
14	Total Quality Management & Business Excellence	9	管理学
15	Journal of Medical Internet Research	9	医药信息学、卫生保健学
16	Library & Information Science Research	8	图书情报类
17	Journal of Computer Information Systems	8	计算机科学-信息系统
18	Internet Research	8	计算机科学-信息系统、通讯学、商业学
19	Industrial Management & Data Systems	8	计算机科学-跨学科应用、工程与工科相关专业
20	Information Research-An International Electronic Journal	7	图书情报类
21	Contemporary Accounting Research	7	商业和金融学
22	BMC Medical Informatics and Decision Making	7	医药信息学
23	IEEE Transactions on Engineering Management	6	管理学、工程与工科相关专业、商业学
24	Online	6	图书情报类、计算机科学-信息系统
25	Journal of Finance	6	商业和金融学、经济学

通过分析表 2 可以发现，图书情报类和计算机科学类的期刊是发表信息质量研究论文的主要阵地。其中，*Journal of the American Society for Information Science and Technology*（*JASIST*）和 *Decision Support Systems*（DSS）作为国外有代表性的图书情报类和计算机科学-信息系统类的期刊分别位列第一名和第二名，也说明了图书情报学领域和计算机科学-信息系统领域的研究者们对信息质量的高度关注。值得注意的是，继前三甲期刊之后，心理学类期刊 *Computers in Human Behavior* 刊载信息质量的论文数排名第四，这说明用户感知研究也是国外信息质量研究中比重较大的板块。此外，商业与金融、医学类期刊关于信息质量研究的载文量虽相对较少，但一定程度上也说明信息质量与商业、医学领域之间的交叉和渗透。

3.1.4 国家或地区分析

关于信息质量的研究在国家或地区上的分布，可以了解各个国家或地区在该领域的科研能力、发展状况和影响力。利用 Web of Science 自带的在线分析功能，得到 798 篇信息质量研究论文的作者来自 56 个国家或地区。以发文量作为遴选标准，挑选该领域研究论文数排名前 19 位的国家和地区，见表 3。

表 3　　　　　　　关于信息质量的研究国家或地区分布

序号	国家或地区	发文量（篇）	所占比例（%）
1	美国	356	44.61
2	中国（包括大陆、香港和台湾）	147	18.42
3	英国	52	6.52
4	韩国	45	5.64
5	澳大利亚	38	4.76
6	德国	36	4.51
7	加拿大	35	4.39
8	荷兰	23	2.88

续表

序号	国家或地区	发文量(篇)	所占比例(%)
9	西班牙	20	2.51
10	法国	15	1.88
11	巴西	14	1.75
12	意大利	13	1.63
13	瑞士	13	1.63
14	马来西亚	11	1.38
15	新加坡	11	1.38
16	瑞典	10	1.25
17	威尔士	10	1.25
18	芬兰	9	1.13
19	以色列	9	1.13

由表3可见,关于信息质量的研究,美国的文献量为356篇,占总文献量的44.61%,处于绝对的领先地位。紧跟其后的是中国(包括大陆、香港和台湾),占总文献量的18.42%,标志着中国在信息质量领域的研究也位居前列,但与美国相比仍存在相当大的差距。继中国之后,英国排名第3,其关于信息质量的研究整体来说还比较活跃,拥有较多的研究成果。其后的韩国、澳大利亚、德国、加拿大、荷兰等国家在研究论文数量上的差距不大。

3.1.5 机构分析

考察论文作者所在机构的分布情况,可以明确在信息质量研究领域有哪些大学或科研团体是核心机构,进而了解这些核心机构的科研状况和学术水平,为广大研究者提供一定的参考价值。

(1)在论文数Top50的机构中(具体数据见表4),美国机构占据28席,以56%的比例雄居榜首。中国台湾(7席)、中国大陆(3席)、中国香港(3席)、澳大利亚(2席)、韩国(2席)、加拿大(2席)紧跟其后。马来西亚、西班牙和英国各占有一个席位,国家或地区科研实力的悬殊在这里窥见一斑。值得欣慰的是，目前中国（包括大陆、香港和台湾）在信息质量领域的研究已跻身世界前列，在世界 Top10 机构中，中国台湾的"中央"大学、成功大学，以及中国香港的香港城市大学分别位列第 3、4、5 名。中国大陆虽没有一所大学或科研机构跻身世界前 10 名，但是杭州电子科技大学、中山大学和武汉大学分别位居该领域世界前 20、21 和 34 名，其发展前景是令人期待的。

（2）中国（包括大陆、香港和台湾）的信息质量论文数 Top10 的机构分布见表 5。可以看出，中国台湾的科研实力最强，其在 10 个席位中占有 6 席，中国大陆占有 3 席，中国香港虽只占有一个席位，但是发文量明显高于大陆三所大学各自的论文产出量。这说明中国台湾和香港的大学在信息质量领域的研究能力强于中国大陆。

综上所述，中国大陆的高校和科研机构可参考和借鉴美国、中国台湾和香港学术机构的现有科研成果，进一步深化和拓展信息质量领域研究。

表 4 　　　　　　信息质量领域的主要研究机构分布

序号	研究机构（英文）	研究机构（中文）	机构所在国家或地区	发文量（篇）	所占比例（%）
1	Florida State University	佛罗里达州立大学	美国	15	1.88
2	Harvard University	哈佛大学	美国	10	1.25
3	National Central University	"中央"大学	中国台湾	10	1.25
4	National Cheng Kung University	成功大学	中国台湾	10	1.25
5	City University of Hong Kong	香港城市大学	中国香港	10	1.25
6	Korea Advanced Institute of Science Technology KAIST	韩国科学技术发展研究院	韩国	9	1.13
7	University of Wisconsin System	威斯康星大学	美国	9	1.13
8	New York University	纽约大学	美国	8	1.00
9	University of Pittsburgh	匹兹堡大学	美国	8	1.00

续表

序号	研究机构(英文)	研究机构(中文)	机构所在国家或地区	发文量(篇)	所占比例(%)
10	University of South Florida	南佛罗里达大学	美国	8	1.00
11	National Chung Cheng University	中正大学	中国台湾	8	1.00
12	Monash University	莫那什大学	澳大利亚	7	0.88
13	Columbia University	哥伦比亚大学	美国	7	0.88
14	Georgia State University	佐治亚州立大学	美国	7	0.88
15	Michigan State University	密歇根州立大学	美国	7	0.88
16	Penn State University	宾夕法尼亚州立大学	美国	7	0.88
17	University of Arizona	亚利桑那大学	美国	7	0.88
18	University of Illinois System	伊利诺伊大学	美国	7	0.88
19	University of Nebraska System	内布拉斯加大学	美国	7	0.88
20	Hangzhou Dianzi University	杭州电子科技大学	中国大陆	7	0.88
21	National Sun Yat Sen University	中山大学	中国大陆	7	0.88
22	University of Alberta	阿尔伯塔大学	加拿大	6	0.75
23	University of British Columbia	不列颠哥伦比亚大学	加拿大	6	0.75
24	Miami University	迈阿密大学	美国	6	0.75
25	Massachusetts Institute of Technology	麻省理工大学	美国	6	0.75
26	University of Arkansas System	阿肯色斯大学	美国	6	0.75
27	University of Florida	佛罗里达大学	美国	6	0.75
28	University of Kentucky	肯塔基大学	美国	6	0.75
29	University of North Carolina	北卡罗来纳大学	美国	6	0.75
30	University of Texas Austin	德克萨斯大学	美国	6	0.75
31	University of Texas Dallas	德克萨斯大学达拉斯分校	美国	6	0.75

续表

序号	研究机构(英文)	研究机构(中文)	机构所在国家或地区	发文量(篇)	所占比例(%)
32	University of Washington	华盛顿大学	美国	6	0.75
33	University of Sheffield	谢菲尔德大学	英国	6	0.75
34	Wuhan University	武汉大学	中国大陆	6	0.75
35	University of Melbourne	墨尔本大学	澳大利亚	5	0.63
36	Kyung Hee University	庆熙大学	韩国	5	0.63
37	University Sains Malaysia	马来西亚理科大学	马来西亚	5	0.63
38	Indiana University System	印第安纳大学	美国	5	0.63
39	Louisiana State University	路易斯安那州立大学	美国	5	0.63
40	Purdue University	普渡大学	美国	5	0.63
41	State University of New York Suny Albany	纽约州立大学奥尔巴尼分校	美国	5	0.63
42	University of Massachusetts System	麻州大学	美国	5	0.63
43	University of Michigan	密歇根大学	美国	5	0.63
44	Chia Nan University of Pharmacy & Science	嘉南药理科技大学	中国台湾	5	0.63
45	National Chiao Tung University	交通大学	中国台湾	5	0.63
46	National Taiwan Ocean University	台湾海洋大学	中国台湾	5	0.63
47	National Taiwan University of Science Technology	台湾科技大学	中国台湾	5	0.63
48	University of Granada	格拉纳达大学	西班牙	5	0.63
49	Hong Kong Baptist University	香港浸会大学	中国香港	5	0.63
50	Hong Kong Polytechnic University	香港理工大学	中国香港	5	0.63

表5 　　中国的信息质量论文数 Top10 机构分布

序号	研究机构(英文)	研究机构(中文)	机构所在地区	发文量(篇)	所占比例(%)
1	National Central University	"中央"大学	台湾	10	1.25
2	National Cheng Kung University	成功大学	台湾	10	1.25
3	City University of Hong Kong	香港城市大学	香港	10	1.25
4	Hangzhou Dianzi University	杭州电子科技大学	大陆	7	0.88
5	National Sun Yat Sen University	中山大学	大陆	7	0.88
6	Wuhan University	武汉大学	大陆	6	0.75
7	Chia Nan University of Pharmacy & Science	嘉南药理科技大学	台湾	5	0.63
8	National Chiao Tung University	交通大学	台湾	5	0.63
9	National Taiwan Ocean University	台湾海洋大学	台湾	5	0.63
10	National Taiwan University of Science Technology	台湾科技大学	台湾	5	0.63

3.1.6 研究领域分析

关于信息质量研究涉及的领域分析，可以帮助我们了解信息质量在学术研究中受到的关注程度。一方面，各领域内有关信息质量的研究论文数可以帮助我们确定信息质量研究的核心学科；另一方面，对信息质量在各领域论文量增长速度的比较可以使我们明确信息质量在哪些学科领域中发展最为强劲。本次检索出的798篇文献涉及69个研究领域，其中52个领域的论文量在10篇以下，13个学科领域的论文量在11~78篇之间，3个学科领域的论文量超过200篇，具体数据见表6。

由表6可见，有关信息质量的研究主要集中在商业经济学、计算机科学、情报学和图书馆学三个主要学科领域，此外还涉及工程学、心理学、运筹管理学、医学和卫生保健、法学、社会学等相关学科，体现了信息质量作为一个多学科交叉研究领域的特征。

表6 国外信息质量研究的主要学科领域分布

序号	研究领域	发文量（篇）	所占比例(%)
1	Business Economics	278	34.84
2	Computer Science	263	32.96
3	Information Science Library Science	218	27.32
4	Engineering	78	9.77
5	Psychology	60	7.52
6	Operations Research Management Science	56	7.02
7	Medical Informatics	44	5.51
8	Health Care Sciences Services	43	5.39
9	Social Sciences Other Topics	30	3.76
10	Public Environmental Occupational Health	27	3.38
11	Communication	20	2.51
12	Education Educational Research	13	1.63
13	Nursing	12	1.50
14	Government Law	12	1.50
15	Mathematics	11	1.38
16	Environmental Sciences Ecology	11	1.38

　　为了详细分析信息质量分学科领域研究状况，我们选取其中发文量最多的3个研究领域，它们分别是：Business Economics（商业经济学）、Computer Science（计算机科学）以及 Information Science Library Science（情报学和图书馆学）。图2展示的是信息质量在这3个主要学科领域上的研究论文年度发表情况。

　　由图2可以看出，近几年国外信息质量的研究在这三个学科领域都呈现出一种持续增长的态势。2000年之前，关于信息质量的研究论文在这三个学科领域内的发展都很平稳，从2001年开始，发表论文的数量在这三个学科领域内起伏较大，计算机科学领域内

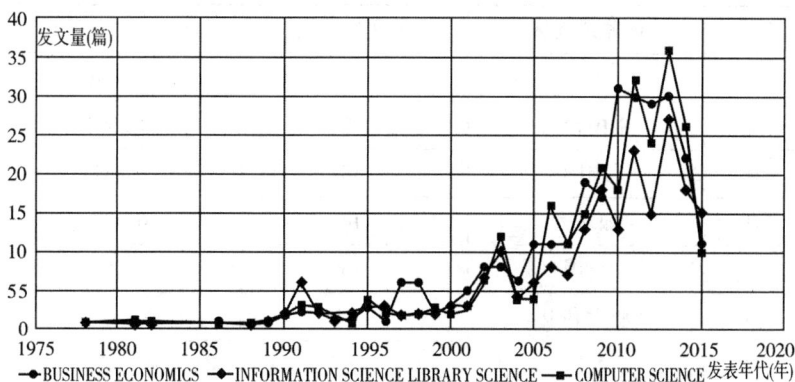

图2 主要学科领域的相关论文年度发表分布

的发展尤为强劲。然而,结合分学科领域论文被引频次和篇均被引次数(见表7),不难看出商业经济学领域的论文更具有影响力,更被相关学者所关注。

表7 国外信息质量主要学科领域论文数、
被引频次和篇均被引次数

学科领域	发文量 (篇)	被引频次 (次)	篇均被引频 次(次/篇)
Business Economics	278	7373	27
Computer Science	263	6547	25
Information Science Library Science	218	5763	26

3.1.7 图书情报领域研究的国家或地区分布

由表7可知,情报学和图书馆学关于信息质量的研究在1968—2015年间的文献数量为218篇,对其进一步分析在国家或地区上的分布,结果见表8。

表8 情报学和图书馆学关于信息质量研究的国家或地区分布

序号	国家或地区	发文量(篇)	所占比例(%)
1	美国	93	42.661
2	中国台湾	22	10.092
3	中国	15	6.881
4	加拿大	14	6.422
5	英国	13	5.963
6	澳大利亚	9	4.128
7	韩国	8	3.67
8	德国	7	3.211
9	西班牙	6	2.752
10	巴西	6	2.752

表8数据显示，我国情报学和图书馆学关于信息质量的研究排名比较靠前，但是与美国相比还是有很大的差距，因此我国图书情报领域关于信息质量研究的参照对象应以美国为主。值得一提的是，我国台湾地区对于信息质量的关注程度比大陆地区要高，研究活跃度也比大陆要高。

3.1.8 论文作者分析

通过对信息质量研究论文作者的分布进行统计，可以了解该领域作者发文的总体情况，判断核心群体是否形成，进而实现对该领域的跟踪研究。数据显示(见表9)，798篇论文来自1909位作者(包括第二作者、第三作者等所有论文合著者)，篇均作者2.4人。

表9   国外信息质量研究论文的作者分布

序号	发文量(篇)	人数(人)	占作者总数的百分比(%)	作者
1	8	2	0.105	Stvilia B；Yen D C
2	7	2	0.105	Kim J；Zhou T

序号	发文量（篇）	人数（人）	占作者总数的百分比（%）	作　者
3	6	1	0.052	Lin H F
4	5	1	0.052	Wang Y S
5	4	14	0.733	Chung N；Hsiao J L；Chung W Y；Chen R F；Han I；Popovic A；Chiu C M；Lu Y；Zha X；Ramayah T；Kim S；Zhang J；Lee Y W；De Sordi J O
6	3	32	1.676	（略）
7	2	138	7.229	（略）
8	1	1719	90.047	（略）
合计			1909	

通过对数据的分析，可以得出信息质量研究领域作者分布的特点，即作者高度分散化，高产作者群并未形成。具体表现为以下三个方面。

（1）现有高产作者的发文数低。样本中发文最多者只有8篇，相对于其他成熟学科领域来说非常少。而发文7篇的有2人，发文6篇和5篇的各有1人。这说明信息质量尚属于一个比较年轻的研究领域，缺少专注、高产高质并具有一定权威性的领军人物。

（2）高产作者数量太少。发文3篇及以上的有52人，占总作者数（1909人）的2.7%，发文2篇的有138人，占总作者数的7.2%，其余全部是发文量为1篇的作者，大约占总作者数的90%。

（3）根据普赖斯定律，"杰出科学家"或"核心作者"应完成所有专业论文总和的一半，核心作者最低发文数 m 的值为：$m = 0.749 \left(n_{max} \right)^{0.5}$，其中 n_{max} 是指发文数最多的作者所发表的论文数，在本研究中为8，所以 m 取最大整数为2，这个阈值显然很低。统计数据表明，发文 2 篇及以上的作者共 190 位，占作者总数的 9.95%，发文 281 篇，占总论文的 35.2%，明显低于 50%，可见该文献样本并不符合普赖斯定律。

由此可以看出，信息质量领域内的文献作者分布较为分散，并未形成该领域稳定、有力的高产作者群。信息质量研究领域仍需要更多的科研力量的投入和关注度，在未来的发展中对科研人才的需求量较大。

3.1.9 合作分析

表 10 是国外信息质量研究的作者合作分布情况。

表 10　　　　国外信息质量研究的作者合作分布

年份（年）	1人	2人	3人	4人	5人	6人	7人	8人	9人	10人	11人	13人	21人	文献量（篇）
1968		1												1
1978			1											1
1981	2													2
1982	1													1
1986		1												1
1988	1	1												2
1989		1												1
1990	2		1											3
1991	6													6
1992	1	2												3
1993	1													1
1994	2		1			1								4
1995	3	2	2		1									8
1996	2	2												4
1997	3	4	1											8
1998	2	5	1	2										10

续表

年份(年)	1人	2人	3人	4人	5人	6人	7人	8人	9人	10人	11人	13人	21人	文献量(篇)
1999	2	3		1	2									8
2000	5	4	1	1							1			12
2001	2	7	4											13
2002	5	1	5	2		1								14
2003	5	5	6	4										20
2004	4	6	4	5										19
2005	6	7	4	4			1							22
2006	9	14	7	4	1									35
2007	5	12	11	2	1	1	1							33
2008	5	19	15	3		1	1	1						46
2009	16	18	11	4	2	1								52
2010	8	20	20	12	4	1				1				66
2011	10	27	22	14	7	1	1			1	1			84
2012	15	23	26	18	6					1				89
2013	11	29	34	15	3	1	2		1			1		97
2014	12	20	31	16	4	4	1	1			1		1	91
2015	5	12	7	9	3				1					38
合计	151	246	215	116	35	13	7	2	2	3	3	1	1	795

从表10中可以看出，经统计，除了1992年、1999年和2011年各有一篇文献没有作者署名外，共有795篇文献有完整的作者信息，表9的数据表明本次检索结果涉及1909位作者，因此，可以得到总体合作度为2.40(1909/795)。分析以上数据，可以得出如下结论：

(1)信息质量研究项目规模较小。多人参与的大型研究项目较少，导致多人合作文献较少，多是1人或3人以内的小组式研究为主。

（2）研究人员合作度不高。一方面是由于研究人员在地理上分布较为分散，无法形成成熟稳定的学术圈子；另一方面是由于信息质量涉及的学科领域较多，如商业经济学、计算机科学、情报学和图书馆学、工程学、心理学等，研究人员分布在不同学科领域、不同的学术圈子，合作机会较少，合作程度较低。

3.1.10 论文被引频次分布分析

论文被引次数很大程度上反映了论文的质量和受关注度，不管是正面引用，还是批评性地引用，都属于科学探索范围[13]。通过对信息质量研究论文被引频次的分析，可以挖掘经典文献，从而分析出本领域的热点研究问题，为今后的研究和发展提供参考。本次检索得到的 798 篇文献，共被引用了 14141 次，篇均被引数为 17.72 次，说明信息质量领域的论文成果质量较高，具有较大的引用价值。从表 11 可以看出，被引次数低于 17.72（低被引论文）的论文有 652 篇，占总数的 81.7%，而高被引论文占总数的 18.3%，原因可能是信息质量研究本身的学科特点使然。作为一个年轻的研究领域，考虑到论文发表时间的影响因素，发表时间较近的论文，被引用的次数不高。

表 11　　　　　　　　论文被引次数及所占比例分布

被引次数	记录数	所占比例（%）	被引次数	记录数	所占比例（%）	被引次数	记录数	所占比例（%）
0	195	24.44	8	15	1.88	16	6	0.75
1	77	9.65	9	12	1.50	17	13	1.63
2	59	7.39	10	11	1.38	18	7	0.88
3	67	8.40	11	12	1.50	19	7	0.88
4	39	4.89	12	19	2.38	20	7	0.88
5	34	4.26	13	15	1.88	21	1	0.13
6	31	3.88	14	12	1.50	22	4	0.50
7	20	2.51	15	15	1.88	23	4	0.50

被引次数	记录数	所占比例（%）	被引次数	记录数	所占比例（%）	被引次数	记录数	所占比例（%）
24	8	1.00	48	2	0.25	118	1	0.13
25	2	0.25	52	1	0.13	122	1	0.13
26	4	0.50	53	1	0.13	123	1	0.13
27	2	0.25	54	2	0.25	124	1	0.13
28	1	0.13	55	2	0.25	130	1	0.13
29	5	0.63	56	1	0.13	141	1	0.13
30	4	0.50	57	2	0.25	182	1	0.13
31	2	0.25	59	2	0.25	186	1	0.13
32	2	0.25	60	1	0.13	188	1	0.13
33	3	0.38	67	2	0.25	194	1	0.13
34	3	0.38	69	2	0.25	201	2	0.25
35	3	0.38	70	1	0.13	212	1	0.13
36	1	0.13	72	1	0.13	216	1	0.13
37	2	0.25	73	3	0.38	227	1	0.13
38	3	0.38	74	2	0.25	229	1	0.13
39	1	0.13	75	1	0.13	283	1	0.13
40	1	0.13	76	3	0.38	297	1	0.13
41	2	0.25	84	1	0.13	308	2	0.25
42	2	0.25	86	1	0.13	388	1	0.13
43	3	0.38	94	1	0.13	422	1	0.13
45	1	0.13	96	1	0.13	429	1	0.13
47	2	0.25	113	2	0.25	1362	1	0.13

科学计量学表明，若一篇文献每年被引用 4 次或 4 次以上，则可列为"经典文献"[12]。在本研究中，被引用次数达到 200 次（>192 次）以上的有 14 篇，初步确定它们为信息质量研究领域的经典

文献, 见表12。

表12   国外信息质量研究领域的经典文献分布

序号	被引频次(次)	文献标题	出版物名称	出版时间(年)
1	1362	The DeLone and McLean model of information systems success: a ten-year update	Journal of Management Information Systems	2003
2	429	The measurement of web-customer satisfaction: An expectation and disconfirmation approach	Information Systems Research	2002
3	422	A theoretical integration of user satisfaction and technology acceptance	Information Systems Research	2005
4	388	Consumer health information seeking on the Internet: the state of the art	Health Education Research	2001
5	308	The technology acceptance model and the World Wide Web	Decision Support Systems	2000
6	308	IBM computer usability satisfaction questionnaires-psychometric evaluation and instructions for use	International Journal of Human-Computer Interaction	1995
7	297	Assessing the validity of IS success models: An empirical test and theoretical analysis	Information Systems Research	2002
8	283	Costs of equity and earnings attributes	Accounting Review	2004
9	229	A trust-based consumer decision-making model in electronic commerce: The role of trust, perceived risk, and their antecedents	Decision Support Systems	2008

序号	被引频次(次)	文献标题	出版物名称	出版时间(年)
10	227	Characteristics of online and off-line health information seekers and factors that discriminate between them	Social Science & Medicine	2004
11	216	Accounting information, disclosure, and the cost of capital	Journal of Accounting Research	2007
12	212	Information quality and the valuation of new issues	Journal of Accounting & Economics	1986
13	201	AIMQ: a methodology for information quality assessment	Information & Management	2002
14	201	Success factors in strategic supplier alliances: The buying company perspective	Decision Sciences	1998

从表12可以看出，2002年产生了3篇经典文献，2004年产生了2篇经典文献，说明2002年和2004年在全球范围内对信息质量的研究投入加大，对该领域的研究有突破性的进展，论文的被引用率也随之加大。从期刊的角度分析，分别有3篇、2篇经典文献刊登在 *Information Systems Research*、*Decision Support Systems* 期刊上，说明这两种期刊是产生信息质量经典文献的主要期刊，与前面核心期刊统计得到的结果相互吻合，也证明了本次计量统计的科学性。

3.1.11 ESI高水平论文分析

利用 Web of Science 自带的"ESI高水平论文"在线分析功能，可以得到798篇信息质量领域研究论文中引用次数进入学科前1%的优秀论文有9篇，具体见表13。

表 13　　　国外信息质量研究领域的 ESI 高水平论文分布

文献标题	出版物名称	被引频次（次）	出版年（年）	前1%所属的学术领域
E-WOM and accommodation: An analysis of the factors that influence travelers' adoption of information from online reviews	Journal of Travel Research	10	2014	Social Sciences, general
How did increased competition affect credit ratings?	Journal of Financial Economics	43	2011	Economics & Business
Market reaction to the adoption of IFRS in Europe	Accounting Review	74	2010	Economics & Business
Measuring information systems success: models, dimensions, measures, and interrelationships	European Journal of Information Systems	143	2008	Computer Science
A trust-based consumer decision-making model in electronic commerce: The role of trust, perceived risk, and their antecedents	Decision Support Systems	230	2008	Computer Science
Accounting information, disclosure, and the cost of capital	Journal of Accounting Research	216	2007	Economics & Business
Accessing information sharing and information quality in supply chain management	Decision Support Systems	118	2006	Computer Science
A theoretical integration of user satisfaction and technology acceptance	Information Systems Research	422	2005	Social Sciences, general
Antecedents of information and system quality: An empirical examination within the context of data warehousing	Journal of Management Information Systems	124	2005	Computer Science

按照 Web of Science 的界定，热点论文是指发表后较之于同期相同领域其他论文，其被引次数快速增加的论文。一般而言，文献被引频次在两年、三年甚至四年后达到顶峰，但仍有少量的论文在其发表后被传播得非常快，体现在其快速而显著增长的被引频次上。这些论文通常是他们各自领域的关键性论文（key papers）[14]。纵观这 9 篇 ESI 高水平论文，其研究视角、研究思路、研究内容或研究方法等较之同期同领域论文更具新颖性和创造性。例如，表13 中 2014 年发表的"E-WOM and accommodation：An analysis of the factors that influence travelers' adoption of information from online reviews"[15]一文，基于精细加工可能性模型（Elaboration Likelihood Model，ELM）对旅行者采纳在线评论信息的影响因素进行分析，其研究对象与研究内容的独特性和新颖性显而易见。2011 年发表的"How did increased competition affect credit ratings?"[16]一文，研究得出一个有趣的结论：在信用评级市场引入第三方竞争机构——"惠誉评级"，原有的信用评级机构"穆迪"和"标准普尔"提供的信用评级的质量下降。正是这种非常规性的结论引发了后续研究者的思考，从而使得这篇论文跻身 ESI 高水平论文之列。

3.2 信息质量研究综述

利用文献计量学的相关知识，本研究对检索出的 798 篇有关信息质量的学术论文进行了定量分析。

（1）从文献年代分布来看，国外对信息质量的关注始于 1968 年，在最早的文献"Effects of increasing success and failure on perceived information quality"中，明确使用"感知信息质量"一词。直到1978 年才出现第二批有关信息质量的研究文献，这种"慢热型"的研究状况一直持续到 20 世纪 80 年代末。究其原因主要在于受当时经济和技术水平所限，个人计算机和互联网应用等由于昂贵的价格无法被大多数用户接受，普及率低。在信息缺乏的条件下，人们往往被动地接受外界信息源提供的一切可用信息，而忽视信息质量不佳带来的潜在风险。严格意义上来说，从 1988 年开始，信息质量才引起国外学者的持续关注，总体而言保持平稳增长。然而迄今为止，有关信息质量研究的年产文献总数未曾突破 100 篇，说明国外关于信息质量的研究还未全面展开。随着大数据时代的到来，关于信息质量的研究必将发挥越来越重要的作用。

(2)从文献类型来看，期刊论文处于绝对领先的地位，其文献量约占总数的 90%，但学术专著不多。原因可能是，一方面有关信息质量的研究正逐渐成为各个学科领域关注的焦点，在各自研究视角下已经涌现出大量的研究成果；另一方面，正是这种多学科的研究格局，使得信息质量研究领域很难在短期内形成主流指导思想，缺乏具有学术代表性的重要著作。

(3)从文献来源来看，该研究领域的文献空间分布既分散，又相对集中。798 篇相关论文分布在 380 种期刊上，同时载文量前 25 名的期刊累积载文百分比为 33.08%，初步确定这 25 种期刊是信息质量研究领域的核心期刊。图书情报类和计算机科学类的期刊是发表信息质量研究论文的主要阵地。

(4)从作者的国别、机构来看，美国处于绝对领先的地位，中国台湾关于信息质量研究的活跃度很高，明显高于大陆地区，并且高校是学术成果的主要诞生地。

(5)从论文作者及其合作来看，高产作者数量少并且高产作者发文数也低，研究人员合作度不高。

(6)从论文被引频次来看，篇均被引数为 17.72，说明信息质量领域的学术成果质量较高，具有较大的引用价值。同时，该领域在其发展过程中已经产生了一批经典文献，为后来的研究者开展用户满意度研究、技术接受研究及用户行为等研究提供了重要的借鉴和参考依据。

(7)从 ESI 高水平论文分布来看，主要来自经济与商业、计算机科学和社会科学总论这三个领域。这类学术论文的研究视角、研究思路、研究内容和研究方法等较之同期同领域论文都更具新颖性和启迪性，能够启发同领域研究者们进一步开拓视野，进行突破性的研究。

4 信息质量研究进展

4.1 基于关键词词频统计分析的信息质量研究热点

关键词词频统计分析法是利用能够揭示或表达文献核心内容的关键词在某一研究领域文献中出现的频次高低，来确定该领域研究热点和发展动向的文献计量方法。关键词是论文核心内容的浓缩和提炼，因此，如果某一关键词在其所在领域的文献中反复出现，则可反映出该关键词所表征的研究主题是该领域的研究热点[17]。一般的，由于学术论文中的关键词不重复出现，因此一个关键词出现的频次等于附有该关键词的学术论文数。一个学术研究领域较长时域内的大量学术研究成果的关键词集合，可以揭示研究成果的总体内容特征、研究内容之间的内在联系、学术研究的发展脉络与发展方向等[18]。

经统计，本次检索出的 798 篇文献中，596 篇附有作者关键词，其余的 202 篇没有给出关键词。利用文献题录统计分析软件 SATI 提取到这 596 篇文献的作者关键词共 2060 个以及各自出现的频次，但是由于 SATI 软件功能的局限性，统计结果里发现同一关键词在不同的论文中有不同的表达方式等情况存在，因此，将 SATI 统计结果另存为 EXCEL 文件，并对初次统计结果中出现频次≥2 次的 291 个关键词进行规范化处理，其余频次为 1 的 1769 个关键词未进行规范化处理。具体方法是把具有相同意义、不同表述的关键词(如 information quality 和 quality of information，System Quality 和 systems quality，web 和 Internet，e-commerce、Electronic commerce 和 e-business 等)进行归并统计，并剔除无学科特征、专指度低的关键词(如 China，Taiwan，survey 等)。规范完成后，得到频次≥3 次的关键词 78 个，按关键词的词频高低顺序进行排序，结果见表 14。

表 14　　　　国外信息质量研究领域的高频关键词分布

序号	英文关键词	中文关键词	频次(次)
1	information quality/perceived information quality/information quality dimensions	信息质量(183)	190
		感知信息质量(4)	
		信息质量维度(3)	
2	IS success model/information system success	信息系统成功模型(42)	51
		信息系统成功(9)	
3	user satisfaction/satisfaction/customer satisfaction	用户满意度(26)	49
		满意度(13)	
		顾客满意度(10)	
4	Internet/Website	网络(43)	48
		网站(5)	
5	System Quality	系统质量	47
6	service quality/SERVQUAL/Service quality assurance/e-service quality	服务质量(36)	46
		服务质量评价(4)	
		服务质量保证(3)	
		电子服务质量(3)	
7	Virtual communities/social media/blog/Wikipedia/social networks /Online Communities	虚拟社区(9)	31
		社会化媒体(7)	
		博客(5)	
		维基百科(4)	
		社交网络(3)	
		在线社区(3)	
8	Trust	信任	28
9	e-commerce/online shopping	电子商务(23)	28
		在线购物(5)	
10	data quality	数据质量	25

序号	英文关键词	中文关键词	频次(次)
11	structural equation modeling (SEM)/PLS	结构方程模型(16)	22
		PLS(6)	
12	quality	质量	21
13	technology acceptance model(TAM)	技术接受模型	20
14	nurses/patient education/health-care/health communication /Health promotion	护理(6)	19
		病患教育(4)	
		医疗保健(3)	
		健康交流(3)	
		健康促进(3)	
15	Decision Making/decision support systems	决策支持(14)	17
		决策支持系统(3)	
16	information technology/Communication technologies/information and communication technology	信息技术(10)	17
		通讯技术(4)	
		信息和通讯技术(3)	
17	information	信息	16
18	consumer health information/health information/online health information /Patient information/Health informatics	用户健康资讯(4)	16
		健康信息(3)	
		在线健康信息(3)	
		病患信息(3)	
		健康信息学(3)	
19	information management/knowledge management	信息管理(9)	13
		知识管理(4)	
20	Supply chain management	供应链管理	13
21	information exchange/electronic data interchange	信息交换(8)	12
		电子数据交换(4)	

序号	英文关键词	中文关键词	频次(次)
22	information sharing	信息共享	10
23	information quality assessment/quality assessment	信息质量评估(6)	10
		质量评估(4)	
24	technology adoption/system use/a-doption	技术采纳(4)	10
		系统使用(3)	
		采纳(3)	
25	Information asymmetry/asymmetric information	信息不对称(5)	9
		非对称信息(4)	
26	Website quality	网站质量	8
27	Information system/Hospital information systems	信息系统(4)	8
		医院信息系统(4)	
28	Repurchase Intention/continuance intention	再次购买意向(4)	8
		持续使用意向(4)	
29	Enterprise resource planning (ERP)	企业资源规划	7
30	Corporate Governance	公司治理	6
31	perceived usefulness	感知有用性	6
32	Mobile Data Service /Mobile communication systems	移动数据服务(3)	6
		移动通信系统(3)	
33	information quantity	信息数量	5
34	Usability	可用性	5
35	information seeking	信息搜寻	5
36	information use	信息使用	5
37	Mobile banking	移动银行	5
38	e-government	电子政务	4
39	e-learning	电子学习	4

续表

序号	英文关键词	中文关键词	频次(次)
40	Reliability	可靠性	4
41	cost of capital	资本成本	4
42	Case study	案例研究	4
43	Accuracy	准确性	4
44	International Financial Reporting Standards（IFRS）	国际财务报告准则	4
45	Information Source	信息源	4
46	eHealth	电子医疗	4
47	information accessibility	信息可及性	4
48	information dissemination	信息传播	3
49	information quality management	信息质量管理	3
50	Enterprise systems	企业系统	3
51	theory of reasoned action	理性行为理论	3
52	Project management	工程管理	3
53	Online reviews	在线评论	3
54	Critical success factors	关键成功因素	3
55	violence	暴力	3
56	Innovation	创新	3
57	source credibility	来源可信度	3
58	social learning	社会学习	3
59	customer loyalty	顾客忠诚度	3
60	accounting information	会计信息	3
61	Computer-mediated communication	计算机为媒介的通信	3
62	business intelligence	商业智能	3
63	customer orientation	顾客导向	3
64	Credit ratings	信用级别	3
65	factor analysis	因子分析	3
66	Affinity	吸引力	3

续表

序号	英文关键词	中文关键词	频次（次）
67	User Experience	用户体验	3
68	Human Factors	人为因素	3
69	disclosure	披露	3
70	information risk	信息危机	3
71	simulation	仿真	3
72	path analysis	路径分析	3
73	uncertainty	不确定性	3
74	perceived risk	感知风险	3
75	information value	信息价值	3
76	perceived value	感知价值	3
77	user-generated content	用户生成内容	3
78	Social capital	社会资本	3

在以上关键词词频统计分析基础上，结合所选取论文的内容分析，总结归纳出国外信息质量研究领域的热点问题主要集中在以下五个方面：

4.1.1 信息系统成功模型研究

通过"信息系统成功模型"和"信息系统成功"两个关键词的使用频次，可以看出信息系统成功模型研究是国外信息质量领域比较活跃的一类课题。

信息系统成功模型（"D&M"IS success model，以下简称 D&M 模型）是由 DeLone 和 McLean 在 1992 年率先提出的，用来评估信息系统的效益和价值。该模型中共包含六个构件：系统质量、信息质量、系统使用、用户满意度、个人影响和组织影响[19]。在对 1993—2002 年期间相关研究和引用 D&M 模型的论文进行分析后，DeLone 和 McLean 于 2003 年对模型进行修正，将服务质量引入模型，且将个人影响和组织影响合并为净收益，构建了更完整的信息系统成功评估模型，包括系统质量、信息质量、服务质量、系统使用、用户满意度、净效益共六个构件[5]。D&M 模型明确指出"信息质量"是评估信息系统成功与否的重要因素之一，"信息质量"是指信息系统产出的质量，一般通过准确性、时效性、完整性、相关性和持续性等指标来评估。

"信息质量"是 D&M 模型的六大组成要素之一，由此不难理解，D&M 模型在国外信息质量研究领域中得到广泛关注的缘由。结合相关文献内容的整理分析，笔者发现围绕 D&M 模型这一研究热点展开的研究，主要集中在基于 D&M 模型分析教育领域、医疗领域、电子商务领域、电子政务领域以及移动环境下不同性质(如工作、学习或娱乐性质等)系统采纳、使用(意向)以及系统绩效评价。表 15 总结归纳了近几年来国外信息质量研究领域基于 D&M 模型的主要研究内容。

表 15　国外信息质量领域基于 D&M 模型的主要研究成果

来源文献	调查对象	研究变量	对"信息质量"的解释	主要研究结论
Wu 等 (2015)[20]	Facebook 用户	信息质量、系统质量、Facebook 功能质量、社会影响(social influence)、Facebook 用于学习的使用意向	用户对于 Facebook 集合性内容质量(collective content quality)的感知	信息质量和社会影响直接显著影响 Facebook 用户使用该平台进行学习的意向；社会影响也通过信息质量对 Facebook 学习使用意向产生间接影响
Wang 等 (2014)[21]	在线购买保险用户	系统质量、信息质量、感知产品复杂度、信任、满意度、再次购买意向	在线保险购买网站提供的相关保险产品信息的全面性、准确性、及时性和可靠性等	信息质量显著影响感知产品复杂度和信任；信息质量通过感知产品复杂度对满意度产生显著间接影响；信息质量通过信任对再次购买意向产生间接影响；感知产品复杂度和满意度在信息质量和再次购买意向之间起了中介作用

来源文献	调查对象	研究变量	对"信息质量"的解释	主要研究结论
Wang 等 (2014)[22]	博客学习系统的高校用户	系统质量、内容质量、上下文与链接质量、服务质量、系统使用、用户满意度、感知学习绩效	包含两个维度：内容质量、上下文和链接质量	内容质量、上下文与链接质量显著影响用户满意度；内容质量、上下文与链接质量通过系统使用对学习绩效产生间接影响，也通过用户满意度和系统使用两者的共同中介作用对学习绩效产生影响
Zheng 等 (2013)[23]	信息交换型虚拟社区用户	感知信息质量、感知系统质量、感知个人收益、用户满意度、持续使用意向包括持续消费意向和持续贡献意向	个体基于其使用系统的经历对该系统提供信息的绩效（可靠性、丰富度、客观性、格式、相关性和及时性）评估	感知信息质量显著影响感知个人收益和用户满意度；感知信息质量通过感知个人收益的中介作用对持续使用意向产生影响；感知信息质量通过用户满意度的中介作用对持续使用意向产生影响；感知信息质量通过感知个人收益与用户满意度两者的共同中介作用对持续使用意向产生影响
Tzeng 等 (2013)[24]	医事放射师	系统质量、信息质量、服务质量、感知有用性、用户满意度、医学影像存储与传输系统（PACS）依赖	PACS 生成的信息产品的充足、准确和全新程度	信息质量直接显著影响感知有用性和用户满意度；感知有用性和用户满意度都在信息质量与 PACS 依赖之间起到中介作用；信息质量也通过感知有用性和用户满意度的共同中介作用对 PACS 依赖产生显著影响

来源文献	调查对象	研究变量	对"信息质量"的解释	主要研究结论
Chen 等 (2013)[25]	网购用户	信息质量、系统质量、服务质量、用户满意度、对选定的电子商务网站态度、国家认同、不确定性规避、对网购(online shopping)的态度	选定电子商务网站所提供信息的多少、组织方式和可供娱乐程度	信息质量显著影响用户满意度和对选定的电子商务网站态度(结论不存在国别上的差异);泰国样本用户对网购(online shopping)的态度在信息质量与用户满意度之间起到调节作用,而台湾样本用户不存在上述调节效应
Ales 等 (2012)[26]	大中型企业的首席信息官或高层管理者	商务智能系统(business intelligence system)成熟度、信息内容质量、信息访问质量、信息使用、分析型决策支持文化	满足或超出知识工作者要求、预期或需求等信息的特征和维度	BIS成熟度对信息质量的两个子概念(信息内容质量和信息访问质量)都产生直接显著影响,且对信息访问质量的影响更强;仅有信息内容质量对信息使用产生影响;分析型决策支持文化削弱了决策者关于信息内容质量与信息使用之间相关性的感知
Chen 等 (2012)[27]	高校学生	虚拟现实技术学习的自我效能、主观规范、组织因素、系统质量、信息质量、服务质量、感知有用性、感知易用性、趣味性、虚拟现实技术学习的态度、使用意向	个体对由虚拟现实技术产出的关于灾害预防计划等信息的准确性、完整性、及时性、相关性、可靠性、客观性和实用性评估	信息质量对感知易用性、感知有用性和趣味性都产生直接影响,其中,信息质量对感知易用性的作用最强

续表

来源文献	调查对象	研究变量	对"信息质量"的解释	主要研究结论
Khayun 等 (2012)[28]	电子消费税（e-excise）系统用户	信任、感知信息质量、感知系统质量、感知服务质量、个人特征、使用、用户满意度、感知净收益	选定电子消费税系统产出信息的特性，如信息准确性、及时性和完整性	电子政务环境下，对于该电子消费税系统的信任影响感知信息质量、感知系统质量和感知服务质量；感知信息质量对用户满意度产生影响，但是对使用无明显影响
Park 等 (2011)[29]	组织 UCI（Universal Content Identifier）系统的操作管理者	系统质量、服务质量、感知有用性、用户满意度、组织收益	用户对从选定数字对象标识系统（digital object identifier system）中得到的信息准确程度以及是否满足用户需求的感知	信息质量通过感知有用性或用户满意度或两者的共同中介作用对组织收益产生显著影响
Cheolho 等 (2009)[30]	普通网上商店用户	系统质量、服务质量、信息质量、信任、顾客忠诚度	选定网上商店提供信息的相关、全新（up-to-date）和易于理解程度	信息质量显著影响服务质量和顾客忠诚度
Lee 等 (2009)[31]	移动银行用户	系统质量、信息质量、界面设计质量、信任、顾客满意度	个体对移动银行提供信息的准确性、完整性、相关性和及时性的评估	信息质量显著影响用户信任和满意度

4.1.2 用户满意度研究

从表 14 中不难看出，"用户满意度""满意度"和"顾客满意度"这三个关键词的使用频次较高，可见用户满意度研究受到信息质量研究领域学者们的普遍关注。满意度是一种心理状态，是个体对不同结果的主观评价。尽管以信息系统成功模型（D&M 模型）为理论视角的用户满意度研究取得了丰硕的成果[21][22][23][24][25][28][29][31][32][33]，学者们也从效用理论、期望确认理论、技术接受模型、心流（flow）理论等其他视角出发，对用户满意度的前置因素、后向作用等进行了积极的探索。

（1）用户满意度前置因素研究。

满意度影响因素研究相对于满意度作用研究的文献数量更多，内容更丰富、变化也更多。此类研究的研究成果除了包括相关领域的经典模型（例如 D&M 模型）、构念及基本结论外，还包括对已有经典理论的验证性研究、情境化应用研究及基于全新视角的研究等。

Sun 等[34]从经济学视角出发，认为用户满意度等价于个体消费信息系统所获得的效用，是个体通过消费信息系统使自己的需求、期望等得到满足的一个度量。他首先提出如下假设：信息系统使用的边际效用递减现象表明用户满意度的增值幅度取决于信息系统的使用量。实证研究结果表明，在强制使用环境下，信息系统使用对用户满意度不产生影响，信息质量与用户满意度之间存在二次效应，即信息质量提高时，信息质量对用户满意度的正向作用强度减小。而在自愿使用环境下，信息系统使用与用户满意度之间存在二次效应，即信息系统使用频次越高，信息系统使用对用户满意度的作用强度越小，信息质量与用户满意度之间不存在二次效应。

在医疗保健领域，Cheng[35]基于期望确认理论（Expectation-Confirmation Model，ECM）、心流理论和更新后的 D&M 模型，以护士群体为调查对象，针对影响护士持续使用混合式网络教学意向的因素展开研究。由结构方程模型验证得出：信息质量、系统质量、配套服务质量和指导者质量显著影响感知有用性、感知确认（confirmation）和心流（flow），而感知有用性、感知确认和心流都对满意度产生影响，心流所产生的作用强度最强，感知有用性次之，感知确认最弱。类似地，Kimiafar[36]等运用模糊层次分析法构建了护士对医院信息系统满意度的影响因素模型，研究表明，信息质量（58%）是影响护士满意度的关键因素。

在电子商务领域，Xu 等[37]对 WT 模型（Wixom & Todd model)[38]进行了扩展,将服务质量纳入 WT 模型,提出并验证了一个适用于电子商务领域 IT 评价的 3Q 模型(信息质量、系统质量和服务质量等)。实证研究结果表明,个体感知系统质量正向影响感知信息质量,感知信息质量正向显著影响感知服务质量;感知信息质量、感知系统质量、感知服务质量分别正向显著影响信息满意度(0.74***)、系统满意度(0.82***)和服务满意度(0.79***)。Ha 和 Im[39]发现,在电子商务环境下,网站设计质量对愉悦感(pleasure)、唤醒水平(arousal)和感知信息质量产生正向直接影响,同时对满意度和口头宣传(word of mouth)有间接影响;网购形成的愉快情绪通过满意度的中介作用对口头宣传意向产生积极的影响。Kim 等[40]对于在线购物用户满意度的研究更为深入,他们遵循"质量→价值→顾客满意度→再次购买意向"的逻辑路线,将"在线购物价值(Internet shopping value)"细分为实用型网购价值(utilitarian shopping value)和享乐型网购价值(hedonic shopping value)。实证研究结果显示:满意度是影响顾客再次购买意向的重要因素之一;实用型网购价值和享乐型购物价值都对顾客满意度产生正向显著影响;信息质量和服务质量对享乐型网购价值产生影响,而系统质量和服务质量则是影响实用型网购价值的关键因素。Maditinos 和 Theodoridis[41]研究指出,产品信息质量和用户界面质量对网购用户总体满意度有显著影响。

在教育领域,Al-Busaidi 和 Al-Shihi[42]研究发现,在混合式教学的学习管理系统(learning management system, LMS)使用过程中,计算机焦虑感对教员满意度有显著的负向影响;信息质量和培训均对教员满意度产生显著正向影响。此外,激励机制、高层管理支持、系统质量和个人创新性也都在一定程度上影响教员满意度;教员满意度显著影响 LMS 的持续使用意向以及 LMS 只用于远程教学的使用意向。

在企业管理领域,Ng[43]以某跨国食品公司中 91 名 ERP 系统用户为调查对象,针对影响 ERP 系统成功、用户满意度和系统使用因素进行问卷调查及部分深度访谈,其实证研究的结果显示:ERP 系统定制服务或系统改进服务的质量对系统使用、用户满意度均无明显影响；在 ERP 系统匹配度方面，只有流程匹配正向显著影响 ERP 系统的用户满意度，用户界面匹配对用户满意度无明显影响。Winkler 等[44]研究了人力资源信息的相关属性(如信息质量、感知有用性等)对管理者使用该信息进行决策支持的影响，并以 179 名瑞士银行管理者为调查对象，运用结构方程模型对人力资源信息成功模型(HRI Success Model)进行验证，结果表明信息质量是影响用户信息满意度和信息采纳的关键因素；用户信息满意度与信息采纳之间也存在着微弱的作用。

另外，有一些研究结论也极具启发性。"用户特征"一直被认为是决定用户满意度的重要因素。Cho[45]等测定了博客用户的满意度，结果显示：女性对于博客的色彩审美(color aesthetics)、视觉设计质量(visual design quality)的感知都能激发其对博客网站信息质量的评价；男性对于博客的排版美观(layout aesthetics)的感知更能激发其对博客网站信息质量的评价；女性对于博客视觉设计质量的评价影响满意度；然而，性别因素在信息质量对博客用户满意度、导航质量(navigation quality)对博客用户满意度的影响作用上均不存在明显差异。

(2)用户满意后向作用研究。

满意度从本质而言是一种态度，是个体对一系列因素所持有的积极的或消极的反应的总和[46]，它代表了一种情感的变量，作为"愉快-不愉快"连续体上的一点，其对个体行为、个人以及组织绩效都产生重要影响。通过文献整理分析发现，目前国外信息质量研究领域关于用户满意的后向作用研究主要集中在四个方面：

①用户满意带来系统使用。

由 DeLone 和 McLean 于 1992 年提出并于 2003 年修订的信息系统成功模型[5][19]，又被称为 D&M 模型。该模型指出，高满意度显著影响用户系统使用意向，随后会带来系统使用，是大量研究的基础。Demissie 和 Rorissa[47]以学生家长为调查对象，针对基于网络的信息和通信技术应用程序采纳和使用的影响因素进行实证研究，结果表明，满意度是影响使用意向的关键因子。另外，有一些结论值得思考。例如，Xu 等[37]在研究电子服务领域的技术采纳时提出，信息满意度、系统满意度和服务满意度属于对象型态度(object-based attitude)，这些对象型态度通过行为型信念(behavioral beliefs)，如，感知有用性、感知易用性和感知愉悦性对态度(behavioral attitude)产生影响，态度决定技术采纳和使用行为。Lee等[33]发现，在高度动荡复杂的灾难环境下，满意度显著影响紧急救援者对多机构灾难管理信息系统的使用意向；通过满意度的中介作用，预期团体价值和感知任务支持度均对使用意向产生影响。Hyun等[48]研究发现，顾客对航空公司网站的满意度会影响顾客对自动呼叫系统的满意水平，反之不成立；顾客对航空公司网站的不满意会造成品牌转换(brand switching)意向。在电子商务领域，网购用户满意度对其口头宣传(word of mouth)意向产生正向显著影响[39]。

②用户满意代表系统成功。

Chen等[49]认为，目前信息系统领域对于系统有效性和价值的评估往往忽视了态度的预测作用，提出以用户满意度和用户对于电子商务网站的态度代替系统成功，并假设能满足用户需求的信息系统会提高用户对该系统的满意度。Ainin等[50]在马来西亚地区开展了学生对当地高等教育基金局(Malaysian's National Higher Education Fund Corporation, PTPTN)门户网站的满意度调查，主要针对门户网站的服务质量、系统质量、信息质量和感知有用性这四个方面来构建满意度影响因素模型，以学生的满意度水平作为衡量该门户网站绩效的重要标志。

③用户满意带来系统持续使用。

通过对相关研究文献的整理与分析发现，用户满意度是系统持续使用最为显著的影响因素。Cheng[35]基于期望确认理论(Expectation-Confirmation Model, ECM)、心流理论和更新后的信息系统成功模型，提出了针对护士群体的混合式网络教学的持续使用意向影响因素模型。实证研究结果表明，满意度是影响护士持续使用混合在线学习系统的重要因素。诸多专家在社交网络服务(social networking service)[32]、电子商务领域有关系统持续使用[51]和用户再次购买[40][52][53]方面、混合式教育[42][54]等电子服务及相关领域不断探索满意度与用户持续使用两者之间的关系。Jaiswal 等[55]发现，在不同网络环境（如在线零售网站、在线内容网站）下，顾客满意度与忠诚度之间的作用机理具有相似性。

④用户满意带来个人效益及组织效益。

Chang 等[56]以医务人员为调查对象，围绕医院信息系统的系统质量、服务质量、工作满意度和系统绩效这四者之间的关系进行实证研究，研究发现医务人员使用医院信息系统后的满意度会提高医务人员的工作效率、专业技能和操作流程等。也有学者认为，用户满意度并不直接影响个人绩效，而是通过中介变量对个人绩效产生影响。例如，Wang 等[22]构建基于博客的学习系统成功的评价模型时，实证研究发现，学生对基于博客的学习系统满意度是通过系统使用的中介作用来对个人学习绩效产生影响。同时，满意度带来的个人效益会影响组织效益。Minghetti 和 Celotto[57]在运用神秘顾客法和已有关于顾客满意度研究成果的基础上，提出并验证了旅游信息中心（Ttourist Information Office，TIO）整体绩效的评价模型，其中游客对目的地的满意度是组织绩效评价的重要部分，该模型为相关旅游服务行业的组织绩效评估提供了重要的参考依据。然而，也有学者认为，满意度与组织效益之间的相关性不显著。例如，Winkler[44]等研究表明，组织管理者对于由系统提供的人力资源信息的满意度与其信息采纳行为之间无显著影响，所以，组织在考虑改进人力资源信息系统使其更好地辅助决策时，不可能会率先将提高满意度作为主要改进方向。总体来看，研究结果存在分歧，这可能是具体情境因素不同所致。

4.1.3 社会化媒体发展研究

社会化媒体是指一组基于 Web2.0 的互联网应用，允许用户创造和交流信息。由于表 14 中"虚拟社区""博客""维基百科""社交网络"和"在线社区"都可以看作是社会化媒体的不同存在形态，因此将其统归为社会化媒体大类。它们在互联网上传播的信息已成为人们浏览互联网的重要内容，随之而来的关于信息质量在社会化媒体发展中的作用研究也逐渐成为学术研究热点。

信息质量一直被认为是衡量在线社区成功的重要标志[58][59]。

许多学者围绕提高信息质量与虚拟社区发展需要之间的关系展开了更深入的研究。例如，Zha 等[60]以更新后的 D&M 模型[19]为理论视角，构建了虚拟社区环境下用户信息搜寻行为的影响因素模型，由结构方程模型验证得出：虚拟社区的信息质量并不直接影响用户信息搜寻行为，而是通过用户对虚拟社区的依恋(affinity with virtual communities)这一中介变量来对用户信息搜寻行为产生显著影响。该研究结果为虚拟社区管理者将其打造成为与正式、权威信息源相互补的有效平台提供了新的思路。"个体差异"(individual difference)一直被认为是影响用户思维方式和环境感知的重要因素。Zha 等[61]围绕个体差异与用户虚拟社区信息质量感知之间的关系展开研究，将个体差异细分为生理差异(physical differences)和心理差异(psychological differences)。实证研究发现，用户感知虚拟社区信息质量在性别、年龄上无明显差异，而在使用虚拟社区的经验以及五大人格特质上存在显著差异，这一结论将帮助虚拟社区管理者根据用户个体差异提供个性化、多样化信息来满足用户需求，从而实现虚拟社区的持续竞争优势。此外，Yan 等[62]通过大规模的问卷调查，对用户关于数字图书馆和虚拟社区信息质量的感知水平进行了比较，结果显示：用户认为数字图书馆的信息质量高于虚拟社区的信息质量，这一结论缓解了图书馆员面临虚拟社区成为用户获取或搜寻信息平台所带来的压力，同时也启发了虚拟社区管理者需要在提高信息质量方面采取必要的措施。Lu 和 Yang[63]研究了灾难发生后虚拟社区中用户信息沟通模式的特征，实证研究结果表明，灾难发生后那些密度较大、社会联结密切的虚拟社区并没有产生高质量的信息；用户发表信息数量多并不代表信息质量高；用户对于信任、互惠、共享语言和共享愿景的感知水平越高，越有利于产生高质量信息。Lukyanenko 等[64]强调了信息质量对有效利用用户内容生成(User-Generated Content，UGC)平台的重要性，他们认为传统信息质量评估体系已经无法适用于由用户主导生成内容的环境，因此提出"群体信息质量"(crowd Information Quality，crowd IQ)这一概念，通过实证检验证明了群体信息质量的合理性。Grajales 等[65]指出虽然社会化媒体应用到医疗卫生行业的可行性得到肯定，但是关于社会化媒体治理、隐私、伦理以及信息质量等方面的研究成果稀少，鼓励开展深入研究以促进社会化媒体在医疗卫生行业的稳健发展。Wang 等[66]提出了一个在线知识社区的信息质量评估方法，该方法综合考虑了信息内容相关性和作者在社区中的地位因素。在线知识社区信息质量的改善会提高社区成员信息搜寻和共享积极性，有利于在线知识社区的持续发展。

此外，许多学者[20][22][67][68]证明了信息质量是影响 Facebook 持续使用、博客用户满意度和博客使用行为的重要因素。也有学者针对维基百科可信度遭受质疑的发展困境，以提高信息质量为目标，在群体智慧质量的影响因素[69][70]以及协同创作环境下内容质量的评价方法[71]等方面进行了积极探索。

4.1.4 信任研究

通过相关文献内容的整理分析发现，国外信息质量研究领域对于信任的研究主要集中于不同环境下(电子政务、医疗健康、电子商务、金融领域等)对信任前因变量和结果变量的实证研究。相关综述成果见表 16。

表 16   国外信息质量领域关于信任的主要研究成果

文献来源	研究环境	主要结论
Chen 等 (2015)[72]	电子政务系统成功	个体线下政务服务使用经验和对于技术的信任均显著影响其对电子政务网站的信任；对于电子政务网站的信任显著影响个体对信息质量、系统质量和服务质量的感知
Liu 等 (2015)[73]	在线供应链管理系统的采纳	能力型信任(competence trust)和善意型信任(goodwill trust)显著影响目标企业采纳在线供应链管理系统，而契约型信任(contractual trust)则对组织技术采纳行为无明显影响；目标企业越是感知主导企业在资讯权、专家权、参考权方面的权威，越能对主导企业形成能力型信任和善意型信任；目标企业感知主导企业在强制权、合法权方面的权威也会影响其能力型信任的形成

续表

文献来源	研究环境	主要结论
Ponte 等 (2015)[74]	旅游产品 在线购买 意向	旅游产品网站提供信息的质量和感知安全性 (perceived security)影响个体对旅游产品网 站的信任;信任对购买意向产生直接显著影 响,也可以通过感知价值的中介作用对购买 意向产生影响
Warren 等 (2014)[75]	网络公民 参与行为	网络公民感知参与活动需要的协调性越高, 越容易对其他公民形成信任倾向
Wang 等 (2014)[76]	在线保险 再次购买 意向	信息质量和系统质量都对信任产生正向影 响;信任直接对再次购买意向产生显著影响
Yi 等 (2013)[77]	网络健康 信息初始 信任	网络健康信息的结构和内容对个体信任的形 成产生主要影响
Zhou Tao (2013)[78]	移动支付 持续使用 意向	服务质量对信任的影响最强,信息质量次 之,系统质量最弱;信任对心流(flow)、持 续使用意向都产生正向显著影响
Zhou Tao (2011)[79]	移动银行 初始信任	信息质量对初始信任的影响最强,系统质量 次之。初始信任显著影响使用意向,也可以 通过感知有用性的中介作用对使用意向产生 显著影响

此外,有学者[80]采用统计调查方法针对15~30岁人群对网络健康信息的信任水平展开调查,结果表明,48.5%的被调查者使用网络获取健康信息,80%的网络健康信息获取者表示信息可信度是其通过网络获取健康信息时考虑的主要因素。在供应链管理领域,顾客对于供应商的信任[81]也受到学者的关注。

4.1.5 医疗健康信息质量研究

表14关于高频关键词统计结果显示,排在第14大类和第18大类的高频关键词都来自医疗健康领域,如"护理""病患教育""健康促进""用户健康资讯"和"健康信息"等。通过对相关文献内容的整理分析可以看出,医疗健康信息质量研究主要集中在以下三个方面。

（1）信息质量对医务人员技术采纳行为的影响。

Hsiao 等[82]以护士群体为调查对象开展了医院信息系统使用的影响因素调查，并通过结构方程模型验证得出：医院信息系统所提供的信息质量越高，护士越能感知该系统的有用性，进而选择使用该系统。Huang 等[83]以更新后的 D&M 模型为理论视角，从用户特征、组织环境和系统特征三个方面构建了公共医疗工作者使用 NH-SS 系统的影响因素模型，实证研究结果表明，信息质量显著影响系统使用。也有学者[84]研究发现，信息质量是影响医务人员使用移动健康风险提醒和监督系统的重要因素之一。

（2）网络健康信息质量基础调查研究。

Stellefson 等[85]通过对 YouTube 上有关慢性阻塞性肺病的病患教育视频的内容分析，发现 57.4%的视频由卫生部门提供，69.1%的视频属于高质量的范畴。Promislow 等[86]以 30 个健康网站为调查对象，对网站提供的信息质量进行评估，结果显示，只有 4 家网站提供优质健康信息，大部分网站的健康信息来源和信息更新时间都不明确。Emond 等[87]指出通过病患教育可以缩小网络健康信息与病人实际需求之间的差距，病患教育方式主要表现为健康专家的网络健康信息推荐行为。调查结果表明，42%的被调查健康专家被病人请求推荐网络健康信息，但是只有 64%的请求能得到健康专家的及时回应，不向病人推荐健康网站的主要原因是健康专家对网络健康信息质量存在质疑。也有学者关于网络信息质量的研究比较全面，值得关注。例如，Diviani 等[88]采用文献计量和内容分析法，回顾了健康知识缺乏与个体网络健康信息评估能力、感知信息质量、信任和网络健康信息评估标准使用这四者之间的关系，证实了健康知识缺乏与个体网络健康信息评估能力和信任之间的负向关系。

（3）医疗健康信息质量评估研究。

Charvet-Berard 等[89]构建了一个患者信息文档质量的测量指标体系（expanded version of the ensuring quality information for patients），实证结果表明该测量量表具有较好的信度。Demir 等[90]以外科诊所用于病患教育的书面教育材料为对象，针对材料的质量和适宜性等内容展开调查，经过分析，这些书面教育材料在可靠性和信息质量方面的得分明显偏低。也有学者[91]以特定健康信息网站为对象，对由不同信息质量评价工具得出的结果进行比较，从而识别出该健康网站所面临的具体信息质量问题。

4.2 信息质量研究热点演化分析

为了更好地展现国外信息质量领域研究热点的形成与动态发展过程，本研究将对4.1节归纳出的五大研究热点进行分年度展现，由于从论文发表年代分布情况（见图1）来看，2000年以前国外关于信息质量领域研究论文的年产量基本都是个位数，对其进行分年度展现不具有明显的统计意义，故笔者选取2000—2015年作为研究热点分年度展现的时间区间，具体结果见图3。

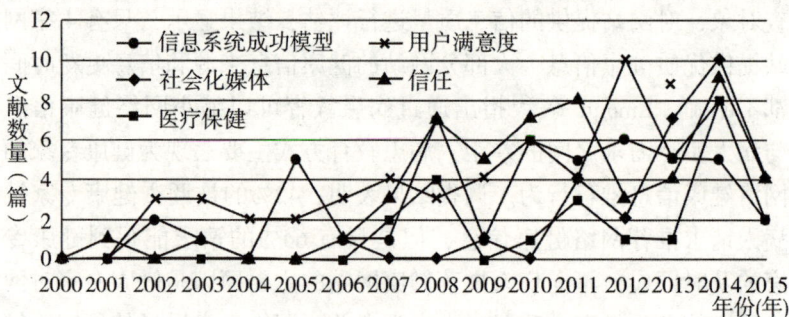

图3　国外信息质量领域研究热点的分年度趋势走向

由图3可知，关于"信息系统成功（模型）"的研究热度在2008年达到高潮，可见当时衡量信息系统的成功受到研究者的广泛关注，而近5年来研究热度有所下降，可能的原因在于：信息系统成功模型的抽象性和概括性很强，面对不断延伸的应用领域，关于该模型的适用性问题引起了学者们的重视。"用户满意度"研究在2001—2015年间呈现出持续升温的研究态势，说明该阶段以用户为中心的研究思想得到多数学者的认同，用户在心理上、行为上的效用逐渐成为研究者关注的焦点。从2006年开始，有关"信任"的研究呈现出良好的发展态势，主要原因是：随着互联网技术的普及和快速发展，网络在人们日常生活中的地位越来越重要。然而，网络空间身份的虚拟性和不确定性会使用户在进行在线交流、在线交易等活动时产生隐私或财产安全的担忧。"信任"成为用户选择使用即时通信技术、电子商务平台、医疗健康信息系统、决策支持系统等在线平台时重点考虑的因素，也是组织评价系统成功的重要标志。从图3不难看出，国外信息质量领域对于"社会化媒体"的关注始于2006年，但是2006—2010年间研究热度不高，基本是一种"休眠"的状态。推测原因在于：一方面，现有网络应用集成了不同类型的资源（如图片、视频、音频、文本等），难以在短期内实现各类资源信息质量评估标准的统一化；另一方面，对于以社交为主的网络应用，信息质量往往不是用户接触媒体的决定因素。然而，2011年起，有关"社会化媒体"的研究成果不断涌现，呈现出蓬勃发展的态势。原因可能是：随着可选信息源的增多，信息质量成为用户选择IT技术时考虑的首要因素。

此外，伴随着数字化、网络化和智能化的飞速发展，新一轮的医疗科技革命和健康产业变革正在孕育兴起，医疗健康信息质量既是衡量IT技术使用绩效的重要指标，也是影响医疗机构采纳信息技术的重要因素，有关"医疗健康信息质量"的研究将逐渐成为学者们关注的焦点。

4.3 研究趋势展望

综观国外信息质量领域的现有研究，笔者认为，国外信息质量领域的研究在未来可以从以下几个方面着手：

（1）研究对象方面。扩大研究对象，关注不同职业用户对于所在领域信息系统或各大网络应用平台（博客、微博、虚拟社区、维基百科等）的信息质量感知水平差异。

（2）研究层面方面。目前的研究层次大多只停留在个体层面上，而较少深入到组织层面。对企业而言，从组织层面评价信息系统成功，包括从变量度量方面，如满意度、组织绩效，可能更具有实践价值。

(3)研究范围方面。从目前关于信息质量的研究来看，主要应用于评价 PC 端信息系统。随着移动用户数量的增加和移动技术的快速发展，评价移动信息系统成功将是一个极具挑战性的课题。

(4)研究方法方面。随着研究的深入，单一定性或定量的研究方法难以全面反映复杂的研究问题，需要综合运用各种方法来获取有效的数据进行科学、合理的解释。例如，通过观察法、案例研究法、关键成功因素法等定性分析搜集到的原始数据，综合使用路径分析、因子分析、结构方程模型等进行定量计算。

(5)研究内容方面。网络信息质量评价指标体系的建立、网络信息质量控制研究、用户满意度研究、信任研究、医疗健康信息质量研究都将是亟待解决的重大理论和现实问题。

5 结　语

通过对相关文献的统计分析，笔者探讨了国外信息质量领域文献数量的增长趋势、期刊分布、国家或地区分布、核心著者以及合作状况、核心机构、论文被引频次、ESI 高水平论文等现状，并结合关键词词频统计分析和相关论文的内容分析，总结出国外信息质量领域研究的热点问题。国外信息质量领域的研究已积累了丰硕的研究成果，虽然存在一些研究不足，但瑕不掩瑜，这些学术成果将为国内外相关领域学者的深入研究提供重要参考依据。

参 考 文 献

[1]李晶. 虚拟社区信息质量建模及感知差异性比较研究[D]. 武汉大学, 2013.

[2]Wang R Y, Strong D M. Beyond accuracy：what data quality means to data consumers[J]. Journal of Management Information System, 1996,12(4):5-34.

[3]Kahn B K, Strong D M. Product and service performance model for information quality：an update[J]. Massachusetts Institute of Tech-

nology, 1998:102-115.

[4]Rieh S Y. Judgment of information quality and cognitive authority in the web[J]. Journal of the American Society for Information Science & Technology, 2002, 53(2):145-161.

[5]DeLone W H, McLean E R. The DeLone and McLean model of information systems success: a ten year update[J]. Journal of Management Information Systems, 2003, 19(4):9-30.

[6]Eppler M J.Managing information quality: increasing the value of information in knowledge-intensive products and processes[M].Berlin,Germany:Springer-Verag,2003.

[7]白献阳, 刘珊娜, 薛玮. 我国信息质量研究述评[J]. 河北科技图苑, 2014, 27(3): 6-10.

[8]莫祖英. 国内外信息质量研究述评[J]. 情报资料工作, 2015, 36(2): 29-36.

[9]宋巧枝, 方曙. 基于文献统计分析法的专利计量分析研究[J]. 现代情报, 2008, 28(2): 125-126.

[10]Krippendorff K. Content analysis: an introduction to its methodology[M]. Beverly Hills, CA: Sage, 1980.

[11]傅余洋子, 华薇娜. 基于 Web of Science 数据库中云计算研究文献的计量分析[J]. 新世纪图书馆, 2013(7): 57-63.

[12]庞景安.科学计量研究方法论[M]. 北京: 科学技术文献出版社, 1999.

[13]贾洁. 基于 Web of Science 的竞争情报论文计量分析[J]. 情报杂志, 2010, 29(1): 97-102.

[14]袁本涛, 王传毅, 胡轩, 等. 我国在校研究生对国际高水平学术论文发表的贡献有多大? ——基于 ESI 热点论文的实证分析(2011—2012)[J]. 学位与研究生教育, 2014(2): 57-61.

[15]Filieri R, Mcleay F. E-WOM and accommodation: an analysis of the factors that influence travelers' adoption of information from online reviews[J]. Journal of Travel Research, 2013, 53(1):44-57.

[16]Becker B, Milbourn T. How did increased competition affect credit

ratings？［J］. Journal of Financial Economics, 2011, 101（3）：493-514.

［17］马费成, 张勤. 国内外知识管理研究热点——基于词频的统计分析[J]. 情报学报, 2006, 25(2)：163-171.

［18］李文兰, 杨祖国. 中国情报学期刊论文关键词词频分析[J]. 情报科学, 2005, 23(1)：68.

［19］DeLone W H, McLean E R. Information systems success：the quest for the dependent variable［J］. Information Systems Research, 1992,3（1）：60-95.

［20］Wu C H, Chen S C. Understanding the relationships of critical factors to Facebook educational usage intention[J]. Internet Research Electronic Networking Applications & Policy, 2015, 25（2）：262-278.

［21］Wang W T, Lu C C. Determinants of success for online insurance web sites：the contributions from system characteristics, product complexity, and trust［J］. Journal of Organizational Computing & Electronic Commerce, 2014, 24（1）：1-35.

［22］Wang Y S, Li H T, Li C R, et al. A model for assessing blog-based learning systems success［J］. Online Information Review, 2014, 38（7）：969-990.

［23］Zheng Y M, Zhao K, Stylianou A. The impacts of information quality and system quality on users' continuance intention in information-exchange virtual communities：an empirical investigation［J］. Decision Support Systems, 2013（56）：513-524.

［24］Tzeng W S, Kuo K M, Lin H W, et al. A socio-technical assessment of the success of picture archiving and communication systems：the radiology technologist's perspective[J]. Bmc Medical Informatics & Decision Making, 2013, 13（1）：109.

［25］Chen J V, Rungruengsamrit D, Rajkumar T M, et al. Success of electronic commerce websites：a comparative study in two countries［J］. Information & Management, 2013, 50(6)：344-355.

[26] Popovic A, Hackney R, Coelho P S, et al. Towards business intelligence systems success: effects of maturity and culture on analytical decision making[J]. Decision Support Systems, 2012, 54(1): 729-739.

[27] Chen C Y, Shih B Y, Yu S H. Disaster prevention and reduction for exploring teachers' technology acceptance using a virtual reality system and partial least squares techniques[J]. Natural Hazards, 2012, 62(3):1217-1231.

[28] Khayun V, Ractham P, Firpo D. Assessing e-Excise Success with DeLONE and McLEAN's model[J]. Journal of Computer Information Systems,2012,52(3):31-40.

[29] Park S, Zo H, Ciganek A P, et al. Examining success factors in the adoption of digital object identifier systems [J]. Electronic Commerce Research & Applications, 2011, 10(6):626-636.

[30] Yoon C, Kim S. Developing the causal model of online store success[J]. Journal of Organizational Computing & Electronic Commerce, 2009, 19(4):265-284.

[31] Lee K C, Chung N. Understanding factors affecting trust in and satisfaction with mobile banking in Korea: a modified DeLone and McLean's model perspective [J]. Interacting with Computers, 2009, 21(5-6):385-392.

[32] Dong T P, Cheng N C, Wu Y C J. A study of the social networking website service in digital content industries: the Facebook case in Taiwan[J]. Computers in Human Behavior, 2014(30):708-714.

[33] Lee J K, Bharosa N, Yang J. Group value and intention to use—A study of multi-agency disaster management information systems for public safety[J]. Decision Support Systems, 2011, 50(2):404-414.

[34] Sun H, Fang Y, Hsieh P A. Consuming information systems: an economic model of user satisfaction[J]. Decision Support Systems, 2014(57):188-199.

[35] Cheng Y M. Extending the expectation-confirmation model with quality and flow to explore nurses' continued blended e-learning intention[J]. Information Technology & People, 2014, 27(3):230-258.

[36] Kimiafar K, Sadoughi F, Sheikhtaheri A. Prioritizing factors influencing nurses' satisfaction with hospital information systems: a fuzzy analytic hierarchy process approach[J].Cin-Computers Informatics Nursing,2014,32(4):174-181.

[37] Xu J, Benbasat I, Cenfetelli R T. Integrating service quality with system and information quality: an empirical test in the e-service context[J]. MIS Quarterly, 2013, 37(3): 777-794.

[38] Wixom B H,Todd P A.A theoretical integration of user satisfaction and technology acceptance [J]. Information Systems Research, 2005,16(1):85-102.

[39] Ha Y, Im H. Role of web site design quality in satisfaction and word of mouth generation [J]. Journal of Service Management, 2012, 23(1):79-96.

[40] Kim C, Galliers R D, Shin N, et al. Factors influencing Internet shopping value and customer repurchase intention[J]. Electronic Commerce Research & Applications, 2012, 11(4):374-387.

[41] Maditinos D I, Theodoridis K. Satisfaction determinants in the Greek online shopping context[J]. Information Technology & People, 2010, 23(4):312-329.

[42] Al-Busaidi K A, Al-Shihi H. Key factors to instructors' satisfaction of learning management systems in blended learning[J]. Journal of Computing in Higher Education,2012,24(1):18-39.

[43] Ng C S P. A case study on the impact of customization, fitness, and operational characteristics on enterprise-wide system success, user satisfaction, and system use[J]. Journal of Global Information Management, 2013, 21(1):19-41.

[44] Winkler S,Koenig C J, Kleinmann M. What makes human resource

information successful? Managers' perceptions of attributes for successful human resource information［J］. International Journal of Human Resource Management, 2013, 24(2):227-242.

［45］Cho S H, Hong S J. Blog user satisfaction: gender differences in preferences and perception of visual design［J］. Social Behavior and Personality, 2013, 41(8):1319-1332.

［46］李焱, 赵苹, 姜祎. 信息系统用户满意度研究文献综述——以ERP 系统为例［J］. 技术经济, 2014, 33(3)：119-131.

［47］Demissie D, Rorissa A. The effect of information quality and satisfaction on a parent's behavioral intention to use a learning community management system［J］. Libri,2015,65(2)：143-150.

［48］Hyun M Y, Kim H C, O'Keefe R M. Inter-satisfaction between website and automated call distribution (ACD) systems［J］. Journal of Travel & Tourism Marketing, 2014, 31(8):1039-1056.

［49］Chen J V, Rungruengsamrit D, Rajkumar T M, et al. Success of electronic commerce websites: a comparative study in two countries ［J］. Information & Management, 2013, 50(6):344-355.

［50］Ainin S, Bahri S, Ahmad A. Evaluating portal performance: a study of the national higher education fund corporation(PTPTN) portal［J］.Telematics and Informatics, 2012,29(3):314-323.

［51］Lai J Y. E-SERVCON and e-commerce success: applying the DeLone & McLean model［J］. Journal of Organizational & End User Computing, 2014, 26(3):1-22.

［52］Jia L, Cegielski C, Zhang Q. The effect of trust on customers' online repurchase intention in consumer-to-consumer electronic commerce［J］. Journal of Organizational & End User Computing, 2014, 26(3):65-86.

［53］Fang Y H, Chiu C M, Wang E T G. Understanding customers' satisfaction and repurchase intentions: an integration of IS success model, trust, and justice［J］. Internet Research, 2011, 21(4):479-503.

[54]Ramayah T, Lee J W C. System characteristics, satisfaction and e-learning usage: a structural equation model (SEM)[J]. Turkish Online Journal of Educational Technology, 2012, 11(2): 196-206.

[55]Jaiswal A K, Niraj R, Venugopal P. Context-general and context-specific determinants of online satisfaction and loyalty for commerce and content sites[J]. Journal of Interactive Marketing, 2010, 24(3):222-238.

[56]Chang C S, Chen S Y, Lan Y T. Motivating medical information system performance by system quality, service quality, and job satisfaction for evidence-based practice[J]. BMC Medical Informatics & Decision Making, 2012, 12(1):135.

[57]Minghetti V, Celotto E. Measuring quality of information services: combining mystery shopping and customer satisfaction research to assess the performance of tourist offices[J]. Journal of Travel Research, 2014,53(4):565-580.

[58]Hew K F. Determinants of success for online communities: an analysis of three communities in terms of members' perceived professional development[J]. Behaviour & Information Technology, 2009, 28(5):433-445.

[59]Lin H F, Lee G G. Determinants of success for online communities: an empirical study[J]. Behaviour & Information Technology, 2006, 25(6):479-488.

[60]Zha X J, Zhang J C, Yan Y L. Does affinity matter? Slow effects of e-quality on information seeking in virtual communities[J]. Library & information science research, 2015, 37(1):68:76.

[61]Zha X J, Zhang J C, Yan Y L, et al. User perceptions of e-quality of and affinity with virtual communities: the effect of individual differences[J].Computers in Human Behavior, 2014(38):185-195.

[62]Yan Y L, Zha X J, Zhang J C, et al. Comparing digital libraries

with virtual communities from the perspective of e-quality[J]. Library Hi Tech, 2014, 32(1):173-189.

[63]Lu Y, Yang D. Information exchange in virtual communities under extreme disaster conditions[J]. Decision Support Systems, 2011, 50(2):529-538.

[64]Lukyanenko R, Parsons J, Wiersma Y F. The IQ of the crowd: understanding and improving information quality in structured user-generated content[J]. Information Systems Research, 2014, 25(4):669-689.

[65]Grajales FJ, Sheps S, Ho K, et al. Social media: a review and tutorial of applications in medicine and health care[J]. Journal of Medical Internet Research, 2014, 16(2):192-198.

[66]Wang G A, Jiao J, Abrahams A S, et al. ExpertRank: a topic-aware expert finding algorithm for online knowledge communities [J]. Decision Support Systems, 2013, 54(3):1442-1451.

[67]Wang S, Lin J C C. The effect of social influence on bloggers' usage intention[J]. Online Information Review, 2011, 35(1):50-65.

[68]Hsieh C C, Kuo P L, Yang S C, et al. Assessing blog-user satisfaction using the expectation and disconfirmation approach[J]. computers in Human Behavior, 2010, 26(6):1434-1444.

[69]Joo J, Normatov I. Determinants of collective intelligence quality: comparison between Wiki and Q&A services in English and Korean users[J]. Service Business, 2013, 7(4):687-711.

[70]Arazy O, Nov O, Patterson R, et al. Information quality in Wikipedia: the effects of group composition and task conflict[J]. Journal of Management Information Systems, 2011, 27(4):71-98.

[71]Yaari E, Baruchson-Arbib S, Bar-Ilan J. Information quality assessment of community generated content: a user study of Wikipedia[J]. Journal of Information Science, 2011, 37(5):487-498.

[72]Chen J V, Jubilado R J M, Capistrano E P S, et al. Factors affect-

ing online tax filing—An application of the IS Success Model and trust theory[J]. Computers in Human Behavior, 2015, 43:251-262.

[73] Liu H, Ke W. Influence of power and trust on the intention to adopt electronic supply chain management in China[J]. Social Science Electronic Publishing, 2015, 53(1):70-87.

[74] Ponte E B, Carvajal-Trujillo E, Escobar-Rodriguez T. Influence of trust and perceived value on the intention to purchase travel online: integrating the effects of assurance on trust antecedents [J]. Tourism Management, 2015(47): 286-302.

[75] Warren A M, Sulaiman A, Jaafar N I. Social media effects on fostering online civic engagement and building citizen trust and trust in institutions[J]. Government Information Quarterly, 2014, 31 (2):291-301.

[76] Wang W T, Lu C C. Determinants of success for online insurance web sites: the contributions from system characteristics, product complexity, and trust[J]. Journal of Organizational Computing and Electronic Commerce, 2014, 24(1):1-35.

[77] Yi M Y, Yoon J J, Davis J M, et al. Untangling the antecedents of initial trust in Web-based health information: the roles of argument quality, source expertise, and user perceptions of information quality and risk[J]. Decision Support Systems, 2013, 55(1):284-295.

[78] Zhou T. An empirical examination of continuance intention of mobile payment services[J]. Decision Support Systems, 2013, 54 (2):1085-1091.

[79] Zhou T. An empirical examination of initial trust in mobile banking [J]. Internet Research, 2011, 21(5):527-540.

[80] Beck F, Richard J B, Nguyen-Thanh V, et al. Use of the internet as a health information resource among French young adults: results from a nationally representative survey[J]. Journal of Medi-

cal Internet Research, 2014, 16(5):193-205.

[81]Ayadi O, Cheikhrouhou N, Masmoudi F. a decision support system assessing the trust level in supply chains based on information sharing dimensions[J]. Computers & Industrial Engineering, 2013, 66(2):242-257.

[82]Hsiao J L, Chang H C, Chen R F. A study of factors affecting acceptance of hospital information systems: A nursing perspective [J]. Journal of Nursing Research, 2011, 19(2):150-160.

[83]Hung W H, Chang L M, Lee M H. Factors influencing the success of national healthcare services information systems: an empirical study in Taiwan[J]. Journal of Global Information Management, 2012, 20(3):84-108.

[84]Jen W Y, Chao C C. Measuring mobile patient safety information system success: an empirical study[J]. International Journal of Medical Informatics, 2008, 77(10):689-697.

[85]Stellefson M, Chaney B, Ochipa K, et al. YouTube as a source of chronic obstructive pulmonary disease patient education: a social media content analysis[J]. Chronic Respiratory Disease, 2014, 11 (2):61-71.

[86]Promislow S, Walker J R, Taheri M, et al. How well does the Internet answer patients' questions about inflammatory bowel disease? [J]. Canadian Journal of Gastroenterology, 2010, 24(11):671-677.

[87]Emond Y, Groot J, Wetzels W, et al. Internet guidance in oncology practice: determinants of health professionals' Internet referral behavior[J]. Psycho-oncology, 2013, 22(1):74-82.

[88]Diviani N, Van d P B, Giani S, et al. Low health literacy and evaluation of online health information: a systematic review of the literature[J]. Journal of Medical Internet Research, 2015, 17 (5):e112.

[89]Charvet-Berard A I, Chopard P, Perneger T V. Measuring quality

of patient information documents with an expanded EQIP scale[J]. Patient Education & Counseling, 2008, 70(3):407-411.

[90] Demir F, Ozsaker E, Ilce A O. The quality and suitability of written educational materials for patients[J]. Journal of Clinical Nursing, 2008, 17(2):259-265.

[91] Surman R, Bath P A. An assessment of the quality of information on stroke and speech and language difficulty web sites[J]. Journal of Information Science, 2013, 39(1):113-125.

【作者简介】

查先进，男，1967 年生，博士，珞珈特聘教授，博士生导师，教育部"新世纪优秀人才支持计划"获得者。兼任中国信息经济学会常务理事、中国科学技术情报学会理事、中国科学技术情报学会情报理论方法与教育培训专业委员会副主任委员、国际信息科学和技术协会(ASIS&T)会员、国际信息系统协会(AIS)会员、湖北省信息学会理事等职。在 SSCI/SCI 收录的国际主流期刊及国内重要期刊上发表论文 90 余篇。研究方向：信息分析、竞争情报、信息资源管理、信息行为、信息系统。

杨海娟，女，1990 年生，武汉大学信息管理学院情报学专业博士生，主要研究方向：信息资源配置与管理、信息行为、信息系统，已发表学术论文 4 篇。

实体检索研究综述

陆 伟[1,2] 武 川[1]

(1. 武汉大学信息管理学院;

2. 武汉大学信息检索与知识挖掘研究所)

[摘 要]对文本中实体信息的关注是传统实体检索的基础,而结构化信息的增长和语义网的发展则促进了传统文本检索逐步向面向语义网的实体检索发展。本文首先从传统的实体检索研究入手,对实体检索的各主要研究问题,包括实体排序、相关实体发现、实体列表补全、专家检索等,进行了系统的梳理,根据不同方法的异同点对相关方法进行了介绍。在此基础上,将传统的实体检索研究与基于语义网的新兴实体检索相联系,介绍语义网背景下实体检索研究的变化,并对现有的面向语义网的实体检索方法进行了总结。最后,详细描述了现有的实体检索评测方法和指标,所用数据集。本研究旨在帮助相关研究人员了解实体检索研究的主要研究问题、新兴的研究方向和发展趋势。

[关键词]实体检索 综述 语义网 评测方法

Survey on entity retrieval

Lu Wei[1,2] Wu Chun[1]

(1. School of Information Management, Wuhan University;

2. Institute for Information Retrieval and Knowledge Mining, Wuhan University)

[Abstract] The focus on entity information in text is the basis of traditional entity retrieval, and increasing structured information and the development of semantic web promote the shift from traditional entity retrieval to semantic web oriented entity retrieval. This work starts with traditional entity retrieval, introduces main research questions in entity retrieval, including entity ranking, related entity finding, entity list completion and expert retrieval, according to similarities and differences between the different methods. After introducing traditional entity retrieval, semantic web oriented entity retrieval is connected to traditional entity retrieval, the change of entity retrieval under semantic web is introduced and existing semantic web oriented entity retrieval methods are summarised. Finally, existing evaluation method, metrics and datasets are described. This research aims at helping related researchers learn about the main research questions, newly emerging research directions and trends of entity retrieval research.

[**Keywords**] entity retrieval   survey   semantic web   evaluation method

1 引 言

传统的信息检索是基于文档的检索，即给定用户查询，要求返回与查询相关的文档排序列表。文档中包含大量信息，能够在一定程度上满足用户的信息需求。然而，Brode 等[1]的研究表明，用户从搜索引擎中检索文档的目的往往是从文档中得到更为具体的信息，而不是文档中的所有信息。相对于用户具体的信息需求，文档的粒度过大。近年来，有研究发现，对于很多查询而言，返回命名实体，如人名、地名、机构名等，能够更好地满足用户需求[2]。这一发现极大地推动了实体检索研究。

实体检索(entity retrieval、entity search、entity finding 或 object retrieval，本文统称为实体检索)，即根据用户的查询表达式在信息源中检索出相应类型的实体(人物、机构、地名、产品等)或实体属性。早期的实体检索以特定类型的实体检索为主，包括时刻检索[3]和专家检索等。随着实体检索的发展，实体检索的目标实体由特定类型实体转变为通用实体，旨在进行不限定实体类型的实体检索。信息检索国际评测会议，如文本检索会议（text retrieval conference，TREC）、INEX（initiative for the evaluation of XML retrieval）会议都设有实体检索相关任务，如实体排序、实体列表补全、相关实体发现等。这些任务通过给定实体类别、相关实体示例等信息帮助进行实体检索，对目标实体类型则没有限定。

随着语义网技术的发展，越来越多的实体信息以语义网的基本格式 RDF（resource description framework）存储，面向语义网数据的实体检索逐步兴起。维基百科、DBpedia 等通用知识库的发展为面向语义网的实体检索提供了基础，而 SemSearch① 挑战赛、TREC② 评测会议等也发起了相关任务，进一步推动了面向语义网的实体检索的发展。相比传统实体检索中的文档集，语义网数据具有结构化、关联关系定义清晰等特点，能够提供更准确的实体表示。相应地，面向语义网的实体检索能够更加充分地利用实体的描述文本和属性等信息，更好地满足用户的信息需求。

本文组织如下：第二节介绍传统的实体检索任务，包括实体排序、实体列表补全、相关实体发现、专家检索等；第三节介绍新兴的面向语义网的实体检索，包括明确新兴实体检索任务的定义、检索方法、所用数据集与评测指标等；第四节对全文进行了总结。

2 传统的实体检索研究

早期的实体检索研究局限于特定实体的检索，如时刻检索和 TREC 2005 中的专家检索等。面向特定类型实体的检索通用性不够强，往往只适用于特定任务。自 2007 年 INEX 评测会议设立 XML 实体排序（INEX-XER）任务和实体列表补全（entity list completion）任务以来，对实体检索的研究和探讨由面向特定类型实体转变为面

---

① http：//challenge. semanticweb. org/2015/.

② http：//trec. nist. gov/.

向通用实体。TREC 于 2009 年设立实体任务，作为自 2005 年开始至 2008 年结束的专家检索任务的延续，将实体检索的目标实体类型扩展为通用实体。与此同时，将实体检索的范围扩充为整个互联网范围，将实体间关系引入实体检索的探讨中。这两个会议针对给定的实体检索问题，为评测会议参与者提供了统一的查询和数据集，便于对参与者提交的实验结果进行对比，极大地促进了实体检索研究的发展。本节首先分别介绍实体排序、实体列表补全、相关实体发现等任务。这三个实体检索任务均是在传统的信息检索基础上，通过多个前置或后置的处理步骤，来筛选候选实体、利用多源信息和启发式方法揭示查询与候选实体间相关性，从而达到检索相关实体的目的。因此，本文主要从预处理、后处理和利用外部信息进行相关性揭示的角度，在 2.1 ~ 2.3 节里分别对实体排序、实体列表补全、相关实体发现等任务进行介绍。相比之下，专家检索作为一项较为专门的实体检索任务，重在改进传统的检索模型以适用于专家检索问题。因此，2.4 节将从专家检索模型的角度对专家检索的相关研究进行介绍。

2.1 实体排序

INEX 于 2007 年设立了 XML Entity Ranking Track（INEX XER）任务，该任务给定 XML 格式的维基百科数据库转存储（Wikipedia dump）数据、查询主题，要求返回与查询相关的实体。与传统的检索任务不同，该任务给定的文档集是维基百科知识库，检索目标是维基百科中的实体，实体表示即为实体的维基百科条目（包括结构化信息和非结构化文本描述）。

实体通常是指现实世界中独立、客观存在的物体或概念，可以通过一个唯一标识符来表示，并通过一系列属性及其属性值的集合来描述，形如：

$$d(e_i) = \{ID_i,\ P_i\}$$

$$ID_i = id(e_i)$$

$$P_i = \{(a_1^i,\ v_1^i),\ \cdots,\ (a_j^i,\ v_j^i),\ \cdots,\ (a_n^i,\ v_n^i)\}$$

其中，$d(e_i)$ 为实体 e_i 的表示，$id(e_i)$ 为实体 e_i 的唯一标识符，P_i

为实体的<属性，属性值>对的集合，a_j^i 表示实体 e_i 的第 j 个属性，v_j^i 表示实体 e_i 的第 j 个属性对应的属性值。

在实体排序中，查询表示为<查询，类别>（查询是指用自然语言描述的用户信息需求，类别是指目标实体所属类别）二元组，即给定查询主题和目标实体类别，找出与查询主题相关且属于给定实体类别的实体。如"国家"作为实体类别，查询主题为"能够支付欧元的欧洲国家"，则需返回的实体为：德国、法国等。该任务中指明了实体类别，其意义在于无需对查询进行分析，识别出查询目标实体的类型。相对未给定实体类别的查询来说，限定返回实体的类型可以减少返回的实体数目，使检索结果更加精确。

鉴于 INEX 中实体排序任务是基于维基百科知识库的，大多数研究方法都考虑从不同维度利用维基百科中的非结构化信息和结构化信息。维基百科中实体页面中的文本是实体基本信息的描述，是最重要的非结构化信息。Vercoustre 等[4] 和 Thom 等[5] 考虑了查询与维基百科实体的文本描述间的相似度。Murugeshan 等[6] 首先构建了基于维基百科标题和 WordNet 的维基名称列表（wiki name list），用以选取与查询相关的有意义的 n-gram（meaningful n-grams），并根据候选实体文本描述中的第一段，即摘要部分，对有意义的 n-gram 的包含关系，来对实体排序结果进行筛选和过滤。Wu 等[7] 计算实体描述片段和输入查询间的相似度，并基于此提出 DLM（document language model）、RSVM（supervised ranking support vector machine model）、CSVM（unsupervised classification support vector machine model）三种模型。除了非结构化文本描述外，维基百科中还包含丰富的结构化信息，包括信息框（infobox）、类别（category）等。这些结构化信息提供了关于实体的确切信息，能够帮助进行实体排序。其中，实体类别信息显得尤为重要，受到了普遍关注。Vercoustre 等[4] 和 Thom 等[5] 等研究计算了给定实体与实体示例的类别相似度，作为实体排序的考量指标之一。Kaptein 等[8] 首先提出了一种简单的自动识别检索目标实体类别的方法，随后通过计算目标实体类别与候选实体类别间的 KL 距离（KL-divergence）相似度，对实体检索结果进行重排序。Kaptein 和 Kamps[9] 通过实验证明了维基百科中的类别信息是一种非常重要的资源，可以大幅提高检索的效果。Jämsen 等[10]考虑了维基百科中类别的层次关系，通过在给定的类别层次，特别是邻近类别中，传递递减系数，进行类别扩展。Kaptein 等[11]通过将实体类型映射到维基百科类别，获取目标实体的类别集，根据候选实体是否属于该类别进行重排序，实现提高实体排序准确性的目标。Kamps 等[12]在利用查询描述文本在维基百科中进行检索的基础上，根据目标实体类别对排序靠前的候选实体进行重排序，提升了实体排序的准确性。

链接分析的有效性在传统信息检索领域得到了充分的证明，Pagerank、Hits 等算法的成功应用更证明了链接结构的重要性。维基百科数据集也包含有丰富的链接结构，以某一实体为节点，可以利用条目之间的链接构建实体关联网络，进而应用于实体排序任务中。相关研究利用维基百科的链接结构，以及链接之间的共现关系进行实体排序，提升了实体排序的效果[10][13][14][15]。Jämsen 等[10]利用维基百科文章之间的链接结构进行拓展，在链接之间传递文档得分。除了通过链接分析来分析实体间关联外，还可以充分利用维基百科中相关实体在类别、属性等维度上存在的丰富联系，构建图模型来解决实体排序问题。Pehcevski 等[14]对候选实体的三种上下文进行了区分，即整篇文本描述、预定义文本片段(段落、列表、表格等)、特定于 XML 文档的局部上下文，根据不同上下文中的链接共现关系进行实体排序，提升了实体排序的效果。Henning Rode 等[16]构建了实体包含图(entity containment graph)用以表达文本片段与包含其中的实体间的包含关系，通过预先计算文本片段的排序来将相关性传播到其所包含的实体中，实现实体排序。Ankur Agrawal 等[17]通过将维基百科实体的非结构化信息和结构化信息整合到图节点中，将实体间的关联关系及关联位置关系整合到边中，构建了扩展多重图模型进行实体排序。Kaptein 等[11]在探索锚文本有效性的研究中，使用维基百科作为枢轴(pivot)考虑了共引关系图结构。Zaragoza 等[18]研究了实体包含图，将其用于计算实体的重要性，从而对多种不同类型的实体进行排序。Serdyukov 和 De Vries[19]利用维基百科构建候选实体列表，利用候选实体的维基百

120

科页面中的外链信息进行排序。

尽管维基百科是具有相当权威性和普遍性的语料库，但是其在规模上仍远小于 Web 搜索引擎。一些学者认为虽然 Web 搜索引擎具有一定的噪声干扰，但是其庞大的规模可以提供更加丰富的信息，从而辅助实体排序。Zaragoza 等[18]利用 Web 搜索引擎通过使用文本挖掘领域著名的相关度测量方法计算实体与查询间相关性；Thom 等[5]用查询在搜索引擎中进行检索，获取搜索引擎所返回的排序靠前的网页，并认为如果一个实体的维基百科页面被这些页面所指向，则该实体在实体排序任务中的排序应该较高。Komninos 和 Arampatzis[20]并未直接从维基百科中获取候选实体列表，而是从检索结果文档中抽取实体，并进行排序，通过实验发现，相比检索结果文档中实体出现的总频次而言，实体出现其中的文档数对排序更有效。

虽然相比传统信息检索中基于文档的排序，实体排序任务在文本粒度和用户需求上存在一定差异，但是本质上它们都是根据用户需求，对信息进行检索和挖掘，主要区别在于载体不同。因此，一种实体排序思路是，通过对传统的信息检索模型进行拓展，使其能够应用于实体检索。如 Gianluca Demartini 等[21]对传统信息检索中的向量空间模型进行了扩展，将实体用文本文档线性组合的方式表示成向量空间中的实体向量，从而构建出针对实体排序的实体向量空间模型，并通过实验证明该模型适用于不同的查询场景。语言模型以统计学理论为基础，被大量的实验工作证明可以很好地用于解决自然语言处理、信息检索等领域中的问题，Wouter Weerkamp 等[22]将语言模型用于实体排序任务中，通过扩展现有方法，提出了面向实体排序任务的框架，该框架包括五个部分：①实体语言模型；②查询语言模型；③实体与查询相关的先验概率；④给定类目下的实体概率；⑤给定另一实体条件下的实体概率。在这一模型下，通过分别计算实体与给定查询和给定类别的相关性概率，对实体进行排序。Tereza Iofciu 等[23]引入传统信息检索中的相关反馈思想，基于用户说明的实体示例或者伪相关反馈，利用维基百科中的类目结构，解决实体排序问题。

实体排序任务给出了检索目标实体的示例，通过将候选检索结果实体与这些示例实体进行对比，帮助提升实体排序效果。Vercoustre 等[4]计算候选结果实体与实体示例的相似度，将其作为实体排序的考虑因素之一。Balog 等[24]对基于词项的实体表示和基于类别的实体表示，通过实验证明，通过使用实体示例，基于类别的实体表示能够更好地支持实体排序。此外，在实体排序任务中，还提供了目标实体与给定查询间的关系。Jiang 等[25]提出了一个同时考虑实体间关系和相关性的概率模型，特别关注了实体间关系匹配的程度，进而评估两个实体间存在某一关系的概率。

除了上述方法外，还有其他类型的方法，分别关注了实体排序任务的不同方面，包括用户观点、查询主题分类、查询与实体表达等方面。Kavita Ganesan 等[26]提出了基于观点的实体排序的方法，他们认为利用观点的内容，可以根据用户的喜好直接对相关实体进行排序。并以此为基础提出了查询分面模型（使用查询的每一个方面对实体进行排序，并从查询的多个方面对排序结果进行聚合）和观点拓展（通过主题词表中发现的相关观点词汇对查询进行拓展）两种启发式方法。Anne-Marie Vercoustre 等[27]提出了一种主题困难度预测（topic difficulty prediction）的方法，他们通过使用从 INEX 数据集中抽取的特征产生一个分类器来将主题进行分类，并通过实验证明了该方法可以在一定程度上提高实体排序的有效性。Jianhan Zhu 等[28]在解决实体排序任务中，基于两点假设，即相关实体通常在文本中和查询词项及给定相关实体同时出现、实体排序对多重文档特征敏感，提出了一种基于共现的实体关联发现模型，综合考虑了多种文档特征。Gianluca Demartini 等[29]将研究着眼于查询本身，在使用查询关键词的基础上，利用数据集的语义结构和与主题语句匹配的高准确度本体，引入相关类别信息构造和扩展用户的查询表达式。Yue Kou 等[30]基于"局部得分，全局聚类"的思想，综合考虑了实体抽取的不确定性、实体的信息风格（the style information of entities）、Web 资源的重要性和实体间关系等因素，提出了 LG-ERM 算法。一般而言，查询表示相对简短，而维基百科中实体的文本描述则相对较长。Adafre 等[31]通过利用维基百科中的相关上下文来扩充查询表示，通过候选实体的邻近实体来限定候选实体表示，从而更精确地表达查询需求和候选实体，对查询与候选实体进行匹配。Rode 等[32]则重点关注实体表示，利用文档与实体间的关系，分别从两个层面，即文档层面和段落层面来表达实体，探讨文档表示对实体排序的影响。Mottind 等[33]通过分析用户检索过程中的点击日志来改善实体搜索引擎所返回的排序结果。

实体排序致力于挖掘与查询密切相关的实体，有较广的应用前景。Blanco 等[34]认为用户的信息需求常常会与知识库中的实体相关，根据与查询的相关性对实体进行排序，能够帮助用户进一步探索相关信息；基于此，提出并构建了基于多种信息源的实体推荐引擎，对实体进行排序，进而为用户提供进一步获取信息的渠道。Demartini 等[35]考虑了将实体排序应用于消费产品排序的应用情境，通过利用消费者提供的限制信息，对企业的产品进行排序。

2.2　实体列表补全

在实体列表补全任务中，给定查询及与该查询相关的 1~3 个实体示例，要求返回与查询相关的实体列表。例如，给定查询主题"能够支付欧元的欧洲国家"，以及与查询主题相关的实体示例"德国、法国"，要求返回其他相关实体，如荷兰、西班牙等。查询可以表示为<查询词/句，实体示例集>二元组，其中查询为自然语言描述的用户信息需求，而实体示例集则是作为目标实体样本的、与查询相关的实体集。实体列表补全通过列出与给定查询相关的实体，能够满足不同信息需求。与商业搜索引擎不同的是，实体列表补全任务通过给定实体示例，来提供更多信息，帮助系统判定某一实体是否与给定查询相关。该任务的难点之一即是如何充分利用实体示例，识别出符合条件的实体。

要检索得到相关实体，基本步骤是检索所有的相关文档、筛选得到其中表示实体的文档、根据相关性对所有候选实体进行排序。Madhu 等[36]对维基百科进行检索，得到一组初始相关文档集。由于初始相关文档集覆盖面有限，因此需要采用多种启发式策略进行扩展，包括初始类别扩展、显著的 n-gram 扩展、标题查询匹配、标题查询部分匹配、文档类别扩展、段落扩展等，以尽可能提高相关实体的召回率。随后，通过从查询中抽取"实体表征词"（entity determining terms），来判断一篇文档是否为实体，然后通过判断给定实体示例与候选实体的类别匹配程度来进行排序。

相关实体示例是目标实体集的示例，对获取候选实体有着重要的借鉴意义。不同的研究方法考虑了不同的利用实体示例的方式。一个常见的假设是，假定与查询相关的实体倾向于与给定的实体示例和/或查询词之间存在共现关系。Zhu 等[28]基于此假设，提出了一个基于共现的实体关系发现模型。Bonnefoy 和 Bellot[37]除了考虑一般的实体共现关系，还特别考虑了在实体主页中的数据表和列表中的共现关系，并将这两种共现关系作为评价候选答案的重要特征。Metzger 等[38]构建了 QBEES 框架，定义了基于结构化特征的实体相似度，从而利用实体示例与候选实体间的相似度进行实体排序。

在维基百科的各种信息中，最受关注的信息是维基百科实体的类别信息。Balog 等[39]引入了一个概率框架，其中信息需求和实体都由基于词项的模型和基于类别的模型下的概率分布来表示，通过候选实体与查询在概率分布上的相似度对候选实体进行排序。Balog 等[40]也提出了一个集成了基于词和基于类别的查询及实体表示方法，通过实验证明了将这两种表示方法相结合的有效性。除了类别信息外，维基百科中丰富的链接结构也能提供有用的信息。Jämsen 等[10]提出了类别扩展（category expansion）方法扩充类别集，以便类别集中的类别能够覆盖所有相关实体所属类别。

通过利用外部公开数据也能对实体列表补全任务有所帮助。Urbansky 等[41]提出利用链接开放数据（linked open data）来进行实体列表补全，首先利用给定实体示例来挖掘相应的本体概念（ontology concepts），继而根据所挖掘的目标实体所属的本体概念和目标谓词（predicate）来抽取候选实体，最后根据候选实体与实体示例间的相似度进行排序。此外，有研究者考虑将其他技术应用于实体列表补全任务中。Dalvi 等[42]关注如何将关系抽取和列表抽取技术应用于实体列表抽取任务中，提出了一个两阶段检索过程。在第一阶段，将给定的查询实体和目标实体示例作为种子，进行集扩展（set expansion）；在第二阶段，筛选出存在有效 URI 的实体，并根据类型匹配得到最后结果。

2.3　相关实体发现

相关实体发现问题于 TREC 2009 中被提出，其问题定义如下：给定输入实体及实体名称和实体主页、目标实体的类型，以及输入实体与目标实体间的关系描述文本，要找到与给定输入实体间存在给定关系的相关实体[43]。大多数相关研究都从查询分析、检索相关文档开始，再从相关文档中抽取实体，并进行一定的过滤，搜寻实体主页，最后给定一个排序后的相关实体列表。也即是，相关实体发现大多包括六个阶段：查询分析、文档检索、实体抽取、实体过滤、实体主页发现、实体排序[43][44][45]。

并非所有研究者都将查询分析作为重要的环节。查询分析阶段主要是对查询的文本描述进行分析，抽取关键词[43][46]。Wu 等[46]利用 OpenEphyra① 从查询描述文本中抽取关键词。在文档检索阶段，主要目标是用查询检索得到一系列实体相关文档，便于在下一个阶段抽取候选实体。Wang 等[44]除了进行基本的文档检索外，还利用了搜索引擎来提高检索准确率。在实体抽取阶段，最主要的方法是采用各种命名实体识别工具从相关文档中识别出实体，包括 Stanford NER[44][45]，OpenEphyra's 中命名实体标注器（NETagger）[43]等。通过构建特定词表，如基于维基百科页面标题的词表等，也能够有效地抽取实体。此外，基于模式和规则的方法也在一定程度上提高了实体抽取的准确度[44]。最常见的一种实体抽取方式是将各种方法综合起来进行实体识别。

Wang 等[47]采用了 NER 工具、特定的网页、由某些规则生成的实体列表来进行实体识别；Bron 等[48]将上下文无关的共现模型与上下文相关的共现模型相结合，提升了相关实体发现的效果；Vechtomova[49]利用词性标注工具、名词/短语分块器（noun phrase

① http：//sourceforge.net/projects/openephyra/.

chunker)、维基百科网页标题等从文档中抽取实体。虽然在实体抽取阶段用到了各种工具,但是仍然可能存在实体鉴别错误。为此,研究者针对可能出现的错误,利用一些启发式的过滤方法对实体进行过滤。Wang 等[44]利用停用词列表、特定规则等对所抽取实体进行过滤。Wu 等[46]除了利用 NER 工具来抽取实体之外,还采用了基于依赖树模式自学习的方法来过滤实体,得到候选实体后,再通过移除噪声、计算查询与实体中的相关句的相似度来提升所抽取实体的质量。

进行实体抽取后,需要识别该实体对应的实体主页。大多研究方法都通过提炼特征,采用分类方法进行实体主页发现。Yang 等[43]采用了最大熵分类器和逻辑斯蒂回归模型进行实体主页发现。Wu 等[46]利用 DBpedia 中的主页数据作为训练数据正例,利用 Yahoo API 中的检索结果作为负例,训练得到一个二元 SVM 分类器,所用到的特征包括 URL 类型特征、URL 中的关键词特征、其他启发式特征等。

实体排序是相关实体发现的一个重要阶段,研究者所采用的方法主要包括概率模型方法[50]、分类方法[43]、机器学习排序方法[45]等。Wang 等[44]在进行实体排序时考虑了查询描述文本中的关键词、PageRank、基于语料库的关联规则、搜索引擎等。Zhai 等[50]提出了一个同时考虑两个因素的概率模型,即源实体与候选实体间某一候选关系的概率、候选实体与查询的相关性。Lin 等[45]采用了机器学习排序方法对实体进行排序。Wu 等[46]提出了一种概率模型,其关键部分是一种基于依赖树相似度的算法。在实体排序阶段,Wang 等[47]提出了两个模型:以文档为中心的模型(document-centered model)和以实体为中心的模型(entity-centered model)。在最后一个阶段则提出了 Allocating homepages for entities。Wang 等[51]在此基础上引入了一种计算关键词与实体间距离的算法。Vechtomova[49]根据给定的实体类别名称生成了一系列种子实体,然后根据候选实体与这些种子实体的相似度对候选实体进行排序。

2.4 专家检索

在解决特定问题的过程中,我们常常需要一些特定信息或指导。有些信息难以通过文字表达，如个人经验、直觉、对事物的感性认识等。拥有这些信息的人被称为专家，他们是在某一领域或某一问题上有所专长的人。通过寻找这些专家及其发布的信息，能够帮助我们解决特定问题。传统的信息检索返回与查询相关的文档，而专家检索则专注于返回专家实体，是一种面向特定类型实体的实体检索。鉴于当今网络生活的普及，大量有关专长的信息散布于网络之中。通过追踪、挖掘专长信息，能够发现具备特定专长的专家，为用户提供寻求帮助和指导的明确目标。

专家检索包括两类任务：专长发现（expertise finding）、专家专长扼要（expert profiling）。专长发现能够帮助人们找到在特定问题上具备专长的人，也即专家，而专家专长扼要则能够帮助确定一个专家的各项专长，形成专家的专长概况。简言之，专长发现能够挖掘在一个专长上的多名专家，而专家专长扼要则是要总结一位专家的所有专长。专家检索的主要挑战之一，即是如何定义专家专长。一般而言，专长是一种隐形知识（tacit knowledge）[52]，一类存储于人们记忆中，难以获取的知识。相对应的是显性知识（explicit knowledge），它能够通过文字进行描述，存储于文档之中。然而，专家检索只能通过显性知识，也即文档明确描述的信息来推断专家专长。因此，专家检索与传统的文档检索密切相关，但比文档检索更为复杂。

2.4.1 专家检索关键问题

专家检索的主要元素包括：人、文档、查询主题。很多研究都专注于给定查询下，根据专家专长对专家进行排序。其中的三个主要问题是：如何表示候选专家？什么信息能够构成专家专长？如何将查询与人联系起来？

候选专家表示的方法主要有两种：基于概要的方法和基于相关文档的方法。基于概要的方法根据与专家相关的文档，创建专家的文本描述，作为描述专家专长的伪文档。在对这类基于概要的方法表示的专家进行排序时，可以利用标准的文档检索方法。相比之下，基于文档的方法则不对专家进行显式建模，而是首先获取与查询相关的文档，然后根据与各候选专家相关的文档的相关性得分来对候选专家进行排序。换言之，每个专家都有一组加权的相关文档来表示。

一般而言，如果专家名称与查询词在一篇文档中共现，则可以认为该专家具备查询中所提到的专长。在最简单的情况下，可以假设整篇文档都是专家专长的描述，特别是当专家是该文档的作者时。然而，存在的一个问题是，当一篇文章涉及多个作者，每个作者只对文档的一部分负责时，这一假设并不成立。因此，需要对专家专长描述文本的范围进行限定。一种方法是假设一个词离专家名称越近，则它更有可能与专家专长相关[53]。因此，可以用基于窗口上下文的方法来限定专家专长描述文本。

如何评价候选专家与查询间的相关性，则是专家检索模型的关键问题。一个专家与查询越相关，则该专家越有可能具备相应的专长。常见的专家检索模型包括概率模型、投票模型、基于图的模型等。接下来，将详细介绍这三类专家检索模型。

2.4.2 概率模型

概率模型通过计算给定查询与候选专家间的相关性概率来对候选专家进行排序。概率模型可分为两大类：生成式概率模型（generative probability model）和判别式概率模型（discriminative probability model）。生成式概率模型计算 $P(e \mid q)$，即给定查询 q 的情况下，e 是专家的可能性，而判别式概率模型则是通过挖掘查询与候选专家间的相关性特征，利用训练数据进行训练，得到相应的条件概率分布，从而判别查询与候选专家间的相关性。相比生成式概率模型，判别式模型的模型假设更少，且当存在训练数据时，判别式模型的效果更好。

根据不同的生成视角，可以将生成式概率模型分为两种：候选专家生成模型[54]和查询主题生成模型。前者计算由给定查询主题生成候选专家的概率，与之相反，后者则计算给定候选专家生成该查询主题的概率。候选专家生成模型构建了一个基于查询的模型，并计算该模型生成候选专家的概率。这类方法的代表是 Cao 等[55]提出的两阶段语言模型，它包括两个部分：相关性模型和共现模型。相关性模型能够用于计算查询与文档间的相关性概率，而共现模型则用于计算给定查询的情况下，候选专家与文档相关的概率。Zhu 等[56]引入了对上述两阶段语言模型的扩展，包括将查询无关的特征，如 PageRank 得分，引入文档相关性模型，在共现模型中使用多种窗口大小等。

相比生成式模型的长期使用，判别式模型在近年来才得到发展。判别式概率模型通过评估给定查询主题和候选专家的条件下，二者相关的条件概率，来计算查询主题与候选专家的相关性。Fang 等[57]提出了一个面向专家发现的判别式学习框架(discriminative learning framework)，其基本假设是概率排序原则(probability ranking principle)。机器学习排序作为一种利用训练数据构建排序模型的方法，也是判别式模型的一种。有研究将其应用于实体检索中，取得了一定的效果。Sorg 和 Cimiano[58]将实体检索视为二元分类问题，利用多层感知机和逻辑斯蒂回归模型作为分类器，设计良好的特征，进行实体检索排序。Yang 等[59]则应用了 Ranking SVM[60]对候选专家进行排序，其方法属于成对机器学习排序(pairwise learning to rank)，所训练的模型用于判断候选专家的相对位置。

2.4.3 投票模型

投票模型本质上是一种整合多种证据的方法。在专家检索中，可以将与查询相关的文档作为对出现在文档中的专家的投票。Macdonald 和 Ounis[61]假设，当专家出现在排序的检索结果列表中时，相当于检索结果文档对专家投了二元票(binary votes)，进而可以根据文档中出现候选专家的文档数目进行排序，在此基础上，描述了这一方法基于文档得分形式转换的变种，如对文档得分应用指数函数等。这一方法被后续的使用投票模型的研究作为基线(baseline)。

基于投票模型的专家检索存在的一个问题是，相比出现在少数非常相关的文档中的专家，模型更倾向于选择在很多文档中出现的专家，即使这些文档的相关性并不那么高。Macdonald 和 Ounis[62]针对这一问题提出了两种归一化技术：一是用专家的潜在得票数，对候选专家得分进行归一化；二是用文档集中的平均文档长度进行归一化。

2.4.4　基于图的模型

基于概率模型和投票模型的方法都基于对文档文本内容的分析，而基于图模型的方法则更多地考虑专家与文档之间的关系，包括显式关系和隐式关系。通过将文档和候选专家表示为节点，用边来表达文档对专家的包含关系，可以构建专家图，从而进行专家检索。除此以外，还可能存在其他形式的专家间联系，例如专家间在组织机构上的联系、专家在论文中的合作关系等。一般而言，有着相似专长的人倾向于距离较近。Serdyukov 等[63]利用专家和检索得到的排序靠前的文档，构建了特定主题专长图（topic-specific expert-ise graphs），来对多步相关性概率传播过程进行建模。

此外，还有研究专注于通过度量专家在组织网络或公共社交网络中的中心度来进行专家发现。相比上述基于图模型的方法，这类研究仅仅将相关文档作为上下文，通过其中的共现关系来构建专家网络。Schwartz 等[64]通过观察邮件日志中的模式，构建了一组启发式图算法，对有着共同兴趣的人进行聚类，其潜在应用之一即是挖掘对特定主题非常了解的专家。Campbell 等[65]分析了邮件中的发送者、接受者链接结构，并通过这一链接结构来鉴别专家。Weng 等[66]提出了 Twitter- Rank———一种 PageRank 算法的扩展算法，来度量 Twitter 用户的影响。该算法与 PageRank 的不同之处在于其节点间的概率传播是基于主题的，因此它不仅能够发现 Twitter 用户的专长，也能发现在特定主题下的专家。

3　面向语义网的实体检索

自蒂姆·伯纳斯·李提出语义网以来，语义网得到了长足的发展。同时，越来越多的数据发布在以链接开放数据（linked open da-ta）为核心的语义网中。在语义网中每个实体对应一个唯一资源标识符（unique resource identifier, URI），并且由一系列主谓宾 RDF 三元组（subject-predicate-object RDF triple）来定义。语义网数据以 RDF 三元组为基础，与传统互联网的非结构化文本有着显著差异。其结构化特性、逐步普及的发展趋势，使得面向语义网数据的实体检索逐步成为研究热点，受到了研究者的广泛关注。

鉴于语义网数据的结构化特性，最早针对语义网数据的查询方式是类似结构化查询语言（structure query language）的 SPARQL（simple protocal and RDF query language）。虽然 SPARQL 能够进行快速精确的检索，却对发起查询的用户提出了较高的要求，实用性较弱。基于此，研究者提出了基于关键词检索的实体检索范式，通过对自然语言表达的与实体特定方面相关的信息需求进行分析，实现实体检索，降低了对用户的要求，提高了面向语义网实体检索的实用性。

3.1 传统与新兴实体检索的对比

面向语义网的实体（对象）检索存在不同的名称，如 ad-hoc entity search[67][68]、ad-hoc entity retrie-val[69][70]、ad-hoc object retrie-val[71][72]。虽然不同研究者对问题的命名不同，但是其实质相同。不同研究者对实体检索的定义大体相同，但略有差异[2][67][68]，其中较有代表性的是文献[2]中的定义。可将传统的 ad-hoc 文档检索与面向语义网的实体检索对比如表 1 所示。

表 1　传统的文档检索与面向语义网的实体检索的对比

	传统的 ad-hoc 文档检索	Ad-hoc 对象（实体）检索
输入	关键词查询，文档集	给定类型和查询意图的关键词查询，数据图
输出	文档唯一标识符的排序列表	资源唯一标识符的排序列表
评测	评估者根据文档与原始查询的相关性，对文档打分（文档得分与其他文档无关）	评估者根据对象（或资源）与查询、查询类型和查询意图的相关性，对每一个对象（或资源）进行评分

虽然大多数研究者关注一般性的实体检索，但是面向特定领域的实体检索也受到了一定的关注。Ruotsalo 和 Hyvönen[73]研究了面向特定领域的实体检索问题，通过对比不同检索策略下使用语义标

注和知识图谱的效果，证明了使用语义标注数据和知识图谱能够有效地提升实体检索效果。

3.2 面向语义网的实体检索方法

3.2.1 基于结构化查询的实体检索方法

存储 RDF 三元组数据的策略有两种，一是直接存储于文件系统中，二是利用关系数据库或对象关系数据库进行存储。第一种策略是将 RDF 存储为文本文件，每一行为一个 RDF 三元组，包括主语（subject）、谓词（predicate）、宾语（object）。这种存储方式便于进行数据读取和处理，但是不利于进行检索。相比之下，第二种利用面向 RDF 数据的数据库存储技术如"triplestore"或"quadstore"，来存储 RDF 数据，能够有效地存储结构化信息，便于进行检索。与面向关系数据库的结构化查询语言（SQL）相似，SPARQL（simple protocol and RDF query language）是一种面向 RDF 数据的结构化查询语言。通过构造 SPARQL 查询式，能够精确检索目标信息，有着较高的检索效率。

利用数据库存储技术存储 RDF 的具体方式可以分为三类：一是一般的 RDF 存储，以（S，P，O）三列表的形式存储 RDF 语句，以符号表的形式存储 URIs 等属性；二是改进的 RDF 存储，这种方式为不同类型的三元组建立不同的数据表；三是本体依赖的存储（ontology-dependent store），即针对不同的本体改变数据表的设计[74]。相比一般的 RDF 存储，改进的 RDF 存储在进行连接操作时，能将操作限定在一张或几张小表中，因而更有效率。而本体依赖的存储则能够减小遍历空间，提升数据的可存取性。目前，已有相关研究探索了利用 Virtuoso2、DB2[74] 等关系数据库或者列存储（column）[75]，以及专门 RDF 数据库[76] 进行实体存储与检索。建立索引的方式有两种：一是利用 OWLIM1 和 4store2 等方式进行 triple stores 时，可以直接利用存储时所依赖的数据库管理系统的索引方式建立检索；二是利用 Lucene 等工具包为文本形式的属性值建立倒排索引[77]。然而，这种高度结构化存储策略带来的是维护结构复杂数据的高成本，以及对结果排序和全文搜索的不支持。

如上文所述，直接利用 SPARQL 语句进行检索具有对用户要求高、适用范围小、拓展性差等局限，不少学者提出了更加简单且符合用户习惯的其他结构化查询方法。Wang 等[78]在 Semplore 系统中尝试建立一组倒排索引来匹配一定形式的查询式，通过一定的形式，如树形结构，将一组关键词连接起来，其中所支持的查询式已体现出关键词检索的思想。在这种查询式构建和索引体系下，可以实现简单的结果排序[79]。Delbru 等[80]构建了一个以 SIREn 命名的语义信息搜索引擎，该系统利用了 XML 检索中节点索引模式(node indexing schema)的策略对三元组构建索引，能够支持利用特定操作符将关键词检索结果进行连接的结构化检索，大大提高了单独使用用 SPARQL 语言的灵活性，并且实现了对结果进行排序。

3.2.2 基于关键词搜索的实体检索

与传统的基于结构化查询的方法不同，基于关键词搜索的实体检索(keyword search-based entity retrieval)以关键词作为查询，从而降低了对用户的要求，更贴近用户的使用习惯。基于关键词搜索的实体检索方法主要是针对 RDF 数据的特点，对传统的信息检索方法进行适应性的改进，使其能够应用于面向语义网数据的实体检索。信息检索主要包括查询式的表示、文档的表示、索引的构建、结果排序等多个方面，通过从上述某一个或多个方面进行改进，能够将传统信息检索技术应用于基于关键词搜索的实体检索中。

（1）查询式的处理。

部分学者在保留结构化查询优势的前提下，从改善用户检索体验的角度出发，提出了将关键词查询式转换成结构化查询的思路，从而实现基于关键词的实体检索。Tonon 等[81]将传统的信息检索方法与结构化搜索技术相结合，提出了一个框架，一方面利用倒排索引来回答关键词查询，另一方面利用半结构化数据库来自动生成查询。Tran 等[82]根据用户输入的关键词为用户提供结构化的候选查询，即通过模式信息或背景知识对数据图进行摘要，并在此基础上使用图搜索等算法得到候选查询图并返回给用户。

(2)从结构化数据表示到文档表示。

传统文档检索方法不能直接应用于实体检索的原因之一，是传统文档检索方法无法直接应用于结构化数据。因此，一个直观的方法就是将结构化数据以某种方式转化成传统文档检索支持的文档形式。语义网数据本质上是对实体本身和实体间关联关系的描述，实体自身的文本描述、属性及与之相关的实体节点的文本描述都可以视为描述实体的伪文档（pseudo document）。通过将实体信息进行分类，构建实体的文档化表示，就能够利用传统的多域文档检索模型，例如 BM25F、语言模型，实现基于关键词的实体检索。Neumayer 等[67]利用启发式规则对非结构化的实体描述文本中的信息进行抽取，同时结合结构化实体属性信息，作为实体的文档表示，并在最终的排序时提升权威性较高的实体的权重，实验结果表明这种方法简单而有效。Kahng 和 Lee[83]采用了类似的思想，区别在于其首先通过路径发现算法，获取所有某一实体能够达到的节点，然后将这些节点的文本属性集成为一个文档，作为该实体的伪文档。

(3)改进排序算法。

利用传统检索模型的方式之一是改进排序算法，使之适用于语义网中的结构化数据。Blanco 等[77]对 BM25F 得分函数进行了改进，采取了对不同谓词（predicates）分配不同权重的策略提高了检索的效果。Pérez-Agüera 等[84]结合结构化信息检索的思想，针对 RDF 数据的结构化特性改进 BM25F 排序算法。Campinas 等[85]提出了一个多值属性模型，该模型对现有的基于域的模型进行了扩展和一般化，在此基础上，对两种基于域的模型，即 BM25F 和 PL2F，进行了扩展，并通过实验验证了该扩展的效果。

另一方面，为弥补基于结构化查询的实体检索方法无法进行结果排序的缺陷，部分研究探索了对结果列表进行得分计算从而实现排序的策略。根据查询式的形式和索引构建方式，得分的计算可以只从文本相关性或结构紧密性考虑，也可以进行综合考虑。Zhiltsov 和 Agichtein[86]综合考虑了实体的内容信息和结构信息表达实体，并将这两类信息分别转化为基于词项的特征（term-based feature)和基于结构的特征(structure-based feature)加入到特征集合中,采用机器学习排序(learning to rank)方法对检索结果排序进行优化。Sayyadian 等[87]强调了利用数据库中的结构化信息帮助进行实体检索,将着眼点放在文本检索上,从而避免了无法对结果列表排序的问题。Kahng 和 Lee[83]在语言模型的基础上,提出了一种面向 RDF 图的概率实体检索模型,它能够捕捉 RDF 图中节点间的间接联系。该模型的假设是从实体的 URI 节点出发,一定可以通过某种路径到达实体的任何描述文本。

3.3 实体检索评测与数据集

3.3.1 评测方法与指标

信息检索领域的评测方法主要有两种:一是 Cranfield 评测方法[88];二是以用户为中心的评价方法。Cranfield 评测方法在过去的几十年中,一直是信息检索领域的标准评测方法。它基于给定的文档集、查询集、相关性的二元评价(相关/不相关)、易于理解的评测指标,通过基于 Cyrilw 的实验方法自动评分。以用户为中心的评价方法一般用于交互式信息检索(interactive information retrieval),根据用户的反馈信息和交互行为来设计评测指标。

随着面向语义网的信息检索的发展,研究者在传统信息检索评价方法的基础上,提出了面向语义网搜索的评测框架。Blanco 等[89]提出了基于 RDF 数据集、一组关键词查询、由众包得到的相关性判断的面向语义网的实体检索评测框架。Pérez-Agüera 等[84]在 INEX 的评测框架基础上,将 INEX 评测数据集中的维基百科数据与 DBpedia 数据相关联,提出了一个面向语义网搜索任务的评测框架。该评测框架可用于评价面向 RDF 文档集的检索结果。在使用标准数据集、主题集合和相关性判断文档的基础上,信息检索结果的评价包含两个方面,一是检索返回相关文档的数量,二是对相关文档的排序问题。因此 Pérez-Agüera 等[84]的评价框架选取了不同评价结果集合的方法来评测语义网检索系统的优劣,不同的评价方法评价系统的不同方面,包含以下指标:

MAP(Mean Average Precision)是获得了所有相关文档后的平

均准确率。平均准确率考虑的是在全部召回情况下的准确率，考虑了检索返回相关文档及排序这两个方面的问题。

GMAP（Geometric Mean Average Precison）是 MAP 的一个变种，使用几何学方法而不是算术方法来评价每一个主题的检索结果，能够用于评价系统的鲁棒性。

P@X（Precision after X documents）计算前 X 个返回结果的准确率。如果对一个查询进行检索得到的检索结果少于 X 篇文档，则将缺失的检索结果都视为不相关。

R-Precision 准确率 测量返回的前 R 篇文档的准确率，R 值为所有相关文档的数量。

其中 MAP、P@X 等评测指标被广泛应用于相关研究，包括文献[77][81][83]等。此外，对检索结果的评价还常使用归一化折损累积增益（normalized discounted cumulative gain，NDCG）。nDCG 是基于前 x 个检索结果的、针对非二值相关情况的评测指标。在对检索结果使用 MAP、P@X、NDCG 方法进行评价时需要进行双边 t 检验，通常考虑置信度 $p<0.05$ 和 $p<0.01$ 的情况[6][25]。除了对整体检索过程及模型效果的评测外，有部分研究人员主要研究对 RDF 数据或 XML 数据构建索引效率和效果的评测。Delbru 等[80]在同样的硬件设备下对不同的数据集构建索引，通过对比构建索引花费的时间和空间，来评价方法的优劣。

3.3.2 数据集

在实体检索评测中，需用使用统一的文档集进行评测，保证不同研究间的可比性。文档集不能对特定检索系统或特定检索领域有偏好，同时数据量需足够大且接近真实网络。相关研究中使用到的数据集来自两个方面：基于知识库构建的数据集和研究者自行构建的数据集。

（1）基于知识库构建的数据集。

基于知识库构建的数据可分为三类，见表2。

基于单一知识库构建的数据集是指选用某一知识库，或对某一知识库进行筛选、适当处理所得的数据集。

表 2   基于知识库构建的数据集类型

类型	使用方式	所选用知识库
基于单一知识库的数据集	利用全部或筛选得到的部分知识库数据	Wikipedia DBpedia YAGO GeoNames DBLP …
基于多知识库的数据集	整合或同时利用多知识库数据	
对已有知识库进行适当修改所得数据集	根据研究需要，对现有数据集进行适当修改所得数据集	

  常用的知识库包括维基百科①、DBpedia②、YAGO③、GeoName④、DBLP⑤等。Balog 和 Neumayer[91] 在构建面向实体检索的数据集时，因 DBpedia 在链接开放数据中的核心地位，直接选用了 DBpedia 作为知识库。INEX Entity Retrieval track 2007—2009 数据集则是一个基于 Wikipedia 的 XML 数据集[90]，其中包含超过 11.5 万个分类下的约 65 万篇文档。

  基于多知识库的数据集则是通过整合多个知识库数据所得的数据集，具有量大、类型丰富、覆盖全面等特点。2009 年语义网挑战赛中的 Billion Triples Challenge 的数据集通过利用爬虫技术，获取了多个知识库数据，包括 DBpedia、LiveJournal⑥、GeoNames 等，并将其整合起来，作为该挑战赛的数据集[69][92]。该数据集简称 BTC2009，数据集大小为 274GB[71]，包含从多个语义网搜索引擎中爬虫得到的 14 亿条 RDF 语句，用以描述 1.14 亿个实体。其最终得到的 RDF 语句为四元组，包含四个字段：subject，predicate，

---

  ① http：//www. wikipedia. org/.

  ② http：//wiki. dbpedia. org/.

  ③ http：//www. mpiinf. mpg. de/departments/databases-and-information-systems/research/yago-naga/yago/.

  ④ http：//www. geonames. org/.

  ⑤ http：//www. dblp. org/search/index. php.

  ⑥ http：//www. livejournal. com/.

object，context，其中前三个域的数据格式与标准的 RDF 数据相同，context 域的内容是唯一资源标识符（uniform resource identifier，URI）。

在使用基于知识库构建的数据集进行实验时，有时会根据实际情况对数据集进行适当修改。Halpin 等[71]在使用 BTC2009 数据集时将其中本地的、文档相关的资源标识符换成了自动生成的全局统一资源标识符（URIs），得到一个新的数据集用于测试，且这一修改不会改变数据的语义关系。Dalton 和 Huston[69]将 BTC2009 数据集中的 RDF 数据转换成一种特殊的 XML 格式，并使用 Indri 对数据集进行解析和索引。

数据集的构建需要考虑有多样性（diverse）和异质性（heterogeneity）的特性。在构建时，BTC2009 数据集覆盖学术出版物、地理数据、音乐、生物医学等多个领域，满足了多样性和异质性。此外，数据集会随着研究的推进不断完善和改进，如 INEX Entity Retrieval track 2009 年在数据集中增加了来自 YAGO 的语义知识。

（2）研究者自行构建的数据集。

研究者自行构建的数据集一般利用爬虫技术获得，如 Pound 等[2]使用的数据集就是利用爬虫方式获取的 Yahoo! 网站 2.4 亿个网页集合的一个子集，包含约 80 亿 RDF 标准的三元组，或约 1.1TB 的未压缩的数据图（data graph）。自行构建的数据集也需要考虑数据的异质性和描述的一致性。例如，Ruotsalo 和 Hyvönen[73]选择的 4 个独立数据集来自于博物馆这一领域的不同机构，Campinas 等[93]的 The Sindice-2011 Dataset 数据集来自电子商务、社交网络、事件、学术出版物等多个领域。

3.3.3 查询集

在实体检索评测中，除了需要使用统一的文档集进行评测，以保证不同研究的可对比性以外，还需要使用受到广泛认可的查询集。相关研究中用到的查询集主要来自三个方面：搜索引擎查询日志中的查询集、评测会议提供的查询集、专家自行构建的查询集（见表3）。

表3	实体检索中的查询集构建
查询集类别	说　明
从搜索引擎查询日志中抽取的查询集	根据一定的启发式规则从搜索引擎查询日志中抽取
评测会议提供的查询集	来自各类信息检索相关的评测会议
专家自行构建的查询集	根据特定研究需要构建得到

　　基于搜索引擎查询日志的查询集，是由拥有搜索引擎查询日志获取权限的研究者，根据一定的规则或特定研究的需要，从查询日志数据中抽取部分查询所构建的查询集。这类查询集的特点是其来自真实的用户查询，能够客观反映现实中的用户需求。Blanco等[77]使用了从 Yahoo 的查询日志中抽样得到的查询集，其过滤条件是用户点击的查询结果中有维基百科页面。Herzig 等[94]选择了多个不同的领域，从搜索引擎查询日志中对每个领域抽取 50 个查询，构建了数据集。此外，商业搜索引擎可能会专门从其查询日志中抽取查询，进行一定的处理，去除敏感信息，从而构建相应的查询集供研究者利用。例如，Yahoo 构建了一个查询日志样本，名为 Yahoo! Search Query Log Tiny Sample v1.0①。该数据集包含 4500 个查询，是从 2009 年 1 月起美国雅虎查询日志中抽样获取的。在抽样过程中，该数据集只包含了至少被 3 个不同用户提交的查询，并去除了一些异质性的日志数据。

　　来自评测会议的查询由评测会议的主办方提供，供评测会议参与者以便对不同参与者的结果进行对比。评测会议中的查询集因其公开可获取、存在较多相关研究，而受到广泛的采用。研究者可能会根据研究问题的需要，选择评测会议查询中的部分查询开展相关研究。例如，Balog 和 Neumayer[91] 在其研究中选用了 SemSearch 2010 和 2011 的实体搜索任务、SemSearch 2011 列表搜索任务、TREC 2009 实体任务中的部分查询(见表 4)，选择依据是在 DBpe-

---

　　① http：//webscope. sandbox. yahoo. com/catalog. php？ datatype=l.

dia 中存在与查询相关的结果。此外，不同的评测会议因任务要求的不同，选择查询的方式有所差异，查询表达的形式也有所不同。例如，INEX 2009 评测会议的实体排序任务选择了存在相应维基百科页面的实体，并将其映射到相应的 DBpedia 实体，从而便于参与者利用 DBpedia 中的相关信息。

表4　　　　　**Balog 和 Neumayer**[91] **中查询集来源与数量**

查询集来源	查询集总数	选用的查询数
SemSearch 2010、SemSearch 2011 实体搜索任务	142	130
SemSearch 2011 列表搜索任务	50	43
TREC 2009 实体任务	20	17

　　有些评测会议仅仅是提供查询集供参加者使用，而有些评测会议则会声明其查询生成方式和查询来源。SemSearch 2010 实体搜索任务的查询集来自多个搜索引擎查询日志，其中包括从 Yahoo 查询日志中选择的 42 个实体查询(entity-queries)，以及从微软必应中选取的 50 个查询。SemSearch 2011 的实体搜索任务从 Yahoo! Search Query Log Tiny Sample v1.0 数据集中选取了 50 个查询；列表搜索(list search)任务则从 Yahoo 查询日志和 True-Knowledge 'recent' queries① 中选取了 50 个查询。

　　专家自行构建的查询集是由研究者根据某一外部数据集自行构建的数据集。例如，Balog 和 Neumayer[91] 提出的 QALD-2 查询集是基于 DBpedia 构建的，包括 100 个训练查询和 100 个测试查询。根据研究问题的需要，过滤了 60 个在 DBpedia 中无相关检索结果的查询。Ruotsalo 和 Hyvönen[73] 则采用了专家构建的由 40 个查询构成的查询集。

---

① http：//www.trueknowledge.com/recent/.

4 结 论

本文详细介绍了传统的实体检索，包括实体排序、实体列表补全、相关实体发现和专家检索。传统的实体检索以特定的实体检索任务为导向，在相关评测会议的推动下取得了长足的发展。与此同时，随着维基百科、DBpedia 等知识库的发展，语义网的兴起对实体检索也产生了重要的影响。本文对新兴的面向语义网的实体检索进行了介绍，包括问题定义、现有的面向语义网的实体检索方法、相关的数据集发布与使用情况等。

语义网的发展为实体检索带来了新的挑战。面向语义网数据的查询有何特点？如何充分利用语义网数据的结构化特性，将其与非结构化文本数据相结合？如何进行有效的评测？这些问题的解决对能够进行有效的实体检索至关重要。同时，实体检索也面临着新的发展机遇。通过分析语义网数据的特点，改进已发展成熟的信息检索技术，使之适用于面向语义网的实体检索，研究者逐步将实体检索引入新的层次，变得更加符合用户需求。

参 考 文 献

[1] Broder A. A taxonomy of web search[C]. ACM Sigir Forum, 2002：ACM.

[2] Pound J, Mika P, Zaragoza H. Ad-hoc object retrieval in the web of data[C]. Proceedings of the 19th International Conference on World Wide Web, 2010：ACM.

[3] Hu G, et al. A supervised learning approach to entity search[J]. Information Retrieval Technology, 2006, Springer：54-66.

[4] Vercoustre A, Thom J A, Pehcevski J. Entity ranking in Wikipedia [C]. Proceedings of the 2008 ACM Symposium on Applied Computing, 2008：ACM.

[5] Thom J A, Pehcevski J, Vercoustre A. Use of Wikipedia categories

in entity ranking[J]. ArXiv Preprint ArXiv: 0711.2917, 2007.

[6] Murugeshan M S, Mukherjee S. An n-gram and initial description based approach for entity ranking track[C]. Focused Access to XML Documents, 2008, Springer:293-305.

[7] Wu Y, Kashioka H. NiCT at TREC 2009: employing three models for entity ranking track[C]. TREC, 2009: Citeseer.

[8] Kaptein R, et al. Entity ranking using Wikipedia as a pivot[C]. Proceedings of the 19th ACM International Conference on Information and Knowledge Management, 2010: ACM.

[9] Kaptein R, Kamps J. Exploiting the category structure of Wikipedia for entity ranking[J]. Artificial Intelligence, 2013(194):111-129.

[10] Jämsen J, Näppilä T, Arvola P. Entity ranking based on category expansion [C]. Focused Access to XML Documents, 2008, Springer: 264-278.

[11] Kaptein R, Koolen M, Kamps J. Result diversity and entity ranking experiments: anchors, links, text and Wikipedia[R]. DTIC Document, 2009.

[12] Kamps J, Kaptein R, Koolen M. Using anchor text, spam filtering and Wikipedia for web search and entity ranking[C]. TREC, 2010.

[13] Pehcevski J, et al. Entity ranking in Wikipedia: utilising categories, links and topic difficulty prediction[J]. Information Retrieval, 2010, 13(5): 568-600.

[14] Pehcevski J, Vercoustre A, Thom J A. Exploiting locality of Wikipedia links in entity ranking[C]. Advances in Information Retrieval, 2008, Springer: 258-269.

[15] Vercoustre A, Pehcevski J, Thom J A. Using Wikipedia categories and links in entity ranking[C]. Focused Access to XML Documents, 2008, Springer: 321-335.

[16] Rode H, et al. Entity ranking on graphs: studies on expert finding [J]. Centre for Telematics & Information Technology University of

Twente, 2007.

[17] Agrawal A, et al. Entity ranking and relationship queries using an extended graph model [C]. Proceedings of the 18th International Conference on Management of Data. 2012: Computer Society of India.

[18] Zaragoza H, et al. Ranking very many typed entities on Wikipedia [C]. Proceedings of the Sixteenth ACM Conference on Conference on Information and Knowledge Management, 2007: ACM.

[19] Serdyukov P, Vries A P D. Delft university at the TREC 2009 Entity Track: ranking Wikipedia entities [C]. Eighteenth Text Retrieval Conference, 2009.

[20] Komninos A, Arampatzis A. ListCreator: entity ranking on the web [C]. Proceedings of the Second International Conference on Advances in Information Mining and Management, 2012.

[21] Demartini G, Gaugaz J, Nejdl W. A vector space model for ranking entities and its application to expert search [C]. Advances in Information Retrieval, 2009, Springer: 189-201.

[22] Weerkamp W, Balog K, Meij E. A generative language modeling approach for ranking entities [C]. Advances in Focused Retrieval, 2009, Springer: 292-299.

[23] Iofciu T, et al. ReFER: effective relevance feedback for entity ranking [C]. Advances in Information Retrieval, 2011, Springer: 264-276.

[24] Balog K, Bron M, Rijke M D. Query modeling for entity search based on terms, categories, and examples [J]. ACM Transactions on Information Systems (TOIS), 2011, 29(4): 1-31.

[25] Jiang P, et al. A probability model for related entity retrieval using relation pattern [C]. Knowledge Science, Engineering and Management, 2011, Springer: 318-330.

[26] Ganesan K, Zhai C. Opinion-based entity ranking [J]. Information Retrieval, 2012, 15(2): 116-150.

[27] Vercoustre A, Pehcevski J, Naumovski V. Topic difficulty prediction in entity ranking[C]. Advances in Focused Retrieval, 2009, Springer:280-291.

[28] Zhu J, Song D, Rüger S. Integrating document features for entity ranking[C]. Focused Access to XML Documents, 2008, Springer: 336-347.

[29] Demartini G, Firan C S, Iofciu T. L3s at inex 2007: query expansion for entity ranking using a highly accurate ontology[C]. Focused Access to XML Documents,2008, Springer:252-263.

[30] Kou Y, et al. LG-ERM: An Entity-Level Ranking Mechanism for Deep Web Query[C]. Web-Age Information Management, 2008. WAIM'08.The Ninth International Conference on,2008: IEEE.

[31] Adafre S F, Rijke M D, Sang E T K. Entity retrieval[C]. Recent Advances in Natural Language Processing (RANLP 2007), 2007.

[32] Rode H, Serdyukov P, Hiemstra D. Combining document-and para-graph-based entity ranking[C]. Proceedings of the 31st Annual International ACM SIGIR Conference on Research and Development in Information Retrieval,2008: ACM.

[33] Mottin D, Palpanas T, Velegrakis Y. Entity ranking using click-log information[J]. Intell.Data Anal., 2013, 17(5): 837-856.

[34] Blanco R, et al. Entity recommendations in web search[C]. The Semantic Web-ISWC 2013, 2013, Springer:33-48.

[35] Demartini G, et al. A model for ranking entities and its application to Wikipedia[C]. Web Conference, 2008. LA-WEB'08, Latin American, 2008: IEEE.

[36] Madhu R M, et al. A Recursive approach to entity ranking and list completion using entity determining terms, qualifiers and prominent n-grams[C]. ShlomoGeva, JaapKamps, Andrew Trotman, 2009: 273.

[37] Bonnefoy L, Bellot P. LIA-iSmart at the TREC 2011 entity track: entity list completion using contextual unsupervised scores for can-

didate entities ranking[C]. TREC, 2011.

[38] Metzger S, Schenkel R, Sydow M. QBEES: query by entity exam-
ples[C]. Proceedings of the 22nd ACM International Conference
on Conference on Information & Knowledge Management, 2013:
ACM.

[39] Balog K, Bron M, Rijke M D. Category-based query modeling for
entity search [J]. Advances in Information Retrieval, 2010,
Springer:319-331.

[40] Balog K, et al. Combining term-based and category-based repre-
sentations for entity search[C]. Focused Retrieval and Evaluation,
2010, Springer: 265-272.

[41] Urbansky D, et al. Entity List Completion using the Semantic Web
[J].Challenge. semanticweb. org,2011.

[42] Dalvi B, Callan J, Cohen WW. Entity list completion using set ex-
pansion techniques [C]. Nineteenth Text Retrieval Conference,
2011.

[43] Yang Q, et al. Experiments on related entity finding track at TREC
2009[C]. DTIC Document,2009.

[44] Wang D, et al. A Multiple-Stage frame work for related entity find-
ing: FDWIM at TREC 2010 entity track[C]. TREC,2010.

[45] Lin B, et al. Lads: Rapid development of a learning-to-rank based
related entity finding system using open advancement [C]. Pro-
ceedings of the International Workshop on Entity-Oriented Search,
(EOS'11),2011.

[46] Wu Y, Hori C, Kawai H. NiCT at TREC 2010: related entity find-
ing[C]. Nineteenth Text Retrieval Conference, 2010.

[47] Wang Z, et al. Pris at trec 2010: related entity finding task of enti-
ty track[C]. DTIC Document,2010.

[48] Bron M, Balog K, Rijke MD. Related entity finding based on co-
occurrence[C]. DTIC Document,2009.

[49] Vechtomova O. Related entity finding: University of Waterloo at

TREC 2010 entity track[C]. DTIC Document, 2010.

[50] Zhai H, et al. A novel framework for related entities finding: Ictnet at trec 2009 entity track[C]. DTIC Document, 2009.

[51] Wang Z, et al. PRIS at TREC 2011 entity track: related entity finding and entity list completion[C]. TREC, 2011.

[52] Baumard P. Tacit knowledge in organizations[M]. Sage Publications. Inc, 1999.

[53] Balog K, Azzopardi L, Rijke M D. A language modeling framework for expert finding [J]. Information Processing & Management, 2009, 45(1): 1-19.

[54] Fang H, Zhai C. Probabilistic models for expert finding [M]. Springer, 2007.

[55] Cao Y, et al. Research on expert search at enterprise track of TREC 2005[C]. TREC, 2005.

[56] Zhu J, Song D, Rüger S. Integrating multiple windows and document features for expert finding[J]. Journal of the American Society for Information Science and Technology, 2009, 60(4): 694-715.

[57] Fang Y, Si L, Mathur A P. Discriminative models of integrating document evidence and document-candidate associations for expert search[C]. Proceedings of the 33rd International ACM SIGIR Conference on Research and Development in Information Retrieval, 2010: ACM.

[58] Sorg P, Cimiano P. Finding the right expert: discriminative models for expert retrieval[C]. Proceedings of the International Conference on Knowledge Discovery and Information Retrieval (KDIR2011), 2011.

[59] Yang Z, et al. Expert2bole: from expert finding to bole search[C]. Proceedings of the ACM SIGKDD International Conference on Knowledge Discovery and Data Mining, (KDD'09), 2009.

[60] Herbrich R, Graepel T, Obermayer K. Large margin rank bounda-

146

ries for ordinal regression[C]. Advances in Neural Information Processing Systems, 1999: 115-132.

[61] Macdonald C, Ounis I. Voting for candidates: adapting data fusion techniques for an expert search task[C]. Proceedings of the 15th ACM International Conference on Information and Knowledge Mana-gement, 2006: ACM.

[62] Macdonald C, Ounis I, Searching for expertise: experiments with the voting model[J]. The Computer Journal, 2009, 52(7): 729-748.

[63] Serdyukov P, Rode H, Hiemstra D. Modeling multi-step relevance propagation for expert finding[C]. Proceedings of the 17th ACM Conference on Information and Knowledge Management, 2008: ACM.

[64] Schwartz M F, Wood D. Discovering shared interests using graph analysis[J]. Communications of the ACM, 1993, 36(8): 78-89.

[65] Campbell C S, et al. Expertise identifycation using email communi-cations[C]. Proceedings of the Twelfth International Conference on Information and Knowledge Management, 2003: ACM.

[66] Weng J, et al. Twitterrank: finding topic-sensitive influential twit-terers[C]. Proceedings of the third ACM International Conference on Web Search and Data Mining, 2010: ACM.

[67] Neumayer R, Balog K, Nørvåg K. When simple is (more than) good enough: effective semantic search with (almost) no semantics [C]. Advances in Information Retrieval, 2012, Springer: 540-543.

[68] Liu X, Fang H. A study of entity search in semantic search work-shop[C]. Proceedings of the 3rd Intl. Semantic Search Worksho, 2010.

[69] Dalton J, Huston S. Semantic entity retrieval using web queries over structured RDF data[C]. Proceedings of the 3rd Intl. Seman-tic Search Workshop, 2010.

[70] Delbru R, Campinas S, Tummarello G. Searching web data: an

entity retrieval and high-performance indexing model[C]. Web Semantics: Science, Services and Agents on the World Wide Web, 2012(10): 33-58.

[71] Halpin H, et al. Evaluating ad-hoc object retrieval[C]. Proceedings of the Intl. Workshop on Evaluation of Semantic Technologies, 2010.

[72] Dalton J, Blanco R, Mika P. Coreference aware web object retrieval[C]. Proceedings of the 20th ACM International Conference on Information and Knowledge Management, 2011: ACM.

[73] Ruotsalo T, Hyvönen E. Exploiting semantic annotations for domain-specific entity search[C]. Advances in Information Retrieval, 2015, Springer: 358-369.

[74] Ma L, et al. Effective and efficient semantic web data management over DB2[C]. Proceedings of the 2008 ACM SIGMOD International Conference on Management of Data, 2008: ACM.

[75] Abadi D J, et al. Scalable semantic web data management using vertical partitioning[C]. Proceedings of the 33rd International Conference on Very large Data Bases, 2007: VLDB Endowment.

[76] Harth A, et al. Yars2: a federated repository for querying graph structured data from the web[C]. International Semantic Web Conference, 2007, Springer:211-224.

[77] Blanco R, Mika P, Vigna S. Effective and efficient entity search in rdf data[C]. The Semantic Web-ISWC 2011, 2011, Springer: 83-97.

[78] Wang H, et al. Semplore: a scalable IR approach to search the Web of Data[C]. Web Semantics: Science, Services and Agents on the World Wide Web, 2009, 7(3): 177-188.

[79] Wang H, et al. Lightweight integration of IR and DB for scalable hybrid search with integrated ranking support[C]. Web Semantics: Science, Services and Agents on the World Wide Web, 2011, 9(4): 490-503.

[80]Delbru R, et al. A node indexing s cheme for web entity retrieval, in the Semantic Web [C]. Research and Applications, 2010, Springer:240-256.

[81]Tonon A, Demartini G, Cudré-Mauroux P. Combining inverted indices and structured search for ad-hoc object retrieval [C]. Proceedings of the 35th International ACM SIGIR Conference on Research and Development in Information Retrieval, 2012: ACM.

[82]Tran T, et al. Top-k exploration of query candidates for efficient keyword search on graph-shaped (rdf) data [C]. Data Engineering, 2009. ICDE'09.IEEE 25th International Conference on, 2009.

[83]Kahng M, Lee S. Exploiting paths for entity search in RDF graphs [C]. Proceedings of the 35th International ACM SIGIR Conference on Research and Development in Information Retrieval, 2012: ACM.

[84]Pérez-Agüera J R, et al. Using BM25F for semantic search [C]. Proceedings of the 3rd International Semantic Search Workshop, 2010: ACM.

[85]Campinas S, Delbru R, Tummarello G. Effective retrieval model for entity with multi-valued attributes: BM25MF and beyond [C]. Knowledge Acquisition, Modeling and Management,2012.

[86]Zhiltsov N, Agichtein E. Improving entity search over linked data by modeling latent semantics [C]. Proceedings of the 22nd ACM International Conference on Conference on Information & Knowledge Management, 2013: ACM.

[87]Sayyadian M, et al. Toward entity retrieval over structured and text data [C]. Proceedings of the ACM SIGIR 2004 Workshop on the Integration of Information Retrieval and Databases (WIRD'04), 2004.

[88]Mills J. Factors determining the performance of indexing systems [J]. Volume I-Design, Volume II-Test Results, ASLIB Cranfield Project, Reprinted in Sparck Jones & Willett, Readings in Infor-

mation Retrieval, 1966.

［89］Blanco R, et al. Entity search evaluation over structured web data [C]. Proceedings of the 1st International Workshop on Entity-oriented Search Workshop (SIGIR 2011), ACM, New York, 2011.

［90］Roa-Valverde A J, Sicilia M. A survey of approaches for ranking on the web of data[J]. Information Retrieval, 2014, 17(4): 295-325.

［91］Balog K, Neumayer R. A test collection for entity search in dbpedia [J]. Proceedings of the 36th International ACM SIGIR Conference on Research and Development in Information Retrieval, 2013: ACM.

［92］Neumayer R, Balog K, Nørvåg K. On the modeling of entities for ad-hoc entity search in the web of data[M]. Advances in Information Retrieval, 2012, Springer:133-145.

［93］Campinas S, et al. The Sindice-2011 dataset for entity-oriented search in the web of data[C]. Proceedings of the 1st International Workshop on Entity-Oriented Search (EOS), 2011.

［94］Herzig D M, et al. Federated entity search using on-the-fly consolidation[C]. The Semantic Web-ISWC 2013, 2013, Springer:167-183.

【作者简介】

陆伟，博士，珞珈特聘教授，博士生导师，青年长江学者，现任武汉大学信息管理学院副院长，图书情报国家级实验教学示范中心主任，信息检索与知识挖掘研究所所长。1992年考入武汉大学科技情报专业，2002年毕业获管理学博士学位并留校从事教学科研工作，先后赴英国伦敦城市大学和丹麦皇家

图书情报学院访学，2011年入选教育部新世纪优秀人才计划。近年发表论文80余篇，主持和参与编写著作多部。曾主持国家自科基金、国家社科基金等纵向项目10余项。兼任中国科技情报学会理事，情报研究与咨询专委会副主任委员，湖北省科技情报学会常务理事，《情报学报》编委，《知识管理论坛》副主编等。目前主要研究兴趣为信息检索、知识挖掘与可视化、竞争情报方法与技术等。

武川，男，1989年生，湖北孝感人，现为武汉大学信息管理学院情报学博士研究生，在《情报学报》《情报科学》等刊物上发表学术论文两篇，两次参加信息检索领域的国际文本检索会议（TREC），研究方向为实体检索、自然语言处理。

社会化媒体知识组织与服务研究综述

唐晓波　　傅维刚

（武汉大学信息管理学院）

[摘　要]社会化媒体是一种在线交互媒体，具有广泛的用户参与性，深刻影响着人类社会，同时也给世界各国的社会秩序带来巨大冲击。海量的社会化媒体信息背后隐藏着丰富的知识和情报，这些知识和情报需要被挖掘和可视化呈现，进而有效利用社会化媒体信息资源。本文首先提出了社会化媒体知识组织与服务研究框架，然后基于此框架的逻辑顺序依次介绍并分析了社会化媒体类型与其知识属性、社会化媒体知识发现的主要技术和语义分析的主要方法、基于社会化媒体的知识服务内容。

[关键词]社会化媒体　知识组织　知识发现　语义分析　知识服务

Review of Research on Social Media Knowledge Organization and Service

Tang Xiaobo　Fu Weigang

（School of Information Management, Wuhan University）

[**Abstract**] Social media is an online interactive media, which has wide range users' participation. It profoundly affects human society and brings enormous impact to the social order of the world. Wealth of knowledge and information law is hidden behind the mass social media information, which is not visualized and mining. This is seriously affected the utilization of social media information. On the basis of establishing the study framework of social media knowledge organization, this paper introduces and observes the research on the types and knowledge characteristics of social media, data mining technologies, semantic analysis methods and knowledge services of social media.

[**Keywords**] social media knowledge organization knowledge discovery semantic analysis knowledge service

1 引　　言

社会化媒体(social media)最早是由 Antony Mayfield 提出的，被定义为一种给予用户极大参与空间的新型在线媒体，其最大的特点是赋予了每个人创造并传播内容的能力，与社会计算、Web2.0、虚拟社会世界等概念近似[1]。从广义上看，社会化媒体既是一组建立在 Web2.0 概念与技术基础上的个人媒体工具和平台，也是一种多对多的社交沟通方式。随着 Web2.0 网络技术的广泛应用，论坛、博客、微博、社交网络、Wiki、微信等社会化媒体应用成爆炸式的增长，使得人类使用互联网的方式发生了根本变革——由简单信息搜索和网页浏览转向网上社会关系的构建与维护、基于社会关系的信息创造、交流和共享[2]。而如今随着网络基础设施的建设和信息技术的深入发展，互联网会更深层次地进入到人们的日常生活，建立以 Web 挖掘搜索引擎的个性化、信息的聚合性、社交网络平台的可信度为语义特征的 Web3.0 理念与技术已迫在眉睫。"Web 3.0"(也称"语义网")是指一个网络数据存储系统，该系统通过增加机器可读的元信息(如通过结构化的词汇表)，让机器自动生成和发现上下文数据对象之间的关系，进而理解数据的语义[3]。同时海量的社会化媒体信息中蕴藏着丰富的自然科学知识和社会科学知识，以社会化媒体为平台的信息源的分散性、传输信道的多元性、信息内容的异构性和信息更新与反馈的实时性，使得社会化媒体提供给用户的仅仅是分散无序及混乱的信息，而不是知识，由此给用户带来了各种信息过载与信息焦虑问题，且无法真正挖掘出社会化媒体的关系价值，如信任、权威、真实等属性。故如何从海量的异构交互信息中序化出有价值的信息，并反向依托社会化媒体资源与技术提炼出社会化媒体知识，进行语义层面的知识组织，最后提供面向用户的知识服务成为学者们当前关注的问题。

在哲学层面上，知识组织是指对事物的本质及事物间的关系进行揭示的有序结构，即知识的序化[4]。随着信息技术的推动，知识组织的内容从起初的对文献内容的筛选、分类、标引、文摘、索引等一系列组织序化活动逐渐扩展到了对网络信息资源的标注、提炼、整序等各种形式的组织。据统计，社会化媒体数据已经占到了人类数据总量的 75%，由此成为了大数据的重要组成部分，即社交大数据[5]。社交大数据具有明显的"4V"特点（volume-体量巨大、variety-多源多样性、velocity-价值密度低和 velocity-快速化）。社会化媒体知识组织指的是在用户生成内容和结构数据中，采用机器学习算法和语义分析技术挖掘出有用知识单元，找到人们创造与思考的相互影响及联系的节点，并对其进行集成组织，进而为人们提供解决问题时所需的信息和知识。

以社会化媒体信息资源为基础，以用户需求模型为依据，利用机器学习算法，构建面向药品安全监视、信息推荐、舆情探测、社会化媒体信息检索等服务的知识组织体系；以语义分析为手段，对社会化媒体信息资源进行语义标注、知识单元抽取及关联计算，运用本体间隐含的语义关系推理得出新知识，实现知识增值，更有效地支持各类知识服务系统。社会化媒体知识组织与服务研究框架如图 1 所示。

本文利用系统综述的方法，按照以上研究框架的逻辑结构顺序对国内外社会化媒体知识组织的相关研究进行介绍，旨在梳理基于社会化媒体的知识组织的主要内容和方法，为解决国内社会化媒体信息的有序化和知识服务的个性化提供借鉴。

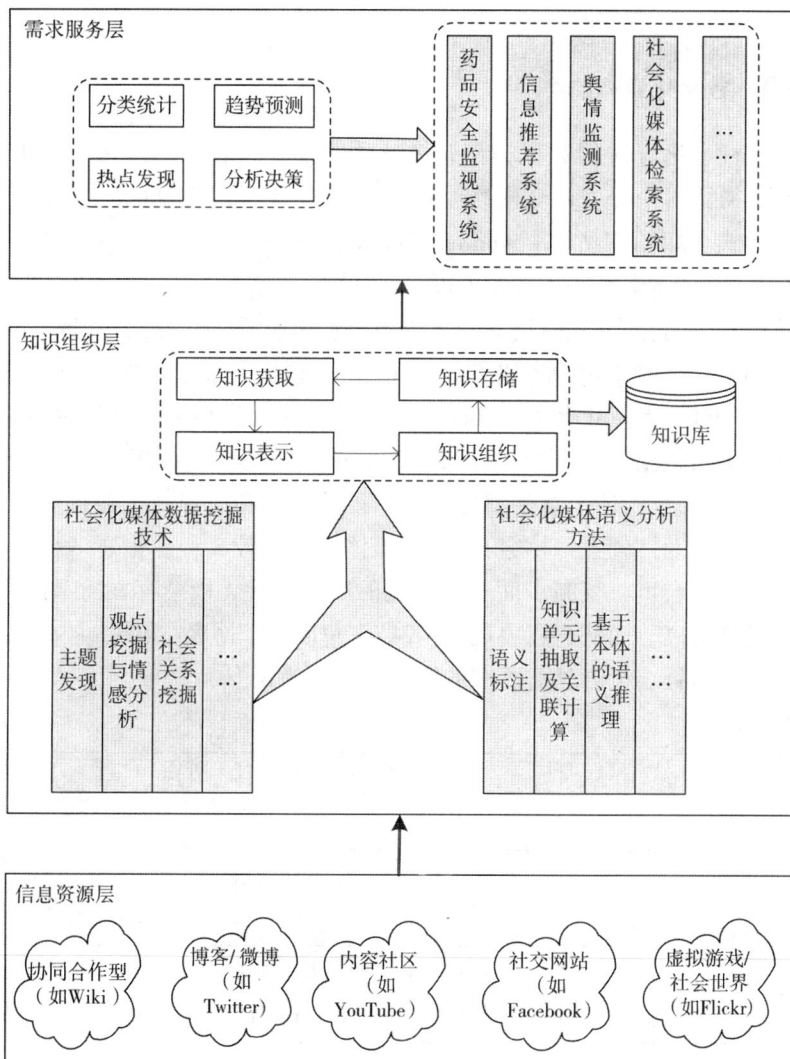

图 1　社会化媒体知识组织与服务研究框架

2 社会化媒体的类型与知识属性分析

2.1 社会化媒体的类型

社会化媒体的数据类型包含文本、图像、音频、视频等。博客、微博、论坛、社交网络、Wiki 和内容社区是常见的社会化媒体形式。如图 2 所示，Andreas M. Kaplan 等从两个维度——社会存在感/媒体丰富性和自我表现/自我披露，将社会化媒体分为 6 种类型：协同合作型项目（如 Wikipedia）、博客/微博、内容社区（如 YouTube）、社交网站（如 Facebook）、虚拟游戏世界（如 World of Warcraft）、虚拟社会世界（如 Second life）。合作型项目和博客/微博因为只是基于文本的，且只允许简单形式的交流（如评论），故社会存在感/媒体丰富性都比较低；社交网站和内容社区数据类型多样，互动性较强，社会存在感/媒体丰富性较高；虚拟游戏世界和虚拟社会世界复制了面对面交流的所有形式，社会存在感/媒体丰富性最高。而从自我表现/自我披露角度看，博客/微博、社交网站和虚拟社会世界具有更多的用户个性化信息[6]。

		社会存在感/媒体丰富性		
		低	中	高
自我表现/ 自我披露	高	博客/微博 （如 Twitter）	社交网站 （如 Facebook）	虚拟社会世界 （如第二世界）
	低	协同合作型 （如维基百科）	内容社区 （如 YouTube）	虚拟游戏世界 （如魔兽世界）

图 2 社会化媒体类别（Andreas M. Kaplan 等）

（1）协同合作型。此类社会化媒体是在特定的背景下，为了特定任务而支持参与者之间形成并维持最优合作关系的系统[7]，其用户生成内容是由众多用户共同协作完成的，具有显著的民主性

质。合作关系的建立及信息的分享是此类应用的核心。协同合作型
社会化媒体分为 Wikis、社会化标签系统两大类。Wikis 允许用户
添加、删除和修改文本内容；社会化标签系统可提供基于群组的内
容描述分类和评级功能，从而有效地组织各种社会化媒体信息资
源，如协同产品开发与销售[8]，知识分享社区的建立与发展[9][10]，
社会化媒体在金融机构的部署与应用[11]，同行、客户、商业合作
伙伴和组织的协作学习与创造[12]。

（2）博客/微博。此类社会化媒体以用户之间的信息交换为基
础构建社会关系。博客代表了社会化媒体的最早形式，其主题范围
从用户的日常生活总结感悟延伸到特定的专业领域知识。博客通常
只由一个人管理，其他人可通过评论与博主互动。文本依然是博客
的主要数据格式，不过图片、音频等目前也可添加进去。博客从产
生之初就具有个人主页的属性，将随着语义 Web 的技术发展而演
变为个人中心主页，用来添加各种语义 Web 服务，最大程度地展
现用户的个性化。

微博凭借平台的开放性、内容的简洁性和低门槛等特性，在网
民中快速渗透，发展成为一种重要的社会化媒体，成为网民获取新
闻时事、人际交往、自我表达、社会分享、社会参与的重要媒介，
以及社会公共舆论、企业品牌和产品推广、传统媒体传播的重要平
台[2]。在微博中，用户之间关系的建立具有非授权性，用户可以
迅速建立起由强关系和弱关系组成的关注网络。Haewoon Kwak 等
的研究表明微博不仅具有社交网络（social network）功能，更倾向于
具有社会化媒体（social media）功能，表现为自媒体性，微博将用
户从内容的消费者转换为内容的生产者。微博具有短文本性、终端
扩展性、即时性、"裂变式"信息传播等特点[13]。

（3）内容社区。内容社区的主要目标是用户之间共享媒体内
容。内容社区涵盖有各种类型的信息，包括文本（如文库）、图像
（如 Flickr）、音频（如 Jamendo）、视频（如 YouTube）等。

（4）社交网站。社交网站允许用户创建个人信息资料，邀请朋
友同事访问这些资料，彼此之间可发送电子邮件和即时消息。个人
信息资料包括照片、视频、音频、博客等。社交网站的典型代表有

Facebook、MySpace 以及中国的微信。

(5)虚拟游戏/社会世界。虚拟游戏/社会世界允许用户更自由地选择自己的行为，本质上是对物理世界生活的模拟和复制。在虚拟游戏/社会世界中，用户的头像在虚拟三维世界中呈现，用户之间的交互没有规则限制，从而用户可以最大程度地自由产生各种交互行为。虚拟游戏/社会世界具有非常高的社会存在感/媒体丰富性，很可能是社会化媒体的终极表现，即对人类现实社会的复制。初级实现的应用有魔兽世界(World of Warcraft)、偷菜应用、第二人生(Second Life)等。

2.2　社会化媒体的知识属性

社会化媒体网站每天生成大量的数据，其中包含相当多的有用信息和知识。到目前为止，针对社会化媒体上的信息资源进行分析已经成为学术界和产业界的一个关键问题[14]。而分析社会化媒体的知识属性，有利于明确利用社会化媒体上的信息资源进行知识组织并提供知识服务的必要性、价值性和可行性，并为社会化媒体知识组织的内容提供支撑。

(1)社会化媒体信息资源成多源异构分布。信息的价值往往要通过其他信息的补充才能被挖掘出来，如将社交媒体上的股票行情信息与公司的经营业绩评价、某些在社会化媒体上呈现指数级传播的突发事件结合起来，会很容易迅速挖掘出影响股票行情的外部因素，甚至对股票行情作出预测。社会化媒体信息每时每刻都在生成，用户基于此时此刻的情境而将信息发布到社会化媒体上，这些信息很多是短小碎片化的，没有系统化的逻辑，并且以随机的结构多源分布在各种社会化媒体平台上，而各种社会化媒体平台结构的差异性也阻碍了信息的跨平台传播和跨平台整合。由此造成的结果是：其中一部分信息只是在社会化媒体上存放着，流动性不强，价值难以被充分利用；另一部分信息在社会化媒体上只是从一个用户到另一个用户的平面镜式地传播，难以被聚焦，并在传播过程中部分缺失了补充成分以及发生自然衰变而最终消失。这一点指出了社会化媒体知识组织的必要性。

（2）社会化媒体信息资源的知识综合属性强。社会化媒体信息的产生以用户所处的环境、用户的工作经验及生活体验为基础。用户生成内容 UGC 是社会化媒体信息的主要部分，是社会化媒体的核心要素之一。用户生成内容 UGC 需要满足三个基本条件：发表在可公开访问的网站或社交网站上，从而传播给一群用户；显示一定的创造力；草根性[15]。根据第二个基本条件可得出，用户生成内容的原创性属性实质是用户将大脑中的隐性知识通过隐喻、类比和模型显性化为清晰的概念、概念的联系等显性知识，这是创造新知识的关键点[16]。如博客在设计之初，主要是被用来在组织或项目小组内部成员之间提供交流渠道和实现知识共享，而后广泛流行成为知识生产载体及个人知识管理平台[17]。微博虽然由于字数限制导致数据价值的稀疏性，但其用户也会因此更用心地选择术语和组织出细粒度的知识[18]。其次，微博内容的动态性与实时性可以被用来分析知识在时间序列上的融合与演化。社交网络如 QQ 空间、微信、易信、Facebook 是一种半开放的社会化媒体，用户在其中可以将个性化内容沿着个人社会关系网络节点传递下去，每个节点不仅是个性化内容的知识生产者，同时也是其他节点个人知识的传播者。另外，Wiki、百科以及各种问答社区以知识协作式生产为基础，其内容更是具有知识密集性特点。这一点指出了社会化媒体知识组织的价值性。

（3）社会化媒体信息资源的用户属性强。一方面，用户需求的发现是提供知识服务的前提，而社会化媒体中提供了用户需求发现的资源基础。各种社会化媒体分别从多个角度映射着物理世界中用户的不同侧面。由此可将这些侧面结合起来，从而建立起完整的多维度用户模型。如很多社会化媒体平台都要求用户注册时填写基本信息，由此可根据这些基本信息构建用户的基本信息本体；另外，社会化媒体信息资源中含有大量有关用户需求和交互行为的信息，如浏览痕迹、关注对象等，由此可构建用户的需求和兴趣本体。另一方面，社会化媒体用户既是社会化媒体信息资源的生产者和消费者，也是组织者，为此可依托社会化媒体平台促使大量的用户参与到知识组织的过程中，以发挥群体智慧的力量。这一点指出了社会媒体知识组织的可行性。

3 社会化媒体知识发现研究

知识发现也称为数据挖掘。社会化媒体知识发现通常是指从大量的、有噪声的、模糊的社会化媒体信息(包括用户生成内容、用户社会关系等信息)中,提取出隐含的、有价值的模式或知识的过程。社会化媒体知识发现使用了许多数据挖掘技术,但不仅仅是传统数据挖掘的简单应用,它也综合了包括社会化网络分析、链接分析等社会化媒体分析技术。依据知识发现所依赖的数据类型不同,可将社会化媒体知识发现分为两种类型:内容挖掘和结构挖掘。

特征选择是进行有效数据挖掘的必要前提。社会化媒体的爆炸性增长带来了社交大数据,社交大数据表现出了显著的高维特性:用户生成内容如推文、评论、多媒体数据的高维性;基于各种社会化关系的链接数据表现出的高维性。这给特征选择带来了挑战。Jiliang Tang 等在其连续发表的两篇论文中系统研究了基于社会化情境的社会化媒体数据特征选择问题,指出一般属性值数据和社会化媒体数据在特征选择方面的差异性,利用影响力、同质性等社会科学理论来抽取各种类型(用户与用户的互动、用户与内容的互动)的社会化关系,从而建立特征选择框架,并提出了基于社会化关系提取的无监督特征选择算法[19][20]。

3.1 社会化媒体内容挖掘

社会化媒体内容挖掘是从用户生成内容中抽取有用的信息和知识,并进行结构化的表示。根据任务的不同,内容挖掘的研究可分为主题发现、观点挖掘与情感分析等。

3.1.1 主题发现

主题发现也被称为主题抽取或主题挖掘,目的是处理和分析大规模信息并且使用户以最快速有效的方式了解信息内容,发现信息中的主题。目前主题发现并没有一个明确的定义,只是作为从复杂大规模信息源中获取主题并进行表现的一系列技术方法的总称。主题发现的目标是从文本中自动抽取关键词或术语，并在此基础上加以聚类从而发现主题，以适当的方式呈现出来，其核心在于利用语料自身的组织和结构来发现语义信息，包括语料中的主题、主题的描述信息、主题的实例以及主题之间的关系等[21]。目前关于社会化媒体的主题发现成为了学者们关注的重点，如 Alan S. Abrahams 等对论坛中有关制造行业的汽车组件主题的信息进行抽取，对汽车组件类别进行细分，并表示为结构化信息，从而为公司和组织提供竞争情报[22]；Özcan Özyurt 等在 MLRC 中抽取出聊天对话数据集，并对该数据集进行了话题检测和主题分类[23]。

针对微博主题的发现与探测是很多学者研究的重点。微博主题挖掘是从大量微博文本中找到用户关注的热点，是舆情预警、用户兴趣发现的基础，对有效管理微博信息意义重大。

LDA 概率主题模型常被用于微博主题发现，LDA 模型是一种三层贝叶斯产生式概率模型，其主要思想是，文档可表示成若干主题的混合分布，同时每个主题又是单词的概率分布[24]。除此之外，可利用共词网络进行微博主题挖掘，首先构建待分析微博文本高频词的共词矩阵，然后利用可视化方法绘制共词网络图，分析该网络图得到微博主题。王永恒等提出一种基于频繁词集的海量短文本聚类算法，将待分析文本的每个频繁词集看作一个簇，包含有该词集的短文本归到该簇中，最后利用信息流技术对重叠文本进行重新归类[25]。张晨逸等将微博用户和文本关联关系考虑进来，构建了基于 LDA 的微博主题探测模型 MB-LDA，该模型采用了吉布斯抽样法，能挖掘出微博和用户关注的主题[26]。路荣等综合利用隐主题分析和文本聚类方法来发现微博中的热点话题，首先采用 LDA 模型对微博数据进行隐主题建模，再用 K-means 和层次聚类方法对文本进行挖掘，找到微博热点话题[27]。蔡淑琴等构建了基于聚类和中心化深加工方法的微博热点发现过程模型，该模型将微博主题挖掘当成一种生产加工增值过程，即从原始语料到热点语料簇。由此可见，文本聚类是微博热点主题挖掘研究中的一个重要技术[28]。

由于微博数据有"短""口语化""网络性""图标化""对话性"等特点，传统的文本聚类技术对其作用有限，学者们尝试对其进行改进。微博属于短文本，相应的主题挖掘方法很多，从挖掘粒度可将其分为文本级和词语级。文本级挖掘以单个微博文本为单位，利用文本扩展和聚类分析来发现主题。文本级的主题挖掘方法解决了短文本聚类问题，能较好的适用于微博数据，但该方法忽略了文本长度不均的问题。微博文本可以是一个词，一个句子或是一段文字，以文本为单位进行主题挖掘时，常常需计算一个句子与一段文字之间的相似度。聚类分析通常以特征词的词频为依据衡量文本的相似度，文本长度能在较大程度上影响相似度计算的准确性，从而影响聚类效果。词语级主题挖掘方法通过分词、去停用词等处理得到待分析文本的有效词集，再利用词语、文本之间的关系将有效词集中的词划入所属主题类别中，从而发现热点主题。该类方法摆脱了文本长度的限制，但由于主题内容通过词语呈现，导致主题描述困难。对此，人工观察是常用的方法，除此之外，有学者采用定量方法选择重要关键词进行主题描述。例如王永恒等将频繁词集作为簇标签[25]，Zhao W 等利用 PageRank 算法和基于概率的得分函数进行关键词选择，从而实现对微博内容的描述[29]。微博主题大多为某一事件或现象，采用人工观察主题内的关键词进行主题描述，难免过于主观和有所遗漏；采用定量的方法提取关键词来描述主题，则容易导致内容缺失和产生歧义。

针对上述问题，可采用基于单句粒度的微博主题挖掘方法[30]。首先，对微博文本进行单句划分，以句子为粒度进行聚类分析并从中发现主题，降低微博文本长度不均带来的干扰。其次，在借鉴文本自动摘要方法的基础上，融合特有的微博用户行为数据，对各主题所包含的句子进行重要度排序，将其中的重要句子组合为摘要以实现对微博主题的描述。以句子为粒度进行主题描述，可过滤表征主题能力弱的文本，同时提高主题描述的准确性。基于单句粒度进行微博主题挖掘的核心问题，是聚类分析中的句子相似度计算。由于句子包含的词语较少，为保障其相似度计算的可靠性，研究者通常利用知识库对词语进行语义扩展，常用知识库包括知网、领域本体等。然而，微博用词存在随意性且未登录词较多，上述知识库的语义扩展作用有限，需要动态地构建更有针对性的知识库。为避免该弊端，可以微博文本集为背景知识，统计高频特征词的共现频次，并以此为基础构建词语相似矩阵，作为辅助计算句子相似度的知识库。该方法既可解决未登录词的问题，又能有针对性地挖掘整体情景下的词语潜在相似度关系。具体过程是：首先，将抓取的微博文本以标点符号为分隔符进行句子划分，得到微博句子集；其次，计算句子之间的相似度，构建句子相似矩阵，采用聚类分析进行主题挖掘；再次，借鉴文本自动摘要中句子重要度计算方法计算微博句子的重要度值，组合重要句子生成摘要完成对主题的描述。

3.1.2 观点挖掘与情感分析

观点挖掘一般情形下与意见挖掘等价，是分析人们对于产品、服务、组织、个体、政府、事件、话题及其属性的看法和态度的过程[31][32]。观点挖掘与情感分析紧密相连，观点的识别和初步抽取是进行情感分析的前提，情感分析是对观点文档集进行多粒度、多角度分析的一个重要方法。不过也有关于用户观点挖掘的研究并没有涉及情感分析，如一些基于观点挖掘的产品偏好发现的研究[33]。社会化媒体将个人的评论和观点混合在社会化媒体信息流中（如商业网站、门户网站、博客、论坛等），通过显性和隐性的方式与其他人的观点连接在一起，形成了多层次、非对称的观点网络，涉及的话题涵盖了政策法规、社会事件、商业活动、电子商务等一系列与社会化媒体用户相关的事件。

Gerald Petz 等指出文本预处理算法是 Web2.0 环境下观点挖掘与情感分析的第一步，因为 Web2.0 环境下观点挖掘面临了两种挑战：传统的自然语言处理本身的难题（如词义消歧、主题识别）；用户生成内容的嘈杂性、格式变体、背景省略、关联与引用以及大数据的挑战[34]，所以需进行有效的文本预处理工作（分句、分词、词性标注等），如需针对不同社会化媒体上关于用户评论文本的特点采用特定的预处理算法。Emma Haddi 等强调了文本预处理在异常多样的社会化媒体数据情感分析中的作用，并用实验证明了合适的特征选择和表示可大大提高基于支持向量机的情感分析的准确度[35]。

关于产品和服务的观点挖掘与情感分析研究占了主要部分[36]。

情感分析中，有两种类型的信息：事实和观点，事实是客观的，一般用来描述产品和服务的各种特征信息；观点是用户关于产品和服务的态度、评价和情绪[37]。观点挖掘与情感分析的一般流程，首先需识别出用户观点所涉及的主题。这并不是所有观点挖掘中的第一步，有时在识别主题之前需定位到包含有用户观点的内容中去。在商业领域，这里的主题通常指的是特定的产品或服务。如果接下来需要细粒度进行用户观点分析，可进一步进行特征抽取，如产品或服务的属性、功能等。在主题识别和特征抽取的基础上进行各个角度的情感分类、情感强度计算及比较，从而得到关于某一产品或服务的用户结构化观点信息[38]。

各个学者关于观点挖掘和情感分析的目标不尽相同。Pawel Sobkowicz 等基于内容分析和社会物理系统模型法，建立了观点跟踪和演化仿真的三个模块：主题、观点和情感的实时自动探测；信息流的建模和基于代理的仿真；建立基于特定社会环境和心理环境（如情绪的弥漫、意见领袖的影响等）的观点网络模型，从而预测基于价值观、性格、情绪、态度、利益的相关群体或公众对某一事件的观点趋势[39]。Suppawong Tuarob 等提出了一组数学模型，用来识别出在社会化媒体中具有创新性观点的用户，并进一步通过其评论挖掘出其产品偏好，最后与上市产品的属性作比较得出产品的潜在特性，从而为新产品的研发提供参考[40]。Mohamed M. Mostafa 通过挖掘 Twitter 中用户有关各个世界品牌的评论和观点，得到公众对世界品牌的情感强度，进而指导世界品牌重新设计数字营销和广告活动[41]。Yan-Ying Chen 等一方面利用用户对社会化媒体（如 Facebook 和 Flickr）上图像的评论，得出用户对图像的情感反应并进行中层概念表示，另一方面使用图像分析技术得出图像发布者所传递的情感并进行中层概念表示，最后将这两端的情感进行关联分析，进而利用这种关联性指导预测用户对图像的情感反应[42]。

Bee Yee Liau 等从 Twitter 中识别出用户有关马来西亚低成本航空公司的评论，通过情感分析来揭示用户对顾客服务、机票促销、航班取消和延误等主题的满意度[43]。Jacob Groshek 等分析了 Twitter 和 Facebook 中有关 2012 年美国总统大选的用户观点和情感极性，发现总统候选人在社会化媒体中并没有被无端指责和诟骂[44]。Jawale M A 等开发了辅助商业决策的自动观点挖掘系统，该系统提供的图形用户界面可实时抽取在线社会化媒体数据，并使用词性标记得到隐式和显式的产品特性，然后识别出分类标准，最后使用摘要单元将观点挖掘和分类的结果可视化出来，结果具有较高的信度和效度[45]。Yanghui Rao 等着眼于社会化媒体信息接收者的情感反应，建立了多标记监督主题模型和情感潜在主题模型，从而将社会化媒体信息接收者被唤起的情感与潜在主题相对应，该方法可进一步应用到社会化情感分类和社会化情感词典生成中来[46]。Shenghua Liu 等针对 Twitter 上主题类型多、文本稀疏性、缺乏数据标签和评级机制等潜在情感标签的挑战，提出了一个半监督自适应主题的情感分类模型，该模型还可实时处理 Twitter 上的数据[47]。Lin Zhang 等分析了移动社会化媒体用户评论的特点：简短、领域跨度大、成幂律分布规律、情感极性个体之间差异大，并针对这些特点选择了一系列情感分类算法进行处理，发现贝叶斯算法效果优于支持向量机算法[48]。

关于情感分析的算法和具体应用场景的研究也受到了学者们的关注。Abd. Samad Hasan Basari 等将支持向量机算法用于二元分类，使用混合粒子群优化算法进行最佳参数的选择，从而解决双重优化问题，实验证明使用支持向量机和粒子群优化算法可提高电影评论的情感分类精度[49]。Mouthamik K 等提出利用词类标记和情感模糊分析进行多主题文档级别的分类，以有效支持客户关系管理[50]。Georgios Paltoglou 等针对跨领域、非正式的社会化媒体情境探讨了一种基于词典而不是机器学习算法的方法来估计文本中的情感强度水平，并证明这种方法对于非正式交流形成的文本有更强的健壮性[51]。Derek Doran 等将地理信息结合到情感分析中，将一个地理区域划分为许多分区，分别对每个分区的语言模型进行训练，然后基于贝叶斯和地理平滑法形成整体语言模型，最后采用离散和连续的可视化方法显示出每个分区表达出观点的程度和情感的强度[52]。情感分类本质上是基于积极和消极的分类准则的文本分类任务。Yuan Man 等将关联规则进行改进，采用一种最优分类规则集和最大术语权重来淘汰掉低置信度的分类规则，并运用到 Web 评论的情感分类中[53]。Mohamed Abdel Fattah 提出了新的术语权重计算方法，并和多分类器法结合在一起，形成基于各个类文档集和整个文档集的类空间密度分布，从而提高了情感分类的效度和精度[54]。

Zhaoxia Wang 等从特征选择、否定词处理、表情符号处理三方面系统分析了 Web 数据情感分类中用于增强机器学习算法性能的技术效果和精度[55]。Vicky Politopoulou 等提出一种新的情感分类算法，这种情感分类算法考虑了惯用表达式和表情符号的权重，同时可将原始文本中的希腊文自动翻译成英文，再进行处理，解决了现代希腊文给情感分析带来的阻碍[56]。Bhaskar J 等使用 Senti-WordNet 情感词典计算出基于词的上下文语义的增强词，以此来改进句子的情感权重；同时给客观词分配情感权重，提高了情感分类的预测精度[57]。Soujanya Poria 提出了一种概念层级的情感分析范式，将语言学、常识计算和机器学习方法融合在一起，并构造了优于传统分析方法的情感极性检测引擎[58]。Atika Qazi 等针对建议型评论的情感分析展开了研究：首先使用扩展词袋法区分出建议型评论和比较型评论，然后使用一种混合序列特征表示法区分出建议型评论中的外显和内隐惯用语，最后结合情感词典处理否定词来进行建议型评论的情感分类[59]。Kiran Sarvabhotla 等指出从观点中抽取主观性特征是情感分类的关键任务，并提出了一个被称为意见摘要的简单统计方法，与目前流行的特征选择算法结合起来进行主观性特征抽取。与传统的严重依赖情感词典等语言资源和基于词性标注的复杂监督算法的主观性特征抽取方法相比，该方法取得较好的效果[60]。

语言障碍一直是情感分析的难题，为此很多学者进行了大量的研究。Gongjun Yan 等没有将英文和中文电影评论分别进行处理，而是将两者混合成文本流，然后在混合文本流基础上建立段模型，最后采用支撑向量机和汉语语言模型进行处理，得到了从双语语料挖掘出的更准确和更一致的观点和情感分类[61]。Ivan Habernal 等针对捷克语社会化媒体进行了情感分析，首先提供了一个人工标注

166

的大规模捷克语料库作为训练集，然后分别采用五种不同的特征选择算法进行预处理实验，并探讨了命名实体识别对情感分析结果的影响[62]。María Del Pilar Salas Zarate 等运用 LIWC 词典抽取出西班牙用户的心理和语言特征，将西班牙用户观点分为五类：高度正面、正面、中性、负面和高度负面。María 还进一步地比较了各个分类技术如 J48 分类器、序列最小优化算法和贝叶斯网络的性能。实证结果显示正面类别和负面类别分类结果最好，序列最小优化算法准确度最高[63]。

对于阿拉伯语的情感分析，Samhaa R. El-Beltagy 等分析了阿拉伯语情感分类的困难：社会化媒体上多是口语而非现代标准的阿拉伯语，口语用词与正式的阿拉伯语很不相同，同时句子结构更加随机，由此造成阿拉伯语口语解析器不可用、情感词汇库的不可用、人名词汇与情感词汇的混用等困难[64]。Khasawneh R T 等采用 SocialMention 和 SentiStrength 这两个在线情感分析工具进行阿拉伯语的情感分析，结果显示 SentiStrength 的精度更高[65]。Duwairi R M 等构建了一个阿拉伯语情感分析框架，可识别出积极的、消极的和中性的情感，其创新之处在于此框架能够处理阿拉伯语方言、表情符号，且使用了众包模式来大规模收集 Twitter 数据[66]。Tomáš Kincl 等建立了一个针对捷克语等词法丰富的语言的情感分析模型，在无法借用词汇数据库或情感词汇表的情况下，该模型使用监督式机器学习算法得到了较高的效度和信度，并且该模型还被用来测试英语、德语、意大利语、法语语种的亚马逊评论，结果都达到了 70%~80% 的性能[67]。

从以上各个学者们的研究可概括出：观点挖掘和情感分析的核心问题是如何让机器理解用户观点中蕴含的情感。因为要实现自动观点挖掘，就需要机器理解字里行间的语义和情感，而一个词在不同的语境中可能有不同的情感极性，并且同一句中很可能同时包含正面情感和负面情感。人类可以轻易地理解这种情感的混合体，机器却很难理解。这个难点将来很可能需要借助语义网技术如语义标注、本体建模与推理以及心理学、语言学等多学科的交叉融合才可解决。

3.2 社会化媒体结构挖掘

社会化媒体结构挖掘指的是从表征社会媒体的各种对象(如用户、群体、信息本身)之间的关系中寻找有用的知识或模式,主要包括社会关系结构挖掘、用户属性挖掘和信息传播模式挖掘。社会关系结构挖掘是对社会化媒体用户之间的关系模式的一种发现和抽取,如对用户之间的好友推荐、社区结构挖掘和结构演化分析。

3.2.1 好友推荐

在好友推荐方面,为解决互联网上信息过载的问题,推荐模型已广泛用于面向相同兴趣偏好或需求资源的用户自动推荐系统和应用中,如电影、网页、标签等[68]。由于好友推荐模型是随着 21 世纪初社交网络领域研究兴起后产生的一个热点研究新课题,面向用户的潜在好友推荐研究仍处于雏形阶段。目前国内外的研究人员对好友推荐模型的研究主要集中在面向好友社会关系网络、资源内容属性以及协同过滤等进行好友推荐的方向。基于社会关系的好友推荐模型是通过好友社会关系网络将用户不同的好友进行信息互联和好友推荐,形成一个信息非闭环通路拓扑网络体系。社会网络学家Naruchiparames J 等在 IEEE 大会上提出 FOF 理论(即好友的好友理论),为该方向提供了新的理论依据[69]。Naruchiparames J 等结合复杂网络理论、认知理论进行 FOF 理论的阐述,并基于帕累托最优化遗传算法对好友推荐模型的用户关系偏好进行了优化。张中峰等在用户链接网络的基础上,提出了两阶段推荐模型(用户相似度计算与相似度传播)和基于信任传播的推荐模型。基于社会关系的好友推荐简单易操作,但是其推荐的好友太有限,而且不能充分反映用户细粒度兴趣的长远性,无法给目标用户推荐理想的志同道合的朋友[70]。基于内容的好友推荐能够深层次挖掘用户的隐性兴趣,尤其是基于主题模型的好友推荐被深入研究,其中关于主题模型已在主题挖掘一节中详细阐述。

而在传统的基于共同用户的协同过滤推荐中,涌现了大量研究融合用户信息(如标签、兴趣爱好、发布内容等)的好友推荐算法。针对社交网络好友推荐方法的用户兴趣不明显、用户之间相关性较差等问题，张怡文等提出了一种基于共同用户和相似标签的协同过滤算法[71]。高永兵等融合基于内容算法与社会过滤算法的优点，根据已有的好友来给用户推荐新的好友，并与用户的兴趣爱好、地理位置等个人信息相结合的方式来处理好友推荐问题[72]。虽然融合用户信息的好友推荐算法很好地解决了数据的稀疏性问题，并且提高了好友推荐结果的准确性，但对于新加入社会化媒体中的用户，用户填写的个人信息不足或者发布的内容较少，该算法无法捕捉到用户的个人偏好，就无法进行准确的好友推荐。对此，Werner Geyer 等利用社交网站的信息建立了一个系统来推荐自我描述的主题，指出基于社会关系的推荐要优于简单的内容匹配推荐[73]。Li YungMing 等提出了一种基于社会关系与推荐信任的个性化的社会推荐系统，实验结果证明了该系统所使用的推荐方法相比其他协同推荐方法拥有更高的推荐准确度[74]。

虽然以上研究已经把用户信任关系融合到好友推荐模型中，但仍然没有考虑到用户之间不同的信任关系对好友推荐结果准确性的影响。因此，笔者认为，可对社会化媒体用户的社会关系进行挖掘，结合信任的度量与传递方法，构造出一种基于复杂信任网络的社会化媒体好友推荐模型。本模型不仅要整合社会化媒体用户的社会关系，也要考虑用户之间的复杂信任关系，从而缓解好友推荐系统的冷启动问题，显著提高好友推荐结果的准确性。模型具体如图3所示。

3.2.2 社区结构挖掘

在社区结构挖掘方面，若能将隐藏在其中的社区结构挖掘出来，则可以充分利用社区关系进行深层次的应用。目前，主要有计算机、复杂网络、社会学等学科领域对社区发现进行了深入研究，他们从各自学科背景出发，提出了一系列的相关理论、方法与技术。由上文介绍可知，根据媒体信息含量、社会关系存在度等进行划分，社会化媒体可分为博客类、社交类、群体智慧项目、内容分享社区、虚拟游戏世界、虚拟社会世界6大类[6]。

在协同合作型网络方面，如 Sitaram Asur 等关注了 Wiki 社区间的演化，并提出了一个事件框架用于刻画社区间的各种关系[75]。

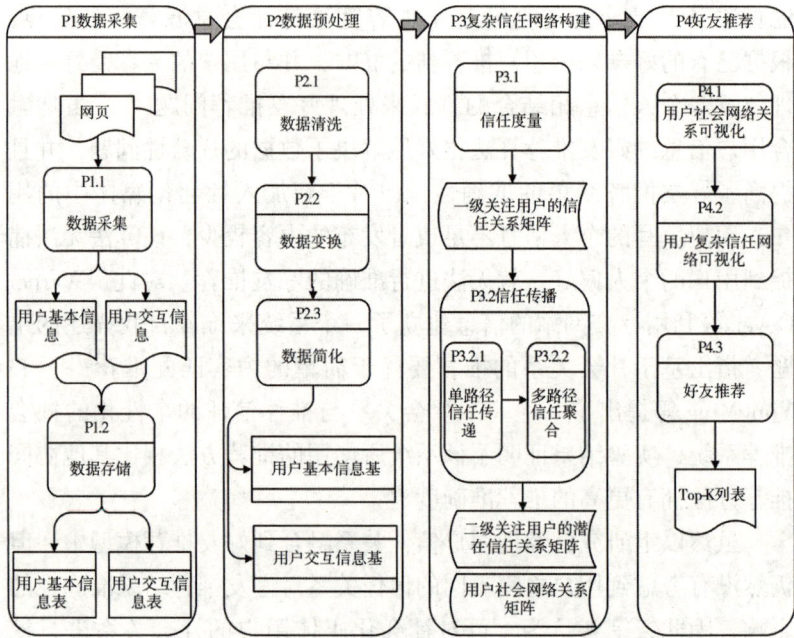

图3 基于复杂信任网络的社会化媒体好友推荐模型

Rut Jesus 等用二部图派系的方法研究用户-文章关系中的聚类结构，发现了 Wiki 中一些潜在的争论焦点和协同写作现象[76]。在博客/微博类关系网络方面，用户关系最为复杂，有用户间双向的"互关注"及单向的"关注"，也有用户对博文的阅读、转发、收藏、评论和博文被动的被转发、被评论等，并能按逆时间序查看发生频次与传播路径，因此其社区发现不能单纯考虑网络拓扑图的社区结构。在内容社区中的关系网络方面，如 Ravi Kumar 等分析了 Flickr 和 Yahoo！360 的网络结构及其演化，发现这些社交网络都被分割成三个部分："Singletons""Isolated Communities"和"Giant Component"[77]。在社交网站方面，如 Lancichinetti A 等给出了一个真实社会网络中的社区统计特征，发现不同类型网络的社区有着自己独有的特征，这可能预示着人们可以利用这些独有的特征作为网络"指纹"，进而对不同类型的网络进行分类[78]；窦炳琳等主要使用

DBLP 和 Facebook 构建网络，发现网络中存在紧密连接且直径较小的核心结构，并基于事件框架研究了社会网络中社区结构的进化[79]。在虚拟游戏\虚拟世界的社区挖掘方面，Nicolas Ducheneaut 等从 5 台魔兽世界服务器中收集了 1 年多的数据，共收集到 30 万独特人物角色的信息，然后利用这些信息分析他们公会的结构性变量，如规模、联系密度、中心性、级别、平均相处时间、阶级平衡等，发现在构成成员各方面都比较平衡的公会比较容易维续，并为游戏社区构建提出 35 人组队的若干建议[80]。

4 社会化媒体语义分析研究

语义分析指的是在分析句子的句法结构和辨析句中每个词的词义的基础上，推导句义的形式化表示。英国人 Tim Berners-Lee 在 1998 年提出语义 Web（Semantic Web）的概念，旨在使 Web 上的文本信息具有计算机系统可以理解的语义的特征，以支持网络环境下广泛有效的自动推理[81]。

国外对于语义分析的研究主要集中于语义分析方法研究、语义分析功能和作用的挖掘与开拓及语义分析的应用研究。Gu Xu 和 Shotton 等将隐马尔科夫模型、元数据的分类架构等引入到语义分析中[82]；Apostolos N Papadopoulos 等对潜在语义分析方法进行拓展及验证[83]；Chung-Lin Huang 利用动态贝叶斯网络进行了语义分析的应用[84]；Tian-Luu Wu 等利用语义空间分割进行图像的语义分析[85]；Koichi Ryu 建立了语义 HPSG 分析系统[86]；Philipp Sandhaus 对个人和社会的照片集进行语义检索和分析[87]。Soujanya Poria 等指出只有概念级别的情感分析才能真正让机器实现对自然语言文本语义蕴含的情感进行理解，并构建了一种合并语言学、常识计算的语义情感分析范式，真正考虑了句子中每个概念的语境情感[88]；Yang Yang 等为弥补大众标签的脏、不完整的缺点，提出了一种新的自动图像标注方法，旨在自动生成与图像信息的重要性相关联的完整标签[89]；肖永磊等针对社会化媒体上短文本类型的信息（如评论、微博）提出一种基于 Wikipedia 的语义概念扩展方法，通过自动识别那些与短文本信息语义相关的 Wikipedia 概念来丰富它的内容特征，从而有效地提高短文本信息数据挖掘和分析的效果[90]。

将本体运用到对社会媒体内容的语义分析是其中一研究重点。Pawel Sobkowicz 等为了弥补机器难以理解传统自然语言处理结果的问题和语义 Web 中难以大规模高效推理的问题，在自然语言处理的基础上使用轻量级本体扩展处理，从而将数据集中的隐式含义和显式含义融合在一起，得到更细粒度的观点分析结果[39]；Tung Thanh Nguyen 等将领域本体和用于处理文本数据中的情感术语的特定语言规则和增量式领域本体结合起来，构建出了基于本体的社会化媒体情感检索框架，该框架可识别出隐含在检索词以及目标数据集中的情感观点，实验证明嵌入式的语言规则比一般数据挖掘技术的效果要好得多[91]；Pratik Thakor 等建立了基于本体的负面情感分析模型，可识别出顾客对美国、英国和加拿大邮政的不满意情感，结合基于规则的分类器可用于生成针对顾客问题的在线自动回复[92]；Pei Yin 等创建了面向产品的领域本体自动构建方法，然后通过将产品特征和对应的用户意见映射到领域本体的概念空间中去，从而从评论数据集中识别并抽取出"产品特征-意见"对[93]；Raymond Y. K. Lau 等提出了一种半监督的模糊产品本体挖掘算法，该算法可用于在社会化媒体上自动收集市场情报，为提高产品设计和营销策略提供支持[94]；Delroy Cameron 等开发了基于社会化媒体的语义 Web 平台-处方药物滥用在线监测系统（PREDOSE），该系统首先使用手工建立的处方药物滥用本体对在社会化媒体上爬取的 UGC 进行领域知识标注（如处方药物的制备方法、副作用、管理路线等领域知识），然后识别并抽取出其中的实体、关系和三元组这三种类型数据，最后对 UGC 进行情感抽取和分类，以上技术和方法可有效捕捉关于处方药物滥用的细粒度语义信息[95]。

5 社会化媒体知识服务研究

社会化媒体知识服务指的是根据用户的问题和情境，将基于社会化媒体的数据挖掘和语义分析蒸馏出的知识融入到用户解决问题的过程中，从而能够有效地支持知识应用和解决方案的服务。社会化媒体知识服务研究的内容包括药品安全监视、信息推荐、舆情监测、社会化媒体检索等。

在药物安全监视方面，药品不良反应(ADRS)在世界各地一直是一个严重的问题。它们可能会增高病人的发病率，甚至导致死亡。目前药品安全在很大程度上依赖于上市后的药品监测，因为上市前的审查程序受规模和时间跨度的限制，不可能识别出所有可能引起的药物不良反应。然而，目前上市后的药品监测信息主要来自集中的自愿报告系统，而报告率却很低，因此，很难及时发现药品不良反应信息。Web 2.0 技术的进步和社交媒体的流行，许多健康消费者和同行讨论或交换与健康有关的信息，其中许多的在线讨论涉及药品不良反应，这给药品不良反应监测提供了新的信息源。Abeed Sarker 等总结了从社会化媒体信息流中自动检测药品不良反应的两大类方法：基于词典和知识库的规则方法和基于关联规则、支持向量机等统计学方法[96]。Ming Yang 等使用一种启发式标签法从论坛中过滤得到有关药品不良反应信息的帖子，然后使用低维语义描述法表示出有关药品不良反应信息的帖子的各种类别，并建立了药物预警系统[97]。Andrei Yakushev 等将 Mapreduce 模型和云计算方法用到处理社交大数据上，实施 Hadoop 框架进行社会化媒体上的分布式主题爬虫，用来预测用户药物的使用情况，如药物不良反应的地区分布情况[98]。Christopher C. Yang 等使用关联规则和报告比例比(proportional reporting ratios)的综合方法从用户生成内容中挖掘出药物和不良反应之间的关系，从而为基于社会化媒体的药品安全信号监测提供依据[99]。Azadeh Nikfajam 等为了从高度非结构化的社会化媒体数据中准确抽取出关于药物不良反应信息的医学概念，使用条件随机场和基于深度学习技术的词的语义相似性模型建立了概念抽取系统，该系统不用依赖带标记的训练数据集，可直接从用户生成内容中生成词向量并进行聚类，具有较强的可伸缩性[100]。

在信息推荐方面，传统的推荐模型假定用户偏好评级是可用的，而在现实世界中，很难从社会化媒体网站获得评级信息，这意味着传统模型的功能是有限的，并且传统的推荐模型经常遭受"数据稀疏"的问题[101]。为了解决这些问题，一些学者从用户生成内容中抽取有关用户偏好的信息，以作为补充来源，支持个性化推荐。如 Zi-Ke Zhang 等将丰富的标签信息合并到传统的推荐模型中，建立起标签感知推荐系统，并取得了良好的性能[102]。此外，用户的在线活动(搜索和浏览)和他/她的社会关系也一直在被探索和利用到推荐模型中，从而提高推荐精度[103]。另外也有学者尝试将情绪分析结果集成到推荐系统中去。如 Filipa Peleja 等将情感分析技术和协同过滤技术结合起来进行电影评级预测[104]。然而，在社会化媒体背景下，个性化推荐研究的深度一直受到情感感知研究匮乏的限制。很多研究只是将情感分析结果应用到基于社区的协同过滤模型中去。针对上述研究的不足，Jianshan Sun 提出将适用于社会化媒体场景的类协同过滤模型和监督式整体优化情感分类算法结合在一起，即情感感知社会媒体推荐模型[105]，从而提高个性化推荐的效果。

在舆情监测方面，Ramnath Balasubramanyan 等一方面使用传统的民意调查法即电话访谈法测量了 2008—2009 年间公众对经济的信心，并根据盖洛普每日跟踪民调数据得到民众的政治观点，另一方面对同一时间段的 Twitter 上的数据集进行情感分析，结果发现民众的信心和政治观点与同一时间段 Twitter 消息上的情感词频率在时间序列上呈现明显的关联性[106]；Peng Hao 等构建出了基于主题探测的舆情分析模型，该模型由文本预处理、文本特征提取、话题检测和趋势分析三部分组成[107]；Liesbeth Mollema 等探究了社会化媒体上能否反映以及何时能反映出舆情和疫情的发展模式，在 2013 年荷兰麻疹疫情中东正教新教徒由于宗教原因拒绝接种疫苗的背景下，基于主题挖掘和情感分类分析了与麻疹相关的微博数量及情感极性变化，并统计了同一时间段新闻中有关麻疹疫情的变化情况，结果发现两者具有强关联性[108]。

在社会化媒体检索方面，由于社会化媒体信息资源的分散异构性，社会化媒体信息检索的查全查准率都难以满足用户需求；海量的社会化媒体信息背后隐藏着丰富的知识和情报，但是没有被挖掘和可视化呈现，这严重影响了社会化媒体信息资源的利用。为此众多学者研究了适用于社会化媒体的信息排名策略、查询扩展策略以及检索方法。如 Vivek Kandiah 等在考虑微博中高排名用户观点的可信度高于低排名用户观点的情况下，提出用 PageRank 排名方法来提取权威人物有价值的观点[109]。Wouter Weerkamp 等利用外部文档集进行查询扩展，并提出了外部扩展模型，基于此模型的一个合理假设是每个查询都需要一个混合的外部集来进行扩展[110]；Dong Zhou 等为解决基于用户标签的查询扩展有时并不能精准地描述资源的问题，将从原始查询结果中获取的伪相关反馈信息与用户个性化信息(标签、用户产生内容)结合起来，既解决了查询的自动扩展问题又实现了个性化信息检索[111]。Tobar C M 等基于语义 Web 和经典的矢量模型，提出 Wiki 中基于本体的信息检索方法，据此设计的系统具有 100% 的召回率和接近 93% 的精度[112]；Weng Jianshu 等认为 Twitter 用户拥有更多的跟随者是由于他们感兴趣的主题相同，因此通过 LDA 模型对用户发布 Tweets 信息进行主题抽取，自动识别他们的兴趣主题[113]。

社会化媒体知识服务涵盖的内容涉及生活的方方面面，其知识来源可分为微观视角下的用户个体层次和宏观视角下的用户群体层次。微观视角下的用户个体层次指的是用户将大脑中的隐性知识外化为显性知识到社会化媒体信息流中，宏观视角下的用户群体层次指的是由用户之间的社会关系、用户之间的信息传递方式、众多用户的信息共鸣在社会化媒体平台上形成了群体模式。通过对这两种知识来源进行适用于社会化媒体的知识发现，再通过社会化媒体将蒸馏出的知识运用到用户解决实际问题的过程中。

6 结　语

从以上研究可看出，社会化媒体知识组织包含以下内容：针对社会化媒体信息资源的不同类型进行的文本预处理、基于统计的各种社会化媒体数据挖掘方法、基于规则的语义分析方法、基于各种需求维度的知识服务内容。首先，因为社会化媒体信息资源具有多源异构性、分布的不均衡性、载体的多样性，所以需要针对社会化媒体信息的不同特点进行有针对性的提炼和知识抽取；然后，采用基于统计和基于规则的两种知识蒸馏思路进行深层次的知识组织；最后，将知识服务对象的多层次需求融合到社会化媒体知识组织中，提供诸如药品安全监视、信息推荐、舆情监测、社会化媒体检索等知识服务。

目前学者们的研究内容主要是根据具体应用对社会化媒体局部信息资源进行有效的整合和知识组织，而对海量的社会化媒体信息的处理和分析的关注较少。社会化媒体信息具有明显的大数据"4V"特点：volume-体量巨大、variety-多源多样性、velocity-价值密度低和 velocity-快速化。随着社会化媒体应用的不断增长和用户人数的不断增加，社会化媒体信息早已达到了大数据的体量；社会化媒体用户的差异性、社会化媒体平台的多样性造成了社会化媒体信息的多源多样性；社会化媒体信息主要是用户生成内容，而用户生成内容发布的天然随意导致了很多信息是冗余的、混乱的、不可信任的，即价值密度低；社会化媒体可以说是社会生活的传感器，实时记录关于用户的各种信息，其生成的信息流实时快速变化。因此，社会化媒体信息可被称为社交大数据。社交大数据除了具有上述大数据的基本特点，还具有本身的社会化属性，如用户关系属性。简单地把大数据处理技术搬到社交大数据的知识组织过程中显然是不合适的，故如何将用于解决"4V"概念及其相互平衡的大数据处理技术和已有的社会化媒体知识发现方法融合在一起，形成真正适合社交大数据的知识组织方法可作为新的有价值的研究内容。

参 考 文 献

[1] Kaplan A M, Haenlein M. The fairyland of Second Life：virtual social worlds and how to use them[J]. Business Horizons，2009，52（6）：563-572.

[2] 丁兆云，贾焰，周斌. 微博数据挖掘研究综述[J]. 计算机研究与

发展, 2014, 4(4):691-706.

[3] Berners-Lee T, Fischetti M, Foreword By-Dertouzos M L. Weaving the Web: the original design and ultimate destiny of the World Wide Web by its inventor[M]. HarperInformation, 2000.

[4] 贾同兴. 知识组织的进步[J]. 国外情报科学, 1996, 2(3):36-38, 42.

[5] 桑基韬, 路冬媛, 徐常胜. 基于共同用户的跨网络分析:社交媒体大数据中的多源问题[J]. 科学通报, 2014, 36(36):3554-3560.

[6] Kaplan A M, Haenlein M. Users of the world, unite! The challenges and opportunities of social media[J]. Business Horizons, 2010, 53(1):59-68.

[7] 田野. 基于社会化媒体的话题检测与传播关键问题研究[D]. 北京邮电大学, 2013.

[8] Mangold W G, Faulds D J. Social media: The new hybrid element of the promotion mix[J]. Business Horizons, 2009, 52(4):357-365.

[9] Kasavana M L, Nusair K, Teodosic K. Online social networking: redefining the human web[J]. Journal of Hospitality & Tourism Technology, 2010, 1(1):68-82.

[10] Daghfous A, Ahmad N. User development through proactive knowledge transfer[J]. Industrial Management & Data Systems, 1980, 115(1):158-181.

[11] Bonsón E, Flores F. Social media and corporate dialogue: the response of global financial institutions[J]. Online Information Review, 2011, 35(1):34-49.

[12] Peppler K A, Solomou M. Building creativity: collaborative learning and creativity in social media environments[J]. On the Horizon, 2011, 19(1):13-23.

[13] Kwak H, Lee C, Park H, et al. What is Twitter, a social network or a news media? [C]//Proceedings of the 19th International

Conference on World Wide Web. ACM, 2010：591-600.

[14] Zhu A, Chen X. A review of social media and social business [C]// Multimedia Information Networking and Security (MINES), 2012 Fourth International Conference on. IEEE, 2012：353-357.

[15] Vickery G, Wunsch-Vincent S. Participative web and user-created content：Web 2.0, wikis and social networking[J]. Oecd, 2007.

[16] Nonaka I. A dynamic theory of organizational knowledge creation [J]. Organization Science, 1994, 5(1)：14-37.

[17] Cheng J. How Macromedia used blogs to build its developers' communities：a case study[J]. Performance Improvement Quarterly, 2008, 21(3):43-58.

[18] Liu S, Chen Q, Guan S, et al. Discovering knowledge in Microblog based on naturally annotated web resources[C]// Machine Learning and Cybernetics (ICMLC), 2013 International Conference on. IEEE, 2013:1892-1897.

[19] Tang J, Liu H. Feature selection for social media data[J]. ACM Transactions on Knowledge Discovery from Data, 2012, 8(4)：19.

[20] Tang J, Liu H. Unsupervised feature selection for linked social media data[C]//Proceedings of the 18th ACM SIGKDD International Conference on Knowledge Discovery and Data Mining. ACM, 2012：904-912.

[21] 赵琦,张智雄,孙坦,许雁冬. 主题发现技术方法研究[J]. 情报理论与实践,2009(4):104-108.

[22] Alan S Abrahams, Jian Jiao, Weiguo Fan, G Alan Wang, Zhongju Zhang. What's buzzing in the blizzard of buzz? Automotive component isolation in social media postings[J]. Decision Support Systems,2013, 55(4)：871-882.

[23] Özyurt Ö, Köse C. Chat mining：automatically determination of chat conversations' topic in Turkish text based chat mediums[J]. Expert Systems with Applications, 2010, 37(12)：8705-8710.

[24]唐晓波,王洪艳.基于潜在狄利克雷分配模型的微博主题演化分析[J].情报学报,2013,32(3):281-287.

[25]王永恒,贾焰,杨树强.海量短语信息文本聚类技术研究[J].计算机工程,2007(14):38-40.

[26]张晨逸,孙建伶,丁轶群.基于 MB-LDA 模型的微博主题挖掘[J].计算机研究与发展,2011(10):1795-1802.

[27]路荣,项亮,刘明荣,杨青.基于隐主题分析和文本聚类的微博客中新闻话题的发现[J].模式识别与人工智能,2012(3):382-387.

[28]蔡淑琴,张静,王旸,马玉涛,林勇.基于中心化的微博热点发现方法[J].管理学报,2012(6):874-879.

[29]Zhao W X, Jiang J, He J, et al. Topical keyphrase extraction from twitter[C]//Proceedings of the 49th Annual Meeting of the Association for Computational Linguistics: Human Language Technologies-Volume 1. Association for Computational Linguistics, 2011:379-388.

[30]唐晓波,肖璐.基于单句粒度的微博主题挖掘研究[J].情报学报,2014,33(6):623-632.

[31]Pang B, Lee L. Opinion mining and sentiment analysis[J]. Foundations and Trends in Information Retrieval, 2008, 2(1-2): 1-135.

[32]Balahur A. Sentiment analysis in social media texts[J]. Wassa, 2013.

[33]Tuarob S, Tucker C S. Automated discovery of lead users and latent product features by mining large scale social media networks[J]. Journal of Mechanical Design, 2015, 137(7): 71402.

[34]Petz G, Karpowicz M, Fürschuß H, et al. Computational approaches for mining user's opinions on the Web 2.0[J]. Information Processing & Management, 2014, 50(6):899-908.

[35]Haddi E, Liu X, Shi Y. The role of text pre-processing in sentiment analysis[J]. Procedia Computer Science, 2013(17): 26-32.

[36] Singh V, Dubey S K. Opinion mining and analysis: a literature review[C]// Confluence The Next Generation Information Technology Summit (Confluence), 2014 5th International Conference - IEEE, 2014:232-239.

[37] Karamibekr M, Ghorbani A A. Sentiment analysis of social issues [C]// 2012 International Conference on Social InformaticsIEEE Computer Society, 2012:215-221.

[38] Lo Y W, Potdar V. A review of opinion mining and sentiment classification framework in social networks[C]//Digital Ecosystems and Technologies, 2009. DEST'09. 3rd IEEE International Conference on. Ieee, 2009: 396-401.

[39] Sobkowicz P, Kaschesky M, Bouchard G. Opinion mining in social media: modeling, simulating, and forecasting political opinions in the web[J]. Government Information Quarterly, 2012, 29(4): 470-479.

[40] Tuarob S, Tucker C. Automated discovery of lead users and latent product features by mining large scale social media networks[J]. Journal of Mechanical Design, 2015, 137(7):71402.

[41] Mostafa M M. More than words: social networks' text mining for consumer brand sentiments[J]. Expert Systems with Applications, 2013, 40(10): 4241-4251.

[42] Chen Y Y, Chen T, Liu T, et al. Assistive image comment robot—a novel mid-level concept-based representation[J]. IEEE, 2015 (6): 298-311.

[43] Bee Yee Liau, Pei Pei Tan. Gaining customer knowledge in low cost airlines through text mining[J]. Industrial Management & Data Systems, 2014, 114(9): 1344-1359.

[44] Groshek J, Al-Rawi A. Public sentiment and critical framing in social media content during the 2012 U.S. Presidential campaign[J]. Social Science Computer Review, 2013, 31(5): 563-576.

[45] Jawale M A, Kyatanavar D N, Pawar A B. Implementation of auto-

mated sentiment discovery system[C]// Recent Advances and Innovations in Engineering (ICRAIE), 2014 IEEE, 2014:1-6.

[46]Rao Y, Li Q, Mao X, et al. Sentiment topic models for social emotion mining[J]. Information Sciences, 2014, 266(5):90-100.

[47]Liu S, Cheng X, Li F. TASC: Topic-Adaptive sentiment classification on dynamic tweets[J]. IEEE Transactions on Knowledge and Data Engineering, 2015,27(6): 1696-1709.

[48]Zhang L, Hua K, Wang H, et al. Sentiment analysis on reviews of mobile users[J]. Procedia Computer Science, 2014(34):458-465.

[49]Basari A S H, Hussin B, Ananta I G P, et al. Opinion mining of movie review using hybrid method of support vector machine and particle swarm optimization[J]. Procedia Engineering, 2013(53): 453-462.

[50]Mouthami K, Devi K N, Bhaskaran V M. Sentiment analysis and classification based on textual reviews[C]// Information Communication and Embedded Systems (ICICES), 2013 International Conference on IEEE, 2013:271-276.

[51]Paltoglou G, Thelwall M. Twitter, MySpace, Digg: unsupervised sentiment analysis in social media[J]. ACM Transactions on Intelligent Systems and Technology (TIST), 2012, 3(4): 66.

[52]Derek Doran, Swapna S Gokhale, Aldo Dagnino. Discovering perceptions in online social media: a probabilistic approach[J]. International Journal of Software Engineering & Knowledge Engineering, 2015, 24(9):1273-1299.

[53]Man Yuan, Yuanxin Ouyang, Hao Sheng. Investigating association rules for sentiment classification of Web reviews[J]. Journal of Intelligent & Fuzzy Systems,2014,27(4):2055-2065.

[54]Fattah M A. New term weighting schemes with combination of multiple classifiers for sentiment analysis[J]. Neurocomputing, 2015 (167): 434-442.

［55］Wang Z, Tong V J C, Chin H C. Enhancing machine-learning methods for sentiment classification of Web data［J］. Lecture Notes in Computer Science, 2014(8870):394-405.

［56］Politopoulou V, Maragoudakis M. On mining opinions from social media［M］//Engineering Applications of Neural Networks. Springer Berlin Heidelberg, 2013(383): 474-484.

［57］Bhaskar J, Sruthi K, Nedungadi P. Enhanced sentiment analysis of informal textual communication in social media by considering objective words and intensifiers［C］// Recent Advances and Innovations in Engineering (ICRAIE), 2014 IEEE, 2014:1-6.

［58］Poria S, Cambria E, Winterstein G, et al. Sentic patterns: dependency-based rules for concept-level sentiment analysis［J］. Knowledge-Based Systems, 2014, 69(9):45-63.

［59］Qazi A, Raj R G, Tahir M, et al. Enhancing business intelligence by means of suggestive reviews.［J］. The scientific world journal, 2014(2014):879323-879323.

［60］Sarvabhotla K, Pingali P, Varma V. Sentiment classification: a lexical similarity based approach for extracting subjectivity in documents.［J］. Information Retrieval, 2011, 14(3):337-353.

［61］Yan G, He W, Shen J, et al. A bilingual approach for conducting Chinese and English social media sentiment analysis［J］. Computer Networks, 2014(75):491-503.

［62］Habernal I, Steinberger J. Supervised sentiment analysis in Czech social media［J］. Information Processing & Management, 2014, 50(5):693-707.

［63］Salas-Zarate M D P, Lopez-Lopez E, Valencia-Garcia R, et al. A study on LIWC categories for opinion mining in Spanish reviews［J］. Journal of Information Science, 2014, 40(6):749-760.

［64］El-Beltagy S R, Ali A. Open issues in the sentiment analysis of Arabic social media: a case study［C］// Innovations in Information Technology (IIT), 2013 9th International Conference on IEEE,

2013:215 - 220.

[65] Khasawneh R T, Wahsheh H A, Al Kabi M N, et al. Sentiment analysis of arabic social media content: a comparative study[C]// Internet Technology and Secured Transactions (ICITST), 2013 8th International Conference for IEEE, 2013:101-106.

[66] Duwairi R M, Marji R, Sha'Ban N, et al. Sentiment analysis in Arabic tweets [C]// Information and Communication Systems (ICICS), 2014 5th International Conference on IEEE, 2014:1-6.

[67] Kincl T, Novák M, Pribil J. Getting Inside the Minds of the Customers: Automated Sentiment Analysis [C]//Proceedings of the European Conference on Management, Leadership & Governance. 2013: 122-128.

[68] Yang S H, Long B, Smola A, et al. Like like alike: joint friendship and interest propagation in social networks[C]//Proceedings of the 20th International Conference on World Wide Web. ACM, 2011: 537-546.

[69] Naruchitparames J, Gunes M H, Louis S J. Friend recommendations in social networks using genetic algorithms and network topology[C]// Evolutionary Computation (CEC), 2011 IEEE Congress on IEEE, 2011:2207-2214.

[70] 张中峰,李秋丹.社交网站中潜在好友推荐模型研究[J].情报学报,2011,30(12):1319-1325.

[71] 张怡文, 岳丽华, 张义飞,等. 基于共同用户和相似标签的好友推荐方法[J]. 计算机应用, 2013(8):2273-2275.

[72] 高永兵,杨红磊,刘春祥,胡文江. 基于内容与社会过滤的好友推荐算法研究[J]. 微型机与应用,2013(14):75-78, 82.

[73] Geyer W, Dugan C, Millen D R, et al. Recommending topics for self-descriptions in online user profiles [C]//Proceedings of the 2008 ACM Conference on Recommender Systems. ACM, 2008: 59-66.

[74] Li Y M, Wu C T, Lai C Y. A social recommender mechanism for

e-commerce: combining similarity, trust, and relationship[J]. Decision Support Systems, 2013, 55(3):740-752.

[75] Asur S, Parthasarathy S, Ucar D. An event-based framework for characterizing the evolutionary behavior of interaction graphs[J]. ACM Transactions on Knowledge Discovery from Data (TKDD), 2009, 3(4): 16.

[76] Jesus R, Schwartz M, Lehmann S. Bipartite networks of Wikipedia's articles and authors: a meso-level approach[C]//Proceedings of the 5th International Symposium on Wikis and Open Collaboration. ACM, 2009: 5.

[77] Kumar R, Novak J, Tomkins A. Structure and evolution of online social networks[M]//Link Mining: Models, Algorithms, and Applications. Springer New York, 2010: 337-357.

[78] Lancichinetti A, Kivela M, Saramaki J, Fortunato S. Characterizing the community structure of complex networks.[J]. Plos One, 2010, 5(8):e11976-e11976.

[79] 窦炳琳,李澍淞,张世永. 基于结构的社会网络分析[J]. 计算机学报,2012(4):741-753.

[80] Ducheneaut N, Yee N, Nickell E, et al. The life and death of online gaming communities: a look at guilds in world of warcraft [C]//Proceedings of the SIGCHI Conference on Human Factors in Computing Systems. ACM, 2007: 839-848.

[81] 张文秀,陈伟,朱庆华. 基于本体的语义分析过程与方法的研究应用[J]. 计算机应用研究,2011(3):961-964.

[82] Xu G, Ma Y F, Zhang H J, et al. An HMM-based framework for video semantic analysis[J]. Circuits and Systems for Video Technology, IEEE Transactions on, 2005, 15(11): 1422-1433.

[83] Papadopoulos A N. Trajectory retrieval with latent semantic analysis [C]//Proceedings of the 2008 ACM Symposium on Applied Computing. ACM, 2008: 1089-1094.

[84] Huang C L, Shih H C, Chao C Y. Semantic analysis of soccer vid-

eo using dynamic Bayesian network[J]. Multimedia, IEEE Trans-
actions on, 2006, 8(4): 749-760.

[85] Wu T L, Horng J H. Semantic space segmentation for content-
based image retrieval using SVM decision boundary and principal
axis analysis[C]//Proceedings of the International MultiConfer-
ence of Engineers and Computer Scientists. 2008: 1.

[86] Ryu Koichi, Hironaka Daisuke, Amano Mikio, et al. A semantic
analysis system based on HPSG with the mental - image directed
semantic theory built in[J]. Systems and Computers in Japan,
2003, 34(6):12-20.

[87] Sandhaus P, Boll S. Semantic analysis and retrieval in personal
and social photo collections[J]. Multimedia Tools & Applications,
2011, 51(1):5-33.

[88] Poria S, Cambria E, Winterstein G, et al. Sentic patterns: De-
pendency-based rules for concept-level sentiment analysis [J].
Knowledge-Based Systems, 2014, 69(9): 45-63.

[89] Yang Y, Huang Z, Shen H T, et al. Mining multi-tag association
for image tagging[J]. World Wide Web, 2011,14(2): 133-156.

[90] 肖永磊, 刘盛华, 刘悦, 等. 社会媒体短文本内容的语义概念
关联和扩展[J]. 中文信息学报, 2014, 28(4): 21-28.

[91] Nguyen T T, Quan T T, Phan T T. Sentiment search: an emerging
trend on social media monitoring systems[J]. Aslib Journal of In-
formation Management, 2014, 66(5):553-580.

[92] Thakor P, Sasi S. Ontology-based sentiment analysis process for so-
cial media content[J]. Procedia Computer Science, 2015(53):
199-207.

[93] Yin P, Wang H, Guo K. Feature-opinion pair identification of
product reviews in Chinese: a domain ontology modeling method
[J]. New Review in Hypermedia & Multimedia, 2013, 19(1):3-
24.

[94] Lau R Y K, Li C, Liao S S Y. Social analytics: Learning fuzzy

product ontologies for aspect-oriented sentiment analysis[J]. Decision Support Systems, 2014, 65(5):80-94.

[95] Cameron D, Smith G A, Daniulaityte R, et al. Predose: A semantic web platform for drug abuse epidemiology using social media [J]. Journal of Biomedical Informatics, 2013, 46(6): 985-997.

[96] Sarker A, Ginn R, Nikfarjam A, et al. Utilizing social media data for pharmacovigilance: A review[J]. Journal of Biomedical Informatics, 2015, 54:202-212.

[97] Ming Y, Kiang M, Wei S. Filtering big data from social media-building an early warning system for adverse drug reactions[J]. Journal of Biomedical Informatics, 2015(54):230-240.

[98] Yakushev A, Mityagin S. Social networks mining for analysis and modeling drugs usage[J]. Procedia Computer Science, 2014(29): 2462-2471.

[99] Yang C C, Yang H, Jiang L, et al. Social media mining for drug safety signal detection[J]. Proceedings of the International Workshop on Smart Health & Wellbeing, 2012, 51(4):33-40.

[100] Nikfarjam A, Sarker A, O'Connor K, et al. Pharmacovigilance from social media: mining adverse drug reaction mentions using sequence labeling with word embedding cluster features. [J]. Journal of the American Medical Informatics Association Jamia, 2015, 22(3):671-681.

[101] Yang C C, Yang H, Jiang L, et al. Social media mining for drug safety signal detection[J]. Proceedings of the International Workshop on Smart Health & Wellbeing, 2012, 51(4):33-40.

[102] Zhang Z K, Zhou T, Zhang Y C. Tag-aware recommender systems: a state-of-the-art survey[J]. Journal of Computer Science and Technology, 2011, 26(5): 767-777.

[103] Jian W, Liang C, Qi Y, et al. Trust-aware media recommendation in heterogeneous social networks[J]. World Wide Web-internet & Web Information Systems, 2015, 18(1):139-157.

[104]Peleja F, Dias P, Martins F, et al. A recommender system for the TV on the web: integrating unrated reviews and movie ratings[J]. Multimedia Systems, 2013, 19(6):543-558.

[105]Sun J, Wang G, Cheng X, et al. Mining affective text to improve social media item recommendation[J]. Information Processing & Management, 2015, 51(4): 444-457.

[106]O'Connor B, Balasubramanyan R, Routledge B R, et al. From tweets to polls: linking text sentiment to public opinion time series[J]. ICWSM, 2010.

[107]Hao P, Jie Z, Hao Z, et al. Public opinion analysis based on topic detection in micro-blog network[J]. Telecommunication Engineering, 2015, 55(6):611-617.

[108]Mollema L, Harmsen I A, Broekhuizen E, et al. Disease detection or public opinion reflection? Content analysis of tweets, other social media, and online newspapers during the measles outbreak in the Netherlands in 2013.[J]. Journal of Medical Internet Research, 2015, 17(5).

[109]Kandiah V, Shepelyansky D L. PageRank model of opinion formation on social networks[J]. Physica A Statistical Mechanics & Its Applications, 2012, 391(22):5779-5793.

[110]Weerkamp W, Balog K, Rijke M D. Exploiting external collections for query expansion[J]. Acm Transactions on the Web, 2012, 6(4):18.

[111]Zhou D, Lawless S, Wade V. Improving search via personalized query expansion using social media[J]. Information Retrieval, 2012, 15(3-4): 218-242.

[112]Carlos Miguel Tobar, Alessandro Santos Germer. Information retrieval in Wikis using an ontology[C]// 2013 IEEE 16th International Conference on Computational Science and Engineering, 2013:826-831

[113]Weng J, Lim E P, Jiang J, et al. Twitterrank: finding topic-sen-

sitive influential twitterers[C]//Proceedings of the third ACM International Conference on Web Search and Data Mining. ACM, 2010: 261-270.

【作者简介】

唐晓波，教授，博士生导师。曾任武汉大学信息管理学院信息管理科学系主任。现任武汉大学信息系统研究中心主任、国际信息系统协会中国分会理事、湖北省信息学会常务理事、武汉市系统工程学会理事。近年来，发表学术论文 80 余篇，出版著作 4 部。主持国家自然科学基金面上项目、教育部人文社会科学重点基地重大项目、教育部人文社会科学规划项目以及横向项目近 20 项，参加国家自然科学基金重点项目、教育部重大攻关项目。主要研究方向：知识组织、情报研究、商务智能、管理信息系统。

傅维刚，武汉大学信息管理学院研究生，研究方向为知识组织和情报研究。

英美数据监护研究*

邓仲华　　宋秀芬

（武汉大学信息管理学院）

[摘　要]数据密集型科学促进了数据监护产生，数据监护服务提升了数据再利用价值。文章探讨了数据监护的理论基础，综合分析了英美数据监护的研究现状，评述了监护活动、基础设施与监护机构的研究主题，全面总结了未来数据监护研究的挑战与机会。为国内学者研究其领域提供参考与借鉴。

[关键词]数据监护　机构知识库　科学数据　数据共享　数据再利用

The Study of British and American Data Curation

Deng Zhonghua　Song Xiufen

（School of Information Management，Wuhan University）

[**Abstract**] Data-intensive science has facilitated data curation generation，data curation service is adding data-reuse value. This paper discusses theoretical basis of data curation，comprehensive analyzes research status of data curation in Britain and America，separately intro-

　* 本文系国家自然科学基金资助项目"大数据环境下面向科学研究第四范式的信息资源云研究"（项目编号：71373191）与国家自然科学基金资助项目"云计算环境下图书馆的信息服务等级协议研究"（项目编号：71173163）的研究成果之一。

duces and makes comments on curation activities, the human infrastructure, and Institutional loci for curation, than comprehensively summarizes challenges, and opportunities for further research. This paper provides reference and experience for domestic scholars in the area of data curation.

[**Keywords**] data curation institutional repositories science data data sharing data reuse

科学数据已成为驱动科研活动的战略性资源，有助于解决气候、环境、人类健康、国家安全与纳米技术等问题。呈指数级增长的科学数据需归档和保存以供未来研究适时地发现与有效地再利用。Digital Curation \ Data Curation(数据监护)作为一个新兴研究领域应运而生，围绕数据生命周期展开活动以确保其有用性、完整性、可靠性与真实性，数据监护服务有利于改变传统数据私有观念，打破信息壁垒，实现数据的有效交流与共享，提升数据价值与加速科研进程。图书馆、档案馆、机构知识库与数据中心肩负着新使命——数据监护，即保障数据发现与再利用的持续性以实现数据增值。

2000年，英国与美国开始探究数据监护领域，已在实践中取得了较好成效，处于全球数据监护研究的前列，对其他国家研究起到了带动作用。以英美为首的机构或社区联盟已从数据监护试点项目转向实践应用，在教育培训、政策制定、标准开发、平台构建等方面发展成效显著。近几年，国内学者在借鉴英美研究成果的基础上，开始研究数据监护的概念、现状、模型、职业教育、机构知识库等理论基础，国内高校开始实施数据监护试点项目，如复旦大学社会科学数据平台(Dataverse Network 汉化与定制开发)、中国人民大学中国社会调查开放数据库、中山大学社会科学调查中心等。

本文综合分析了英美数据监护研究概况，探讨数据监护的相关内容与主题(关键监护活动、基础设施与监护机构)，总结了未来研究方向(可持续发展、成本核算、教育与培训、规划与政策、实践参与、数据素养等)，为国内学者研究其领域提供了参考与借鉴。

1 数据监护的相关概念

1.1 数据

1.1.1 JISC 的数据界定

2001 年，Beagrie 在数据监护研讨会上提出英国研究委员会（Joint Information Systems Committee，JISC）未来应关注原始研究数据（primary research data）[1]，强调了原始研究数据的重要性。

2001 年，以科学数据为研究对象的《数据科学杂志》（*Data Science Journal*）[2] 的创立标志着科学数据发展成为了一个新的研究领域。

2002 年，Hey（JISC 研究支持委员会主席）在数据监护专项小组集体研讨会上[3]指出：数据监护中的"数据"是指原始研究数据，尤其是指科学研究数据。

2003 年，《e-Science 数据监护报告》阐明原始研究数据监护的意义[4]，并指出了数据监护中原始研究数据类型：新研究利用的数据、对研究项目有用且不可再生的观测数据、符合法律要求下验证研究成果的数据、教学使用数据、公共产品数据等。

1.1.2 NSF 的数据界定

2005 年，美国国家科学基金会（National Science Foundation，NSF）发布报告《长期保存数字化数据集：21 世纪科研与教育方式变革》[5]，报告中阐明数据监护中"数据"的概念与类型。数据是以数字形式存储且以电子方式访问的信息，包括：文本、数字、图像、视频、音频、软件、算法、方程式、模型、模拟等。数据按产生方式分为：观测数据、计算数据、实验数据、派生数据。观测数据，如：直接观察海洋温度、选举之前选民态度与超新星照片，不能再现历史记录的观测数据通常需无限期归档；计算数据，计算机模型或模拟执行结果，模型输出可再生计算数据没有必要长期保存，但模型与元数据（硬件、软件与输入数据的描述）需保存；实验数据，如：基因表达模式、化学反应速率与发动机性能的测量值等，实验数据可精确再生，但由于成本与再现条件因素限制需长期保存实验数据；派生数据是在加工与分析过程中所产生的数据。数据集不仅包括存储数据(数据库或数据库组)，还包括必要基础设施、组织机构、个体等保存的数据。

因此，根据 NSF 与 JISC 的数据定义，数据监护中的"数据"专指科学数据，科学数据伴随着科学研究而产生，科学数据类型为观测数据、实验数据、仿真数据与派生数据。

1.2 监护

牛津词典里"Curate"[6]定义为照顾与维护。除在展览馆应用外，单词"Curate"用于有关剔除和选取活动，监护象征"慧眼与好品位"[7]。

"Curation"[8]最早应用于考古学中石器的加工工艺，象征着工艺复杂且形式独特[9]，图书馆、博物馆与生物科学中"Curation"的含义不仅包括藏品或数据库的保存和维护活动，还包括增值和增长知识活动。加利福尼亚的数字图书馆(California Digital Library, CDL)将"Curation"[10]定义为照顾、管理或提供访问。

2001 年，数字保存联盟与英国国家空间中心举行的国际研讨会召开前期，英国研究委员会领导人 Taylor[11]采纳了"Curation"术语，"Curation"监护 e-Science 科学研究的大规模价值性的原始数据集与信息基础设施。"Curation"术语选用背景为：数据作者与研究者只涉及数据研究、创造与发布，不参与数据归档与保存工作，临时保存或片断保存造成死数据，数字资料保存作为独立活动不能促进数据再利用，因此，"Curation"用意是将数据研究、归档、保存、发布等活动整合起来；Beagrie[12]认为"Curation"是组织者精心挑选结果，认为"Curation"具有对资源或数据保存、维护与增值的含义。

英国数据监护中心(Digital Curation Centre，DCC)的章程与原则声明[13]中指出应用"Curation"(监护)数据的理由：数据是支撑研究和学术的依据；基于可验证的高质量研究数据可生成新知识；观测、环境和其他数据是唯一且不可重新获取或再现的；数据描述记录涉及有关法律条款；保护数据主体的利益与管理风险；明确研究项目的数据访问与再利用服务主体的管理责任等。

2002 年，在数据监护专项工作组集体研讨会的报告中[14]专家们深入讨论"Digital Curation"，不同领域的专家从多个角度对其概念发表个人看法，Hey 认为"Curation"（"Caring for"）与保存不同，数字数据监护超越了原始数据的使用价值，超越了图书馆范围；Ross 从博物馆角度认为"Curation"包含保存、维护、访问三个含义；Allden 指出"Curation"核心是数据再利用；Apweiler 认为访问是"Curation"活动，其核心为数据增值；Frey 则认为"Curation"包含数据管理、利用、增值。可见，研讨会上专家们认为"Curation"包含数据保存、维护、访问、增值、再利用等活动。

2003 年 JISC 报告指出"Curation"术语认识是建立在"Curator"基础上，维护公共物品价值的人称为"Curator"，使用"Curator"有两点用意：首先，开放环境支持数据共享政策制定与实施；其次，"Curator"在公共物品提升和增值中发挥重要作用。

2005 年，Giaretta[15]认为"Curation"本意是照顾，而"Data Curation""Digital Curation"是数据照管与增值来满足使用需求；2009 年，Angevaare 认为"Curation"[16]为数字数据特殊照顾。

2008 年[17]与 2011 年[18] Nature 杂志上的文章出现了"Biocuration"术语，Biocuration 包括组织、描述与访问生物信息的活动，已成为生物发现和生物医学研究的重要组成部分。Biocurators 是具有数据监护能力的生物学家，其工作是保障基因和蛋白质序列数据的标准化与注释来增加可读性。

由上所述，"Curation"是对数据进行长期保存、维护、访问、增值、再利用、照顾、管理、照看、剔除与选择等以满足未来研究的再利用需求，"监护"包含"Curation"的所有活动，而管理、保存、监管、管护等只能代表"Curation"的部分含义，因此，"Curation"的中文译名为"监护"。

1.3　数据监护

2005 年第一届国际数据监护会议[19]上，DCC 主办方提出了操作性定义，广义上数据监护是对可信数字信息维护和增值以满足现在与未来的再利用需求。

DCC 宪章及原则声明[20]中"Digital Curation"的定义为：对可信数字研究数据集进行维护和增值以满足现在与未来再利用，围绕整个研究数据生命周期的有效管理活动。

DCC 网站关于"Digital Curation"的定义[21]为：对数字化研究数据的整个生命周期进行维护、保存与增值的活动。研究数据有效管理降低了因数字技术过时而带来的数据流失风险。同时英国研究社群共享机构知识库中的监护数据，减少重复数据生成工作。通过监护原始数据支撑未来的高质量研究以提升其长期价值。

2008 年 DCC 在简报[22]中指出，"Digital Curation"是对数字数据进行长期管理和保存的活动，包括创造、描述、保存、更新、发现、再利用等数据活动，还需协调数据用户、作者、管理机构之间的利益关系。

JISC[23]定义："Curation"（监护）管理与改善数据产生、发现与再利用等一系列活动以满足当前和未来使用需要，动态数据集持续改进或更新以满足需要，高水平监护包含维护注释与其他已发表资料的链接；"Archiving"（归档）包含于监护活动，持续维护数据逻辑与物理完整性、安全与真实性以确保数据的合理选择、存储和有效访问；"Preservation"（保存）包含于归档活动中，通过技术层面维护具体数据对象以确保长期数据的访问与使用。保存是归档的一个方面，保存和归档是数据监护所需的活动。通过数据的注释、链接与可见性，数据监护有助于数据价值最大化，推进科研进程，提高数据质量，扩展知识基础。见表 1。

2005 年，美国 NSF 报告《长期保存数字化数据集：21 世纪科研与教育方式变革》认同并引用了 2003 年 JISC《e-Science 数据监护报告》的定义。

国内对"Digital Curation""Data Curation"（互换同义词）[24]的中文译名还未统一，其中"Data"专指科学数据；"Curation"是对数据长期保存、维护、访问、再利用以实现增值，监护的本意是对数据持续管理、照顾、培养，并使其在未来研究中发挥价值。因此，本

表1   数据监护的定义

机构	背景	定 义
英国数据监护中心（Digital Cura-tion Centre，DCC）	2005 年第一届数据监护国际会议	对可信数字信息维护和增值以满足现在与未来再利用需求
	2008 年简报	对数字数据进行长期管理和保存的活动，包括创造、描述、保存、更新、发现、再利用数据等活动，还需协调数据用户、作者、管理机构之间的利益关系
	宪章及原则声明	对可信数字研究数据集进行维护和增值以满足现在与未来再利用，围绕整个研究数据生命周期的有效管理活动
	官方网站	对数字化研究数据的整个生命周期进行维护、保存与增值的活动。研究数据的有效管理降低了因数字技术过时而带来的数据流失风险
英国联合信息系统委员会（Joint Information Systems Committee，JISC）	2003 年《e-Science 数据监护报告》	管理与改善数据产生、发现与再利用等一系列活动以满足当前及未来使用需要，动态数据集持续改进或更新以满足需要，高水平监护包含维护注释与其他已发表资料的链接

文以"数据监护"作为"Data Curation""Digital curation"术语的中文译名。本文将其定义为：围绕整个数据生命周期进行保存与维护活动以实现其未来研究的再利用价值。数据监护概念中体现了维护、保存、增值、再利用等含义。

由上可见，本文认为数据监护具有以下几层含义：第一，其作用对象为科学数据；第二，其活动是围绕整个数据生命周期开展一系列的长期管理活动；第三，其目的是实现数据增值；第四，其目标超越了数据保存与数据归档。数据归档是内容层面上数据的可用性，数据保存是技术层面上数据的可持续性，数据监护是用户层面上数据的价值性。

1.4　数据监护与数据管理

数据保存是确保未来有效地访问原始数字对象的过程，数据保存属于数据监护活动。数据监护和数据管理[26]两者围绕数据展开工作，数据本质、生命周期以及科研环境存在区别，e-Science 环境下的数据监护根据指导方针和程序进行数据摄取、归档和共享等；数据管理提供概念框架，包括过去、现状以及未来影响等因素，涵盖了从数据规划到数据采样，从数据归档到利用与再利用（数据监护与信息基础设施），包括数据定义、数据要求、质量保证、用户反馈、再设计以及数据转换等方面。因此，本文认为，数据管理提供宏观框架，数据监护根据数据管理的宏观框架而实施具体实践活动。

2　英国数据监护的研究概况

2001 年 10 月，数字保存联盟与英国国家空间中心在伦敦召开 Digital Curation：Digital Archives，Libraries and e-Science Seminar（数据监护：数字档案馆、图书馆和 e-Science 研讨会）[26]，"Digital Curation"首次出现是经过组织者精心挑选的结果，讨论数据保存与数据监护领域的发展前沿，数据监护首次作为研讨专题为后续研究奠定了知识基础并具有推动作用，意味着需对资源或数据进行保存和管理以实现增值，同时意味着数据监护成为一个新的研究领域。会议主题包括成本问题、基础设施、标准、协作、网格技术、知识产权、安全、政策、OAIS 模型、理论与实践。该会议在档案专家、图书情报学家、数据管理专家以及学科专家们之间搭建了一座沟通的桥梁，图书馆与档案馆在长期的数字资源保存中担任实践角色，鼓励科研人员提交原始研究数据及相关元数据。

2002 年 11 月，英国联合信息系统委员会(JISC)的研究支持委员会(JCSR)主席 Tony 邀请 Lord 与 Macdonald（数据归档顾问）等专家参与数据监护专项小组集体研讨会[27]，会议讨论数据监护的战略与概念，不同领域的专家从多个角度讨论了数据监护概念，研讨会上专家们认为数据监护囊括了 e-Science 环境下所要应对的问题，包含数据保存、维护、访问、增值、再利用等活动。专家们对概念达成统一共识，一致认同数据监护服务对研究是有价值的；强调原始研究数据的再利用价值；会议没有探讨利益相关者问题，专家们利用头脑风暴方法讨论了数据监护战略问题，重点关注数据素养问题(如：数据作者需提交数据相关背景信息以确保未来有效性)。

2002 年，计算机科学图灵奖获得者——Jim Gray(吉姆·格雷)在"Online Scientific Data Curation, Publication, and Archiving"[28] (《在线科学数据监护、发布和归档》)中首次提出 Data Curation，介绍了斯隆数字巡天观察(SDSS)计划中数据发布、访问、监护和保存的实施策略。文章关于 Curation 提出以下观点：(1)把"Data Curation"形象比喻为"捕捉蜉蝣"(Capturing the Ephemera)，强调数据保存的及时性和利用的有效性；(2)数据本身不可理解，采集时间、工具、方式等描述信息(如元数据)进行保存以用于未来科学数据分析；(3)在数据发布中需协调作者、出版者、创作者和消费者的利益，合理协调利益相关者之间的关系；(4)使用统一数据标准，数据发布是数据监护的重要组成部分，数据监护人员应获取更多的元数据，项目设计文档、会议讨论、规程、软件和操作日志等是元数据的一部分，也是数据发布部分的一部分；(5)科学界创建长期保存科学数据的信息机构(包括图书馆、博物馆、档案馆以及其他数据监护机构)，图书馆在数据监护中的元数据描述和归档工作中担任重要角色，将描述的元数据记录作为监护对象。(6)元数据需保存，派生数据可从元数据中重构，数字图书馆在数据监护中担任重要角色。

2003 年，Lord P 和 Macdonald A[29] 在"e-Science Data Curation Report"(《e-Science 数据监护报告》)文章中主要介绍了基于 e-Science 环境下英国数据监护现状、发展要求、战略与政策层面的建议与行动指南。JISC 报告中指出，"Curation"(监护)管理与改善数据产生、发现、再利用等一系列活动以满足当前与未来使用需要，动态数据集的持续改进或更新满足用户需要，高水平监护包含维护注释与其他已发表材料的链接；"Archiving"（归档）包含于监护活动，持续维护数据逻辑与物理完整性、安全与真实性以确保数据的合理选择、存储和有效访问；"Preservation"（保存）包含于归档活动中，通过技术层面维护具体数据对象以确保长期数据的访问与使用。保存是归档的一个方面，保存和归档是数据监护所需的活动。通过数据的注释、链接与可见性，数据监护有助于数据价值最大化，推进科研进程，提高数据质量，扩展知识基础。2004，Lord，Macdonald 与 Lyon 等发布文章 "From Data Deluge to Data Curation"（《从海量数据到数据监护》）[30]，e-Science 或 e-Research 中该文章是 JISC 报告的简化版本，强调 JISC 报告的调查结果，并介绍了 DCC 数据监护中心的目标与任务，在不同研究阶段采用新形式和新层次研究方法生成大量数据；过时技术转换的数据，其完整性、可读性与有效性存在风险，未来需关注数据质量的丰满度与可信度。

2005 年 9 月，DCC 主办了第一届 "International Digital Curation Conference"[31]（国际数据监护会议），至今已举行了 10 届会议，会议主题包括 Digital Curation 的理论研究、政策、教育培训与实践等方面，该会议成为国际上跨学科或领域的个人、组织与机构进行合作、交流和沟通数据监护相关主题的重要渠道。第一届讨论的主题有：DCC 工作、概念与原理、政策、社会法律问题、可持续发展、用户需求及研究建议[32]；第十届主题为"数据监护十年成就与经验教训及未来发展方向"；2016 年第十一届的主题为"可见数据，无形基础设施"。国际数据监护会议推动了该领域的发展进程，为跨领域与学科的科研人员建立了交流与沟通的桥梁。

2006 年，以科学数据和 Digital Curation 为研究主题的期刊 *The International Journal of Digital Curation*[33]（数据监护国际期刊）是数据监护领域的重要里程碑。该刊主题涵盖了数据监护及其相关问题，已成为国际上数据监护理论研究和实践进展的重要刊物，期刊机构保存了文章及相关基础数据以实现开放存取与访问。

2007 年，英国图书馆网络工程事务所（UKLON）发布了报告[34]

"Dealing with Data: Roles, Rights, Responsibilities and Relationships Consultancy Report"（《数据处理：关于角色、权利、职责与关系的咨询报告》），报告概括了院校、数据中心、关键利益相关者的角色、权利、责任与关系的 35 个建议，其中 9 个涉及数据监护相关内容，该报告详述了数据监护的专业知识、政策制定和沟通合作等内容。

3 美国数据监护的研究概况

2003 年，美国国家科学基金会（National Science Foundation, NSF）发布研究报告"Revolutionizing Science and Engineering through Cyberinfrastructure: Report of the National Science Foundation Blue-Ribbon Advisory Panel on Cyberinfrastructure"[35]（《信息化基础设施推进科学和工程革新：美国国家科学基金会信息化基础设施高级咨询组报告》），该报告专注于科学与工程数据集的五个方面：数据多样性与复杂性、缺乏系统研究数据归档与监护、数据收集成本、知识发现与传播问题。报告强调目前缺乏信息化基础设施来系统的管理海量科学数据，数据面临着丢失甚至永久消失的困境。报告对数据监护提出以下观点：（1）信息化基础设施的发展与监护研究成果是紧密联系的，高性能计算机网络共享系统的目的是将数据、信息、工具、仪器，超级计算、超级存储及交流等综合性的知识资源服务于具体研究群体，使研究人员利用新途径获取真实和可靠的数据，促使学术研究团队跨时间、区域、部门和科室共享数据和协同工作；（2）美国应抓住基于信息化基础设施建立新型研究环境的重要机遇，通过协调发展和充分应用信息化基础设施来整合与拓展数据革命的成果；（3）构建科学数据管理的专业教育来提升科研人员的数据素养。

2005 年，美国国家科学理事会发布研究报告"Long-lived digital data collections: enabling research and education in the 21st century"[36]（《长期保存数字化数据集：21 世纪科研与教育方式变革》），提出了数字化数据促进了科研和教育方式变革，数字化科研环境中数据规模与复杂度的增长给研究工作带来了全新科研方式，报告要求 NSF

制定长期数据监护战略、政策与财政保障其实施。

2006 年，美国学术团体委员会（American Council on Learned Societies ACLS）[37] 发布 "Our Cultural Commonwealth：The report of the American Council of Learned Societies Commission on Cyberinfrastructure for the Humanities and Social Sciences"（《文化联合体：美国学术团体委员会关于人文与社会科学的信息基础设施的报告》），ACLS 报告侧重于人文与社会科学，区别了保存与监护的概念，前者是数据长期维护，而后者是数据访问服务提供。ACLS 信息基础设施报告认为：大学和大学联盟开发和支持现有人文社会科学计算中心，这些中心应提供先进的培训、数据集研究与监护、可持续发展模型等。

2007 年，美国 NSF 发布 2006—2010 年科研信息化基础设施的发展规划 "Cyberinfrastructure Vision for 21st Century Discovery"[38]（《21 世纪信息化基础设施发展愿景》），文中强调信息化基础设施建立与有效利用为科学研究服务的重要性，首次正式地提出数据监护的专业教育和职业发展等问题，持续重视信息化基础设施支持、部署、开发和设计的专业人才。例如，数据密集型科学的研究表明急需数字数据管理或数据监护的专业人才，这种复合型人才需具有学科与图书馆学的相关知识与技能。

2008 年，美国国家科学基金会 NSF 的美国可持续数据保存与获取网络伙伴计划（Sustainable Digital Data Preservation and Access Network Partners，DataNet），NSF 计划未来五年投资 1 亿美元来开展科学数据保存与共享模式，建立美国乃至全球示范性的数据研究性伙伴组织，为研究社群提供科学与工程的研究与教育机会。

2009 年 10 月，微软研究院发布论文集 "The Fourth Paradigm：Data-Intensive Scientific Discovery"[39]（《第四范式：数据密集型科学发现》），论文集阐述了数据密集型科学环境下科学文献与科学数据互联和互操作，数据采集、数据整理、数据分析及数据可视化工具的开发与使用，原始数据、推导数据、组合数据与文献有机整合，以及 e-Science 环境中数字图书馆在数据监护中的角色与职责。

2011 年 5 月，麦肯锡公司发布了关于大数据的调研报告 "Big Data：

The next Frontier for Innovation, Competition, and Productivity"[40](《大数据:下一个前沿——竞争力、创新力和生产力》),该报告系统阐述了大数据研究的地位及社会价值,其中指出了数据再利用与数据描述的重要性,科学数据价值在于无限的再利用,有效再利用科学数据实现其潜在价值,大数据时代数据监护诞生具有必要性和价值性。

4 数据监护的过程与生命周期模型

4.1 数据监护过程模型

数据监护是一项复杂的系统工程,数据监护的过程模型清晰地展现了数据监护的相关流程,其过程模型经历了三个发展阶段:数据研究与发布、数据归档与保存、数据监护。见图1。

第一阶段:研究与发布。研究人员在研究过程中利用原始数据产生派生数据与发布数据,图书馆、同行、公众与业界通过电子预印本与文献形式来查询研究成果,即原始文献、二次文献(书目与提要)与三次文献(综述、专题述评与报告),并根据法定保存期限或专业学术要求(职业行为与研究验证)对数据进行保存,保存的原始研究数据再利用机会较少。

第二阶段:数据归档与保存。在第一阶段的基础上,增加了数据归档与保存活动,增加了档案管理人员的角色,档案管理人员与数据作者紧密联系,保障数据的有效发现与利用。通过教育培训、激励与奖励等方式,研究人员具备数据描述与数据管理能力。在档案管理人员的协助下,数据用户访问、再利用与描述数据,还包括基于数据的研究、数据描述、数据归档活动。数据归档的好处是研究人员利用现有数据生成新发现或获得新见解,加快科研进程,减少资源浪费。e-Science 环境下研究数据如喷泉般地涌现,科研活动依赖于数据,通过数据研究、数据归档和长期保存等环节来确保数据真实、可靠与安全。

数据归档与保存的价值在于数据再利用,科研人员需借助现代信息技术对海量数据进行深层次挖掘,根据不同需求不断校正、扩

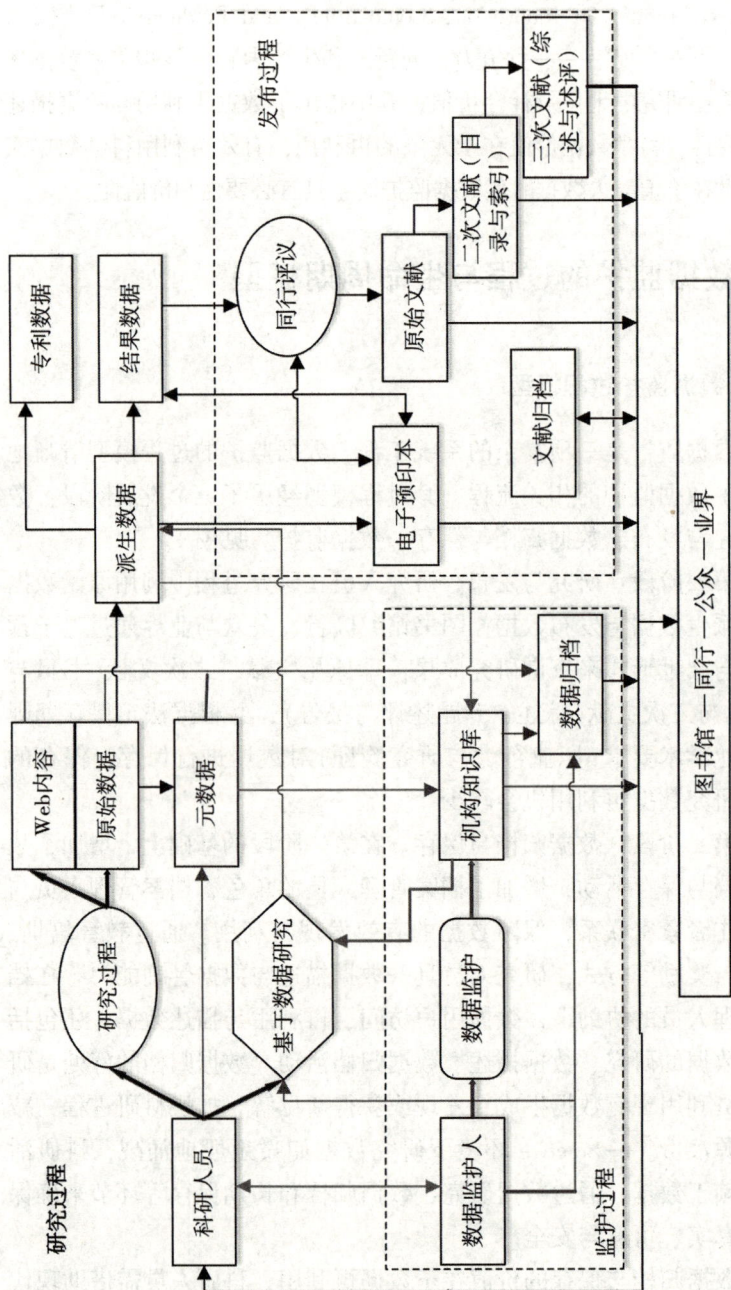

图1 数据监护过程模型

展和精练数据，还需借助语义工具（如本体论）进行智能化知识发现，从而创造知识价值。因此，真正意义上的数据增值提升到第三阶段。

第三阶段：数据监护阶段，e-Science 环境下，数据归档与保存是不够的，需要对数据持续不断地维护与更新以实现数据的价值性、有效性和可见性。数据密集型科学中明确利益相关者的角色与职责，有利于形成协作科研环境，完成复杂的数据监护任务。2008年 Alma Swan 和 Sheridan Brown[41] 提出了科学数据服务的四种角色：数据创造者或数据作者（Data Creators or Data Authors）、数据科学家（Data Scientist）、数据经理（Data Manager）、数据馆员（Data Librarian），在科学数据服务角色划分的基础上，本文界定了各角色的职责与技能，角色之间需共同承担部分任务，见图 2。数据创造者或数据作者的主要职责是创造数据；数据科学家的主要职责是管理人、财、物；数据经理的主要职责是构建技术环境；数据馆员的主要职责是满足用户的个性化需求。在目前实践中，数据服务群体没有准确使用这些条款，通常数据科学家的工作称为数据经理或数据专家，规范术语需一段时间的发展才能普遍使用，未来将普遍使用"数据科学家"这一术语。

4.2　数据监护的生命周期模型

数字资料生命周期管理[42]有助于规划数字资料监护的阶段活动，DCC 数据监护生命周期模型[43]利用图形概述了数据监护的阶段活动，全生命周期行为包括：描述信息、规划数据保存、社区关注与参与、监护与保存。其具体的流程行为有：策划——元数据创建——数据评估与选择——数据摄取——数据维护——数据存储——数据访问、利用和再利用——数据转换，见图 3。该模型便于组织或联盟规划数据监护活动的先后顺序，模型是一个标准和技术框架建立的基础。根据特殊环境与学科，模型增加了额外步骤或行动以确保模型的适用性与特殊需求，选择性行为有：处置、重新评估、迁移[44]。

数据监护的数据是以二进制表示的任何信息，是数据监护生命

磁盘/容灾管理	遵循政策法规（知识产权等）	监测流程	文档（研究、环境、时间背景等）
构建基础设施			
数据经理（保障职责）		元数据	**数据作者（创造职责）**
安全、存取级别、验证	使用权限		
数据价值	数据保存	便利/沟通	数据建模
跨机构运作协调	数据访问支持	协调项目	合并、聚合、集成
培训用户	解释、咨询	从信息管理到知识管理	分配资源
数据馆员（服务职责）	标准制定	**数据科学家（管理职责）**	
			监督日常运作
数据评估与维护	宣传、推广、营销	数据分析与处理	数据模型中提取信息

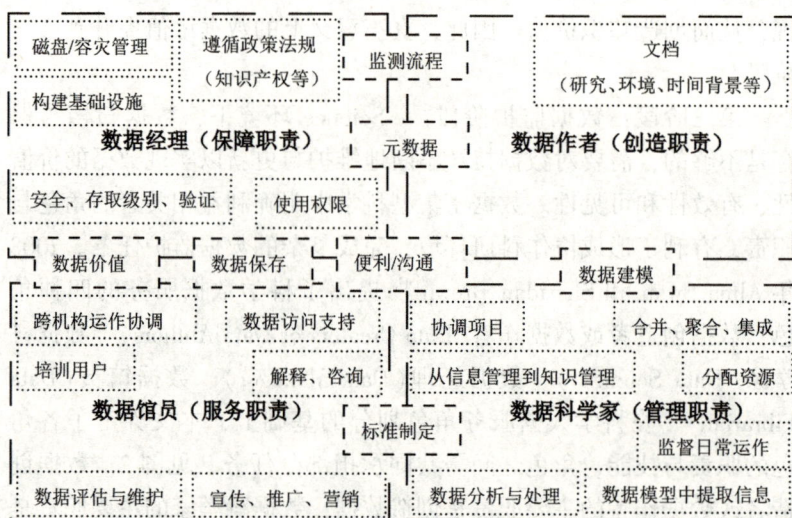

图 2　数据监护角色的职责与技能

周期的核心。数据包括数字对象和数据库，数字对象包括简单数字对象（如文本文件、图像或音频文件以及与之相关的标识符和元数据）和复合数字对象（通过多个数字对象组合而构成，如网站）。数据库是存储在计算机系统中的结构化文件或数据的集合。

　　数据监护的全生命周期行为是循环的过程，包括描述信息、规划数据保存、社区关注参与和监护与保存。（1）描述信息：应用适当的标准，利用管理型、描述型、技术型、结构型和保存型元数据对信息描述与长期控制；为了理解数字资源和关联元数据收集并分配所需的描述性信息；（2）规划数据保存：数据保存策略是贯穿整个数据监护生命周期的持续管理活动；（3）社区关注与参与：时刻掌握数据监护社区的动态，并参与开发共享标准、工具和应用软件；（4）监护与保存：采用数据管理与行政管理行为，促进对整个生命周期的监护与保存。

　　数据监护的流程行为是机构或社区联盟进行数据监护的先后顺序活动，包括：策划——创建或收集——评估与选择——摄取——维护——存储——访问、利用与再利用——转换。

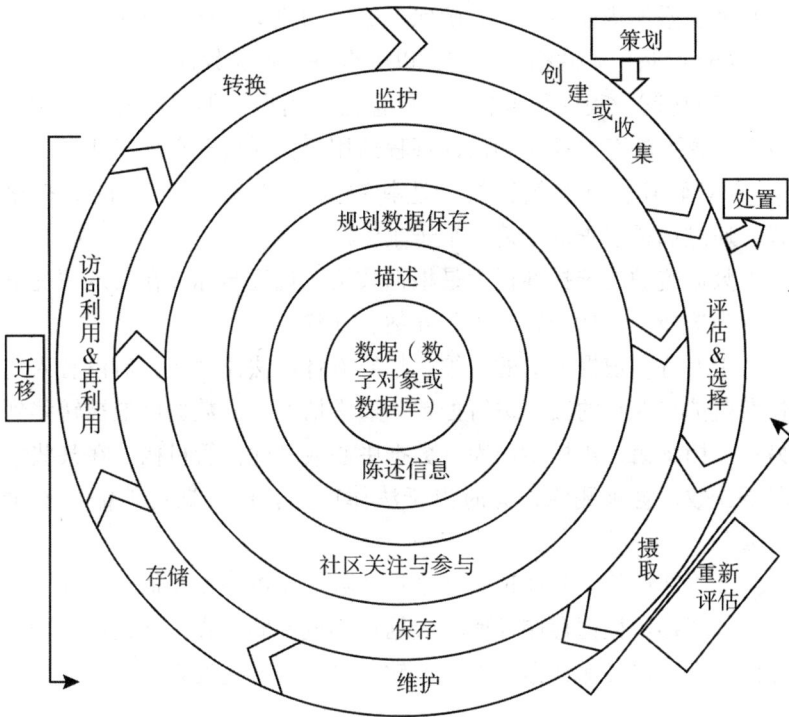

图 3　DCC 数据监护生命周期模型

（1）策划：根据政策和成本模型，构思和规划数据获取方法与存储方案等。

（2）创建或接收：创建的数据类型包括管理型、描述型、结构型、技术型元数据和保存型元数据。遵照成文的数据收集政策，从数据作者、档案馆、机构知识库和数据中心接收数据，如果需要，分配适当的元数据。

（3）评估与选择：沿用成文的指导原则、政策或法律规定，评估数据，并选出具有长期监护和维护价值的数据。

（4）摄取：沿用成文的指导原则、政策或法律规定，将数据传输到档案馆、存储库、数据中心或其他保管机构。

（5）维护行为：维护行动应确保数据长期保存的真实性、可靠

205

性、可用性和完整性，维护行为包括数据清洗、验证、添加保存型元数据、添加描述性信息并确保数据结构或文件格式可用。

（6）存储：遵循相关标准，以安全方式存储数据。

（7）访问、利用和再利用：确保指定用户和再利用者易于访问数据，强大的存取控制和认证规程适用于任何公开存取形式。

（8）转换：从原始数据创造新数据，例如：转换不同数据格式，通过选择或查询创建一个子集。

数据监护的选择性行为是根据政策、规程与标准在特殊情况下的行为选择，包括处置、重新评估、迁移。

①处置：根据成文的政策、指导方针和法律规定，对没有入选长期监护与保存的数据进行处置。通常情况下，数据可能被转移到另一个档案馆、机构知识库、数据中心或其他保管机构。在某些情况下，数据会被删除，有时出于法律原因，该数据可能需要安全销毁。

②重新评估：未通过验证规程的数据需进一步评估与重选。

③迁移：根据存储环境将数据迁移成不同格式，格式需要符合存储环境，以确保数据对硬件或软件过期具有免疫力。

5　数据监护的关键活动

根据数据监护的生命周期模型，数据监护的活动包括：策划——创建或收集——评估与选择——摄取——维护——存储——访问、利用与再利用——转换，而英美数据监护研究的关键活动为数据共享、开放存取与再利用。

5.1　数据共享

数据共享增加科学数据价值，产生社会与经济效益，而拒绝数据共享产生不信任环境、浪费资源、阻碍研究进程。

Scaramozzino 研究表明大多数据科研人员相信同行会共享数据，少数受访者愿意共享数据给未参与研究的人[45]。Tenopir 另一项研究表明约三分之一受访者不愿意将有用的数据提供给他人，鉴于规定，绝大多数受访者愿意共享部分数据，与再利用他人的数据[46]。可见，两项研究都表明，少数科研人员拒绝数据共享，研究人员意识与环境因素这两方面原因造成了未能实现真正意义上的数据共享。研究人员本身的原因有：一方面，部分研究人员缺乏数据共享意识；另一方面，科研人员缺乏专业知识与资源发现所需的有效数据。环境原因：研究者不愿意共享数据的环境原因有标准缺乏、个人隐私与国家安全保护、政策不健全、无效数据共享基础设施。还有信息孤岛、知识产权束缚、存储漏洞及利益相关者利益冲突、激励方式不恰当、时间与资金缺乏等。环境因素与科研人员本身因素都会影响数据共享的意愿。

为了营造数据共享环境，需采取激励与保护措施。共享激励方式包括开放科学思想、同行评议、互惠合作、研究者声望提高等，另外，强制共享发挥重要作用。数据共享可通机构知识库与网络两个途径发布数据，保护利益相关者权益的措施包括公共数据使用协议、数据获取权、许可条款、技术支持、信任机制与实践实施等[47]。

影响科研人员数据共享的主要因素为学科、年龄与数据背景。学科问题，Tenopir 指出，相对医学与社会学科学家，其他领域科学家更愿意接受共享安排与机会。Faniel 和 Zimmerman 指明数据共享领域的共同特征是技术能力、社会需求、激励措施、需求动机、研究问题。因此，相对数据而言，生命学的学术社群更愿意共享研究方法与工具来提升职业声望[48]。同样，生态学领域的科研人员乐意共享数据，但需慎重平衡利益与压力的矛盾。大英图书馆研究表明七个不同学科的研究团队以正式与非正式方式进行发现、收集、处理、传播、利用与交流信息，科研人员以非正式方式为主进行数据管理与共享；年龄问题，研究表明年轻受访者不同意共享所有数据，合适限制条件下可共享部分数据；最后，背景问题，情境化或潜在数据用户排除在外，数据作者减少关于数据产生过程及产生方式的描述，数据共享价值降低。例如：小科学领域的科研人员的共享意愿提高是由于数据进行了清理、处理与完善。另外，由于时间与空间分散，再利用者可从数据产生背景中提炼数据。

理想状态下，数据共享效率与成本效益平衡的数据共享模型剔除了复杂的人际关系，科学家积极参与数据管理与文档化，实现数据与知识再生产。现实情况下，研究人员通过人际关系的合作实现数据共享。因此，数据共享与再利用发展前景艰难。

5.2 开放存取

开放存取作为连续科学行为是指从研究小组私有数据管理到协作共享，从同行交换到公共共享。由于数据共享与再利用、数据监护、开放科学发展处于起步阶段，开放共享存在争议，研究者提倡开放共享，但坚持要求数据再利用条款，这种立场违反了经济与社会研究委员(ESRC)的开放存取政策与基金资助机构的初衷。针对开放存取发展的需要，英国研究委员会与惠康基金会保护科研人员的自身利益并鼓励开放存取，利益归功于有效研究数据的提供者，如，研究者在同行评议期刊上发表研究结果与完整数据分析过程，同行有效利用与引用论文数据[49]。

开放存取的发展既产生效益也存在挑战。一方面，开放存取预期效益有：投资回报率增加；新颖、严谨与高效研究、研究结果快速传播、学习机会增加、研究成果认同[50]；另外，开放文件格式与开源软件的详细说明有助于数据监护。另一方面，开放科学阻碍数据监护质量与科学行为：第一，开放存取要求描述数据背景；第二，缺乏制度措施下，科研人员降低开放存取的数据质量[51]；第三，部分研究人员尚未意识到开放存取的重要性，反对开放存取。

5.3 再利用

共享与访问许可鼓励再利用。数据密集型科学环境下科研人员再利用数据时，面临着文档中元数据稀疏、数据失误与错误、无效数据与工具、数据捏造等信任危机，这种信任危机影响公众信任与支持[52]。

对科研人员而言，科研人员以非严谨的科学态度从事科研造成无效数据产生。如：研究数据的统计分析出错、统计结果描述不准确、科研人员倾向于取得最优结果的判断[53]。研究人员未能意识到数据共享的意义。总之，无效数据不能为新研究提供基础。

数据再利用关注的重点为信任、来源及利用方法。数据再利用的障碍包括发现、定位、许可、互通、描述、信任、适用与治理等问题[54]。

6 数据监护的基础设施

数据监护的基础设施包括信息化基础设施、研究社群、协作、规划、政策、标准与规范，这些因素影响数据密集型学术的数据共享、访问与再利用[55]。

6.1 信息化基础设施

基于实践需求、标准与客户群的信息化基础设施具有规模化和专门的存储空间，为特定研究社群提供有效和高效平台进行创建、收集、存储、发现、访问与再利用数据等工作，其关键特征包括嵌入性、透明性、适用性。信息化基础设施通过数据引用与元数据利用实现数据共享信任[56]。

信息化基础设施与数据监护具有以下共同特征：两者都依赖可信与互联机构知识库、监护的数据、不同研究社群，最终目标是数字内容保存与发现以实现其长期价值。目前信息化基础设施需重点考虑人、数据、信息、工具、仪器等综合要素，为研究社群构建无处不在的、综合的、交互的、功能完善且具有超级计算、存储、传输数据能力的数字平台。数据监护的根本技术问题是利用信息化基础设施满足科研人员的研究流程与实践需求[57]。

6.2 研究社群

由于短期资助基金与学术职业的机会限制，部分研究社群不完全支持数据监护的发展。然而，数据监护为科研人员提供协同科研的平台，科研人员参与多个研究社群工作有助于完成多重研究目标[58]。早期数据管理为后续的数据发布、共享、再利用奠定了坚实基础，研究社群应向以下方面努力：遵守一系列学科、跨学科与领域的共享方法；在数据生命周期与科研人员职业生涯的早期进行需求评估[59]；养成日常研究数据记录实时保存的习惯；遵守数据监护中心的五个数据监护准备步骤(数据选择、制定监护策略、重新评估现有基础设施与数据架构、了解新技术与标准、培训员工)[60]。

6.3 协作

协作是从咨询到一体化的一系列活动，涉及资源、技术、配合、信息方面的协作。美国研究图书馆协会的机构知识库专项小组认为，合作效果取决于所有成员的诚信与努力[61]。目前学术界出现多作者合作现象，尽管多位科研人员参与研究过程，但仅少数作者从事文章写作，这种作者合作模式引起了广泛争议。科学实践主张多元、开放、宽松自由、无形的社区替代传统学院[62]。

协同科研的好处有：专业知识分享、成本分摊、资源共享、新工具获取、标准与模型的开发、协作环境创建，如，政策制定者与研究人员的协作有利于优化共享环境与创建可持续的发展模式。

6.4 规划

规划的目的是加强控制、风险化解与目标实现，规划需阐明与监测数据利益相关者的角色与职责[63]，规划侧重于目标一致性与风险管理。

科研人员制定数据管理规划时，需考虑以下方面内容：投资回报率、数据冗余、法律法规、道德约束、资助者要求、研究社群的数据素养、学科与领域标准及出版商偏好等。有效数据管理规划应符合研究目标、具有潜在价值、满足风险管理要求、符合应用规定与配备实践指南，但目前科研人员不重视或误解数据管理规划[64]。研究社群努力做好以下工作：描述数据来源、必要数据与有效数据的差异；保障质量的实时控制、真实性与备份；详细备注数据共享的预期困难、数据内容与格式、访问许可、机密性、匿名化与版权、知识产权问题；阐明研究团队内部或跨团队的角色与职责、教育与培训的指南、数据的预期影响、访问机制以及研究成果监控与复审[65]。

2011 年 1 月，美国国家科学基金会(NSF)要求申请人提交受资助科研项目的数据管理规划[66]；2003 年 10 月，美国国立卫生研究院(NIH)数据共享政策[67]要求资助金额超过 5 万美元的基础研究、临床研究、调查及其他类型项目的申请人提交数据共享计划，其中数据应包括文档、工具、支持与验证研究结果的研究数据等，同时强调保护私有数据与机密数据的重要性。数据共享加快科研成果转化成知识、产品与程序。NSF 和其他机构的要求表明数据共享与再利用的紧迫性[68]。由于基金资助机构含糊的指南与资源缺乏，在响应资助机构要求时，多数据科研人员感到苦恼[69]，科研人员利用工具(DMVitals 工具[70]与 DMP 工具)编写数据管理规划，比如 DMP 工具。第一，数据监护中心(Digital Curation Centre)的在线 DMP 工具协助研究人员编写数据管理规划，避免数据冗余或损失，增强科研人员学术的可见性，确保必备资源与技能来支持数据监护[71]。第二，加利福尼亚数字图书馆(California Digital Library)二次开发 DMP 工具支持 NSF 要求，在经济与环境条件的支持下，协助研究人员创建符合标准与质量的数据管理规划[72]。根据 Sallans 与 Donnelly 的观点，跨学科、资助机构、院校与国家应将最佳数据管理实践共享作为共同目标[73]。

6.5 政策

规划是政策制定的前提，良好的政策有利于实施问责制、保护组织利益、监控规程实施和利益相关者挖掘科学数据的潜力[74]。数据监护政策内容包括长期数据保存、数据质量管理、二手数据分析与非传统出版物的传播媒介(如：维基网与博客)管理等。

切实政策的制定是项艰巨任务，未来的数据政策需继续解决版权、数据权与知识产权、数据标准、流程审查与批准等问题，如政策流程审查与批准阻碍政策实施。Dietrich 认为研究项目资助者的政策模糊不清，标准杂乱无章，资助者更多关注访问权限而不是数据保存，很少处理出版问题，忽视监控评估等问题；Ward 的研究认为：相对政策而言，研究人员更愿意接受指南或建议，指南或建议体现了目标与协助而不是命令要求[75]。如，未互补数据政策不能适应国家、学科、跨学科与领域文化环境，导致科研人员无法满足审查委员会、专业组织、资助者与政府的各项要求。Bohemier 研究表明美国 20 个大学各有不同的数据政策[76]；图书情报资源委员会研究发现仅 9% 的受访者认同机构制定与实施的政策；Lyon 认为宽松的数据政策有利于基金资助组织、高校之间、数据中心、学科之间展开协调与战略发展的合作；英国研究委员会提供了数据政策的示范模型"数据政策共同原则"。如，美国国家科学委员会建议国家科学基金会精简政策、流程和预算，即制定切实基于技术与财政的发展战略，政府在科学文化变革中发挥重要作用[77]。

国际科研机构的协同科研有利于开展数据驱动型学术研究，美国与英国正在展开政策合作，美国需要像 JISC 的类似机构[78]。英国资助者——艺术与人文委员会(The Arts and Humanities Research Council)、生物技术与生物科学研究理事会(Biotechnology and Biological Sciences Research Council)、英国癌症研究中心(Cancer Research UK)、工程与物理科学研究委员会(Engineering and Physical Sciences Research Council)、医学研究委员会(Medical Research Council)、自然环境研究委员会(Natural Environment Research Council)、惠康基金会(Wellcome Trust)——制定与实施数据政策。机构政策专注于数据文件与共享、法律与道德限制、长期保存与访问等方面。

政策与指南仅为共享提供条件，不能保障数据共享实现，而措施实施的跟踪具有其必要性，如，Lynch 认为资助者需临时审查与严厉处罚来鼓励研究人员执行政策规程[79]；另外，利益相关者需在法律与政策要求中寻求平衡。

6.6 标准与规范

标准是处理事情方式的指令集，在知识迁移中发挥重要作用。标准操作方式不因环境变化而变化，标准涉及数据监护的所有方面和数据生命周期的管理活动。统一标准的数据呈现易于合并、比较容易理解，有助于数据再利用。因此，利益相关者管理各自研究成果需保持一致性标准，标准限制了灵活性，但标准能产生规模经济效益，促进数据共享，保障数据权威、真实性、可靠性、完整性与可用性。如，DCC 的 DIFFUSE 标准框架提供适合的机构知识库与可识别的相关标准，并明确标准覆盖范围等。标准是技术整合、社区参与和合作、互操作、可发现、可访问与长期保存等的前提[80]。

标准是开放共享、持续开发与维护、协调与稳定的[81]，规避经济或技术的实施障碍，适应竞争平台。标准应用存在一些挑战：部分学科缺乏统一与稳定的数据标准；跨学科行为未规范化、政策与需求多样化；研究人员缺乏应用标准的动机；部分科研人员误解与抵制标准[82]。

标准与规范、政策、规划、协作、研究社群和信息化基础设施体现了基础设施的重要性，而人和社会因素在机构环境中才能发展数据监护服务。

7 数据监护的责任机构

档案馆、图书馆、机构知识库与数据中心共同开展科学数据监护服务，促进数据共享、访问与再利用。

7.1 档案馆

目前数字资产归档是最为显著、棘手、复杂与紧迫的问题，科研人员逐渐接受档案观点和专业知识，科研人员利用机构知识库系统化归档实验数据。Manoff 指出：文化机构（即档案馆、图书馆和博物馆）应加强学术交流、数据记录保存与归档等数据监护活动[83]。Gilliland-Swetland[84]主张：在数字环境中为科研人员灌输档案范式，档案管理人员与研究人员协同工作，保障数据的真实性和可靠性，判定数据证据价值，描述数据背景，同时明确利益相关者的角色和职责。

档案管理人员面临着数据收集困难。如：在科学数据出版前，档案管理人员无法获取数据，信息背景、来源、出处可能丢失；科研人员重新获取出版物相关数据的可能性少；统计研究出版物不包含数据描述，数据审核工作完成困难等。因此，档案管理人员应在数据生命周期早期参与管理工作，数据生命周期的每个阶段对数据监护同等重要，例如，在数据生命周期的早期阶段评价、选择及追踪来源等工作是后续工作的基础。Wallis[85]报告主张：档案管理人员应持续地收集可靠、有效、可解释的数据。

档案视角下科学数据监护的六个方面包括来源、评估和选择、真实性、元数据、风险管理、信任，科学数据监护应用了档案基本原理。

7.1.1 来源

来源信息有助于判定从其原始材料到数据产品的派生过程，来源包含数据集创建、获取、利用与保存的起源或来源，来源强调组织数据创造活动与结果信息之间的关系。来源用来测量数据质量、验证数据结果、审查数据演变过程、促进研究过程再现、提供数据属性，并展现数据背景等。Goodman[86]发现了信息源质量和数据再利用可能性之间存在直接联系。Lagoze[87]认为：工作流、数据集、过程描述与来源信息的链接在数据密集型科学中起关键作用，来源信息与描述型元数据，引文数据与学术文章使用数据同等重要。总之，来源是科学行为的关键。

7.1.2 评估与选择

评估与选择是数据监护的关键，也是最基本和最困难的归档任务，平衡潜在研究兴趣和再利用资源价值的矛盾。价值评估取决于数据利用能力的评估，选择涉及后续迁移或归档工作。评估及选择工作具有价值性，档案管理人员和数据监护人员应尽责并严谨地评估与选择。利益相关者需解决科学实践中的持续变化与演化：中心、可行技术和其他人物相关基础设施的局部变异；不同数据生产者的不同任务和目标；潜在用户多样性，如：科学家、教育机构、企业、决策者和普通公民。

评估主要考核因素包括数据成本、类型、状态、数量、可访问性和唯一性，以及再利用潜力。对于档案材料，数据监护人不能对各种有效数据进行简单的否定[88]，但也不能监护所有科学数据，因此需要对科学数据进行评估与选择后再决定是否进行数据监护。

根据数据创造、利用、维护当前与预测环境，评估和选择标准适应特定科学研究团体需求。通用标准和透明政策有利于发现、访问与再利用有效数据；有利于实现数据的科学价值、再分配潜力、唯一性以及现有文档与数据来源信息链接等[89]。较少学科应用数据评估和选择标准管理数字资产。评估工具的使用，如：2006 年数字资料长期保存的决策树[90]构建数据资料选择策略；数据资产框架（Data Asset Framework，DAF）[91]为组织提供研究数据识别、定位、描述与评估方法来管理研究数据资产；在线记录评价工具[92]支持正确评价与策略选择。

7.1.3 真实性

真实记录是未篡改且不变的，由于其定义的不稳定性，真实性体现了社会发展程度。Lauriault[93]阐述：虚假数据或因失误或因失实陈述，不能虚构、伪造与故意歪曲科学数据。真实依赖于人（如数据作者或研究人员）与创建过程，如：数据传输过程中数据记录面临着数据篡改的风险；机构知识库中数据创建、摄取与管理的流程描述有利于提高数据真实性。

目前真实性评估内容包括对象起源、完备性、完整性、可靠性与可用性；相同类型或背景的一致性；信息摘要、有效格式与数字签名等，未来科学数据监护真实性的评估方法还需继续探究。

7.1.4 元数据

元数据是关于数据的数据，或者是关于数据的结构化数据。元数据编制渗透到整个数据生命周期活动，应用于数据发现、识别和访问，实现了有效数据组织、互操作、归档、保存等。其质量取决于是否支持互操作、受控词表、使用标准等。元数据应具有权威性与可验证性。

元数据方案应满足机构知识库需要，符合用户习惯和需求，这样才能发挥元数据的真正价值。科学界具有成熟的元数据方案和标准，实践社群或分级系统未参与元数据编制，元数据应用困难主要表现为：元数据的互操作功能还未完全实现；大部分科研社群对元数据的重要性缺乏认识[94]；科研人员缺乏时间与知识技能等。如，个人和研究群体具备价值性的隐性知识，缺乏时间来记录知识，更

215

不用说编制元数据和文件。在成本条件与情境条件下，未来数据监护人员应提高元数据质量[95]。

7.1.5 风险管理

风险是特定危险情况发生可能性与结果的组合，风险管理目标是通过保护与控制机制规避具体活动与价值资产中的风险，不断发展的风险管理涉及数据生命周期每个阶段的活动。Barateiro[96]设计了一个基于背景与目标以及缺陷排除的风险管理策略，开发了一种成本与效益兼顾的风险管理方法；Ross 与 Hedstrom[97]提醒利益相关者实时识别、控制与规避数据监护过程中的风险；Preservation Networks 风险管理工具有助于识别风险[98]。

7.1.6 信任

信任与人类一样古老，但又始终如新。信任嵌入到每个要素（流程、媒体、软硬件、网络、管理政策以及保护机制等）和人的行为技能中[99]，信任来源于人际关系、数据管理流程和记录过程。信任的缺失削弱组织文化，数据密集型科学环境下的地理位置分散与海量的科学数据阻碍了利益相关者评估数据的质量和可信度。

认证机构知识库增强机构信誉，信任评估包含关于改进、查询、责任与质量的文化体制。如 Wallis[100]认为不同数据类型与科学领域的数据完整性和质量标准相差很大，数据质量包含多个方面内容：信任、真实性、可理解性、可用性和完整性等。信任评估包括定性和定量两方面。Beagrie 与 Houghton[101]强调一系列定量与定性研究方法探索用户认知及价值维度。信任评估的启示有利于改进学习方法、理性决策、识别风险以及促进反思、可信度评估。

档案馆已建立可信流通机制，构建数据监护的机构知识库，需常规验证和恢复归档媒介，确保数据应用稳定性，防止灾难破坏容灾备份与灾难恢复计划和程序。档案馆信任标准应遵守开放档案信息系统 OAIS 标准，承担长期保存责任，采取基于公认标准的组织制度，并接受评估和审计流程标准措施。提升信任度的措施有：

第一，利用可信机构知识库和规划工具来设计其发展目标、目的、范围与性能指标，有助于提升机构知识库的可信地位。

第二，可信机构知识库审核 & 认证度量指标涉及以技术基础设施为中心的标准、数据清单、数字对象安全管理、潜在风险识别、特定社区属性等量化。康奈尔大学的 DataStaR 应用了联邦政府资料研究所(TRAC)的信任度量指标[102]，其度量指标也适用于其他背景下的机构知识库。

第三，空间数据系统咨询委员会(CCSDS)可信机构知识库审核和认证的特点是持续改进审核流程(即信任创建)[103]，审核流程有利于识别特定社区需求与潜在风险，信任度取决于机构的自由裁量权。

记录、实践和证据体现了可信度。目前，信任评估存在一些问题：缺少一系列基于证据的备份记录；难以再现与验证审核 & 认证流程；审核清单替代了体制机制和技能型人才；审核与认证流程中消耗大量人力与财力等。因此，数据监护人员应以节约资源为前提解决信任问题：明确度量标准、简化审核与认证流程、以用户为中心开发机构知识库软件、不断完善数据监护平台功能。

科学数据监护利益相关者应重点研究档案基本原理：信任、风险管理、元数据、真实性、评估和选择与来源等，这些档案基本原理可直接应用到数据监护领域。

7.2 学术图书馆

2000 年，图书馆、机构知识库和档案馆参与数据监护实施，图书馆与机构知识库是数据密集型科学的重要研究基础设施[104]。学术图书馆提供研究工具、培训、空间；充当多样化教育机构中心来支持科学研究；提供归档、迁移、格式化、检索、发现、挖掘、发布、元数据、访问与传播等服务。Creamer 研究表明：超过一半受访者的图书馆正在创建机构数据管理规划与政策[105]。

目前，在发展数据监护的实践中，图书馆需继续应对以下挑战：机构之间密切合作，资助基金提高，元数据、受控词表和本体的开发等；需要处理的问题包括灵活的基础设施、可访问性、起源和标识符与知识产权；数据治理、选择和利用政策制定；可持续发展的保障以及至关重要的宣传。

图书馆员在数据监护中发挥重要作用。首先，图书馆员的任务是以国家或院校基础设施为主，将现有管理知识应用到数据监护任务中，如，数据和相关元数据属于图书馆员已有目录学知识。其次，图书馆员协助研究人员制定建议书和规划；开发数据集、工具和机构知识库；提升数据认识；协调机构与机构的资源和服务；促进数据发布。还有，图书馆员发展专业教育并提供咨询服务；将数据服务嵌入到研究过程中(如，建议与咨询)。总之，图书馆员是科研人员的可信数据顾问。

在数据监护工作中，图书馆员面临人员配置的问题。Creamer研究发现：由于数据监护市场人才需求量少和图书馆员缺乏必要的技能，仅小部分图书馆员从事数据监护工作[106]。Tenopir研究中，四分之三的受访者没有承担数据监护工作职责，出于职业兴趣、资助者要求和工作职责需求，坚信大部分美国图书馆研究协会(ARL)的图书馆员未来具有知识技能与机会来提供研究数据服务[107]。

大部分研究人员忽视了图书馆提供的数据监护专业知识与服务。Peters和Dryden指出：部分高校正在为学校老师提供不同程度的数据监护服务，教师仍不清楚服务对象及服务类别[108]。Lage研究表明：科罗拉多大学科研人员接受图书馆员参与研究的意愿取决于研究人员的需求感，数据监护支持、共享个人立场、多学科文化、数据性质、图书馆员服务的感知等因素影响研究人员接受图书馆员参与研究的意愿[109]。

2008年，美国国家科学基金会(NSF)的可持续数据保存与共享网络伙伴计划(Sustainable Digital Data Preservation and Access Network Partners，DataNet)支持Data Conservancy和DataONE项目[110]，Data Conservancy与DataONE拓展了学术图书馆及图书馆员在数据监护中的长期职能，主要监护天文学、地球学、生命科学和社会学领域数据。Data Conservancy致力于基础设施发展、教育培训、专业发展与可持续发展模型。DataONE支持跨学科、跨机构与跨项目的生物、生态和环境学的数据生命周期管理，其主要任务是促进数据发现与访问、集成与整合、教育与培训、虚拟社区建立与数据共享。

美国大学图书馆的科学数据监护发展成效显著，根据乔治亚理工学院经验，Walters 提出了数据监护发展策略，其中自下而上的策略是从信息专业人员、技术人员到领域科学家的实施过程；自上而下的策略是从大学管理者到外部影响（激励或要求大学规划与监护科学家研究数据）的实施过程，主要步骤包括评估学院数据实践、设计技术平台、服务引导并制定政策[111]。

像乔治亚理工学院，普渡大学在科学数据监护中取得显著的发展。分布式数据监护中心整合了图书馆员、图书馆与档案科学原理、计算机和信息科学以及信息技术来实现跨学科研究数据集的管理。普渡大学的数据监护配置文件（DCPs）包含综合研究的数据表单和流程，数据价值、结构与类型，摄取、知识产权、工具与互操作，数据监护等信息[112]。另外，普渡大学支持并实施美国国家科学基金会发起的关于院校科学平台合作的倡议。最后，普渡大学研究机构知识库旨在提供整个数据生命周期服务，协调研究人员的项目开发和数据管理规划，协助数据集发布，并创建数据集的发现环境。与乔治亚理工学院战略类似，普渡大学跨学科科研人员自下而上的合作策略为未来高难度工作奠定了基础。

在数据监护过程中，图书馆参与研究过程具有必要性与重要性。美国研究图书馆协会工作小组建议学术图书馆应创建新型数据服务模式、构建跨机构知识库服务、满足科研人员需求等。图书馆致力于长期数据监护服务承诺，参与数据监护发展，为未来的调查与案例研究奠定基础。

7.3 机构知识库

2000 年初，档案馆、学术图书馆和机构知识库参与数据监护的实践发展。大学为其社区成员提供数据（由机构与社区成员创建）管理与传播的全套服务，机构知识库致力于有关数据保存、访问、组织与发布的长期组织承诺。开放存取、技术与机构声誉等要素共同促进机构知识库联盟的发展。

机构知识库开发技术和标准来适应利益相关者的行为，鼓励研究人员发布数据来提升机构声誉。目前机构知识库发展中存在一些问题，Lynch[113]认为：一种成熟和功能完善的机构知识库应含有教学与科研资料以及机构自身的活动记录。机构知识库仍需致力于规划与发展策略、人员因素的激励与服务、竞争商业模型与成本结构等方面。

7.4 数据中心

数据中心创建与存储数据集，提供数据访问与再利用服务，数据中心通过数据监护服务增加数据价值并获得正投资回报。英国数据中心发展较成熟，英国数据监护中心（DCC）在数据监护的理论与实践发展中起带头作用[114]；DCC提供两种系列研讨会和课程体系构建可视化工具，并参与其他合作培训项目；DCC与欧洲科学记录永久访问联盟（Alliance Permanent Access to the Records of Science in Europe，APARSEN）提倡：为人文学与教育学领域提供培训和实习相关信息的网站，培养跨学科人才、吸引新资助者，并鼓励各种专业人才和学术团队合作[115]。

数据监护任务复杂且艰巨，单一机构无法系统化监护数字资产。因此，四种类型数据监护机构（数据监护中心、机构知识库、学术图书馆和档案馆）提供互补数据监护服务，如提供资助金、同行评议、长期保存、科学实践、资源或基础设施等，互补性科学数据监护机构需加强沟通、协调和合作。

8 总结与展望

综上所述，英美数据监护研究主题包括：（1）概念与模型；（2）数据监护关键活动：数据共享、访问和再利用；（3）基础设施：信息化基础设施、研究社群、协作、规划、政策、标准及规范；（4）责任机构：档案馆、学术图书馆、机构知识库与数据中心。其中档案馆所涉及的内容包括：来源、评估与选择、真实性、元数据、风险管理、信任。见图4。

数据监护活动包括数据创建、收集、文档化、分析、保存、发布等活动。数据监护面临的挑战阻碍了科研进程，因此，数据监护

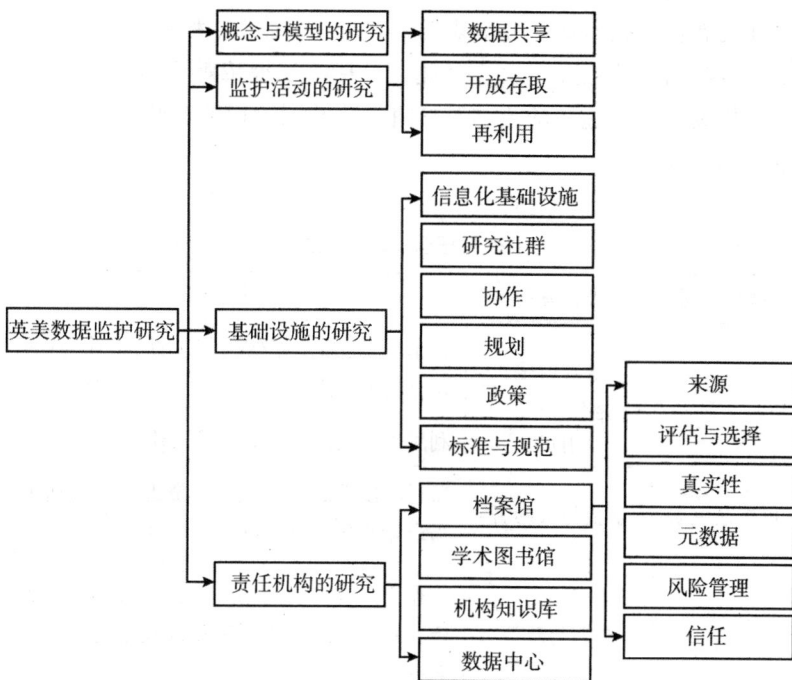

图 4　英美数据监护的研究主题

机构应积极地创建数据共享平台、数据管理计划、数据集记录等工作。未来数据监护人员需重点解决数据监护的六个问题：可持续发展、成本核算、政策与规划、实践参与、教育与培训、数据素养。见表2。可持续发展包括基础设施、用户、资助基金以及规划与政策；成本核算包括度量指标、阶段成本分配与成本模型等；教育与培训包括图书情报学的角色、均衡的课程体系和培养层次等；规划与政策包括资源与需求平衡、地域政策协调、法律问题以及版权与公平利用等；实践参与包括参与度、语言表达、学科与领域以及协同科研等；数据素养包括角色与职责、满意度和宣传工作等。例如，可持续发展问题。学术界认为数据监护的可持续发展是根本问题，目前可持续发展面临的挑战有：资助基金的不足、利益相关者的联盟不足、管理机构的激励方式不当、机构知识库互操作的缺乏、科研人员的传统数据观念以及成本模型的不一致等问题。可持续性发展包括技术(机构库架构与工具)、社会(利益相关者的协议)、经济(资源流)因素,因此,可持续发展依赖于社会、经济、技术相关基础设施,政策与监护机构应共同承担数据监护的可持续发展的责任。

表2　　　　　　　　　　未来数据监护的研究方向

研究主题	研究方向	具体方面
可持续发展	基础设施	技术(机构知识库架构与工具)、社会(利益相关者的协定)、经济(资金流)要素
	用户	利用条件提供;数据素养提升
	基金与资助者	项目阶段性的资助模式;资助资金与研究需求相匹配;成本模型一致性
	规划与政策	数据管理规划模型的开发;新资助模式创建;利益相关者协同工作以及角色与职责明确
成本核算	度量指标	度量指标开发
	阶段成本分配	基于项目阶段的成本分配与审查
	成本模型	适用于商业模型与成功案例开发
教育与培训	图书情报学角色	知识技能的基础;LIS 学院数据监护课程开设
	均衡课程体系	均衡教育形式(课程、实习与研讨会等)与内容;课程体系与工具完善
	培养层次	研究生职业教育、专业人员继续教育及研究人员培训

研究主题	研究方向	具体方面
规划与政策	资源与需求平衡	政策目标是可用资源与无限需求差距的平衡； 政策符合资助者、法规与知识产权要求
	地域政策协调	调整地方、国家与国际的政策，测量实施效果，采取强制措施
	法律问题	健全的法律有助于数据监护的发展； 通过合同、许可证与弃权声明书等形式来保护与共享数据
	版权与公平利用	版权与共享矛盾；法律、知识产权、指导方针等协调发展
实践参与	参与度	数据监护人员协助科研人员进行数据监护相关工作
	语言表达	通用语言描述研究数据；协调语言表达与研究行为的差距
	学科与领域	科研人员审查数据创建、利用、再利用研究背景（领域、学科）
	协作科研	跨学科与领域科研人员协同科研来创建完善多学科文化体系
数据素养	角色与职责	科研人员承担数据管理职责与使命，提升数据管理能力； 数据监护人员宣传数据监护重要性与增加数字资产价值
	满意度	有效数据服务；公众意识提升；增值；用户的数据需求
	宣传工作	通过会议、研讨会与专题讨论会等形式提倡研究社群存储数据与支持数据服务

科学数据支撑着科学研究，数据监护具有必要性与价值性，循环的数据监护活动需要利益相关者共同提升数据监护服务质量与数据再利用价值。

参 考 文 献

[1]Beagrie N, Pothen P. The Digital Curation: Digital Archives, Libraries and E-science Seminar[EB/OL].[2015-05-30]. http:// www.ariadne.ac.uk/issue30/digital-curation.

[2]Digital Curation Centre.Journal of Data Science[EB/OL].[2015-05-30].http://www.jds-online.com.

[3]Lord P, Macdonald A. Digital data curation task force[R]. Report of the Task Force Strategy Discussion Day Tuesday, 26th November, 2002:2-4.

[4]Lord P, Macdonald A. E-Science curation report: Data curation for e-Science in the UK: An audit to establish requirements for future curation and provision[M]. Digital Archiving Consultancy Limited, 2003:13.

[5]Simberloff D, Barish B C, Droegemeier K K, et al. Long-lived digital data collections: enabling research and education in the 21st century [R]. Technical Report NSB-05-40, National Science Foundation, 2005:13-20.

[6]Oxford English Dictionary. Curate[EB/OL].[2015-05-30].http:// www. oed. com/search? searchType = dictionary&q = curate& _ searchBtn=Search.

[7]Williams A. On the tip of creative tongues[J]. New York Times, 2009(4):2-3.

[8]Binford L R. Organization and formation processes: looking at curated technologies [J]. Journal of Anthropological Research, 1979,35(3):255-273.

[9]Bamforth D B. Technological efficiency and tool curation[J].

American Antiquity, 51(1): 38-50.

[10] California Digital Library. Glossary [EB/OL]. [2015-06-03]. http://www.cdlib.org/gateways/technology/glossary.html? field% BCany&query%BCcuration&action%Bcsearch.

[11] Fleet C. Ordnance Survey digital data in UK legal deposit libraries [J]. LIBER Quarterly, 1999, 9(2): 235-243.

[12] Beagrie N. Digital curation for science, digital libraries, and individuals[J]. International Journal of Digital Curation, 2008, 1 (1): 3-16.

[13] DCC. DCC Charter and Statement of Principles[EB/OL]. [2015-05-30]. http://www.dcc.ac.uk/about-us/dcc-charter/dcc-charter-And-statement-principles.

[14] Lord P, Macdonald A. Digital data curation task force[R]. Report of the Task Force Strategy Discussion Day Tuesday, 26th November, 2002: 6.

[15] Giaretta D. DCC approach to digital curation [J/OL]. [2015-06-03]. http://twiki.dcc.rl.ac.uk/bin/view/OLD/DCCApproachTo Curation.

[16] Angevaare I. Taking care of digital collections and data: 'curation' and organisational choices for research libraries [J]. Liber Quarterly, 2009, 19(1): 1-12.

[17] Howe D, Costanzo M, Fey P, et al. Big data: the future of biocuration[J]. Nature, 2008, 455(7209): 47-50.

[18] Sanderson K. Bioinformatics: curation generation [J]. Nature, 2011, 470(7333): 295-296.

[19] Peter Kerr, Fiona Reddington, Max Wilkinson. Digital curation: where do we go from here?.[EB/OL].[2015-06-04].http://www.ariadne.ac.uk/issue45/dcc-1st-rpt.

[20] DCC.DCC Charter and Statement of Principles.[EB/OL].[2015-06-03].http://www.infotech.ac.cn/article/2014/1/1003-3513-30-4.html.

[21] DCC. What is digital curation? [EB/OL]. [2015-06-03]. http://www.dcc.ac.uk/digital-curation/what-digital-curation.

[22] Abbott D. What is digital curation? [J/OL]. [2015-06-04] https://www.era.lib.ed.ac.uk/handle/1842/3362.

[23] Lord P, Macdonald A. E-Science curation report: Data curation for e-Science in the UK: an audit to establish requirements for future curation and provision[M]. Digital Archiving Consultancy Limited, 2003:12.

[24] Ball A. Review of the state of the art of the digital curation of research data[R]. University of Bath, 2010:12-23.

[25] Karasti H, Baker K S, Halkola E. Enriching the notion of data curation in e-science: data managing and information infrastructuring in the long term ecological research (LTER) network[J]. Computer Supported Cooperative Work (CSCW), 2006, 15 (4):352.

[26] Beagrie N, Pothen P. The digital curation: digital archives, libraries and e-science seminar[EB/OL]. [2015-05-30]. http://www.ariadne.ac.uk/issue30/digital-curation.

[27] Lord P, Macdonald A. Digital data curation task force[R]. Report of the Task Force Strategy Discussion Day Tuesday, 26th November, 2002:2-10.

[28] Gray J, Szalay A S, Thakar A R, et al. Online scientific data curation, publication, and archiving[J]. Virtual Observatories, 2002,48(46): 103-107.

[29] Lord P, Macdonald A. E-Science curation report: data curation for e-Science in the UK: An audit to establish requirements for future curation and provision[R]. Digital Archiving Consultancy Limited, 2003:20-39.

[30] Lord P, Macdonald A, Lyon L, et al. From data deluge to data curation[C]. In Proc 3th UK e-Science All Hands Meeting, 2004: 371-375.

[31] International Digital Curation Conference. Digital curation: where do we go from here? (IDCC). [EB/OL]. [2015-06-02]. http://www. dcc. ac. uk/events/international-digital-curation-conference-idcc.

[32] Kerr P, Reddington F, Wilkinson M. Digital curation: where do we go from here [J/OL]. [2015-06-02]. Ariadne, http://www. ariadne.ac.uk/issue45/dcc-1st-rpt.

[33] DCC.International journal of digital curation[EB/OL]. [2015-06-02].http://www.ijdc.net/index.php/ijdc.

[34] Lyon L. Dealing with data: roles, rights, responsibilities and relationships. Consultancy Report[R].UKOLN,University of Bath, 2007:10-30.

[35] Atkins D. Revolutionizing science and engineering through cyberinfrastructure: report of the National Science Foundation blue-ribbon advisory panel on cyberinfrastructure[R].NSF,2003:4-20.

[36] Simberloff D, Barish B C, Droegemeier K K, et al. Long-lived digital data collections: enabling research and education in the 21st century [R]. Technical Report NSB-05-40, National Science Foundation, Washington DC, USA, 2005:10-50.

[37] Unsworth J. Our Cultural Commonwealth: the final report of the American Council of learned societies commission on cyberinfrastructure for the humanities & social sciences [R]. ACLS, 2006:3-30.

[38] National Science Foundation. Cyberinfrastructure vision for 21st century discovery[R]. National Science Foundation, Cyberinfrastructure Council, 2007:4-20.

[39] Tansley, Stewart, Kristin Michele Tolle, eds.The fourth paradigm: data-intensive scientific discovery[M]. Redmond, WA:Microsoft Research, 2009:8-20.

[40] Manyika J, Chui M, Brown B, et al. Big data: the next frontier for innovation, competition, and productivity[R]. Analytics, 2011:

3-40.

[41] Swan A, Brown S. The skills, role and career structure of data scientists and curators: an assessment of current practice and future needs[R]. Report to the JISC, 2008:4-20.

[42] Constantopoulos P, Dallas C, Androutsopoulos I, et al. DCC&U: an extended digital curation lifecycle model [J]. International Journal of Digital Curation, 2009, 4(1): 34-45.

[43] DCC. DCC curation lifecycle mode [EB/OL]. [2015-06-10]. http://www.dcc.ac.uk/resources/curation-lifecycle-model/.

[44] Higgins S. The DCC curation lifecycle model[J]. International Journal of Digital Curation, 2008, 3(1): 134-140.

[45] Scaramozzino J M, Ramírez M L, McGaughey K J. A study of faculty data curation behaviors and attitudes at a Teaching-Centered University [J]. College & Research Libraries, 2012, 73 (4): 245-255.

[46] Tenopir, Allard, Douglass, et al. Data sharing by scientists: practices and perceptions[J]. Plos One, 2011,6(6):1-8.

[47] Schofield P N, Bubela T, Weaver T, et al. Post-publication sharing of data and tools. [J]. Nature, 2009, 461 (7261): 171-173.

[48] Pryor G, Pryor G. Multi-scale data sharing in the life sciences: some lessons for policy makers[J]. International Journal of Digital Curation, 2009, (3):23-27.

[49] Rausher M D. Data archiving. [J]. Evolution, 2010, 175(3): 603-604.

[50] Whyte A, Pryor G. Open science in practice: researcher perspectives and participation [J]. International Journal of Digital Curation,2011,6(1):199-213.

[51] Donnelly M, Robin N. The Milieu and the MESSAGE: talking to researchers about data curation issues in a large and diverse e-Science project [J]. International Journal of Digital Curation,

2011, 6(1):42.

[52] Ray J. Research data management: practical strategies for information professionals[M]. Purdue University Press,2014:395-408.

[53] Wicherts J M, Bakker M, Molenaar D. Willingness to share research data is related to the strength of the evidence and the quality of reporting of statistical results[J]. Plos One, 2011, 6(11):144-148.

[54] Emeritus M B. Data management as bibliography[J]. Bulletin of the American Society for Information Science & Technology, 2011, 37(6):34-37.

[55] Parry N S M O. Open access digital data sharing: principles, policies and practices [J]. Social Epistemology A Journal of Knowledge Culture & Policy, 2013, 27(1):47-67.

[56] Tenopir, Allard, Douglass, et al. Data sharing by scientists: practices and perceptions[J]. Plos One, 2011, 6(6):1-21.

[57] Hey T, Tansley S, Tolle K. The fourth paradigm: data-intensive scientific discovery[M]. General Collection, 2009:193-199.

[58] Myers J D, Allison T C, Bittner S, et al. A collaborative informatics infrastructure for multi-scale science [J]. Cluster Computing, 2004, 8(4):244-252.

[59] Myers J D, Allison T C, Bittner S, et al. A collaborative informatics infrastructure for multi-scale science [J]. Cluster Computing, 2004, 8(4):245.

[60] DCC. 5 steps to research data readiness[EB/OL]. 2015-06-20]. http://www. dcc. ac. uk/sites/default/files/documents/resource/5%20Steps%20to%20Research%20Data%20Readiness.pdf.

[61] Research Information Network and the British Library. Patterns of information use and exchange: case studies of researchers in the life sciences[R]. Research Information Network,2009:20-40.

[62] Palmer CL, Teffeau L, Pirmann CM. Scholarly information practices in the online environment: themes from the literature and

implications for library service development[R]. OCLC Research, 2009:3-40.

[63] Managing research data[M]. London: Facet Publishing, 2012: 83-103.

[64] National Initiative for a Networked Cultural Heritage (NINCH) [J]. Electronic Resources Review, 1998, 2(8): 97-97.

[65] Bishoff L. Digital preservation plan: ensuring long term access and authenticity of digital collections [J]. Information Standards Quarterly, 2010, 22(2):34-44.

[66] Hswe P, Holt A. Joining in the enterprise of response in the wake of the NSF data management planning requirement[J]. Research Library Issues, 2011(274): 11-17.

[67] Savage C J, Vickers A J. Empirical study of data sharing by authors publishing in PLoS journals[J]. Plos One, 2009, 4(9): 70-78.

[68] Council on Library and Information Resources. Research data management: principles, practices, and prospects[R]. Council on Library and Information Resources,2013:4-30.

[69] Williams S C. Gathering feedback from early-career faculty: speaking with and surveying agricultural faculty members about research data [J]. Journal of eScience Librarianship, 2013, 2 (2): 4.

[70] Ray J M. Research data management: practical strategies for information professionals [M]. Purdue University Press, 2014: 87-107.

[71] Donnelly M, Jones S, Pattenden-Fail J W. DMP Online: a demonstration of the Digital Curation Centre's web-based tool for creating, maintaining and exporting data management plans[M]. Research and Advanced Technology for Digital Libraries, 2010: 530-533.

[72] Starr J, Willett P, Federer L, et al. A collaborative framework for

data management services: the experience of the University of California[J]. Journal of eScience Librarianship, 2012, 1(2): 7.

[73] Sallans A, Donnelly M. DMP Online and DMPTool: different strategies towards a shared goal[J]. International Journal of Digital Curation, 2012, 7(2): 123-129.

[74] Harvey D R. Digital curation: a how-to-do-it manual[M]. Facet, 2010:23-109.

[75] Ward C, Freiman L, Molloy L, et al. Making sense: talking data management with researchers [J]. International Journal of Digital Curation, 2011,6(2):265-273.

[76] Bohémier K A, Atwood T, Kuehn A, et al. A content analysis of institutional data policies [C]. Proceedings of the 11th Annual International ACM/IEEE Joint Conference on Digital Libraries, 2011: 409-410.

[77] Douglass K, Allard S, Tenopir C, et al. Managing scientific data as public assets: data sharing practices and policies among full - time government employees [J]. Journal of the Association for Information Science and Technology, 2014, 65(2): 251-262.

[78] Arms W Y, Larsen R L. The future of scholarly communication: building the infrastructure for cyberscholarship [R]. National Science Foundation and Joint Information Systems Committee, 2007:4-23.

[79] James M, Michael C, Brad B, et al. Big data: the next frontier for innovation, competition, and productivity [J]. The McKinsey Global Institute, 2011:23-45.

[80] Higgins S. DCC DIFFUSE standards frameworks: a standards path through the curation lifecycle[J]. International Journal of Digital Curation, 2009, 4(2): 60-67.

[81] Zimmerman A S. New knowledge from old data the role of standards in the sharing and reuse of ecological data [J]. Science, Technology & Human Values, 2008, 33(5): 631-652.

[82] Edwards P N. "A vast machine": standards as social technology [J]. Science, 2004, 304(5672): 827-828.

[83] Wilson A. How much is enough: metadata for preserving digital data[J]. Journal of Library Metadata, 2010, 10(2-3): 205-217.

[84] Gilliland-Swetland A J. Enduring paradigm, new opportunities: the value of the archival perspective in the digital environment[M]. Council on Library and Information Resources, 2000:45-67..

[85] Wallis J C, Borgman C L, Mayernik M S, et al. Moving archival practices upstream: an exploration of the life cycle of ecological sensing data in collaborative field research [J]. International Journal of Digital Curation, 2008, 3(1): 114-126.

[86] Goodman A, Pepe A, Blocker A W, et al. Ten simple rules for the care and feeding of scientific data[J]. PLoS Comput Biol, 2014, 10(4):35-42.

[87] The fourth paradigm: data-intensive scientific discovery [M]. Redmond, WA: Microsoft Research, 2009:56-89.

[88] Jørn Nielsen H, Hjørland B. Curating research data: the potential roles of libraries and information professionals [J]. Journal of Documentation, 2014, 70(2): 221-240.

[89] Whyte A. Emerging infrastructure and services for research data management and curation in the UK and Europe[R]. Research Library Issues, 2012: 205-234.

[90] Jackson Web Services.Decision tree for selection of digital materials for long-term retention [EB/OL]. [2015-06-30]. http://www.dpconline.org/advice/preservationhandbook/decision-tree.

[91] Digital Curation Centre.Data asset framework.[EB/OL].[2015-06-30].http://www.data-audit.eu/.

[92] United States Geological Survey.Records appraisal tool.[EB/OL]. [2015-06-30].http://eros.usgs.gov/government/ratool/.

[93] Lauriault T P, Craig B L, Taylor D R F, et al. Today's data are part of tomorrow's research: archival issues in the sciences [J].

Archivaria, 2007(64): 123.

[94]Tenopir C, Allard S, Douglass K, et al. Data sharing by scientists: practices and perceptions[J]. Plos One, 2011, 6(6): 21-31.

[95]Buckland M. Data management as bibliography[J]. Bulletin of the American Society for Information Science and Technology, 2011, 37(6): 34-37.

[96] Barateiro J, Antunes G, Freitas F, et al. Designing digital preservation solutions: a risk management-based approach [J]. International Journal of Digital Curation, 2010, 5(1): 4-17.

[97]Ross S, Hedstrom M. Preservation research and sustainable digital libraries[J]. International Journal on Digital Libraries, 2005, 5(4): 317-324.

[98]Conway E, Matthews B, Giaretta D, et al. Managing risks in the preservation of research data with preservation networks [J]. International Journal of Digital Curation, 2012, 7(1): 3-15.

[99]Hart P E, Liu Z. Trust in the preservation of digital information [J]. Communications of the ACM, 2003, 46(6): 93-97.

[100]Wallis J C, Borgman C L, Mayernik M S, et al. Know thy sensor: trust, data quality, and data integrity in scientific digital libraries[M]. Springer Berlin Heidelberg, 2007:300-389.

[101]Beagrie N, Houghton J. The value and impact of data sharing and curation: a synthesis of three recent studies of UK Research Data Centres[R]. Joint Information Systems Committee (JISC), 2013: 10-18.

[102]Steinhart G, Dietrich D, Green A. Establishing trust in a chain of preservation[J]. D-Lib Magazine, 2009, 15(9/10): 1082-9873.

[103]Book R.Audit and Certification of Trustworthy Digital Repositories Draft Recommended Practice [M]. Recommendation for Space Data System Practices, 2011:45-58.

[104] Hey T, Hey J. e-Science and its implications for the library community[J]. Library Hi Tech, 2006, 24(4): 515-528.

[105] Creamer A, Morales M E, Crespo J, et al. An assessment of needed competencies to promote the data curation and management librarianship of health sciences and science and technology librarians in New England [J]. Journal of eScience Librarianship, 2013, 1(1):18-26.

[106] Creamer A, Morales M E, Crespo J, et al. An assessment of needed competencies to promote the data curation and management librarianship of health sciences and science and technology librarians in New England [J]. Journal of eScience Librarianship, 2012, 1(1): 18-25.

[107] Tenopir C, Sandusky R J, Allard S, et al. Academic librarians and research data services: preparation and attitudes [J]. IFLA journal, 2013, 39(1): 70-78.

[108] Peters C, Dryden A R. Assessing the academic library's role in campus-wide research data management: a first step at the University of Houston [J]. Science & Technology Libraries, 2011, 30(4): 387-403.

[109] Lage K, Losoff B, Maness J. Receptivity to library involvement in scientific data curation: a case study at the University of Colorado Boulder[J]. Portal: Libraries and the Academy, 2011, 11(4): 915-937.

[110] Lee J W, Zhang J, Zimmerman A S, et al. DataNet: an emerging cyberinfrastructure for sharing, reusing and preserving digital data for scientific discovery and learning [J]. AIChE Journal, 2009, 55(11): 2757-2764.

[111] Walters T O. Data curation program development in US universities: The Georgia Institute of Technology example [J]. International Journal of Digital Curation, 2009, 4(3): 83-92.

[112] Witt M, Carlson J, Brandt D S, et al. Constructing data curation profiles[J]. International Journal of Digital Curation, 2009, 4

（3）：93-103.

[113] Lynch C A. Institutional repositories：essential infrastructure for scholarship in the digital age［J］. Portal：Libraries and the Academy，2003，3（2）：327-336.

[114] Hockx-Yu H. Digital curation centre-phase two［J］. International Journal of Digital Curation，2008，2（1）：122-127.

[115] Working together or apart? Promoting the next generation of digital scholarship：report of a workshop co-sponsored by the Council on Library and Information Resources and National Endowment for the Humanities［J］. Library Hi Tech，2010，28（4）：722-723.

致　　谢

本文中"数据监护活动、基础设施与责任机构"内容借鉴了原文研究成果：Poole A H. How has your science data grown? Digital curation and the human factor：a critical literature review［J］. Archival Science，2015，2（15）：1-39.

【作者简介】

邓仲华，男，1957 年生，武汉大学信息管理学院教授，博士生导师，主要研究方向为信息系统理论与开发、知识组织与知识处理系统。1993 年研究生毕业于武汉水利电力大学管理信息系统专业，获硕士学位，留校任教。2000 年获得博士学位，同年任教于武汉大学信息管理学院。目前科研项目为国家自然科学基金资助项目"大数据环境下面向科学研究第四范式的信息资源云研究"与"云计算环境下图书馆的信息服务等级协议研究"。

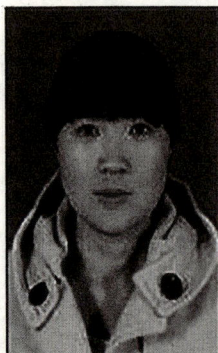

宋秀芬，女，1982 年生，武汉大学信息管理学院 2013 级博士研究生。主要研究方向为知识组织与数据监护。发表论文有《信息资源云的数据监护研究》《高校图书馆数据监护的流程管理研究》《数据监护的知识技能与教育研究》等。

Web 2.0环境下计量学的新发展
——补充计量学

赵蓉英[1]　吴胜男[2]

(1. 武汉大学信息管理学院；2. 山西医科大学管理学院)

[摘　要]Web2.0技术的进步和发展引发了计量学领域的发展和革命，补充计量学应运而生。首先，本研究梳理了补充计量学国内外相关研究现状，明确了补充计量学研究中存在的问题，为未来的研究提供思路和指明方向。其次，作为一个全新的研究主题，本文试图对"什么是补充计量学"这一基本问题进行准确、全面的回答。本文追本溯源，从补充计量学与传统"四计学"——文献计量学、科学计量学、信息计量学与网络计量学的相互关系出发，循着补充计量学前进轨迹——萌芽阶段与成长阶段，分析其产生背景；对于补充计量学英文术语的由来以及目前争议较多的中文名称翻译进行探讨，由于补充计量学在学科的继承发展、计量指标以及计量评价对象方面都可以看成是对于传统计量学的补充与发展，因此将英文术语"Altmetrics"翻译成"补充计量学"作为该学科的中文专用术语。随后，在此基础上深入剖析了补充计量学的定义，并从广义和狭义的研究视角和宏观与微观的研究层次对补充计量学进行了探讨，把握了其内涵和外延。最后探讨了补充计量学的研究对象和特点，明确了其研究范围和学科界限，抓住补充计量学的特征，从而促使相关研究的开展更有针对性。

[关键词]Altmetrics　补充计量学　国内外研究现状　基本问题研究

The New Development of Informetrics Under the Circumstances of Web 2.0—Altmetrics

Zhao Rongying[1]　Wu Shengnan[2]

(1. School of Information Management, Wuhan University;

2. School of Management, Shanxi Medical University)

[**Abstract**] Under the background of the development and wide application of Web2.0 technology, the research of metrics also conducted a Web2.0 revolution, and Altmetrics is born and widely studied. This research firstly provide a brief overview of the literature on Altmetrics, and then the author tried to give an accurate answer about "What is Altmetrics?" Therefore, according to the relationship between Altmetrics and Bibliometrics, Scientometrics, Informetrics as well as Webometrics, we trace to source, analyze its rising and the development stage of Altmetrics, and discuss the origin of the terms naming in English and Chinese. And then, we deeply discuss the definition of Altmetrics in different perspectives and different levels and have grasped its connotationand extension. Finally, the distinguishing feature and research object of Altmetrics were also discussed in detail, aiming to make the research scope and disciplinary boundaries clear.

[**Keywords**] Altmetrics　literature review at home and abroad research of essential problem

1 引　言

随着 Web2.0 技术的发展, 创新环境也逐渐向着 2.0 范式发展变化。与传统的 1.0 范式相比, 创新 2.0(Innovation 2.0)更强调利用博客、微博等在线社交网络平台进行开放创新[1]。近期的《自然》杂志也指出科学交流正在从传统媒体转向在线社交网络，科学创新也开始更多地依赖于在线交流[2]。在线社交网络（Online Social Network）是帮助用户建立、维护、管理社会关系的在线服务和计算平台；用户可以进行以个人网络为中心的交流、互动与分享。越来越多的科学研究工作者也利用博客、微博、标签、推荐、关注、分享、订阅功能和 SNS 等在线社交网络工具和网站，获取、分享、传播和评价科研成果及科学资源。在这样的时代背景下，计量学领域也进行了一次 Web2.0 革命。一方面是如何解决传统的评价方式存在的问题和缺陷；另一方面也要结合在线社交网络的特点进行计量学创新，补充计量学正是在这样的时代背景下诞生，并悄然进入人们的研究视野。

补充计量学作为计量学 Web 2.0 革命的产物，是基于使用学术社交网络的学术影响力计量。对于其特点总结如下：补充计量学是对传统科学计量学的继承和补充，利用补充性指标和引用指标共同去评价待评的对象。它可以快速的收集目标数据，让科研人员几乎可以实时看到文章、数据集或者博客通过各级学术生态系统的传播情况。补充计量学作为适应这种在线科研交流环境而诞生的研究，与传统文献计量学既存在区别，又保持联系，因此具有广阔的应用前景。首先，本研究从总体上对国内外的相关研究进行综述，总结重点的研究成果，指出存在的研究不足；其次，补充计量学作为一个新兴概念，同时又具有学科交叉的属性，从目前的研究来看，补充计量学的研究存在着学科界限模糊、概念术语混乱、理论体系不清晰等问题，这些都会成为补充计量学发展壮大的极大阻力。在本研究中，笔者试图去解决这些问题，试图对"什么是补充计量学"给出一个清晰的答案。为此，笔者将追本溯源，追随着补充计量学产生发展的脚步，探究补充计量学的内涵和外延、研究对象及特点等内容，试图对补充计量学的基本问题进行详细的探讨，从而能够更好地指导实践活动。

2 国内外补充计量学研究现状分析

2.1 国外的研究现状分析

国外关于补充计量学的研究与国内相比起步较早，研究也较为深入，目前在该领域处于领先水平。笔者以收录较全、数据量较大的 Web of Science、Springer、Elsewier 以及 Wiley 数据库为检索平台，以 "Altmetrics" "altnative metrics" "distributed scientific evaluation" "alternative peer review models" "Article-Level Metrics" 等关键词进行多角度检索，同时在 "Google Scholar" 等网络数据库平台，筛选并阅读重点文献以及进行引文的扩展式查询。通过对相关研究成果的整理和分析，发现 Altmetrics 自诞生之日起就引起了国外学者们的广泛关注和热议。近年来，在这一领域接连涌现出一批专家学者，如美国的学者 J. Priem 和 D. Taraboreli、英国的学者 Mike Thelwall 等人，他们从不同的角度、不同的主题对补充计量学进行了研究，也取得了丰硕的成果，为推动补充计量学的研究进步作出了巨大的贡献。具体主要从以下几个方面展开。

国外针对补充计量学的研究最早可追溯至 2008 年，Taraborelli[3] 在通过质疑影响因子评价学术影响力的方法后，提出了基于社会软件的分布式科学评价（distributed scientific evaluation）的思想。2009 年，Neylon 和 Wu[4] 以计量数据来源和专家评论的激励机制为视角，通过 PLoS 和 Faculty of 1000 平台验证了论文层面计量（Article-Level Metrics）的可行性。直到 2010 年，J. Priem 最先在自己的 Twiter 上使用 "Altmetrics" 一词，随后联同 D. Taraboreli 等学者发表了宣言——"Altmetrics：A Manifesto"[5]，从而正式提出 "Altmetrics" 术语。这一宣言在补充计量学发展历史上具有十分重要的意义。Altmetrics 的出现终结了对于补充计量学表达术语众说纷纭的局面。之前，对于补充计量学的表述有 distributed scientific evaluation、Article-Level Metrics 等，Altmetrics 的出现弥补了这些术语内涵的不足，而且这个单词仿照其他四计学的英文单词，以

"metrics"为结尾，不仅具有统一性，而且十分简洁。因此受到了相关研究工作者的热议和追捧。更为重要的是，这个宣言开创了一个新的研究领域。宣言中对于 Altmetrics 的发展远景描绘得非常清晰且鼓舞人心，因此激励了相关学术工作者对 Altmetrics 进行系统的研究和深入的探索，其研究的重点涵盖了其概念内涵、指标的发展及相关体系的构建，实证的探索以及应用拓展等多个方面，Altmetrics 的相关研究成果如雨后春笋般不断出现。2013 年，Serials Review 的主编邀请 Finbar Galligan[6]的学者对于 Altmetrics 的概念定义、方法工具、发展前景等各个方面进行了全面的论述，从而使广大学者对于 Altmetrics 有了更为清晰的认识。除了上述综合性、全面性的研究外，国外学者对于补充计量学理论方面的研究还集中在指标的研究。2007 年，Jensen[7] 提出建立学术"Authority 3.0"，并指出标签、讨论、博客、评论等指标是评价学术权威的重要参考指标；2009 年，Anderson[8]认为用期刊影响因子(JIF) 来评价论文并不全面，并提出利用推特(Twitter) 、博客、维基百科或者其他百科中的讨论和引用去补充 JIF 评价体系。2009 年，Patterson[9]认为文章应该利用自身的特点来进行评价，并指出书签、评论和"星级"等指标应该成为评价的基本指标。2011 年，Priem[10]总结了"科学计量学 2.0"的评价指标来源，包括书签、文献管理工具、推荐系统、评论、微博、博客、维基百科、社交网络和开放数据平台。除了开发新的计量指标，还出现了对各项指标的比较研究。J. Bollen[11]等人对学术影响力现存的 39 个基于引文和用户日志数据的度量措施作了主成分分析，结果发现常用的影响因子在图的边缘位置，因此使用要谨慎。Haustein[12]等人经过大规模的研究证明 Twitter 提及量不能有效反映学术影响力，但事实上，许多深层次因素没有被考虑在内，例如 Twitter 的用户群体、情境以及向引文的转化率等。Altmetrics. com 创始人 Euan[13] 表示对 Haustein 等人的结论并不意外，认为 Altmetrics 指标反映的是对网络上学术文章的关注度和知名度。

在计量学领域的研究中，研究工具的使用都为研究工作提供了极大的便利性，补充计量学的研究也不例外。由于研究工具的普适性和稳定性直接影响到研究结果的可靠性和合理性，因此对于补充计量学工具展开的研究也成为补充计量学研究的重要内容。目前，国外学者对于补充计量学工具的研究主要集中在各个工具的优缺点以及它们特性的比较。例如，Li X 和 Thelwall M[14] 在 2012 年对于两种用于研究评价的补充计量学工具的优缺点以及可用性进行了研究，研究发现与 CiteULike 相比，Mendeley 在用于研究评价方面有着更好的效果。同年，学者 Wouters 和 Costas[15] 对于 16 种补充计量学工具的特性以及作为影响力评价工具的适用性进行了比较研究。研究表明，尽管这些工具都标榜它们可以用于影响力的评价，但是由于它们自身存在的局限性和不足，对于不同数据集环境下进行系统的影响力评价还存在着一些困难。Andrea 等人[16] 开发了 Plum analytics 工具，专门分析化学领域的论文影响力。Impactstory 和 ReaderMeter[17] 也是 Altmetrics 数据收集与分析的工具。除了上述研究以外，还有不少学者对于补充计量工具平台上学术成果的影响传播情况进行了研究。2012 年，Shuai[18] 等学者对于 arXiv. org 平台上学者们对新提交的学术成果的关注情况进行了研究，通过研究发现社会媒体对于科学论文影响力的提高起着非常重要的作用。除了学者们的相关研究外，目前所有的补充计量学工具都有自己专门的网站，如 F1000（http：//f1000.com），PLOS Article-Level-Metrics（ALM）（http：//article-level-metrics. plos. org/），Altmetric. com（www. altmetric. com/），Plum Analytics（www. plumanalytics. com/），Impact Story（www. impactstory. org/），CiteULike（www. citeulike. org/），以及 Mendeley（www. mendeley. com/），在这些网站上，学者们可以获取科研成果，追踪其传播状况以及测量和评价其影响力。

由于补充计量学的交叉性和应用性的特性，使得补充计量学的应用和实证研究成为补充计量学研究中最集中的领域，研究成果呈现出"百花齐放"的现象。但是从目前的情况来看，补充计量学的应用研究大多还停留在理论探讨阶段，与真正服务于社会发展以及生产实践中，从而产生经济价值和学术价值还有相当的差距，但不可否认的是，补充计量学相关的实证研究已经蓬勃地开展起来，尤其是在利用补充计量工具进行实证研究以及探讨补充计量指标(如 bookmarks 以及 twitter activity)与引用(citation)的相关关系方面,取得了长足的进步。在众多的补充计量工具中,利用 Mendeley 进行实证研究的学者最多,学术成果呈现出"硕果累累"的现象。究其原因,主要是 Mendeley 囊括了数量众多的学术成果,这为实证研究的展开提供了丰富的数据源。Bar-Ilan[19]在研究中发现 JASIST 目前 97%的学术论文都存在于 Mendeley 中。Priem[20]等学者通过研究也指出在 PLoS 期刊上发表的论文有 80%存在于 Mendeley 中,而 CiteULike 中仅仅囊括了 31%。Li 和 Thelwal[21]在 F1000 平台上收集了 1389 篇基因学和遗传学领域的文献作为数据样本,结果发现这 1389 篇文章均以标签的形式标注在 Mendeley 中。除此之外,还有很多学者通过大规模的数据来对 Mendeley 的论文覆盖率以及标签数量进行研究。Zahedi[22]等学者随机收集了 WOS 数据库中收录的 20000 条数据,通过对比发现在所有的 Altmetrics 数据源中 Mendeley 的覆盖率是最高的。Haustein[23]等学者也做了类似的研究,他们以 PubMed 数据库中发表在 2010—2012 年期间的 140 万条数据为样本,发现 Mendeley 的覆盖率达到了 66%。

除了上述研究之外,补充计量指标与引用之间的相关性研究也是实证研究中主要的关注点。Li X 和 Thelwall[24]在研究中发现 Mendeley 中 bookmark 与 citation 的相关性为 0.55,CiteULike 中相关性为 0.34,而 Weller 和 Peters[25]利用不同的数据集发现了一个更高一点的相关度。Priem[26]等学者以 PLoS publications 为数据样本进行研究,发现 WoS citations 和 Mendeley users 之间的相关度达到了 0.5。2013 年,Schlögl[27]等学者以战略信息系统(Strategic Information Systems)期刊中的论文为数据源,研究了下载(download)、引用(citation)以及书签标注(bookmarks)之间的相关度。结果表明引用(citation)与书签标注(bookmarks)之间的相关度为 0.51,下载(download)与书签标注(bookmarks)之间的相关度为 0.73。

此外,在实证研究中很多学者把 Twitter 活动视作一种特殊的"引用"去进行研究。Priem 在 2010 年[28]以及 2011[29]年的研究中都发现越来越多的学者将 Twitter 作为一种专业的媒介去分享和讨论学术成果，与此同时，Eysenbach[30]也在研究中发现推特数达到11次以上的文章在后期更容易得到高被引率。Weller 和 Puschmann[31]与 Letierce[32]等学者通过分享科学会议期间 Twitter 的使用状况发现研究主题、推特数量以及引用文献的不同类型所导致的特定学科性质的推特行为。2013 年，Thelwal[33]利用统计学的方法，对于 PubMed 数据库中收录的大量数据文献样本进行统计分析，结果表明 citation 和 tweets 之间存在着明显的相关性，但是相关度却很低，只在 0.07 到 0.16 之间。

通过分析研究不难发现，Priem 以及 Thelwal 在国际补充计量学应用与实证研究的工作中表现突出，取得了重要的研究成果，已然成为这一领域内的权威科学家。他们的贡献促进了补充计量学应用实践的发展，同时也为补充计量学经济价值和社会价值的实现奠定了基础。

2.2 国内相关研究分析

在国外 Altmetrics movement 运动的影响下，国内关于补充计量学的研究正悄然兴起。经过几年的研究，国内的学术工作者们在补充计量学的理论、方法以及应用方面都取得了突破。但是从总体上来看，国内的补充计量学研究尚处于起步消化阶段，主要以介绍国外研究成果和进展，以及理论探讨性的文章为主，开创性研究和探索性研究所见不多。笔者利用中国知网、维普、万方三大数据库为数据源，考虑到目前国内对于"Altmetrics"翻译众多，采用"补充计量学""替代计量学""选择计量学"以及"Altmetrics"查找下载相关的研究文献，同时，考虑到补充计量学的特点，笔者还检索参考了科学网博客等网络交流平台，对国内学者关于补充计量学的相关研究进行补充。

在补充计量学(Altmetrics)进入国内学者的视野后，就引起了广泛的关注和热议。不少学者对于补充计量学(Altmetrics)开始进行介绍性和探索性的研究，这为补充计量学(Altmetrics)在国内学术界的蓬勃发展奠定了坚实的基础。2012 年，刘春丽[34]从定义、研究意义、研究对象、计量指标以及计量工具的使用等五个方面对于 Altmetrics 进行了全面系统的介绍剖析，从而使国内学者对于 Altmetrics 有了初步的认识。为了引发学者们对于 Altmetrics 的广泛关注，把握住交流方式以及评价体系变革带来的机遇。国内著名的计量学专家邱均平教授在 2013 年对于 Altmetrics 的提出过程和研究进展进行了阐述[35]。内容涵盖了 Altmetrics 的产生背景、发展阶段以及各个阶段的内容和特征。此外，从主要学术会议主题、代表学者团体、重要学术成果等角度，对补充计量学的发展历程与研究现状进行了综合、全面的论述和分析，并在此基础上对补充计量学未来的研究热点与研究前言进行了展望和分析。这篇文章使得国内学者对于 Altmetrics 有了更进一步的认识。同年，崔宇红[36] 也对 Altmetrics 进行了研究和介绍，从而深化了国内学者对于 Altmetrics 的认识。此外，中国科学院国家科学图书馆的顾立平老师[37] 从用户行为和科学社群影响力两个视角对于 Altmetrics 进行介绍和研究。该学者认为 Altmetrics 以社交网络上的开放数据为基础，对于推荐信息检索排名次序、学术评价体系完善以及开展论文级别计量的专业服务具有无可比拟的优势。

补充计量学指标的研究一直是国内学术界对于补充计量学的研究重点。在这一领域，比较有代表性的有由庆斌、刘春丽等学者。2013 年，由庆斌对补充计量学指标作了详细介绍，补充性指标目前主要可分为 5 类，分别是被使用情况、被获取情况、被提及情况、社交媒介和引用情况[38]。在后续研究中，为探究综合性指标 Altmetric score 与引用指标之间的关系，分别将 PLOS 和 F1000 网站中提供的论文数据和指标数据进行收集，检测两个指标之间的相关性，并对比两组实验结果。结果表明，Altmetric score 与引用指标存在正相关关系，且在评价论文时具有一定的一致性[39]。在这一领域，刘春丽也作了相应的研究探索。该学者以 PLOS API 平台提供的"论文层面计量"数据集为样本，利用统计学的原理和方法，对于补充计量指标的相关性和一致性进行了研究，最后，总结选择性计量指标的主要作用、适用范围和难度[40]。这些研究的共同结论是，Altmetrics 指标具有多样性的特点。

崔宇红[41]研究认为，Mendeley、Twitter 和 F1000 是评价论文影响力中最具潜力的三种社交网络工具，在被学术社区接纳程度以及与传统引用指标的相关性上表现良好。从推出时间、资源丰裕程度、功能实现以及被出版商采纳程度上看，Altmetric Explorer 平台是 altmetric.com 公司旗下的产品。目前 Scopus、PLoS、Nature、Elsevier、Wiley 以及 Springer 等国际性出版集团/机构都在使用 altmetric.com 的服务。夏秋菊等人[42]介绍了 altmetric.com、Impactstory 和 Plum analytics 等工具和平台在 Altmetrics 中应用的相对优势。其中，Impactstory 能够帮助科研人员发现和分享其学术影响力，Plum analytics 在数据源的覆盖范围和指标上颇具优势。

由于补充计量学交叉性和渗透性的特点，因此它的出现对于很多领域都产生了一定的影响。张民等学者[43]以及陈铭[44]分别从编辑和期刊利用统计的视角对补充计量学如何影响期刊界进行了分析和探讨。刘丹[45]等学者则认为补充计量学的出现对于机构知识库来说是一次新的机遇。

在补充计量学工具方面，国内的研究寥寥无几。刘春丽等人[46]选取 Mendeley、F1000 和 Google Scholar 三种学术社交网络工具中不同类型的选择性计量方法评价同一组论文的结果一致性进行了验证，结果表明：Mendeley 的读者人数指标与 Google Scholar 的被引次数指标在论文评价结果的相关程度相对较高。王贤文等[47]通过案例研究来具体分析社交网络环境中的科学论文传播机制，结果发现社交媒体技术的进步和成熟以及开放存取运动的深化使得科学交流模式发生了新变化，这种新变化带了学术成果传播方式的新发展，这种发展促使学术成果影响力评价的指标和计量方法发生创新性的改革，这种改革就是 Altmetrics。中国科学院的学者顾立平[48]对 Altmetrics 的特征应用研究论文级别计量（ALMs）进行应用案例分析，他以 PLoS-ALMs 平台为研究工具，对其论文级别计量（ALMs）数据来源、元数据与裸数据、开放数据等运行机制进行了详细的探讨和描绘，并在此基础上讨论了论文级别计量支持开放创新的策略和方式。此外，黄芳[49]在介绍了补充计量学的定义、特点与常用工具的基础上，对于补充计量学在生物医学信息计量学研究中的应用进行了实证分析和探讨。总体而言，这些实证和应用研究均是介绍性、探索性的研究，与真正应用到社会生产实践中还有相当的差距。

2.3 综合分析

经过系统的梳理和分析后发现，在国内外学者的努力下，补充计量学的研究经过比较长时间的发展和积累，已经由萌芽阶段进入了成长发展时期。但是作为一个崭新的研究领域，补充计量学的研究在理论内容体系的系统化、特征化方法的提出、应用实践的深化等方面都尚未成熟，缺乏全面系统或普遍规律意义的成果，许多方面至今仍然是空白。具体而言，目前补充计量学的研究中还有许多问题亟待解决，主要体现在以下几个方面：

(1)缺乏系统性、完整性的研究。综合国内外针对补充计量学开展的相关研究可以发现，其相关的研究成果多为零星化和碎片化的，研究较为分散，在理论内容体系的系统化、特征化方法的提出、应用实践的深化等方面并没有实现全面化、深层次的系统综合研究，缺乏具有一定研究深度和广度、具有普遍规律意义的体系化的研究成果。

(2)缺乏完善的基础理论。作为一门应用性和实践性都很强的研究主题，其基本理论都要表现出三个方面的特点：答疑解惑、指导实践、引导发展。所谓"答疑解惑"，就是要解释说明学科研究中出现的各种现象；所谓"指导实践"，就是要理论联系实践，推广应用研究成果；所谓"引导发展"，就是引导相关体系研究走向康庄大道，不断成熟完善。但是综合看国内外针对补充计量学的研究可以发现，其研究规模相对较小，研究的广度和深度都有待提高，目前多数研究停留在理论探索阶段，对于实证应用以及规律探讨很少。

(3)缺乏完善的研究方法工具。补充计量学要想成为一门真正意义上的科学学科，必须要有坚实有效的研究方法作为支撑，否则研究结果的可靠性将备受质疑。此外，坚实有效的研究方法的缺乏也成为目前补充计量学研究发展中不可逾越的鸿沟。这主要是因为：①没有提出带有补充计量学特色的、特征性的、针对性的研究方法，从而使得相关研究只处于探索、比较以及综合的阶段，缺少研究上的高度和深度，从而无法实现根本上的创新；②研究者在开展研究工作和研究活动的过程中，大多没有系统的总结和深入的探讨研究方法，这使得后续研究者无法借鉴其研究方法，更谈不上反复验证和改进完善，这影响了补充计量学方法论体系的构建，也阻碍了补充计量学应用推广工作的顺利开展。

（4）应用研究的深度和高度都有待提高。作为一门新兴的研究领域，国内外学者针对补充计量学开展的应用研究较为零散和片面，与真正服务于社会生产，从而产生经济价值还有着很远的距离，其研究的深度和高度都有待提高。此外，目前补充计量学的研究对象只局限于科学论文的形式，诸如以科学数据、学术视频、科学程序等为研究对象的补充计量学实证研究很少涉及。而且研究的深度也很有限，没有根据不同研究对象的特点，因地制宜地制定实证应用方案，且缺乏深入细致的分析。今后，补充计量学的应用研究应该以实践为指导去验证，不断拓宽研究范围和研究层次，为学科的发展注入生机和活力。

冷静梳理和思考后可以发现，补充计量学现有的研究虽然取得了一定进展。但是无论是国外还是国内，相关研究还处在零星探索阶段，研究较为分散，缺乏系统性和完整性；研究规模较小，缺少具有一定高度和深度或者具有普遍规律意义的体系化成果，研究的深度和广度都有待提高，而这也正说明了该研究具有较强的前沿性、创新性和开拓性，其研究是完全必要的、及时的，具有重要的科学研究意义和现实作用。

3　补充计量学的基本问题研究

对补充计量学的基本问题进行研究和探讨，对于了解补充计量学的产生和发展，明确补充计量学的内涵本质，明晰补充计量学的研究范围和方向，促进补充计量学的发展成熟以及实现补充计量学服务有着重要的意义。在本研究中，主要从"产生与发展""内涵与外延"以及"研究对象与特点"三个维度对补充计量学的基本问题进行了探讨。

3.1 补充计量学的产生与发展

众所周知，补充计量学的产生有着深刻的学术背景和社会背景。总结起来，主要有两个方面：一是传统计量评价的局限性，二是学术交流体系的转变驱动。目光敏锐的学者在洞悉了文献计量学无法弥补的缺陷，觉察到在线科学交流可能带来的变革后，开始从各种途径来构建新的科学交流体系，并在此基础上提出传统计量指标的许多补充性方案[50]。很快，这些科学思想和研究活动如"星星之火"，很快得到了国际学术界的响应，从而掀起了补充计量学的研究热潮，得到了社会各界的广泛关注。

3.1.1 补充计量学的发展阶段

纵观补充计量学的产生、发展以及演进的过程，笔者发现补充计量学大致可以分为两个阶段。

1）补充计量学的萌芽阶段（2010 年之前）

随着 Web2.0 技术的发展，科学交流体系发生了巨大的转变，这一转变驱动了计量评价体系的发展。同时传统的计量评价方式有着无法弥补的缺陷，这些都为补充计量学的出现创造了条件，推动了补充计量学的产生。在这一初始时期，补充计量学的研究分散性强，研究主题数量少且规模小，大多是一些基础性的探索性研究。尽管如此，这些研究却拉开了补充计量学研究的序幕，具有重要的开创意义。具体而言，在补充计量学萌芽时期出现的代表性的研究者和作品如下：

（1）美国梅隆基金会支持的"MESUR"项目[51]。"MESUR"与"measure"同音，是"Metrics from Scholarly Usage of Resources"各个单词的首字母组成的。2006 年，这个项目由美国梅隆基金会赞助支持，年限为两年。这个项目的执行人是来自 Los Alamos National Laboratory（LANL）Research Library（RL）的数字图书馆研究及原型分析团队（Digital Library Research and Prototyping Team）。这个项目的研究对象主要是使用数据（usage data），项目的实施过程主要包括四个步骤，即构建学术交流模型（A model of the scholarly communication process）、创建和收集相关的参考数据集（Creation of a reference data set）、研究分析以数据集为基础的语义网络的结构和特性，从而能够深入理解学术交流的过程（Characterization）以及定义各种基于使用数据的指标去评价多种学术交流载体（如文章、期刊、会议文献等）（Metrics definition and validation）。

（2）Taraborelli D 与基于社会软件的分布式科学评价（Soft peer review：Social software and distributed scientific evaluation）[52]。这一研究成果也是在补充计量学发展的萌芽时期比较经典的文献。2008年，补充计量学学者 Taraborelli D 作了一项研究，他发现互联网时代人们对于以同行评议和影响因子为主的传统评价方式的争议越来越多，而第一代搜索引擎的不可靠性也为内容评估的科学性带来了难题。因此，他在分析了社会化标签系统在基于使用数据的科学评价中所作出的贡献后，提出了一种自上而下、分布式的评估模型，即基于社会软件的分布式科学评价模型。他认为这种基于社会标签的分布式科学评价模型将解决传统评价模型在覆盖率、评价效率等方面的问题。

（3）Neylon 与论文层面的计量（article-level metrics）[53]。2009年，学者 Neylon 和 Wu 提出了一种新的科学评价方式，即论文层面的计量（article-level metrics）。两位学者认为传统的计量评价方法时滞过长，且评价的过程缺乏客观性，而论文层面的计量评价弥补了这些缺陷。最后，两位学者从计量数据的来源和专家评论的激励机制两个视角论证了该方法的可行性。

从以上的分析和研究中可以发现，在萌芽时期，补充计量学已经引起了广大学者的广泛讨论和关注，学术观点也呈现出了"百花齐放"和"百家争鸣"的状态，各位学者都开始根据自己的理解和研究成果来对补充计量学命名，因此造成了补充计量学领域概念术语混乱的状态，这一问题极大地阻碍了补充计量学的学科发展。但不可否认的是，相关的研究人员在补充计量学领域作了大胆的尝试，取得了一定的成果，这些研究都为补充计量学的诞生和后期发展奠定了基础。

2）补充计量学的成长阶段（2010 年以后）

在这一时期，Priem 等人的研究工作和成果被认为是补充计量学领域的里程碑和分水岭。这一阶段比较有代表性的研究成果主要有以下几个方面：

（1）Priem 与 Altmetrics[54]。2010 年，著名补充计量学家 Priem 首次在自己的推特中使用 Altmetrics 一词。这个术语一经提出，就受到了补充计量学领域的学者的广泛热议和认可，最后成为了补充计量学的专有名词。究其原因，笔者认为主要有以下两个方面：①虽然在萌芽阶段出现了很多补充计量学的英文术语，但是均存在着认识的片面性以及内涵的局限性。而 Altmetrics 是 Alternative Metrics 的缩写，从字面的意思来看，是为了弥补传统计量评价的缺陷而提出的计量方式，这一说法就弥补了其他英文术语的片面性和局限性。②补充计量学作为计量学领域的下位类学科，与文献计量学、信息计量学、科学计量学以及网络计量学有着不可分割的联系。而补充计量学的英文术语仿照了上述"四计学"英文术语的构词法，也以"metrics"为结尾，这充分体现了补充计量学与"四计学"的关系和联系。同时，他还提出了 Scientometric 2.0[55] 的概念，很好地说明了补充计量学与"四计学"的紧密联系。

（2）Altmetrics 宣言[56]。2010 年 10 月，Priem 联合其他学者 Taraborelli D，Groth P 等人发表 Altmetrics 宣言（altmetrics：a manifesto），正式的提出了 Altmetrics 这一术语。在这一宣言中，这些学者很好地描述了 Altmetrics 的发展前景，极大地鼓舞了长期从事补充计量学研究工作人员的研究热情。同时为了更好地对补充计量学进行研究和讨论，这些学者还建立了专门的网站（Altmetrics.org），呼吁开展基于社交媒体、整合在线交流数据，定量评估学术论文影响力的研究。

（3）多个 Altmetrics 学术会议和专题讨论会的频繁召开。Priem 学者的这些工作为支持 Altmetrics 研究的学者带来了光明和希望。他们迫切的要求聚集在一起，共商 Altmetrics 的发展大计。于是 2011 年在美国加州大学的圣地亚哥分校召开了第一次 Altmetrics 的学术研讨会。这次研讨会的召开在 Altmetrics 发展过程中具有标志性的意义，主要呈现出以下特征：①多样化的主题：包括对新工具（著作、科学工作流以及文献管理工具）的讨论、对标注模式和论文格式的讨论以及如何引导人们使用新工具和方法。②多种身份的参与者：这次研讨会的与会者除了有参与 Altmetrics 的研究人员以及评价学家，还包括出版商、网站的开发者、媒体工作者。这些来自各行各业的与会者都从自己的角度阐述了对于 Altmetrics 的质疑、担忧以及发展展望。在这一过程中，补充计量学（Altmetrics）形成了统一的命名，而且引发了各个相关行业的工作者对其进行研究和热议，并形成了一种热潮，被称为 Altmetrics Movement。

第一次 Altmetrics 学术研讨会的顺利召开，极大地鼓舞了Altmetrics 研究者的学术热情。从此，他们如虔诚的信徒一般，开始规划补充计量学的研究路线，热烈讨论补充计量学领域中理论、方法、应用方面的各个问题，于是以 Altmetrics 为主题的各种学术会议和专题讨论会如雨后春笋般不断涌现。具体内容如表 1 所示。

表 1　　　以 **Altmetrics** 为主题的学术会议和专题讨论会

时间	地点	会议名称
2011. 1. 19-21	美国加州大学圣地亚哥分校	Beyond the PDF
2011. 3. 22-25	法国巴黎	Mining the Digital Traces of Science（Workshop+data challenge）
2011. 5. 9-11	英国伦敦	Beyond Impact Workshop（OSI/Wellcome Trust）
2011. 6. 15	德国科布伦兹	Altmetrics 11 workshop（ACM Web Science Conference 2011）
2011. 9. 2-3	英国大英博物馆	Science Online London 2011
2011. 10. 22-23	美国加州山景城	Open Science Summit 2011
2011. 10. 24-25	美国哈佛大学微软研究院	Transforming Scholarly Communication
2012. 1. 19-21	美国北卡罗来纳大学	Science Online 2012

时间	地点	会议名称
2012. 6. 15	美国旧金山	Disrupting Scientific Communication StartUpScience
2012. 6. 21	美国伊利诺伊州埃文斯顿	Altmetrics12 workshop（ACM Web Science Conference 2012）
2012. 10. 10-12	加拿大蒙特利尔	Occupy Impact
2012. 11. 1-3	美国旧金山	ALM Workshop and Hackathon #alm12
2012. 12. 4	英国伦敦	Future of Academic Impacts #LSEimpact
2013. 2. 15	美国波士顿	A New Social（Media）Contract for Science
2013. 3. 19-20	荷兰阿姆斯特丹	Beyond the PDF 2
2013. 4. 11-12	英国牛津	Rigour and Openness in 21st Century Science
2014. 6. 23	美国伯明顿印第安纳大学	Altmetrics14 workshop（ACM Web Science Conference 2014）
2014. 9. 25-26	英国伦敦	第一届补充计量学会议（the 1st Altmetrics Conference）

（4）传统计量学对于 Altmetrics 的认可。众所周知，国际科学计量学与信息计量学学会（International Society for Scientometrics and Informetrics，ISSI）是计量学领域比较有影响力的国际会议，目前已经举办了 14 届。这个会议是一个全球性的会议，每两年会举办一次，每一次都会吸引众多国际计量学家的参与。随着补充计量学（Altmetrics）的发展和壮大，也引起了传统计量学家的关注和认可，并将其纳入到计量学的研究领域，在 2013 年 ISSI 国际会议上对补充计量学的研究进行了专门的探讨，并设立了 Altmetrics1、Altmetrics2 以及 Usage Metrics 3 个分会场来报告和讨论相关的研究成果。具体的内容见表 2[57]。

表2 **2013 年 ISSI 国际会议 Altmetrics 专题分会场**

名称	主席	分会场内容及作者
1 Altmetrics1	Judit Barilan	**Motivation for Hyperlink Creation Using Inter-Page Relationships** Patrick Kenekayoro, Kevan Buckley and Mike Thelwall **How Well Developed are Altmetrics? Cross-Disciplinary Analysis of the Presence of 'Alternative Metrics' in Scientific Publications (RiP) *** Zohreh Zahedi, Rodrigo Costas and Paul Wouters **Download vs. Citation vs. Readership Data: The Case of an Information Systems Journal (RiP) *** Christian Schlöegl, Juan Gorraiz, Christian Gumpenberger, Kris Jack and Peter Kraker **An Examination of the Possibilities that Altmetric Methods Offer in the Case of the Humanities (RiP) *** Björn Hammarfelt
2 Altmetrics2	Johan Bollen	**Assessing the Mendeley Readership of Social Sciences and Humanities Research** Ehsan Mohammadi and Mike Thelwall **Disciplinary Differences in Twitter Scholarly Communication** Kim Holmberg and Mike Thelwall **Coverage and Adoption of Altmetrics Sources in the Bibliometric Community** Stefanie Haustein, isabella Peters, Judit Bar-ilan, Jason Priem, Hadas Shema and Jens Terliesner **Do Blog Citations Correlate with Higher Number of Future Citations? (RiP) *** Hadas Shema, Judit Bar-ilan and Mike Thelwall

续表

名称	主席	分会场内容及作者
3	Usage Metrics	Stefanie Haustein	**Relationship between Downloads and Citation and the Influence of Language** Vicente Pablo Guerrero-Bote and Félix Moya-Anegón **Use of Electronic Journals in University Libraries：An Analysis of Obsolescence Regarding Citations and Access** Chizuko Takei, Fuyuki Yoshikane and Hiroshi itsumura **Are Citations a Complete Measure for the Impact of E-Research Infrastructures**? Koen Jonkers, Gemma Elizabeth Derrick, Carmen Lopez illesca and Peter van Den Besselaar **Differences and Similarities in Usage Versus Citation Behaviours Observed for Five Subject Areas** Juan Gorraiz, Christian Gumpenberger and Christian Schlögl

（5）补充计量学理论、工具、实证研究方面一定程度上的发展。在这一时期，补充计量学不再局限于单纯的理论探讨，研究逐渐走向分化趋势，涉猎的领域包括了理论、工具、实证三个方面。从理论上来说，研究的重点开始从探索性、介绍性的研究转移到补充计量指标的探讨以及与传统计量指标的关系研究等深层次的内容；从工具上来说，学者们在研究相关网络数据的特征、结构之后，结合网络环境下科学交流的模式，开发了"Impact factory""Altmetrics. com"等工具；从实证角度来说，许多学者在这些工具面世之后，开始利用相关数据进行实证，验证各个工具以及数据源网站的优势和不足。

如今，补充计量学的发展已经经历了萌芽和成长两个阶段。在这两个阶段中，补充计量学的研究产生了不少成果，引起了广大学者的热议。这些都是为了适应社会发展所提出的新需求。当然在未来补充计量学发展的过程中还会产生新的研究成果和研究方向，这是社会发展的需要，也是补充计量学发展的需要。

3.1.2 补充计量学名称的由来

随着 Web2.0 技术的发展和社交媒体工具的出现及广泛使用，围绕基于社交媒体的科学交流活动的定量研究就没有停止过。在研究之初，补充计量学没有统一的命名，学者们根据自己的理解和认识给出了不同的补充计量学名称，如论文层面的计量(Article-Level Metrics)、科研成果计量(Eurekometrics)、科研发现计量(Erevnametrics)以及科学计量学 2.0(Scientometrics2.0)。从名称上看，这些命名都存在着认识的片面性和内涵的局限性，因此这些命名没有得到广大专家学者的认可。2010 年，著名补充计量学家 Priem 首次在自己的推特中使用 Altmetrics 一词。这个术语一经提出，就受到了补充计量学领域学者的广泛热议和认可。尽管还有一些学者对该词命名存在着一些争议，但是相比较于其他相关的英文词汇，Altmetrics 更为大家所接受，使用范围要广泛得多。因此，Altmetrics 成为国内外学术界代表"补充计量学"这一新兴研究主题的英语标准术语。

而从我国的情况来看，目前对于"Altmetrics"中文译名也是存在着各执一词、议论纷纷的状态。根据笔者查阅的资料来看，国内的专家学者对于"Altmetrics"中文译名的确定主要存在着以下几种方式：①直译法。众所周知，Altmetrics 是 Alternative Metrics 的缩写，而 Alternative 的中文翻译是"可选择的、另类的"，因此一些专家学者将 Altmetrics 命名为"另类计量学"或者"选择计量学"。但是，另类在中国的语言环境下带有贬义的色彩，用"另类计量学"去命名一个专有名词不太恰当。而"选择计量学"单纯从名称角度去看的话，不易让人理解这个学科的内涵。②借鉴法。借鉴法是进行新学科、新领域研究中十分常见的一种方法。有的学者通过调查研究发现，在医学领域也有出现过这种词，在术语里头，译过来叫替代医学(alternative medicine)，已经有 40 多年的历史。同理，一些专家学者认为这个词应该译成"替代计量学"[58]。但是随着社会和技术的发展，各种不同的媒体会不断涌现，如果这种不断的媒体涌现带来不断的"替代"，那么就失去了研究的意义。同时传统的计量方法虽然有着公认的弊端，但是由于传统的学术交流方式还是主流，所以要完全"替代"它也是不科学的。③内涵法：除了上述两种译法外，也有学者从内涵角度出发，将其译成"社会媒体影响计量学"，这一译法虽然可以让人们对于"Altmetrics"有清晰的认识，但是名称太长，不简洁，不易作为一个研究领域的专有名称。从上述分析来看，翻译之事，要想信达雅，甚至更进一步，看出外文词的不足，殊非易事。

笔者认为，应该以"补充计量学"作为"Altmetrics"这一科学学科的标准译名，这是因为 Altmetrics 的实质是把科研过程中产生的数据都考虑进去的计量学，而补充计量学的译名是对其实质的正确理解和认识，因为它并不是去替代传统科学计量学，而是结合原有评价体系再添加一些补充性指标去评价新的科学交流环境下影响力的传播情况。具体来说，补充计量学中的"补充"主要表现在以下几个方面：

（1）"四计学"尤其是网络计量学的补充和发展。

Altmetrics 从学科体系上来说属于"计量学"的下位学科，它是以传统的"四计学"（文献计量学、科学计量学、信息计量学、网络计量学）为学科基础，针对新的社交网络媒体环境下的科学交流方式产生的计量学革命，是对传统计量学的补充，因此使用中文译名"补充计量学"将使这种继承关系更加明确。此外，补充计量学的应用目的是对社交媒体技术支撑下以及开放存取理念影响下对学术交流和学术出版行为的评估和衡量，这一点 J. Howard 在其研究中作了详细的论述[59]。而从上述表述中可以发现，补充计量学赖以存在的两大载体——社交媒体以及开发存取运动，均是 Web2.0 技术的标志和产物，其研究对象是学术交流活动和学术出版行为这些动态的数据，因此补充计量学可以看作是 Web2.0 时代网络动态数据的衡量。网络计量学的概念是将信息计量学（Informetrics）中的理论和方法（如引文分析法等）应用到互联网中，以商业搜索引擎、服务器日志、网络调查和开放存取数据库等提供的数据为原始数据进行定量研究[60]，其目的是用于揭示网上信息的数量特征和内在规律为目标的交叉性边缘学科[61]。从网络计量学的概念中可以发现，其研究对象是网上信息特征规律，是静态的，运行载体是互联网环境，因此可以看成是 Web1.0 时代静态数据的衡量。由此可以发现，补充计量学可以看成是网络计量学的拓展和延伸，是互联网从 Web1.0 到 Web2.0 转变下的产物，补充计量学的出现丰富了网络计量学的研究内容，拓展了网络计量学的应用目的，是对网络计量学多方面的补充和发展，完全符合科学学科的发展阶段特征和继承性特征。因此笔者认为从学科发展的一致性和继承性角度来看，将 Altmetrics 翻译为补充计量学更为恰当。

（2）计量指标的补充。

Altmetrics 是基于单篇论文层面计量（article-level metrics）的研究发展而来，克服了传统引文指标的局限性（时滞过长、影响力片面、引文动机不明确），完善了论文影响力评价体系，使单篇论文的计量指标体系越来越庞大。PLoS（The Public Library of Science）就将单篇论文计量指标归为五大类：使用数据统计（usage stats）、社会网络分享（social shares）、学术书签标记（academic bookmarks）、学术引用（scholarly citations）、非学术引用（non-scholarly citations）[62]。这里需要指出的是，有不少学者将 Altmetrics 特指为单篇论文的社会网络分享或转发（如 Twitter、Facebook、Google+ 等平台上的分享或转发）这一类型的计量指标，也就是前文所指的狭义视角下的 Altmetrics。但自 Altmetrics 提出以来，它所追踪的数据绝不仅仅来源于社交媒体平台，其所囊括的数据源种类不断增加，甚至包括了灰色文献（专利、政策等）中的引用数据[63]，其讨论的内容也绝不仅限于新型计量指标的探讨，无论是从研究的规模还是内容来看，将其上升为一个学科领域是非常必要的。此外，Altmetrics 若仅作为社交网络环境下的新型计量指标，译为"替代计量指标"貌似比较符合其特性，但如果将其拓展到一个学科领域后仍译为"替代计量学"，则易使人对其研究内容产生误解。因此，从计量指标的补充来看，本文认为将 Altmetrics 翻译为补充计量学更易于理解。

（3）计量评价对象的补充。

互联网的快速发展催生了各种各样的研究成果和文献，它们已经受到了学术界的重视。Altmetrics 在被提出时强调了其是对单篇论文层面计量的深化和推广，不单是指计量指标的增加，还有计量对象的丰富[64]。扩充计量对象的意义在于：一方面通过筛选能使更多有价值的学术成果、非学术成果，甚至简要的观点等得到学者们的关注，另一方面则能更加完善、客观地评价学者或机构的影响力。但计量对象种类和数量的增加也为文献筛选带来了更大的挑战，人们不过是从论文的海洋进入了另一片更大的海洋，特别是在近年来语义网（Semantic Web）快速发展的环境下，文献筛选工具的认知负荷也在增加[65]。计量指标不仅用来评价筛选过后的文献，同时也应用在筛选工具的算法和规则的制定中。这些筛选工具的完善是建立在计量指标的研究成果之上的，只有保证计量指标的科学、完善才能使文献的筛选工具更加智能、高效。而信息计量对象的增加也进一步刺激了计量指标的研究需求，两者相互促进、不断补充，Altmetrics 的提出正加快了它们的研究进展。因此，从计量对象的补充来看，本文认为将 Altmetrics 翻译为补充计量学也更为贴切。

综上所述，将术语 Altmetrics 翻译成"补充计量学"，无论从学科的继承性和发展性角度还是研究对象和方法拓展角度，都具有一定的科学性和说明性。在接下来的研究过程中，为了保持研究的一致性，防止读者出现概念混淆，笔者将用补充计量学来指代"Altmetrics"术语。但是需要说明的是，Altmetrics 翻译成"补充计量学"是参考文献计量学、信息计量学在进行英语术语翻译的习惯性做法，并没有将补充计量学看成是一门学科。

3.1.3 补充计量学与"四计学"的相互关系

所谓"四计学"，就是对文献计量学、科学计量学、信息计量学和网络计量学的简称。而补充计量学（Altmetrics）是在当前特定的社会背景和技术条件下迅速形成与发展起来的，主要是由 Web2.0 技术、社交媒体、在线科学交流与计量学等相互结合、交叉渗透而形成的一门交叉性研究主题，也是计量学的一个新的发展方向和重要的研究领域。从某种意义上来说，补充计量学可以看成是传统的"四计学"在新的社会环境和社会需求下发展的必然结果，

"四计学"构成了补充计量学的学科基础。因此，补充计量学与"四计学"之间存在着紧密的联系。纵观计量学的发展历史，根据各个计量学产生发展的时期的不同，我们将其分为以下几个阶段：前网络时期、Web1.0时期、Web2.0时期[66]。如图1所示。

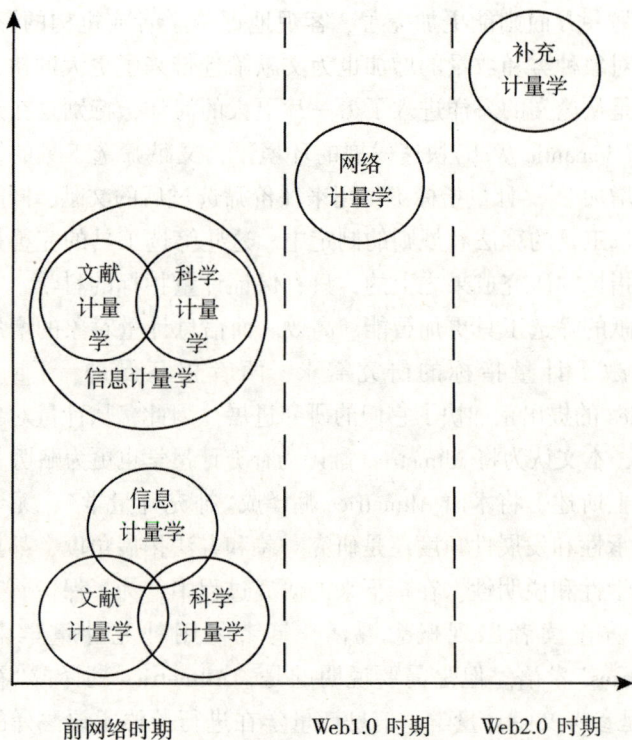

图1　计量学的发展历程图

在前网络时期，科学成果的传播以及科学交流主要依靠图书、期刊等载体形式，因此文献计量学、科学计量学以及信息计量学是计量学领域的研究重点。从研究内容上来看，三者既相互独立，又存在着一定程度的交叉；从发展趋势上来看，信息计量学的研究范围更加广泛，"三计学"将融合到"信息计量学"这一统一的学科体系之下；随着网络时代的到来，信息资源由早期的实物化、纸质化阶段进入到电子化、数字化和网络化阶段，以网络为媒介的信息交流活动迅速激增，计量学进入 Web1.0 时期，主要以网络计量学为研究重点；而 Web2.0 技术的发展引发了科学交流模式的变化，导致了计量学 Web2.0 的革命，补充计量学在这一时期成为了计量学研究的关注点。

虽然补充计量学与文献计量学、科学计量学、信息计量学以及网络计量学都存在着紧密的联系，但是由于产生的时代背景和社会需求不同，它们又各具特色，存在着一些本质的区别，下面笔者将以时代依据为标准，分别展开说明。

（1）补充计量学与传统"三计学"的区别。

众所周知，补充计量学被认为是计量学的 Web2.0 革命。而"革命"必然会带来区别，产生发展。经过分析可以发现，补充计量学与以文献计量学为基础的传统计量学有着以下本质的区别。

①影响力的范围不同。一般而言，传统计量学的研究对象通常是期刊以及文献，而这些只是学者学术成果的部分表现。因此如果以这些为研究对象，通过同行评议、引用次数以及发表论文所在期刊的影响因子这些手段去衡量学者们学术工作的价值是不客观的、片面的。随着科学技术和交流方式的改变，学者们的学术成果形式也呈现出"多样化"的趋势，如开放的数据集、研发的软件工具、共享的算法代码以及自然科学中发现的新的分子结构等等，补充计量学的出现使得衡量这种新形式的学术成果价值成为了可能。此外根据普赖斯的观点，学术成果是经过多途径传播的。他认为科研工作者们通过非正式交流获得 80% 的信息，且科研的重要信息是通过谈话等直接交流方式获得的[67]。Web 2.0 技术的发展使得普赖斯的思想变成了现实，但是传统的计量方式无法跟上时代的脚步，去全面衡量学术成果影响力的多途径传播。补充计量学完成了这一任务，实现了对在线读者行为、网络交互情况、社交媒体、在线内容管理等的有效测量。

②影响力的发生时间不同。传统的期刊论文，从投稿、审阅到最终出版，经历的周期一般是 6 个月到 2 年，而发表论文要被他人引用产生影响力又要经历很长的时期，因此传统计量学在进行测量

和评价时的一个致命缺点就是时滞过长。而补充计量学的评价是即时发生的，通过浏览、下载、转发、评论等方式活动就可以测量，正如补充计量学宣言中所说的，补充计量学的速度为创建实时推荐和协同过滤系统提供了可能（the speed of altmetrics presents the opportunity to create real-time recommendation and collaborative filter system[68]）。

③影响力评价的准确度不同。引用在传统计量学的评价中占有十分重要的地位，但是其重要前提是引用行为要准确规范。然而就目前的学术行为来看，"不恰当的引证"还时有发生，"用而不引"的情况也比较普遍，这些都降低了传统计量学评价影响力的准确度。而补充计量学则不存在这一问题，在社交媒体上，学术成果的浏览、下载、使用、评论都会留下印记，因此影响力评价的准确度大大提高。

（2）补充计量学与网络计量学的区别。

2010年，Priem和Hemminge[69]在研究中指出，网络计量学是metrics on Web1.0，而Altmetrics是Scientometrics 2.0，即metrics on Web2.0。可见，相对而言，网络计量学与补充计量学有着更为紧密的联系，它们都可以看作是基于Web的计量学衍生体。两者的区别在于：网络计量学以网络信息和网站内容为研究对象，借鉴传统计量学的研究方法并加入了网络链接分析法，同时又提出了"网络影响因子"的说法，对于网络信息和网站进行定量的分析和评价，从某种意义上说网络计量学可以看成是传统的"三计学"在网络环境下的应用；而补充计量学的研究对象是社交网站和开放存取平台上学术成果的使用和传播情况，应用基于科学交流过程的评价指标，是交流过程的测度和影响力的评价，是对传统计量学的继承和补充。

3.2 补充计量学的内涵和外延

3.2.1 补充计量学的定义

作为一门新兴的研究主题，学者们一直致力于对补充计量学（Altmetrics）的定义进行界定和讨论，以期对补充计量学的研究有一个清晰的认识。

最早提出和使用"Altmetrics"一词的 Jason Prime 将其定义为"以社交网络工具为途径,在网络背景环境下为测量和评价学术影响力而展开的研究"。[70]他认为补充计量学开拓了学者们在影响力评价方面的视野,这种方法为在多媒体和多平台环境下的多样研究成果的影响力评价开拓了新的思路。从中可以看出,Prime 是将其作为一种研究方法而提出。因此,在最初的一段时间里,对于补充计量学的定义一直都倾向于研究方法方面。例如,Howard 就将其定义为测量评价网络环境驱动下的学术交流,具体表现为学者的研究在推特和博客上的讨论转发状况以及被社会标签的标注情况("Altmetrics—short for alternative metrics—aims to measure Webdriven scholarly interactions, such as how research is tweeted, blogged about, or bookmarked")[71]。Galligan 则认为,补充计量学是基于学术成果在社交媒体、社会标签系统以及网络协同工具上传播的深度和广度为标准,来评价学术影响力的一种新的计量方法。补充计量学可以作为期刊影响因子的补充,它弥补了期刊影响因子在学科差异性上的缺陷,并且适应了当今数字环境下学术交流的特点,为学术内容影响力的评价提供了一种新思路("Altmetrics are new measurements for the impact of scholarly content, based on how far and wide it travels through the social Web (like Twitter), social bookmarking (e.g. CiteULike) and collaboration tools (such as Mendeley) … What altmetrics hope to do is provide an alternative measure of impact, distinct from the Journal Impact Factor, which has been categorically misused and is unable to respond to the digital environment that scholarship takes place in today")[72]。此外,也有学者认为补充计量学是专门针对社交媒体的一种方法,研究人员可以利用这种方法挖掘相关信息,从而可以进行更为精确、详细的学术分析和评价("Altmetrics specifically looks at the social Web and uses it to mineinformation for the analysis and detailed examination of scholarship")[73]。

随着研究和认识的深入,补充计量学(Altmetrics)逐渐发展成一门独立的科学学科，成为"计量学"的分支学科，因此对于其定义的界定也逐渐有了更为清晰的认识。Taraborelli 指出，补充计量学已经超越了以引证为基础的传统评价指标以及以下载和点击浏览率为表现的使用指标的界限，它以博客、社交媒体、评审系统及包含社会标签工具和参考文献管理系统在内的协同标注工具为平台，对各类学术成果的分布、阅读以及利用情况进行定量描述和分析，以便全面揭示其影响力特征和规律的一门学科（"Altmetrics go beyond traditional citation-based indicators as well as raw usage factors (such as downloads or click-through rates) in that they focus on readership, diffusion and reuse indicators that can be tracked via blogs, social media, peer production systems, collaborative annotation tools (including social bookmarking and reference management services)"）[74]。

尽管上述学者对于补充计量学的定义从描述的细节到关注的视角都大相径庭，但不可否认的是他们对于补充计量学的认识都是准确的，其原因就是他们对于补充计量学本质内涵的把握如出一辙。即通过对于社交网络本质内涵的更深刻的认识，来为评价学术工作的影响力和价值提供一种新方法，这是对传统期刊影响因子和点击浏览率测评的一种补充。

此外需要说明的是，补充计量学（Altmetrics）作为一门正在成长中的新兴学科，其产生发展也不过短短几年的时间，对于其定义的理解还没有达成共识和定论。但可以预见的是，随着补充计量学的发展壮大，其学科定义还会随之演进，直到成为一门成熟的、被学术界认可的科学学科。

3.2.2 广义补充计量学与狭义补充计量学

按照研究内容涵盖的范围，补充计量学可以划分为广义补充计量学和狭义补充计量学。这一说法的提出有其科学依据。从上面分析论述中，我们知道补充计量学的重要性质之一就是它是计量学的分支学科，它与传统的"三计学"有着密不可分的关系。著名的计量学家邱均平教授曾经指出，信息计量学应分为"广义信息计量学"与"狭义信息计量学"，前者主要探讨以广义信息论为基础的广义信息的计量问题，其范围非常广泛；而后者主要研究情报信息

(或文献信息)的计量问题，即通常所讲的信息计量学(情报计量学)，其主要内容是应用数学、统计学等定量方法来分析和处理信息过程中的种种矛盾，从定量的角度分析和研究信息的动态特性，并找出其中的内在规律[75]。鉴于信息计量学与补充计量学的紧密关系，补充计量学也可以相应地划分为广义的补充计量学和狭义的补充计量学。"广义的补充计量学"是从广义的信息论角度出发，研究 Web2.0 环境下科学交流传播过程中的现象、过程和规律的一门学科，其研究范围扩展到了最广泛的认识论层次上，即同时考虑事物运动状态及其变化方式的外在形式、内在含义和效用价值的全信息[76]。换言之，就是广义的补充计量学关注的不光是 Web2.0 环境下科学成果传播带来的影响力变化情况，还要研究科学交流传播的过程、影响传播的因素以及呈现出来的传播规律。其研究内容不仅涉及计量学，还涉及了传播学，研究的问题极为复杂，也超出了本文的研究范围。因此本文的研究属于狭义的补充计量学的内容，其研究的关注点主要是科学成果在 Web2.0 技术平台上的传播，其研究的数据源涵盖了除引用数据外所有的信息源，包含诸如使用(下载率、浏览量、图书馆藏、馆际互借和原文传递)、获取(喜欢、收藏、保存、读者)、提及(博客帖子、新闻报道、维基百科文章、评论和评议)和社交媒体(推文、朋友、赞扬、共享和评级)等[77]。广义补充计量学和狭义补充计量学的具体比较如表 3 所示。

表3　　　　　　　**广义补充计量学和狭义补充计量学比较**

	广义补充计量学	狭义补充计量学
研究内容	学术成果的 Web2.0 传播，科学交流传播的过程、影响因素和规律	学术成果的 Web2.0 传播
学科性质	计量学与传播学	计量学
研究者	多领域学者	计量学领域学者

3.2.3　宏观补充计量学与微观补充计量学

从补充计量学的实践应用角度出发，可以把补充计量学划分为宏观的补充计量学和微观的补充计量学。"微观补充计量学"的研究是对微观层次的在线科学交流展开的计量研究，具体来说其研究内容包括论文层面计量（Article-Level Metrics）、科研成果计量（Eurekometrics）、科研发现计量（Erevnametrics），也可以称为是科学计量学 2.0（Scientometrics 2.0），可以认为是科学计量学的进一步发展。"微观补充计量学"一般是为了指导具体的在线科学活动实践，为组织机构（高校、政府的教育科技部门等）所属教育科研信息资源的有序化组织和合理分布、科技教育管理的规范化和科学化提供必要的定量依据，提高其管理水平。与之相对，"宏观补充计量学"的研究针对的是宏观层次的科学交流，其研究内容不仅仅包含了对于科研工作价值和影响的测量，还包括对于在线读者行为、网络交互情况、社交媒体、在线内容管理的测量。"宏观补充计量学"目的是探讨 Web2.0 环境下在线交流的理论原理，促进国家层面上在线科学交流经济效益和社会效益的充分发挥，推动科学交流网络化和社会信息化的健康蓬勃发展。宏观补充计量学和微观补充计量学的具体比较如表 4 所示。

表4　　　　　宏观补充计量学与微观补充计量学比较

	宏观补充计量学	微观补充计量学
研究内容	对于科研工作价值和影响、在线读者行为、网络交互状况、社交媒体以及在线内容管理的测量	对于科研工作价值影响的测量（包括论文层面计量、科研成果计量、科学发现计量）
研究目的	指导国家层面的在线交流效益的发挥，促进科学交流的网络化和社会的信息化	指导组织机构层面的科研管理以及相关资源的组织和分配

3.3　补充计量学的研究对象和特点

3.3.1　补充计量学的研究对象
一个主题要想得到快速的发展，必须有明确的研究对象，这是一个主题区别于别的主题的重要标志。因此，我们要对补充计量学展开系统的分析和探讨，必须首先界定一个明确、清晰的研究对象[78]。对于补充计量学的研究对象，不同的学者从不同的角度作出了各自的总结和归纳。补充计量学（Altmetrics）领域中的著名学者 Jason Prime 认为补充计量学的研究对象包括社交网络工具上的科学交流活动和开放存取平台上广泛应用的科学成果[79]。国内学者刘春丽的观点与 Jason Prime 大致相同，她认为补充计量学的研究对象可以概括为开放存取平台与学术社交网络中科技论文的各种使用、交流活动。选择性计量学中的学术影响力评价拓展了先验和后验科学质量评价的内涵[80]。Taraborelli D 则认为补充计量学的研究对象为科学文献在网络环境下的各种应用数据资源[81]。来自美国杜克大学的 Heather Piwowar 则指出补充计量学的研究对象是影响力，具体可以表述为四个方面：①影响力的细致研究：即学术产出的浏览、下载、讨论情况；②影响力的实时研究：可以测量短时间，甚至一天内的影响力；③影响力的不同受众：学者、专业技术人员、一般大众均可以对学术成果产生影响；④影响力的不同形式：不仅仅局限于科研论文，开放数据、算法程序、学术视频均在研究范围内。Zohreh Zahedi 等学者认为，补充计量学的研究对象应该非常广泛，包括以下载量和浏览量为指标的使用数据分析（usage data analysis（download and view counts））、网络引用和链接分析（web citation and link analyses）以及社交网络分析（social web analysis）三个方面[82]。从以上的众多观点来看，学术界对于补充计量学的研究对象还没有达成定论，形成统一的认识。

笔者认为，补充计量学的研究对象简单来说就是"Web2.0 环境下的学术影响力"，关键问题是如何有效描述"Web2.0 环境下的学术影响力"。首先，我们要对"Web2.0 环境"有一个清晰的认识，即这种学术影响力的产生是在 Web 2.0 技术发展这个前提条件下。这个前提条件包含两层意义：一是补充计量学的研究是基于学术成果在 Web2.0 工具平台（包括社交媒体、开放存取平台、社会标签系统、协同标注平台等）传播的深度和广度；二是 Web2.0 环境下的交流模式是实时交流，因此补充计量学研究的也是实时的影响力。其次，我们也要对产生学术影响力的载体形式有一个准确的理解，即载体形式是多样的，这种多样性包含格式的多样性和内容的多样性两个方面。格式的多样性即产生学术影响力的载体不仅仅是文本格式，还可以是视频、图片、PPT 等；内容的多样性即产生学术影响力的载体不仅仅是学术论文，还可以是程序片段、数据算法、分子结构等。

3.3.2 补充计量学的特点

Web 2.0 技术的进步和发展，开放科学与开放存取运动的深化，促进了计量学领域的改革和发展。补充计量学的诞生，打破了科学工作者对于科学交流和学术成果影响力固有的理解。与传统的计量学相比，补充计量学又呈现出了一些新的特点。对其进行准确把握和理解，对于创新科学交流体系在教育和管理方面的应用以及促进学术研究成果社会影响力价值的发挥有着重要的意义。具体来说，补充计量学的特点主要表现在以下几个方面：

(1)多样、全面的影响力评价。与传统的计量学评价相比，补充计量学可以对学术成果的影响力进行多样、全面的影响力评价。多样性主要是指评价对象的多样性，传统计量评价的针对对象主要是纸质期刊发表的学术论文，补充计量学的评价对象除了纸质期刊发表的学术论文以外，内容形式和载体格式都更加多样。从内容的角度来说，补充计量学的研究对象还包含了支撑数据、实验数据、算法模型，等等；从载体格式的角度来说，补充计量学的评价对象除了文本文档外，还包含视频、音频、图片等格式。目前，学术成果影响力的产生模式经历了三个阶段：文献之间的引证、正式的网络学术平台对文献的引用以及非正式学术交流平台（如博客、Twitter、Facebook 等）对学术成果的提及和讨论[83]。传统的计量评价只能对第一个阶段的影响力产生模式进行评估和衡量，而补充计量学的评价能涵盖上述三个方面，从而可以对学术成果的影响力进行全面性的评价。

(2)实时、快捷的影响力追踪。传统的计量评价通常依靠引证次数的统计和引文分析对学术成果的影响力进行评估和测度，而这一过程的实现往往要花费数月甚至数年的时间。补充计量学依赖于在线科学交流方式产生，在线科学交流的动态交互和直接双向交流促使补充计量学可以进行实时、快捷的影响力追踪，这对于学者快速获取研究反馈、基金部分进行自主决策以及创建实时推荐协同过滤系统有着重要的意义。

(3)对于智能化、专业化工具的强依赖性。补充计量学运行的基础是在线科学交流中学术成果传播产生的开放数据，这些开放数据的本质是网络数据。在大数据的环境背景下，网络数据呈现出数据量庞大、数据多态、繁杂、异构的特征。针对庞大的数据量，单靠人工方式去收集是不可能的，所以必须依靠相关的工具通过 API 接口从相关的数据源获取数据；数据多态、繁杂、异构给补充计量学分析带来了挑战，人工的处理方式不仅成本高，而且效率低，所以必须依靠智能化、专业化的工具进行相应的数据清洗、格式转换、词性标注和特征提取。此外，补充计量学要为学者、机构以及相关的工作人员提供实时、快速、准确的影响力评价结果，这就要求对于相关指标的测算要准确、快速，智能化、专业化的工具中指标计算的算法和程序是实现这一目的的唯一途径。

4　结论与展望

补充计量学是在社交媒体工具以及开放存取理念在学术交流过程与学术成果发表出版平台中广泛应用的基础上而发展起来的一门重要的新兴研究主题，也是当前国内外学术界研究最活跃的专业领域之一。本文梳理了补充计量学国内外相关研究现状，明确了补充计量学研究中存在的问题，为未来的研究提供思路和指明方向；明确推动补充计量学发展进步的若干基本问题，为补充计量学研究发展进行了系统的探索，主要得到了以下结论：

(1)"补充计量学"一经提出，顿时引起了国内外专家学者的关注和热议。其研究经过一段时间的发展和积累后，已经形成了一些比较有代表性的学术成果。从目前的研究现状来看，国外关于补充计量学的研究起步较早，研究也更为深入全面，目前在该研究领域处于领先地位。通过文献的分析调研可以发现，国外关于补充计量学的研究虽然取得了一定的成果，但是目前仍然处于起步探索阶段，还有许多亟待解决的问题。综合来说，目前国内外关于补充计量学的研究规模较小，研究的深度和广度都有待提高，而且研究较为零散和碎片化，缺乏系统性和完整性。总之，补充计量学的理论、方法、应用研究都很不完善，这就需要相关领域的专家学者多作努力，去完善补充计量学的系统研究，使其早日发展成长为一门成熟的研究领域，发挥其学术价值、经济价值和社会价值。

（2）从目前的研究成果来看，补充计量学存在着理论研究不系统、应用研究不深入的问题，这些都与补充计量学研究的基本问题不明确、专家学者对相关概念内涵理解不透彻紧密相关。为了促进补充计量学的发展壮大，早日实现补充计量学的学科服务，本文试图对"什么是补充计量学"这一基本问题进行准确、全面的回答。为此，本文追本溯源，从补充计量学与传统"四计学"——文献计量学、科学计量学、信息计量学与网络计量学的相互关系出发，循着补充计量学两个发展阶段轨迹——萌芽阶段、成长阶段，分析其产生背景，探讨其名称由来及相应的中英文术语；在此基础上深入剖析了补充计量学的定义，并从广义和狭义的研究视角以及宏观与微观的研究层次对补充计量学进行了探讨，把握了其内涵和外延；最后探讨了补充计量学的研究对象和特点，明确了其研究范围和学科界限，抓住补充计量学的特征，从而促使相关研究的开展更有针对性。补充计量学研究中这些基本问题的明确，有助于相关研究的顺利展开，吸引越来越多的专家学者投入到相关领域的研究工作中去，从而为补充计量学学科体系的系统完善以及学科服务的早日实现铺平道路。

为了完善补充计量学的系统研究，促进其学术价值、经济价值和社会价值的发挥，笔者认为，该主题研究未来还可以在以下几个方面多做努力：

（1）补充计量指标的验证、完善和构建。

作为补充计量学核心和基本思想的体现，补充计量指标的发展和成熟直接关系到补充计量学是否能够持续稳定的发展以及相关服务是否能够顺利展开。因此在未来的研究过程中，学者们应该将研

270

究精力和关注焦点集中在这些方面，具体来说，主要从以下几个方面多做努力：①正确理解每一个具体的补充计量指标的内涵。换言之，就是要从总体上把握和理解每一个补充计量指标与学者科学实践和学术行为的相关性到底有多大。以目前最为流行的补充计量指标——推特数为例进行说明。例如，据报道目前有三分之一的学者都有 Twitter 账户，这一现象说明了什么？这种现象所代表的意义会因学科领域的不同而异吗？Twitter 数据能在何种层次和维度上对学术行为和学术影响力进行说明？学者所发布的所有"tweet"是否都能视作其学术行为的一部分呢？针对每一个具体补充计量指标，学者们都应该从这些方面去剖析其深层的内涵和意义。对于补充计量指标，只有做到"知其然，知其所以然"，才能做到对其正确恰当的使用。②正确解读补充计量指标的量化数据。补充计量指标通过相应的量化数据来对学术成果的影响力进行评估和测量，因此只有对这些量化数据进行合理的解读，才能够使评价结果更加的客观公正。还是以 Twitter 指标数据为例来进行说明，在进行具体的评价研究时，"tweet"的数量要达到多少才能够说明影响力？这个数字是否适用于所有的学科或者主题呢？这些指标数据中是否存在着规模化操作的不实数据呢？除了要对已存在的补充计量指标进行具体的检验、评价和完善，未来的研究还需在新指标的提出和构建方面多作探索。科研工作者应该从分析在线科学交流模式与出版发表体系的特征入手，提出具有开放存取特色和社交媒体特征的补充计量新指标，从而更好地为学术成果影响力的全面综合评价服务。补充计量指标的评价、完善和构建，无疑是补充计量学研究中的主要趋势，也是未来研究中所要解决的关键问题之所在。

（2）补充计量数据源的控制和开发。

补充计量指标的运行基础就是在线科研交流以及网络出版模式下产生的各种数据，因此补充计量数据源质量的好坏与补充计量学研究结论的正确性和客观性有着直接的联系。鉴于数据源在补充计量学研究中的重要性和基础性，其控制与开发也是未来研究中的一个重要主题。然而对于这一研究，学者们需要明确两个方面的问题：①正确理解补充计量数据源的开放性。从目前的研究来看，常用的补充计量数据源有两种，一种是具有开放性，数据的使用和获取是免费的；一种是具有商业性的，数据的使用和获取要支付一定数额的资费。通过文献调研可以发现，相比于开放性的数据源，商业性质的补充计量数据源在数据来源的透明度以及数据覆盖范围方面都有着良好的表现，此外商业性质的数据源还会通过一定的算法或者编码对原始数据进行二次加工，从而可以为相关用户提供直观、正确的补充计量指标数据，为研究的顺利展开提供了便利条件。因此在未来的研究中，对于开放性的数据源应该以商业化数据源为榜样，在数据易获取性、透明性以及直观性方面多做努力。②正确理解补充计量数据源的目的性。由于补充计量指标及其应用领域的多样性，所以有必要根据研究目的的不同有针对性地使用特定的补充计量数据源。例如，补充计量学在作为信息过滤机制进行学术成果的推荐和筛选时，Twitter 数据就是一个很好的数据源。而进行影响力的评价时，单纯地使用 Twitter 数据源会造成评价结果的偏差。综上，对于补充计量数据源的研究，要想达到完善成熟还有很长的路要走，我国要想在补充计量学的研究中取得领先地位，就必须在数据源控制开发的道路上奋起直追。

（3）补充计量工具的应用开发。

在未来的研究过程中，为了实现补充计量数据收集存储、分析处理以及应用服务真正的一体化，还需要集思广益，引入更为有效和广泛的研发策略对补充计量工具的不同功能模块进行集成开发，这样才能更好地实现补充计量学的学术价值和社会价值。当然，工具的应用开发很难一步到位，尤其是对于补充计量学这一门尚在发展还未成熟的探索性学科，更是需要循序渐进、逐步完善，否则欲速而不达。

总体而言，补充计量学的最终目的在于提高学术交流效率、提高管理水平、促进社会进步，而这一目的是为了满足学者、管理者、机构乃至国家的相关需求而设立的。因此在进行相关研究的过程中，还需要用户对于最终所获得的研究结论或者学术报告进行评价，并建立用户反馈机制[84]，对其进行相应的分析和管理，从而可以达到确保数据正确，使其可以被审核而且可信；用户体验良好，使得数据的实用性以及取得性可以达到最大化程度。这样才能有助于补充计量学理论模型与规律、方法体系与工具以及应用系统的完善，从而促进补充计量学这一创新理论以及交叉应用学科的长远发展。

参 考 文 献

［1］Chesbrough H W. Open innovation：the new imperative for creating and profiting from technology［M］. Harvard Business Press，2003.

［2］Powell K.Science communication：from page to screen［J］. Nature，2013(494)：271-273.

［3］Taraborelli D. Soft peer review：social software and distributed scientific evaluation ［EB/OL］. ［2014-09-10］. http://www. mendeley. com/research/Social？ software？ and？ distributed？ scientific？ evaluation.

［4］Neylon C，Wu S. Article level metrics and the evalution of scientific impact［J］. PLoS Biology, 2009,7(11).

［5］Priem J，Taraborelli D，Groth P，et al. Altmetrics：a manifesto［EB/OL］.［2014-09-10］. http://altmetrics.org/manifesto/.

［6］Finbar Galligan b，Sharon Dyas-Correia. Altmetrics：rethinking the way we measure［J］. Serials Review,2013(39)：56-61.

［7］Jensen M. The new metrics of scholarly authority［J］.Chronicle of Higher Education，2007, 53(41).

［8］Anderson K. The impact factor：a tool from a bygone era［EB/OL］.［2014-09-15］.http：//scholarlykichen. sspnet. org /2009 /06 /29 /is-the-impact-factor-from-a-bygone-era.

［9］Patterson M. Article-level metrics at PLoS-addition of usage data［M］.［S.l.］：PLoS Blogs, 2009：315-317.

［10］Priem J，Hemminger B H. Scientometrics 2.0：new metrics of scholarly impact on the social Web［J］. First Monday, 2010, 15(7).

[11] Bollen J, Vandesompelh, Hagberga, et al. Aprincipal component analysis of 39 scientific impact measures[J]. Plos One, 2009,4 (6):e6022.

[12] Haustein S, Peters I, Sugimoto R C, et al. Tweeting biomedicine: an analysis of tweets and citations in the biomedical literature[J]. Journal of the Association for Information Science and Technology, 2014, 65(4): 656-669.

[13] Noorden V R. Twitter buzz about papers does not mean citations later [EB/OL]. [2014-8-19]. http://www. nature. com/news/ twitter-buzz-about-papers-does-not-mean-citations-late r-1.14354.

[14] Li X, Thelwall M, Giustini D. Validating online reference managers for scholarly impactMeasurement [J]. Scientometrics, 2012,91(2), 461-471.

[15] Wouters P, Costas R. Users, narcissism and control: tracking the impact of scholarly publicationsin the 21st century. Utrecht: SURF foundation.[EB/OL]. [2014-09-02]. http://www. surffoundation. nl/nl/publicaties/Documents/Users% 20narcissism% 20and% 20control.pdf.

[16] Andrea M Michalek. Plum Analytics: an altmetrics tool for determining impact in the chemical science [C]// Abstracts of Papers of the American Chemical Society, Amer Chemical Soc 1155 16th St, Nw, Washington, D. C. 20036 USA, 2013.

[17] Robin Chin Roemer, Rachel Borchardt. From bibliometrics to altmetrics a changing scholarly landscape[J].College & Research Libraries News, 2012, 73(10):596-600.

[18] Shuai X, Pepe A, Bollen J. (2012).How the scientific community reacts to newly submitted preprints: article downloads Twitter mentions, and citations. [EB/OL]. [2014-08-17]. http://arxiv. org/abs/1202.2461v1.

[19] Bar-Ilan J. (2012a). JASIST@ mendeley. Presented at the ACM Web Science Conference Workshop onAltmetrics. Evanston, IL.

[EB/OL].[2014-08-21]. http://altmetrics.org/altmetrics12/bar-ilan.

[20] Bar-Ilan J. Bulletin of the American Society for Information Science and Technology[J].JASIST 2001-2010, 2012, 38(6): 24-28.

[21] Priem J, Piwowar H A, Hemminger B M. (2012). Altmetrics in the wild: using social media toexplore scholarly impact.[EB/OL]. [2014-08-02]. http://arxiv.org/abs/1203.4745.

[22] Li X, Thelwall M. F1000, Mendeley and traditional bibliometric indicators[J]. In Proceedings of the 17th International Conference on Science and Technology Indicators, Montréal, Canada. 2012 (2): 451-551.

[23] Zahedi Z, Costas R, Wouters P. How well developed are altmetrics? Cross disciplinaryanalysis of the presence of 'alternative metrics' in scientific publications[J]. In Proceedings of the 14th International Society of Scientometrics and Informetrics Conference.2013(1): 876-884.

[24] Cronin B, Sugimoto C. Beyond Bibliometrics: Harnessing Multi-dimensional Indicators of Scholarly Errpact[M]. MIT Press,2014.

[25] Weller K, Peters I. Citations in Web 2.0 [M]. Düsseldorf: Düsseldorf University Press, 2012: 211-224.

[26] Priem J, Piwowar H A, Hemminger B M. (2012). Altmetrics in the wild: Using social media toexplore scholarly impact.[EB/OL]. [2014-08-02]. http://arxiv.org/abs/1203.4745.

[27] Schlögl C, Gorraiz J, Gumpenberger C, Jack K, Kraker P. Download vs. vitiation vs. readership data: the case of an information systems journal [J]. In Proceedings of the 14th InternationalSociety of Scientometrics and Informetrics Conference, 2013(1): 626-634.

[28] Priem J. (2010). Tweet by Jason Priem on September 28, 2010 [EB/OL]. [2014-10-12]. https://twitter. com/#! /jasonpriem/status/25844968813.

[29] Priem J, Costello K, Dzuba T. (2011). First-year graduate students just wasting time? Prevalence anduse of Twitter among scholars. Presented at the Metrics 2011 Symposium on Informetric and Scientometric Research, New Orleans, LA, USA. [EB/OL]. [2014-08-12]. http://jasonpriem. org/self-archived/5uni-poster.png.

[30] Eysenbach G. (2011). Can tweets predict citations? Metrics of social impact based on Twitter and correlation with traditional metrics of scientific impact. Journal of Medical Internet Research, 13(4). [EB/OL]. [2014-08-12]. http://www. jmir. org/2011/4/e123.

[31] Weller K, Puschmann C. (2011). Twitter for scientific communication: how can citations/references beidentified and measured? In Proceedings of the 3rd ACM International Conference on Web Science, Koblenz, Germany. [EB/OL]. [2014-08-14]. http://journal.webscience.org/500/1/153_paper.pdf.

[32] Letierce J, Passant A, Decker S, Breslin J G. Understanding how Twitter is used to spreadscientific messages[C]. In Proceedings of the Web Science Conference, Raleigh, NC, USA, 2010.

[33] Thelwall M, Haustein S, Larivière V, Sugimoto C. Do altmetrics work? Twitter and ten othercandidates[J]. PLoS One, 2013, 8 (5): e64841.

[34] 刘春丽. Web 2.0 环境下的科学计量学：选择性计量学[J]. 图书情报工作, 2012, 14(7): 52-56.

[35] 邱均平, 余厚强. 替代计量学的提出过程与研究进展[J]. 图书情报工作, 2013(19): 5-12.

[36] 崔宇红. 从文献计量学到 Altmetrics：基于社会网络的学术影响力评价研究[J]. 情报理论与实践, 2013(12): 17-20.

[37] 顾立平. 开放数据计量研究综述：计算网络用户行为和科学社群影响力的 Altmetrics 计量[J]. 现代图书情报技术, 2013(6): 1-8.

［38］由庆斌，汤珊红. 补充计量学及应用前景［J］. 情报理论与实践，2013（12）：7-10.

［39］由庆斌，汤珊红. 不同类型论文层面计量指标间的相关性研究［J］. 图书情报工作，2014，58（8）：79-84.

［40］刘春丽. 基于 PLOS API 的论文影响力选择性计量指标研究［J］. 图书情报工作，2014，57（7）：89-95.

［41］崔宇红. 从文献计量学到 Altmetrics：基于社会网络的学术影响力评价研究［J］. 情报理论与实践，2013（12）：17-20.

［42］夏秋菊，黄英实，刘喆姝. Altmetrics 对图书馆服务的影响研究［J］. 现代情报，2014（9）：129-132.

［43］张民，赵文华，孙保存. 从编辑的视点探讨科技期刊 Altmetrics 的重要性［J］. 编辑之友，2013（9）：41-43.

［44］陈铭. 期刊利用统计与 Altmetrics 的兴起［J］. 图书与情报，2014（1）：12-17.

［45］刘丹，赵宇峰，曾文. 机构知识库的新机遇：替代计量学［J］. 中国教育网络，2014（6）：74-76.

［46］刘春丽，何钦成. 不同类型选择性计量指标评价论文相关性研究——基于 Mendeley、F1000 和 Google Scholar 三种学术社交网络工具［J］. 情报学报，2013（2）：206-212.

［47］王贤文，张春博，毛文莉，等. 科学论文在社交网络中的传播机制研究［J］. 科学学研究，2013（9）：1287-1295.

［48］顾立平. 论文级别计量研究：应用案例分析［J］. 现代图书情报技术，2012（11）：1-7.

［49］黄芳. 补充计量学及其在生物医学领域的应用［J］. 中华医学图书情报杂志，2013，23（7）：15-20.

［50］邱均平，余厚强. 替代计量学的提出过程与研究进展［J］. 图书情报工作，2013（19）：5-12.

［51］Bollen J, et al. MESUR：usage-based metrics of scholarly impact［C］//Proceedings of the 7th ACM/IEEE-CS Joint Conference on Digital Libraries. ACM, 2007：474-474.

［52］Taraborelli D. Soft peer review：social software and distributed scientific evaluation〔EB/OL〕.〔2014-09-10〕. http：//www. mendeley. com/research/Social？ software？ and？ distributed？ scientific？ evaluation.

〔53〕Neylon C, Wu S. Article level metrics and the evalution of scientific impact〔J〕. Plos Biology, 2009, 7(11).

〔54〕Priem J. (2010). Tweet by Jason Priem on September 28, 2010 〔EB/OL〕. 〔2014-10-12〕. https：//twitter. com/#! / jasonpriem/status/25844968813.

〔55〕Priem J, et al. Scientometrics 2. 0：new metrics of scholarly impact on the social Web〔J〕. First Monday, 2010(7).

〔56〕Priem J, Taraborelli D, Groth P, et al. Altmetrics：a Manifesto 〔EB/OL〕.〔2014-09-10〕. http：//altmetrics. org/manifesto/.

〔57〕Programme Overview of 14th International Society of Scientometrics and Informetrics Conference〔EB/OL〕.〔2014-10-28〕. http：// www. issi2013. org/Images/ISSI_ Program. pdf.

〔58〕Altmetrics 应翻译成替代计量学〔EB/OL〕.〔2014-10-25〕. http：//blog. sciencenet. cn/blog-441629-807488. html.

〔59〕Howard J. Scholars seek better ways to track impact online〔J〕. Chronicle Of Higher Education, 2012.

〔60〕Thelwall M, Vaughan L, Björneborn L. Webometrics〔J〕. ARIST, 2005, 39(1)：81-135.

〔61〕邱均平. 网络计量学〔M〕. 北京：科学出版社, 2010.

〔62〕Lin J, Fenner M. The many faces of article - level metrics〔J〕. Bulletin of the American Society for Information Science and Technology, 2013, 39(4)：27-30.

〔63〕Adie E. The grey literature from an altmetrics perspective-opportunity and challenges〔J〕. Research Trends, 2014 (37)：23-25.

〔64〕Piwowar H. Altmetrics：Value all research products〔J〕. Nature, 2013, 493(7431)：159.

〔65〕Schroeder R, Power L, Meyer E T. Putting Scientometrics 2. 0 in its place//Altmetrics11. Tracking scholarly impact on the social web［C］. An ACM web science conference 2011 workshop Koblenz, Germany. 2011：14-15.

［66］由庆斌, 汤珊红. 补充计量学及应用前景［J］. 情报理论与实践, 2013(12)：7-10.

［67］Burnett G, Jaeger P T. Small Worlds, lifeworlds, and information：the ramifications of the information behavior of social groups in public policy and the public sphere［J］. Information Research, 13 (2)：346.

［68］Priem J, Taraborelli D, Groth P, et al. Altmetrics：a manifesto ［EB/OL］. ［2014-09-10］. http：//altmetrics. org/manifesto/.

［69］Priem J, et al. Scientometrics 2. 0：new metrics of scholarly impact on the social Web［J］. First Monday, 2010 (7).

［70］Priem J, Taraborelli D, Groth P, et al. Altmetrics：a manifesto ［EB/OL］. ［2014-09-10］. http：//altmetrics. org/manifesto/.

［71］Henning, V. (August 22). Mendeley generating 100 m API calls from apps every month. ［Blog post］. APPs Blog. ［EB/OL］. ［2014-09-15］. http：//www. guardian. co. uk/technology/ appsblog/2012/aug/22/mendeley-apps-api-growth.

［72］Finbar Galligan b, Sharon Dyas-Correia. Altmetrics：rethinking the way we measure［J］. Serials Review, 2013(39)：56-61.

［73］Altmetrics［EB/OL］. ［2014-08-28］. http：//hlwiki. slais. ubc. ca/index. php/Altmetrics.

［74］Taraborelli D. (n. d.). Mendeley. Grou［EB/OL］. ［2014-08-31］. http：//www. mendeley. com/groups/586171/altmetrics/.

［75］邱均平. 我国文献计量学的进展与发展方向［J］. 情报学报, 1994(6)：200-210.

［76］张洋. 网络计量学理论与实证研究［D］. 武汉：武汉大学, 2006.

［77］崔宇红. 从文献计量学到 Altmetrics：基于社会网络的学术影响力评价研究［J］. 情报理论与实践, 2013, 36(12)：17-20.

[78]宋艳辉. 知识计量学的构建及应用研究[D]. 武汉：武汉大学, 2012.

[79] Riem J, Hemminger B H. Scientometrics 2.0：newmetrics of scholarly impact on the social Web[J]. First Monday, 2010, 15 (7)：5.

[80]刘春丽. Web 2.0 环境下的科学计量学：选择性计量学[J]. 图书情报工作, 2013, 56(14)：52-56, 92.

[81]Taraborelli D. Soft peer review：social software and distributed scientific evaluation [C]. Proceedings of the 8th International Conference on the Design of Cooperative Systens, 2008 (5)： 20-23.

[82]Zohreh Zahedi, Rodrigo Costas, Paul Wouters. How well developed are altmetrics? A cross-disciplinary analysis of the presence of 'alterntive metrics' in scientific publications [J]. Scientometrics, 2014(101)：1491-1513

[83]Mike Taylor. Exploring the boundaries：how altmetrics can expand our vision of scholarly communication and social impact [J]. Information Standards Quarterly, 2013, 25(2)：27-32.

[84]王菲菲. 基于计量分析的数字文献资源语义化研究[D]. 武汉：武汉大学, 2013.

【作者简介】

赵蓉英，女，博士，武汉大学信息管理学院教授，博士研究生导师，武汉大学中国科学评价研究中心主任。美国匹兹堡大学信息科学学院访问学者。近年来主持国家社科基金项目、教育部、国家科技部委托项目等科研项目多项。在 SCI、SSCI、EI 等国内外权威期刊和核心期刊发表学术论文 100 余篇，出版著作和教材多部，国家级精品课程《信息计量学》的主要成员和主讲教师，获得湖北省科技进步三等奖等多项奖项。

吴胜男，女，博士，山西医科大学管理学院讲师。主持了武汉大学自主科研项目，参与了相关的国家社科基金重大项目、国家社科基金一般项目、教育部人文社科项目以及中国科学评价研究中心的横向项目，共发表和录用相关论文 22 篇，其中 SCI/SSCI 刊源 2 篇，被 EI 索引 4 篇，CSSCI 刊源 11 篇。

社交问答用户行为、服务及
信息内容的研究进展[①]

邓胜利[1]　　杨丽娜[2]

(1. 武汉大学信息资源研究中心；

2. 中国科学院兰州文献情报中心)

[摘　要]随着社交网络时代的到来，用户知识交流与利用形态正处于新的变革之中，基于用户知识贡献形成的社交问答社区服务已成为人们日常寻求问题解答，满足自身信息需求的一种重要途径。社交问答服务的快速发展吸引了大量用户参与，用户以"问"和"答"的形式进行信息交流，不仅弥补了搜索引擎智慧性和互动性的不足，更为搜索引擎的发展提供了庞大的信息资源。用户参与知识贡献的行为以及对服务的评价，是社交问答服务深入发展急需研究的问题。社交问答平台架构由四方面的要素组成，其中，用户和内容是平台的核心要素，服务和技术作为支撑要素也具有其重要性。本文从用户行为、服务以及信息内容三方面对社交问答平台的研究进展进行了全面梳理，为社交问答的发展研究指明了方向。

[关键词]信息服务　交互式信息服务　研究进展

---

①　本文系国家社会科学基金项目"基于社交问答平台的用户知识贡献行为与服务优化研究"（批准号 No.14BTQ044）和武汉大学 70 后学术团队项目"网络用户信息行为"的研究成果之一。

Advances in Social Q&A User' Behavior,
Service and Information Content

Deng ShengLi[1] Yang Lina[2]

(1. Center for Studies of Information Resources, Wuhan University;

2. Lanzhou Library, Chinese Academy of Sciences)

[**Abstract**] As the coming of Web 2.0 Age, the forming of knowledge communication and use is changing. Social Q&A community service which is generated by user knowledge contribution becomes an important tool for users to seek answers and satisfy themselves in their daily life. A large volume of users have been attracted by the fast-developing of Social Q&A sites and have exchanged information through the form of questioning and answering. The rapid expansion of Social Q&A has not only covered the shortage of wisdom and interactivity of search engine service, but also provided a lot of information resources for its development. User behavior of knowledge contribution and the service optimization are the key problems that need to be explored for the further development of Social Q&A services. The platform structure of Social Q&A was identified with four parts, among which the user and content were considered to be the key factors while the service and technology were considered to be the supporting elements. This paper makes a comprehensive review of the research progress of Social Q&A from the three aspects of user behavior, service and information content, and points out the direction for the future research.

[**Keywords**] Social Q&A   information behaviour information service   information content

　　网络的普及与发展改变了用户的信息获取行为，通过搜索引擎查找信息在一段时间内基本满足了用户的信息需求，但是无论搜索引擎的算法如何改进，都仅仅是依托互联网上已经存在的信息，而用户的隐性知识和生活经验都无法通过搜索引擎进行检索。社交问答平台的产生和发展，通过自然语言提问和回答的形式，充分挖掘互联网用户内在的知识和经验，将其显性化，满足用户信息需求的同时，也强调人际交流，更接近现实生活，不仅弥补了传统搜索引擎智慧性和互动性的不足，更为传统搜索引擎的发展提供了庞大的信息资源。

社交问答服务的目标是使用户更快更直接的查找问题的答案，社区问答系统的快速发展，已经吸引了包括很多高端专业人士在内的大量用户参与，积累并存储了大量已解决的问题，以满足用户不断增长的信息需求。在线问答社区内的社会化因素逐步增加，用户不仅在问答系统提出或回答问题，而且对问题和答案进行评价、点赞并相互进行交流，用户的评价和点赞等交互行为更是为提问者获取信息提供了更深一步的参考和借鉴，满足用户多样化的信息需求。随着用户和信息资源的不断增长，社交问答服务面临许多新的挑战。理解用户的行为模式，用户之间的交流模式，社交问答平台如何进一步提高内容质量等关乎社交问答服务发展的关键问题也应运而生，对此的学术研究也逐渐深入。

1 国内外社交问答用户行为研究进展

社交问答社区是基于互联网，以用户提出问题、回答问题和讨论问题为主的知识服务社区。近几年，以社区、用户关系、内容运营为基础的社交问答社区(social question& answering community，也称作 SQA community)逐步兴起，它强调人际交流，以良好的社区氛围吸引相关领域的专业人士参与问答，因而能产生较高质量的答案和内容，此类社区被用户广泛采纳和接受，同时也促使原先的问答服务网站向社交问答社区转变，即从 Web1.0 时代的问答服务向社交问答服务的转变[1]。在社交问答社区中，用户可以搜寻自己需要的信息和知识，而另一些用户会在问答社区通过回答问题、发表意见和观点等来贡献知识，以此将他们脑海中的隐性知识转化为显性知识，其他用户则可以对贡献的知识进行评论和采纳，从而达到用户间信息的交流和互动。社交问答社区作为"汇集众人之智"（wisdom of crowds）的知识服务平台，其用户信息行为的研究正受到越来越多的学者关注[2][3][4][5][6][7][8][9]。围绕社交问答社区中的信息质量，用户信息行为可以分为三种知识行为模式：知识搜寻行为、知识贡献行为和知识采纳行为。在收集文献过程中，我们利用CNKI、CSSCI、Web of Science 和 Emerald 数据库进行中英文的文献检索，中文以"问答社区""问答平台""问答网站"和"问答服务"等为关键词，英文以"social Q&A""community Q&A"和"question and answer site"等为主题（topic）（限定时间区间：2010—2014 年）。删去重复的文献，共检索到中文文献 120 余篇，英文文献 343 篇，其中，涉及用户信息行为的中文文献 81 篇，英文文献 105 篇。我们通过研读这些文献，将关于社交问答社区用户信息行为方面的文献进行梳理和归纳，揭示当前的研究进展，以期为将来用户信息行为研究提供新的思路和启示。

1.1 网络用户行为与社交问答社区

1.1.1 以用户为中心的信息行为研究

信息行为是指个体识别自身需求，并以某种方式搜寻、使用或传递信息时的活动，个体的信息行为可以概括为"信息搜寻行为"和"信息使用行为"[10][11]。随着信息通信技术的发展和互联网络对人类生活的不断渗透，信息行为的研究重点从以系统为中心转而以用户为中心。从搜索引擎的单一搜索到搜索与问答社区相结合的发展过程，其实是网络用户信息行为演变的过程。可以说，用户在社交问答社区中的信息行为已成为网络用户信息行为研究的重要部分。许多学者运用社会心理学、传播学中的理论来分析和探讨网络用户信息行为，如社会认知理论[12]、社会资本理论[13]、计划行为理论[14]、动机理论[15][16]和信任理论等[17][18]。他们根据这些理论基础来构建模型分析网络用户信息行为的影响因素，寻求影响网络知识社区用户知识搜寻和知识贡献行为的主要动机，厘清各种动机之间相互存在的影响关系及其作用机制。

1.1.2 社交问答社区的发展

关于社交问答社区，国内相同或类似的表述有"互动问答平台""在线问答社区""社会化问答平台""知识问答网站"等。本文为了表述统一，将类似于 Yahoo! Answer、百度知道、知乎、Quora等问答服务的网站统称为"社交问答社区"。社交问答社区具有社交关系(social relations)和问答机制(ask-reply mechanism)[19]两个基本特征。目前，国内外有代表性的社交问答社区如表1所示。

表1   国内外代表性社交问答社区

问答社区	成立时间	支持语言	网　　址
Naver Knowledge	2002	韩文	http：//kin. naver. com
Yahoo! Answers	2005	英文	http：//answers. yahoo. com
百度知道	2005	中文	http：//zhidao. baidu. com
新浪爱问	2005	中文	http：//iask. sina. com. cn
腾讯搜搜问问	2007	中文	http：//wenwen. soso. com
Quora	2009	英文	https：//www. quora. com
知乎	2011	中文	http：//www. zhihu. com

1.1.3 基于社交问答社区的用户信息行为研究维度

对于社交问答社区的研究，先前的研究从"用户""内容"和"系统服务"展开[20]，如图1所示。用户维度主要是研究社交问答社区用户信息行为的特征，包括用户的信息需求、行为动机和行为期望等；内容维度主要研究社交问答社区信息质量、答案可信度和知识获取成本等；系统服务维度主要是研究社交问答社区的系统与服务建设，设计和改进平台以提高问题的反馈速度，提高社区系统服务的质量。

事实上，上述三个维度彼此存在交集，Shah 等从用户信息行为角度构建这三个维度的交互研究模型，将其概括为"3M 模型"[21]，如图2所示。该模型凸显了用户的核心地位，为基于社交问答社区的用户信息行为研究指明了方向。其中，3M 分别是指

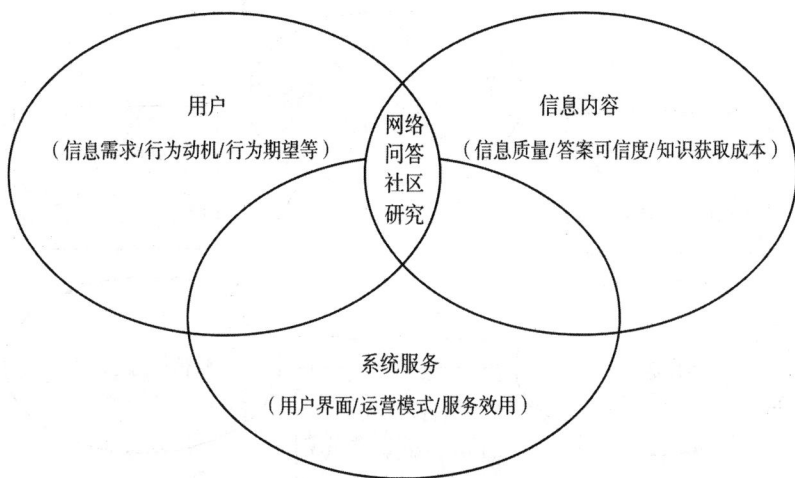

图 1　社交问答社区研究维度

"动机"（motivations）、"模式"（modalities）和"原料"（materials）。
3M 模型强调用户、信息和系统服务三者之间的交互。从模型中可
以清晰地看出当前社交问答社区的研究重点和方向，其中涉及用户
信息行为的研究包括用户与信息内容的交互和用户与问答社区服务
的交互。以此为基础，我们对当前的相关文献进行归纳分析发现，
社交问答社区用户信息行为可以具体理解为三种知识行为模式：知
识搜寻行为、知识贡献行为和知识采纳行为。

在社交问答社区中，用户的信息行为因社区的特殊情境有其自
身特点[22]。我们将社交问答社区用户的信息行为看作是"知识搜寻
行为""知识贡献行为"和"知识采纳行为"的结合，这是因为，社交
问答社区是一种用户生成内容（user generated content，UGC）的网络
社区[23][24]。社区的用户既是知识的创造者，也是知识的吸收者；
知识搜寻行为中既存在知识的贡献，也存在知识的采纳，知识搜寻
行为与后两种行为是交集的关系；而知识贡献行为和知识采纳行为
是用户在社交问答社区上两种截然不同的行为模式，它们之间既有
联系，又有区别，需要分开研究和分析。

知识搜寻行为是指用户基于某种信息需求，借助问答社区的搜

287

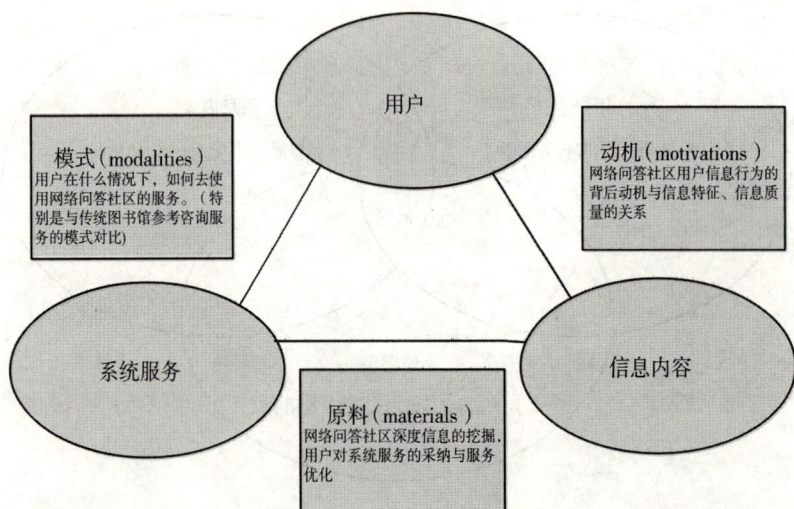

图 2　社交问答社区 3M 交互模型

索功能来搜寻他们想要的信息，或者借助社区满足自己的信息需求；知识贡献行为强调的是用户在问答社区中传送自己的知识、观点和经验，表现在将他们大脑中的知识转化为文字信息发表在问答社区中；知识采纳行为说的是用户在问答社区中接受他人输出的知识、观点和经验，表现在将问答社区中的答案等内容转化为自身大脑中的知识，在有可能的情况下将吸收到的知识用于个人的生活实践。

1.2　社交问答社区用户的知识搜寻行为

　　社交问答社区用户的知识搜寻行为属于用户信息搜寻行为的研究范畴。当前关于社交问答社区用户知识搜寻行为的研究集中在研究用户知识搜寻情境、用户知识搜寻行为的特征和知识搜寻行为与信息质量的关系三个方面。

1.2.1　用户知识搜寻情境的研究

　　社交问答社区用户的知识搜寻行为源自用户的内在信息需求，而知识搜寻行为的具体表现形式会因为用户所处的具体情境的不同而有所不同。问答社区中的用户经常会被社区的搜索引擎功能定位到某些含有他们所需信息的关键词的网络站点和问题集库。例如，Shah 与 Kitzie[25]对美国社交问答社区——Yahoo! Answer 中的用户进行了跟踪调查，研究他们的搜寻行为是如何受到某些特殊情境的影响。Chua 与 Banerjee[26]的研究认为，社交问答社区中的用户搜索和提问的问题类型大多是集中在提供意见和建议或者帮忙解决作业难题等问题上。Choi 与 Yi[27]的研究发现，用户在不急于解决某个特定问题的情况下利用社交问答社区搜寻的知识大多是他人的经验、观点和建议；而在需要解决某个特定问题的情况下利用社交问答社区搜寻的知识主要是那些帮助解决问题的答案。

根据前人关于搜寻情境的研究，可以看出，用户在社交问答社区上搜寻知识一般是将相关的内容或关键词输入到平台中的搜索引擎，借助社区的搜索功能去找寻相关的网页或问题。如果用户没有搜寻到相关的知识，他们会转而在社区中进行提问。这说明用户会根据不同的信息需求情境采取不同的搜寻策略以满足搜寻目的。

1.2.2 用户知识搜寻行为的特征

社交问答社区用户的知识搜寻行为有其自身特征，用户需要更快速的回答而非专业的答案。用户在社交问答社区中进行知识搜寻更看重获取知识的速度和便捷性，而对信息可靠性的要求相对较低。因此，提高问题反馈的速度是优化用户知识搜寻体验的重要部分。例如，Jafari 等人[28]的研究认为，更多的用户在社交问答社区进行知识搜寻是看重社区服务的快速反馈、大容量的问题集库和无偿(或低价的)的服务。

问答社区在知识搜寻方面大致可以分为两种模式：一人提问多人回答的模式和一对一专业型的问答模式。前者有助于提高社区中答案的数量而后者有助于提高答案的质量。Evans 等人[29]对比了若干个社交问答社区的搜索引擎使用情况，发现这些引擎在功能上几乎相同，但不同问答社区中用户的信息交流情况却大不相同。一些学者还发现，无论什么模式的社交问答社区，问答社区都能够形成一个较为稳定的社区氛围，并且成员之间的信息交流较为自由和透明[30][31][32]。这样的问答社区氛围将有助于提高平台的服务质量和信息质量，同时有助于增强用户黏性和用户在社区中搜寻知识的频率。

用户更青睐在社交问答社区上搜寻获得有针对性的、原创性或个性的、平台推荐的信息内容，同时还能在平台上和其他人进行知识的交流互动。Wu 与 Korfiatis[33] 发现社交问答社区的用户会借助平台搜寻他们所需要的原始信息、不同视角的解读和他人的价值判断。Gualtieri[34] 认为，随着越来越多的用户使用问答社区服务以及社区服务自身的不断优化，用户们会逐渐倾向于将社交问答社区作为主要的信息咨询和获得建议的来源，而不是像过去那样依靠身边的朋友、亲人、专家等。

社交问答社区用户在搜寻信息的同时也会去分享信息。Gazan[35] 发现社交问答社区用户不仅会搜寻自己需要的信息，同时还会分享那些帮助解决日常生活难题和帮助作出决定的意见和建议。这种搜寻和分享结合的模式使得越来越多的用户在问答社区而非在专业的参考咨询服务平台上寻求问题的解决，例如为用户提供数字参考咨询服务的美国互联网公共图书馆（Internet Public Library，IPL），近年接到的问题数目在不断减少，从 2008 年的 10336 条下降到 2011 年的 4863 条[36]，这一定程度上说明了公众倾向于使用网络问答服务来进行知识搜寻。

1.2.3 信息质量与用户知识搜寻行为

由于用户在社交问答社区上搜寻知识的行为较为自由和随意，所以有些学者认为问答社区中的信息质量不能得到很好的保证[37][38][39]；但是也有学者通过对用户进行问卷调查发现，社交问答社区中的信息服务有其自身的优势[40]。虽然在信息质量方面，用户对于社交问答社区的评价褒贬不一，但是在回应用户信息需求的速度和及时性上，用户似乎更满意于社交问答社区中的信息。

社交问答社区的回复数量多、响应速度快，这与其社区中庞大的用户量、高频访问量和较高的参与程度密切相关。吴丹等人[41] 的研究表明，社交问答社区有助于增强用户间的互动，用户在知识搜寻过程中可以参与问题的解答、评论、补充和修正等，使得问题和回答更具针对性，从而提高问答社区的信息质量。

对信息质量的感知会影响用户选择进行知识搜寻的平台。Zhang 与 Deng[42]的研究认为，问答社区的信息可以同其他信息服务平台，比如参考咨询服务中的信息互为补充，所以用户会根据自己对信息质量的判断选择某种信息服务平台。在知识搜寻的过程中，不同类型的用户也存在感知上的差异。Agichtein 等人[43]将信息质量分成"相关性"（relevance）、"可靠性"（credibility）和"满意度"（satisfaction）三个维度，通过对比研究发现专家和普通用户在信息质量感知方面存在着差异：对专家而言，可靠的信息来源是他们判断信息质量的重要因素；而普通用户更看重的是满意度。这样的感知差异可以帮助我们识别问答社区用户的类型，同时可以有针对性地提高不同类型用户对问答社区服务的体验。

当前，学者们对于社交问答社区用户的知识搜寻行为研究得较为充分，得出的观点和结论对于研究问答社区用户特征和提高社区的信息服务质量都起到了良好的参考作用。但是，从研究内容上看，前人对于用户在问答平台上搜寻知识的效果和满意度的研究还比较缺乏，也没有对用户持续性的知识搜寻行为展开研究。未来的研究可以针对用户在问答平台上搜寻知识的满意度进行后验分析，检验搜寻知识的效果；对用户的持续性知识搜寻行为展开实证研究，从而找到用户经常在问答社区进行知识搜寻的关键因素。

1.3　社交问答社区用户的知识贡献行为

当前关于社交问答社区用户知识搜寻行为的研究可以归纳为：知识贡献用户的特征研究、用户贡献知识与持续贡献知识的动机研究、用户知识贡献行为与信息质量的研究。

1.3.1　知识贡献用户的特征研究

知识贡献的用户相对于普通用户，更在意问答社区的系统质量、服务质量和用户体验等外在条件[44]，从用户在问答社区所展现的行为来看，知识贡献的用户有很多不同于普通用户的特征表现。例如，Kang 等人[45]发现知识贡献的用户会与提问者有很多交互，但知识贡献者之间并未有很多交互，其原因是知识贡献者之间存在着竞争，彼此都想成为最佳回答者以获得外在奖励或荣誉。

Choi 等人[46]发现社交问答环境下积极贡献知识的用户比那些不积极的用户趋向于收到更多反馈。Sun 等人[47]认为比起那些关注关系构建的在线社区，社交问答社区中知识贡献的用户更关注于群体知识交换，他们的关系是一种弱关系。

1.3.2 用户贡献知识与持续贡献知识的动机研究

用户的知识贡献对于社交问答社区的发展有着重要的促进作用，研究用户贡献知识的行为特征也可以帮助我们了解问答社区的用户信息行为。理解社交问答社区用户的知识贡献行为特征需要厘清用户选择是否贡献知识的背后动机。表2列举了国内外相关研究的一些结论。从中我们可以看出，用户知识贡献行为的主要动机是"乐于助人"和"知识自我效能"。"乐于助人"指的是用户通过帮助他人而获得内心的满足感；"知识自我效能"是指用户对于能够为他人提供知识的自信感，也就是说当用户觉得自己完全有能力为他人提供知识帮助时，他会选择去贡献他的知识。除了内在动机因素外，一些外在的变量，如问答社区的自身特质(比如 WiKi 模式、社区互动等)也是影响用户知识贡献行为的重要因素。未来对于用户知识贡献行为的研究可以针对内在动机和外在变量之间的交互作用机理作深入分析，从而发现驱动用户贡献知识的完整影响过程。

表2　国内外关于社交问答社区用户知识贡献行为的研究

文献来源	理论基础	研究平台	主要动机因素	中介变量/调节变量/前因变量
Lou 等 (2013)[48]	自我决策理论	百度知道	知识自我效能、乐于助人、自我价值、社区荣誉	知识自我效能调节知识贡献的质量，乐于助人调节知识贡献的数量
Yan & Davision (2013)[49]	自我感知理论	百度知道	乐于助人、自我价值、感知趣味	内在动机是知识搜寻和知识贡献之间的中介变量

续表

文献来源	理论基础	研究平台	主要动机因素	中介变量/调节变量/前因变量
Kankanhalli 等（2005）[50]	成本-效益理论	无具体描述	知识自我效能、乐于助人、外在福利、成本	无
Wang & Wei（2011）[51]	网络社区输出理论	Yahoo! Answer	社区参与感、社区荣耀感、信任、身份认同	WiKi 模式特征和用户交互是网络社区理论这一构念的前因变量
樊彩锋、查先进（2013）[52]	社会资本理论	无具体描述	互惠、共同愿景、主观规范	无
杨海娟（2014）[53]	计划行为理论	百度知道、知乎、新浪爱问、搜搜问问等	知识自我效能、互惠、利他主义、社会报酬	知识贡献态度是内在动机和知识贡献行为之间的中介变量
范宇峰等（2013）[54]	计划行为理论	百度知道	利他主义、主观规范、感知行为控制	知识贡献态度是内在动机和知识贡献行为的中介变量

　　一些学者在研究用户的知识贡献行为后发现，用户的"持续贡献行为"对问答社区的发展也会起到很重要的作用。例如，金晓玲[55]对雅虎知识堂的用户进行调查，验证了在社交问答社区中"满意度"和"知识自我效能"对持续知识贡献意向的积极影响，她还发现"问答社区奖励"反而会削弱看重集体利益的用户的满意度。Nam[56]通过电话访谈，了解用户持续贡献知识的原因，并由此提出了对问答平台的系统设置和积分制度的改进建议。Hashima[57]以

信息系统持续使用模型作为理论基础，发现用户满意度对持续知识贡献有直接和间接影响。

表3　国内外关于社交问答社区用户持续知识贡献行为的研究

文献来源	理论基础	研究平台	主要动机因素	中介变量/调节变量/前因变量
Bhattacherjee (2001)[58]	期望确认理论	一般性虚拟知识社区	感知有用性、满意度	无
金晓玲(2009, 2013a, 2013b, 2013c)[59-62]	期望确认理论	雅虎知识堂	互惠、声誉提升、获取知识	问答社区的积分制度和用户的性别差异可以调节用户持续贡献知识意愿
Hashima (2012)[63]	信息系统持续使用理论	一般性虚拟知识社区	满意度	无
Sun 等 (2012)[64]	期望确认理论	一般性虚拟知识社区	内在动机和外在动机、知识自我效能	将动机因素分为内在动机和外在动机、知识自我效能和问题复杂性调节动机以及持续性贡献行为的关系
Guan & Deng (2013)[65]	期望确认理论	百度知道、新浪爱问、搜搜问答等	感知有用性、满意度、自我价值等	满意度是感知有用性和用户持续贡献知识意愿的中介变量

　　虽然这些学者发现了一些影响问答社区可持续知识贡献行为的因素，但所建立的模型还不够全面。如金晓玲建立的模型研究了满意度和知识自我效能对知识贡献意图的影响，却忽略了用户对待知识的态度，且没有把"感知有用性"作为单个影响因素进行模型构

建。Hashima 建立了感知有用性与满意度对意愿的影响模型，但没有考虑知识自我效能。如果用户自身具备知识贡献能力，但感知不到知识贡献的有用性，他们不会有参与知识贡献的意愿。因此，感知有用性和知识自我效能也许是影响用户持续知识贡献意愿的重要原因，建立全面的模型能够让我们更好地了解用户持续贡献知识的原因。

Guan 与 Deng[66] 以信息系统持续使用理论为基础，加入了"感知有用性"和用户"对知识贡献的态度"这两个影响因素。他们对国内四个主流社交问答社区(百度知道、新浪爱问、搜搜问问和雅虎知识堂)积分高的用户进行问卷调查，结果发现问答社区奖励、声誉、自我价值、感知有用性、对知识贡献的看法、满意度与持续知识贡献意愿之间存在着不同程度的影响关系，而"乐于助人"和"知识自我效能"却没有明显作用。

从以上的研究我们可以看出，"乐于助人"和"知识自我效能"可以促进用户的知识贡献意愿，但是对用户的持续贡献意愿的影响有时候有明显作用，有时候却没有明显作用。这意味着，可能存在着某种调节因素控制着"乐于助人"和"知识自我效能"对用户持续贡献意愿的影响作用。未来的研究可以有针对性地去寻找和解释这个调节因素。

1.3.3 信息质量与用户知识贡献行为

以往对社交问答社区中用户知识贡献行为的研究大多关注于知识贡献行为和知识贡献数量之间的关系，较少有研究知识贡献行为和知识贡献质量的关系。然而用户贡献高质量知识的心理动机与贡献高数量知识的心理动机有所不同。Lou 等[67] 构建了知识贡献的质量与数量影响因素模型，结果表明，"乐于助人"和"问答社区奖励"两个因素对知识贡献数量的影响要强于知识贡献的质量；而"知识自我效能"这一因素对知识贡献质量的影响要强于知识贡献的数量。因此，社交问答社区答案的质量很大程度上取决于社区用户的"知识自我效能"。从用户角度而言，提高用户自身的知识能力和用户对社区的责任感将有助于提高问答社区中信息的质量。Chen 与 Deng[68] 的研究表明，用户对于"知乎"问答社区答案质量的感知要高于其他中文社交问答社区(如百度知道等),这是因为在"知乎"问答平台上,用户实行的是准实名制,对自己的言论负责,同时用户可以自由地对他人的答案进行评论,选择"支持"或者"反对",通过相互讨论来提高答案的质量。这样的知识交流的行为方式无疑提高了每个参与用户的"知识自我效能",从而为提高问答社区信息质量起到积极的推动作用。

当前,对社交问答社区用户知识贡献行为的研究大多运用的是社会心理学的相关理论和管理信息系统领域的技术接受、系统成功或系统持续使用等理论为基础,构建模型探讨用户的贡献行为及其影响因素。但是,这些研究普遍缺乏对社交问答社区信息质量评价的探讨,也就是说,究竟哪些评判信息质量的标准会影响到用户的知识贡献行为仍然不清楚。如果能将评判信息质量的维度加进知识贡献行为的模型中去,将有助于我们更加清晰地认识社交问答社区用户的知识贡献行为特征,同时也能够帮助我们改善和提高社交问答社区的信息质量。

1.4 社交问答社区用户的知识采纳行为

社交问答社区用户的知识采纳行为体现的是信息对用户影响的过程,这种影响过程也是一种"说服"(persuasion)的过程[69]。社交问答社区用户对社区中的各种知识并不是全盘接受,用户会有自我的评价和判断,当知识的影响足以"说服"用户去采纳的时候,用户才会去采纳知识。因此,研究用户的知识采纳行为对于研究信息是如何影响用户的行为有着重要作用。

1.4.1 用户对问答社区知识采纳行为研究

知识采纳行为的理论基础是"精细加工可能性模型"(Elaboration Likelihood Model, EML)[70]和Sussman与Siegal[71]两位学者提出的"知识采纳模型"。他们认为,影响知识社区用户知识采纳的最重要的因素是"信息有用性"和"信息质量"。而考虑到社交问答社区自身的特殊性,即问答社区的服务主要是知识内容的服务,所以研究用户的知识采纳,可以从问答社区服务的层面考察用户对社交问答社区服务的采纳。例如,Deng 等[72]利用"技术接受和用户使用统一理论"(Unified Theory of Acceptance and Use of Technology, UTAUT),构建了用户网络问答服务采纳模型。结果发现,用户接受社交问答社区服务的主要因素是"期望效用""努力期望"和"便利条件",这三个因素可以概括为社交问答服务系统的"有用性"和"易用性"。Liao 与 Chou[73]两位学者引入社会资本理论,同时区分出了社会影响和技术影响,他们归纳出影响用户知识采纳意愿的主要因素,包括:网络关系、社会信任、共同愿景、同伴影响、感知有用和感知易用等。同时他们对知识社区的用户进行了分类,把经常贡献知识的和经常搜寻知识的进行了区别,而不同类型的用户会对上述这些因素影响知识采纳的过程起着调节作用。

从网络社区用户间的评论角度也可以考察用户对社区的知识采纳。Zhang 与 Watts[74]对在线实践社区(online communities of practice)用户的知识采纳行为的研究结果表明,"评论质量"和"信息源可靠性"是在线实践社区用户知识采纳的决定因素,在他们提出的模型中,两个调节变量"目的明确的知识搜寻"和"未证实的信息内容",分别对用户知识采纳行为有着正相关和负相关的影响。

目前社交问答社区知识采纳领域的研究中,大多是从社交问答社区服务的角度考察用户对平台的接受行为,或者通过不同用户间的评论来分析用户对于知识的采纳行为。前者将社交问答社区中的答案内容纳入为平台服务的一部分,从宏观上去考察用户的接受行为,但是用户对平台的接受行为和对知识的采纳行为是不一样的,因此需要分开对待。后者只是单独去考察用户的评论内容,用户的评论只是判断信息是否有用的一个维度,用户对信息的采纳很大程度上取决于信息的质量,因此,应该将判断信息质量的几个关键因素综合起来,这样才能找到社交问答社区知识采纳的匹配模型。

1.4.2 信息质量与用户知识采纳行为

Chen 与 Deng[75]以知识采纳模型为理论基础,加入判断社交问答社区上信息质量的重要影响因素,并以此为变量,从用户的角度分析影响知识采纳的关键因素。他们将判断信息质量的若干个重要标准作为用户判断问答社区信息质量的重要维度，结果发现这些维度可以很好地解释用户对"信息有用性"的感知。他们发现"信息有用性""信息互动性"和"信息趣味性"正向影响用户的信息采纳意愿，从而影响用户的知识采纳行为。

目前将信息质量与用户知识采纳行为结合起来的研究还不多，而研究的对象也主要针对的是问答社区中的答案。社交问答社区中的用户采纳的知识不仅包含各种问题的答案，还包括用户对问题和答案的讨论、用户间相互交流的信息等方面。将来的相关研究可以扩展研究的对象，将知识采纳行为的内容加以扩充，考察用户对社交问答社区中知识的采纳过程及效果评估。（见图4）

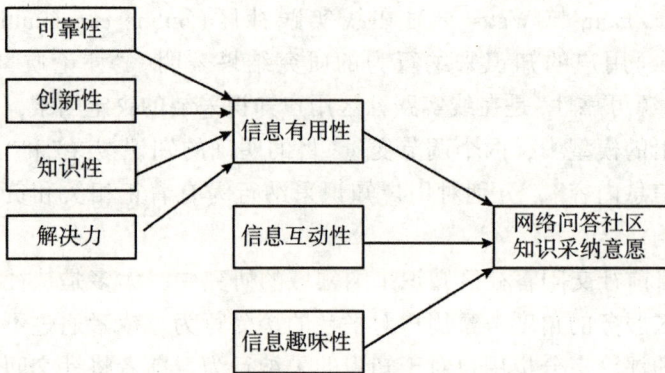

图 4　社交问答社区用户答案采纳模型

1.5　行为研究的述评与展望

社交问答社区的用户信息行为是用户信息行为研究中一个重要课题。对比现实中的信息服务平台，社交问答社区不同于传统的图书馆参考咨询服务，用户在社交问答社区上的信息行为更看重获取知识的速度和便捷性，对信息可靠性的要求相对较低。但是社交问答社区可以作为满足用户信息需求的途径之一，与参考咨询服务互为补充。对比其他网络社区，社交问答社区是基于互联网、面向大众的知识服务社区，用户信息行为的表现形式主要依靠社区中的问答机制和奖励机制，其信息行为主要针对的是社区中的知识内容。当前对于社交问答社区用户知识搜寻行为的研究主要集中于考察用户在社区上搜寻知识的情境、行为特征以及知识搜寻与信息质量的关系。对于用户知识贡献行为的研究集中于考察知识贡献用户的特征、用户贡献知识和持续贡献知识的内在动机、外部社区特性对内在动机的影响机制以及信息质量与用户知识贡献的关系。对于用户知识采纳行为的研究集中于考察社交问答社区服务的采纳行为、用户间的评论对知识采纳过程的影响以及问答社区信息质量与用户采纳社区知识的关系。

通过对前人相关研究工作的梳理和归纳，我们得出以下对未来研究的启示：

首先，以往对社交问答社区用户信息行为的研究中对三种行为模式分开研究的很多，但没有考虑过将这三种行为模式进行整合研究。用户的知识搜寻行为、知识贡献行为和知识采纳行为是社交问答社区中绝大多数用户最重要的行为模式，这三种行为模式几乎涵盖了平台中用户进行信息交流和知识共享的整个过程。同时，这三种行为模式又彼此存在联系，用户在平台上进行知识搜寻后，很有可能进而会贡献知识或者采纳知识。未来社交问答社区用户行为的研究中，可以考虑将这三种行为进行整合研究，探索这三种行为模式间可能存在的相互影响关系和内在传输机制。

其次，社交问答社区中信息质量的评估需要考虑到用户对社区知识内容的感知。当前对于问答社区信息质量评估方面的研究，一般是提出一系列评估信息质量的维度作为指标，采用内容分析法和调查问卷对这些指标进行比较分析，然后总结出这些指标彼此间的重要程度（如文献［37］［76］［77］）。但是这些研究缺乏系统的模型论证和统一的维度指标，也没有说明各个因素对于用户信息行为的影响程度。未来对于社交问答社区信息质量评估的研究，可以考虑将前人研究中若干个重要的维度指标作为评估信息质量的标准，去考察用户对于这些维度的感知程度，从而分析用户对于信息质量的感知。

最后，根据前人的研究发现，社交问答社区中的信息质量会受用户知识贡献行为动机的影响，而用户的知识采纳行为又受到社交问答社区信息质量的影响。"知识自我效能"是用户在问答平台中贡献高质量答案的重要动机，根据前人研究成果，知识自我效能会受外在因素的影响，比如社区对于贡献者的奖励，用户对于问答社区系统、服务质量的满意度，用户对于问答社区有用性的感知等。未来的研究可以考虑如何增强这些因素对用户知识自我效能的影响程度，从而促进用户的知识贡献行为，进而提高用户贡献高质量知识的动力。"有用性"是决定用户是否采纳问答社区知识的关键因素，对于用户来说"是否有用"是决定他们是否采纳知识的主要原因，而有用性又受到信息质量的影响。因此，只有提高了社交问答社区的信息质量，才能促进用户进行知识采纳。同时，根据前人的研究结果，用户的知识采纳行为还受到其他因素的影响，未来的研究可以考虑如何协调其他影响因素来更大程度地促进用户的知识采纳意愿。

2　国内外社交问答服务的研究进展

本研究中讨论的社交问答平台，包括以"百度知道"为代表的传统问答平台和以"知乎"为代表的社会化问答平台。对于这些问答平台学术界目前没有唯一的称谓，浏览国内外相关文献不难发现相关称呼有：社交问答(social question & answer，sQA)、社区问答系统(community question and answer，CQA)、问答服务(question and answer，QA)、协作知识社区(collaborative question and answer)、用户生成内容(user-generated content，UGC)等。国内学者称其为：社会化问答平台、在线问答社区、互动问答社区、问答社区等。笔者将其称作社交问答服务(SQA)，这一服务最大的特征是以"问"和"答"的形式促使用户进行信息交流和互动。本文就以上关键词进行相关文献检索，梳理国内外已有研究，理清研究现状。国内外研究主要围绕社交问答服务、社交问答服务的用户感知、用户知识贡献的动机以及内容质量的评价等方面展开。

2.1 国外研究现状

通过文献阅读发现，国外学者对社交问答服务(SQA)的研究成果丰富，主要围绕用户感知、用户知识贡献的动机、问答服务的内容评价以及社交问答服务和其他服务的关系展开。值得注意的是，国外学者对用户知识贡献动机的研究不仅局限于用户知识贡献的影响因素研究，还包括对用户知识采纳的动机以及可持续贡献的影响因素的研究。

2.1.1 社交问答服务用户感知研究

因用户的需求驱动，网络应用逐渐从问题导航向在线集体协作服务转变。国外学者针对用户对社交问答服务的认知情况进行相关研究。各种类型的社交问答平台相继发展，社交问答服务指的是社交问答网站用户自愿提供的在线问答服务，如 Yahoo! Answers、Wiki Answers、Askville、Answerbag 和 Wikipedia Reference Desk[78]。Kim 等[79]发现社交问答网站(如 Yahoo! Answers)是学术情境下最频繁使用的一种信息源。社交问答网站优点如下：低成本、用户广泛参与和社会资本快速积累[80]。Jeon 和 Rieh[81]发现使用 Yahoo! Answers 搜寻信息的用户相信其他用户的经验和观点，由于 Yahoo! Answers 响应及时、服务方便，比较看重速度的参与者更喜欢使用 Yahoo! Answers。另一研究表明由于人们倾向于信任熟人的观点，一些用户倾向和熟人一起使用社交网络，而不是 SQA 网站[82]。

Kitzie 等[83]发现在 SQA 网站提出事实型问题的大量用户，认识到社交问答服务的缺点是没有办法验证答案的准确性，他们也提出这些被调查者很可能就是没有听说数字参考咨询服务的用户。此外，和参考咨询相比，内容质量的不确定性也是 SQA 服务的缺点之一[84]。Lee[85]对移动社交问答服务进行了探讨研究，分析了用户在移动社交问答服务平台 Naver 在 14 个月内产生的 2400 万个问题及其答案，辅以对 555 个活跃用户的调查研究，发现移动社交问答服务已深入用户日常生活，其使用很大程度上和用户的时间、空间和社会情境相关，并且影响移动社交问答服务使用的主要因素是移动社交问答服务的可获取性和便捷性、答案获取的实时性，调查表明用户在移动社交问答服务中偏向搜索事实性信息。

2.1.2 社交问答服务用户知识贡献动机研究

社交问答平台用户不仅包括回答者，也包括提问者，前者同时也被学者称为知识贡献者，提问者也被一些学者称为知识获取者、采纳者、接收者、信息搜寻者，他们之间没有明确的界限，回答或提问是用户的不同行为。社交问答平台中提问者的需求与回答者的知识参与行为对于服务的发展同样重要，国外学者不仅研究用户在社交问答平台知识贡献的动因，也对提问者的行为动因和期望进行了探索研究，使社交问答服务的用户行为动机研究更加全面，包括用户知识贡献动机、用户知识采纳的动机以及用户可持续知识贡献动机三个方面。

用户知识贡献的影响因素研究。Choi 等[86]研究了显性提供奖励对 Yahoo! Answers 用户知识贡献的影响作用，发现对于有悬赏分的问题，提问者给出"最佳答案"的速度比没有悬赏分的问题获得"最佳答案"的速度高出五倍，也就是说有悬赏分的问题，用户知识贡献更积极、更有用。学者研究了健康信息问答行为中用户知识贡献的动因和回答策略的关系，认为用户的回答策略和动因相关，研究对促进社交问答服务用户的健康信息贡献有重要作用[87]。Liu 等[88]研究尝试挖掘和识别社交问答平台中没有回答过问题的潜在回答者的特征，为社交问答平台自动推荐机制的发展提供更深入的视角。

用户知识采纳的动因和期望研究。Choi[89] 探讨了 Yahoo! Answers 用户提问的动机、对服务的期望以及动机和期望之间的关系，认为用户在 Yahoo! Answers 提问的动机包括满足认知需求、专业学习、获得知识自我教育、寻找意见和建议以供决策、寻找相关信息、获得知识而增长的安全感。Chou 等[90]基于信息和规范的社会影响理论探讨了问答社区知识采纳行为的影响因素，其中信息方面的因素有知识质量和资源可信性，规范方面的因素有知识一致性和知识评价。

用户可持续知识贡献的影响因素研究。Christy[91] 研究发现用户期望的互惠和帮助他人在问答平台得到实现时，用户满意度和知识自我效能均得到提升，同时用户满意度和知识效能将进一步影响用户在在线问答社区的持续知识贡献意愿。Jin 等[92]研究发现名誉提升、互惠和帮助他人的快乐的因素通过确认与知识自我效能对用户满意度形成间接影响，用户持续知识贡献的意愿则由用户满意度和知识自我效能这两个用户对服务使用后的感触来决定。

2.1.3 社交问答服务内容评价相关研究

社交问答服务用户判断从陌生用户获得问题答案的可信性，Jeon 等[93]调查表明 Yahoo! Answers 用户从态度、可信赖以及专业性三个方面进行可信度评价。Kim 和 Oh[94]对 Yahoo! Answers 平台提问者选择最佳答案的评价标准进行研究，收集用户在选择最佳答案以后的评论内容，并进行内容分析确定相关的评价标准有六类：内容、认知、有用性、信息资源、外在因素和社会情感。用户知识采纳行为的选择标准和问题的主题相关，社会情感标准和讨论类题目相关、内容标准则和话题驱动的问题相关、有用性标准则和需要寻求帮助的问题相关。Shah 等[95]提出了社交问答服务研究的新框架，即"服务-用户-内容"的模式，其中服务指用户在问答网站提问或搜寻信息时可供采用的资源和策略，用户包括了用户使用问答服务的动机和对问答平台的期望，内容则指社交问答平台产生的问答和信息的质量评价。

2.1.4 社交问答与数字参考咨询服务的对比研究

数字参考咨询和社交问答服务具有相似之处，二者最大的不同在于社交问答平台问题的答案几乎能够由世界上每个人提供。数字参考咨询对信息搜寻者提供深度、专业化的答案，然而社交问答服务，例如 Yahoo! Answers 则利用群体智慧提供快捷答复。前者具有质量优势，后者具有数量优势。国外学者对二者的比较从其差异、竞争、互补和合作等几个方面展开。

社交问答服务与数字参考咨询服务的差异。Shah 和 Kitzie[96]对社交问答服务和数字参考咨询进行对比研究，就两种服务中影响用户和专家评价信息的因素作区分，如信息相关性、内容质量和用户满意度，他们发现不同的用户对好的信息或者服务的概念认识不同。Radford 等[97]研究访谈专家（图书馆员）和终端用户（学生），从两类不同群体角度提出独到见解，结果揭示，数字参考咨询服务成功解决广泛的学科问题，主要集中在社会科学和技术，大量学生并没有通过社交问答平台提问或者回答问题[98]。Radford 等人发现用户认为数字参考咨询服务是权威的、客观的、同步的，并且接收更多复杂的问题[99]。社交问答被认为是异步的、权威性较低、问题简单，提供更多的意见性答案。总之，数字参考咨询在以下几个方面较社交问答服务有优势：定制化、质量、相关性、精确性、权威性和完整性。社交问答服务在以下几个方面较数字参考咨询有优势：成本、数量、速度、社会化方面、参与度和协作性[100]。二者的核心区别在于社交问答服务是产品导向而数字参考咨询是过程导向。社交问答平台的用户通常不关心是如何找到答案的，但数字参考咨询服务中提供答案的图书馆员不仅提供信息给用户，同时也会提供引用和参考，也有可能告诉用户信息是如何找到的。

社交问答服务与数字参考咨询服务的竞争关系。社交问答网站相对于图书馆数字参考咨询服务，是用户的另一替代选择。即使不能保证用户提供专业性的答案，凭借群体智慧，社交问答渐渐地试图取代图书馆参考咨询服务[101]。基于此，人们开始思考社交问答服务是对数字参考咨询构成威胁，还是为传统的咨询服务提供进一步的发展空间[102]。实际上，对比两种服务中提问者和回答者之间的不同关系，数字参考咨询是提问者和回答者之间一对一的交互关系，而社交问答中提问者和回答者之间是多对多的协同交互关系。数字参考咨询服务，是训练有素的图书馆员提供的专业性参考咨询，为提问者和回答者准确描述信息需求提供了可能。因此，数字参考咨询服务能够提供高质量的答案[103]。在数字化环境中，参考咨询问题能够及时得到准确完整的答案，说明数字参考咨询服务是有价值的[104]。

社交问答服务与数字参考咨询服务的互补。越来越受学者关注的焦点是数字参考咨询如何与社交问答服务合作为用户提供更深入的需求信息。合作可能允许社交问答服务向大量用户提供付费内容，数字参考咨询将能够开创新的收益源来保证持久性[105]。Kitzie 等[106]将社交问答和数字参考咨询服务概念统一化，称作是在线问答(Online Q&A)，并且针对社交问答和数字参考咨询服务作调查研究，研究表明二者可以直接进行比较，从整合的优势及劣势分析认为二者作为一个整体可以得到改进。尽管许多研究者认为对比社交问答服务和数字参考咨询是困难的，但事实上，它们是可以互补的[107]。

数字参考咨询和社交问答服务相互合作的探索研究。许多图书馆馆员参与到 Yahoo! Answers 平台提供高质量的参考咨询，其服务受到 Yahoo! Answers 平台用户的认可[108]。参考咨询馆员的参与和贡献为图书馆与图书馆服务提供了良好的市场和宣传机会。随着图书馆员广泛使用社交媒体，并意识到社交平台对推进数字参考咨询服务重要性的同时[109]，社会媒体和参考咨询的相关性整合实践还较少[110]。因此，如何使数字参考咨询服务在社交问答快速发展的同时发挥其作用，以及数字参考咨询馆员如何与专家合作形成知识社区以提供新的服务是下一阶段的重要任务[111]。

2.1.5 国外移动社交问答服务研究

伴随移动互联网和智能移动终端的全面普及，用户对社交网络的使用时间与黏性迅速加大，社交化和移动化已成为当前国内互联网发展两大不可逆转的趋势。基于用户知识贡献形成的社交问答服务也走向了移动端。移动端的问答服务需求快速增长。用户可以通过手机短信或者手机 APP 在问答平台提问，也可以通过手机随时随地获取答案。与传统的 PC 端社交问答服务相比，移动问答具有人机交互、实时场景等特点，能够让用户随时随地地交流并分享内容，可以说，移动问答服务让人更频繁地交流问题，让网络最大程度地服务于个人的现实生活。

移动问答服务的使用数量近年来一直快速增长，Naver 移动问答在 2010 年 4 月才产生，到目前为止已经有超过 50 万的用户提出了数量超过 300 万的问题，ChaCha 到 2012 年 12 月为止已经回答了数量超过 45 亿的问题，数量远远超过了雅虎问答[112]，而手机百度知道每天生成的问题也有几百万个。移动问答平台比较典型的问题如下：

①今天的棒球比赛结果怎么样？

②坐出租车从火车站到市政府大概要花多少钱?

③映山红是什么时候开的?

移动问答服务跟传统 PC 端问答服务一样,用户提问和回答问题的目的相似,但是与传统 PC 问答服务相比,移动问答服务还是有一些不同的特点:

①问题的提问更加频繁。

②问题的长度更短。

③提问者不能搜索到他们想要的相似问题。

移动设备大大改变了人们信息搜寻的方式,用户使用传统社交问答服务的方式只有通过使用电脑提出问题或者提供答案。但因为智能手机上网的普及以及它的便携性特点,人们可以在任何地点搜索到网络资源。而且,移动问答服务 Naver Mobile Q&A、ChaCha、Jisiklog、百度知道、知乎网为人们通过手机短信或者 APP 提问以快速获取答案提供了可能。现实生活中,人们大部分时间都会携带手机,因此提升了移动问答的可获取性,移动问答服务让用户可以随时随地挖掘群体的智慧。Lee 等[113]在对移动问答服务的使用模式研究中发现,用户使用移动问答服务的关键影响因素就是易获取性、便捷性和快速性。与传统 PC 问答相比,移动问答用户倾向于对日常生活的情况进行广泛的提问。例如,用户可以用手机短信查询公交车时间安排或者询问有关于快捷餐厅酒店的相关信息。因此,即使移动问答与传统社会问答具有相同的基本功能,但用户的使用行为大有不同。

Shon 等[114]根据参与者的日记和他们的反馈意见把他们的移动信息搜寻分为 16 类。最大的类别是琐事(18.5%),这类主要是一些对话或人工定位。虽然这种类型的信息看上去只是一些随机的想法,但在当今社会背景下也具有一定重要性。方位信息(13.3%)和兴趣点(12.4%)也是典型的移动信息需求,其次是朋友的信息(7.6%)、营业时间(6.9%)、购物(7.1%)等移动信息需求。Church 等[115]更关注用户的意图,研究发现位置、活动和社会互动等不断变化的情境与三种类型的信息需求(目标)相关,这三类分别是:信息、地理和个人信息管理(PIM)。信息类的需求占大多数(58.3%),接着是地理类的需求

(31.1%)，PIM(个人信息管理)(10.6%)也占了不小的比例，特别是很多地理信息需求与移动情境相关。

2.2 国内研究现状

笔者于2015年3月20日在中国知网上依次以"在线问答社区""社交问答""社会问答"为主题词进行相关文献检索，检索数据库包括期刊、博硕士学位论文库以及会议论文，对检索结果进行手动筛选剔除不相关文献，在NoteExpress文献管理工具中剔除重复记录，得到112篇相关文献，对相关文献的发表年份作初步统计分析，如图5所示。

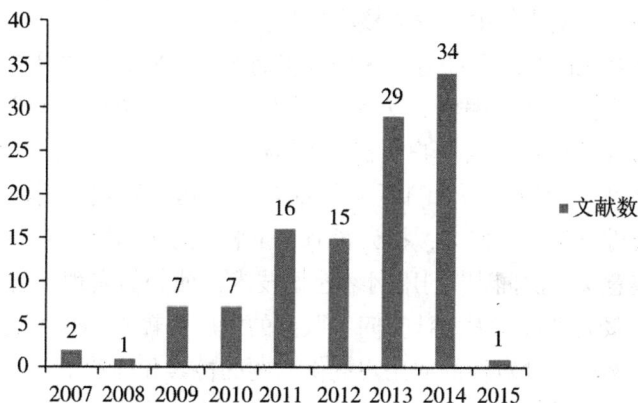

图5 国内社交问答服务相关研究按时间分布

不难发现，国内学者对于社交问答服务的研究，按照时间分布情况集中在近两年。随着社交问答平台的不断发展，吸引了大量网络用户参与，并逐渐引起国内学者的关注，研究主要围绕社交问答服务、用户、内容三个方面展开，在移动问答平台及用户可持续知识贡献动机等方面进行了探索。

2.2.1 社交问答平台对比及服务的研究

张兴刚等[116]对5个中文问答社区的研究认为，其中回答质量较好的是百度知道，问答社区在专业性问题方面存在明显的不足，这部分问题长期得不到有效的解决。对典型的中英文问答社区进行比较评价实验，研究认为百度知道的回答更为专业，新浪爱问在交流便捷方面更具优势，而搜搜问问的优势则体现在参与度和响应速度方面，Yahoo! Answers 的用户更活跃[117]。王宝勋等[118]认为问答平台积累了大量的知识资源，对于自动问答技术的发展具有重要作用，并且扩充和完善问答知识库需要从互联网获取知识，然后以"问答对"的形式加以保存。在社交问答服务中，大部分答案是直接提供的，用户只需验证答案的准确性，然而数字参考咨询服务则提供一至多个解答问题的线索，并不是用户所需要的直接的解决方案，百度知道是用户最常使用、发展最成熟的社交问答平台，占社交问答社区半数的市场份额[119]。宋学峰等[120]研究认为社交问答平台的知识交流集中在少数核心成员身上。

社会化问答服务随着技术的进步而产生并发展，它具有如下特征：专业性、开放编辑、交互性、社交性[121]。袁红[122]研究认为用户的数量相较于高用户贡献率更为关键，更能促进社区快速发展。李丹[123]对 Quora 和知乎从产品功能、运营管理、用户特征三个角度进行了对比研究，探讨了 Quora 平台的成功模式对知乎发展的借鉴意义。沈闻[124]利用网络挖掘技术，就如何实现问答社区的个性化服务进行探索。社交问答服务的发展依赖于一些关键问题的解决，例如：针对性的向用户提供问题的检索和推荐服务，及时有效的选择最佳答案，这些问题的解决具有应用价值，能够提升问答网站的服务水平[125]。

2.2.2 问答平台答案质量的评价研究

问答平台答案质量的评估能够为问答平台的完善和优化提供参考与借鉴，社交问答平台的答案是该服务能够持续发展的核心。张中锋等[126]研究认为用户对问答社区已解决问题的大部分答案并不满意，而且仍有许多问题没有人关注并回答。孔伟泽[127]和来社安等[128]的研究是基于一定的技术手段，如构建大规模数据语料库和基于相似度算法，来提出社交问答服务回答质量的评价框架和方法，并进行实验证明能够有效的推荐最佳答案、提高回答质量的评估。

"百度知道"作为国内最大的社会化问答社区，问答的质量相对比较高，因此学者认为百度知道平台用户自发产生的最佳答案可以近似作为推荐答案[129]。贾佳等[130]对国内两大社会化问答平台百度和知乎的答案质量进行了评估，研究认为两大社会化问答平台的答案质量总体并不十分理想。姜雯等人通过对在线问答社区信息质量评价相关研究的梳理，认为目前研究缺乏权威评价标准，缺少领域聚焦，缺少定量测评比较，问答社区信息质量评价研究仍有很多问题尚未解决[131]。与此同时，互动问答社区中问题回答的可信性判别也是问答社区重要的研究问题，回答的可信性对提问者和浏览者产生重要的影响[132]。

2.2.3 移动问答服务初探

随着手机智能终端的蓬勃发展，用户产生随时随地利用移动网络搜寻问题答案的需求，基于此国内外社交问答网站纷纷推出基于网站的终端平台，也引发国内学者的关注，在国内移动问答 APP 应用的发展情况[133]和用户体验评价[134]两方面有所研究。陈宇以"百度知道""知乎""搜搜问问"为例，从用户对移动问答平台服务的体验评价进行了调查和研究，从功能特性、答案总数和人均答案数、响应速度及领域差异评分结果来看，"百度知道"优势明显，后两者均不甚理想。用维度指标进行评估，三者除美学情感维度和技术功能维度的指标表现不错外，效用价值维度上的指标均远远落后，特别是在"交互性"表现方面更为明显。因此，通用类问答客户端应该充分考虑用户的使用习惯，加强用户体验，相互借鉴优点，从根本上优化移动问答服务产品交互功能等方面的设计，积极拓展其未来的发展模式化加强服务推广。

国内对移动问答服务的研究较少，已有研究不够深入，仅仅是对其发展情况和用户体验的研究，对用户行为动机、移动问答的特点以及和 PC 端问答服务的对比等问题都没有进行探索研究。

2.3 社交问答服务研究现状的述评

根据已有相关研究文献的梳理情况，国内外关于社交问答服务的研究颇多，并且已经有一些相对成熟的研究结果。国内外学者对社交问答服务用户的认知和使用、已有服务平台的发展情况、用户的行为动机、问答平台答案质量的评价等问题均进行了一定研究。已有研究主要集中在用户行为动机，探讨用户知识贡献动机、促进社交问答平台的服务是研究所围绕的核心问题，对于不同特征类型用户的行为动机均有所涉及，比如国外研究探索了提问者的行为动机，国内有学者探索不同类型用户行为的激励因素，但这方面研究还不够深入。此外，国外学者也探索研究社交问答服务和数字参考咨询服务的关系，主要从两者的各自优劣、如何互补、推进共同发展的角度出发。国内外学者对于移动社交问答服务也有所关注。分析已有研究发现，对社交问答服务用户信息需求及平台架构组成和其他服务的关系等研究较少，且较少学者对用户知识贡献行为进行细化和深入的探讨，所以本文基于已有研究的不足，在国内外研究现状的基础上，提出研究内容。

3　技术视角下社交问答内容的研究进展

社交问答自出现以来，用户点击量一直持续增长，在 Alexa 的 2014 年网站排名中，社交问答平台 Yahoo! Answers 排在参考咨询类网站的榜首[135]。相较于 Facebook、Twitter 等社交媒体平台，社交问答中的文本内容更丰富、信息可靠性更高，因此很多学者热衷于针对社交问答平台展开研究。

社交问答设立的动机是为用户提供一个提出和解答问题的平台，其成功的关键在于用户的广泛参与、互动和交流。国内外代表性的社交问答平台包括 Yahoo! Answers、AnswerBag、Answers. com、Knowledge-iN、Stack Overflow、Quora、Naver Knowledge、新浪爱问、百度知道、腾讯搜搜问问、知乎等。

社交问答的研究可以分为用户、内容两个方面，用户方面的研究包括用户需求、参与动机等，内容方面的研究包括问题分类、问题检索、问题质量、答案质量等。根据问答平台的特点，用户自然地被分为提问者和回答者，社交问答中的用户生成内容也天然地形成了问题和答案两个子集。本文从技术的视角对问题和答案两个方面的相关研究进行了梳理。

3.1 问题的分类、推荐与检索

对问题的相关研究包括用户和技术两个视角。用户视角下的研究包括根据问题的分类来区分提问者的角色、通过分析问题内容判断用户信息需求及提问动机等。技术视角下的研究以问题分类、问题推荐、问题检索三个方面为主，问题自动生成、查询扩展等内容则可以纳入到问题检索的范畴。

3.1.1 问题分类

社交问答平台是典型的知识交流与共享平台，问题的分类对于社交问答平台中知识的组织、分享与交流非常重要，也是问答平台组织排列内容的重要依据。问题分类的研究一方面有利于合并同类问题，为同类问题自动推荐已有的相关答案，或者将问题推荐给相关用户进行回答；另一方面也有利于研究者面向特定领域的特定问题进行数据的挖掘与分析。同时，当前主流的社交问答平台以综合性的大网站为主，基于有效的问题分类，可以直接通过内容的迁移，形成若干个面向不同领域的垂直类社交问答平台，强化问答服务的领域特色和专业性，形成黏性更强的社交问答用户社区。

在分类标准方面，Ignatova[136]提出了一个包含九种类型的问题分类方案，并从语义、语法和词汇三个层次对分类效果进行评估。Harper 等[137]基于 Pomerantz[138]和 Ignatova 等人的研究，利用亚里士多德和 20 世纪修辞理论家的相关成果，构建了一种能够通过修辞分析对问题进行分类的方法。同时通过对不同类型问题差异性的量化分析得出，不同类型问题包含不同的常用词，且对应答案的数量和字数也存在一定的差异。社交问答中的问题可以分为两类：一类是对话类问题，希望通过交流获得灵感和启发；另一类是信息类问题，主要针对特定的事实进行提问。不难看出，第二类问题更具有长期保存的价值。但是，在第一类问题中，社交问答平台在满足用户信息获取需求的同时，还为用户提供了情感和心理支持，发挥了较好的社交作用。

在问题分类的自动化处理方面，词袋模型、组合内核函数、支持向量机、朴素贝叶斯分类、n-grams 和 LDA 等语言模型被广泛使用[139][140][141][142]。比如 Lei 等[143]提出了一种基于支持向量机的机器学习算法，并使用一系列词汇和语义的特征量去改善分类的效果。而 Cai 等[144]则利用维基百科中的语义知识来解决社交问答中大规模的问题分类需求。

3.1.2　问题推荐

问题推荐可以看成是问题分类的一个分支或是一种延伸，因为推荐从本质上说就是对问题的分类与排序。

社交问答中问题推荐的研究主要分为两个方向：其一是将推荐作为一种问题分类来实现；另外一种即通过排名模型来生成一种问题推荐的排名列表，以便将问题及时地推荐给最适合的用户进行回答[145]。前者可利用问答对局部和整体特征来加强分类效果[146]，后者可结合用户-问题-答案的组合、贝叶斯网络模型[147]、基于主题的用户兴趣模型[148]等，通过获取用户的兴趣主题来决定排序，从而向用户推送问题。Zhou 等[149]提出一种基于专业知识的问题推荐方法，首先通过用户的回答历史来计算用户的专业性，这一任务主要通过基于文档模型、线性模型和聚类模型来实现；其次通过用户之间的关系机构来重新排列用户的专业性，将两步整合到一个概率模型中用于计算用户的最终排名。另外，还可以基于多通道空间向量的表示模型[150]、分类敏感性语言模型[151]、语法树结构的检索框架[152]等查找相似问题。

由于需要将问题推荐给潜在的回答者，提问者的偏好、回答者的答案质量、用户评论和投票等信息都被纳入到问题推荐的考虑范围。比如 Zhou 等[153]提出一种结合相关性和答案质量的推荐模型，首先将单词不匹配和答案质量带入一个统一框架用以生成一般概率模型，并通过改进的翻译模型为用户兴趣打分，通过回答者的专业技能和答案的非文本特征来为答案质量进行评分，以实现通过用户排名来达到问题推荐的相关效果。Chang 等[154]将问题推送的重点从传统的面向专家的推荐转向面向具有合作和提供有用答案的潜在用户的推荐，并将用户的回答、评论和投票等用户偏好列入问题推荐模型中。

问题推荐方面比较有特色的研究还包括：Jeon 等[155]提出了一种在社交问答中查找语义相似问题的算法，通过语言翻译模型来计算问题与问题的相似度，并同时考虑了与问题相对应的答案信息，实现问题自动推荐。Xu 等[156]则从社交问答中用户的角色出发，第一次系统的探讨两种角色(提问者和回答者)对问题推荐效果的不同影响，并构建一个基于双重角色模型的问题推荐方法，这种方法通过将提问者与回答者之间的用户关系以及回答者和问题的内容关系整合到一个统一的概念框架中去以实现最终任务。

3.1.3　问题检索

社交问答平台保存了大量有价值的问题和答案数据，检索已有的问题以满足用户的信息需求是其提供的重要服务之一。当用户的信息需求可以从已有问题的答案中得到满足时，就可以大大减少用户获取最佳答案的时间。问题检索的研究强化了社交问答平台作为人类社会知识库的作用，因为大部分用户通过检索现有问题即可获得需要的信息，而不需要再次重复提问，减少了重复提问和资源的浪费。检索技术本身的飞速发展也给嵌入在社交问答平台中的检索服务提供了支撑。目前，网民越来越习惯于在社交媒体中寻求答案，这为社交问答平台提供了新的发展机会，而社交网站检索功能的好坏直接决定了用户的使用体验和持续使用的意愿。

向量空间模型、Okapi 模型、语言模型以及翻译模型都被应用于社交问答平台中的问题检索。相比较而言，有学者认为翻译模型的检索效果要高于前三种模型的检索效果[157]。基于短语的翻译模型，相较于传统的单个词语的翻译模型来说检索效果有所提高[158]。基于词权重排序的翻译模型，引入噪音控制，使检索效果大幅提高[159]。基于目的的语言模型，可应对用户的短文本检索问题[160]。基于翻译的语言模型，将翻译模型与查询语言可能性模型相结合，可为用户提供相关且高质量的问题[151]，Cai[162]、Zhou[163]等在其研究中也使用了该模型。

问题的主题信息对提高用户问题检索的效果起到一定的作用。问题的主题和问题的焦点是问题主要的组成部分，相似问题的检索就是相似问题主题和焦点的检索，可通过使用基于最小描述长度树识别相似问题的方法，提升用户检索效率。此外，Zhang[164]等提出一种基于主题的语义相似性计算方法来发现社交问答中的相似问题。Cai[162]、Zhou[163]等也同样研究了潜在的主题信息对社交问答平台检索效果的影响。

问题的分类信息也被用于问题检索的相关研究中。社交问答平台的类别信息主要有三种作用：类别的等级结构方便用户浏览问题和答案；基于类别的知识组织便于用户在子类中搜寻信息；类别信息能够有效地改善问题检索模型。2009 年，Cao[165]使用层次聚类和局部平滑方法计算新的问题属于某一类别的可能性，并通过实验证明这种检索模型的检索效果。2010 年，Cao 等[166]提出了一种新的利用分类信息以提高检索的效率方法，该方法包括两个关联度的评分，且这种方法普遍适用于现有的问题检索模型。2012 年，Cao 等[167]又提出了四种新的方法用以提高问题检索，分别是 LS 法（the leaf category smoothing enhancement）、CS 法（thecategory enhancement）、QC 法（the query classification enhancement）和 DS 法（the question classification enhancement）。

问题自动生成可以辅助用户进行问题构建，德国 Ubiquitous Knowledge Processing 实验室[168]从社交问答平台上的低质量问题中通过拼写和语法错误修正以及从关键词中自动产生问题的方法，自动生成高质量问题，从而提高用户提问的效率。

3.2 回答者中的专家发现及答案质量评价

对社交问答平台中的答案展开的研究很多，比如回答者的参与动机、提问者对答案的满意度、答案质量、答案可信度、答案的相关性评价、答案分类等等，其中涉及自然语言及相关技术处理的研究以专家发现、答案质量评价两个方面为主，专家发现从本质上说也属于答案评价的研究范畴。

3.2.1 回答者中的专家发现

提问者通常希望答案来自"专家"，通过评估用户的权威性来识别"专家"对于高质量答案的获取至关重要。社交问答平台将这种数量较少但活跃度高，并能提供大量高质量答案的核心用户称为

"专家"。

专家发现的过程中，学者们往往通过 HITS、PageRank 等算法来测量问答社区中用户的权威性，比如 Jurczyk 等[169]基于用户关系构建提问者与回答者之间的社会网络，并使用 HITS 算法计算每个用户的权威度。但是，这些传统的基于链接分析的方式并没有考虑到用户间的主题相似性以及用户的专业知识和用户的声誉，Chen[170]通过对社交问答平台中影响用户声誉的关系进行提取和分类，提出一种基于用户声誉使用模型的新方法，并通过实验验证了该方法优于链接拓扑关系 HITS 算法。Zhou[171]等考虑了链接的结构和用户的主题相似性，构建了一种基于 PageRank 算法的主题敏感度概率模型，较传统算法更为准确。

使用 HITS、PageRank 等算法进行专家发现存在一定的问题，即需要人工设定专家的数量。为了克服这一问题，Bouguessa[172]提出一种结合 γ 混合分布、贝叶斯信息标准和期望最大化算法的权威用户自动识别系统，并通过相关数据证明了该算法的有效性。

另外，问题内容、专家档案之间的相似性、专业知识的层次差异、问题回复的数量都可以纳入权威用户识别及专家发现的过程[173]。Kao[174]、林鸿飞[175]等也分别在前人研究的基础上提出了专家发现的相关方法。

3.2.2 答案质量评价

答案质量评价对于理解用户的信息需求、提升问答服务质量有重要作用。一方面，由于用户信息需求的复杂性和模糊性，何种答案是满足用户需求的最佳答案是一个非常复杂的问题；另一方面，答案的质量决定了用户对于问答平台的评价，网站应该尽量采取措施屏蔽掉低质量、虚假、完全不相关的答案，同时，网站还需要优化激励机制，鼓励更多的用户参与回答，尤其是那些拥有专门知识的用户，激发群集智慧，提高答案的针对性和有效性。

答案质量评价是一个包含信息质量和自然语言处理技术的跨学科问题，答案的文本内容与非文本特征都可以作为评价其质量的依据。文本内容特征对质量的影响高于社会和非文本因素的影响，其中内容的完整性、可靠性、准确性以及用户的表达方式和积极的评价与答案质量有着密切的关系，而高频词和答案的长度对答案质量的影响较小，此外其还指出答案的质量与最佳答案的选择不存在直接关系。在 Adamic 等[176]的研究中，答案的长度、其他答案的数量和用户的历史记录是最佳答案选择的重要指标。

与 Adamic 的研究中显示的用户更加倾向于较长的答案作为最佳答案不同，Kim[177]则认为用户更加倾向于短而直接的答案，其假设提问者在选择最佳答案时都会对其作出相关评论，这些评论反映了用户选择特定答案的原因，即答案质量的评价标准。早在 2007，Kim[178]收集了 1200 多条用户评论，并就此构建问题答案质量评价框架，包括内容、认知、效用、信息源、外部因素、社会情感和一般叙述七个一级指标。考虑到数据量较少和相关评价标准的局限性，2009 年，Kim[179]收集了 7000 多条用户评论，将提问者的答案质量评价标准分为六类，即内容、认知、效用、信息源、外部因素和社会情感，并包含准确性、特殊性、简洁性等 23 个子指标，研究发现问题类型对评价标准有重要影响，比如在讨论性问题类型中，用户的社会情感是选择最佳答案的最主要标准。

此外，Fichman[180]、Chua[181]、Golbeck[182]对社交问答平台中答案质量的评价方面也作了一些有特色的研究。

3.3 总结与展望

通过以上综述可以看出，近几年对社交问答中的问题、答案等用户生成内容的研究集中在问题分类、推荐、检索，以及答案的评价等方面，而且从技术视角切入的研究成果占了较大比重。

目前，社交问答中用户生成内容有关的研究机会还包括：

3.3.1 研究问题中蕴含的用户信息需求

社交问答平台为用户提供了大量开放的、容易获取的知识，这些知识来自于和他们有同样经历、同样诉求或者同样兴趣的人，这一特点使得社交问答平台中的答案会比搜索引擎里面的答案更贴近于用户的真实需求，也为社交问答平台带来了大量的用户生成内容，为研究者理解公众信息需求、开展学术研究提供了宝贵的文本资源。大量的学者利用 Yahoo! Answers、All Experts、Live Qn 等社交问答平台中的文本内容研究用户的图像信息需求、用户选择或评价最佳答案的标准、社区反馈等等[183][184]。

3.3.2 研究问题和答案中蕴含的用户行为模式及特点

社交问答平台中存留的问题和答案等用户生成内容，从本质上说，是一类用户网络日志。基于网络日志研究用户行为的成果非常丰富，但基于社交问答中的用户生成内容挖掘用户行为模式和特点的研究还不够充分。除了用户的参与动机、用户分类以外，值得研究的内容还包括：用户进行知识创造和传播的机制，用户在社交问答平台中的行为模式及其影响因素，用户类别对用户提问、搜索、回答等行为的影响等等。

3.3.3 对社交问答中的文本进行统计分析、数据挖掘和可视化

目前已经有学者面向特定领域，使用社交问答平台中的文本数据进行词汇的统计分析、空间聚类、主题发现及可视化等研究，以发现用户的词汇使用模式和统计特征，挖掘用户关注的热门主题、主题之间的语义关系、主题的演进等[185][186]。作为社交媒体中用户生成的天然知识库，社交问答平台中的文本内容正在成为科学研究中最流行的文本数据源之一。

参 考 文 献

[1]刘高勇，邓胜利. 社交问答服务的演变与发展研究[J]. 图书馆论坛，2013，33(1)：17-21.

[2][20]Shah C, Oh S, Oh J S. Research agenda for social Q&A[J]. Library & Information Science Research, 2009, 31(4)：205-209.

[3]Gazan R. Social Q&A[J]. Journal of the American Society for Information Science and Technology, 2011, 62(12)：2301-2312.

[4]Bernhard D, Gurevych I. Answering learners' questions by retrieving question paraphrases from social Q&A sites[C]//Proceedings of the Third Workshop on Innovative Use of NLP for Building Educational Applications. Association for Computational Linguistics, 2008：44-52.

[5][59] Jin X L, Zhou Z, Lee M K O, et al. Why users keep answering questions in online question answering communities: a theoretical and empirical investigation[J]. International Journal of Information Management, 2013, 33(1): 93-104.

[6][49] Yan Y, Davison R M. Exploring behavioral transfer from knowledge seeking to knowledge contributing: the mediating role of intrinsic motivation [J]. Journal of the American Society for Information Science and Technology, 2013, 64(6): 1144-1157.

[7] Lin M J J, Hung S W, Chen C J. Fostering the determinants of knowledge sharing in professional virtual communities[J].Computers in Human Behavior, 2009, 25(4): 929-939.

[8][45] Kang M, Kim B, Gloor P, et al. Understanding the effect of social networks on user behaviors in community-driven knowledge services[J]. Journal of the American Society for Information Science and Technology, 2011, 62(6): 1066-1074.

[9] Wasko M M L, Faraj S. Why should I share? Examining social capital and knowledge contribution in electronic networks of practice [J]. MIS Quarterly, 2005, 29(1): 35-57.

[10] Wilson T D. Information behavior: an interdisciplinary perspective [J]. Information Processing & Management, 1997, 33 (4): 551-572.

[11] Olatokun W M, Ajagbe E. Analyzing traditional medical practitioners' information-seeking behaviour using Taylor's information-use environment model [J]. Journal of Librarianship and Information Science, 2010, 42(2): 122-135.

[12] Bandura A. Self-efficacy: toward a unifying theory of behavioral change[J]. Advances in Behaviour Research and Therapy, 1978, 1(4): 139-161.

[13] Nahapiet J, Ghoshal S. Social capital, intellectual capital, and the organizational advantage [J]. Academy of management review, 1998, 23(2): 242-266.

[14] Ajzen I. The theory of planned behavior [J]. Organizational Behavior and Human Decision Processes, 1991, 50(2): 179-211.

[15] Chou S W, Chang Y C. An empirical investigation of knowledge creation in electronic networks of practice: social capital and theory of planned behavior (TPB) [C]//Hawaii International Conference on System Sciences, Proceedings of the 41st Annual. IEEE, 2008: 340.

[16] [50] Kankanhalli A, Tan B C Y, Wei K K. Contributing knowledge to electronic knowledge repositories: an empirical investigation[J]. MIS Quarterly, 2005, 29(1): 113-143.

[17] Chai S, Kim M. What makes bloggers share knowledge? An investigation on the role of trust [J]. International Journal of Information Management, 2010, 30(5): 408-415.

[18] [51] Wang W T, Wei Z H. Knowledge sharing in wiki communities: an empirical study[J]. Online Information Review, 2011, 35(5): 799-820.

[19] Chua A Y K, Banerjee S. So fast so good: an analysis of answer quality and answer speed in community question-answering sites [J]. Journal of the American Society for Information Science and Technology, 2013, 64(10): 2058-2068.

[21] [25] Shah C, Kitzie V, Choi E. Modalities, motivations, and materials-investigating traditional and social online Q&A services [J]. Journal of Information Science, 2014, 40(5):669-687.

[22] 查先进, 张晋朝, 严亚兰, 等. 网络信息行为研究现状及发展动态述评[J]. 中国图书馆学报, 2014, 40(4): 100-115.

[23] Wu K, Zhu Q, Vassileva J, et al. Does conflict matter in the success of mass collaboration? Investigating antecedents and consequence of conflict in Wikipedia [J/OL]. Chinese Journal of Library and Information Science, 2012, 5(1): 34-50 [2014-12-07]. http://ir.las.ac.cn/handle/12502/5323.

[24] 姜雯, 许鑫. 在线问答社区信息质量评价研究综述[J]. 现代图

书情报技术，2014，30（6）：41-50.

［26］Chua A Y K, Banerjee S. Measuring the effectiveness of answers in Yahoo! Answers［J］. Online Information Review, 2015, 39（1）: 104-118.

［27］Choi N, Yi K. Raising the general public's awareness and adoption of open source software through social Q&A interactions［J］. Online Information Review, 2015, 39（1）:119-139.

［28］Jafari M, Hesamamiri R, Sadjadi J, et al. Assessing the dynamic behavior of online Q&A knowledge markets: a system dynamics approach［J］. Program, 2012, 46（3）: 341-360.

［29］Evans B M, Kairam S, Pirolli P. Do your friends make you smarter?: An analysis of social strategies in online information seeking［J］. Information Processing & Management, 2010, 46（6）: 679-692.

［30］贾佳，宋恩梅，苏环. 社会化问答平台的答案质量评估——以"知乎""百度知道"为例［J］. 信息资源管理学报，2013（2）：19-28.

［31］查先进，张晋朝，严亚兰，等.基于国外图书情报领域六种主流期刊的网络信息行为研究综述［J/OL］. 情报学报，2014，33（7）：752-764［2014-12-07］. http://d. wanfangdata. com. cn/Periodical_qbxb201407008.aspx.

［32］Liu D R, Chen Y H, Shen M, et al. Complementary QA network analysis for QA retrieval in social question-answering websites［J］. Journal of the Association for Information Science and Technology, 2015, 66（1）: 99-116.

［33］Wu P F, Korfiatis N. You scratch someone's back and we'll scratch yours: collective reciprocity in social Q&A communities［J］. Journal of the American Society for Information Science and Technology, 2013, 64（10）: 2069-2077.

［34］Gualtieri L N. The doctor as the second opinion and the internet as the first［C］//CHI'09 Extended Abstracts on Human Factors in

Computing Systems. ACM, 2009: 2489-2498.

[35] Gazan R. Seekers, sloths and social reference: homework questions submitted to a question-answering community[J]. New Review of Hypermedia and Multimedia, 2007, 13(2): 239-248.

[36] IPL-Internet Public Library. Timeline of ipl2/IPL history[EB/OL].[2014-05-23]. http://www.ipl.org/div/about/timeline/.

[37] Fichman P. Information Quality on Yahoo! Answers[EB/OL] [2015-02-28]. http://eprints.rclis.org/20246/1/ fichmanMarch2013 submit.pdf.

[38][76] Soojung K. Questioners' credibility judgments of answers in a social question and answer site[J/OL]. Information Research, 2010, 15(2): 5.[2014-11-28]. http://www.informationr.net/ir/ 15-2/paper432.html.

[39][77] Kim S, Oh S. Users' relevance criteria for evaluating answers in a social Q&A site[J]. Journal of the American Society for Information Science and Technology, 2009, 60(4): 716-727.

[40][42][78] Zhang Y, Deng S. Social question and answer services versus library virtual reference: evaluation and comparison from the users' perspective[J/OL]. Information Research-An International Electronic Journal, 2014, 19 (4)[2014-12-15]. http:// InformationR.net/ir/19-4/paper650.html.

[41][79] 吴丹, 严婷, 金国栋. 网络问答社区与联合参考咨询比较与评价[J]. 中国图书馆学报, 2011, 37(4): 94-105.

[43] Agichtein E, Liu Y, Bian J. Modeling information-seeker satisfaction in community question answering[J]. ACM Transactions on Knowledge Discovery from Data (TKDD), 2009, 3(2): 10.

[44] Lee M K O, Cheung C M K, Lim K H, et al. Understanding customer knowledge sharing in web-based discussion boards: an exploratory study[J]. Internet Research, 2006, 16(3): 289-303.

[46] Choi E, Scott C R, Shah C. Effects of user identity information on key answer outcomes in social Q&A[C]// Proceedings of

iConference, Forth Worth, TX, 2013：302-315.

[47]［64］Sun Y, Fang Y, Lim K H. Understanding sustained participation in transactional virtual communities［J］. Decision Support Systems, 2012, 53(1)：12-22.

[48]［67］Lou J, Fang Y, Lim K H, et al. Contributing high quantity and quality knowledge to online Q&A communities［J］. Journal of the American Society for Information Science and Technology, 2013, 64(2)：356-371.

[52]樊彩锋, 查先进. 互动问答平台用户贡献意愿影响因素实证研究[J]. 信息资源管理学报, 2013 (3)：29-39.

[53]杨海娟. 社会化问答网站用户贡献意愿影响因素实证研究[J]. 图书馆学研究, 2014 (14)：29-38.

[54]范宇峰, 陈佳佳, 赵占波. 问答社区用户知识分享意向的影响因素研究[J]. 财贸研究, 2013 (4)：141-147.

[55]［60］金晓玲.探讨网上问答社区的可持续发展："雅虎知识堂"案例分析[D]. 合肥：中国科学技术大学, 2009.

[56]Nam K K, Ackerman M S, Adamic L A. Questions in, knowledge in? A study of naver's question answering community［C］// Proceedings of the SIGCHI Conference on Human Factors in Computing Systems. ACM, 2009：779-788.

[57]［63］Hashim K F. Understanding the determinants of continuous knowledge sharing intention within business online communities［D］.Auckland, New Zealand：AUT University, 2012.

[58]Bhattacherjee A. Understanding information systems continuance：an expectation-confirmation model［J］. MIS Quarterly, 2001, 25(3)：351-370.

[61]金晓玲, 汤振亚, 周中允, 等.用户为什么在问答社区中持续贡献知识?：积分等级的调节作用[J]. 管理评论, 2013, 25 (12)：138-146.

[62]金晓玲, 燕京宏, 汤振亚. 网络问答社区环境下持续分享意向的性别差异研究[J]. 电子商务, 2013 (5)：41-41.

［65］［66］Guan X, Deng S. Understanding the factors influencing user intention to continue contributing knowledge in social Q&A communities［J/OL］. Chinese Journal of Library and Information Science, 2013, 6（3）:75-90［2014-12-07］. http://ir. las. ac. cn/handle/12502/6643.

［68］［75］Chen X, Deng S. Influencing factors of answer adoption in social Q&A communities from users' perspective: taking Zhihu as an example［J/OL］. Chinese Journal of Library and Information Science, 2014, 7（3）:81-95［2015-01-25］. http://ir. las. ac. cn/handle/12502/7568.

［69］Bhattacherjee A, Sanford C. Influence processes for information technology acceptance: an elaboration likelihood model［J］. MIS Quarterly, 2006, 30（4）: 805-825.

［70］Petty R E, Cacioppo J T. Communication and persuasion: central and peripheral routes to attitude change ［M］. New York: Springer, 1986.

［71］Sussman S W, Siegal W S. Informational influence in organizations: an integrated approach to knowledge adoption ［J］. Information Systems Research, 2003, 14（1）: 47-65.

［72］Deng S, Liu Y, Qi Y. An empirical study on determinants of web based question-answer services adoption［J］. Online Information Review, 2011, 35（5）: 789-798.

［73］Liao S, Chou E. Intention to adopt knowledge through virtual communities: posters vs lurkers［J］. Online Information Review, 2012, 36（3）: 442-461.

［74］Zhang W, Watts S. Knowledge adoption in online communities of practice［C］// Proceedings of ICIS, 2003:9.

［78］Shachaf P, Rosenbaum H. Online social reference: a research agenda through a STIN framework［C］// iConference, 2009,（2）: 8-11, Chapel Hill, NC, USA.

［79］Kim K, Sin S J, He Y. Information seeking through social media:

impact of user characteristics on social media use. [C]//The American Society of Information Science & Technology (ASIST) Annual Meeting, 2013(11):1-6.

[80] Shah C, Kitzie V. Social Q&A and virtual reference-comparing apples and oranges with the help of experts and users[J]. Journal of the American Society for Information Science and Technology, 2012, 63(10): 2020-2036.

[81] Jeon G Y, Rieh S Y. Do you trust answers?: credibility judgments in social search using SQA sites[C]//16th ACM Conference on Computer Supported Cooperative Work Workshops on Social Media Question Asking, 2013a.

[82] Jeon G Y, Rieh S Y. The value of social search: seeking collective personal experience in social Q&A [C]//Proceedings of the Association for Information Science and Technology, 2013b.

[83] Kitzie V, Choi E, Shah C. To ask or not to ask, that is the question: investigating methods and motivations for online Q&A [C]//Proceedings of HCIR,2012.

[84] Kitzie V, Choi E, Shah S. Analyzing question quality through inter subjectivity: world views and objective assessments of questions on social question-answering [C]//The American Society of Information Science & Technology (ASIST) Annual Meeting. 2013 (11):1-6.

[85] Lee U, Kang H, Yi E, et al. Understanding mobile Q&A usage: an exploratory study[C]//Proceedings of the SIGCHI Conference on Human Factors in Computing Systems. ACM, 2012: 3215-3224.

[86] Choi E, Kitzie V, Shah C. "10 points for the best answer!"-baiting for explicating knowledge contributions within online Q&A [J]. Proceedings of the American Society for Information Science and Technology, 2013a, 50(1): 1-4.

[87] Oh S. The relationships between motivations and answering strategies: an exploratory review of health answerers' behaviors in

Yahoo！Answers［J］. Proceedings of the American Society for Information Science and Technology, 2011, 48(1)：1-9.

［88］Liu Z, Jansen B J. Predicting potential responders in social Q&A based on non-QA features［C］//CHI'14 Extended Abstracts on Human Factors in Computing Systems. ACM, 2014：2131-2136.

［89］Choi E, Kitzie V, Shah C. Investigating motivations and expectations of asking a question in social Q&A［J］. First Monday, 2014, 19(3).

［90］Chou C H, Wang Y S, Tang T I. Exploring the determinants of knowledge adoption in virtual communities：a social influence perspective［J］. International Journal of Information Management, 2015, 35(3)：364-376.

［91］Christy M K, Matthew K O, Zach W Y. Understanding the continuance intention of knowledge sharing in online communities of practice through the post-knowledge-sharing evaluation processes ［J］. Journal of the American Society for Information Science and Technology, 2013,64(7):1357-1374.

［92］Jin X L, Zhou Z Y, Lee M K O, Cheung C M K. Why users keep answering questions in online questions answering communities：a theoretical and empirical investigation［J］. International Journal of Information Management, 2013(33):93-104.

［93］Jeon G Y J, Rieh S Y. Answers from the crowd：how credible are strangers in social Q&A? ［C］// iConference, 2014:664-668.

［94］Kim S, Oh S. Users' relevance criteria for evaluating answers in a SQA site［J］. Journal of the American Society for Information Science Technology, 2009, 60(4):716-727.

［95］Shah C, Kitzie V, Choi E. Modalities, motivations, and materials-investigating traditional and social online Q&A services［J］. Journal of Information Science, 2014：1-19.

［96］［98］［100］Shah C, Kitzie V. Social Q&A and virtual reference——comparing apples and oranges with the help of experts and users

[J]. Journal of the American Society for Information Science and Technology, 2012, 63(10): 2020-2036.

[97] Radford M L, Connaway L S. Chattin' bout my generation: Comparing virtual reference use of Millennials to older adults[J]. Leading the Reference Renaissance: Today's Ideas for Tomorrow's Cutting-Edge Services, 2012a:35-45.

[99] Radford M L, Connaway L S, et al. Conceptualizing collaboration and community in virtual reference and social question and answer services[EB/OL]. [2015-03-18]. http://InformationR.net/ir/18-3/colis/paperS06.html.

[101] Golbeck J, Fleischmann K R. Trust in social Q&A: the impact of text and photo cues of expertise[J]. Proceedings of the American Society for Information Science and Technology, 2010, 47(1): 1-10.

[102] Fichman P. A comparative assessment of answer quality on four question answering sites [J]. Journal of Information Science, 2011, 37(5): 476-486.

[103] Choi E, Kitzie V, Shah C. A machine learning-based approach to predicting success of questions on social question-answering [C]//iConference 2013 Proceedings,2013:409-421.

[104] Connaway LS, Radford M L. Seeking synchronicity: revelations and recommendations for virtual reference [EB/OL]. [2015-04-01].http://www.oclc.org/reports/synchronicity/default.htm.

[105] Radford M L, Connaway L S, Shah C. Convergence & synergy: social Q&A meets VR service [C].// Proceedings of the 75th Annual Meeting: Information, Interaction, Innovation., ASIST 2012b,49. In A. Grove (Ed.).

[106] Kitzie V, Choi E, Shah C. To ask or not to ask, that is the question: investigating methods and motivations for online Q&A [C]//Proceedings of HCIR,2012.

[107] Kitzie V, Shah C. Faster, better, or both? Looking at both sides

of online question-answering coin [J]. Proceedings of the American Society for Information Science and Technology, 2011, 48(1): 1-4.

[108] John J. Best answering percentage 77%[EB/OL]. [2015-03-10]. http://enquire-uk.oclc.org/content/view/97/55/.

[109] Arya H B, Mishra J K. Oh! Web 2.0, virtual reference service 2. 0, tools & techniques (Ⅰ): A basic approach [J]. Journal of Library & Information Services in Distance Learning, 2011, 5 (4): 149-171.

[110] Benn J, Mc L, Lin D. Facing our future: social media takeover, coexistence or resistance? The integration of social media and reference services [EB/OL]. [2015-03-25]. http://library. ifla. org/id/eprint/129.

[111] Connaway L S, Radford M L, Mikitish S, et al. Conceptualizing collaboration and community in virtual reference and social question and answer services [J]. Information Research, 2013, 18(3):965-991.

[112] Lee U, Kang H, Yi E, et al. Understanding mobile Q&A usage: an exploratory study[C]//Proceedings of the SIGCHI Conference on Human Factors in Computing Systems. ACM, 2012: 3215-3224.

[113] Lee U, Kang H, Yi E, et al. Understanding mobile Q&A usage: an exploratory study[C]//Proceedings of the SIGCHI Conference on Human Factors in Computing Systems. ACM, 2012: 3215-3224.

[114] Sohn T, Li K, Griswold W, Hollan J. A diary study of mobile information needs [C]. 26th Annual SIGCHI Conference on Human Factors in Computing Systems ACM, 2008: 433-442.

[115] Church K, Smyth B. Understanding the Intent Behind Mobile Information Needs., 14th international conference on Intelligent user interfaces 2009, Hong Kong, China, 2009: 247-256.

[116] 张兴刚, 袁毅. 基于搜索引擎的中文问答社区比较研究[J].

图书馆学研究，2009(6):65-72.

[117]吴丹，刘嫒，王少成.中英文网络问答社区比较研究与评价实验[J].现代图书情报技术，2011(1):74-82.

[118]王宝勋，刘秉权，孙承杰，王晓龙.网络问答资源挖掘综述[J].智能计算机与应用，2012，2(6):54-58.

[119]吴丹，严婷，金国栋.网络问答社区与联合参考咨询比较与评价[J].中国图书馆学报，2011(4):94-105.

[120]宋学峰，赵蔚，高琳.社交问答网站知识共享的内容及社会网络分析——以知乎社区"在线教育"话题为例[J].现代教育技术，2014(6):70-77.

[121]刘思琪.社会化问答网站 UGC 特征解读——以知乎网为例[J].西部广播电视，2014(21):9-10.

[122]袁红，赵娟娟.问答社区中用户与资源互动研究[J].图书情报工作，2014(18):102-109.

[123]李丹.中美网络问答社区的对比研究——以 Quora 和知乎为例[J].青年记者，2014(26):19-20.

[124]沈闻.基于问答社区的个性化服务研究[D].扬州大学硕士学位论文，2009.

[125]廉鑫.社区问答系统中若干关键问题研究[D].南开大学硕士学位论文，2014.

[126]张中锋.社区问答系统研究综述[J].计算机科学，2010(11):19-23.

[127]孔维泽，刘奕群，张敏，马少平.问答社区中回答质量的评价方法研究[J].中文信息学报，2011，25(1):3-8.

[128]来社安，蔡中民.基于相似度的问答社区问答质量评价方法[J].计算机应用与软件，2013(2):266-269.

[129]余素华.社会化问答社区的内容抽取研究[D].华中师范大学硕士学位论文，2014.

[130]贾佳，宋恩梅，苏环.社会化问答平台的答案质量评估——以"知乎""百度知道"为例[J].信息资源管理学报，2013(2):19-28.

[131]姜雯, 许鑫. 在线问答社区信息质量评价研究综述[J]. 现代图书情报技术, 2014(6):41-50.

[132]吴瑞红. 互动问答社区中回答可信性分析[D]. 北京信息科技大学硕士学位论文, 2013.

[133]宋恩梅, 苏环. "掌上"解惑者: 国内移动问答 App 发展现状分析[J]. 图书馆学研究, 2014(18):28-36.

[134]陈宇. 通用类移动问答客户端实证研究——基于用户体验的视角[J]. 图书馆学研究, 2014(24):62-69.

[135] Alexa (2014). "The top ranked sites in references category," Retrieved Dec 21, 2014, fromhttp://www. alexa. com/topsites/category/Top/Reference.

[136] Ignatova K, Toprak C, Bernhard D, et al. Annotating question types in social Q&A sites [C]//Tagungsband des GSCL Symposiums 'Sprachtechnologie und eHumanities. 2009: 44-49.

[137]Harper F M, Weinberg J, Logie J, et al. Question types in social Q&A sites[J]. First Monday, 2010, 15(7).

[138] Pomerantz J. A linguistic analysis of question taxonomies [J]. Journal of the American Society for Information Science and Technology, 2005, 56(7): 715-728.

[139] B Qu, G Cong, C Li, A Sun, H Chen, An evaluation of classification models for question topic categorization[J]. Journal of the American Society for Information Science and Technology, 2012,63(5): 889-903.

[140]Fan S, Wang X, Wang X, et al. Using Hybrid Kernel Method for Question Classification in CQA [C]//Neural Information Processing. Springer Berlin Heidelberg, 2011: 121-130.

[141] Chan W, Yang W, Tang J, et al. Community question topic categorization via hierarchical kernelized classification [C]// Proceedings of the 22nd ACM international conference on Conference on Information & Knowledge Management. ACM, 2013: 959-968.

［142］Bae K, Ko Y. An effective category classification method based on a language model for question category recommendation on a cQA service［C］//Proceedings of the 21st ACM International Conference on Information and Knowledge Management. ACM, 2012: 2255-2258.

［143］Lei Y, Jiang Y. Chinese question classification in community question answering［C］//Service-Oriented Computing and Applications (SOCA), 2010 IEEE International Conference on. IEEE, 2010: 1-6.

［144］Cai L, Zhou G, Liu K, et al. Large-scale question classification in cQA by leveraging Wikipedia semantic knowledge［C］//Proceedings of the 20th ACM International Conference on Information and Knowledge Management. ACM, 2011: 1321-1330.

［145］Xu F, Ji Z, Wang B. Dual role model for question recommendation in community question answering［C］//Proceedings of the 35th international ACM SIGIR Conference on Research and Development in Information Retrieval. ACM, 2012: 771-780.

［146］Zhou T C, Lyu M R, King I. A classification-based approach to question routing in community question answering［C］//Proceedings of the 21st International Conference Companion on World Wide Web. ACM, 2012: 783-790.

［147］Guo J, Xu S, Bao S, et al. Tapping on the potential of q&a community by recommending answer providers［C］//Proceedings of the 17th ACM Conference on Information and Knowledge Management. ACM, 2008: 921-930.

［148］Ni X, Lu Y, Quan X, et al. User interest modeling and its application for question recommendation in user-interactive question answering systems［J］. Information Processing & Management, 2012, 48(2): 218-233.

［149］Zhou Y, Cong G, Cui B, et al. Routing questions to the right users in online communities［C］//Data Engineering, 2009.

ICDE'09. IEEE 25th International Conference on. IEEE, 2009:
700-711.

[150] Dror G, Koren Y, Maarek Y, et al. I want to answer; who has a question?: Yahoo! answers recommender system [C]// Proceedings of the 17th ACM SIGKDD International Conference on Knowledge Discovery and Data Mining. ACM, 2011: 1109-1117.

[151] Li B, King I, Lyu M R. Question routing in community question answering: putting category in its place[C]//Proceedings of the 20th ACM International Conference on Information and Knowledge Management. ACM, 2011: 2041-2044.

[152] Wang K, Zhao YM, Tat-Seng C. A syntactic tree matching approach to finding similar questions in community-based qa services [C]//Proceedings of the 32nd international ACM SIGIR conference on Research and development in information retrieval. ACM, 2009.

[153] Zhou G, Liu K, Zhao J. Joint relevance and answer quality learning for question routing in community qa[C]//Proceedings of the 21st ACM International Conference on Information and Knowledge Management. ACM, 2012: 1492-1496.

[154] Chang S, Pal A. Routing questions for collaborative answering in community question answering [C]//Proceedings of the 2013 IEEE/ACM International Conference on Advances in Social Networks Analysis and Mining. ACM, 2013: 494-501.

[155] Jiwoon J, Croft WB, Lee J H. Finding similar questions in large question and answer archives[C]//Proceedings of the 14th ACM International Conference on Information and Knowledge Management. ACM, 2005.

[156] Xu F, Ji Z, Wang B. Dual role model for question recommendation in community question answering[C]//Proceedings of the 35th International ACM SIGIR Conference on Research and De-

velopment in Information Retrieval. ACM, 2012: 771-780.

[157] Zhou T C, Lin C Y, King I, et al. Learning to suggest questions in online forums[C]//AAAI. 2011.

[158] Lee J T, Kim S B, Song Y I, et al. Bridging lexical gaps between queries and questions on large online Q&A collections with compact translation models[C]//Proceedings of the Conference on Empirical Methods in Natural Language Processing. Association for Computational Linguistics, 2008: 410-418.

[159] Wu H, Wu W, Zhou M, et al. Improving search relevance for short queries in community question answering[C]//Proceedings of the 7th ACM International Conference On Web Search and Data Mining. ACM, 2014: 43-52.

[160] Cao X, Cong G, Cui B, et al. The use of categorization information in language models for question retrieval[C]//Proceedings of the 18th ACM Conference on Information and Knowledge Management. ACM, 2009: 265-274.

[161] Ji Z, Xu F, Wang B. A category-integrated language model for question retrieval in community question answering[M]//Information Retrieval Technology. Springer Berlin Heidelberg, 2012: 14-25.

[162] Cai L, Zhou G, Liu K, et al. Learning the latent topics for question retrieval in community QA [C]//IJCNLP. 2011 (11): 273-281.

[163] Zhou G, Cai L, Zhao J, et al. Phrase-based translation model for question retrieval in community question answer archives[C]// Proceedings of the 49th Annual Meeting of the Association for Computational Linguistics: Human Language Technologies-Volume 1. Association for Computational Linguistics, 2011: 653-662.

[164] Zhang W N, Liu T, Yang Y, et al. A topic clustering approach to finding similar questions from large question and answer archives

[J]. Plos One, 2014, 9(3): e71511.

[165] Cao X, Cong G, Cui B, et al. The use of categorization information in language models for question retrieval[C]//Proceedings of the 18th ACM Conference on Information and Knowledge Management. ACM, 2009: 265-274.

[166] Cao X, Cong G, Cui B, et al. A generalized framework of exploring category information for question retrieval in community question answer archives[C]//Proceedings of the 19th International Conference on World Wide Web. ACM, 2010: 201-210.

[167] Cao X, Cong G, Cui B, et al. Approaches to exploring category information for question retrieval in community question-answer archives[J]. ACM Transactions on Information Systems (TOIS), 2012, 30(2): 7.

[168] Ignatova K, Bernhard D, Gurevych I. Generating high quality questions from low quality questions [C]//Proceedings of the Workshop on the Question Generation Shared Task and Evaluation Challenge(NSF, Arlington, VA). 2008.

[169] Jurczyk P, Agichtein E. Discovering authorities in question answer communities by using link analysis [C]//Proceedings of the 16th ACM Conference on Information and Knowledge Management (CIKM'07), New York, NY: ACM, 2007: 919-922.

[170] Chen L, Nayak R. Expertise analysis in a question answer portal for author ranking[C]//Web Intelligence and Intelligent Agent Technology, 2008. WI-IAT'08. IEEE/WIC/ACM International Conference on. IEEE, 2008(1): 134-140.

[171] Zhou G, Lai S, Liu K, et al. Topic-sensitive probabilistic model for expert finding in question answer communities[C]//Proceedings of the 21st ACM International Conference on Information and Knowledge Management. ACM, 2012: 1662-1666.

[172] Bouguessa M, Dumoulin B, Wang S. Identifying authoritative actors in question-answering forums: the case of yahoo! Answers

［C］//Proceedings of the 14th ACM SIGKDD International Conference on Knowledge Discovery and Data Mining. ACM, 2008: 866-874.

[173] Adamic L A, Zhang J, Bakshy E, et al. Knowledge sharing and yahoo answers: everyone knows something［C］//Proceedings of the 17th International Conference on World Wide Web. ACM, 2008: 665-674.

[174] Kao W C, Liu D R, Wang S W. Expert finding in question-answering websites: a novel hybrid approach［C］//Proceedings of the 2010 ACM Symposium on Applied Computing. ACM, 2010: 867-871.

[175] 林鸿飞, 王健, 熊大平, 等. 基于类别参与度的社区问答专家发现方法[J]. 计算机工程与设计, 2014, 35(1): 333-338.

[176] Adamic L A, Zhang J, Bakshy E, et al. Knowledge sharing and yahoo answers: everyone knows something［C］//Proceedings of the 17th International Conference on World Wide Web. ACM, 2008: 665-674.

[177] Kim S, Oh S. Users' relevance criteria for evaluating answers in a social Q&A site[J]. Journal of the American Society for Information Science and Technology, 2009, 60(4): 716-727.

[178] Kim S, Oh J S, Oh S. Best-answer selection criteria in a social Q&A site from the user-oriented relevance perspective[J]. Proceedings of the American Society for Information Science and Technology, 2007, 44(1): 1-15.

[179] Kim S, Oh S. Users' relevance criteria for evaluating answers in a social Q&A site[J]. Journal of the American Society for Information Science and Technology, 2009, 60(4): 716-727.

[180] Fichman P. A comparative assessment of answer quality on four question answering sites [J]. Journal of Information Science, 2011, 37(5): 476-486.

[181] Chua A Y K, Balkunje R S. Comparative evaluation of community

question answering websites[M]//The Outreach of Digital Librar-ies: A Globalized Resource Network. Springer Berlin Heidelberg, 2012: 209-218.

[182]Golbeck J, Fleischmann K R. Trust in social Q&A: the impact of text and photo cues of expertise[J]. Proceedings of the American Society for Information Science and Technology, 2010, 47(1): 1-10.

[183]Yoon J W,Chung E K. Understanding image needs in daily life by analyzing questions in a social Q&A site[J]. Journal of the Amer-ican Society for Information Science and Technology, 2011, 62 (11): 2201-2213.

[184]Kim S, Oh J S, Oh S. Best-answer selection criteria in a social Q&A site from the user-centered relevance perspective[J]. Pro-ceedings of the Asist Annual Meeting, 2007, 44(1): 1-15.

[185]Zhang J, Zhao Y M. A user term visualization analysis based on a social question and answer log[J]. Information Processing & Management, 2013, 49(5): 1019-1048.

[186] Zhang J, Zhao Y M, Dimitroff A. A study on health care consumers' diabetes term usage across identified categories[J]. Aslib Journal of Information Management, 2014, 66(4): 443-463.

【作者简介】

邓胜利，男，1979 年生，博士，现任武汉大学信息管理学院教授，博士生导师，信息管理科学系副主任。2013 年至 2014 年美国肯特州立大学图书情报学院（Library and Information Sciences, Kent State University）访问学者。入选武汉大学"珞珈青年学者"。现为武汉大学 70 后学术团队"网络用户信息行为研究"的负责人。曾荣获宝钢奖、韦棣华奖等奖励多项，先后主持和参与国家社科、教育部、国家社科基金重大项目，教育部哲学社会科学研究重大攻关项目，国家自然科学基金项目等各类科研项目20余项，发表国内外核心期刊及以上级别论文70余篇，包括SCI&SSCI源刊论文8篇，权威期刊《中国图书馆学报》《情报学报》论文7篇，10余篇论文被人大复印报刊资料全文转载。

杨丽娜，女，1991年生，硕士，现任职于中国科学院兰州文献情报中心，信息系统部，助理馆员，岗位开放知识资源建设与组织。2015年毕业于武汉大学信息管理学院情报学专业。发表国内外核心期刊及以上级别论文6篇，包括SSCI源刊论文1篇，权威期刊《情报学报》论文1篇。

图像语义与图像用户行为研究述评[*]

陆　泉[1,2]　　汪艾莉[2]

(1. 中国记忆与数字保存协同创新中心；

2. 武汉大学信息管理学院)

[摘　要]本文系统梳理了图像语义与图像用户行为领域的研究进展，得出的主要结论包括：①二者在方法、目标、理论上有较大差异，前者在对图像用户认知机理涉及较少，后者对图像语义层次结构与逻辑关系的关注不足；②二者都面临着急需突破的发展瓶颈；③二者之间存在复杂而深刻的内在关联，并提出对图像语义与图像用户行为进行系统研究、以图像语义层次理论为二者联系纽带、以社会图像标注与检索为切入点等研究建议。

[关键词]图像　图像语义　用户行为　研究述评

A Review of Research on Image Semantics and Image User Behaviors

Lu Quan[1,2]　　Wang Aili[2]

(1. The Collaborative Innovation Center of Chinese Memory and Digital Information Preservation; 2. School of Information Management, Wuhan University)

[**Abstract**] This paper overviewed major advances on the research

* 本文系国家自然科学基金项目"图像信息资源可视化协同语义标注及实现研究"（项目编号：71273195）和教育部留学回国人员科研启动基金项目"多模式可视化图像标注模型研究"（教外司留（2013）1792 号）研究成果之一。

of image semantics and image user behaviors, and found that: ①Both of them are quite different in methods, objectives and theories, and the former involves less user awareness mechanism, the latter pays insufficient attention to image semantics' hierarchy and logical relationships; ②Both are faced with urgent needs to break through their development bottlenecks; ③There exists complex and profound internal connection between both. This paper also presents some research proposals: conducting a systematic research on image semantics and image user behaviors, linking image semantics and image user behaviors by the theory of image semantic hierarchy, putting social image annotation and retrieval as a breakthrough point, etc.

[**Keywords**] image image semantic user behavior review

1 引　言

随着互联网的发展，图像信息在网络应用中的地位日趋重要。就现有研究与应用而言，图像语义信息仍然是组织、管理与检索图像信息资源的主要途径。但是，由于图像及其语义信息的复杂特性，图像与图像语义中普遍存在语义鸿沟问题，使计算机系统与图像用户均难以通过语义信息对图像进行准确描述，不利于图像信息资源的有效管理与利用。

目前，虽然已有许多图像语义与图像用户方面的研究和应用，但是现有研究往往只关注图像、图像语义或图像用户之一，很少从系统科学的角度，将图像、图像语义与图像用户作为相互联系、互相作用的整体来进行研究，这不利于从系统角度对图像、图像语义与图像用户建立全面深刻的认识。基于此，本文试图系统梳理现有的图像语义及图像用户行为研究，以方便读者从图像、图像语义与图像用户的整体系统视角，开展图像语义信息及其用户行为理论与应用的交叉研究，推动图像信息资源的管理与利用以及图像用户服务的提升，促进信息管理学科及其他相关学科的研究发展。

2 图像语义信息研究

图像与文本信息有着较大的差异，其高维的视觉特征与复杂的潜在语义内容难以被计算机有效理解。因此，本节首先介绍主要的图像语义层次理论，然后，梳理图像特征提取与表示的现有主要方法，在此基础上，主要从图像语义组织与图像检索两方面展开相关研究梳理。

2.1 图像语义层次理论研究

图像语义是人对图像内容的认知结果，因此"人们是如何理解图像内涵"成为一个重要的研究问题。现有理论认为图像的语义是层次化的，也可以说图像的语义是有粒度的，不同层次的语义粒度不同，可以采用多层结构进行分析。

早在 1962 年，Panofsky 就对文艺复兴时期的艺术图像进行了研究，并初步建立了一个三层分析模型，展示了艺术图像内在涵义的表达和理解方式，该模型指出对图像的理解包括了前图像志（pre-iconography）描述、图 像 志（iconography）分析与图 像 学（iconology）阐释三个阶段[1]，以表达从图像中事实到图像内在涵义的逐层深化。随后，Shatford 通过对图像内容"是什么"和"关于什么"的细化，对 Panofsky 的三层分析模型进行了改进，将虚幻的、抽象的、象征性的主题（aboutness）与客观主题（ofness）分离开来[2]。此后很多学者开始运用 Shatford 提出的这一理论方法分析图像语义。

Hong 等人[3]提出了更具有指代意义的三层结构模型，包括特征层（basic visual content）、对象层（object content）和场景层（scene content）。其模型第一层为特征层，由图像的视觉特征集合组成，如颜色、纹理、边缘等特征，该层的语义主要对应于特征语义。第二层为对象层，是通过对图像中的对象的视觉特征分析理解得到的对对象的语义描述。这一层需要先获取图像中的对象，如"帆船""树""水"等，然后从对象的视觉特征、空间关系、位置等信息中推导出对象语义，该层主要对应于对象语义和空间关系语义。第三层是对多个对象和场景的语义描述，称为场景层，例如"城市""乡村"等。该层是对一组对象语义进行分析得到整个场景的语义，对应于场景语义。从实质上而言，特征层对应的并非用户理解的图像语义；对象层和场景层则凸显了图像的理解语义，且这两层语义是图像语义研究关注的重点。

另外，Jaimes 和 Chang[4]把图像内容语义细化为五层，包括区域层(region)、感知区域层(perceptual-area)、对象部件层(object-part)、对象层(object)以及场景层(scene)。其中对象层和场景层的含义与 Hong 等人的类似，区域层是指图像中分割出来的连通区域，感知区域层是相邻且感知相似的区域的集合，对象部件层由多个感知区域组成。该模型的前四个层次大致对应于对象语义和空间关系语义，而场景层则对应于场景语义。

随着基于内容的图像检索研究的深入发展，图像语义层次理论也发生了重要转变，更突出了语义之间的逻辑关系。1999 年 Eakins 和 Graham 在他们出版的专著"基于内容的图像检索：JISC 技术应用项目报告"中[5]，首次详细论述了图像的三个语义层次，由此建立了图像三层语义模型，即：第一层特征语义，表示图像视觉的特征，如颜色、纹理和形状等；第二层是指根据视觉特征推导得出的特征，对应则是空间关系语义和对象语义；第三层是对场景和对象进行更高层次的推理得出的语义，包括情感语义、场景语义和行为语义等。由此可以看出，情感语义是图像的最高语义，并且可由下层语义内容推理而得。

基于此，Eakins 和 Graham 把用户的检索需求也分为三个层次：第一个层次是根据图像的颜色、纹理、形状或轮廓等原始特征构成检索式；第二个层次是根据图像的逻辑特征信息，包括图像所含对象及其相互关系，在一定程度的逻辑界面来构成检索式；第三个层次是根据图像的抽象特征构成检索式，包括物体或场景所描述和推理出来的抽象意义。这个层次的语义包括场景语义、行为语义和情感语义。后来，许多学者把第二和第三层次的图像检索概括为"语义层次"的图像检索，而把第一层次和"语义层次"之间的距离称作图像的"语义鸿沟"。

2.2 图像特征提取与表示

图像特征提取与表示，是计算机逐层理解、管理和利用图像语义的重要基础。图像特征提取包括基于全局的图像特征提取和基于局部的图像特征提取，而基于局部的图像特征提取已经逐渐成为当前的研究趋势，基于局部的图像特征提取首先要求对图像进行分割。本部分将依据不同的图像特征从图像分割、颜色特征、纹理特征、形状特征、空间关系提取等方面对图像特征提取研究进行梳理。

2.2.1 图像分割

图像分割是一种重要的图像分析技术，它不仅得到人们广泛的重视和研究，也在实际中得到大量的应用。图像分割通常是提取图像特征并进行图像表示的第一步。图像分割是指依据图像特征的同质性将图像分成不同的区域，并使这些区域互不相交，且每个区域具有特定的一致性特点。图像分割的方法和种类有很多，有些分割运算可直接应用于任何图像，而另一些只能适用于特殊类别的图像。目前的图像分割方法，根据其分割的基本思想，主要分为阈值分割方法、边缘检测方法、统计学分割方法以及结合区域与边界信息的方法几大类。

阈值分割就是用一个或几个阈值将图像的灰度直方图分成几个类，将图像中灰度值在同一个灰度类内的像素归属于同一个物体，其不足是忽略了图像中的空间信息。边缘检测方法是将均匀区域看作是被一闭合边缘所包围，而在这个边缘处的像素往往会发生剧烈的变化，因此，可以通过检测这种像素的骤变来确定目标边缘。这一方法对边缘定位准确，运算速度较快，但是无法保证提取边缘的连续性，而如何平衡边缘检测的抗噪性以及检测精度使得检测结果达到最好是其难点。统计学分割方法是把图像中各个像素点的灰度值看作是具有一定概率分布的随机变量，而观察到的图像是对实际物体做了某种变换并加入噪声的结果，因此，图像分割就要以最大的概率得到该图像的物体组合。但是，许多统计学分割方法往往会造成过度分割，即将图像分割成过多的区域，因此，人们往往将区域划分与边缘检测的方法结合起来，研究结合区域与边界信息的图像分割方法。

在每个大类中，又可以根据其具体采用的不同理论技术分为多个小类，也出现了许多有影响的方法工具。例如，在统计学分割方法方面，Carson 等人于 2002 年提出 Blobword[6]，提供一种由原始像素数据到颜色、纹理区域的统计一致性的图像表示方法，并设计了使用户能够看到图像内容分割的表示及查询结果的系统。又如，N-Cut 和 JSEG 是具有代表性的图像分割算法[7]，得到了广泛关注。到目前为止，没有一种自动图像分割方法可以取得较为满意的分割效果。这是由于目前的图像分割往往采用自底向上的分割方法，而实际上，图像分割问题的本身不仅仅是自底向上的图像处理问题，也会是自顶向下的对象理解问题，而对象理解往往需要更为复杂的对象知识[8]。相应的解决思路也在不断出现，例如，Vailaya 采用二项贝叶斯分类器自顶向下地对图像集进行图像场景语义的分类[9]，但是，本文认为这一方法难以适用于具有复杂语义构成图像的分割。

2.2.2 颜色特征提取

颜色是图像描述的一个重要特征。为了提取颜色特征，首先应该将图像映射到一个颜色空间或模型，当前使用的颜色空间主要包括 RGB、HSI、HSV、LUV、HMMD 等；其次在确定的颜色空间中提取颜色特征，当前提取的特征主要包括颜色直方图、颜色矩、颜色相关图、颜色集等。

图像颜色特征提取的一个最有代表性的方法就是颜色直方图，其中 HSV 空间[10]是直方图最常用的颜色空间。图像颜色统计直方图描述了不同颜色在一幅图像中所占的比例，这一方法在图像的移动和旋转下仍具有稳定性。但颜色直方图并不能详细的表示图像的空间信息，不同的图像可能产生相同的颜色直方图，并且颜色直方图的维数通常很高。

Stricker 和 Orengo 提出了颜色矩的方法[11]。颜色矩是一种简单而有效的颜色特征表示方法，有一阶矩（均值，mean）、二阶矩（方差，viarance）和三阶矩（斜度，skewness）等，由于颜色信息主要分布于低阶矩中，所以用一阶矩、二阶矩和三阶矩足以表达图像的颜色分布。颜色矩已证明可有效地表示图像中的颜色分布，该方法的优点在于不需要颜色空间量化，特征向量维数低；但实验发现该方法的检索效率比较低，因而在实际应用中往往用来过滤图像以缩小检索范围。

为了能够在大规模图像数据集中进行快速的搜索，Smith 和 Chang 等人提出了颜色集的概念[12]。首先将 RGB 颜色空间转化为视觉上的一致化空间，如 HSV，并将颜色空间量化成若干个 bin，然后运用颜色自动分割技术将图像分为若干个区域，每个区域用量化颜色空间的某个颜色分量来索引，从而将图像表达成一个二进制的颜色索引表。在图像匹配中，比较不同图像颜色集之间的距离和颜色区域的空间关系。

Huang 提出颜色相关图用于图像检索，并证明在基于内容的图像检索中颜色相关图特征要优于颜色直方图[13]。传统的颜色直方图只刻画了某一种颜色的像素数目占像素总数目的比例，只是一种全局的统计关系，而颜色相关图可以看作 3D 的颜色直方图，它还表达了颜色随距离变换的空间关系，也就是颜色相关图不仅包含图像颜色统计信息，同时包括颜色之间的空间关系。

2.2.3　纹理特征提取

纹理特征是图像的另一重要特征。纹理是图像所有物体表面所具有的特性，它包含了物体表面的结构特征及物体间的关系。由于纹理特征具有很强的识别性，被广泛地应用于图像检索及语义学习技术中。纹理特征的研究主要集中于图像处理及计算机视觉领域。纹理分析的方法有多种，如空间自相关法、共生矩阵法、Tamura方法等。

Tamura[14]于 1978 年提出了与人的视觉感受相关的 6 个纹理特征，分别是粗糙度、对比度、方向性、相似性、规则性和粗略度。Mallat[15]于 1989 年率先将小波分析引入纹理分析中之后，随后基于小波的纹理分析方法如雨后春笋般涌现出来。随着小波理论的不断发展，小波分析在纹理特征提取中的应用也在不断发展。

目前常用的纹理特征提取方法主要包括统计方法、结构方法、模型方法。统计方法是基于像元及其邻域的灰度属性，研究纹理区域中的统计特性。有研究表明，GLCM(灰度共生矩阵)在基于统计的纹理特征提取方法中具有较强的稳定性和适用性[16]。这一方法是建立在估计图像的二阶组合条件概率密度的基础上的。尽管这一方法对图像纹理特征提取具有较好的鉴别能力，但其对像素级的复杂纹理分类应用仍然受限，因此不断有研究者尝试对其进行改进。

2.2.4 形状特征提取

形状是识别物体的重要特征，利用物体形状特征进行图像检索已经得到广泛应用。Zhang 和 Lu[17]将物体的形状特征提取方法分为基于轮廓的形状特征提取方法和基于区域的形状特征提取方法。基于轮廓的形状特征提取方法仅通过图像轮廓边缘的特征来计算图像的形状特征，而基于区域的形状特征提取方法则是通过计算整个区域特征来提取图像形状特征。图像的轮廓特征只是图像区域特征的一部分，所以图像形状的细微改变会对图像轮廓引起很大的变化。因此，研究较多使用基于区域的图像形状特征提取方法。2005年，Yang[18]等利用贝叶斯模型解决图像分类问题，并将其应用于基于区域的图像特征提取。

2.2.5 空间关系提取

图像的空间关系是指物体在图像中的位置以及图像中物体之间的关系，如图像的邻接与连接关系、图像的包容和包含关系等。常用的图像空间特征提取方法有两种：根据图像中的对象或者颜色等其他特征对图像进行分割后提取特征；把图像分割成规则的子块，分别对图像的每个子块进行特征提取。运用空间关系特征描述图像内容能起到更完备的功效，但是一旦图像或目标发生反转、旋转等变化，空间关系特征发生的变化就非常明显。当采用空间特征关系以提高检索准确率时，一般不单独使用，而是经常和其他特征提取方法综合使用。

图像的对象空间关系对图像数字图书馆有着重要意义。考虑到人们对空间关系认知的主观性，Wang 等提出的基于模糊 k-NN 分类器的元数据自动生成框架，能自动生成能够描述图像的对象空间关系的模糊语义元数据，用来表达图像中两两对象之间的空间关系，如上、下、左、右、近、远、内、外等[19]。

图像的底层视觉特征，如颜色、纹理、形状等的提取方法已经得到大量的研究。目前存在着许许多多的图像底层特征表示方法，如何自动筛选这些特征，才能更有效地达到图像分类和检索的目的，是一个较为困难的问题。现有研究在大多数情况下，是依据经验和大量的实验结果来确定哪些特征更适合于所要研究的问题。本文认为，未来可以考虑采用通过机器学习的方法来自动选择对当前问题有效的特征。另外，语义表示涉及计算机学科、心理学、语言学等多门学科。由于语义之间关系复杂，且语义具有模糊性，因此有效表示语义是非常困难的。虽然已有的语义表示方法在某些方面被证明是有效的，但仍缺乏一种通用的表示方法。因此，在未来一段时间内，建立一个通用的能够广泛认可的语义表示方法极具挑战性，计算视觉与深度学习领域的发展可能会提供较为根本性的解决办法。

2.3 图像语义组织研究

图像语义组织是图像信息资源开发与利用的基础。本部分内容将按照图像信息资源组织方法、技术研究的主要领域，包括图像元数据、图像本体、人工图像标注、自动图像标注、结合相关文本的Web图像标注以及大众标注等，对相关研究进行系统梳理。

2.3.1 图像元数据

元数据是关于数据的数据，是专门用来描述数据的特征和属性、提供某种资源的有关信息的结构数据。随着图像信息资源数量的不断增长和作用的日益突出，研究人员在传统元数据的基础上，结合图像信息资源的特点，也提出了一些适用于图像信息资源组织的元数据，这些图像元数据成为图像信息资源组织的重要依据。

Kirschenbaum 于 1998 年就研究利用 JPEG（Joint Photographic Experts Group，ISO/IEC 10918）和 TIFF（Tagged Image File Format）格式的元数据来组织图像信息资源，以支持专家们在电子环境下对 Blake 档案馆中的画作进行学术研究活动[20]。随后，一些图像元数据格式及标准相继被提出。Greenberg 于 2001 年对 Dublin Core、VRA Core、REACH、EAD 等适用于图像的元数据格式的元素类别进行了定量分析，发现每个元数据格式都包含支持对图像进行识别、使用、鉴定和管理的元素类别[21]。Badr 等从医学图像关联的诊断报告中抽取图像的描述信息，并将描述信息分为元数据层和内容层两部分，元数据层又分为面向上下文、面向领域和面向图像的子层，内容层分为物理特征、关系特征和语义特征三个层次[22]。由于该描述框架严重依赖于医学图像领域，因此通用性较差。Jorgensen 等人提出了用于对图像的视觉属性进行分类的概念模型[23]，该模型为金字塔结构，包括了 4 个语法层次和 6 个语义层次，可以自顶向下地对图像内容进行描述。其实证研究发现，虽然图像属性在金字塔中每个级别的分布会随着不同的人员和任务而发生变化，但是所有实验图像的属性基本都能归入这十个级别中。考虑到人们对空间关系认知的主观性，Wang 等人于 2004 年提出了基于模糊 k-NN 分类器的元数据自动生成框架，自动地生成能够描述图像的对象空间关系的模糊语义元数据，用来表达图像中两两对象之间的空间关系[19]。

　　前期的图像元数据只关注图像信息资源的事实信息及内容信息，缺乏对图像的语义信息的描述。为了全面地对图像信息资源进行描述，Kim 和 Yoon 于 2009 年提出了用于图像信息资源存档的多级元数据结构[24]。其第一级是基于 Dublin Core 的元数据，用来描述图像的事实信息；第二级是基于 MPEG-7 的元数据，用来描述图像的内容信息；第三级是基于本体的语义元数据，用来描述图像的语义信息。而近年来，随着图像信息资源标注方式的增多，如人工标注、机器自动标注及大众标注等，越来越多的主题词被添加到图像信息系统中，因此用户会得到很多相关度并不高的检索结果。为了弥补这一缺陷，Zhang 和 Smith 等人于 2011 年提出应为元数据中有关主题的元素提供加权机制[25]，这使得对图像主题的描述不再只是有或无，而是可以利用主题词的权重来表达更多信息。

　　随着图像元数据的不断提出和应用，图像数据集的质量评估也越来越受到重视。Zhang 等以国际图书馆协会联合会（IFLA）提出的关于书目记录功能需求(FRBR)的四项通用用户任务——发现、识别、选择、获得为框架,进行了以用户为中心的动态图像元数据的评估,这对其他图像元数据的评估工作也具有一定的借鉴意义[26]。Park 通过研究发现,Dublin Core 的一些元数据元素之间存在概念歧义和语义重叠,影响了它的语义互操作性,并且提出有必要利用概念网络等调节机制来提高图像元数据的质量[27]。

2.3.2　图像本体

早期的语义信息组织形式主要包括分类法、叙词表、语料知识库等,实现语义查询扩展。随着本体和语义网等理论技术的发展应用,新的图像语义组织形式的相关研究大量出现,图像本体是其中的典型代表。

本体[28]是领域中共享概念模型的形式化规范说明,提供对该领域知识的共同理解,明确领域概念及概念之间的关系。图像本体研究重点关注图像信息资源组织中的语义组织,一般做法是通过利用概念以及概念间的关系来描述图像信息资源的语义内容,可以支持图像视觉内容的语义表达,并试图利用本体理论与方法来缩小图像低层视觉特征与高层概念之间的语义鸿沟。

Harit 等人于 2004 年提出一个可以让用户通过统一接口交互式地访问不同类型媒体元素的集成平台——Heritage+,该平台利用概念本体和特定媒体类型本体为基础,对文档型图像资源进行组织与利用。其中概念本体用来描述抽象概念,是独立于媒体类型的;特定媒体类型本体则提供对特定媒体的结构化元素的概念性定义[29]。

图像中对象之间的空间关系在揭示图像的语义内容方面发挥着重要作用。Hudelot 等人利用空间关系本体来表示图像中对象之间的空间关系,并通过对空间关系概念的模糊表示对这一本体进行了强化[30]。该本体包含了常用的空间关系,并且能通过增加新的空间关系来进行扩展,难点在于如何定义空间关系的合适语义及相应的模糊表示。

由于单一模态的图像本体在图像信息资源组织方面具有局限性,为了提高图像本体对图像信息资源的组织能力,研究人员从整合多种模态本体的角度进行了尝试。Petridis 等人对传统的概念本体进行了扩展，将高层的领域概念与相应的低层视觉特征描述结合起来构建成新的本体，可以更好地对多媒体文档进行知识表示和语义标注[31]。Khalid 等人构建了由领域本体、文本描述本体及视觉描述本体整合而成的多模态本体，来对体育新闻领域的网络图像信息资源进行组织[32]。

近年来，研究人员开始关注本体匹配方法的开发与应用。本体匹配可以使在不同应用情境下建立的本体相互关联起来，进而可以充分发挥它们在图像信息资源组织与检索中的潜能。Todorov 等人介绍了两种本体匹配方法——基于变量选择的方法（variable selection-based method，VSBM）和基于图的方法（graph-based model，GBM），并且通过自动地将常识知识与图像概念进行关联这一任务，对二者进行了比较。他们还认为，利用文本和视觉这两种模式的互补可以提高本体匹配方法在多媒体领域的应用效率[33]。

另外，作为开发基于内容的图像搜索和图像理解算法，并为这些算法提供训练和基准测试数据的重要资源，大规模图像本体构建也受到了研究人员的关注。Deng 等人构建的名为"ImageNet"的图像数据库，即是一个建立在 WordNet 骨干结构之上的大规模图像本体，旨在为 WordNet 中所有概念的每个同义词分别提供 500~1000 幅图像来进行说明，并且保证这些图像都要经过质量控制和人工标注[34]。这将为图像信息资源的组织与检索研究提供重要的资源支撑。

2.3.3 人工图像标注

图像语义标注的初始阶段是基于人工标注的阶段，这一阶段需要专门的标注人员对图像内容进行语义标注。目前也有很多通过手工标注产生的图像数据库，如 Corel 图像库、博物馆图像库等。这些图像库中的图像都有能够表达其语义信息的人工标注词，但这些人工标注词不一定能完全表达图像语义信息。如人工标注具有主观性和模糊性，不同的人对图像的理解不同，从而标注的关键词也存在差异；并且随着图像数量迅速增长，特别是目前海量 Web 图像，使用人工标注几乎是不可能实现的。当然，随着社会标注的兴起，以及自动图像标注中的语义鸿沟问题日趋严重，人工图像标注又重新引起了学者们的注意，并体现在社会标注的诸多研究中。

2.3.4　自动图像标注

随着图像信息资源数量的爆炸式增长，自动图像标注方法已经成为图像标注发展的必然趋势。加之机器学习、人工智能、模式识别、自然语言处理等技术的不断发展，也推进了自动图像标注研究发展，自动图像标注成为近年来的研究热点。

早在 1999 年，Mori 等人提出了一个在图像与语义概念之间建立联系的共生模型（co-occurrence model）[35]，它是自动图像标注的基本理论模型，开辟了自动图像标注领域的理论研究。此后各种新颖的自动图像标注方法不断出现，众多研究者从不同角度出发分析解决标注问题，以期寻找更好的标注和检索方法。后续研究者根据共生模型设计的自动图像标注模型与方法，一般是通过对用户提供的一组已标注图像样本或其他可获得的信息进行机器学习，建立图像语义概念空间与视觉特征空间的关系模型，并用此模型标注未知语义的图像，进而支持对图像进行语义检索。

自 1999 年提出图像标注概念至今，后续研究人员提出了许多经典的图像标注方法。根据图像视觉特征提取范围及表示机制的不同，现有的图像标注方法可划分为基于全局特征的自动图像标注方法和基于区域划分的自动图像标注方法[36]。

基于全局特征的自动图像标注方法是根据图像的整体视觉信息，采用面向图像场景语义的方法进行标注，这一类方法将图像特征同标注文本分离，从图像的视觉特征层次上比较图像的相似度，用已标注的训练图像集来确定图像特征和标注词之间的关系。在基于全局特征的自动图像标注方面，Mori 等人曾提出一个对现实世界场景进行识别的模型，利用空间包络（spatial envelope）的五个属性（naturalness，openness，roughness，expansion，ruggedness）来表示场景的空间结构，并在此基础上将不同语义类别的场景投射在一起[35]。Oliva 等人使用面向图像场景语义的方法对图像进行自动标注，这一方法基于图像的空间属性产生对现实场景（包括自然场景和人工场景）的有意义描述[37]。算法验证了全局统计特征（Gist）可以用于分析图像场景中对象的存在与否，从而免去了对图像进行分割和进行面向对象分析的过程。Yavlinsky 等人继续探索了利用图像全局特征进行图像语义标注的可能，提出了利用图像全局特征及无参数密度估计来进行自动图像标注的方法，并指出简单的图像特征(如总体颜色特征和纹理分布)就能成为自动图像标注的重要基础[38]。并且，这一算法也论证了在 COREL 数据集上仅利用图像全局颜色信息就能达到较好的标注效果。尽管该算法将图像划分为3×3的矩形区域，但这一分割方法不同于基于内容的图形区域分割策略，所以仍属于基于全局特征的标注算法。

这一类方法的优点是可以避免对图像的区域分割、区域聚类以及对图像面向对象的分析处理过程，模型相对简单。但通常来说，基于全局特征的图像标注方法一般只适用于较为简单或背景单一的图像。因此并不能获得满意的标注效果，这就需要更加细粒度的图像标注方法，提取区域级的低层视觉特征，它比全局的视觉特征更为贴近人对图像的语义理解，更接近语义检索的目标。因此很多研究人员对基于区域的自动图像标注方法进行了大量研究。

根据语义学习的模型算法不同，基于区域划分的自动图像标注方法主要可分为基于分类的图像标注方法、基于概率模型的图像标注方法和基于主题的图像标注方法，此外，还有基于图模型、最大熵模型等其他标注方法。

基于分类的自动图像标注算法最为直观的思想是将标注问题看作图像分类问题，将每一个关键词视为一个独立的类别标记(label)，从而将图像标注问题转化为图像分类问题。研究人员提出了大量的基于分类的图像标注方法，文献[39][40]提出了基于支持向量机的自动图像标注算法，将自动图像标注问题看成多标记学习问题，将每个关键词对应的训练样本图像作为正例样本，而将未标注该关键词的训练样本图像作为反例样本，然后分别提取正例图像和反例图像的全局颜色直方图，并依此给定关键词构建分类器，最后，利用每个关键词分类器对未标注图像进行分类，将分类标记结果值最高的关键词作为图像的最终标注结果。但这一方法未考虑到标注信息的歧义性，因此最终结果并不理想。Luo[41][9]等使用贝叶斯方法对单对象图像进行分类标注，直接在图像低层特征向量和分类标签之间建模，并且每幅图像仅对应一个标注词。
Carneiro 提出了有监督的多标签分类方法（supervised multiclass labeling，SML），该方法将每个标注词视为一类，通过多示例学习为类生成条件密度函数，将图像视为其相关标注词的条件密度函数的混合高斯模型[42]。这一标注模型取得了极好的效果，被视为较为成功的标注模型之一，该模型的不足之处在于由于低频词汇对应的图像数量有限，很难从图像中区分其背景密度和概念密度。

基于概率模型的图像标注算法本质是以概率统计模型为基础，分析图像视觉特征和语义关键词之间的相关性或共生概率，并用这一关系预测标注词，实现图像的自动标注。这一方法直观上表明，具有较高视觉相似性的两幅图像标注相似关键词概率较高。Duygulu 等于 2002 年提出基于机器翻译模型（translation model）的算法以改进共生模型[43]，该模型将文本标注词和视觉特征看成描述图像内容的两种方法。首先根据图像局部特征将图像分割成若干个区域，并对各分割区域进行聚类得到视觉词汇，结果称为"blob"。而文本词汇就是标注关键词，从而将问题转化为不同形式数据之间的转换问题。与共生模型相比，这一模型性能得到了提升，但此算法标注结果偏重于高频关键词，低频词汇很难出现。为了解决这一问题，后续研究者在此基础上提出了一些改进方案，Kang 等先后提出两种解决方法，一种是将图像视觉特征词到文本标注词的翻译结果同文本标注词到视觉特征词的翻译结果相结合[44]，另一种则是对翻译概率规则化来克服词频的影响[45]。

基于主题的图像标注与前两种图像标注方法不同，它是通过引入主题概念建立高层语义和低层特征之间的联系，对图像进行自动标注。Monay 等首次提出将潜语义分析（LSA）引入图像标注领域，通过对原有向量空间进行降维，从而使图像相关性计算从低层视觉特征转化为主题级别[46]。基于主题的图像标注通过引入中间变量关联低层特征和高层语义间的关系，具有很好的理论基础，但其标注效果却未达到预期。因此被认为不适合大规模数据集。

自动图像标注还存在其他分类方法，如根据分类方法采用的技术不同，又可分为利用支持向量机的分类方法、利用神经网络的分类方法以及利用决策树的分类方法。随着学科之间的交叉研究的兴起，一些新的有趣的方法也在不断出现。如 Bohlool 等人就从网络科学的角度对自动图像标注行了研究，他们首先通过基于区域的外观相似性度量来创建图像复杂网络，然后在复杂网络研究中的传染病模型的启发下提出了图像标注的传播模型，最终实现了图像标签的自动标注[47]。

另外，为了提高自动图像标注的准确性和效率，在进行机器学习之前对训练图像集中的不相关标签进行过滤就显得十分必要。Hu 和 Lam 提出了自动图像标注的两阶段框架[48]，其中第一阶段就是利用标签过滤算法将图像集中大部分不相关的标签过滤掉，该算法利用了训练数据集中的统计数据和先验知识，同时也考虑了标签之间的关系；在第一阶段的基础上，第二阶段的图像标注在准确性和效率方面都得到了提高。

与需要训练图像集的自动标注方法相比，无监督学习自动标注在大数据图像信息资源组织研究中的地位不断上升。前面提到的自动图像标注方法都是基于模型的方法，往往需要一个事先标注好的训练图像集，然后通过学习图像视觉特征和图像概念之间的关系为图像自动分配概念。这类方法面临的一个重要问题就是训练数据集的缺乏，而多数情况下训练数据集是由人工进行标注的，但是人工标注又存在费时费力，容易产生标注结果不一致的缺陷。因此，有些研究人员从利用网络图像搜索引擎的搜索结果的角度来研究图像信息资源的自动标注方法，这就使自动图像标注避开了对事先标注好的训练数据集的依赖。Wang 等人首先利用网络图像搜索引擎，分别以关键词和图像为查询条件进行图像检索，得到在语义和视觉两方面均相似的图像；然后对这些搜索到的图像的关联文本信息进行挖掘，并用于查询图像的标注[49]。该方法也有不足之处，如为提高基于内容的检索效率造成的低检准率；网络图像中存在的噪声图像降低了标注算法的有效性；为确保实时标注要首先使用种子关键词搜索相关图像，造成只能对有关键词的图像进行标注等。而造成这些不足的根本原因在于挖掘过程是在线的，而且数据集又过于庞大。为了克服以上不足，Ding 等人提出了基于语料库的图像自动标注方法。该方法首先利用对来自多个图像搜索引擎的 40 多万张网络图像及其周围文本的挖掘结果，离线建立语义标注语料库，然后在语义标注语料库中搜寻视觉相似的图像并提取其参考标注词，最后在对参考标注词去除噪声之后实现图像的自动标注[50]。

2.3.5 结合相关文本的 Web 图像标注

近年来，网络图像信息资源数量增长很快，而且在人们的工作生活中发挥着越来越重要的作用。因此如何对网络图像信息资源进行组织与管理也就成为了研究人员关注的重要领域，而其中的一个关键问题就是对网络图像信息资源进行自动标注。网络图像信息资源有其固有的一些特点，如 Web 图像所在的网页中存在与图像内容相关的文本信息。而前文介绍的自动图像标注方法大都忽略了与 Web 图像相关联的丰富的文本信息，所以不适用于 Web 图像标注，并且 Web 图像通常伴随丰富的文本信息，通过对这些文本信息的挖掘，同样可以实现网络图像信息资源的自动标注。

在商业领域，许多图像搜索引擎，如谷歌、百度、雅虎等就是利用 Web 图像的关联文本对图像进行标引，取得了一定的效果。在学术领域，Sanderson 等人较早地利用 Web 图像关联的文本信息对图像语义内容进行建模，它不考虑关联文本的结构，将所有文本看做一个词集[51]。Vadivu 等人通过对 Web 图像所在 HTML 文件的分析，按照在揭示图像语义内容方面重要性的不同，将其中的 <img src> 标签的所有属性划分成四个等级，并分别赋予每个等级相应的权重，提高了 Web 图像标注的准确性[52]。Web 图像关联文本中的 ALT 文本在网络图像搜索引擎中起着重要作用，然而现实中多数的 Web 图像并没有 ALT 文本。基于此，Srinivasarao 等人提出了 Web 图像 ALT 文本的预测模型，该模型利用 Web 图像关联文本中的词共现次数，并按照不同关联文本的重要程度(图像标题、HTML 标题、图像文件名、锚文本、URL、周围文本)对标引词进行权重计算，进而选择那些权重最高的标引词作为 Web 图像的 ALT 文本以支持网络图像信息资源的自动标注[53]。在利用 Web 图像周围文本对网络图像信息资源进行聚类方面，Tahayna 等人以维基百科作为知识资源，将图像周围文本映射为多个概念，并利用

TF/IDF 计算不同概念的权重，最终将图像周围文本从文本形式转换为向量空间下的概念权重向量形式，通过计算向量相似性最终得出图像概念的相似性，并将其作为网络图像信息资源聚类的一个重要指标[54]。

然而，利用 Web 图像的关联文本来进行网络图像信息资源的标注，也存在一些不足，其中一个问题就在于 Web 图像的关联文本中存在很多与图像内容并不相关的词语，造成标注结果的准确性不高。为了解决这一问题，研究人员提出了一些对标注结果进行优化的方法。Jin 等人使用 WordNet 来对图像标注的结果进行优化，通过 WordNet 中词语的属分关系，计算出各个参考标注词之间的相似性，并将相似性低于一定阈值的标注词去除，达到优化图像标注结果的目的[55]。这种方法对 WordNet 具有依赖性，不能对没有在 WordNet 中出现的标注词进行优化。一些研究者从其他角度提出图像标注结果的优化方法，消除了对 WordNet 的依赖。Wang 等人以马尔科夫模型为基础，提出了一个基于图像内容的标注优化算法，可以对图像已有的标注进行重新排序，实现图像标注结果的自动优化[56]；Zhu 和 Liu 提出的标注结果优化算法则利用重启型随机游走模型对参考标注词进行排序，并保留排名靠前的参考标注词作为图像的最终标注结果[57]。从语义层次和语义鸿沟的角度，Lu 等人提出一个用于从大规模网络图像数据集中构造概念词典的框架，通过利用词典提供的具有较小语义差异的高层概念，可以按照参考标注词所具有的语义鸿沟的大小对它们进行排序，实现标注结果的优化[58]。从图像概念标注的角度，Fadzli 和 Setchi 提出了一个无监督的基于概念的图像标注方法，它能够利用词汇本体从图像标注词中抽取"语义染色体"，实现了图像概念的自动标注。其中，"语义染色体"是承载图像语义信息的一种信息结构，由一系列的"语义DNA"组成，每个"语义 DNA"则代表一个概念[59]。

2.3.6 大众标注

大众标注是 Web2.0 环境下一种新的信息组织方法，允许用户对网络资源进行自由标注。与传统的标注方法不同，大众标注中用户既是标注者又是使用者。大众标注可以让用户通过网络直接参与到图像信息资源的标注中去，这就消除了标注词与检索词之间的语义鸿沟。

大众标注是一个完整的标签集，是共享内容管理系统的用户对其个人创建或发布的内容进行分组或分类，以便于检索的一种方法。大众标注研究目前呈现出以下发展态势：注重研究大众标注的系统组件（主要包括标签和浏览界面），采用各种新技术，建立各种受控词表推荐用户使用，将大众标注与语义 Web、本体结合起来进行研究[60]，这为进一步深化通过大众标注来实现图像标注提供了良好机遇。

Dye 于 2006 年讨论了将大众标注应用于网络图像信息资源描述的可行性[61]。目前，大众标注已存在部分商业应用，如 flickr. com、photoSIG. com 以及 Photo. net 等网站允许大众用户手工对图像进行标注，并以此方式浏览，获得了大量的已标注图像；一些重要的学术年会如 ImageCLEF 已采用这些网站作为初步数据源进行自动图像标注研究。

作为 Web2. 0 的应用典范，大众标注打破了标注者与使用者之间传统的角色定位。用户既是标注者，又是使用者。通过对用户两种标注方式下产生的标注词进行对比研究，可以发现两者之间的异同点，这对图像信息资源标注系统的设计有着重要意义。Rorissa 在对 Flickr 中的标签与一般用途图像集中的标引词进行比较之后，发现用户生成的标签与专家分配的标引词存在很大不同，并提出应该将大众标注与传统的受控词汇标注结合使用，让两者互为补充，以达到更好的标注效果[62]。

虽然大众标注已经取得了成功的商业应用，而且在大规模网络图像信息资源标注方面具有独特优势，但是它也存在一些固有问题。例如，普通大众缺乏必要的标注知识，用户生成的标签是非受控的，标签的类型和数量不固定，用户在标注时易受所处情境的影响等等。为了提高大众标注的标注效果，研究人员从图像再标注及标签优化等角度进行了相关研究。Lee 等人利用图像视觉相似性和标签共现统计对标签进行了优化[63]。Chen 等人提出了批处理再标注的方法，能够利用网络上数百万的训练图像以及与之相关联的丰富的文本描述，来对同一用户在短时期内上传的一组 Flickr 图像进行噪声标签的自动优化[64]。Yang 等人提出了名为"Tag Tagging"的再标注方法，通过一组属性标签与每个既有标签的关联来补充图像的语义描述，比如从颜色、纹理、位置三个属性出发，可以把初始标签"老虎"进一步标注为"白色""条纹""右下角"，以此来增强既有标签的描述能力[65]。Liu 等人提出了基于多图多标签学习的图像再标注方案，同时利用图像的视觉内容、标签之间的语义关系以及用户提供的先验信息来实现图像标签优化[66]。Wu 等人研究指出用户倾向于选择大体性的、模糊的标签进行图像标注，以减少在标注过程中选择合适的标注词所花费的精力，这就导致了图像视觉特征专指性强的标签的缺失及噪声的出现；在此背景下，他们对标签完备化问题进行了研究，旨在对给定的图像自动添加缺失标签，并同时改正噪声标签[67]。

综合上述研究，可以看出，在图像信息资源组织方面，研究者从多种角度来探索对图像信息资源进行有效组织的方法。不少研究者借鉴文本信息资源的组织方法，从利用元数据、本体等方法的角度来开展对图像信息资源组织的研究。近年来，随着模式识别、机器学习等技术的不断发展与应用，自动图像标注（AIA）已成为图像信息资源组织领域的研究热点。目前研究者提出了多种自动图像标注算法与模型，图像信息资源组织能力不断提升。在对网络图像信息资源组织的研究方面，研究者从利用网络图像关联文本的角度对其进行自动标注，同时也提出了一些标注结果的优化方法来提高标注的准确率。随着网络的普及，特别是 Web2.0 的兴起，大众标注已经成为网络图像信息资源组织的一种主流方法，并得到了广泛应用，大型图像服务网站 Flickr 就是其典型应用。大众标注充分利用了网民的力量，使得海量图像信息资源的标注工作成为现实，经过一定的标注结果优化处理或者与受控词汇标注进行结合，可以实现网络图像信息资源的有效组织。

2.4 图像检索研究

图像检索是图像信息资源利用的重要研究课题。传统的图像信息资源检索方法主要有两种，即基于文本的图像检索（text-based image retrieval）与基于内容的图像检索（content-based image retrieval），而由于基于文本的图像检索与基于内容的图像检索均存在一些缺陷，加之两者之间具有互补性，很多研究人员从两者结合的角度进行图像语义检索研究，取得了更好的检索效果。随着研究的深入，图像检索的研究内容不断丰富。从不同检索技术角度看，现有图像检索研究主要包括基于内容的图像检索、基于文本与基于内容结合的图像检索、结合相关反馈的图像检索、基于标签的社会图像检索；另外，从不同图像检索需求角度看，图像检索的研究还包括跨语言图像检索、可视化图像检索、个性化图像检索以及基于情感的图像检索等。

2.4.1 基于内容的图像检索

基于内容的图像检索（CBIR）突破了传统的基于文本的图像检索不考虑图像特征的不足，融合了计算机视觉、模式识别、图像理解等技术。直接利用图像视觉特征进行图像信息资源的检索，对于大量的未经组织的图像信息资源的检索与利用有着重要意义。经典的图像搜索引擎包括 QBIC 系统、WebSeek 图像检索系统、Amazing Picture Machine 系统、VIR 系统等。

在理论研究上，Chang 和 Hsu 于 1992 年提出了根据多种图像视觉特征（包括颜色、形状、空间关系等）来进行图像理解并进行检索的理论模型[68]。后来，研究人员又提出了很多算法用于基于内容的图像检索，算法的基本思路是用户提供查询图像，系统根据图像的低层视觉特征（如颜色、纹理、形状等）自动分析和检索类似图像。

不断提高 CBIR 的检索效果，是该领域研究人员追求的目标。由于之前的 CBIR 系统只考虑了目标图像（数据库中的图像）与查询图像之间的特征相似性，而忽略了目标图像之间的特征相似性，检索的效果很不理想。Cheng 等人提出了利用无监督学习进行基于聚类的图像检索方法，不仅解决了这一问题，而且改善了用户与检索系统之间的交互[69]。另外，在 CBIR 系统中也会经常出现这种情况——与查询图像不相似的图像在检索结果中的排名也很靠前。为了解决这一问题，Park 等人提出了检索后聚类的方法，首先对 CBIR 系统返回的检索结果进行聚类，然后按照每个聚类与查询图像之间的距离对检索结果重新排序，提高了 CBIR 系统的检索效果[70]。最近，在 CBIR 系统检索结果排名优化方面，Pedronette 等人采用基于情境的方法，按照排名列表的相似性重新定义了图像之间的距离，并在此基础上对图像进行了重新排序[71]；Li 等人则把改编后的排序学习算法应用于基于内容的图像检索，而考虑到图像表示具有的复杂结构，他们利用了可扩展的基于视觉的排序特征来进行排序学习[72]。

Martinet 等人从利用基于先进加权方案的关系向量空间模型的角度，来改善 CBIR 系统的检索效能。他们提出了基于图像中对象的面积、位置及图像异质性的星型图加权方案，并通过星型图将对象之间的关系整合到向量空间模型中去，提高了系统的查准率，缩短了用户查询的处理时间[73]。而 Tsai 和 Lin 则从利用新的图像表示方法的角度来消减 CBIR 的语义鸿沟问题。他们利用元特征，即图像低层特征之间的类特异性距离（图像与类中心的距离、图像与同一类中的最近和最远图像的距离等）来表示风景图像，使得检索系统对大量概念类别的辨别能力得到了提高[74]。

另外，研究人员从提升 CBIR 系统性能的角度也进行了研究。如 Town 和 Harrison 考虑到 CBIR 系统的可扩展性不强，以及图像处理、特征抽取、图像分类、对象探测与识别等方面的计算成本过高等问题，指出可以将网格计算应用于 CBIR 系统，并提出了用于 CBIR 系统的大型分布式网格处理方法[75]。而 Falchi 等人对 CBIR 系统查询日志进行分析，发现用户提交的查询流具有局部性和自相似性[76]，于是他们利用相似性，缓存存储最近的和经常提交的查询的检索结果，以提高 CBIR 系统的性能。

2.4.2 基于文本与基于内容相结合的图像检索

基于文本的图像检索（TBIR）利用图像的标引词进行检索，它可以让用户使用关键词来检索图像，符合用户的检索习惯；然而，它要建立在图像信息资源有效标注的基础之上，这限制了它的应用。而基于内容的图像检索则利用图像的视觉特征进行检索，对于未经有效标注的图像信息资源的检索有着独特优势，也可以让用户从图像颜色、纹理、形状的角度进行检索；然而，由于受到特征表示、特征抽取、特征匹配等技术的制约，以及图像低层特征与图像高层语义之间存在的语义鸿沟，它的检索效果并不理想，而且它需要用户提供查询图像，存在一定的易用性缺陷。于是，研究人员从两者互补的角度，将这两种图像检索技术进行结合，以提高图像检索的准确率与效率。

Lau 等人从将基于内容与基于文本的检索结果进行融合的角度出发，对种类多样、主题众多的维基百科图像进行了检索实验，取得了良好的效果[77]。研究人员从同时利用文本特征和视觉特征进行图像检索的角度也进行了大量研究。Wu 等人从该角度出发提出了网络图像检索的方法，在检索时不仅利用了图像的低层视觉特征与高层概念，还利用了从图像关联文本中抽取的文本特征[78]；Neveol 等人分别考察了基于内容的图像分析技术、自然语言处理技术以及两者结合使用时在医学文献中图像检索方面的不同表现，并发现在同时利用文本信息与图像特征时，效果更好[79]；Vadivel 等人同时利用从 Web 图像周围文本抽取的关键词和图像低层特征来提高网络图像检索的准确率，并首次实现了同时利用低层特征和关键词作为查询进行网络图像的检索[80]。另外，研究人员也从文本特征与视觉特征转换的角度进行了研究。Lin 等人首先提出将文本查询自动转换成视觉表示的方法，然后将文本查询与视觉查询的结果进行整合，以得到最终的检索结果[81]；Gennaro 等人则利用 Lucene 搜索引擎库将图像低层视觉特征转换成文本形式，并标引在倒排索引中，然后在此基础上利用 Lucene 现成的标引和搜索能力，建立一个全文检索与基于内容的图像检索相结合的图像检索系统[82]。

2.4.3　结合相关反馈的图像检索

基于内容的图像检索存在两个问题：第一，图像的低层视觉特征与高层语义之间存在语义鸿沟；第二，用户对图像内容的感知具有主观性。为了对基于内容的图像检索进行改善，提出了结合相关反馈的交互式图像检索方法。

　　相关反馈作为一种人机交互的检索技术，它将用户对检索结果的主观判断融入到检索过程中，能够充分发挥人与机器之间的互补优势。其思想是：首先，由系统对检索图像进行初次检索；然后，用户作为检索过程的中心，可以对初次检索结果进行评价和标注，选出与检索图像相关的和不相关的图像；最后，系统根据用户的判断信息进行下一步的学习和检索。不断的迭代以上过程，直到返回用户满意的检索结果为止。

　　相关反馈技术主要是基于人机交互的思想，借助一种相关反馈的技术来猜测用户的需求，并且根据用户的需求动态调整系统检索时所采用的特征向量或参与检索的不同特征的权重系数，从而尽量缩小低层特征和高层语义特征之间的差距，提高算法的检索效果。目前结合相关反馈的图像检索研究主要包括基于距离度量的方法、基于概率模型的方法及基于机器学习的方法。

　　在基于距离度量的方法中，是利用图像特征到查询的距离来衡量图像相关性的程度。1997 年，Rui 提出将相关反馈技术用于图像检索中，通过利用用户的相关反馈信息，对图像的不同特征赋予不同权重后进行图像相似性计算，并于 1998 年在 MARS 系统中将该技术运用到基于内容的图像检索中，实验结果表明相关反馈技术有效地提高了图像检索的效率和精度[83]。2000 年，Heisterkamp 提出特征相关性学习(PFRL)与查询点移动相结合的相关反馈算法，使新的查询点移向相关文档并远离不相关文档，其实证结果表明，这一方法提高了查询结果的准确性[84]。Peng 等人用一个基于分类的框架来估计局部特征相关性，一个特征分量的权值通过考察在该分量上靠近查询的 C 个被用户标记的图像来计算。其中标记为相关的越多该分量的权值越高[85]。He 等人则提出了基于语义信息的相关反馈方法，将从用户相关反馈中推断出的语义空间与传统的查询优化模型整合在同一个图像检索系统中[86]。

　　在基于概率模型的方法中，采用概率框架来建立检索模型，往往以图像为相关的后验概率来表示相关性程度。Su 等提出基于概率模型的相关反馈方法，该方法以贝叶斯分类器为基础，对正例反馈和反例反馈采用不同的策略[87]。正例用来对代表所需图像的高斯分布进行评估(正例的集中性),负例用来对检索到的图像的排名进行修改。Wu 等人针对相关反馈问题中训练样本少的困难,提出了一种基于贝叶斯规则的相关反馈概率框架,它在利用标记样本的同时考虑了全体样本(标记和未标记的样本)的分布特点以提高检索性能[88]。Kalpana 等人则提出了广义的贝叶斯相关反馈算法,通过给当前学习与先前学习分配不同的权重,增强了算法对用户需求的适应性[89]。

在基于机器学习的方法中,检索被看成一个监督学习问题,从而针对相关反馈学习问题的特点引入了各种机器学习的方法,其中多数是利用支持向量机进行机器学习,有研究人员也从客观表达人类感知的角度提出了基于粗糙集理论的方法。另外,Bulo 等人提出了基于随机游走模型的相关反馈方法[90],具有易实现、无参数以及扩展性好等优点,适合于大型的图像数据库。

从利用相关反馈日志和查询日志的角度进行的研究也很有意义。Hoi 等人将相关反馈日志整合到传统的相关反馈模式中,同时针对日志数据易出错的特性,提出一个新的学习技术来对噪声数据进行处理,最终提高了系统的检索性能[91]。而由于现有的基于相关反馈的图像检索方法常常需要多次迭代反馈,限制了相关反馈的现实应用,Su 等人提出了基于导航模式的相关反馈,通过利用从用户查询日志中发现的导航模式,大幅度降低了迭代反馈的次数[92]。

分析上述研究可以看出,目前基于内容以及基于相关反馈的图像检索技术还相当不成熟,理论上和应用上均存在许多问题亟待解决,尤其是在图像及用户的理解与描述、系统性能优化等方面存在的问题仍需要深入研究,具体来讲包括:一是基于图像高层语义特征提取的研究;二是相关反馈(RF)理论与技术的研究;三是机器学习和相关反馈结合的理论技术研究。

2.4.4　基于标签的社会图像检索

随着 Flickr 等大众标注网站的兴起,由用户自主添加标签的图像信息资源数量急剧增长,为了对这些社会图像信息资源进行有效利用,研究人员对基于标签的社会图像检索做了大量研究。

由于社会标签具有非受控、个性化等特性，研究人员从如何提高标签与图像的相关性，进而提高图像检索效果的角度进行了研究。Li 等人提出一个基于近邻投票的标签相关性学习算法，通过累加视觉近邻的投票来对标签关联性进行学习在社会图像检索和标签推荐等方面都具有应用价值[93]。Ma 等人利用图理论及随机游走模型对图像标签与图像内容之间的语义鸿沟进行了消减，提高了图像检索效果[94]。Gao 等人同时利用视觉和文本信息，通过超图学习方法对标签相关性进行了评估[95]。而考虑到图像标签的无序排列无法表示标签与图像之间的相关性，Jeong 等人提出了名为 i-TanRanker 的图像标签排名系统，按照标签与图像之间的相关性对标签进行重新排序，提高了社会图像检索的准确性[96]。

基于标签的社会图像检索返回的检索结果除了具有相关性之外，还应具有多样性，比如一些研究人员将检索结果的多样性作为一个重要指标，返回的检索结果能够更加满足用户的图像需求。另外，Haruechaiyasak 等人利用 CBIR 技术来改善基于标签的社会图像检索，让用户在利用标签进行查询的同时可以对颜色特征加以选择，提高了检索的准确率[97]。Sun 等人从对基于标签的社会图像检索系统进行评估的角度，提出了量化图像与标签查询之间匹配度的五个正交维度，并利用它们对各种图像相关性排序方法进行了系统全面的实证评估[98]。

2.4.5 跨语言图像检索

跨语言图像检索可以支持来自不同语言背景的用户有效利用图像信息资源，国际上相关领域的研究人员对跨语言图像检索比较重视，每年度举行的 ImageCLEF 就说明了这一点。作为 CLEF（Cross Language Evaluation Forum）的一部分，启动于 2003 年的 ImageCLEF 为跨语言图像检索提供了一个评价论坛，旨在支持跨语言图像检索的发展并为其基准测试提供可重用的资源。

研究人员从多种不同的角度对跨语言图像检索进行了研究。Clough 等人从利用相关反馈的角度，实现了交互式的跨语言图像检索，通过查询扩展提高了图像检索系统的性能[99]。也有很多研究者从媒体转换的角度进行研究，如 Chen 等人把具有标注词的图像集视为跨媒体的平行语料库，通过语言翻译和媒体转换进行跨语言图像检索[100]；Chang 等人使用词汇-图像本体以及标注图像语料库作为中间媒介进行跨语言图像检索[101]；Lin 等人则提出了将文本查询自动转换成视觉表示的方法，并将文本查询与视觉查询的结果进行整合，以得到最终的检索结果[81]。Noh 等人则从多媒体标签自动翻译的角度来实现跨语言图像，首先将标签及其参考翻译表示在标签共现网络中，再利用网络相似性从参考翻译中为标签选择最优翻译[102]，在没有上下文情境以及复杂语言资源可用的情况下，实现了标签的准确翻译。另外，Liu 等人提出了基于统计建模和相邻字符学习的方法来对图像中的多语言文本进行抽取，并通过实验验证了其在中英文文本抽取方面的良好表现[103]，对跨语言图像检索具有一定的应用价值。

2.4.6 可视化图像检索

可视化技术通过使用降维方法来实现多维信息空间的可视化，符合用户的感性认知习惯。近年来，研究人员尝试将可视化技术应用于图像信息资源的检索研究，这对改善图像检索过程中的用户体验以及提高图像检索系统的性能均具有重要意义，目前可视化图像检索已经成为图像检索领域一个新的研究方向。

多数 CBIR 系统采用基于相似性的二维可视化方法，不仅展示了图像本身的信息，还展示了图像之间的关系。由于二维可视化存在的图像重叠问题大大降低了系统的图像搜索性能，Nguyen 等人提出了一种能够在图像展示与最小重叠之间达到有效平衡的可视化方法[104]。从以用户为中心的角度，Moghaddam 等人提出了一种能够根据用户偏好自动生成图像布局的可视化方法[105]。而 Yang 等人则对图像语义可视化检索模型进行了研究，通过将信息可视化与图像语义自动分类的结合，他们提出了一个图像语义浏览器（SIB）；该浏览器能够将语义标注结果进行可视化展示，进而支持用户对图像进行有效的检索[106]。另外，研究人员还从其他角度对可视化图像检索进行了研究。如 Liu 等人提出一个交互式的分层可视化系统，能够按照不同的细化程度对图像特征空间进行探索和导航[107]；Schaefer 等人利用基于相似性的图像组织方法将图像库中的图像映射到球体上，支持用户进行交互式图像浏览[108]；Wang等人则提出了对在线图像检索进行可视化的方法[109]。

2.4.7　个性化图像检索

个性化图像检索充分考虑了用户特异性，在改善用户检索体验的同时，能够使检索结果更加符合用户偏好。随着用户对图像检索结果个性化要求的不断提高，个性化图像检索将会有很好的应用前景。近年来，研究人员开始关注个性化图像检索研究，并取得了一些研究成果。

Fan 等人通过对大规模 Flickr 图像的探寻式搜索，实现了个性化图像推荐。首先，对 Flickr 图像集的主题网络进行自动构建，并以双曲几何可视化为基础实现对主题网络的交互式导航与探索，这样就可以让用户对图像集有一个总体认识，并以此构建自己的查询模型；然后，为给定的图像主题推荐一小部分最能表达该主题的图像，同时让用户以交互方式对推荐图像与自己查询意图的关联性进行评估，通过用户的不断反馈，最终返回更多符合用户个人偏好的图像[110]。另外，Huang 等人于 2011 年提出了基于个性化图像语义模型(PISM)的个性化图像语义检索方法[111]。Sang 等人于 2012 年利用图像分享网站中的图像标注词以及他们提出的同时考虑了用户和查询关联的框架，对个性化图像检索进行了研究[112]。

2.4.8　基于情感的图像检索

情感是图像的高层语义，其检索是国际研究前沿之一。当前国内外关于图像情感自动标注的研究相当有限，大部分研究都是从基于情感的图像检索研究出发，将图像情感标注作为其中一个关键步骤加以论述，由此可以看出学界对于该问题的研究还处于基础阶段。Wang 等人指出了图像情感检索研究的四个主要问题，即敏感特征抽取、用户情感信息定义、用户情感模型构建以及用户模型个性化；并讨论了未来的一些研究方向，如情感信息数据库的构建、用户模型的评价机制、用户情感模型的计算等[113]。

一些研究人员从图像情感标注的角度，对图像情感检索进行了研究。如 Schmidt 等人借鉴了心理学中对情感的五种描述——高兴、厌恶、恐惧、高兴、悲伤，利用集合标注的方法对图像的这五种基本情感及其强度进行标注，并通过数据分析表明了这种标注方法用于图像信息系统的可行性[114]。Yoon 则利用语义差异法和情绪评价法对图像搜索者的情感反应进行定量测量，并通过实验说明了利用量化的情感反应来表达的图像情感语义可以作为现有图像标注与检索的有益补充[115]。

另外，Liu 等人提出了利用图像标签的两种文本特征来获得图像的情感语义，这两种文本特征一个是基于文本与情感词典的语义距离矩阵，另一个则是利用词语所表达的愉悦度和唤醒度，并通过对比实验说明了文本特征能够提高图像情感分类的准确性[116]。

王上飞等则借鉴了 Mehrabian 建立并细化的二维情绪理论构建了基于"维量"思想的人工情感模型[117]，该模型分别对风景图像和时尚图像建立了不同的情感空间，风景图像情感空间包含 18 对形容词，时尚图像的情感空间包含 15 对形容词。

3 图像用户行为研究

目前，网络环境下的用户信息行为逐渐受到了关注。图像作为显著区别于文本的具有强烈视觉特征的信息媒介，其用户行为研究发展极为迅猛。对于图像用户行为的研究有利于把握用户的图像信息需求，通过对用户行为习惯和规律的总结有利于进行用户行为预测并提高图像资源服务的效率和质量。根据一般信息行为的定义，可以认为图像用户行为是指用户出于图像信息需求围绕图像展开的一系列行为[118]。有关图像用户行为最早的研究出现在多媒体检索的相关研究中。而后，在图像检索领域，基于用户操作记录和检索请求式等，众多学者展开了对用户行为的研究。在图像标注领域，基于大众化标签的用户标注行为研究也成为近年来的研究热点。

总的来说，图像的用户行为包括：浏览行为、标注行为、检索行为、存取行为、采纳行为等。这几种行为共同构成了用户的图像处理过程，其间关系和序列可能是自由组合的、多样的、无序的、变化的。例如，用户的图像浏览行为和检索行为同时出现在图像搜寻过程中，随后用户在查找到目标图像后进行采纳并存取。由于检索和标注往往是用户图像处理的最主要目的，关于二者的行为研究成为研究热点。而浏览、存取、采纳行为的相关研究往往包含在主题为检索行为研究或标注行为研究的文章中。下面对浏览、采纳、标注、检索行为的相关研究分别进行总结。

3.1　图像浏览行为

在百度、谷歌等综合搜索引擎的实践和相关研究中，用户检索信息时的浏览行为成为重要的研究指标，包括用户的翻页率、点击率、跳转率、二跳率等，通过用户检索日志的分析或用户眼球追踪测试来获取用户的浏览行为。在针对图像行为的学术研究中，涉及用户浏览行为的相关研究比较有限，通常涉及用户对网页或图像库或搜索引擎图像检索结果中的图像进行浏览的相关行为。一般来说可以分别有明确目的的浏览行为和无明确目的的浏览行为[119]。也有一些研究认为浏览行为的无目标导向性是其在搜寻过程中区别于检索行为的地方[120]。

许多研究发现用户不会浏览太多的结果，基本上只浏览少数几个甚至只浏览第一个结果页。Chen 等[121] 在以 Pictures of the Year International（POYi）图像网站为平台的研究中发现，在 744 次检索中，平均每次检索过程中只有 13.5 次访问行为（占结果的 7.41%），并且该过程中在网站的平均停留时间为 1 分钟 39 秒，可见多数用户只浏览少数页面并且快速离开。Choi[122]在 30 个实验对象的检索任务中观察到：比起综合搜索，用户在图像搜索过程中会浏览更多的结果页面。但是用户仅仅在简单浏览图像后就作出相关性判断，而不会打开图像的来源网站（它们可能包括更多的相关文字描述或体现图像所在环境）。

而曹梅[123]在 IE 浏览器网络环境下进行图像检索实验，发现用户在检索过程中不断地进行连续翻页浏览结果缩略图，同时不断点击查看单个图像。平均每个检索过程中，翻页数为 29.3 页，而平均每个检索请求对应的翻页数为 4 页。Jansen 等[124] 的实验中发现平均每个检索请求对应翻页数为 2.35 页，并且有 58% 的用户只浏览检索结果的首页，在整个图像检索过程中，根据其对用户行为的编码，浏览行为占的比重为 77%，而检索行为只占 16%。同样，Goodrum 等[125]在 2003 年的研究中发现，浏览行为和检索行为分别占 68% 和 18%。

3.2 图像检索行为

出于用户对图像资源的需求，许多领域构建了专门的图像库。而网络也已经成为人们最主要的获取图像资源的途径，包括使用图像搜索引擎进行检索或者通过特定网站进行浏览。其中，图像搜索引擎中提供"关键词"搜索、"相似图像"搜索和按颜色、尺寸等方面特征精化搜索的功能。紧随着一般检索行为之后，图像搜索行为（image seeking behavior）获得了大量学者的研究。目前关于图像检索行为的相关研究已经较为成熟，多数研究集中于以搜索引擎或图像资源库进行的图像检索行为。

相关研究涉及各个不同的领域，包括法律、新闻、教育、娱乐、医疗、出版、广告、艺术、建筑、工程等[126]。例如：Enser、McGregor[127] 和 Hastings[128] 就历史图像数据集展开研究。Keister[129] 从美国国家医学图像数据库获得检索请求进行研究。Ornager[130] 利用新闻图像库对 26 位新闻工作者的图像行为进行研究。

多数研究的展开是基于用户检索时的操作日志和请求式（query），可以发现在这些研究结论中往往通过分析请求式的一些特征来研究用户的需求和行为。因此以下整理了检索式不同方面的研究结论，从而来反映用户的图像检索行为。

3.2.1 检索式用词

根据 Goodrum 等人的说法："文本词汇（textual terms）是信息检索请求式最基本的构建单元，而检索请求是用户在信息检索系统中表达信息需求的主要途径。在信息检索行为的相关研究中，词汇和检索式可以说是最重要的变量。"[126]而对于图像检索请求中的词汇研究最基本的是数量方面的研究，由此可以获知检索请求的长度，看出图像检索过程中用户表达需求的习惯倾向，从而对于相关图像检索系统的构建具有一定指导意义。

在 Hollink 等人[131]的研究中，通过对在欧洲一家新闻机构提供的商业图像信息库中得到的十个月的检索日志进行分析，发现被提交的检索式平均包含 1.8 个词汇，如果算上那些唯一的检索式，则平均每个检索式包含 2.2 个词汇。而 Jorgensen C 和 Jorgensen P 的研究中发现在新闻图像检索中平均每个 query 只包含 2 个词汇[132]。Cunningham 和 Masoodian 研究用户每天的图像信息检索行为时发现在搜索引擎环境下的图像检索式平均包含 2.24 个词汇[133]。Westman 等在结合文本和可视化搜索方式进行图像搜索的实验中，发现文本检索式平均每个包含 1.3 个词汇[134]。Pu 通过 VisionNEXT 检索工具收集到 Sina 和 Netease 等网站上的用户图像检索行为日志，得到包含中英文在内的检索请求[135]。通过分析得出，中文检索式平均每个包含 3.08 个汉字，而英文检索式平均每个包含 1.40 个词汇。其中，被认为失败的检索过程(结果 0 次点击)中平均每个中文检索式包含 2.83 个汉字，英文 1.36 个词汇。而成功检索过程中平均每个中文检索式包含 4.12 个汉字，英文 1.61 个词汇。显然可以看出成功检索过程的检索式更加复杂一些。

此外，通过一些学者的研究我们可以发现图像检索行为与其他检索行为的差异。主要作出以下三方面的比较：

(1)图像检索与其他多媒体的比较。

在 Spink，Ozmutlu 等[136][137]关于多媒体检索特征的研究中发现：图像检索中平均每个 query 的词语数为 4 个，大于其他媒体检索的相应指标(其中，综合搜索为 2.91 个，音频检索为 2.47 个，而视频检索为 1.92 个)。

Jansen 等通过在 Altavista 2002 平台上收集到的数据发现：图像检索比起其他的多媒体检索都更加复杂[138]。图像检索中平均每个 query 的词语数为 3.21 个，明显大于其他媒体检索的相应指标(其中，音频检索为 1.62 个，而视频检索为 1.09 个)。

(2)图像检索与综合搜索比较。

Jansen 等在 2005 年对 AltaVista 的综合检索研究中发现，1998 年平均每个检索式包含 2.35 个词汇，而 2002 年这个数字为 2.92[139]。这个结果比起同时期在综合搜索引擎获得的结果要小一些。

（3）图像检索与文本文档检索的比较。

通过问卷调查，搜集用户在使用互联网完成一些文本检索任务时选择使用的检索式，Aula 等人的研究发现平均每个检索式包含 3 个词汇[140][141]。而 Spink 和 Saracevic 在结构化数据库中的文本文档检索实验中发现平均每个文本检索式包含 7~15 个词汇[142]。这与图像检索的结果差距比较大：专业图像库中的检索式远远小于文本数据库中的检索式，而互联网上对图像检索的检索式要大于对文本检索的检索式（就同时期而言）。

为了更加直观地对这些研究的结论进行比较，以下将 2001—2013 年相关研究的主要结论整理成表 1。

由表 1 可以发现相关研究的一些规律：①与之前的研究相比，最新的研究平均每个检索式的长度有所降低，但是否是一个整体趋势还有待进一步研究和跟踪，如果结论成立的话，可以看出用户的检索习惯所发生的变化。②比起综合搜索引擎环境，在专业图像库环境下用户倾向于使用更短的检索式。如 Jorgensen C & Jorgensen P、Westman & Oittinen、Westman 等通过专业图像数据库得到的数字分别是 1.48、1.3、1.8，整体小于在综合搜索引擎得到的相应结果。

表1　　**2001—2013 年图像检索式用词数量相关研究**

文献	每个检索式用词个数	实验平台/数据来源
Goodrum, Spink (2001) [126]	3.78	综合搜索引擎 Excite
Ozmutlu, Spink, Ozmutlu (2003) [137]	4	综合搜索引擎 Excite
Jansen, Spink, Pedersen (2004a) [136]	4	综合搜索引擎 Altavista

续表

文献	每个检索式用词个数	实验平台/数据来源
Jansen, Spink, Pedersen (2004b) [138]	3.21	综合搜索引擎 Altavista 2002
Jorgensen C, Jorgensen P (2005) [132]	2	专业图像库（商业图像数据库）
Cunningham, Masoodian (2006) [133]	2.24	综合搜索引擎（Google）+图像网站+其他网站等
Westman, Oittinen (2006) [143]	1.48	专业图像库
Westman, Lustila, Oittinen (2008) [134]	1.3	专业图像库（新闻图像）
Pu, Hsiao-Tieh (2008) [135]	1.40（英文）3.08（中文）	综合搜索引擎（Vision NEXT，数据源为 Sina 和 Netease 等亚洲范围内的网站）
Tjondronegoro, Dian, Spink 等（2009）[144]	2	综合搜索引擎 Dogpile
Choi (2010) [122]	3.25	综合搜索引擎，IE 或 Firefox 作为浏览器
Hollink 等（2011）[131]	1.8(2.2，算上那些唯一的检索式)	专业图像库（欧洲一家新闻机构提供的商业图像信息库）
Hung (2012) [145]	2.60（具体检索任务）1.87（宽泛检索任务）1.74（主观检索任务）	专业图像库（Associated Press 新闻社的图像数据库系统）
Choi (2013) [146]	3.25	综合搜索引擎+图像搜索引擎+本地网页

3.2.2 检索式内容

基于对搜集到的图像搜索中的检索式进行内容分析和分类，研究者得出了主要的搜索主题，探究了用户图像信息需求的领域分布。

从具体和宽泛的角度来看，多数学者的研究发现用户在描述检索需求时用的是精确的词。Westman 和 Oittinen[143]，Hollink 等[131]，Markkula 和 Sormunen[147]研究中发现多数的检索请求是精确的，概念性的检索式远远少于具体实物相关的检索式。Enser 分析了 Hulton Deutsch Collections（英国历史图像画廊）平台上近 3000 个检索式，发现对图像内容的检索相当于对文本内容检索使用了更多的具体检索式，用户倾向于使用具体描述而非宽泛的类属[148]。Keister 分析了美国国家医学图像数据库的专业用户的 239 个查询请求，发现多数的请求同时结合了抽象的概念和具体的图像元素[129]。而 Armitage 和 Enser 的研究通过在 7 个图书馆的图像检索库得到大约 1700 个请求，得到一个请求框架，将检索式分为四大类（who，what，when，where）以及三个抽象层级（specific，generic，abstract）[149]。

而在不同请求类型中出现频率最高的是某个人的人名，很多时候用户使用图像库是出于刻画某个人的需求。同样有不少其他研究也得到共同结论：综合搜索引擎中最热门的图像搜索主题是人（people）和地点（places）[150][151][152][130]。Huurnink 等指出人名和主题特征在检索式中最常见，然而图像类型是最少见的特征[153]。与之相反，Choi 在 2013 年的研究中经过对 970 个图像检索式的分析，发现关于图像类型的用词在检索式中是最常见的图像特征，且人物相关的用词仅仅占总数的 9.8%[146]。Jansen 通过对 587 个图像检索式的分析发现，多数检索请求包含图像主题之外的其他补充特征，如 URL[150]。

Hollink 等发现在人物检索请求中，被搜索最多的子类型是运动员，其次是演员、音乐人和喜剧演员[131]。此外，就词汇类型的分类来看，52%的词为名词，而动词、形容词和副词分别占 26%、20%和 1%。根据 WordNet 的名词分类，"实物"（entity）在检索请求中占比最大，其次是"组织"（group）和"行为"（act）。其研究还发现用户的检索请求倾向于并入格式相关的词或者图像上下文语境相关信息。而在 Jorgensen C 和 Jorgensen P 的研究中，占比最多的请求类型同样是名词，其次是形容词和动词[132]。

3.2.3 检索式的调整

在用户检索行为研究中，检索请求的调整（query modification）是研究的热门。通过研究用户请求的改变，可以帮助识别用户的行为模式、检索策略以及需求表达方式，在实际应用中，可促使检索系统的优化，使之更加符合用户使用习惯并更大程度地满足其需求。例如，通过提示一些相关词汇等语义辅助来促使用户更好地表达需求或者探索相关的潜在需求。

Goodrum 等[125]在探索本科生的网络图像搜索模式的实验中发现，被试者频繁修改其初始检索式。其中的修改模式表明：当用户使用纯文本搜索工具来搜索图像时，他们倾向于使用更长的词汇（longer strings）和更长的时间。

在曹梅的实验中，在整个图像检索过程中，请求调整行为占了所有行为的 14%，平均每个过程中更换提问的请求次数达 5.5 次[123]。Westman 等在对图像检索交互界面的研究中发现，84.5% 的初始检索请求会被修改或调整[134]。Choi 和 HsiehYee 发现了相似的请求调整策略，最常见的调整方式是把一个关键词替换成另一个[154]。而 Jorgensen C 和 Jorgensen P 在针对专业人员的研究中也发现，61.7% 的请求会被调整，替换一个或多个检索式中的词汇是最常见的方法[132]。

而 Hollink 等[131]的研究发现 52.4% 的初始请求会被调整，增加或减少检索式中的词汇也是很常用的调整方式。其研究从语法和语义两个层面展开对请求调整模式的分析。从语法层面看，调整模式最常见的是再构建（reformulation，即指替换词汇），其次是具体化（specifications，即指增加词汇或语义分类层级变小）和宽泛化（generalization，即指减少词汇或语义分类层级扩大）。从语义层面看，最常见的调整类型是同属关系（sibling relations）。他们发现很多用户搜索拥有共同特征的两个实体，例如演过同一部电影的两个演员。而对于同一实体，如果检索结果不理想，用户常常尝试其不同的名称。此外，用户在构建初始请求的时候喜欢结合具体信息和上下文语境信息，例如书目信息。然后用户会通过对相关图像的描述来优化检索式。这表明，用户会参考检索结果逐步进行请求的调整。

Rieh 和 Xie 在总结用户在 Excite 搜索引擎上的检索式调整模式时，提出三大类模式：内容类调整、格式类调整和资源类调整[155]。曹梅借鉴此框架，提出三类模式：内容调整、语法和句法调整以及资源范围调整，具体来说包括缩检、扩检、同义词替换、平移、终端恢复等 12 个子类[123]。

Jansen 等在研究网络内容集合和图像集合的检索行为时发现，多数用户会提交相同的检索式，而再构建请求（reformulation queries）是最常见的[156]。Tseng 等[157]的研究表明：最常见的调整序列模式是：初始请求-替换-替换。用户检索时通过与搜索引擎的交互会巩固需求或得到更多问题相关的信息，这样的反馈促使他们对请求进行调整，最常见的方式就是将关键词替换为同义词或相近词。Whittle 等的研究发现用户倾向于重复同一种调整类型（如宽泛化-宽泛化）[158]。但 Boldi 等[159]和 Jansen 等[160]的研究发现最常见的调整方式是具体化-宽泛化或宽泛化-具体化。

此外，根据 Hollink 等的总结，上述三种调整模式与其他因素的相互关系得到了一部分学者的研究关注[131]。①调整模式和两个连续请求间提交时间间隙的关系。Huang 和 Efthimiadis 的研究发现再构造（reformulations）行为之前平均最长的时间间隙为 73 秒，而宽泛化和具体化分别为 68 秒和 63 秒[161]。Lau 和 Horvitz[162]发现具体化（specification）更容易出现在 20~30 秒的间隙后，而再构造更多地出现在超过 5 分钟的间隙后。显然，再构造需要用户花更长的时间。②调整模式和对搜索结果的点击行为的关系。Huang 和 Efthimiadis[161]发现当某次检索至少带来一次点击（被视为成功请求）时往往出现宽泛化或再构造的调整策略。此外，具体化和再构造最容易带来接下来一次检索的点击。

除了三种基本的调整策略外，还有一些基于词汇的调整也得到关注，例如词汇变形[155]和词汇类型。其中，词汇变形发生的频率大约是宽泛化的一半，例如单复数转换。而 Bozzon 等在研究中发现，名词组成的检索式通常被修改为其他名词形式，名词加动词组成的检索式则被改为其他名词加动词形式[163]。

3.2.4　其他

（1）每个 session 的检索请求数量。

每个 session 的检索请求数量也是许多检索实验分析结果中的重点。André 等的研究指出：图像检索中每阶段的长度比其他类型检索阶段的长度要长[164]。从众多研究中得出的数据来看（见表2），在综合搜索引擎中，每个 session 的检索请求数量在总体上大于专业图像检索请求数量（其中，前三个为专业图像检索环境，后四个为综合搜索引擎环境）。

（2）幂律分布。

Hollink 等指出请求频率分布遵从幂律分布，很多频率少的检索式构成了长尾。Pu 的研究发现成功检索请求（结果获得至少一次点击）中 80% 的频次来自于仅仅 5% 的请求，2% 的成功检索请求仅仅被使用了一次，而失败检索请求中，高达 39.53% 的请求只被使用了一次。由此导致失败检索请求的分布曲线具有更低更长的"尾巴"。

Goodrum 等[126] 在对 Excite 搜索引擎的交互日志进行分析后发现：在所有的 35558 个图像词汇中，频率最高的词只出现在不到 10% 的检索式中，如果去除图像请求词汇"pictures"和"pics"，这个比重就降到 5%。此外，超过一半的词只被用了一次。常见图像相关词汇例如"图像"（picture）和"电影"（movie）出现的次数多于文件拓展名。

表2　　　　每个 session 的检索请求数量的研究结论总结

文　献	每个 session 的检索请求数量
Huurnink，Hollink，Van Den Heuvel（2010）[153]	2.0
Hollink 等（2011）[131]	2.1
Jorgensen，Jorgensen（2005）[132]	3.3

文　　献	每个 session 的检索请求数量
Tjondronegoro 等（2009）[144]	2.8
Ozmutlu 等（2003）[137]	3.2
Goodrum，Spink（2001）[126]	3.36
Jansen 等（2004）[136]	4.8

3.3　图像采纳行为

采纳行为往往包含在检索过程中，这方面的研究通常是关于用户在选择图像时如何进行相关性判断，以及相关性判断的决定因素和影响因素。从一般意义上看，用户的选择多是出于自己的需求，选择最能够满足需求的相关性最大的对象。然而，存在其他一些因素影响用户作出判断。

Choi 和 Rasmussen[165]在对 1999 年美国历史系的师生做的基于美国国会图书馆历史图像库的实验中发现，用户对于时事性的感知在整个检索过程中起到重要作用。然而在选择采纳图像时，用户会考虑到其他因素，例如图像质量和清晰度。

然而针对图像检索的相关性判断研究还比较薄弱，更多的研究是针对一般的搜索过程。用户进行评估时所处的环境因素、实验任务、信息的有用性等因素被认为与用户的相关性判断有关[166][167][168]。用户在作相关性判断时采用什么样的标准、这些标准之间有什么关系成为一些研究的主题。而相关研究往往通过用户在评估时的认知过程、最终选择、对问题的描述、不同情境下的反应等来进行分析[165]。此外，相关性判断并非是静止的，用户进行搜索的过程中，其判断标准随着时间的推延发生变化[169][170][171]，这与用户从系统得到的反馈信息也是有关系的。

3.4　图像标注行为

标签（tagging，也称 folksonomy），即用户添加的描述对象的词汇(或词组)，成为 Web2.0 环境下一种新的用户贡献网络内容的方式，可以帮助用户更好地组织、管理或分享自己的资源，并且有利于他们查找被标注的网络资源。

早在 1996 年，Jorgensen C 就在实验中探索了用户对图像所标注内容的特征[172]。2004 年来，flickr.com、photoSIG.com 以及 Photo.net、topit.me 等应用用户标注图像的网站开始流行，图像标签也逐渐成为研究热点。Flickr 也已经成为许多学术研究的数据来源。相关的研究主要包括：用户标签与传统标注的比较、标签的优劣势、自动图像标注系统研究和算法改进、标签推荐系统、图像推荐系统(用户兴趣挖掘)、标签内容分析、标签排序、标签的利用(检索系统、知识管理、应用于图书馆)等。

Stvilia 和 Jorgensen 通过对 Flickr 上的历史图像标注行为进行分析，识别出七类用户图像行为：联系与分组(linking and grouping)、思考与回忆(musing or reminiscing)、讨论(discussing)、评估(evaluating)、解疑与分解(disambiguating and resolving)、建议与协商(suggesting and negotiating)、提出与回答问题(asking and answering questions)[173]。

Farooq 等在分析 CiteULike(一个社会标注系统)的文献标签信息后，总结了六个标签的维度：标签增长(tag growth)、标签重利用(tag reuse)、标签的非显著性(tag non-obviousness)、标签的区分(tag discrimination)、标签频率(tag frequency)以及标签模式(tag patterns)[174]，从而来探究用户的标注行为。

如同检索式在检索行为中的研究作用，众多的研究通过对标签的分析来总结用户的标注行为规律。因此下面从标签的几个特性和用户的标注动力方面展开详细叙述，从而提供用户标注行为的全面了解。

3.4.1　标签用词

构成标签的词汇无疑最能反映标签的特点，而通过标签的特点可以窥探到用户对于图像的理解、认知模式以及描述模式。

一些研究发现，在描述图像时，用户更倾向于使用宽泛的词汇而不是具体的词汇，并且抽象的词汇很少被使用[175][176][150]。而

Chung 和 Yoon 发现在一些图像用户行为中（如 aesthetic value、illustration、emotive and persuasive），抽象特征的使用相对比较频繁[177]。而 Rorissa 和 Iyer 却认为用户在描述图像时更多地用具体的词，而在对图像进行分类时才使用宽泛的概念[178]。Chung 和 Yoon 的另一个研究发现从 Excite 2001 得到的 Flickr 标签中宽泛类型居于多数，占到了 63%[179]。而 Klavans 等在 2014 年的研究中，对 100 幅艺术照片的标注实验结果显示，宽泛、抽象、具体的标签分别占到 66%、12%和 6%[180]。

Angus 等在 2008 年收集到的 Flickr 上的大学图像的标签集有 12%的标签为复合标签（由词语、词组或句子组合而成）[181]。Stvilia 和 Jorgensen 的研究中，Flickr 上的标签组成词汇类型最多的为名词，而 the Thesaurus for Graphic Materials 和 the Library of Congress Subject Heading 上标签词汇最多的为复合词，其次分别是名词和命名实体[173]。不少研究同样发现最多的标签词汇类型为名词[182][183][184]。

3.4.2　标签类型

社会标签通常用于描述图像的内容、格式特征（如颜色、风格等）、元数据（如标题、作者、所在的博物馆等），也可能是带有个性化色彩的标签（如"喜欢""最爱"等）[185]。通过对标签类型的分析，一方面总结出图像库中被用户标注的图像类型，从而探索用户的兴趣，另一方面也可以通过对用户表达需求方式的探究来反馈到图像机器标注上。

Golbeck 等借鉴 Panofsky 和 Shatford 的艺术内容层次的分类，加入"视觉元素"和"未知"，从而将标签类型分为 14 类。最后根据出现的频率，最多的标签为"综合"类，其次是"视觉元素""抽象"和"具体"，其余的与图像内容无关被分到"未知"[185]。

Angus 等[181]在分析 Flickr 上的大学图像集合时，发现超过一半的标签属于那些对用户社区有用的类型。并且最多的一类标签为识别图像内容的标签（如形容性或描述性词汇）。

Jorgensen C 的实验结果显示用户的图像标注具有"perceptual""interpretive""reactive"三方面特征，包括实物、人、颜色、位置、故事、视觉元素、描述、人的特征、历史信息、个人反应、延伸关系、抽象,共 12 类(按照出现频率排序)[172]。同样 Jorgensen C 等在 2014 年的用户实验中沿用这样的分类,发现用户对国会图书馆图像库添加的标签最多的为实物类,其次是故事、描述、人、艺术历史、人的特征、抽象、颜色、地点、延伸关系、浏览者的反应、分组、视觉元素[186]。Jorgensen[187],Bischoff 等[188],Overell 等[189]和 Ransom & Rafferty[176]的研究中发现最多的标注类型是:人、事物、地点。而 Schmitz[190],Beaudoin[191],Sigurbjornsson & Van Zwol[192] 和 Marshall[193]等研究中该顺序是:地点、人、事物。

3.4.3 标签模式

许多关于标签模式的研究是关于文档标签[194][195],而非图像标签,而这些少量的相关研究共同反映了标签分布的特征。2004 年,Mathes 提出假设:社会化标签的分布规律符合齐普夫定律(Zipf's Law),即少数的标签被多数的用户使用,而多数的标签使用频率很低,构成了曲线的"长尾"[196]。而 Golder 和 Huberman 在 Flickr 和 Delicious 的实证研究的基础上证实了这一假设,不过其中只出现一次的标签仅占总体的 10% ~ 15%,并没有明显的"长尾"[196]。Angus 等通过 Flickr API 对大学图像集合的标签进行分析,发现标签分布同样大体符合齐普夫定律,其中有 23% 的标签只出现了一次[181]。

3.4.4 标注行为与检索行为的比较

除了上述对检索行为和标注行为的研究,不少学者将两者进行了比较。他们的研究多数是采用将用户标注的标签与检索的提问式进行分析和比较的方法,部分研究对用户标签与检索式使用的具体词汇特征有什么区别进行了探讨。此外,有部分研究分析标签与检索式包含的图像特征有什么区别。

Chung 和 Yoon[177]的研究发现 Flickr 上的图像标签使用的词汇中宽泛类型占 63%,而检索请求中宽泛类型仅占 49%。Ransom 和 Rafferty 同样发现 Flickr 上的标签更多地使用宽泛词汇,而具体词汇在检索式中更加常见[176]。此外,他们发现,用户对图像的描述和检索有一定的相似性,标签和检索式的类型最多的都是人、实物和地点，可见用户对图像特征的描述和用户检索时的兴趣有一定关联。而 Jorgensen 等在利用国会图书馆图像进行用户实验时发现，标签分类和检索式分类按照频率排序相差不大，前三位同样都是：实物、故事和描述[186]。

尽管一些研究发现用户在描述和检索图像时使用了相同的描述方法[172][188]，但另一些研究却持有相反的意见[197][198]，这样的差异可能与研究的数据源领域[199]、用户的群体特征等因素有关。

3.4.5 其他

Stvilia 和 Jorgensen[173]在 2010 年的研究中通过分析 Flickr 上来自美国国会图书馆历史图像的标签集，发现用户使用到许多外部的参考资源，例如属于传统图书馆或其他文化组织的电子图书馆。通过这些参考，可以帮助用户添加合适的标签或进行更准确的评估。此外，用户常常寻求社区的帮助，例如在需要寻找一个合适的描述某个概念的词汇时。

对于用户标注行为的动机研究也是许多研究探讨的对象，通过对动机的研究可以增进对用户行为模式的理解，并为相关的标注平台提供改善机制的参考性意见。用户标注行为的动机主要分成两类：外在因素和内在因素。其中，外在因素包括社会动机和利他动机，内在因素包括自私的动机。具体来说，在两篇基于 Flickr 的用户标注动机的研究中，Ames 和 Naaman 等总结出 4 种动机：自我组织、自我交流、社会组织和社会交流[200]。Nov 等总结出另外 4 种动机：自我发展、享受、社区荣誉与社区贡献[201]。而 Stvilia 和 Jorgensen 认为 Flickr 上用户将图像进行分组是出于 8 种动机：为了方便查询、为了方便分享、为了归档、自负、学术整理、支持组织或社区活动、支持个人活动、无特殊目的[202]。一些研究认为用户的标注动力主要来自于自身的利益，即自私因素[195][203]。他们认为用户使用标签和进行标注更多的是出于管理自己的图像集的目的。而另外一些研究认为社会因素起了更加普遍的作用[204][200]，例如，与他人分享图像、浏览他人的图像的动机。然而 Angus 等也指出：社会化标签和利他标签可能同时也是对个人有利的，因而可能用户是出于自身利益添加了这样的标签[181]。更具体地来说，

Stvilia 和 Jorgensen[173]在另一个研究中对比 Flickr 与 Wikipedia 的用户动机时指出：维基百科上的内容是公共的，并非属于某些个人或社区，而 Flickr 上这种情况相反。整体来说，Flickr 的组织运作模型并不鼓励大家的相互协作。因而，为社区贡献内容的动机在 Flickr 上相对弱一些。

4 图像语义与图像用户的交叉研究

上述研究主要侧重图像语义或图像用户行为之一的研究，然而，图像语义与图像用户行为之间存在紧密的联系。因此，部分学者从图像及图像语义对图像用户行为的影响角度进行了二者的交叉研究。

一般认为，影响图像用户行为的原因可以分为两类：内在个人因素和外在环境因素。其中，图像及图像语义属于影响用户行为的外在环境因素。考虑到不同的用户行为可能受到不同因素的影响，下文将分别对检索行为和标注行为的影响因素进行阐述。

4.1 图像检索行为影响因素

众多研究在发现了图像检索过程中的用户行为模式后，进而对于"是什么影响到用户检索策略、需求表达、检索式用词等方面"等问题进行了探究。

首先，许多学者的研究发现检索任务对图像检索行为有着显著影响。Choi 和 HsiehYee 的研究认为检索任务和要求检索的图像类型(即不同对象语义与场景语义)对于构建检索请求可能产生影响[154]。Fukumoto 在探索网络环境下图像检索策略的实证研究中发现：任务类型对于用户的网页操作、动作、时间、输入关键词等产生了影响[205]。而 Choi 基于综合搜索引擎和图像搜索引擎的数据，发现检索式的长度不受任务类型和目标的影响，但是受到内容来源的影响[122]，基于当前站点的检索式更加简短(可能由于更加符合需求)，而当需要获得搜索引擎中更加宽泛的网页结果集合时，用户就会使用更多的关键词。此外，请求的迭代次数受到来自任务目标、工作阶段和检索知识的影响。Stvilia 等认为当检索任务是关于某种已知实物或物体(即对象语义)的识别时,要求用户使用更具体化的元数据;然而对于一些基于相关性或属性的挑选任务时,用户可以使用一些较为宽泛的词[206]。而 Vakkari[207],McCay-Peet 和 Toms[208]发现工作任务阶段会影响图像的使用和请求迭代次数。

其次,用户的相关性判断受到图像的上下文语境的影响。图像的上下文语境(context)指图像所在网页或文章包含的对图像的相关解释或描述,通常情况下在网络环境中搜索引擎会提供一些辅助信息(例如文件名、大小、URL、图像名、图像所在网页名等)来帮助用户更轻松地获取图像相关上下文的语境信息。在这些信息的帮助下,用户可以更轻松地了解图像内容,从而帮助他们进行相关性判断。Cooniss 及其同事在分析用户图像检索行为时肯定了图像上下文语境因素对用户行为的重要影响,同时也发现终端用户对于数字化技术有着不同的态度[209]。根据 Huurnink 等对用户检索式的分析同样可以发现,上下文语义因素对用户的检索行为产生了突出作用[153]。

再次,图像底层特征也对用户检索行为产生了一定程度上的影响。Greisdorf 和 O'Connor 发现虽然图像描述对于用户的相关性判断有影响,但是用户同样通过图像的内容来感知图像(如颜色、形状、情感等)[210]。而用户检索图像时使用的检索式有一部分是关于图像的这些抽象特征。Pu 等的实验发现 7.2% 的检索式是关于图像的感知特征(如颜色、纹理)[211],Hollink 等[175]和 Choi[146]实验结果中,这一数据则为 12% 和 19.8%。

最后,一些其他信息也可能对用户的图像认知产生影响。根据 Choi 和 Rasmussen 的总结,用户信息检索行为受两方面的影响:一方面,当用户被提供补充信息时,他们的认知受到影响;另一方面,信息的呈现形式起到重要作用,如信息呈现的格式、信息呈现的顺序等[165]。此外,Vakkari[207]和 Wildemuth[212]的研究发现领域知识对于请求的构建会产生影响,这与 Aula 的观点[140]相反。而 Westman 等发现用户的背景在很大程度上影响了他们构造的检索请求的类型[134],毕竟不同背景的用户可能存在比较大的认知差异。

4.2 图像标注行为影响因素

Farooq 等认为：在社会书目标注系统当中，用户的个人兴趣、领域知识和组织资源的意愿对用户的标注行为有决定性的作用[174]。然而上述三个原因都属于个人内在因素，与用户检索行为不同的是，由于用户标注过程是社会化、合作的，标注行为可能受到的影响因素更为复杂。

总的来说，图像背景信息与标注平台社区中的社会交互对用户标注行为的影响最为突出，这两方面因素可以加深用户对图像的理解、改变用户对图像的描述方式。Bar-Ilan 等在 2010 年的研究中[213]探索了背景信息和社会交互对图像标注的作用，并发现通过社交，用户的标注会逐渐趋同，并且通过"群体的智慧"可以帮助那些缺少相关知识的人进行标注。当缺少交流时，背景信息可能起到决定性作用。然而即使缺少背景信息，用户在看到他人的标签和评论时，也会受到影响（如修改自己的标注），由此导致整体的标签数量增加而新添加的标签数减少。而 Trant 针对 steve. museum 以博物馆为例的研究结果则相反：当用户看到其他人添加的标签后，会有更多新的标签被添加而总的标签数却减少[198]。因此，不少研究专门探索了系统的标签推荐对于用户标注行为的影响。Kowatsch 和 Maas 认为标签推荐使得协作产生的词汇的不受控本质被削弱[214]。还有一些研究通过构建标注过程模型来探究标签推荐的影响。Bollen 和 Halpin 的模型发现对推荐标签的模仿促进了标签的幂律分布，但也不是唯一的原因，因为在缺少标签推荐时同样会形成幂律分布[215]。遗憾的是，这些模型几乎都不是针对图像标签的。

除了上文中提到的图像已有标签，背景信息还可能是系统提供的对图像的具体描述。Lin 等[216]在 Amazon 的 MTurk 平台上开展的用户实验，通过分析标签的不同维度（包括概括性、质量度、相似度、描述性）来分析图像描述对标注行为的影响。其结果表明，当图像带有具体描述时，用户添加的标签更加具体详细和多样化，但是标签的重复使用率也相应地比较低；此外，当图像带有描述时，用户查找到目标对象的路径就被缩短，也就意味着他们可以更快地找到目标，然而准确率却更低。而且，与不带描述的对照组相比，带有图像描述的实验组得到的标签与描述文本中词汇明显有更大的重叠。可见已有信息对用户的影响和用户的模仿倾向。

另外，用户在标注前事先掌握的信息同样导致用户标注行为的不同。Golbeck 的实验结果表明：用户对于一张图像的先验知识对其标注行为产生了重要影响[185]。首先，正常情况下，用户会先标注第一眼看到的图像，但是如果当中有用户之前见过的图像，用户会优先进行标注。另外，有先验知识时，用户会给图像添加更多的标签，并且倾向于添加更多关于视觉元素的标签。Wang 等在医学图像标注实验中发现，较于新手，拥有更多知识的专家给图像添加更多的有关高层语义属性的标注[217]。

除了上述的外在因素，图像自身的内容也是重要的影响因素。Golbeck 等的实验中，抽象图像比起具象的图像来说，会得到更多描述视觉元素的标签[185]。可能是因为这些图像没有具体的对象内容，因而得到更多关于颜色或形状的标签。其实验结果还发现：具有 5 个 AOIs（Areas of Interest）的图像得到了最多的标签，其次是 6 个和 4 个的图像。

综上所述，用户的图像检索与图像标注行为均受到图像及图像语义的多种影响，其中，用户的图像检索行为主要受到图像检索任务类型和目标、图像多层次语义、图像上下文语境、信息环境与信息呈现方式等的影响，而用户的图像标注行为主要受到社区交互、背景信息（图像已有标签、图像描述、图像先验知识、图像内容特性等）的影响。

5 结 论

本文系统梳理了图像语义与图像用户行为的现有研究。通过深入分析与述评，本文得到的主要结论与建议如下：

（1）现有图像语义与图像用户行为研究在方法、目标、理论上有较大差异，前者对图像用户认知机理涉及较少，后者对图像语义层次结构与逻辑关系的关注不足。

（2）现有图像语义与图像用户行为研究都面临着急需突破的发展瓶颈。图像语义研究普遍存在语义鸿沟问题；图像用户行为研究难以深入，不同的图像用户行为之间存在内容及特点的差异，缺乏根本性和全局性的理论与应用突破；用户的图像检索与图像标注行为受到图像及图像语义的多种复杂影响。

（3）现有研究表明，图像语义与图像用户行为存在复杂而深刻的内在关联，因此，其研究趋势是将二者在理论、方法上进行有机融合，对图像语义与图像用户行为进行系统研究。

（4）图像语义层次理论是目前较好的图像复杂语义的解释理论，可以作为图像语义与图像用户行为研究共同的重要理论基础与联系纽带，应进一步将其与用户认知等相关理论融合，深化其理论研究与应用。

（5）图像检索与图像语义组织是图像语义与图像用户行为研究共同的两个重点领域，在未来一段时间里，将会是图像语义与图像用户行为研究融合的主要切入点，特别是在社会图像标注与检索方面，有望率先取得突破。

参 考 文 献

[1] Panofsky E. Studies in iconology：humanistic themes in the art of the Renaissance[J]. Classical World，1962.

[2] Shatford S. Analyzing the subject of a picture：a theoretical approach [J].Cataloguing & Classification Quarterly,1986, 6(3)：39-62.

[3] Hong D，Wu J K, et al. Refining image retrieval based on context driven methods [J]. IS&SPIE 11th Symposium on Electronic Imaging. San Jose，CA，USA，1999：581-592.

[4] Jaimes A，Chang S F. Model-based classification of visual information for content-based retrieval[J]. Proc. SPIE Conference on Storage and Retrieval for Image and Video Databases VII, San Jose，CA.3656，1999：402-414.

[5] Eakins J P，Graham M E. Content-based image retrieval[R]//

Technical Report JTAP-039, JISC Technology Application Program, Newcastle upon Tyne, 1999:22-25.

[6] Carson C, Belongie S, Greenspan H, Malik J. Blobworld: image segmentation using expectation-maximization and its application to image querying[J]. IEEE PAMI, 2002, 24 (8):1026-1038.

[7] Deng Y, Manjunath B S, Shin H. Color image segmentation[C]// 2013 IEEE Conference on Computer Vision and Pattern Recognition. IEEE Computer Society, 1999:2446.

[8] Hare J S, Lewis P H. Saliency-based models of image content and their application to auto-annotation by semantic propagation [J]. Proceedings of Multimedia & the Semantic Web, 2005.

[9] Vailaya A, Figueiredo A T, Jain AK, Zhang H J. Image classification for content-based indexing [J]. IEEE Trans Image Processing, 2001, 10(1): 117-130.

[10] Plataniotis P D K N. Color image processing and applications[J]. Springer Berlin, 2000, 6(1):340-344.

[11] Stricker M, Orengo M. Similarity of color images[J]. Proc. SPIE Storage and Retrieval for Image and Video Databases, 1995 (2420): 381-392.

[12] Smith J R, Chang S F. Single color extraction and image query [C]// In Proc. IEEE Int. Conf. on Image Proc. 1995:528-531.

[13] Huang J, Kumar S R, Mitra M, et al. Image indexing using color correlograms [C]// Computer Vision and Pattern Recognition, Proceedings of 1997 IEEE Computer Society Conference on. IEEE, 1997:762-768.

[14] Tamura H, Mori S, Yamawaki T. Texture features corresponding to visual perception [J]. IEEE Transactions on System, Man and Cybernetics, 1978, 8(6): 460-473.

[15] Mallat S G. A theory for multi resolution signal decomposition: the wave let representation[J]. IEEE Transactions on Pattern Analysis and Machine Intelligence, 1989, 11(7): 674-693.

[16] Park S B, Lee J W, Kim S K. Content-based image classification using a neural network [J]. Pattern Recognition Letters, 2004 (25): 287-300.

[17] Dengsheng Zhang, Guojun Lu. Review of shape representation and description techniques [J]. Pattern Recognition, 2004, 37 (1): 1-19.

[18] Yang C, Dong M, Fotouhi F. Image content annotation using Bayesian framework and complement components analysis [C]// IEEE International Conference on Image Processing, 2005 (1): I-1193-6.

[19] Wang Y H, Makedon F, Ford J, et al. Generating fuzzy semantic metadata describing spatial relations from images using the R-Histogram [C]. JCDL 2004: Proceedings of The Fourth ACM/IEEE Joint Conference on Digital Libraries: Global Reach and Diverse Impact, 2004: 202-211.

[20] Kirschenbaum M. Documenting digital images: textual meta-data at the Blake Archive [J]. Electronic Library, 1998, 16 (4): 239-241.

[21] Greenberg J. A quantitative categorical analysis of metadata elements in image-applicable metadata schemas [J]. Journal of The American Society For Information Science and Technology, 2001, 52(11): 917-924.

[22] Badr Y, Chbeir R. Automatic image description based on textual data [M]//Journal on Data Semantics VII. Springer Berlin Heidelberg, 2006: 196-218.

[23] Jorgensen C, Jaimes A, Benitez A B, et al. A conceptual framework and empirical research for classifying visual descriptors [J]. Journal of The American Society For Information Science and Technology, 2001, 52(11): 938-947.

[24] Kim H, Yoon Y. A multi-level metadata structure for image archiving [C]. 11TH International Conference on Advanced

Communication Technology, 2009: 1449-1452.

[25] Zhang H, Smith L C, Twidale M, et al. Seeing the wood for the trees: enhancing metadata subject elements with weights [J]. Information Technology and Libraries, 2011, 30(2): 75-80.

[26] Zhang Y, Li Y L. A user-centered functional metadata evaluation of moving image collections [J]. Journal of The American Society For Information Science and Technology, 2008, 59 (8): 1331-1346.

[27] Park J R. Semantic interoperability and metadata quality: an analysis of metadata item records of digital image collections [J]. Knowledge Organization, 2006, 33(1): 20-34.

[28] 楼红伟,赵建伟,胡光锐.一种小波加权的基音检测方法[J].上海交通大学学报,2003,37(3):447-449.

[29] Harit G. Chaudhury S, Ghosh H. Managing document images in a digital library: an ontology guided approach [C]// Proceedings of the First International Workshop on Document Image Analysis for Libraries (DIAL'04). IEEE Computer Society, 2004:64.

[30] Hudelot C, Atif J, Bloch I. Fuzzy spatial relation ontology for image interpretation [J]. Fuzzy Sets & Systems, 2008, 159(15): 1929-1951.

[31] Petridis K, Bloehdorn S, Saathoff C, et al. Knowledge representation and semantic annotation of multimedia content [J]. IEE Proceedings-Vision Image and Signal Processing, 2006, 153 (3): 255-262.

[32] Khalid Y I A M, Noah S A. Towards a multimodality ontology image retrieval [J]. Lecture Notes in Computer Science, 2011.

[33] Todorov K, James N, Hudelot C. Multimedia ontology matching by using visual and textual modalities [J]. Multimedia Tools & Applications, 2013, 62(2):401-425.

[34] Deng J, Dong W, Socher R, et al. ImageNet: a large-scale hierarchical image database. [J]. Computer Vision and Pattern

Recognition, 2009:248-255.

[35] Mori Y, Takahashi H, Oka R. Image-to-word transformation based on dividing and vector quantizing images with words [C]// Proceedings of the Seventh ACM International Conference on Multimedia, 1999:405-409.

[36] 鲍泓,徐光美,冯松鹤,须德. 自动图像标注技术研究进展[J]. 计算机科学,2011(7):35-40.

[37] Oliva A. Modeling the shape of the scene: a holistic representation of the spatial envelope [J]. International Journal of Computer Vision, 2001, 42(3):145-175.

[38] Yavlinsky A, Schofield E, Rüger S. Automated image annotation using global features and robust nonparametric density estimation [J]. Lecture Notes in Computer Science, 2005:507-517.

[39] Cusano C, Ciocca G, Schettini R. Image annotation using SVM [C]//Proceedings of SPIE Conference on Internet Imaging V, 2003(5304): 330-338.

[40] Tang J, Lew is P H. A study of quality issues for image auto annotation with the Corel dataset [J]. IEEE Transactions on Circuits and Systems for Video Technology, 2007, 17 (3): 384-389.

[41] Luo J, Savakis A. Indoor vs outdoor classification of consumer photographs using low-level and semantic features [C]//In Proceedings of the IEEE International Conference on Image Processing, 2001:745-748.

[42] Carneiro, G. Artistic image analysis using graph-based learning approaches [J]. IEEE Transactions on Image Processing A Publication of the IEEE Signal Processing Society, 2013, 22(8): 3168-3178.

[43] Duygulu P, Barnard K, Freitas J F G D, et al. Object recognition as machine translation: learning a lexicon for a fixed image vocabulary[M]// Computer Vision-ECCV 2002. Springer Berlin

Heidelberg, 2002:97-112.

[44] Kang F, Jin R. Symmetric statistical translation models for automatic image annotation[C]//In the 2005 SIAM Conference on Data Mining (SDM) 2005, 2005.

[45] Kang F, Jin R, Chai J Y. Regularizing translation models for better automatic image annotation [C]// In Proceedings of CIKM'04, 2004:350-359.

[46] Monay F, Gatica-Perez D. On image auto-annotation with latent space models [J]. Proc. ACM Int. Conf. on Multimedia, 2003: 275-278.

[47] Bohlool M, Menezes R, Ribeiro E. A network-centric epidemic approach for automated image label annotation [J]. Communications in Computer & Information Science, 2011.

[48] Hu J, Lam K M. An efficient two-stage framework for image annotation[J]. Pattern Recognition, 2013, 46(3):936-947.

[49] Wang X J, Lei Z, Jing F, et al. Annosearch: image auto-annotation by search[J].Proceedings of the CVPR06, 2006(2): 1483-1490.

[50] Ding G G, Wang J M, Xu N, et al. Automatic image annotations by mining web image data[J]. 2009 IEEE International Conference on Data Mining Workshops, 2009: 152-157.

[51] Harmandas V, Sanderson M, Dunlop M D. Image retrieval by hypertext links[C]// ACM SIGIR Forum. ACM, 1997:296-303.

[52] Vadivu P S, Sumathy P, Vadivel A. Image retrieval from WWW using attributes in HTML TAGs[J]. Procedia Technology, 2012: 509-516.

[53] Srinivasarao V, Pingali P, Varma V. Effective term weighting in ALT text prediction for web image retrieval [M]// Web Technologies and Applications. Springer Berlin Heidelberg, 2011: 237-244.

[54] Tahayna B, Alashmi S M, Belkhatir M, et al. Unifying content and

context similarities of the textual and visual information in an image clustering framework[C]// Proceedings of the 11th Pacific Rim Conference on Advances in Multimedia Information Processing: Part I. Springer-Verlag, 2010:515-526.

[55] Jin Y, Khan L, Wang L, et al. Image annotations by combining multiple evidence & wordNet.[J]. Proc.of the Acm Int'l Conf.on Multimedia.Singapore Acm, 2005.

[56] Wang C, Jing F, Zhang L, et al. Content-based image annotation refinement[C]// Computer Vision and Pattern Recognition, 2007. CVPR'07. IEEE Conference on. IEEE, 2007:1-8.

[57] Zhu S, Liu Y. Image annotation refinement using semantic similarity correlation [C]// Pattern Recognition, 2008. ICPR 2008. 19th International Conference on. IEEE, 2008:1-4.

[58] Lu Y, Zhang L, Tian Q, et al. What are the high-level concepts with small semantic gaps? [C]// 2013 IEEE Conference on Computer Vision and Pattern Recognition. IEEE, 2008:1-8.

[59] Fadzli S A, Setchi R. Concept-based indexing of annotated images using semantic DNA[J]. Engineering Applications of Artificial Intelligence, 2012, 25(8):1644-1655.

[60] 黄国彬. 大众标注研究进展[J]. 图书情报工作,2008(1):13-15, 55.

[61] Dye J. Folksonomy: a game of high-tech (and high-stakes) tag [J]. Econtent, 2006.

[62] Rorissa A. A comparative study of Flickr tags and index terms in a general image collection[C]// Journal of the American Society for Information Science & Technology. 2010:2230-2242.

[63] Lee S, De Neve W, Ro Y M. Tag refinement in an image folksonomy using visual similarity and tag co-occurrence statistics [J]. Signal Processing: Image Communication, 2010, 25(10): 761-773.

[64] Chen L, Xu D, Tsang I W, et al. Tag-based web photo retrieval

improved by batch mode re-tagging[C]// Computer Vision and Pattern Recognition (CVPR), 2010 IEEE Conference on. IEEE, 2010:3440-3446.

[65] Yang K Y, Hua X S, Wang M, et al. Tag tagging: towards more descriptive keywords of image content[J]. IEEE Transactions on Multimedia, 2011, 13(4): 662-673.

[66] Hua X S, Liu D, Yan S, et al. Image retagging using collaborative tag propagation[J]. Multimedia IEEE Transactions on Multimedia, 2011, 13(4):702-712.

[67] Wu L, Jin R, Jain A K. Tag completion for image retrieval[J]. IEEE Transactions on Pattern Analysis and Machine Intelligence, 2013, 35(3): 716-727.

[68] Chang S K, Hsu A. Image information systems: where do we go from here? [J]. Knowledge & Data Engineering IEEE Transactions on, 1992, 4(5):431-442.

[69] Chen Y, Wang J Z, Krovetz R. CLUE: cluster-based retrieval of images by unsupervised learning[J]. IEEE Transactions on Image Processing, 2005, 14(8):2005.

[70] Park G, Baek Y, Lee H K. Re-ranking algorithm using post-retrieval clustering for content-based image retrieval [J]. Information Processing & Management, 2005, 41(2): 177-194.

[71] Pedronette D C G, Torres R D S. Image re-ranking and rank aggregation based on similarity of ranked lists[M]// Computer Analysis of Images and Patterns. Springer Berlin Heidelberg, 2011:369-376.

[72] Li Y, Zhou C, Geng B, et al. A comprehensive study on learning to rank for content-based image retrieval[J]. Signal Processing, 2013, 93(6): 1426-1434.

[73] Martinet J, Chiaramella Y, Mulhem P. A relational vector space model using an advanced weighting scheme for image retrieval[J]. Information Processing & Management, 2011, 47(3): 391-414.

［74］Tsai C, Lin W. Scenery image retrieval by meta - feature representation［J］. Online Information Review, 2000, 36（4）: 517-533.

［75］Town C, Harrison K. Large-scale grid computing for content-based image retrieval［J］. Aslib Proceedings, 2010, 62(4-5):438-446.

［76］Falchi F, Lucchese C, Orlando S, et al. Similarity caching in large-scale image retrieval ［J］. Information Processing & Management, 2012, 48(5):803-818.

［77］Lau C, Tjondronegoro D, Zhang J, et al. Fusing visual and textual retrieval techniques to effectively search large collections of wikipedia images［J］. Lecture Notes in Computer Science, 2007 (4518): 345-357.

［78］Wu Q, Iyengar S S, Zhu M. Web image retrieval using self-organizing feature map.［J］. Journal of the American Society for Information Science & Technology, 2001, 52(10):868-875.

［79］Neveol A, Deserno T M, Darmoni S J, et al. Natural language processing versus content-based image analysis for medical document retrieval ［J］. Journal of The American Society For Information Science and Technology, 2009, 60(1): 123-134.

［80］Vadivel A, Sural S, Majumdar A K. Image retrieval from the web using multiple features［J］. Online Information Review, 2009, 33 (6): 1169-1188.

［81］Lin W C, Chang Y C, Chen H H. Integrating textual and visual information for cross-language image retrieval: a trans-media dictionary approach［J］. Information Processing & Management, 2007, 43(2): 488-502.

［82］Gennaro C, Amato G, Bolettieri P, et al. An approach to content-based image retrieval based on the lucene search engine library ［M］// Research and Advanced Technology for Digital Libraries. Springer Berlin Heidelberg, 2010:55-66.

［83］Rui Y, Huang T S, Mehrotra S. Relevance feedback techniques in interactive content-based image retrieval[C]// Photonics West '98 Electronic Imaging. International Society for Optics and Photonics, 1997:25-36.

[84] Heisterkamp D R, Peng J, Dai H K. Feature relevance learning with query shifting for content-based image retrieval [C]. International Conference on Pattern Recognition, 2000:250-253.

[85] Peng J, Bhanu B, Qing S. Probabilistic feature relevance learning for content-based image retrieval[J]. Computer Vision and Image Understanding, 1999, 75 (1/ 2): 150-164.

[86] He X, King O, Ma W Y, et al. Learning a semantic space from user's relevance feedback for image retrieval [C]. IEEE Transactions on Circuits and Systems for Video Technology, 2003, 13(1): 39-48.

[87] Su Z, Zhang H J, Li S, et al. Relevance feedback in content-based image retrieval: bayesian framework, feature subspaces, and progressive learning[J]. IEEE Transactions on Image Processing, 2003, 12(8): 924-937.

[88] Wu H, Lu H, Ma S. The role of sample distribution in relevance feedback for content based image retrieval[C]// Multimedia and Expo, 2002. ICME '02. Proceedings. 2002 IEEE International Conference on. IEEE, 2002:225-228.

[89] Kalpana J, Krishnamoorthy R. Generalized adaptive Bayesian Relevance Feedback for image retrieval in the Orthogonal Polynomials Transform domain[J]. Signal Processing, 2012, 92 (12): 3062-3067.

[90] Bulo S R, Rabbi M, Pelillo M. Content-based image retrieval with relevance feedback using random walks[J]. Pattern Recognition, 2011, 44(9SI): 2109-2122.

[91] Hoi S C H, Member S, Lyu M R, et al. A unified log-based relevance feedback scheme for image retrieval [C]. IEEE Transactions on Knowledge and Data Engineering, 2006, 18(4):

509-524.

[92] Su J H, Huang W J, Yu P S, et al. Efficient relevance feedback for content-based image retrieval by mining user navigation patterns [C]. IEEE Transactions on Knowledge and Data Engineering, 2011, 23(3): 360-372.

[93] Li X R, Snoek C, Worring M. Learning social tag relevance by neighbor voting[J]. IEEE Transactions on Multimedia, 2009, 11 (7): 1310-1322.

[94] Ma H, Zhu J K, Lyu M, et al. Bridging the semantic gap between image contents and tags[J]. IEEE Transactions on Multimedia, 2010, 12(5): 462-473.

[95] Gao Y, Wang M, Zha Z J, et al. Visual-textual joint relevance learning for tag-based social image search[J]. IEEE Transactions on Image Processing, 2013, 22(1): 363-376.

[96] Jeong J W, Hong H K, Lee D H. i-TagRanker: an efficient tag ranking system for image sharing and retrieval using the semantic relationships between tags[J]. Multimedia Tools & Applications, 2013, 62(2):451-478.

[97] Haruechaiyasak C, Damrongrat C. Improving social tag-based image retrieval with CBIR technique[M]// The Role of Digital Libraries in a Time of Global Change. Springer Berlin Heidelberg, 2010:212-215.

[98] Sun A X, Bhowmick S S, Khanh T, et al. Tag-based social image retrieval: an empirical evaluation[J]. Journal of The American Society For Information Science and Technology, 2011, 62(12): 2364-2381.

[99] Clough P, Sanderson M. Relevance feedback for cross language image retrieval[M]. Lecture Notes in Computer Science, 2004, 2997: 238-252.

[100] Chen H H, Chang Y C. Language translation and media transformation in cross-language image retrieval[J]. Lecture Notes

in Computer Science, 2006:350-359.

[101] Chang Y C, Chen H H. Approaches of using a word-image ontology and an annotated image corpus as intermedia for cross-language image retrieval [M]. Lecture Notes in Computer Science, 2007(4730):625-632.

[102] Noh T G, Park S B, Yoon H G, et al. An automatic translation of tags for multimedia contents using folksonomy networks [J]. Proceedings of International Acm Sigir Conference on Research & Development in Information Retrieval, 2009.

[103] Liu X, Fu H, Jia Y. Gaussian mixture modeling and learning of neighboring characters for multilingual text extraction in images [J]. Pattern Recognition, 2008, 41(2): 484-493.

[104] Nguyen G P, Worring M. Optimizing similarity based visualization in content based image retrieval[C]// In Proceeding of the IEEE ICME special session Novel Techniques for Browsing in Large Multimedia Collections. 2004:759-762.

[105] Moghaddam B, Tian Q, Lesh N, et al. Visualization and user-modeling for browsing personal photo libraries[J]. International Journal of Computer Vision, 2004, 56(1-2SI): 109-130.

[106] Yang J, Fan J P, Hubball D, et al. Semantic image browser: bridging information visualization with automated intelligent image analysis[C]. VAST 2006: IEEE Symposium on Visual Analytics Science and Technology, 2006: 191-198.

[107] Liu Y, Takatsuka M. Interactive hierarchical SOM for image retrieval visualization [M]// Neural Information Processing. Springer Berlin Heidelberg, 2009:845-854.

[108] Schaefer G. A next generation browsing environment for large image repositories[J]. Multimedia Tools and Applications, 2010, 47(1): 105-120.

[109] Wang X L, Wang D Q. Intuitive visualization for online image retrieval[J]. Applied Mechanics and Materials, 2011(40-41):

549-553.

［110］Fan J P, Keim D A, Gao Y L, et al. JustClick: personalized image recommendation via exploratory search from large-scale flickr images［J］. IEEE Transactions on Circuits and Systems For Video Technology, 2009, 19(2): 273-288.

［111］Huang L, Nan J G, Guo L, et al. A bayesian network approach in the relevance feedback of personalized image semantic model ［M］// Advances in Multimedia, Software Engineering and Computing Vol.1. Springer Berlin Heidelberg, 2011:7-12.

［112］Sang J T, Xu C S, Lu D Y. Learn to personalized image search from the photo sharing websites ［J］. IEEE Transactions on Multimedia, 2012, 14(4): 963-974.

［113］Wang S, Wang X. Emotion semantics image retrieval: an brief overview［M］// Affective Computing and Intelligent Interaction. Springer Berlin Heidelberg, 2005:490-497.

［114］Schmidt S, Stock W G. Collective indexing of emotions in images. A study in emotional information retrieval［J］. Journal of The American Society For Information Science and Technology, 2009, 60(5): 863-876.

［115］Yoon. Utilizing quantitative users' reactions to represent affective meanings of an image［J］. Journal of the American Society for Information Science & Technology, 2010(61):1345-1359.

［116］Liu N N, Dellandrea E, Tellez B, et al. Associating textual features with visual ones to improve affective image classification ［M］. Lecture Notes in Computer Science, 2011 (6974): 195-204.

［117］王上飞, 王煦法. 基于"维量"思想的人工情感模型［J］. 中国科学技术大学学报, 2004, 34(1):83-91.

［118］邓小昭. 因特网用户信息检索与浏览行为研究［J］. 情报学报, 2004, 22(6): 653-658.

［119］秦晨. 数字图像资源用户行为分析［D］.武汉：华中师范大

学, 2012.

[120] Bates M J. The design of browsing and berrypicking techniques for the online search interface[J]. Online Review, 1998, 13(5): 407-424.

[121] Chen H L, Kochtanek T, Burns C S, et al. Analyzing users' retrieval behaviors and image queries of a photojournalism image database [J]. Canadian Journal of Information and Library Science, 2010, 34(3): 249-270.

[122] Choi Y. Investigating variation in querying behavior for image searches on the Web[J]. Proceedings of the American Society for Information Science and Technology, 2010, 47(1): 1-10.

[123] 曹梅. 网络图像检索提问式调整行为研究[J]. 中国图书馆学报, 2012(5): 39-48.

[124] Jansen B J, Spink A, Saracevic T. Real life, real users, and real needs: a study and analysis of user queries on the web [J]. Information Processing & Management, 2000, 36(2): 207-227.

[125] Goodrum A A, Bejune M M, Siochi A C. A state transition analysis of image search patterns on the Web[M]// Image and Video Retrieval. Springer Berlin Heidelberg, 2003:281-290.

[126] Goodrum A, Spink A. Image searching on the excite search engine[J]. Information Processing & Management, 2001, 37(2): 295-311.

[127] Enser P G, McGregor C G. Analysis of visual information retrieval queries[Z]. London: British Library Board, 1993.

[128] Hastings S K. An exploratory study of intellectual access to digitized art images [J]. Learned Information (Europe) LTD, 1995(16): 177-185.

[129] Keister L. User types and queries: impact on image access systems[J]. Challenges in Indexing Electronic Text and Images, 1994: 7-22.

[130] Ornager S. Image retrieval: theoretical analysis and empirical user

studies on accessing information in images[C]. In Proceedings of the ASIS Annual Meeting, 1997(34): 202-211.

[131] Hollink V, Tsikrika T, De Vries A P. Semantic search log analysis: a method and a study on professional image search[J]. Journal of the American Society for Information Science and Technology, 2011, 62(4): 691-713.

[132] Jorgensen C, Jorgensen P. Image querying by image professionals [J]. Journal of the American Society for Information Science and Technology, 2005, 56(12): 1346-1359.

[133] Cunningham S J, Masoodian M. Looking for a picture: an analysis of everyday image information searching[C]. In Proceedings of the 6th ACM/IEEE-CS Joint Conference on Digital libraries, ACM, 2006: 198-199.

[134] Westman S, Lustila A, Oittinen P. Search strategies in multimodal image retrieval [C]// Proceedings of the Second International Symposium on Information Interaction in Context. ACM, 2008.

[135] Pu H T. An analysis of failed queries for web image retrieval[J]. Journal of Information Science, 2008, 34(3): 275-289.

[136] Jansen B J, Spink A, Pedersen J. The effect of specialized multimedia searching on web searching [J]. Journal of Web Engineering, 2004, 3(3/4): 182-199.

[137] Ozmutlu S, Spink A, Ozmutlu H C. Multimedia web searching trends: 1997-2001[J]. Information Processing and Management, 2003, 39(4): 611-621.

[138] Jansen B J, Spink A, Pedersen J. Comparison of searching for web, image, audio, and video content[EB/OL].[2015-05-18]. http://jimjansen.blogspot.com/2008/08/comparison-ofsearching-for-web-image.html.

[139] Jansen B J, Spink A, Pedersen J. A temporal comparison of AltaVista Web searching[J]. Journal of the American Society for

Information Science and Technology, 2005, 56(6): 559-570.

[140] Aula A. Query formulation in web information search. [J]. Proceedings of the Iadis International Conference on Www/interne, 2003:403-410.

[141] Aula A, Kaki M. Understanding expert search strategies for designing user-friendly search interfaces [J]. Isaías P. & Karmakar N. proc. iadis International Conference www/internet, 2003:759-762.

[142] Spink A, Saracevic T. Interaction in information retrieval: selection and effectiveness of search terms[J]. JASIS, 1997, 48 (8): 741-761.

[143] Westman S, Oittinen P. Image retrieval by end-users and intermediaries in a journalistic work context[J]. In Proceedings of the First International Conference on Information Interaction in Context, New York: ACM Press, 2006: 103-110.

[144] Tjondronegoro D, Spink A, Jansen B J. A study and comparison of multimedia web searching: 1997-2006 [J]. Journal of the American Society for Information Science and Technology, 2009, 60(9): 1756-1768.

[145] Hung T Y. An analysis of photo editors'query formulations for image retrieval[J]. 图书与资讯学刊, 2012(80): 13-36.

[146] Choi Y. Analysis of image search queries on the web: query modification patterns and semantic attributes[J]. Journal of the American Society for Information Science and Technology, 2013, 64(7): 1423-1441.

[147] Markkula M, Sormunen E. End-user searching challenges indexing practices in the digital newspaper photo archive [J]. Information Retrieval, 2000(1): 258-285.

[148] Enser P G B. Progress in documentation: pictorial information retrieval[J]. Journal of Documentation, 1995, 51(2): 126-170.

[149] Armitage L, Enser P. Analysis of user need in image archives[J].

Journal of Information Science, 1997, 23(4):287-299.

[150] Jansen B J. Searching for digital images on the web[J]. Journal of Documentation, 2008, 64(1): 81-101.

[151] Pu H. A comparative analysis of web image and textual queries [J]. Online Information Review, 2005, 29(5): 457-467.

[152] Spink A, Jansen B J. Searching multimedia federated content web collections[J]. Online Journal Review, 2006, 30(5): 485-495.

[153] Huurnink B, Hollink L, Wietske V D H, et al. Search behavior of media professionals at an audiovisual archive: a transaction log analysis [J]. Journal of the American Society for Information Science & Technology, 2010, 61(6):1180-1197.

[154] Choi Y, Hsieh-Yee I. Finding images on an OPAC: analysis of user queries, subject headings, and description notes [J]. Canadian Journal of Information and Library Science, 2010, 34 (3): 271-296.

[155] Rieh S Y, Xie H. Analysis of multiple query reformulations on the web: the interactive information retrieval context[J]. Information Processing & Management, 2006, 42(3): 751-768.

[156] Narayan B, Spink A H, Jansen B J. Query modifications patterns during web searching[J]. ITNG, 2007:439-444.

[157] Tseng L C J, Tjondronegoro D W, Spink A H. Analyzing web multimedia query reformulation behavior [J]. Proceedings of Australasian Document Computing Symposium, 2009, 14(2).

[158] M Whittle, B Eaglestone, Ford N, et al. Data mining of search engine logs[J]. Journal of the American Society for Information Science & Technology, 2007, 58(14):2382-2400.

[159] Boldi P, Bonchi F, Castillo C, et al. From "Dango" to "Japanese Cakes": Query Reformulation Models and Patterns [C]// Web Intelligence and Intelligent Agent Technologies, 2009. WI-IAT ' 09. IEEE/WIC/ACM International Joint Conferences on. IET, 2009:183-190.

[160] Jansen B J, Booth D L, Spink A. Patterns of query reformulation during web searching [J]. Journal of the American Society for Information Science and Technology, 2009, 60(7): 1358-1371.

[161] Huang J, Efthimiadis E N. Analyzing and evaluating query reformulation strategies in web search logs [C]. In the Proceedings of the 18th ACM Conference on Information and Knowledge Management, New York: ACM Press, 2009: 77-86.

[162] Lau T, Horvitz E. Patterns of search: analyzing and modeling web query refinement [J]. Cism International Centre for Mechanical Sciences, 1999:119-128.

[163] Bozzon A, Chirita P A, Firan C S, Nejdl W. Lexical analysis for modeling web query reformulation [C]. In Proceedings of the 30th Annual International ACM SIGIR Conference on Research and Development in Information Retrieval, New York: ACM Press, 2007: 739-740.

[164] Andre P, Cutrell E, Tan D S, Smith G. Designing novel image search interfaces by understanding unique characteristics and usage [C]. In Human-Computer Interaction-INTERACT 2009, Berlin Heidelberg: Springer, 2009: 340-353.

[165] Choi Y, Rasmussen E M. Users' relevance criteria in image retrieval in American history [J]. Information Processing & Management, 2002, 38(5): 695-726.

[166] Wilson P. Situational relevance [C]. Information Storage and Retrieval, 1973(9): 457-471.

[167] Cosijn E, Ingwersen P. Dimensions of relevance [C]. Information Processing and Management, 2000(36): 533-550.

[168] Schamber L. Users' criteria for evaluation in a multimedia information seeking and use situation [D]. Syracuse, NY: Syracuse University, 1991.

[169] Harter S P. Psychological relevance and information science [J]. Journal of the American Society for Information Science, 1992

(43): 602-615.

[170] Schamber L, Eisenberg M B, Nilan M S. A re-examination of relevance: toward a dynamic, situational definition [J]. Information processing & management, 1990, 26(6): 755-776.

[171] Tang R, Solomon P. Toward an understanding of the dynamics of relevance judgment: an analysis of one person's search behavior [J]. Information Processing and Management, 1998 (34): 237-256.

[172] Jorgensen C. Indexing images: testing an image description template[J]. Proceedings of the Asis Annual Meeting, 1996, 33 (1):209-213.

[173] Stvilia B, Jorgensen C. Member activities and quality of tags in a collection of historical photographs in Flickr[J]. Journal of the American Society for Information Science and Technology, 2010, 61(12): 2477-2489

[174] Farooq U, Kannampallil T G., Song Y, et al. Evaluating tagging behavior in social bookmarking systems: metrics and design heuristics[C]. In Proceedings of the 2007 international ACM conference on Supporting group work, ACM, 2007: 351-360.

[175] Hollink L, Schreiber A T, Wielinga B J, et al. Classification of user image descriptions [J]. International Journal of Human-Computer Studies, 2004, 61(5): 601-626.

[176] Ransom N, Rafferty P. Facets of user-assigned tags and their effectiveness in image retrieval[J]. Journal of Documentation, 2011, 67(6): 1038-1066.

[177] Chung E, Yoon J. Image needs in the context of image use: an exploratory study[J]. Journal of Information Science, 2011, 37 (2):163-177.

[178] Rorissa A, Iyer H. Theories of cognition and image categorization: what category labels reveal about basic level theory[J]. Journal of the American Society for Information Science and Technology,

2008, 59(9): 1383-1392.

[179] Chung E, Yoon J. Categorical and specificity differences between user-supplied tags and search query terms for images. an analysis of "Flickr" tags and web image search queries[J]. Information Research, 2009, 14(3):1-22.

[180] Klavans J L, LaPlante R, Golbeck J. Subject matter categorization of tags applied to digital images from art museums [J]. Journal of the Association for Information Science and Technology, 2014, 65(1): 3-12.

[181] Angus E, Thelwall M, Stuart D. General patterns of tag usage among university groups in Flickr[J]. Online Information Review, 2008, 32(1): 89-101.

[182] Grefenstette G. Comparing the language used in Flickr, general web pages, Yahoo Images, and Wikipedia[C]. The International Conference on Language Resources and Evaluation, 2008.

[183] Guy M, Tonkin E. Folksonomies: tidying up tags[J/OL]. D-Lib Magazine, 2006, 12 (1). www. dlib. org/dlib/january06/guy/01guy.html, 2015-5-18.

[184] Peters I, Stock W. Folksonomy and information retrieval[J]. Proceedings of the American Society for Information Science and Technology, 2007, 44 (1): 1-28.

[185] Golbeck J, Koepfler J, Emmerling B. An experimental study of social tagging behavior and image content [J]. Journal of the American Society for Information Science and Technology, 2011, 62(9): 1750-1760.

[186] Jorgensen C, Stvilia B, Wu S. Assessing the relationships among tag syntax, semantics, and perceived usefulness[J]. Journal of the Association for Information Science and Technology, 2014, 65 (4): 836-849.

[187] Jorgensen, C. Attributes of images in describing tasks [J]. Information Processing and Management, 1998, 34 (2/3): 161-74.

[188]Bischoff K, Firan C S, Nejdl W, et al. Can all tags be used for search? [C]// Proceedings of the 17th ACM Conference on Information and Knowledge Management. ACM, 2008.

[189]Overell S, Sigurbj02rnsson B, Van Zwol R. Classifying tags using open content resources[C]// Proceedings of the Second ACM International Conference on Web Search and Data Mining. ACM, 2009.

[190]Schmitz P. Inducing ontology from flickr tags[J]. Monographs in Computer Science, 2006.

[191]Beaudoin J. Folksonomies: Flickr image tagging: patterns made visible[J]. Bulletin of the American Society for Information Science and Technology, 2007, 34(1): 26-29.

[192]Sigurbjornsson B, Van Zwol R. Flickr tag recommendation based on collective knowledge[C]. Proceedings of the 17th international conference on World Wide Web. ACM, 2008.

[193]Marshall C C. No bull, no spin: a comparison of tags with other forms of user metadata. [J]. Proceedings of Acm/Ieee Joint Conference on Digital Libraries, 2009:241-250.

[194] Kipp M E, Campbell D G. Patterns and inconsistencies in collaborative tagging systems: an examination of tagging practices [J]. Proceedings of the American Society for Information Science and Technology, 2006, 43(1): 1-18.

[195] Golder S A, Huberman B A. Usage patterns of collaborative tagging systems[J]. Journal of Information Science, 2006, 32(2): 198-208.

[196]Mathes A. Folksonomies: cooperative classification and communication through shared metadata[EB/OL].[2015-05-31].http://www.adammathes.com/academic/computer-mediated-communication/folksonomies.html.

[197]Goodrum A A. I can't tell you what I want, but I'll know it when I see it: terminological disconnects in digital image reference[J]. Reference & User Services Quarterly, 2005: 46-53.

[198] Trant J. Tagging, folksonomy and art museums: results of steve. museum's research [EB/OL]. [2015-05-18]. http://conference. archimuse.com/files/trantSteveResearchReport2008.pdf.

[199] Enser P. The evolution of visual information retrieval.[J]. Journal of Information Science, 2008, 34(4):531-546.

[200] Ames M, Naaman M. Why we tag: motivations for annotation in mobile and online media [C]// Proceedings of the SIGCHI Conference on Human Factors in Computing Systems. ACM, 2007:971-980.

[201] Nov Oded, Naaman Mor, Ye Chen. Analysis of participation in an online photo-sharing community: a multidimensional perspective [J]. Journal of the American Society for Information Sciences & Technology, 2010, 61(3):555-566.

[202] Stvilia B, Jorgensen C. User-generated collection-level metadata in an online photo-sharing system [J]. Library & Information Science Research, 2009, 31(1): 54-65.

[203] Hammond T, Hannay T, Lund B, Scott J. Social bookmarking tools (I): a general review [J/OL]. D-lib Magazine, 2005, 11 (4). www. dlib. org/dlib/april05/hammond/04hammond. html, 2015-05-18.

[204] Cox A M, Clough P D, Marlow J. Flickr: a first look at user behaviour in the context of photography as serious leisure [J]. Information Research, 2008, 13(1):985-985.

[205] Fukumoto T. An analysis of image retrieval behavior for metadata type and Google Image databases [C]. Proceedings of International Conference on Computers in Education, 2004: 1921-1927.

[206] Stvilia B, Gasser L, Twidale M B, et al. Metadata quality for federated collections [J]. Proceedings of Iciq04-International Conference on Information Quality, 2004.

[207] Vakkari P. Cognition and changes of search terms and tactics during task performance: a longitudinal case study [A]. In J.

Mariani & D. Harman (Eds.): Proceedings of the RIAO 2000 Conference, Paris: C.I.D, 2000: 894-907.

[208] McCay-Peet L, Toms E. Image use within the work task model: images as information and illustration[J]. Journal of the American Society for Information Science and Technology, 2009, 60(12): 2416-2429.

[209] Cooniss L, Davis J, Graham M. A user-oriented evaluation framework for the development of electronic image retrieval systems in the workplace: VISOR 2 final report[R]. Library and Information Commission Research Report, British Library, London, 2003: 144.

[210] Greisdorf H, O'Connor B. Modelling what users see when they look at images: a cognitive viewpoint [J]. Journal of Documentation, 2002, 58(1):6-29(24).

[211] Pu H T. An analysis of Web image queries for search [J]. Proceedings of the American Society for Information Science and Technology, 2003, 40(1): 340-348.

[212] Wildemuth B. The effects of domain knowledge on search tactic formulation[J]. Journal of the American Society for Information Science and Technology, 2004, 55 (3): 246-258.

[213] Bar-Ilan J, Miller Y, Shoham S. The effects of background information and social interaction on image tagging[J]. Journal of the American Society for Information Science & Technology, 2010, 61(5):940-951.

[214] Kowatsch T, Maass W. The impact of predefined terms on the vocabulary of collaborative indexing systems [C]. European Conference on Information Systems, 2008: 2136-2147.

[215] Bollen D, Halpin H. An experimental analysis of suggestions in collaborative tagging [C]. 2009 IEEE/WIC/ACM International Joint Conference on Web Intelligence and Intelligent Agent Technology, New York: ACM, 2009: 108-115.

[216] Lin Y L, Trattner C, Brusilovsky P, He D. The impact of image

descriptions on user tagging behavior：a study of the nature and functionality of crowdsourced tags［J］. Journal of the Association for Information Science and Technology，2014：1-14.

［217］Wang X, Erdelez S, Allen C, et al. Role of domain knowledge in developing user-centered medical-image indexing［J］. Journal of the American Society for Information Science and Technology，2012，63（2）：225-241.

【作者简介】

陆泉，男，管理学硕士，工学博士，现任武汉大学信息管理学院教授，博士生导师，武汉大学信息管理学院信息管理科学系副主任，国际信息系统学会会员。2011 年 8 月至 2012 年 8 月公派访学美国威斯康星大学密尔沃基分校从事语义可视化与交互式信息检索研究。近年来主持省部级以上项目 6 项，发表国内外学术论文 50 余篇，出版教材专著 4 部，为国家精品课程及国家级教学团队等教学建设项目主要成员，获省级科技成果奖、科技进步奖等多项奖项。主要研究领域：信息可视化、数据挖掘、决策支持系统、信息用户研究、人机交互。

汪艾莉，女，1992 年生，武汉大学信息管理学院情报学专业硕士研究生，主要研究领域：信息用户行为、信息分析。

基于信息视域的跨学科
协同信息行为研究[①]

代　君　郭世新

（武汉大学信息管理学院）

[摘　要]大数据时代科学发现范式变革深刻地影响着科研组织和活动模式：学科交叉、开放、协作的特征显著。跨学科研究被认为是一种信息行为，复杂科研问题的跨学科性及信息分散性对研究者的信息素养提出了挑战。本文从基于信息视域的信息行为理论框架与分析方法、协同信息行为理论、跨学科个人信息行为及跨学科协同信息行为四个方面对国内外相关研究进展进行梳理，有助于找出进一步研究的方向。

[关键词]信息视域　跨学科情景　协同信息行为

Study of Cross-disciplinary Collaborative Information Behavior Based on Information Horizon

Dai Jun　Guo Shixin

（School of Information Management, Wuhan University）

[Abstract] In big data era, the change of the paradigm of scientific discovery has profoundly influenced the patterns of organization and activity of scientific research, of which the obvious features is cross-

---

① 本文系国家社会科学基金项目"基于信息视域的跨学科协同信息行为与特征研究"（14BTQ068）的成果之一。

disciplinary, open and collaborative. Cross-disciplinary research is considered to be a kind of information behavior. The interdisciplinary and sctter of complex scientific problems poses challenges to the researchers. In order to track the research progress and find the direction of further research, this paper focus on the related research literature including information behavior theory and analysis method based on information horizon, the collaborative information behavior theory, personal information behavior and collaborative information behavior under the context of cross-disciplinary .

[**Keywords**] information horizon   context of cross-disciplinary collaborative information behavior

1 引　　言

大数据时代科学发现范式变革深刻地影响着科研组织和活动模式：学科交叉、开放、协作的特征显著，复杂科研问题的跨学科性及信息分散性对研究者的信息素养提出了挑战。信息行为是指人类所有的涉及利用信息资源和通道的行为，包括主动与被动的信息查找及信息使用[1]。跨学科研究被认为是一种信息行为[2]，因为在跨学科研究中，所有的这些信息查找和信息检索过程都可以找到，而且在跨学科研究中，这些信息资源往往与具有不同学科背景的人联系在一起，当项目要求的领域知识超出了搜寻者的专长，协同信息搜寻方式最有可能被采用。

信息行为(IIB)理论研究经历了从个人心理取向到社会取向，再到多元化取向的转变。多元化取向从认知、社会和环境的复合视角看待信息行为，信息视域理论就是其中的一个代表性成果。基于信息视域的跨学科协同信息行为的研究致力于将信息视域理论框架与分析技术和协同信息行为、社会网络理论等结合起来，构建跨学科协同信息行为研究框架，从个人跨学科信息寻求行为入手，以协同触发——协同开始——协同终止为逻辑进路，深入研究跨学科合作背景下的协同信息行为诱因、准备期和协同循环期的交互行为特征及内在机理，对于明确跨学科协同信息行为的关键影响因素，提出提高跨学科研究效率的对策，提高跨学科研究者的信息素养，以及改进面向跨学科研究的信息服务具有重要意义。本文从基于信息视域的信息行为理论框架与分析方法、协同信息行为理论、跨学科个人信息行为及跨学科协同信息行为四个方面对国内外相关研究进展进行梳理，有助于找出进一步研究的方向。

2 基于信息视域的信息行为理论框架与分析方法

信息搜寻行为主要是分析人们发现以及获取所需信息资源的多种方式[1]。信息行为可以细分为信息寻求行为[2]、信息检索行为、信息使用行为。在信息行为研究中还包括信息觅食行为、日常生活中的信息寻求行为、信息组织行为等不同主题。信息行为(IIB)理论研究经历了从个人心理取向到社会取向，再到多元化取向的转变，信息视域理论就是其中的一个代表性成果。有关信息视域的研究文献分散在信息行为、信息素养、社会网络等主题，需要加以筛选、综合和梳理。

2.1 信息视域

Sonnenwald 引入信息视域(information horizons)建立了分析人类日常信息行为的框架(PMEST)：个性、物质、动力、空间、时间[3]。Fisher 等学者相继提出了信息集聚地(information field)、小世界(small world)、信息宇宙(information universe)等类似概念来完善这一理论[4]。信息视域理论还提供了形式化的调查工具和和数据收集方法：信息视域图和分析信息视域图(AIHM)[5]。由于信息视域理论框架过于宏大，目前国内外的实证分析大多还只限于学生及"日常生活"范围。

索纳沃德的信息视域理论认为：当一个人决定搜寻信息时，就存在一个信息视域，这个信息视域可能包含许多信息资源，诸如：社会网络、文档、信息检索工具……以及实验和对世界的观察，他根据信息视域来搜寻信息。该理论提供了用于解释人类在特定情境中采取的信息寻求行为的一般性概念架构，基本概念有情境（context）、状况（situation）以及社会网络（social network）[6]。见图1。

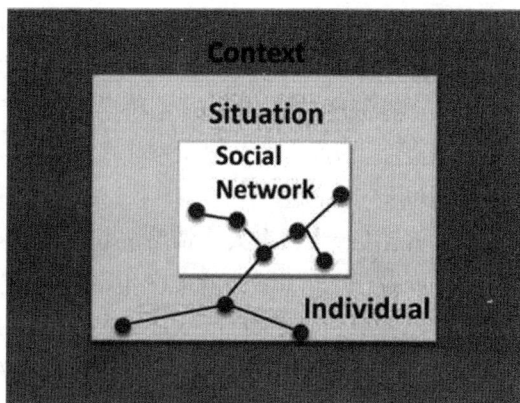

图 1　索纳沃德信息视域框架

2.1.1　情境

情境是一个抽象的概念，是状况的一种表现形式，代表信息搜寻者所处的特定生活环境。特定情境中的成员对该情境能具有共通的理解。由于情境是多元面向的，可分为个人层面、人际层面、组织层面、社会层面与实体环境等五大面向，并且可由多种属性加以描述：时间、地点、人物、过程、目标等都蕴含于情境之中。

2.1.2　状况

状况描述了情景中的特定构成，都是产生在情境之中的，在特定的情境中，随着时间的发展会产生一系列相关的活动与行为，即为状况，例如学术会议作为大的学术情景中的特定状况。

2.1.3　社会网络

社会网络是信息视域概念中关键的组成部分，英国人类学家Brown 第一次使用"社会网络"的概念，对这个概念的研究开始于20 世纪二三十年代。社会网络是指个体之间的交流，尤其是互动和联系。在信息视域模型中，社会网络代表参与到一定信息视域中的角色集合以及他们连接的结构。在对信息视域的调查中，被调查者被鼓励创建自己信息视域的图形，研究者将这个图形作为一个社会网络来分析[7]。社会网络作为信息资源的概念确实很重要，社会网络可以提供信息和对信息资源的访问，也可以帮助构建与构造状况和情境。例如在索纳沃德和皮尔斯对军队命令和控制中心的研究中，密集的社会网络被显示出增加的情景感知[8]。值得注意的是索纳沃德和皮尔斯的密度概念与瓦瑟曼和浮士德的定义有所不同，它定义图的中心性为密度[9]。

信息视域包括以下 5 个命题[6]：

命题一：人类的信息行为由个人、情境、状况、社会网络所形成。每个人在特定的状况和情境下，就会产生特定的信息需求，个人、情境、状况和社会网络可以帮助个人确定信息资源从而满足需求。例如：大学生在完成平时的作业时，遭遇到难以解答的问题，此问题的解答过程就包含了信息域的情境、状况、社会网络的内容。

命题二：个体能感知、反映以及评估他人或自我周围环境的改变。信息行为是个体基于知识缺乏时的一连串反应与评估的行为，个体在某一状况中，会不断对自己感知的信息与自我需求的信息进行反映和评估，从而产生新的需求，作出决策，重复这个过程直到达到目的。

命题三：信息视域对应于特定的状况和情境，我们可以在信息视域中选择采取信息行动。信息视域由各种信息资源组成，包含我们所需的全部信息，当个人决定获取某一方面的信息时，就会在信息域中进行搜寻。这些资源可能是：导师、家人、实验、百度、数据库等。同一个人在不同情境下也可能会有不同的信息视域。在某些状况和情境下，信息域可能会受到外界环境的影响。当然，个人特点也影响信息域的形成。例如，个人的知识、兴趣、工作等有助于确定个人的信息域。此外，信息域中的信息资源可能来自人际之间的相互交流，透过彼此的沟通来满足他人对某方面信息缺乏的需要。

命题四：人类信息获取行为，可以视为一种个体与信息资源间的协同合作。个人都是从自己的信息视域中获取信息资源。个人与资源的协同合作，能够解决个人知识的缺乏，实际上就是一个资源共享、优势互补的过程。此外，个人与信息资源间持续合作的先决条件在于个人和信息资源合作的意愿，如随着网络的发展，很多人愿意花时间从网上搜寻自己所需要的资源，相对于传统的印刷资源，他们更倾向于网络资源。

命题五：信息视域可以由各种信息资源组成，可视为多种解决问题的方案。在这些解决方案中，使用者会从中选择最佳解决方案并采取最有效途径展开一连串的信息检索。

索纳沃德的信息视域并不是唯一在文献中引用的信息空间类隐喻概念。Evans 和 Keeran[10]，Rosvall[11]，Rosvall 和 Sneppen[12] 讨论了信息视域概念的轻微差别。Shenton 和 Dixon 界定了关于信息宇宙的概念[13]；Chatman 讨论了信息世界（information world）[14]；Taylor 介绍了信息使用环境（information environment）的概念[15]。Fisher 和 Naumer 开发了信息域（information grounds）概念[16]。Huotari 和 Chatman 提出了小世界（small world）的概念[17]。Savolainen 写了一个关于空间方法的综合讨论文章[18]。正如 Savolainen 所说，信息视域不同于大多数空间隐喻概念之处在于强调视角，一个信息视域是从一个角色视角所看到的信息空间中的可视部分。

2.2　信息源视域

信息搜寻的研究从很早就开始专注于个人对信息源的选择上[19][20]，这种调查已经持续了超过 30 年[21]，尤其专注于对健康信息搜寻的研究[22]。

观察人的信息搜寻行为已经说明人们并不总是选择能给他们带来最优结果的行为。比如，他们越过最有知识的信息提供者去问那些他们知道的人[23]。事实上，针对不同情形的信息搜寻研究的典型发现表明信息的可访问性是人们选择信息源的关键影响因素，比起其他渠道，人际信息源是更容易被选择的[24]。

人们考虑资源属性的方式可能不同，心理学家阿尔伯特·班杜拉得出结论：无论是信息量、信誉、说服力都不是人际或媒介源选择的唯一理由[25]。不同信息源如何被广泛使用，在很大程度上取决于信息源的可访问性和信息提供的可能性。三十年前，健康信息更有可能直接从健康中心专家或间接从朋友及家庭成员中的意见领袖中获得。现在，关于灾难、治疗和防治的信息可以从网上获取，人们越过了更传统的与健康相关的信息源。

萨沃莱宁的日常生活信息搜寻理论（ELIS, theory of everyday life information seeking）[26]与萨沃莱宁和卡里提出的信息源视域概念一起被使用[5]。信息源视域是索纳沃德的信息视域概念的扩展。萨沃莱宁和卡里通过引入信息视域中的信息源偏好区域进一步强调了相近性和差距等方面的内容，以此来解释从不同信息搜寻者眼中得到的信息源相关性的差别[5]。

个人信息空间（PSI, personal information space）、个人信息收集与信息源视域概念相似，只是信息源视域还包括不为个人所控制的信息，例如个人的社会关系网络节点所掌握的信息。个人信息的收集（PIC, personal information collection）是为控制信息而连续不断努力（搜集和组织信息）的结果，一个个人信息搜集是个人信息空间中的一部分，当特定信息需求发生时被使用。这样看来，个人信息空间集合和个人信息收集集合与两类信息源视域有关，个人信息空间集合好像是跨所有信息情景的稳定视域，一个个人信息收集集合近似于为处理特定信息需求而创建的特定视域。

Reijo Savolainen 辨析了信息源视域与信息路径的区别，前者表示主体对信息源的偏好顺序，后者表示在实际搜寻中信息源被使用的顺序，通常信息路径包括 3~4 个信息源[27]。

进一步地，他们还辨析了信息视域的稳定和动态变化的差别。根据 Savolainen 和 Kari，不受情景约束的信息视域相对稳定，但是由问题驱动的信息视域则是动态变化的。

2.3 基于信息视域的研究方法

信息视域对于增加人们信息行为的理解是非常重要的，但是调查收集数据却很困难，因为要抓住用户所使用的信息源的特殊性及多样性。类似的研究有信息经验、非正式学习、信息实践、信息文化以及信息图景等方面的研究[28]。与其他调查研究方法相比，信息视域这种半结构化的调查技术通过绘制信息视域地图、信息源视域地图与分析信息视域图等方法，较为准确地收集人们信息获取行为的数据。

2.3.1 信息视域图

信息视域图是一种描绘人们对于面临的信息搜索问题所能想到的涉及资源、人、关系、社会网络的整个信息环境、信息图景的图形(如图 2 所示)，绘制、精练信息视域图是一种半结构化的调查方法。在进行信息行为研究时，由受访者描述几个最近的信息获取状况的一个特殊情境，访问者抓住其中的关键事件来开展深度访问，画出这个情境下用户喜欢搜寻的信息资源(包括人)，再运用社会网络分析和内容分析的技术对由此产生的信息域图形与采访得到的数据进行分析[7]，见图 3。Schultz-Jones 建议采用不同的方法，

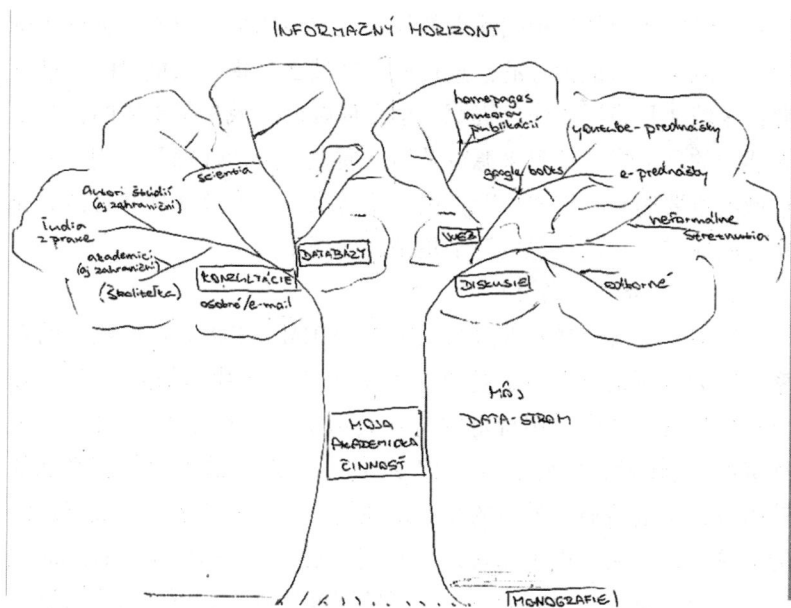

图 2　信息视域

例如调查、访谈和社会网络图等，来搜集数据并研究信息视域[29]。

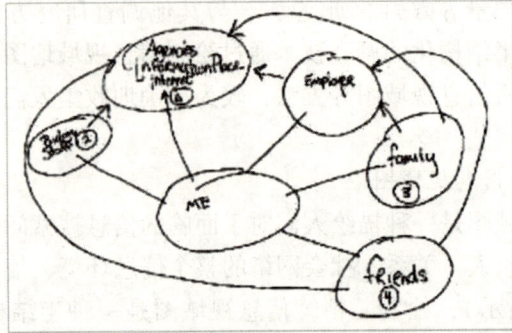

图3　信息视域范例

2.3.2　信息源视域图

Sonnenwald 和她的同事分析信息视域的时候，采用了一个矩阵来代表学生对信息源的偏好顺序[7]。Savolainen 和 Kari 使用三个同心圆来说明用户如何根据他们的偏好优先使用信息源[5]。如图4所示。区域1是指最偏好的信息资源；区域2是指第二重要的信息资源；区域3是指周边信息资源。信息偏好的区域是很重要的，在个人感知的环境中，信息来源可及性、质量、灵活性都是影响个人信息域的重要因素，许多可及性高、质量高、具有灵活性并且搜寻花费时间成本较低的信息资源都集中在区域1。

2.3.3　分析信息视域图

Huvila 建议绘制分析信息视域图（AIHM）来提高数据收集的效率，因为分析信息视域图避免了不正式和不连续的信息源[30]。在分析信息视域图中，用特定的符号表示了入点资源（发射器）、平衡资源（运输者）和终点资源（接受者）[7]。发射器表示信息交互的输入点，运输器通过随后的交互来使用，接受者代表信息交互终结的对象。该方法提供了深入讨论和实施访谈的基础。Isto Huvila 提出了8类信息工作者的分析信息视域图框架模板，可供研究者进行具体化和扩展[30]。

416

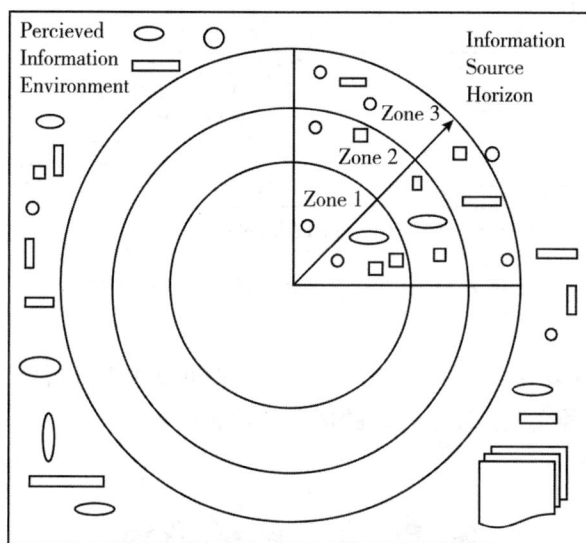

图4　个人信息视域图和信息资源偏好

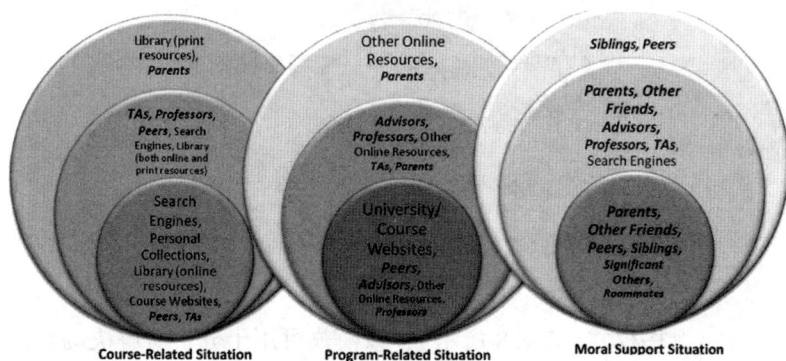

图5　学生学术信息视域图

2.3.4　其他信息视域模式

除了可以用以上图形来可视化信息源的种类和偏好之外，还可以用其他图形表现信息视域的内容变化模式：范围的进化、资源的交互关系及资源使用的次序关系等。

417

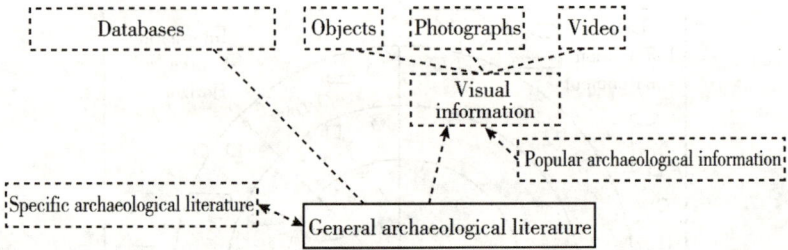

图6　信息工作者的学术教学信息视域图

（1）交互模式（如图7所示），该模式可以用于分析资源之间的连接和多种交互，发现隐含的情景及意义构建。

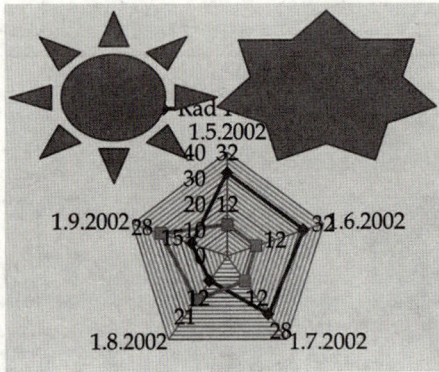

图7　交互模式

（2）顺序模式（如图8所示），该模式可用于分析所解决的信息问题、信息过程，分析信息过程中发生的信息过滤和最终形成的链。

（3）进化模式（如图9所示），该模式用于分析知识增长、学习、理解和认知的发展。

2.3.5　数据分析方法

获取到的信息视域图及调查数据，通过综合分析，可以识别用户的信息习惯、信息战略。Jela Steinerová 建议对于搜集到的信息

图 8 顺序模式

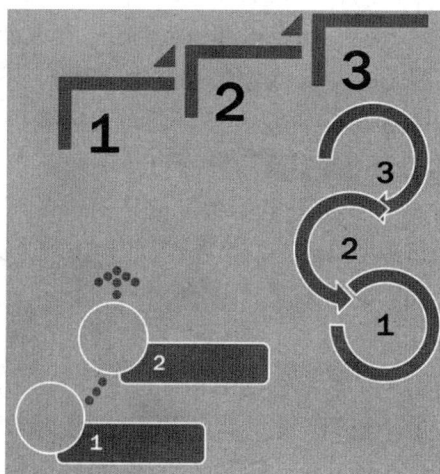

图 9 进化模式

视域图形可以进行如下元分析：①问题解决的领域；②信息源之间的复杂交互；③知识池；④整合；⑤知识树等[31]。

2.4 信息视域的应用研究

Sonnenwald 认为信息行为是一种个人与信息资源之间的协同历程，此信息资源的社会关系图像（sociogram）可解释个人如何从事信息探索、寻求、过滤、使用与传播[6]。Sonnenwald 利用信息视域理论架构探讨社会经济资源较贫乏的（lower socio-economic）学生（大学位于美国农村或经济较贫困地区）的信息寻求行为，该研究运用关键事件访谈法和半结构化访谈，要求受访者绘出个人的信息视域并加以解释。研究结构发现学生以网络为信息寻求的首选，其次包括家庭、教师、朋友[7]。

Tsai Tien-I 研究了威斯康星大学麦迪逊分校的台湾研究生信息视域，发现他们的信息视域受资源的可访问性、感知质量以及学科差异的影响。Tien-Tsai 研究大学生活、社会化对大学生信息视域扩展的影响[32]；陈世娟、唐牧群发现台湾传播学领域的研究生研究题目具有跨学科领域的特色，主要困难在于缺乏对跨学科背景的了解、无法从检索中找到相关文献等问题，发现研究生的人脉资源一类的非正式渠道对研究有相当程度的影响，甚至改变在正式渠道上的寻求行为，而且信息寻求行为会随着时间演进在不同阶段而有所改变[33]。Reijo Savolainen 研究了环境领域研究者的信息行为，发现在面向问题的信息搜寻中人脉资源和互联网资源是很受喜欢的，尤其是在信息搜寻的早期，主要考虑信息内容的可用性和可访问性。纸质资源和组织资源在信息实施阶段使用比较多，信息源偏好随着所面对问题的不同而不同[27]。

Jela Steinerová 研究发现：影响信息资源在个人信息视域中位置的因素有：可访问性、提供社会和情感支持的能力。而对外部资源利用的程度取决于资源与信息视域的相似度[34]。

Sean Goggins，Sanda Erdelez 在研究在线群体中的协同信息行为(免费的开源软件组和维基百科)时，应用信息视域理论分析了在线群体成员使用的难以想象的多种多样的信息资源；描述了完全在线群体成员的信息实践、被作为信息资源的关键主题以及工具变化对在线协同信息行为的影响[34]。

3 协同信息行为理论与方法

协同信息行为(collaborative information behavior，CIB)属于跨学科研究领域，涉及信息搜寻、人机交互、计算机支持的协同工作(CSCW)等领域的研究。现有 CIB 研究中所探讨的类型可归纳为以下方面：协同内容创作、协同信息质量控制、协同信息查寻与检索、计算机支持信息交流、协同信息综合以及协同意义构建等。对协同信息行为的研究经历了从以系统为中心转向以用户为中心的演变，目前已把用户的心理和认知、动机、方式、结果评价等方面纳入到研究范畴之中，其中协同信息搜寻行为的研究成果较丰富。

3.1　协同信息行为理论

协同信息行为理论是围绕解决这个领域的一些基本问题来建立的，包括用户激励、协同方法、协同工作的社会方面、个人和群体利益、用户角色、CIS 系统设计挑战，以及用户和系统评价等，还需要理解协同中发生的信息综合和意义构建。代表性的作者及其论文有 Capra、Golovchinsky、Hansen、Morris、Reddy、Shah、Twidale、Hyldegard，他们的研究奠定了协同信息行为的理论基础[35]。

3.1.1　协同的概念

对协同最简单的解释就是一起工作，但在信息密集的情景中有多种不同程度的一起工作的形式，例如沟通、贡献、合作、协调、协同等。"沟通"是协同活动过程中的一部分，常采用邮件和聊天来完成。Taylor-Powell, Rossing 和 Geran 增加了信息"贡献"这一类活动[36]。因为他们认识到，为了获得有效的协同，群体中的每个成员都应该为协同作出自己的贡献，贡献可以通过在线支持群和问答系统是贡献信息的工具。为了使贡献更有效，可能采用会议等形式，这就需要"协调"，Denning 和 Yaholkovsky 认为"协调"是较弱的共同工作形式，也要求与人共享一些信息[37]。如果协调中考虑了一些参与规则，例如在 WIKI 上，参与者不仅以一种沟通的方式作出贡献，还要求参与者必须遵守一定的规则，这就是"合作"。而比"合作"更高层级的共同工作的形式就是"协同"，例如在合著完成论文的过程中，合著者不仅要作出自己的贡献，还需要与其他合著者协调，遵守一些整合贡献和交互的规则。Austin 和 Baldwin 注意到尽管合作与协同这两个概念之间有着明显的相似性，但是前者涉及事先制定的目标而后者却是集体定义的目标[38]。Malone 将协调定义为"当多个角色一起追逐一个目标时需要完成的附加的信息过程"[39]。

使用沟通、贡献、协调和合作作为实现协同的基本步骤，表明一个真正的协同要求怎样的一种整合形式的触发。协同是比协调和合作更高层次的集体行动，协同、协调和合作在交互、整合、承诺的深度及过程的复杂度上存在层级高低的差异[40][41]。借用 Homson 的定义来界定协同[42]：协同是一个过程，自主的参与者通过正式和非正式的谈判来互动，共同创建规则和结构来管理它们之间的关系和方式，为完成共同面对的问题而采取行动或决策，这个过程涉及共享规范和互惠互利的关系。Gray 指出协调和合作发生在协同的早期阶段，协同代表一个更长时期的整合过程。人们常用"走进别人的鞋子""氧原子与氢原子结合形成水"等通俗说法来作为协同的隐喻。

Shah 和 Marchionini 定义了协同的概念并应用于协同信息搜寻模型中，"在协同信息搜寻中，一小群人共享相同的信息需求并在相同的时间框架下共同寻找信息"[43]。Shah 从前面定义总结出，为了在搜寻信息的过程中实现成功的协同，有必要创造以下支持环境：(1)团队参与者拥有不同的背景和专长。(2)参与者有机会独立探索信息而不受其他人的影响，至少在整个信息搜寻过程中的部分期间。(3)参与者应该可以评价所发现的信息而不总是咨询群体中的其他人。(4)不得不经过一个途径来整合个体的贡献来达成集体的目标[35]。

3.1.2 协同信息行为模型

大多数信息寻求行为理论是伴随着解释模型的发展而发展的，这些模型发挥着指导和指引的作用，其中多数模型是针对不同环境下的信息行为而提出，用来描述寻求信息的活动、原因、后果或者信息寻求行为各阶段之间的关系(威尔逊)，也被用作分析信息行为的不同层级的情景及其动态特征。

Madhu C. Reddy 基于现实协同活动构建的实证模型很好地探索了协同信息行为理论，分析了从个人信息行为过渡到协同信息行为的触发因素：(1)缺乏专长知识是协同信息搜寻的主要原因；(2)传统的方法，包括面对面、电话和电子邮件是协同首选的沟通媒介；(3)协同信息寻求活动通常比单独寻求成功，能找到更有用的信息[44]。这些结果凸显协作信息寻求所发挥的重要作用。Reddy和 Jansen 通过对两个医疗保健团队的协同信息行为的研究，验证了协同驱动因素在于缺乏领域专家，进一步发现不同人之间的协同信息行为差别的原因在于个人与他人交互方式的差别、信息需要的复杂度和所应用的信息技术的差别[45]。Madhu C. Reddy，Arvind Karunakaran 提出了探讨特定情景下个人信息搜寻行为有助于理解个人信息行为向协同过渡的新视角[44][46]，指出 CIB 的诱因以及沟通和信息检索所起的作用与 IIB 有本质的区别：（1）在沟通方面，IIB 中的沟通主要限于问答之间，而在 CIB 中，沟通起到了更中心的作用；（2）触发器方面，IIB 是由于当前情景和未来任务需求信息之间的差距而触发的，而 CIB 可能由以下原因而引起：信息需求的复杂性、信息资源的碎片化、缺乏领域专家、缺乏立即可以找到的信息；（3）信息检索技术方面，信息检索技术是 IIB 中搜索信息的主要媒介，在 CIB 中，信息检索技术起着支持作用，支持信息搜寻者之间的协调和协同。

一些文献探讨了以下影响协同行为发生的因素[35]：（1）共同的目标和利益。Donath 认为正是共同的目标和利益促使人们协同。（2）复杂的任务。Morris 和 Horvitz，London 研究表明简单任务的协同利益不多；Denning 和 Yaholkovsky 也承认当解决复杂问题时采取协同会带来更多的好处。（3）高回报。通常，一个简单的各个击破的策略可以使协同成功，然而，这样一个过程可能有它的开销。London 指出，如果这样的开销对于给定的情况下是可以接受的，在这种情况下才有可能协同。菲德尔、Pejtersen Cleal、布鲁斯将协同产生额外的认知负荷称为协作负载。（4）不充足的知识和技能。协同的一个常见原因是个人拥有的知识或技能不足以解决一个复杂问题。在这种情况下，参与者可以协同。

3.1.3 协同信息行为框架

很少有协同信息搜寻研究是基于较早的理论框架构建的，更多的模型是为描述协同信息搜寻实践而开发的探索性的概念框架。Kuhlthau 提出了一个信息搜寻过程（Information Search Process，ISP）模型[47]，该模型提供了一个完整的有关用户在六个阶段的信息搜索过程的视图：任务启动、选择、探索、重点制定、收集和报告。基于实证研究，这个模型包括了用户在每个阶段体验的物理、情感和认知方面。同样 Ellis 也基于实证研究开发出一个处理用户在信息搜寻过程中行为的模型，包括开始、链接、浏览、差异化、监视、提取、验证和结束[48]。

Kuhlthau 的信息搜寻过程模型被用作一些研究的基础。例如，Hyldegard 调查了该模型在学术群体中的适用性，得出的结论为：ISP 模型并不完全符合群体成员的问题解决流程和相关信息搜寻行为，基于群体的问题解决和信息搜寻行为进一步受情景和社会因素的影响，这些因素在传统的 ISP 模型中没有被涉及。Shah 和 Gonzalez-lbanez 也试图将 Kuhlthau 的 ISP 模型应用于构建协同信息搜寻模型中[49]，通过对 42 对参与者的实验研究，调查了个人信息搜寻和协同信息搜寻过程之间的异同。与 Hyldgard 的研究类似，他们也发现当在应用 ISP 模型研究协同信息行为时遗漏了社会因素的成分，很少的研究关注微观层面的协同搜寻过程。正如 Fidel 等所指出的：在某些工作情形下，CIS 是与工作交互的，不能被分离出来单独地研究，CIS 应该更多地关注于协同信息搜寻活动实际发生的情景和情形。

Foster 将用户协同查询与检索过程中的信息任务分为三个阶段：协同信息查询、协同信息检索和协同信息导航。协同信息查询偏重信息任务的第一阶段，即信息采集、信息需求的形成、表示以及信息源的选择等；协同信息检索或搜索侧重信息任务的第二阶段，即信息系统或信息源的选择、查询或检索式构造、查询重构、相关性判断等，协同查询和协同过滤是此阶段的具体操作步骤；协同信息导航处于信息任务的第三阶段，分为异步和同步社会性导航，而同步社会性导航的方式有协同浏览、在线聊天等。各个阶段之间界限模糊，并伴有交叠。

3.2　协同信息行为的实证研究

（1）网络环境中的协同信息行为。

在线群体的协同信息行为类型主要包括：协同信息查询与检

424

索、计算机支持的社群信息交流、协同内容创作和协同信息质量控制。Morris 研究了网络环境下的协同信息搜寻行为，调查了 204 个信息工作者关于什么时候使用协同网络搜寻工具和面临什么任务时与他人协同[50]。Evans 和 Chi 也对 150 个对象调查了在搜索过程中使用的协同搜索战略，调查揭示出协同网络搜索是一个令人惊讶的共同行为，但是，当前的网络工具还没能很好地支持协同网络搜索行为[51]。Morris 在一个调查报告中指出，参与日常网络协同信息搜寻的人数由 2006 年的 0.9%上升到 2012 年的 11%[52]。作者分析这是由于社交网站及智能手机使用增加的缘故，研究也表明当前协同网络搜寻实践的困境在于，用户难以感知合作者的活动而导致增加冗余工作。Shah 和 Marchionini 提出了一个研究协同信息搜寻中用户感知的研究[43]：探索式协同网络搜寻系统应用于用户研究的三个实例，涉及三个条件下的 14 对参与者，研究表明支持群体感知比支持个人行为和历史感知，对于有效的协同更有意义。

（2）学术环境中的协同信息行为。

信息技术改善了科研信息环境，为远程协同科研提供了可行的平台。美国在 20 世纪 90 年代就开始研究建设面向学科的协作研究体（collaboratory），重点研究分布式计算与数据资源的获取工具、学科化的分析工具、共享的工作空间和合作交流空间等，明确提出要建设为科研与教育提供新的知识环境的整合基础设施。英国启动了虚拟科研环境（VRE，virtual research environment）建设项目。VRE 旨在集成科研团队涉及的各方面科研信息，并发现领域内外支持科研活动的各种需求。澳大利亚在 2005 年成立了 e-Research 协调委员会，开展相关的研究实践。在国内，中国科学院基于康奈尔大学的 Vitro 系统构建了专业领域知识环境 SKE，向领域内外的科研人员提供知识导航与研究合作支持；中国农科院国家农业图书馆面向专业研究所进行资源组织和服务探索，构建了研究所科研信息环境；中国科学院"地学 e-Science 应用示范研究——东北亚联合科学考察与合作研究平台构建"项目分析了地学研究对信息化科学环境的需求，提出了地学信息化科研环境的概念和技术架构，并构建了东北亚联合科学考察与合作研究示范系统。另外，华中师范大学、华东师范大学、北京邮电大学开始与开源虚拟学习软件 Sakai 合作，不过国内的 Sakai 研究还主要集中在课程管理和兴趣小组间的知识共享。总之，各国对于科研信息环境的研究和实践已经取得了一定进展，出现了一些可供借鉴的技术或工具，如基于本体的 VIVO 系统、基于 SOA 的体系架构、基于 Sakai 的虚拟科研环境以及哈佛大学的 Harvard Catalyst、哥伦比亚大学的 Sciologer 等，这些技术、工具、系统等为跨学科协作研究提供了良好的基础。

学者之间的沟通和社会网络在数十年前就已经被研究者认识到并加以重视。在 20 世纪 60 年代到 70 年代间的学术交流研究表明：学者的社会联结和网络深刻地影响他们对文档文献的搜集、准备、感知和翻译[53]。但是，仅仅直到最近才有研究者开始关注学者的信息搜寻和检索过程中的协同。基于对跨人文、社会科学和科学学科的定性对比分析，Talja 识别出 4 种信息共享实践：战略的、并行的、指令的和社会的信息共享[54]。Talja 总结了现有的不同功能和不同种类的信息检索系统被应用于支持不同类型的信息共享。

在一个综合应用人类学和实验方法对物理学家的研究中发现，成功的科学协同要求搜集和使用大范围的团队成员当前活动状态的信息[55]。这一研究调查了需要被共享来支持情景感知的信息和知识的种类以及可以被用来促进信息共享的技术方式。

Blake 和 Pratt 通过对 Cochrane 合作数据库作系统的文献检索，观察了两个公共卫生和生物医学领域的科学家群，他们发现科学家在信息合成过程中的精练检索、提取和分析阶段都十分积极地进行协作。根据信息合成时的用户行为特点，他们建议设计开发 METIS 工具来支持科学家合作、迭代、交互的信息合成过程[56]。

（3）其他环境中的协同信息行为。

研究者研究了其他领域中信息搜寻中的协同，例如工业、医学、军事以及其他生活领域。Hansen 和 Jarvelin 在专利领域作了一个信息搜寻和检索过程中的协作行为的实证研究，结果表明专利任务完成的整个信息搜寻和检索阶段包含了高度的协作[57]。他们将协作活动分为文档相关的协作活动和与人相关的协作活动，最后提出了一个精练的涉及协作的信息检索框架。Poltrock 等作了一项关于两个软件

426

设计团队的研究，主要研究团队成员如何协同搜寻和共享团队内部所要求的外部信息[58]。在研究中，他们识别了五种协同信息检索战略：①协同识别需求；②协同构建查询；③协同检索信息；④有关信息需求和共享检索信息的沟通；⑤协调信息检索活动。

在对军队命令和控制团队的信息行为的研究中，Sonnenwald 和 Pirerce 研究了在伴随信息需求不断变化的信息交换的动态情景中的协同。他们发现命令者在识别关键信息需求中起着重要的作用，有三类协同信息行为表现突出：①推荐的信息寻求；②直接的提问；③信息传播的路径[8]。

在对日常生活信息搜寻（ELIS）的研究中，McKenzie 发现人们经常互相帮助解决信息问题。例如，当他们自己作为信息搜寻者时，他们是积极的、警惕的和用心感受的，被其他喜欢他们的支持网络所包围[59]。

Pirolli 的社会信息觅食模型突出了搜寻者的作用，作为复杂搜索的群体集中效果，Pirolli 的模型预测多样性增加了任务解决的可能性[60]。搜索专家的重要作用在 Chi 的模型中被证明，作为整合了社会数据和反馈的系统，他们可能给搜索者提供更相关、更满意的经历[51]。

Morris、Spence、Reddy 以及 Hall 对知识工作者和学者进行了协同信息行为实践的直接调查[50]。在协同搜寻背景下，Morris 探索了协同搜寻的活动、频率和任务。大约 75% 的响应者表明一个月会参与协同信息活动例如旅行计划、购物、搜索文献或技术信息[50]。应该注意到随着协同的增加，创新挑战出现了[61]，情景因素在一定范围内影响了协同的效果。

Elizabeth Meyers Hendrickson 研究了 CMC 研究的跨学科方法；Richard Chalfen、Michael Rich 研究了在医患合作治疗和研究中的有关疼痛信息的分享；Pamela J. McKenzie 研究了在助产学诊所中的协作社会实践的追踪通知；Jonathan Foster 研究了协同开发分析教育信息搜寻中的对等对话的编码指南。

3.3　协同信息行为的研究方法

CIS 的研究本质上主要是描述性和探索性的，是出于对学习这种现象的目的来采用多种方法进行研究，而不是为了作出具体的预测，因此研究者采用多种方法探讨在不同情境和设施下的协同，包括军事人员、卫生保健团队、设计团队、专利工程师以及在学习的学生等。当前较多研究采纳了实验方法，研究者提供搜索工具和协作工具，要求受试者去执行某一任务。

3.3.1 数据采集方法

传统地，信息搜寻研究者们认为通过多种方法收集数据才是克服研究方法中的缺陷和局限，增强对所研究现象理解的有效途径。同样的，CIS 研究者也采用了不同的数据收集方法来获得对 CIS 的综合视图，包括观察、借助于日志、访谈、实验等方法。其中直接的观察和深度访谈是被广泛应用的方法。观察法不仅可以获得具体的知识，获得不同方面的丰富的数据，而且允许实时搜集数据，但研究者需要花费相当多的时间。例如，Reddy 和 Dourish 花了 7 个月的时间观察目标群体。同样通过观察，Prekp 搜集了在线工作群体具体到分钟的会议数据，来识别协同交互的模式。另一种采集数据的方法是用日志来捕捉个人日常活动和经历。

事实上，观察和深度访谈的结合是 CIS 中用来识别具体协同行为和实践的最经常采用的方法。在这种情况下，以开放式的问卷为基础的访谈法常常随后被采用。

实验方法是遵照一般的交互信息检索评估的设计，利用软件记录实验参加者在完成规定任务过程中留下的交互信息。但目前的实验研究给参与者设定了一定的实验要求和条件，应该给参与者更多的选择自由，例如允许他们选择自己喜欢的系统，开发自己喜欢的项目，选择协同对象等，以此来观察长期的协同效果。目前一些 CIS 系统，例如 SearchTogether 和 Coagmento 提供了很多基本的可视化个人信息和共享信息的视图，但是在不同情景下的协同实验设计中如何选择合适的系统，还没有被分类比较研究。

3.3.2 分析程度

CIS 可以在许多层级上被分析，最基本的二分法之一是个人层和群体层的分析。从一个角度来看，所有的活动和行为都可以被看成是个人的，而群体层的观察可以从这个基本框架中推断出来。当然，集体信息搜寻一定要被看成超出个人行为之和。

大量对 CIS 的研究是从个人层面来收集数据。访谈是以一对一为基础的，日志是个人完成的，只有很少的研究是寻求不同层级的协调，例如 Reddy 和 Jansen 将团队作为一个群来观察，但是访谈是针对信息搜寻实践中每个团队成员。搜索策略已经被当作调查桥接微观层面和宏观层面搜索过程的方法，Zhen Yue 根据搜索策略的转换顺序，检查了个人网页探索式搜寻中的搜索过程。目前对宏观层面的协同信息搜索过程的调查还局限于在协同环境中应用 Kuhlthau 的 ISP 模型。对协同实验扩展分析的途径之一是考虑将团队而不是个人作为分析单元，允许任何规模大小的群体开展协同项目，研究群体动态程序。

3.3.3 样本大小及代表性

实证研究的样本大小影响结果的鲁棒性，样本的代表性也需要经过很好的检查。实际研究中的样本大小差别很大，采用问卷调查的方法比访谈和观察的样本量大。例如，Spence、Reddy 和 Hall 获得了 150 个潜在参与者中的 70 个人对调查访问的反馈信息[46]，在 Shah 和 González-Ibáñez's 研究中有 60 个随机挑选的学生参与[49]。

(1)大群体中的协同信息行为研究。Andrew Wong 研究了基于移动电话的学习、共享和实验；Anne Beamish 研究了在线专业社群的内容创造障碍；Syvie Noel、Daniel Lemire 研究了协同数据处理的挑战。

(2)小群体中的协同信息行为研究。Madhu C. Reddy、Bernard J. Jansen、Patricia R. Spence 研究了信息搜寻和检索活动中的协作和协调；Nozomi Ikeya、Norihisa Awamura、Shinichiro Sakai 分析了协同任务管理中的信息共享原因；Sean Goggins、Sanda Erdelez 研究了在线群体的协同信息行为；Philip Scown 研究了如何建立学习社群；Chirag Shah、Rutgers 研究了支持协同信息行为的系统设计。

4 跨学科个人信息行为研究

Renate Holub 说过："人类的思维活动不是按照学科来进行

的。"Crane 和 Small 在 1987 年曾经统计过，当时世界上有 8530 种可定义的知识领域，这个数字在几十年中又有了很大的增长。伴随着这种趋势，知识被划分成许多不同的领域，领域之间有着术语、方法、交流方式和文化等方面的差异。国内外学者们认为学科间的这种差异已经成为不同领域或者学科知识共享的壁垒[62][63]。

跨学科研究就是试图整合多学科的观点来处理综合性的问题，以避免从单一学科出发作出解释所带来的片面性[64]。事实上，一些文献指出随着时间的推移，跨学科研究将是学科发展的模式。对于什么是跨学科，由于文化背景的不同，中外学者就此问题的论述也有很大的差异。

G. Begrer 在 OECD 出版的跨学科文集中对跨学科作了这样的解释：跨学科是两门或两门以上学科之间紧密的和明显的相互作用，包括从思想的简单交流到学术观点、方法、程序、认识、术语和各种数据的相互整合，以及在一个相当大领域内组织的教育和研究。还有一些西方学者指出跨学科意味着参与学科间的互惠吸收，跨学科问题的存在是相互作用的基础，多学科人员协同工作是必要的。

史密斯认为，跨学科研究的发展和机读数据库的扩散这两个趋势，要求应用新的技术和手段来促进利用科学和医学文献，支持研究；克莱因指出，跨学科的研究人员需要知道要问什么信息以及如何获得与给定问题相关的语言、概念和资讯，具有过程或现象分析的能力。史密斯指出跨学科研究所面临的第二大问题就是"信息过载环境下的跨多个源的扩展搜索"。

Repko 总结出了与单一学科研究不同的跨学科研究过程整合模型，认为在跨学科研究中存在以下过程：定义或陈述问题、识别相关学科、开展文献搜索、开发充足的相关学科知识、分析问题、从自己的学科评价对问题的看法、识别看法及其来源之间的冲突、创造或发现共同基础、整合看法，产生对问题的一个跨学科理解。这些研究过程要求参与者具有一系列的信息处理能力，例如：明确信息需求的范围和程度、高效并有效地寻找到需要信息、评价信息和关键信息源并将选定的信息结合进自己的知识基础、有效使用信息来完成特定的任务等。

这些要求说明跨学科研究具有复杂性，对于跨学科问题，在没有明确问题所涉及的相关学科结构及熟悉相关文献的前提下，很难开展哪怕是很肤浅的研究。工作在一个具有跨学科性质的主题领域的研究者，比起工作在建立得很好的、边界清晰的主题领域的研究者，被认为会遇到更多的障碍，具有不同的信息搜寻行为模式和特征，而这是图书、情报领域需要探索的重要问题。

目前，关于跨学科信息行为的专门研究很少，已有的相关研究零散分布在文献计量学、信息行为和信息服务与系统相关的研究，缺乏对于跨学科信息行为理论的系统研究与发展。因而，无论是从理论还是实践发展的需要来看，跨学科信息行为的系统研究势在必行。

4.1 跨学科信息行为障碍的理论研究

在跨学科研究中存在识别相关学科、参考工具、搜索策略、使用信息源等个人信息行为，影响这些行为的障碍主要来源于两个方面：一方面是信息搜寻障碍；另一方面是信息理解障碍。

4.1.1 跨学科信息搜寻的障碍

一些研究探讨了跨学科问题涉及的文献分布的分散性、主题的跨学科性以及它们与学者信息搜寻行为的关系，这是两个被普遍认为对跨学科领域科学信息搜寻行为具有重要影响的因素。一个领域的跨学科性指的是一个领域的研究者使用其他学科文献的程度。领域的文献分散程度是指该领域某一主题的信息分布在多少不同的资源上。尽管这两个概念有些重叠，却是不同的。例如，物理学家会使用化学文献但并不意味所用的化学文献是分散的，他们可能只使用了一两种期刊中的文献。就是说他们的领域是跨学科的但文献相对集中。当代的跨学科研究文献以越来越复杂的方式被创造和存储，大多数比较分散地分布在多种信息源上。

（1）信息分散理论。

马翠嫦、曹树金认为信息分散性影响着跨学科信息行为，信息分散理论为跨学科问题的来源提供了现象归纳和理论解释，信息分散不但被认为是整个图书情报学领域跨学科研究中一个突出的概念，更被认为是跨学科信息需求的来源[65]。

追根溯源，信息分散的概念源于文献集中与分散定律。根据研究领域的多属性及学科结构，可以将其分为高、中、低不同程度的分散性。分散被定义为主题的范围和有关主题可能获得的资源的分散程度。低分散的领域被定义为"潜在的原则被很好地开发，文献被很好地组织，主题宽度被相当好地定义。高分散领域的主题数量很多，而文献组织基本不存在。中等分散介于两者之间"。Bradford指出：用户所需信息存在着集中与分散分布的状态，即在学科领域、载体、语种等方面，用户常用的信息是集中的，而余下部分的信息又是分散的，为数不多的少用信息分布广泛。

一个仅仅只有三个区域的模型显然不足以描述一个学者在高分散领域的信息收集行为，对于这类学者来讲，内容相关但不熟悉的知识于他更有价值。Bates 提出一个与布拉德福相反的规律（正如Getty 项目所建议的那样）：核心区域是效用相关文章的贫瘠来源，因为它们是为学者们所熟知的内容，而探索外部区域将增加找到与内容相关但又不熟悉的文章的机会。该观点强调了弱连接、长尾资源的重要性，说明了知识分布的规律及其对信息行为的影响。

跨学科领域被认为是高度分散的：主题的数量很多，要解决的问题有很大的不同，文献以更松散的结构来组织。跨学科资源分散在一个更广泛的、难以预测范围的地方，包括交叉学科期刊和专业论坛、会议论文、教材、项目报告、工作底稿和其他未发表的工作成果等，而且文献以不同的形式、主题、概念、标签在扩散。即使一个类别容易标识的问题，其相关文献也可能分散在另一个类别。关键字搜索是一个受欢迎的策略，因为可以使用一些基本术语确定一个很广的源，然而，跨学科的主题词是不统一的。Kimmel 认为"跨学科比单一学科寻找信息的过程通常更长、更复杂"[66]。

信息分散对于跨学科信息查寻行为的影响主要来源于分类法、词表等固有知识组织体系。如 Searing 指出，一些跨学科研究资料"被分割到预先设计好的分类体系中，以致不能反映当前学术研究的情况"。因而，有学者从具体领域跨学科人员面临的信息组织和信息过载障碍方面进行研究。

Mote 是第一个弄清楚具有高分散性的主题与低分散性主题区别的[67]。在数字文献和服务普及之前的纸质文献时代，Packer 和 Soergel 的研究表明在高分散主题领域的学者倾向于使用当前感知的文献，花更多的时间用于信息搜寻[68]。Packer 和 Soergel，Bates 后来发现在高分散领域的学者经常使用链接和浏览作为他们主要的搜索方法，而直接的关键词搜寻是低分散领域学者发现相关文献更有效的方法。Janet Murphy 研究表明在高分散领域从事研究的化学家在保持追踪最新信息方面效率较低[69]；Talja 和 Vakkari 及他们的同事调查了信息分散对用户信息搜寻行为的影响，关键的发现包括以下方面[70]：

①高分散性导致更集中的使用期刊和参考多种数据库。就是说使用许多领域文献的学者比起主要从自己学科使用文献的学者来讲使用更多的数据库。

②文献分散性的增加，增加了将在参考数据库中搜寻作为信息搜寻方法的重要性。

③资源的可获得性具有学科差异，在使用数字图书馆时，理解资源的可获得性比对用户学科的理解需要更强的预测。

④对还不够成熟的学科，信息的高分散性增加了使用期刊数据库的数量，但对建立得好的学科影响不大。

⑤年龄在 36 岁以上的，认为自己是跨学科研究者的学者，更有可能跟随引文链接、科学专著和会议论文集。年老的学者喜欢使用自己积累的资源，年轻的学者喜欢使用 Web of Science。

尼古拉斯使用日志分析技术和在线调查，研究了 science director 用户的信息搜寻行为，物理学家更多的是浏览而不是搜索，通过期刊主页和期刊目录获得更多信息。

（2）弱信息需求。

弱信息需求的概念源于 Palmer 等对于信息查寻过程中面临不利于信息获取情景时的信息需求状况的描述，处于信息分散环境下的用户具有这种信息需求特点。Palmer 等对研究科学发现中的弱信息工作进行实证研究发现，科学研究中可能面临的具体不利条件，尤其是非结构化的问题空间、缺乏领域知识、无章可循的研究步骤等问题，因而是"非常困难和耗时的"。由于这些活动是对脑力的巨大挑战，需要研究人员花费大量时间完成非常规化的任务，但这些活动同时也是可以激发和产生创新研究和新发现的。弱信息需求主要产生在跨学科研究中或新领域研究的初期，信息分散是弱信息需求的典型情景。

跨学科研究比单一学科研究更具有挑战性的原因在于学术信息的碎片化和难以获得充足的关于研究方法的理解。具体表现为：①数据库范围和综合性的局限（往往对用户还是隐蔽的）；②由于对数据库提供者的不同定义，导致重复出版和覆盖上的鸿沟；③需要用户掌握多种搜索战略、战术来适应在多数据库环境下工作，这些数据库采用不同算法，在索引深度、文件组织逻辑和主权控制程度方面具有差异性[71]。使用多数据库搜寻满足跨学科的研究需求时，用户必须面对这种多数据库令人混淆的指令策略、搜索引擎结构和不同格式的结果呈现。

（3）基于文献计量学方法的信息分散测度。

基于文献计量学的学科发展研究主要探讨学科领域内和不同学科领域之间的信息流动和知识关系，为信息分散提供证明和解释，因而可看成是基于文献计量学方法的信息分散测度。文献计量方法早已被用于定量测度跨学科性及所面临的跨学科问题。例如，麦凯恩使用共引分析，赫德采用领域外的引用率，帕尔默采用以实践为基础的定性方法，Borgman 和 Furner 采用文献计量学方法。

针对不同数据源，可以从不同角度来测度学科的结构和规模。国内目前已经有少数学者致力于从文献计量的角度对跨学科知识分布研究。杨良斌研究了以共现分析和共类分析为主要研究方法的跨学科交叉度指标体系；李江提出根据跨学科发文和跨学科引用来测度跨学科性[72]；杨帆、李泽霞等提出跨学科合作多学科属性中的学科规模、学科专属度、交叉度等测度指标[73]。张金柱、韩涛、王小梅以图书情报领域为例，从学科分类的数量、分布以及差异性的角度分析图书情报领域的学科交叉性并以叠加图（overlay map）进行可视化[74]。从三个层面来度量特定研究领域、机构或团体的学科交叉性：①学科分类的数量是最直接的度量指标，包含的学科分类数目越多，学科交叉性越强；② 学科分类的平均分布程度，以信息熵（Shannon entropy）表示，熵值越大时，学科分类的平均分布程度越高，学科交叉性越强；③学科分类间的差异性，即使学科分类数量较多，但它们间差异性较小，会造成学科交叉性的降低，学科分类间的差异性越大，学科交叉性越强，以 Stirling 值表示。Shannon 在计算学科交叉性时考虑了学科分类间的平均分布程度，没有考虑学科分类的差异性，值越大，交叉性越强；而 Stirling 值则综合考虑了学科分类间的均匀分布程度和差异性，Stirling 值越大，其学科交叉性越强。

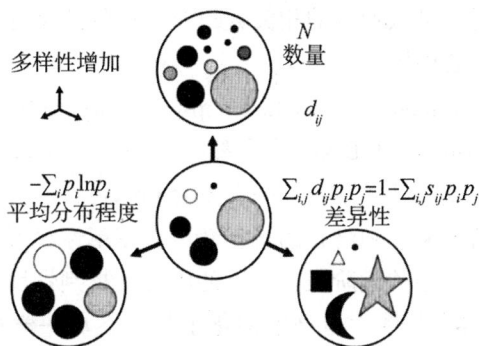

图 10　学科交叉性的度量方式和计算公式

　　代君、叶艳将学科规模定义为相应学科的论文数和其占所有论文的比例，反映了目标研究领域的多学科组成及不同分支学科对目标研究领域所起到的不同程度的支撑作用。由于项目合作中的学科数缺乏直接的学科信息而变得很难测度，针对重大项目的推荐文献以及这一小规模论文合作者的机构学科方向等信息进行学科识别统计。主要指标包括重大项目所涉及的学科数，主要学科在合作中出现次数的差别及其随时间的变化情况。

　　通过对美国 TREC1 跨学科团队的成果进行计量分析，以参考文献的分散情况测度三种不同协同模式下的信息分散性，对每种协同模式下科学家的论文涉及的参考文献进行收集和分析得出结论：

不同的协同模式对应的问题的跨学科性和信息分散性是不同的，且信息分散性符合布拉德福定律，问题的跨学科性和信息分散性会影响学术研究者在进行跨学科研究时的信息搜寻行为[75]。

4.1.2 跨学科信息理解的障碍

（1）变革性学习。

科学学科的关键组件是深刻的、有凝聚力的、集体理解的和共享的概念，这些促使科学社群的形成和知识的审查。与以往单个科学家开展科研不同，现在的科学家嵌入在复杂的知识网络中，由于对前沿发现的共享及共同知识的紧密耦合，引起科学社群的形成。科学社群在屏蔽噪音、厘清关键问题方面是非常高效的。来自不同学科的科学家对于导致噪音的相关数据及方法的意见分歧，是跨学科协同冲突的主要原因。

Deana D. Pennington、Gary L. Simpson、Marjorie S. McConnell、Jeanne M. Fair、Drobert J. Baker 认为参与到与高优先级的问题相关的活动中会产生变革性的学习，一个整合和综合跨学科知识的关键过程会导致全新的概念和潜在的科学变革。变革性学习理论强调了导致激进变革的三个关键阶段：困惑的困境、批判性反思和反思性对话[76]。跨学科变革性学习高度催化了超出在单一学科范围内所能获得的创造性思维，变革性学习唤醒了重构研究者的脑力模型，促进他们以创新的方式思考自己的知识和研究。这些研究者接触到其他学科的深奥的知识，必须要通过自我定向和咨询协作者一些有关上下文的问题来加以理解。一旦当他们将这些新概念整合进自己的脑力模型，他们就以一种新的方式来思考这些现存的知识，转换后的视角使得他们萌生创新性的研究问题，设想新的研究路径，并且以一种新的方式将其他学科的方法和技术应用到自己的学科中，从而扩展了自己的学科。

如图 11 所示，必须通过变革性学习和通过扩展个人学科基础，直到当他们动态改变自己的研究到新的概念结构和顺序的时候，才能抵达跨学科创新终结点（一些文献将变革性学习的终点称为"耶茨区 Yatesian zone"）。图中的箭头代表了参与变革性学习的研究者所走过的路径：首先是遭遇困惑难题，这一过程导致变革性学习的

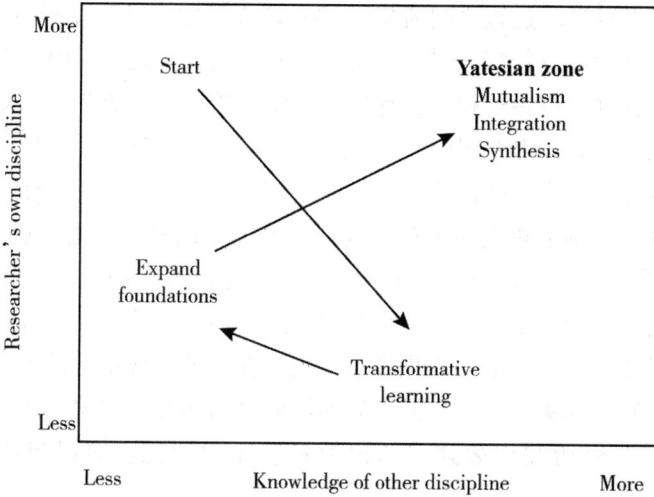

图 11 达到跨学科创新的耶茨区的过程

开始，最初所学习的概念是新学科中中低级别的概念，还没有与研究者自己学科的知识联系起来。接下来通过批判性反思和与协作者反思性对话，他们将这些概念与自己的理解连接起来，修改自己的脑力模型，扩展自己学科的概念、数据和技术基础。这些学习环节在协作过程中持续发生。最后他们可以将获得的新的理解整合进一个统一的概念框架，这个框架融进了相关学科更深的知识，为研究者提供了创造性研究的机会。

可见，跨学科研究中的变革性学习的关键环节是理解其他学科的概念并将其与自己的学科知识联系起来，而研究者的批判性反思和与协作者的反思性对话是理解的关键。

（2）非主题知识。

对于多学科团队而言，知识创造的优势在于由多样化的观点提供了创新的基础，与此同时，与单学科团队相比，多学科团队也因为多样性而陷入团队内部成员之间相互持异议、无法达成共识的困境。Carlie P R 指出，从团队内特定领域知识（domain-specific knowledge）到达成共同知识（common knowledge），需要经过转移、

437

翻译和转换三个过程，并借助于领域知识之间的共同基础[72]。然而，对于这三个过程之间所借助的领域知识之间共同基础的问题，该研究并没有进行深入讨论。王馨在研究重大科技工程中多学科团队的协同知识创造过程时，首次将哲学家哈贝马斯的非主题知识概念引入到管理学研究中来，构建了跨学科协同知识创造模型[78]。她认为知识是主体间性的，是个体之间通过交互表达和解释，在共同理解的基础上建立的普遍共识，非主题知识能让主题知识的"有效性"变得"令人信服"，为主题知识的逻辑表达提供了基础。其中，主题知识是指与实现社会系统所规定的任务或者目的直接相关的学科知识，非主题知识是指与实现社会系统所规定的任务或者目的并非直接相关，而与生活世界的体验密切相关的知识。协同知识创造需要经历知识表述、知识解释、知识混沌、知识建构四个阶段。

4.2　跨学科个人信息行为模型

Qin，Lancaster 和 Allen 认为只有从多方面来满足跨学科研究者的信息搜寻需求，但前提是首先要理解当前跨学科科学家信息搜寻行为的特点。目前关于该领域的研究处于初步探索阶段，主要是通过观察描述、总结出某特定领域跨学科信息行为的特点，提供基本的认识。Julie Thompson Klein、William H. Newell 定义了六类跨学科资源的传播渠道：①主要文献；②专业组织和相关出版物；③特殊文献；④网络；⑤电子数据库；⑥专业发展，而且认为在新兴领域，信息的传播渠道可能更难以捉摸[79]。因此，在搜寻跨学科资源中，保持灵活性、创造性、不断评估搜索结果和修改搜索策略是至关重要的。Allen Foster 总结得出：跨学科个人信息寻求行为是在环境、个人及认知方法三层约束下的多种核心过程的交互行为，具有非线性特点[80]。跨学科信息搜寻比在单一学科内的信息搜寻更面向社会，而且检索词汇、研究风格和基于学科的信息服务也不同[81]；人文背景的跨学科学者，常添加策略扩展信息搜寻范围，追逐脚注和人名搜索，信息来源包括了各式各样的非正式的和正式网络。马翠嫦、曹树金将跨学科信息行为的特征总结为：依赖人际渠道的信息获取；以知识融合和创造为目标的研究合作和知识构建；具有群体差异性，人文社会科学跨学科研究特性明显[65]。

Palmer 强调我们对跨学科研究者是如何收集和使用信息的了解十分有限，人们普遍认为科学信息搜寻行为具有学科差异性，但是不同学科科学家的信息行为也有共性。

（1）跨学科信息行为的种类。

在信息分散理论的基础上，Palmer 提出跨学科信息行为中两项较为显著的活动——探测和翻译。探测行为可发现信息，翻译则可将不同领域的术语、概念和想法联系起来[82]。

①探测行为。探测是确定分散或远程信息的战略性方法。研究人员探索他们专业以外的周边领域，以拓宽其专业视觉，产生新思路或探索多种类型和来源的信息。探测式信息寻求可以被认为是一个有效的学习活动，但如果缺乏支持工具，就可能变为令人沮丧的活动。在一个跨学科的领域的信息寻求就是此类活动的一个例子，需要适当的支持才能保证行为的有效性。Mona Haraty、Syavash Nobarany、Brian Fisher 提出了一个新的基于可视化的方法来寻求合作探测信息。

②翻译行为。跨学科科学家在搜集文献时所面对的首要障碍就是语言障碍。每个学科都有自己的术语和行话。科学家跨越的主题领域越多，需要掌握的词汇量越大。除了掌握语言，科学家还必须要能够解释文献，这需要了解历史、背景材料和相关的研究现状。鉴于这种沉重的负担，跨学科科学家们倾向于更多地依赖人际联系来获取信息，而且作为补偿，跨学科科学家趋向于少精读多浏览[63]。

（2）非线性信息搜寻行为模型。

跨学科信息搜寻行为模型是在实证研究基础上对于跨学科信息行为的要素、关系和机理的抽象和概括，从而对跨学科信息行为进行解释和预测。英国学者 Foster 于 2004 年最早提出非线性信息搜寻行为模型。作者通过定性研究的方法对整个大学所涉及的院系的跨学科研究人员进行调查，通过对搜集到的数据进行归纳和总结，最终构建了描述跨学科研究中信息搜寻行为的非线性模型（如图 12）。

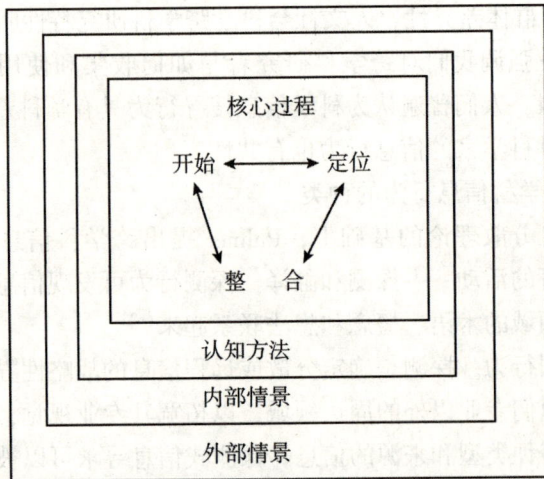

图 12　Foster 非线性信息搜寻行为模型

　　由图 12 可知，该模型展示了非线性信息搜寻行为由开始、定位和整合三个核心过程以及认知方法、内部情景、外部情景三个层次构成。其中，开始、定位和整合三个核心过程可以相互转换，并非按线性顺序进行。认知方法、内部情景、外部情景三个层次的交互由若干个个体活动及特征组成，这种动态交互在实践上呈现出非线性特征。

　　从基本的构成要素来看，非线性信息搜寻行为模型开始、定位和整合阶段以及认知方法、内部情景和外部情景六个要素都是由多个子行为构成，如图 13 所示。

　　每个要素不是简单地等于多个子行为之和，而可能出现不同于"线性叠加"的增益或亏损。任何一个子行为发生变化，都会对最后的搜寻结果产生难以预测的影响。

　　该模型是首个以跨学科研究为情景发展的信息行为模型，并提出了与传统以线形关系为主的信息查询理论所不同的非线性特征和跨学科信息查询中的特有行为，因而对于跨学科信息行为研究具有重要的参考价值。

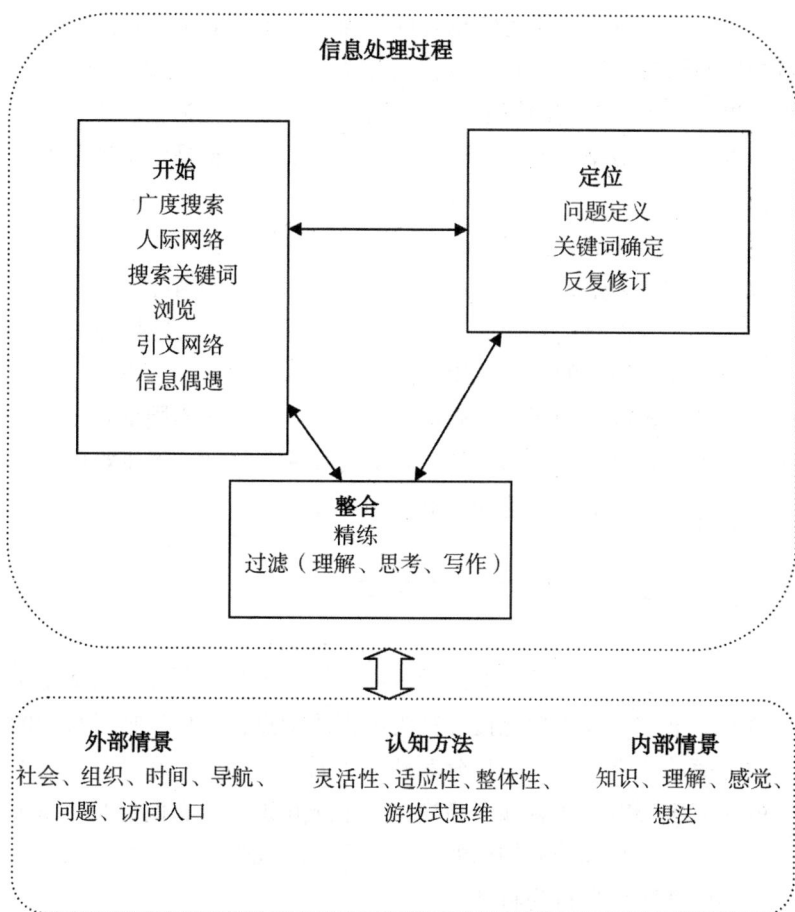

图 13　Foster 非线性信息搜寻行为模型要素的子行为

（3）信息偶遇。

信息偶遇（information serendipity）是指非目的性的信息查询过程中发现所需信息的行为过程，是信息分散情境下信息发现和知识创新的重要组成部分之一。潘曙光在对国内外信息偶遇研究进行回顾的基础上提出信息偶遇是一种信息获取行为，既不是计划内的，也不是预料之中的，当用户并不是有意地要查找某（有用或有趣）信息时，却获得了它[83]。

Foster 通过访谈的方法研究跨学科人员在信息查询情境下的信息偶遇行为，将偶遇作为信息查询和相关知识获取中的目的性和非目的性的组成部分，重新理解偶遇作为现象而产生的条件和策略。他指出，在信息查询的情境中，偶遇一方面被认为是有价值的，但另一方面也是被排斥的，不可预测的，且第一感觉是对于理解和结果控制等清晰的信息查询策略毫无帮助的。在艺术和人文科学、社会科学和科学领域，偶遇被认为是创造性整体过程中不可缺少的一部分，也被认为是跨学科信息查询用户经常遇到的情况[84]。

王知津等提出信息偶遇具有非线性特征。信息偶遇受到机遇、用户的个性、用户的动机、用户的情绪、用户的人际网络、信息获取策略等众多因素的影响。而这些众多影响因素在不同情景下对于信息偶遇者有着不同的影响且相互交叉，采取线性的思维难以准确分析这些因素对信息偶遇的影响机理[85]。

5 跨学科协同信息行为研究

综上所述可知，目前对跨学科用户信息行为的研究主要侧重于信息分散下用户个人信息搜寻行为过程的特点，在信息搜寻行为的低效方面的研究主要有信息分散理论、弱需求理论。在翻译行为方面的研究主要有类比认知、隐喻、非主题知识、信息偶遇及信息视域，主要用于解释异质知识的转移，采用非线性、协作性、偶然性来描述跨学科信息行为特征。

个人跨学科信息搜寻行为的特征表明，人际搜索是一个重要途径，而人际合作是更主要的途径。跨学科协同信息搜寻与个人信息搜寻存在相互促进的关系。一方面，协同帮助跨学科信息搜寻，用来解决对个人来讲太困难和复杂的问题，跨学科信息搜寻也可能是这样的一个问题。另一方面，个人信息搜寻也有助于跨学科协同，因为个人信息搜寻是协同信息搜寻中的一部分，个人信息搜寻的质量和效率会影响到协同的过程及效果。

信息技术的发展改善了科研信息环境，为实现远程协同科研提供了可能。2008 年以前的虚拟科研环境注重工具协作，而当前用户信息环境的概念更加宽泛，目前对此没有统一的定义，但科研信息环境建设的目的都是通过支持科研人员（跨）领域的发现从而实现彼此的合作。面向用户的信息环境有多种表现方式：由科学家组成的大型科研社区网（VIVO WEB）帮助科学家确定现有的项目并开展新的合作；可视化工具帮助科研人员通过更加直观清晰的方式了解科学界中的专家和合作者、出版物、热门研究主题等；在线集成工具帮助科研人员管理项目；数字简历（digital vita）实现用户对 CV 的管理；强大的搜索引擎和资源丰富的数据库，帮助科研人员寻找所需要的信息；在线实时交流和协作平台，在网页上实现即时通信、社会化网络与项目管理的结合等，解决不同地域的研究者之间相互合作的问题。此外，虚拟图书馆、虚拟工作环境、机构仓储等也可以被归入到知识环境的范围。

5.1 跨学科协同信息行为模型

5.1.1 个人信息行为过渡到协同信息行为

Madhu C. Reddy 和 Patricia Ruma Spence 提出从个人信息行为过渡到协同信息行为的模型[46]（如图 14 所示），受到情景中事件的触发，个人信息行为向协同信息行为过渡，信息行为也从信息搜索向信息搜寻过渡，越复杂的问题越采纳人际互动的方式。这些交互行为也进一步受到其他干预因素的影响，例如交互模式、交互主体和问题领域。

5.1.2 PMesT 概念框架

Ranganathan 曾提出了信息行为协作的 5 侧面模型：个性、物质、动力、空间、时间（PMEST），Sonnenwald 和 Iivonen 在此基础上通过文献分析、观察及对不同跨学科研究者的访谈，作出了对每个侧面的详细解释并指出了信息行为的重要组成部分[3]。

PMesT 是一个概念框架，它的优点是将协作中的事件和行为因素放在环境中讨论。这些因素与个性、物质、动力、空间和时间等相关并且在协作过程中同时起着作用。如图 15 所示，人们凭着经验、社会网络、信任、个人的相容性、共同的特性在一个空间工作，既可以是面对面，也可以在不同的物理位置。他们拥有多种物

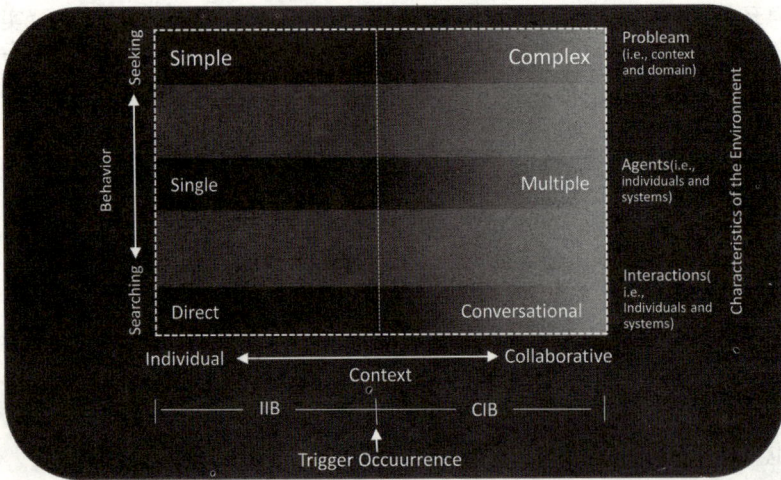

图 14　个人信息行为过渡到协同信息行为的模型图

质，如不同的技术和信息资源。参与者受需要达到目标和任务等因素的激励，将物质元素整合在一起，经历一段时间的协作后，将汇集这些资源以达到目标，产生新的物质（例如新的技术）、信息和信息资源、扩展的社会网络、协作者的个人经验。Maglaughlin 的概念性框架对于跨学科协作来讲有着重要意义，它成功地解释了社会网络的形成以及双向受益对于跨学科知识共享的重要性。

5.1.3　远程科学协同

Olson 和 Olson 2000 年提出的"距离问题"一直是远程协同研究的理论基础，他们将 10 多年的研究发现精练为四个概念：共同基础、工作耦合、信息共享和获取需求及技术准备，认为这些是远程科研协同成功的重要影响因素。

共同基础——参与者共有的知识，参与者所知道的他们所拥有的共同之处。共同之处越多，多学科研究团队的生产率越高。

耦合——工作性质上要求参与者相互沟通的种类和程度。紧密耦合的工作要求参与者有频繁的、复杂的沟通，耦合度越高的工作越适合集中协同处理。

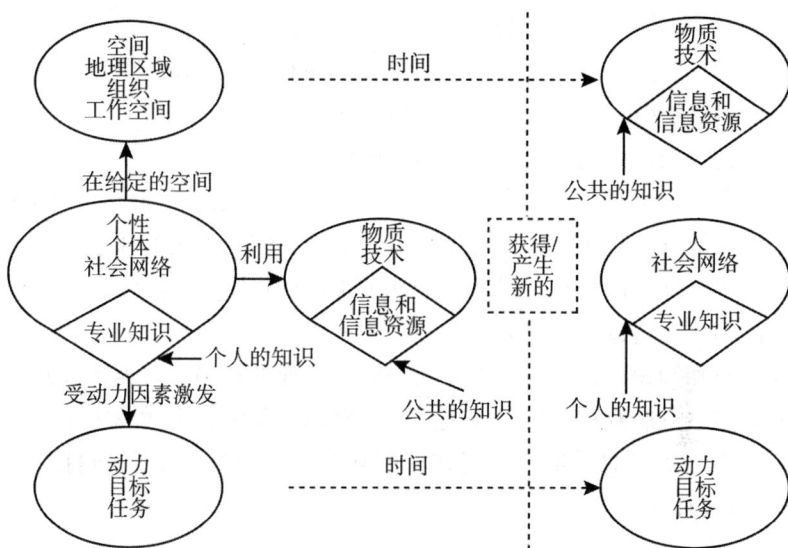

图 15　跨学科协作的概念框架

协同意愿——参与者必须有一个共享信息和因为贡献信息而得到某种奖励的愿意。不应该为没有共享和协作文化的组织引进群件和远程沟通技术。

技术准备——在工作习惯、技术支持和基础设施方面必须做好接纳新技术的准备，应该不断引进先进技术。

Olson J S、Hofer E C 等所著《远程科学协同》在以上四个概念的基础上增加了"管理、计划和决策"，认为协同的正式管理、领导质量也是成功的关键[86]。

5.1.4　多学科团队协同知识创造

跨学科科研团队是以学科发展或现实问题为导向，由技能互补、不同学科背景的人员组成，致力于合作研究的组织。跨学科科研团队作为复杂、多边界的集合体(Leslie Dechurch)，其成员需要跨越活动、知识和社会等多重边界(Ratcheva)，在异质性很强的"网络"中(Ziman)协同构建知识，面对沟通与分享的多重困难。国内学术界对多学科科研团队的研究并不多，对多学科科研团队知识

445

创造过程的探讨更少。国外学者对多学科团队表现出长期的关注，相关成果在国际顶尖级管理学期刊上发表[87]。然而，与之相关的三个学派，无论是以野中郁次郎显性知识和隐性知识转化、创造为代表的知识管理学派、多学科团队学派，还是团队创造力学派，都没有就一个关键问题得出有公信力的解释。

我国重大科技工程多学科团队中，与实现社会系统所规定的任务或目的非直接相关，而与生活世界的体验密切相关的非主题知识起到了建立不同知识领域间共同基础的作用[78]。王馨认为多学科协同知识创造过程可以分为知识表述阶段、知识解释阶段、知识混沌阶段和知识建构阶段，可以通过营造沟通的氛围、培养达成共识的意愿、克服双重障碍，注重启发、反思、争鸣，来激发主题知识和非主题知识的涌现，实现知识的转移，为协同知识创新打下基础。(见图 16)

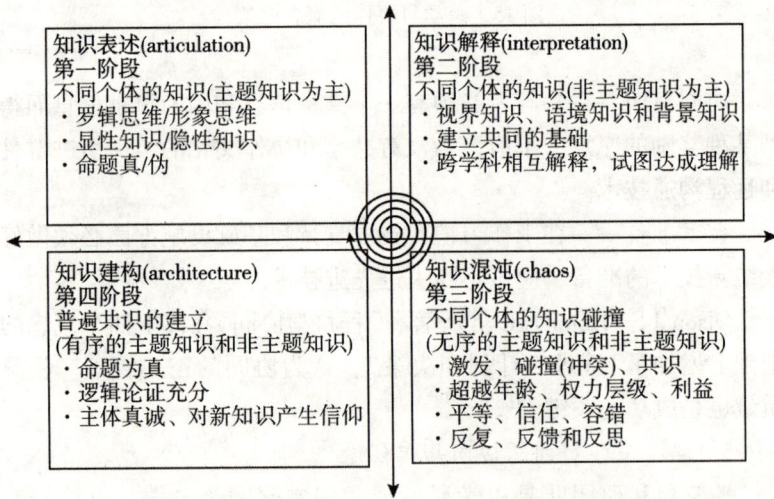

图 16　跨学科团队协同知识创造过程

5.1.5　组织中的信息协同行为

尽管 CIB 也是其他情境下的主要现象，例如网络搜索和浏览，但是许多研究者都把实证研究的重点放在组织中的 CIB 上，尤其是信息密集环境下的组织中。

在信息密集环境下的组织是一个存在许多可见和不可见相互依赖的复杂系统，为了有效地支持在这种环境下的协同工作，需要考虑复杂的促进个人、团体、工件、工作实践、信息技术整体交互的模式。Karunakaran 和 Reddy 的模型把构成 CIB 活动的边界概念化，并镶嵌在组织的情景下，将协同过程分为问题识别、协同信息寻求和信息使用三个阶段[44]。每个阶段由具体的活动组成，也有活动贯穿在所有的阶段，通过这个模型可以解释这些活动集合是怎样关联的。这一模型为理解组织中的协同信息行为提供了一个起点，也是一个适合描述短期协同情景的模型，没有考虑长期协同的问题。

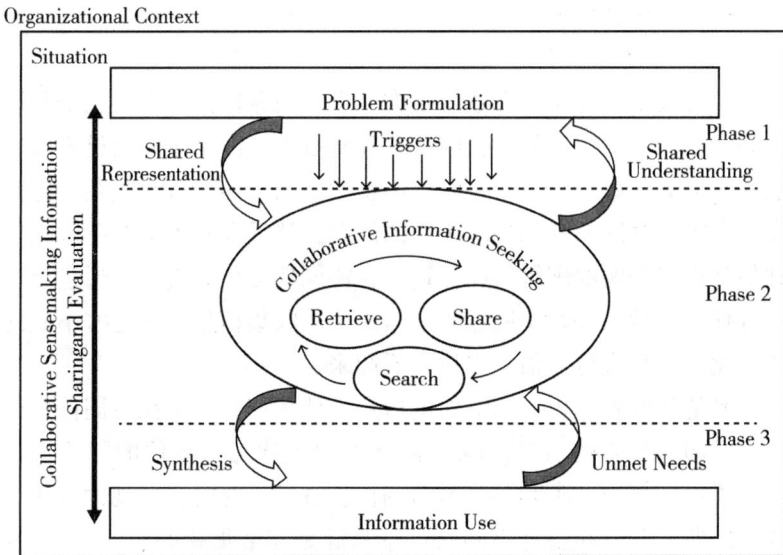

图 17　组织中协同信息行为模型

5.2　跨学科协作信息行为类型

在进行研究跨学科信息搜寻时，有三个很重要的行为要素，包括跨学科协同信息搜寻行为、跨学科信息共享和协作意义构建。

5.2.1　跨学科协同信息搜寻

跨学科协同信息行为是围绕信息需求表达开展的跨学科协同信息搜寻。从信息搜寻的对象来看，包括依靠检索系统进行信息搜寻活动和依靠社会人进行的信息搜寻活动，与检索系统进行交互表示跨学科研究者依靠检索系统如搜索引擎或电子数据库进行信息搜寻；与社会人进行交互表示跨学科研究者向同事或朋友进行信息搜寻的行为。从交互及时性来看，包括同步协同搜寻和异步协同搜寻，同步协同指的是协同参与者通过计算机可以支持的协同技术完成信息搜集过程中的实时交流，主要包括面对面交流、IM 即时通信、电子邮件、发帖咨询等协同决策[88]；异步协同是指协同参与者通过 Facebook、微博获取其他参与者创造的经验信息和分享信息来完成协同信息行为。

5.2.2　跨学科信息共享

信息共享和协作意义建构是在跨学科信息行为过程的三个阶段共同常用的活动。例如，在问题构建阶段中，由于团队成员不确定从什么地方开始，所以在一开始的实践中问题会变得很复杂，协同参与者需要共同分享和精练手边的问题，然后在进入下个阶段之前评估他们对问题的理解。类似地，在协同信息搜寻阶段，通过分配搜寻任务，他们开始协同起来尽可能多的收集信息，对这些不同的碎片化的信息进行评估，然后合成起来。

其他研究者也提出相类似的观点，认为信息分享在协同信息行为中扮演着核心的角色。Gorman 等在对重症监护单位的团队成员是怎样共同努力寻求和共享所需的信息进行研究时，发现为解决特定的问题，分享和整合不同的信息来源是非常重要的[89]。Poltrock 等在对两个设计团队进行研究时，强调为了完成设计工作，在两个团队成员间不断分享和检索信息非常重要[58]。

5.2.3　跨学科意义构建

除了信息分享外，协同意义构建在协同信息行为中扮演着重要的角色，尽管"意义构建"是跨越几个学科的广泛研究领域，大部分的研究集中在个人信息行为上。"意义构建"理论是一个用于个人在情境和理想情况之间创建桥梁的过程。Weick 描述了在组织情境中的"意义构建"，探索了人们在模棱两可的情况下怎样组织自己的世界变得有意义，人们怎样使用这种组织创建一种秩序感[90]。

5.3　协同信息行为实证研究

陈伟识别出在跨学科科研情境下影响信息搜寻行为的四个科研情境变量，分别是：问题认知程度、任务结构、学术生态环境和领域知识；研究了高校学术用户的信息行为，实证分析得出问题认知程度、任务结构及领域知识与信息搜寻行为成正相关关系的结论[91]。

Madhu C. Reddy、Patricia Ruma Spence 研究了一个多学科的病人护理团队来识别团队的信息需求和触发协作信息寻求活动的情况，强调面对面沟通的重要性，讨论了组织和技术方面如何支持团队的 CIS 行为，例如使用无线电通话以及部门布告。

P. Hansen 通过研究发现，在专利处理过程中直接使用由他人提供的信息，如向同事征求建议与专业知识等。Sonnenwald 等对物理学家间的科学合作进行研究，指出协同信息检索中需要共享的信息和知识类型以及技术，揭示了支持环境认知的信息类型。Spence和 Reddy 调查科研人员在进行信息检索活动时，利用 Email 和视频会议等各种通信软件进行交流，以支持他们的协同检索活动。

王凤彬、陈建勋根据基于知识结构的划分按照成员间知识结构的相似程度，把成员间知识结构区分为相似知识结构与互补知识结构两类[92]。叶艳按照成员间信息视域的相似程度，把成员间视域知识结构区分为相似信息视域与互补信息视域两类，以跨学科研究团队 TREC 为例，对其项目关系网络和合著关系网络进行分析，发现有三种不同关系模式，对应的三种协作模式分别是：人-系统跨学科协作模式、主-从式跨学科协作模式、主-主式跨学科协作模式[93]。

吴丹通过文献分析认为，目前关于科学研究领域的协同信息检索行为研究较少，研究指出支持科学研究领域环境认知的信息类型主要包括：情境信息、任务过程信息、情感信息，这三种信息对于协作完成复杂的科研任务具有重要意义；同时，方便快捷的交流和沟通软件是支持科研人员在协同活动中高效交流与协作的重要工具[94]。

6 评　述

6.1　基于信息视域的信息行为理论框架与分析方法

目前大多数应用信息视域的应用研究主要是针对特定情景下人们的信息源种类、偏好的静态分析，较少采集信息行为的过程数据，例如信息资源的交互、顺序和进化的信息，缺乏对信息视域变化及原因的分析；在分析方法方面较少采用网络分析等方法，很少进行多层情景及其相互交互对信息行为影响的研究，很少有作不同情境下信息视域的对比研究，难以识别出导致信息视域变化的关键情景因素。

6.2　协同信息行为理论与方法

协同信息行为的研究还存在以下需要进一步研究的问题：①目前的研究对为什么要协同有了很好地理解，但是在不同情景下的协同发生的激励因素却很少被识别出来，需要进一步研究协同的激励因素。②文献给我们指出了一系列的工具和方法可应用于协同，但还需要对如何提高用户的协同程度，作进一步的实证研究。③虽然有许多文献致力于理解人们与协同系统（例如：SearchTogether）协同工作的行为以及在线社群和社会网站中人们的行为，但是这两者之间连接的研究却被遗漏了，也就是说，如何利用参与社交网站来提升协同或者用协同系统来支持各种社会活动的问题还很少被研究。④尽管当前一些协同信息行为模型综合了过去协同信息行为的研究发现，但它们仍然没有被后续的实证研究所应用和验证，也没有对模型作对比研究。⑤怎样扩展个人信息搜寻、个人信息综合和个人感知模型为协同模型，是需要进一步研究的问题，例如从个人信息搜寻过渡到协同的条件有哪些？如何测度？同时因为在这样的一个协同信息搜寻过程中也可能会发生一定形式的协同信息综合和协同意义构建，协同信息综合和协同意义构建的框架也需要被开发出来。⑥从样本的代表性来说，目前文献中的很多研究是针对特定的人群——大学生、社会科学专家和知识工作者。因此，需要进一步扩展调查研究的范围。

6.3　跨学科个人信息行为研究

（1）跨学科信息行为理论和模型的提出大多基于特定的情境和少数用户群体的经历，其理论的普遍适用性尚待检验，尚处于现象概括和模型发展为主的阶段，经典模型和理论尚未出现。

（2）对于跨学科信息行为障碍的测度标准研究还有待于完善，例如缺乏对跨学科性、分散性、协作紧密度等指标的测度及其对研究者的信息行为影响的研究。

（3）对于改善跨学科信息行为效率的解决方法的研究不多，对现实的指导意义不强。

（4）目前有关跨学科个人信息行为的研究主要关注信息的获取、沟通与共享维度，对于信息的理解维度鲜有涉及，但是跨学科信息使用最大的障碍在于如何理解搜寻到的信息或者知识，只有理解了才能转移、应用所获得知识，完成一个完整的信息行为周期。以上需求是设计信息搜寻系统时值得考虑的。

6.4　跨学科协同信息行为研究

跨学科协同信息行为的研究还存在以下需要进一步研究的问题：

（1）情景对跨学科协同信息搜寻影响的研究。情景是人类信息行为背后的重要原因，信息行为情景是各类信息行为发生条件和环境的总和，包括技术、认知和社会等因素。情景可以"动态"地影响社会成员的物理、认知和情绪，在特定情景中，群体成员有着相似的认知体验。处于特定情景中的人，既可以共享物理空间，也可以共享概念空间，在信息共享中理解彼此的关系。跨学科情景多样，目前仅有很少的关于跨学科团队组织中和在线社群中协同行为的分析。

（2）基于信息视域的协同信息行为过程模型及实证。在跨学科协同中，学科间的差异和冲突导致难以找到所需要的共同基础。从信息视域视角来看，就是不同成员的信息视域差异大，导致难以理解嵌入在不同信息视域中知识的含义，因此需要致力于寻找填充信息视域缺口的途径。综观国内外相关研究发现，目前国内外以跨学科为协同信息行为背景的理论研究很少见，基于信息视域的信息行为研究主要集中于个体对象而较少涉及群体交互性的研究。

（3）围绕跨学科用户的需求，优化协同信息搜寻服务系统的设计。信息服务环境深刻地影响着用户的信息视域和信息搜寻的效果及效率。一个好的跨学科协同信息搜寻平台应该支持跨学科搜索中的信息探测、信息翻译、信息共享、沟通、协调、意义构建等行为，不仅要支持用户快速找到信息，也包括帮助他们理解和利用搜寻的结果，这需要围绕跨学科研究者的信息需求来进行优化设计。

参 考 文 献

［1］Wilson. Exploring models of information behaviour：the 'uncertainty' project［J］. Information Processing & Management，1999，35（6）：839-849.

［2］Sonnenwald D H，Whitton M C，Maglaughlin K L. Evaluating a scientific collaboratory［J］. ACM Transactions on Computer-Human Interaction，2003，10（2）：150-176.

［3］Sonnenwald D H，Iivonen M. An integrated human information behavior research framework for information studies［J］. Library & information science research，1999，21（4）：429-457.

［4］Meersman R，Tari Z，Herrero P，et al. Collaborative geo Visualization：Object-Field Representations with Semantic and Uncertainty Information［M］. OTM 2005 Workshops，2005：1056-1065.

［5］Savolainen R，Kari J. Placing the Internet in information source horizons. A study of information seeking by Internet users in the context of self-development［J］. Library & Information Science Research, 2004, 26(4): 415-433.

[6] Sonnenwald, Diane H. Evolving perspectives of human information behavior: Contexts, situations, social networks and information horizons[C]. Exploring the Contexts of Information Behavior Proceedings of the Second International Conference in Information Needs, 1999.

[7] Sonnenwald D H, Wildemuth B M, Harmon G L. A research method to investigate information seeking using the concept of information horizons: an example from a study of lower socio-economic students' information seeking behavior[J]. The New Review of Information Behavior Research, 2001(2): 65-85.

[8] Sonnenwald D H, Pierce L, G. Information behavior in dynamic group work contexts: interwoven situational awareness, dense social networks and contested collaboration in command and control [J]. Information Processing and Management, 2000 (36): 461-479.

[9] Wasserman S, Faust K. Social network analysis: methods and applications. [J]. Contemporary Sociology, 1994, 91 (435): 219-220.

[10] Evans L, Keeran P. Beneath the tip of the iceberg: expanding students' information horizons[J]. Research Strategies, 1995, 13 (4): 235-244.

[11] Rosvall M. Information horizons in a complex world[D]. Umeå, Sweden: Umeå University, 2006.

[12] Rosvall M, Sneppen K. Networks and our limited information horizon[J]. International Journal of Bifurcation and Chaos, 2007, 17 (7): 2509-2515.

[13] Shenton A K, Dixon P. Models of young people's information seeking[J]. Journal of Librarianship and Information Science, 2003, 35(1): 5-22.

[14] Chatman E A. Life in a small world: applicability of gratification

theory to information seeking behavior [J]. Journal of the American Society for Information Science, 1991(42): 438-449.

[15] Taylor R. Information use environments[J]. Progress in Communication Sciences, 1991(10): 217.

[16] Fisher K E, Naumer C M. Information grounds: theoretical basis and empirical findings on information flow in social settings[M]. Berlin: Springer Netherlands, 2006: 93-111.

[17] Huotari M L, Chatman E. Using everyday life information seeking to explain organizational behavior[J]. Library & Information Science Research, 2002, 23(4): 351-366.

[18] Savolainen R. Spatial factors as contextual qualifiers of information seeking[J]. Information Research, 2006, 11(4): 2005-2006.

[19] Dervin B, Greenberg B S. The communication environment of the urban poor. [J]. In Current perspectives in mass communication research. I(pp. 195-233). Beverly Hills: Sage, 1972(2): 58.

[20] Warner E S, Others A. Information needs of urban residents. final report. [J]. Community Surveys, 1973: 293.

[21] Johnson J D E, Case D O, Andrews J, et al. Fields and pathways: contrasting or complementary views of information seeking[J]. Information Processing & Management: An International Journal, 2006, 42(2): 569-582.

[22] Dervin B, Nilan M S, Jacobson T L. Improving predictions of information use: a comparison of predictor types in a health communication setting[M]. 1981.

[23] Dervin B, Jacobson T L, Nilan M S. Measuring aspects of information seeking: a test of a quantitative/qualitative methodology [M]. 1982.

[24] Johnson J D. Cancer-related information seeking[J]. 1997.

[25] Bandura A. Social foundations of thought and action: a social cognitive theory[M]. Social foundations of thought and action: Prentice-Hall, 1986: 169-171.

[26] Savolainen R. Everyday life information seeking: approaching information seeking in the context of "way of life" [J]. Library & Information Science Research, 1995, 17(3): 259-294.

[27] Reijo Savolainen. Source preferences in the context of seeking problem-specific information [J]. Information Processing & Management, 2008(44): 274-293.

[28] Webber S, Johnston B. Conceptions of information literacy: new perspectives and implications[J]. Journal of information science, 2000, 26(6): 381-397.

[29] Schultz-Jones B, Ledbetter C. School libraries as learning environments: examining elementary school students' perceptions [C]. 2009: 1-9.

[30] Isto Huvila. Analytical information horizon maps[J]. Library & Information Science Research, 2009(31): 18-28.

[31] Steinerová J. Methodological literacy of doctoral students-an emerging model[A]. In: Worldwide Commonalities and Challenges in Information Literacy Research and Practice. ECIL 2013. ConferenceProc. Ed. S. Kurbanogluetal [C]. Cham: Springer International Publ. 2013: 148-154.

[32] Tsai T. Source use behavior of first-generation and continuing-generation college students [D]. University of wisconsin-madison, 2013.

[33] 陈世娟, 唐牧群. 传播学领域研究生研究历程中之资讯寻求行为[J]. 图书资讯学刊, 2012, 9(2): 91-122.

[34] Goggins S, Erdelez S. Collaborative information behavior in completely online groups [J]. Collaborative Information Behavior: User Engagement and Communication Sharing, 2010: 109-126.

[35] Shah C. Advances in information science: collaborative information seeking[J]. Journal of The Association for Information Science and Technology, 2014, 65(2): 215-236.

[36] Taylor-Powell E, Rossing B, Geran J. Evaluating collaboratives:

reaching the potential (Tech. Rep.) [R]. Madison, WI: University of Wisconsin-Extension, 1998.

[37] Denning P J, Yaholkovsky P. Getting to "we." [J]. Communications of the ACM, 2008, 51(4): 19-24.

[38] Austin, A E, Baldwin R G. Faculty collaboration: enhancing the quality of scholarship and teaching [M]. San Francisco: Jossey-Bass, 1991: 4.

[39] Malone T W. What is coordination theory? [M]. Cambridge, Mass.: Massachusetts Institute of Technology, 1988.

[40] Himmelman A T. On the theory and practice of transformational collaboration: collaboration as a bridge from social service to social justice[J]. 1996.

[41] Mattessich P W, Monsey B R. Collaboration: What makes it work. A review of research literature on factors influencing successful collaboration. [J]. 1992: 57.

[42] Thomson, Marie A. Collaboration: meaning and measurement [J]. 2001.

[43] Shah C, Marchionini G. Awareness in collaborative information seeking[J]. Journal of the American Society of Information Science and Technology, 2010, 61(10): 1970-1986.

[44] Karunakaran A, Reddy M C, Spence P R. Toward a model of collaborative information behavior in organizations [J]. Journal of the American society for information science and technology, 2013, 64(12): 2437-2457.

[45] Reddy M C, Jansen B J. A model for understanding collaborative information behavior in context: a study of two healthcare teams [J]. Information processing & management, 2008, 44(1): 256-273.

[46] Reddy M C, Spence P R. Collaborative information seeking: a field study of a multidisciplinary patient care team [J]. Information processing & management, 2008, 44(1): 242-255.

［47］Kuhlthau C C. Inside the search process-information seeking from the users perspective ［J］. Journal of the american society for information science, 1991, 42(5): 361-371.

［48］Ellis D, Haugan M. Modelling the information seeking patterns of engineers and research scientists in an industrial environment ［J］. Journal of documentation, 1997, 53(4): 384-403.

［49］González-Ibáñez R, Shah C. A proposal for measuring and implementing group's affective relevance in collaborative information seeking［J］. Ibáñez, 2010.

［50］Morris M R. A survey of collaborative web search practices［C］. Sigchi Conference on Human Factors in Computing Systems. ACM, 2008: 1657-1660.

［51］Evans B M, Chi E H. Towards a model of understanding social search［J］. Computer Science, 2009: 485-494.

［52］Morris M R. Collaborative search revisited［C］. Proceedings of the 2013 conference on Computer supported cooperative work. ACM, 2013: 1181-1192.

［53］Talja S, Hansen P. Information sharing［J］. Information Science & Knowledge Management, 2006, 79(9): 45-55.

［54］Talja S. Information sharing in academic communities: types and levels of collaboration in information seeking and use［J］. New Review of Information Behavior Research, 2002(3): 143-159.

［55］Sonnenwald D H, Maglaughlin K L, Whitton M C. Designing to support situation awareness across distances: an example from a scientific collaboratory ［J］. Information Processing & Management, 2004, 40(6): 989-1011.

［56］Blake C, Pratt W. Collaborative information synthesis［J］. Proceedings of the American Society for Information Science & Technology, 2002, 39(1): 44-56.

［57］Hansen P, Järvelin K. Collaborative information retrieval in an information-intensive domain［J］. Information Processing & Management, 2005, 41(5): 1101-1119.

[58] Poltrock S G J D. Information seeking and sharing in design teams [Z]. Sanibel Island, 2003.

[59] McKenzie P J. A model of information practices in accounts of everyday-life information seeking [J]. Journal of documentation, 2003, 59(1): 19-40.

[60] Pirolli P. An elementary social information foraging model[C]. Proceedings of the SIGCHI Conference on Human Factors in Computing Systems. ACM, 2009: 605-614.

[61] Cummings J N, Kiesler S. Collaborative research across disciplinary and organizational boundaries[J]. Social studies of science, 2005, 35(5): 703-722.

[62]程莹. 研究型大学开展学科交叉研究的问题、模式与建议[J]. 科学学与科学技术管理, 2003, 24(11): 77-80.

[63] Palmer C(Ed.). Navigating among the disciplines: the library and interdisciplinary inquiry [Special issue] [J]. Library Trends, 1996, 45(2): 129-366.

[64] Jones M. Teaching research across disciplines: interdisciplinarity and information, literacy[J]. Interdisciplinarity & Academic Libraries, 2012.

[65] 马翠嫦, 曹树金. 信息分散下的信息行为——基于国外图书情报学领域跨学科研究的回顾[J]. 中国图书馆学报, 2014(1): 60-72.

[66] Fiscella J B, Kimmel S E. Interdisciplinary education: a guide to resources[M]. College Entrance Examination Board, 1999: 293.

[67] Mote L J B. Reasons for the variation of information needs of scientists[J]. Journal of Documentation, 1962, 18(4): 169-175.

[68] Packer K H, Soergel D. The importance of SDI for current awareness in fields with severe scatter of information[J]. Journal of the Association for Information Science and Technology, 1979, 30(3): 125-135.

[69] Murphy J. Information-seeking habits of environmental scientists：a study of interdisciplinary scientists at the environmental protection agency in research triangle park, north carolina[J]. 2001.

[70] Talja S, Vakkari P, Fry J, et al. Impact of research cultures on the use of digital library resources[J]. Journal of the Association for Information Science and Technology, 2007, 58 (11)：1674-1685.

[71] Weisgerber D U. Interdisciplinary searching：problems and suggested remedies (A report from the ICSTI Group on Interdisciplinary Searching) [J]. Journal of Documentation, 1993, 49 (3)：231-254.

[72] 李江. "跨学科性"的概念框架与测度[J]. 图书情报知识, 2014 (3)：87-93.

[73] 杨帆, 李泽霞, 韩淋, 等. 依托大装置的综合研究的多学科属性测度及其特征演化研究[J]. 中国科学院文献情报中心, 2011.

[74] 张金柱, 韩涛, 王小梅. 利用参考文献的学科分类分析图书情报领域的学科交叉性[J]. 图书情报工作, 2013, 57(1)：108-111.

[75] 代君、叶艳. 跨学科行动计划下的合作演进特征测度[J]. 图书情报知识, 2014(6)：75-90.

[76] Pennington D D, Simpson G L, Mcconnell M S, Fair J M, Baker R J. Transdisciplinary research, transformative learning, and transformative science[J]. BioScience, 2013(63)：564-573.

[77] Carlie P R. Transferring, translating, and transforming：an integrative framework for managing knowledge across boundaries [J]. Organization science, 2004, 15(5)：555-568.

[78] 王馨. 跨学科团队协同知识创造中的知识类型和互动过程研究[J]. 图书情报工作, 2014, 58(3)：20-26.

[79] Julie Thompson Klein, William H. Newell. Strategies for using interdisciplinary resources across K-16 [J]. Issues In Integrative

Studies，2002(20)：139-160.

[80] Foster A. A nonlinear model of information-seeking behavior [J]. Journal of the American society for information science and technology，2004，55(3)：228-237.

[81] Klein J T. Interdisciplinary needs：the current context [J]. Library trends，1996，45(2)：134-154.

[82] Palmer C L, Cragin M H, Hogan T P. Weak information work in scientific discovery [J]. Information Processing & Management，2007，43(3)：808-820.

[83] 潘曙光. 信息偶遇研究[D]. 重庆：西南大学，2010.

[84] Foster A, Ford N. Serendipity and information seeking：an empirical study [J]. Journal of Documentation，2003. 59(3)：321-340.

[85] 王知津，韩正彪，周鹏. 非线性信息搜寻行为研究[J]. 图书馆论坛，2011(6).

[86] Judith S. Olson, Erik C. Hofer, Nathan Bos, et al. A theory of remote scientific collaboration [J]. Scientific collaboration on the internet，2008：1-73.

[87] Jarvenpaa S, Leidner D. Communication and virtual trust in global virtual teams[J]. Organization Science，1999，10(6)：791-815.

[88] 李枫林，臧颖. 网络消费者协同信息行为研究[J]. 情报理论与实践，2011，34(10)：10-12.

[89] Gorman P, Ash J, Lavelle M, et al. Bundles in the wild：managing information to solve problems and maintain situation awareness [J]. Library trends，2000，49(2)：266-289.

[90] Weick K E. The collapse of sensemaking in organizations-The mann gulch disaster [J]. Administrative science quarterly，1993，38(4)：628-652.

[91] 陈伟. 科研情境下学术用户信息搜寻行为研究[D]. 南京：南京农业大学，2012.

[92] 王凤彬，陈建勋. 跨层次视角下的组织知识涌现[J]. 管理学报，2010(1)：17-23.

460

［93］叶艳. 基于信息视域的跨学科协同信息行为研究［D］. 武汉：武汉大学，2015.

［94］吴丹，邱瑾. 国外协同信息检索行为研究述评［J］. 中国图书馆学报，2012（6）：100-110.

【作者简介】

代君，博士，武汉大学信息管理学院副教授，硕士生导师。发表论文论著 30 余篇，大多为 EI、ISTP 检索或核心期刊。主持国家社会科学基金项目、武汉大学自主科研项目，参与国家自然科学基金项目多项。开设管理信息系统、信息系统建模、信息系统项目管理、项目计划与控制等课程。主要研究领域为信息行为、知识管理和管理信息系统。

郭世新，武汉大学信息管理学院研究生。

网络百科用户协作行为研究综述[①]

宋恩梅[1]　苏　环[2]

（1. 武汉大学信息管理学院；2. 河南省国防科技情报信息站）

[摘　要] 网络技术的迅猛发展改变了用户信息交流和信息共享的模式。网络百科作为 Web2.0 环境下大规模群体协作的典型应用，通过用户自发的协同写作创建了数量庞大且内容丰富的词条资源。本文首先简要介绍了网络百科平台以及网络百科质量研究的相关概况，而后对网络百科用户协作行为进行了界定，总结了网络百科用户协作行为模式，从协作程度指标和协作关系网络构建两个方面归纳了目前对网络百科用户协作行为定量化研究的方法，并对网络百科用户协作行为与词条质量之间关系的相关研究进行了梳理，最后提出今后研究可以拓展和深化的方向。

[关键词] 网络百科　用户协作行为　协作关系网络　协作程度　词条质量

A Review on Online Encyclopedia User Mass Collaboration Study

Song Enmei[1]　Su Huan[2]

（1. School of Information Management, Wuhan University；2. Intelligence Information Station of Scierce and Technology for National Defence of HeNan）

[**Abstract**] The dramatic development of network technology has

---

①　本文系国家社会科学基金项目"参与协作式情报空间的构建与应用研究"（10CTQ016）的研究成果之一。

considerably changed the patters of information communication and sharing. As a typical application of mass collaboration under Web2.0, online encyclopedias have created a huge number of resources with rich contents through users' spontaneous collaborative writing. This paper firstly outlines the online encyclopedia platforms and related research of their quality, and discusses the concept of online encyclopedia user mass collaboration. Furthermore, collaboration patterns as well as the quantitative methods applied in revealing collaboration which include determining collaboration degree indicators and constructing collaboration network are summarized. The question that how user collaboration affects the quality of online encyclopedia contents has increasingly aroused scholars' attention, therefore this paper also reviews the related research about it, and the future research directions are put forward at last.

[**Keywords**] online encyclopedia   user mass collaboration collaboration network   degree of collaboration   quality of encyclopedia articles

1 引　言

信息技术的发展改变了用户传统信息交流和信息共享的模式。21 世纪初互联网进入了 Web2.0 时代，以博客（Blog）、维基（Wiki）、微博（Twitter）、论坛（Bulletin Board System）、基于位置的服务（LBS, Location Based Service）等为代表的应用发展十分迅速，用户生成内容（UGC, User Generated Content）的规模急剧增加，信息的生产主体、生产方式、生产工具等方面发生了重大的变化。基于用户参与协作的应用平台以其低成本的接入方式，便捷的操作流程使得用户有能力将自己掌握的信息有效地传递给更广泛的用户群体，因此受到越来越多用户的关注和喜爱。其中，网络百科（Encyclopedia Online 或 Online Encyclopedia）是用户参与协作式平台的典型代表，它依靠海量用户群体的协作，汇集用户的群体智慧，以在线编辑的方式，将信息有序地组织，并以网页的形式呈现给用户。关于网络百科的相关研究中，用户协作行为是其研究的重要组成部分，网络百科中内容生产的数量和质量都与用户协作行为有着密不可分的联系。因此研究探讨用户协作行为不仅对网络百科的内容增长速度和规模等机制有重要的意义，同时可以为网络百科内容质量的提高和完善提供参考和思路。

2　网络百科概述

网络百科是以网络技术为依托，将用户生产的词条内容有序地组织起来，摆脱了传统纸质版百科全书的束缚，使得信息整合和更新的速度更快，用户查询、浏览的途径和方式更加便捷。目前网络百科全书大致可以分为三类：开放型百科全书（又称维基类百科全书、基于 Web2.0 的网络百科）、整合型百科全书、传统百科全书的网络集成版[1]。其中开放型网络百科就是指维基百科、百度百科、互动百科等基于 Web2.0 技术，由用户协作编辑完成的在线百科。本文所指的"网络百科"即是指开放型网络百科。整合型网络百科主要包括两种形式：①将多种网络百科全书整合集成网站；②以某一百科全书为基础，并整合了其他的工具书，例如不列颠百科全书在线。传统百科全书的网络集成版是指将传统的纸质版百科全书进行数字化后变成了可以在线阅读的网络版，并不改变纸质版的内容。

2.1　典型网络百科平台

本文围绕开放型网络百科展开探究，比较具有代表性的网络百科网站包括维基百科、百度百科、互动百科、搜搜百科等。维基百科（Wikipedia）是一个内容自由、允许用户公开编辑且多语言版本的全球性网络百科全书协作项目，利用核心的 Wiki 技术使用户能简单地通过网页浏览器修改其中的内容[2]。"Wiki"在这里是指一种超文本系统，利用一系列的辅助工具支持用户群体进行协作式创作[3]。维基百科最早是在吉米·威尔士与拉里·桑格两人的合作下，于 2001 年 1 月 13 日在互联网上推出网站服务，并在 1 月 15 日正式开展网络百科全书的项目，由非营利机构维基媒体基金会负责运营维持①。维基百科允许用户在页面上进行浏览、创建、修改、删除等操作，参与编辑的用户自然而然形成一个社群，Wiki 系统为用户提供交流和协作的平台[4]。维基百科同以往的百科全书相比，有很大的不同和创新之处，不仅体现在维基百科的编辑方式，还包括编辑主体。以往的百科全书多是由各领域的专家、学者来完成编写，以此确保百科全书的权威性、准确性和真实性；而维基百科则打破了这种模式，所有的词条由普通用户进行编写，强调内容自由、协同编辑。维基百科并没有将希望寄托在专家上，而是大规模分散在独立个体的集体智慧上[5]，信息通过用户之间互相修改和评价的形式生成和维护[6]。同时维基百科的内容不仅仅局限于学术内容，也可以收录非学术内容。维基百科由来自世界各地的志愿者合作编辑而成，共有 285 种语言版本。据相关统计目前维基百科共收录了超过 3111 万的词条，其中英文维基百科以超过 454 万的词条数量排名第一[7]，中文维基百科的词条数目超过 80 万条[8]。中文维基百科网站于 2002 年 10 月投入使用，是起步较迟的语言版本。

百度百科是国内使用最广泛、用户基础最好的网络百科之一，于 2006 年 4 月 20 日正式上线，依靠百度公司多样丰富的平台资源，实现了与百度搜索、百度知道、百度贴吧等平台的融合，从不同层次上满足了用户需求。有关统计显示，在日常的搜索中，百度百科网站的访问量比例约占百科域名访问比例的 14.45%，人均页面访问量约为 3.55 个，位居百度图片、百度文库和百度新闻之前[9]。百度百科的品牌效应日渐显著，用户规模也在不断地增加。截至 2015 年 8 月 10 日，百度百科已经累计收录了 12200804 个词条，有超过 550 万的用户参与编辑。与维基百科类似的是百度百科允许用户对词条页的内容进行编辑，同时将用户的操作记录在历史版本中；不同的是维基百科为用户之间的协作提供了更多途径，如词条页、词条讨论页、用户讨论页、互助客栈等。

互动百科，原名互动维客，为潘海东博士于 2005 年 7 月 18 日所创建的商业中文百科网站，是融合了 Web2.0 元素的拥有知识产权的中文维客系统。截至 2015 年 4 月，互动百科已经发展成为由 900 万用户共同打造的拥有 1200 万词条、1200 万张图片、5 万个微百科的百科网站，新媒体覆盖人群 1000 余万人，手机 APP 用户超 2000 万。互动百科致力于打造领先的社会化知识媒体平台，提升用户使用的体验，改变用户分享知识的方式。在互动百科中用户之间的协作关系，一方面表现为对词条的编辑，另一方面表现为用户通过讨论版块发表自己的观点和看法同其他用户进行交流互动。

通过对相关文献的梳理，可以发现目前网络百科用户协作行为的研究对象较为集中，国外学者多以维基百科为研究对象，国内学者除了对维基百科开展研究外，同时对百度百科、互动百科等其他网络百科也有涉及，但维基百科仍是研究者们探究的热点和典型，究其原因主要有以下几个方面：①维基百科是网络百科中起步最早、最具代表性的百科之一，同时也是一部全球性的网络百科全书，用户基础广泛，其平台运行机制和管理模式也最为成熟，是用户协同写作平台的典范；②维基百科同百度百科、互动百科等其他网络百科相比，在用户协同创作的方式上有所差异，维基百科为用户提供了更加多样的互动机制和协作方式，使得研究用户协作行为更具有代表性；③维基百科中对词条质量有一套完整的评价指标和评价体系，能较为客观地评价词条的质量及其重要程度，有助于帮助研究者对用户协作程度进行横向比较。

2.2 网络百科的质量研究

网络百科中几乎全部内容都是开放的，任何人都可以进行修改和编辑，在内容的生产过程中没有直接的金钱和物质激励。因此，网络百科中内容的质量问题一直受到外界的广泛关注。同网络百科相比，传统的百科全书的撰写方式通常是由专家编写内容，经过审核以及同行评审后推出，这种方式在某种程度上减少了人们对于内容质量的担忧[10]。而在协同生产的网络百科中，词条内容的完善是在个人写作的基础上增加更多人的观点和智慧，并通过反复迭代的过程进行协同写作，对词条的内容质量采取共同控制的模式。由于用户之间具有平等的权利，因此在编辑过程中就有可能存在争议，并引起内容质量的混乱无序。同时，一些用户由于自身的利益和目的，对于内容进行恶意破坏，如插入虚假信息、广告宣传语、个人信仰等，由此造成了网络百科中词条质量的参差不齐，有些词条的质量较高，甚至可以进行学术引用，而有些词条的内容质量还很不完善甚至存在一些错误的内容，仍需要不断地改进提高。

为了建立一个相对完整、准确且观点中立的网络百科全书，通常网络百科会建立一整套质量控制标准和质量评价体系，来提高网络百科中词条的质量和可信度。例如维基百科社区建立了良好的指导规范，总体上坚持三个基本原则：观点中立、可查证和非原创。Chesney 认为维基百科词条总体上为用户提供了可靠、真实和有用的信息，是查找相关背景性知识的有力工具[11]。也有学者对网络百科中存在的质量问题进行了阐述，Lewandowski 等认为维基百科词条信息存在三个方面的问题：信息的易变性、内容与格式的准确性，以及偏见和鼓吹[12]。王丹丹将维基百科的组织模式和用户交流模式对维基百科词条质量的影响进行分析，提炼出以维基模式为代表的信息质量控制方式[13]。万力勇等以维基百科为例，分析了其控制质量的原则、标准和相关策略[14]。周学春从不同的研究视角对词条质量的相关研究进行了归纳总结，包括用户之间贡献不均衡、协调创作、网络结构、合作编辑、媒介关注等方面对词条质量的影响[15]。

网络百科信息质量另外一个备受关注的领域就是网络百科信息质量的评价。网络百科词条质量评价的相关研究在国外是一个热点，国外学者主要采用的研究方法包括用户调查、专家访谈、内容分析和多智能代理模拟等。国外对于影响百科词条信息质量指标的构建主要从基于信息视角和基于用户视角两个方面：①基于信息视角主要包括词条页面编辑指标。Chevalier 等基于页面的多项指标如文章字数、编辑者数量、编辑次数、编辑长度、引用数量、链接数、讨论页长度等设计了一个基于可视化的词条质量评价方法[16]。Nofrina 等从词条编辑和历史特征、有无参考文献、链向外部站点的超链接数、讨论页中的评论来评价词条的质量[17]。Gabriel 等认为文本长度、内部和外部链接数、图片密度、引文密度、章节密度是较为稳定的评价维基百科词条质量的指标[18]。②基于用户视角的指标。这类指标主要从页面编辑者和用户感知的角度进行构建[19]。从页面编辑者的角度研究编辑者的角色、权威性、所属领域等因素对其贡献内容质量的影响。Simidchieva等将用户的等级、所属领域和页面的质量相结合，认为用户等级越高，贡献的内容可信度越高，页面质量越好[20]。Chesney将用户领域知识和质量评价相结合，研究其对质量评价的影响[21]。用户感知角度方面，Arazy从完整性、准确性、客观性、表达性这四个维度出发研究用户对维基百科中词条信息质量的评价[22]。在国内，裘江南等利用决策树C4.5算法将评价维基百科词条质量转化为一个分类问题，并通过实验验证了其有效性[23]。丁敬达在对维基百科信息质量内涵和国内外评价研究进行概述的基础上，基于文献调研和维基社区，将有关实验或实证分析和理论研究相结合，构建了维基百科词条信息质量的启发式评价框架[24]。

除了百科信息质量的评价以外，影响百科词条质量的因素也开始引起关注，这方面的研究与百科信息质量的评价有着密切的关系，部分百科质量的评价指标在很大程度上也被看作为词条质量的影响因素，大致可分为两类：一类是词条本身的文本特征，例如词条长度、参考文献来源、引文密度、内部链接密度、外部链接密度、图片密度等；另一类是词条的编辑特征，例如编辑次数、编辑人数、合作强度、编辑协调度、编辑者名气等。其中，后一类因素也被归属于百科用户协作程度的指标当中。由此可见，除了词条本身的文本特征，学者们开始越来越多地从用户协作行为的角度来对词条质量的影响因素进行研究。

3　网络百科用户协作行为的含义

3.1　关于用户协作行为

用户群体协作是在互联网环境下分散、独立、具有不同背景的参与者，受到特定组织或个人的开放式召集，依靠共同的兴趣和认知自愿地组成网络团队，以网络平台，尤其是社会化软件为工具，显性或隐性地通过自组织方式协作完成高质量、高复杂性的团队作品[25]。网络环境下的用户协作行为是伴随着 Web2.0 产生的一种新型的互联网模式。Web2.0 时代的到来使得用户不再是单纯的信息接收者，而是扮演了信息的生产者、信息的传递者等多种角色，互联网越来越表现出自组织、去中心化、开放性、协作性、创造性等特征。大众的协同内容生产为互联网的发展注入了新的活力，基于用户协作的应用在取得巨大发展的同时也受到了人们的广泛关注。在 Web2.0 发展的推动下，用户协作应用得到了极大的发展，普通用户基于协作关系构筑成合作网络，共建有价值的作品，这种方式也被称作 Web2.0 用户协作。Web2.0 时代，用户是网络内容的主要生产者，并通过互联网在线展示分享自己创作的作品，在这种情况下用户之间共同合作一起创建内容就是用户协作生产内容，如网络百科、社会化问答平台、微博等。

用户协作的行为模式广泛地存在于商业、教学、软件开发等领域，在互联网中也存在着大量的实例，如维基百科（Wikipedia）就是用户协作的一个典型代表，维基网站上几乎所有内容都是由普通用户参与编写、维护和更新的，开放的创作环境和平等的创作机会使得维基百科在内容的数量和质量上都表现得十分优秀，其网站的访问量也居高不下。

3.1.1 用户协作行为的类型

随着 Web2.0 的应用、Wiki 技术、虚拟交互技术等的发展，用户协作行为逐渐成为一种更加普遍的模式，引起了越来越多的关注。个体知识技能的不足是形成用户协作的主要原因，有效的用户协作不仅需要有共同的目标或相互利益作为基础，同时需要建立适当的激励机制，来弥补用户额外的认知负担[26]。根据张薇薇的研究成果，将用户协作行为分为以下类型：①协作内容生产；②协作信息查寻与检索；③协作信息质量控制；④社群信息交流⑤。这些协作类型之间并没有明显的界限，在某种程度上相互交叉重叠。而现有的协作内容生产形式主要包括：协同写作[27]、协作知识创造[28]、协作标注[29]、多媒体协作生产等。

协作内容生产的例子很多，如网络百科、谷歌开源软件、Linux 系统、社会化问答网站(social Q&A)等，其中网络百科是基于协同写作的典型应用。Lowry 等认为协同写作是通过共同目标的指引，在共同编辑文档的过程中，反复协调、交流和解决争议的过程[30]。这一过程包含了多种要素：发起者、参与者、媒介或工具、创作活动、工作模式等。从地域和时间两个维度来看，协同写作属于异步异地的模式，即参与协作的用户分布在不同的地方，可在任意时间进行编辑，其协作的行为是交错进行的。同时所有的操作和更改都是可见的，是一种实时反馈的过程。

3.1.2　用户协作行为的特征

协作能创造出一种比个体收益简单相加更大的利益，即实现协同效应[31]。互联网的发展和革新有效地推动了用户协作模式的发展。通过上述的探讨，在互联网环境下用户协作行为是一种基于大规模用户的以自组织方式参与为主的群体协作模式。它具有以下特征：①参与者是相互独立分散的，具有多样化的知识背景、社会地位和兴趣爱好。参与协作的用户之间通常是不熟悉、陌生的，在协作过程中扮演的角色是模糊的、可互换的，在相互协作的过程中，加深对彼此的了解，并逐渐形成默契。②用户协作的过程是以任务为导向的，参与者对任务有共同的兴趣和认知。共同的兴趣和认知是用户参与协作的前提，并引导用户进行知识共享，更有助于形成高质量的作品。③参与者的参与行为是自发的，参与者之间的交互是自组织的，以多对多的交流模式为基础，并且参与者的贡献在数量和质量上均有所差异。即用户通过协作进行知识共享的行为是自发的，并不是受雇于某个组织或机构而进行的，用户之间的协作关系是错综复杂的，并没有固定的模式和关系，用户可以和其他任何用户通过协作而联系在一起，是一种多对多的交流模式。同时，由于用户本身的知识背景、知识储备和能力的差异，使得用户在自由创作过程中对任务贡献的数量和质量有所差异，小部分用户却贡献了大部分的内容，与此同时，由于贡献者本身资质的差异，以及用户协作程度的不同，导致用户协作的质量有所差异。④得益于

Web2.0 的发展，以网络平台为工具，为参与者提供一个开放、平等、自由的创作环境，实现用户之间的知识交流和分享。

作为自组织、开放式协作生产内容的平台，网络百科是用户协作生产和协作信息质量控制模式相结合的最具有代表的应用之一，其用户协作的模式和特征也更具有代表性：①任何人都可以浏览网络百科中的内容，通常可以以注册用户和匿名用户两种身份参与内容的编辑创作；②网络百科为用户提供了独立创作和交流的平台；③以多对多的协作模式为基础，任何用户都可以编辑不同的内容，同一内容也可以被不同的用户编辑；④参与协作的用户都是无偿贡献，没有物质激励，而是以精神激励为主，以创作高质量的词条内容为目标。

3.2 网络百科用户协作行为的界定

信息交流对于协调活动主体间的信息行为，以及协作生产的作品质量都有着重要的影响。网络百科中的信息反馈和协作，一方面可以表现为用户对词条的编辑，即主体对客体的作用，网络百科为用户提供了协作编辑的工具，任何人都可以参与内容的创作和编辑；另一方面还表现为成员间的讨论，如网络百科中的词条讨论页、用户讨论页或是互动交流版块。

在网络百科中用户的协作行为包括两种基本的方式，即编辑协作行为和讨论协作行为。编辑协作行为是指用户对词条页面中词条的编辑行为。词条(也称为条目)，即网络百科文章，包括所有的"百科全书式"文章以及目录索引(如年度大事记、列表等)，是网络百科全书的基本组成单元。通常，网络百科允许包括注册用户和匿名用户在内的所有用户创建网络百科中没有的词条文章，同时允许对已有的词条进行修改，如内容修改、删除冗余、更新内容、补充说明等，这些操作都会被网络百科所记录，作为词条的编辑历史进行存储。用户对词条页的所有操作都反映在了词条历史页面中，并按照修改的先后顺序依次进行排列显示。我们将不同用户相互协作对词条进行的上述行为称为编辑协作行为，用户在编辑协作的过程中使得词条内容越来越完善。每个用户通过共享知识和分享见解对词条进行编辑形成一个词条版本，其他用户在此基础上进一步编辑修改，因此用户编辑协作行为是一个循环反复的过程。在编辑协作的过程中，用户之间没有显性的交流，即用户之间没有围绕词条的编辑问题展开直接的讨论交流。这是一种隐性的交流方式，用户通过查看当前的词条内容或是先前的词条版本，发现词条中存在的问题和不足，并在此基础上进行修改完善，最终形成自己的版本。可以看出用户之间并没有直接进行对话和交流，而是通过编辑修改这种方式被网站所记录，所有用户都可以进行查看和再编辑，这是一种公开可追溯的行为。通过这种隐性的面向共同任务的交流和协作，用户之间形成了一种潜在的默契。

讨论页是特殊的网络百科页面，但并不是所有的网络百科都设置了此功能页面。如百度百科就没有设置此功能，而是依托品牌旗下的百度贴吧为用户之间的互动交流提供技术支撑；而维基百科则开设了此项功能，为每一个词条页和用户页都对应设立了讨论页。其中词条讨论页的主要功能是解决词条编辑过程中的冲突和争议，为用户提供一个交流互助和协商的平台，提高编辑的效率，避免由于个人因素而影响词条的质量。用户讨论页是针对用户个人主页而设置的交流版块，在网络百科中用户之间多数是陌生的，通过共同编辑或者维护词条而建立起联系。在这种情况下，网络百科为了加深用户之间的联系，形成更强的关系纽带，促进和维护网站的长久发展设立了用户讨论页，此页面中的用户可以就任意问题进行交流和探讨，并不仅仅局限于解决词条编辑过程中出现的问题。因此，结合上述对讨论页的探讨，本文所指的用户讨论协作行为主要是指词条页对应讨论页中用户的协作行为。词条讨论页中包含了所有对主题文章的讨论，讨论页的主要目的是从一种百科全书的观点来协助撰写更好的文章，任何问题、疑虑、怀疑、参考文献、有关文章的评论都可以在讨论页提出来[32]。用户通过词条讨论页，可将在编写过程中遇到的问题进行讨论，寻求其他用户的帮助，或是针对词条中的内容发表评论、提出质疑、发起讨论投票等。不同于直接在词条页面对词条进行编辑修改，用户讨论协作行为是一种显性的交流方式，借助词条讨论页面这个辅助工具，采取用户对话的形式，围绕着词条的内容或提高词条内容的质量进行交流互助，增加了用户协作的途径和协作的紧密度，能有效地解决用户之间的冲突，更好地帮助用户协作编写词条，是网络百科中一种重要的协作方式。

因此，我们将网络百科上用户的编辑协作行为和讨论协作行为统称为网络百科用户协作行为。此界定与网络百科用户的"贡献行为"[33]有关联但也有区别，后者主要包含创建新词条和对已存在词条进行编辑修订这两种形式，属于编辑协作行为的范畴但并未涉及讨论协作行为。Kittur 等[34]根据用户行为是否与百科词条直接相关，将百科用户的工作分为直接工作（direct work）和间接工作（indirect work）两类，前者指用户进行创建或编辑词条的工作，后者指用户讨论、管理系统事务及协调编写过程的工作。本文所指的协作行为与此界定较为相似，二者都同时考虑了编辑行为和讨论行为，不同之处在于协作行为仅专门针对词条，因而管理系统事务、协调编写过程等并不包含在其中。

从研究现状来看，对用户编辑协作行为的研究开始得最早也最多，而将用户编辑协作行为和用户讨论协作行为相结合的研究较少。目前网络百科为用户之间的交流和联系提供了便利的方式，如维基百科中讨论页"talk pages"以及用户页"user pages"。用户可以在词条讨论页以及用户讨论页中沟通交流、分享资料、讨论编辑以及提出建议等，是加强用户协作程度的一种途径。在国内的网络百科中，互动百科也效仿维基百科推出了词条讨论页板块，而百度百科借助其平台和资源优势在百度旗下的百度贴吧中专门建立了百度百科贴吧，供用户探讨有关词条编辑、质量提升过程中的问题。由此可见，用户协作行为已不仅仅包括用户之间协同编辑词条的协作编辑行为，同时还包括用户利用讨论页"talk page"（包括词条讨论页和用户讨论页）来协调编辑过程中遇到的问题及解决冲突等一系列的讨论协作行为。用户之间通过有效的沟通协调机制共同协作完成更高质量的词条。因而我们认为，在讨论网络百科用户协作行为时，将编辑协作行为和讨论协作行为同时考虑能够更全面地反映用户的协作行为。

3.3 网络百科用户协作行为的模式

从目前的研究来看，对于协作模式的划分主要集中在编辑协作行为。网络百科用户对词条进行的编辑操作有如下多种类型：①语句的创建、修订、删除；②链接的创建、修订、删除；③参考文献的创建、修订、删除；④词条版本的回滚。根据这些操作类型，参与编辑协作的用户角色可以划分为六种（如表1）[35]：①全能的编辑者，此种类型的编辑者在词条的编辑过程中扮演了多种角色，不仅为词条添加新的内容，对词条的内容进行修改和删除，同时对相关引用的链接和参考文献进行创建、编辑和修改，此类型用户参与编辑协作的频率要高于用户的平均参与频率；②监督者，此类型的用户对词条的编辑行为主要集中在对词条内容变化的监视上，及时发现错误的添加和修改，对词条版本进行回滚，有效维护词条内容的有序变化；③创建者，这部分用户参与协作的方式主要是添加、创建新的内容，很少对原有的内容进行修改和纠正，参与协作的方式较为单一，同时这部分用户参与协作的频率低于用户的平均协作频率；④内容的证明者，参与协作的方式以创建语句、链接和参考文献为主，参与协作的频率低于用户的平均值；⑤文字编辑者，参与协作的方式主要是对内容的修改和修饰，即在原有内容上进行纠错和更改；⑥清理者，对编辑过程中出现的不符合规范的内容进行移除，包括语句、链接和参考文献。

表1　　　　参与编辑协作的网络百科用户角色划分

编号	用户行为描述	角色标签
1	参与创作的行为方式多样：语句创建、修改、删除，链接和参考文献的创建、修改、删除。同时，参与协作网络的频率高于用户的平均参与频率	全能的编辑者
2	集中在词条版本的回滚，协作频率高于用户的平均值	监督者
3	集中在创建语句，很少有其他协作行为，协作频率低于用户平均值	创建者

474

编号	用户行为描述	角色标签
4	集中于三种行为：创建语句、创建链接、创建参考文献	内容的证明者
5	集中在语句的修改和修饰	文字编辑者
6	集中在移除内容，参考文献和链接	清理者

　　用户角色的划分说明了不同用户在网络百科词条的编辑协作中主要做了些什么，而用户行为模式则要进一步说明他们是如何来进行协作的。在对用户编辑协作过程中扮演角色进行探讨的基础上，Liu 等用聚类算法对用户编辑协作的模式进行了划分，共分为 5 种类型（如表 2）[36]：①内容证明者在语句、参考文献和链接的创建中均占主导地位，临时参与的编辑者在语句、链接和参考文献的修改上发挥重要作用；②全能编辑者在语句创建、修改和删除，参考文献创建和删除，链接创建、修改和删除中均占较高比例，而创建者在语句创建中则发挥重要作用；③与其他模式相比，临时参与的编辑者扮演了更为重要的角色，清理者在语句删除和链接删除中承担较高比例的工作；④全能编辑者在语句创建、修改和删除，参考文献创建，链接创建和删除中均占主导，文字编辑者在语句修订上发挥重要作用；⑤创建者主导了语句的创建，临时参与的编辑者在链接或语句的创建和修饰上发挥重要作用。

表 2　　　　　　　**网络百科用户编辑协作行为模式**

编号	协作模式描述
1	内容证明者在语句创建（72%）、参考文献创建（67%）、链接创建（77%）中占主导地位。临时参与的编辑者在语句、链接和参考文献的修改上发挥重要作用
2	全能编辑者在语句的创建（44%）、修改（40%）和删除（47%），参考文献的创建（70%）和删除（51%），链接的创建（36%）、修改（34%）和删除（41%）中均完成较高比例的工作。创建者承担了 23% 的语句创建工作

编号	协作模式描述
3	临时参与的编辑者在语句的创建(48%)和修改(56%)，参考文献的创建(58%)和修改(50%)上均完成较高比例的工作。清理者在语句删除(58%)、链接删除(51%)中完成较高比例工作
4	全能编辑者占主导，完成语句的创建(75%)、修改(58%)和删除(74%)，参考文献创建(90%)，链接的创建(69%)和删除(63%)等工作。文字编辑者承担了24%的语句修改工作
5	创建者在语句创建(53%)中占主导。临时参与的编辑者在参考文献和链接的创建中发挥重要作用。文字编辑者承担了24%的语句修改工作

这种协作模式的划分依据是百科用户在编辑操作上的角色类型及其在编辑活动中所承担的任务比例，这种方法在用户信息行为研究中较为常见。除此之外，其他角度的模式划分，以及针对用户讨论协作行为的模式划分都将是学者们有待继续研究的问题。

4 网络百科用户协作行为的揭示

网络百科用户的协作是一个动态的过程，如何对这一动态的群体行为的特征、演变等问题进行定量化揭示，一直都是学者们研究的重要内容。就目前的研究成果来看，这个方面的研究主要从以下两个方面展开：

4.1 网络百科用户协作程度指标

在网络百科中，用户的协作模式和协作关系相对复杂，对以往的研究进行归纳分析，可以从以下不同的方面构建衡量用户编辑协作程度的指标：①词条页页面编辑指标，包括总编辑次数、编辑次数随时间的分布、监督人员数、页面编辑时长、回退率等；②用户特征指标，包括词条页参与编辑的用户数、匿名用户/总用户等；③用户协作行为类型，包括两种大编辑和小编辑；④用户编辑协作频率，包括用户的平均编辑次数、月平均编辑次数、两次版本的平均时间间隔；⑤文本特征，包括页面长度、图片密度、段落标题密度、内部链接密度、外部链接密度、参考文献密度等(见表3)。

表3 用户编辑协作程度相关指标

	指标	描 述
页面编辑指标	总编辑次数	总编辑次数是用户对词条页进行编辑次数的总和，包括大编辑次数和小编辑次数
	编辑次数随时间的分布	编辑次数随月份和年份的变化
	监督人员数	对页面的编辑情况进行监督，通常页面的监督员越多，就能越快的发现词条编辑过程中的一些恶意破坏行为，有效地保证了用户协作的秩序
	页面编辑时长	页面编辑时长的计算是以页面编辑最近的时间减去页面编辑最早的时间，该项指标表示了页面受用户关注的持续程度，通常页面编辑时长越长，用户对该词条的关注度越持久，用户之间的协作程度可能越高
	回退率	页面回退操作的总次数，通常是衡量用户之间协作冲突的情况
用户特征指标	用户数	参与词条编辑的用户总数
	匿名用户/总用户	通常，在网络百科中参与协作编辑的用户可以是匿名用户也可以是注册用户，匿名用户和注册用户相比，其对词条的编辑多数是偶发的或是一时的兴趣，注册用户的协作行为更加稳定，此项指标表示匿名用户占总用户的比例

续表

	指标	描 述
用户协作行为类型	大编辑	通常网络百科将用户的编辑协作行为分为两种形式，一种是大编辑也称为大修改，另一种则是小编辑，当一个词条被用户密切关注着，或是其准确性出现问题时，通常会需要对词条内容进行大修改，这些修改是对词条意义的修改
	小编辑	小编辑也称为小修改，是网络百科中的一种特殊编辑方式，例如错别字的更正，格式和外观的改动，以及文本的重新排序(不改变文本内容的前提下)，任何对词条有意义的改动都不是小编辑
用户编辑协作频率	用户的平均编辑次数	通常以每个词条为单位，用户编辑次数的平均值
	月平均编辑次数	考虑时间因素以月为单位，计算用户的月平均编辑次数
	两次版本的平均时间间隔	词条两个不同编辑版本之间的时间间隔
文本特征	页面长度	词条页的字节数
	图片密度	词条页中图片总数与页面长度的关系
	段落标题密度	词条页中段落标题总数与页面长度的关系
	内部链接密度	词条页中内部链接总数与页面长度的关系
	外部链接密度	词条页中外部链接总数与页面长度的关系
	参考文献密度	词条页中参考文献总数与页面长度的关系

类似的，衡量用户讨论协作程度的指标包括以下几个方面：①词条讨论页编辑指标，包括词条讨论页总编辑次数、编辑次数随时间的分布、页面编辑时长、平均话题数；②用户特征指标，包括词条讨论页参与编辑的用户数、匿名用户/总用户、同时参与编辑和讨论的用户数、同时参与编辑和讨论的用户数/总用户数；③用户

讨论协作频率,包括用户的平均编辑次数、月平均编辑次数、两次版本的平均时间间隔;④用户讨论协作关系网络,包括网络密度、网络的度数中心势、网络的聚类系数等(见表4)。

表4 用户讨论协作程度相关指标

	指标	描 述
页面编辑指标	总编辑次数	用户对词条讨论页进行编辑次数的总和
	编辑次数随时间的分布	词条讨论页编辑次数随月份和年份的变化
	页面编辑时长	页面编辑时长的计算是以词条讨论页面编辑最近的时间减去页面编辑最早的时间,该项指标表示了页面受用户关注的持续程度,通常页面编辑时长越长,用户对该词条的关注度越持久,用户之间的协作程度可能越高
	平均话题数	词条讨论页中用户发起的话题总数
用户特征指标	用户数	参与讨论页编辑的用户总数
	匿名用户/总用户	参与讨论页编辑的匿名用户占总用户数的比例
	同时参与编辑和讨论的用户数	既参与词条编辑又参与讨论页编辑的用户数
	同时参与编辑和讨论的用户数/总用户数	既参与词条编辑又参与讨论页编辑的用户占总用户数的比例
用户讨论协作频率	用户的平均编辑次数	词条讨论页用户平均编辑次数的平均值
	月平均编辑次数	考虑时间因素以月为单位,计算用户对词条讨论页的月平均编辑次数
	两次版本的平均时间间隔	词条讨论页两个不同版本之间的时间间隔

续表

指标		描　述
用户讨论协作网络	网络密度	网络密度指的是"实际关系数"除以"理论上的最大关系数"
	网络的度数中心势	找到图中最大中心度的值，计算该值与图中其他各点中心度的差，从而得到了多个"差值"，再计算这些差值的总和，最后用总和除以理论上各个差值总和的最大可能值
	网络的聚类系数	整体网络中封闭三方组数量（number of closed triads）与三方组总量之比

　　学者们利用这些指标，选择某一个时间段用定量化方法对用户协作行为进行统计，挖掘用户协作的紧密程度及对词条内容的贡献。如 Voss[37]、Ortega 等[38]、黄令贺和朱庆华[39]在探究用户编辑协作时发现用户的贡献程度符合幂律分布的规律，即网络百科网站中小部分的用户贡献了网站的大部分内容，他们对推动网络百科平台的发展和内容的增长作出了重要的贡献，在某种程度上，这些用户的编辑协作程度更高。Wilkinson 等根据讨论页的编辑次数和参与编辑的用户数对用户协作程度进行衡量[40]。Kittur 等[41]、李小宇等[42]发现用户的编辑协作程度随词条创建时间的增长在逐渐地减少。

4.2　网络百科用户协作关系网络

　　除了协作程度指标测度以外，对于网络百科中用户协作行为的研究通常是构建用户协作关系网络，随后利用社会网络的方法来探究协作网络的特征[43]。社会网络是指社会行动者（social actor）以及他们之间关系的总和，其中社会行动者可以是个体、公司、组织、城市、国家等任何一个社会单位或社会实体，而这里所说的关系则是指行动者之间的联系，这种联系可以是贸易关系、外交关系，也可以是同学关系、友谊关系等[44]。对网络百科用户协作关系网络而言，行动者分为两类：一类是编辑页中参与词条编辑的用户，另一类是讨论页中参与讨论的用户，前者的网络关系是指用户在词条编辑页中共同参与同一个词条编辑的协作关系，后者的网络关系是指用户在词条讨论页中共同参与同一个话题讨论的讨论协作关系。

目前，国外关于用户协作网络构建的模式主要分为两种：①微观层面，主要是以某一词条为线索，以用户为顶点，用户对其他用户的修改编辑作为边，由此构建用户之间的协作关系网络[45]。通过对边赋予不同的权重，发现在协作编辑的过程中用户之间潜在的关系，以及扮演的不同角色。②宏观层面，此类研究主要是选择某些主题的所有词条或者某个时间段内的所有词条，以词条所形成的用户合作编辑的关系为基础来构建用户协作网络。通过这种方式，来发现用户协作所形成的网络特征以及合作模式[46]。同时，国外的不少学者利用可视化的技术将用户之间的协作关系进行展示，例如：Viégas 等设计了一款名为"history flow"的工具软件，能对词条页的编辑历史进行可视化[47]，同时在后续的文章中利用这一软件对用户讨论页中的交流行为进行可视化，发现在词条被逐步完善的过程中，用户对词条的编辑贡献行为在减少，但是用户之间的讨论行为在逐步提高[48]。除了编辑协作网络之外，有的研究者还以百科用户作为网络中的结点，用户在讨论页中的对话关系作为网络中的边，通过构建讨论协作关系网络来探讨用户的协作行为特征，如Nemoto 等基于用户讨论页中的互动关系，构建了用户讨论协作网络，通过计算用户讨论协作网络的度数中心度、聚类系数等指标来衡量用户之间协作的紧密程度[49]。

国内研究者对于网络百科用户协作关系网络的研究主要集中在宏观层面。苏东旭等利用百度百科中的用户编辑数据构建了用户之间的合作编辑网络，而后对网络的结构进行分析，揭示用户合作编辑网络的特点[50]。赵东杰等[51]以维基百科中高质量词条为研究对象，构建了用户编辑协作网络，通过对用户编辑协作网络的特征分析，表明用户在较长时间的编辑过程中逐步形成了具有相对稳定的交互网络，具有小世界和幂律特性。倪奕在维基百科中提取了有关计算机网络技术的相关数据，建立了计算机网络技术、计算机网络技术科学家以及计算机网络技术和相关科学家的关系这三种关系网络，并分别利用社会网络分析的方法对这三种网络进行研究[52][53]。万力勇选取百度百科贴吧为研究对象，根据用户之间的回复关系构建用户互动网络，并对网络结构、核心用户进行分析，对加强用户之间的互动提出了合理建议[54]。李欣荣比较分析了百度百科和谷歌开源社区的生产者合作网络和生产者-项目布尔二分网络，分析了这两种类型网络的差异以及原因，认为合作网络的差异主要是由于二者在生产过程中的差异所导致的，而生产者-项目布尔二分网的差异主要是因为百度百科用户参与编辑的门槛低，生产难度小[55]。除了单独侧重于编辑协作行为或讨论协作行为以外，有的研究者则是将用户编辑协作行为和用户讨论协作行为相结合，如肖奎基于中文维基百科中的用户讨论页，建立了用户协作网络，并结合词条页的用户编辑协作特征——编辑次数、用户类型、用户数、词条长度、图片数等对用户协作行为对词条质量的影响构建模型，对样本数据集进行测试评价[56]。

5　网络百科用户协作行为与词条质量之间的关系

网络百科作为一个协作编辑和交流的平台，用户的群体协作行为对词条的质量必然有着直接的影响，这已成为普遍的共识。如2.2中所述，在网络百科质量的影响因素研究中，用户协作行为已逐渐为研究者们所关注。目前这个问题的研究主要从两个层面展开：一是选取不同质量等级的词条样本，通过比较不同质量等级的词条在用户协作模式及表征用户协作行为指标上的差异（如编辑次数、编辑用户数、用户协作网络聚类系数等），进而分析用户协作行为与词条质量之间的关系；二是从时间维度上对同样的词条进行质量成长考察，分析这些词条在质量提升过程中用户协作的社会资本对其产生的影响。这两个层面的研究区别在于，前者是从静态角度对不同质量等级的词条进行横向比较，后者是从动态角度对同一批词条从较低质量等级到较高质量等级的提升过程进行纵向考察。

目前国外学者的研究结果表明，高等级质量的词条与低等级质量的词条相比，其用户的协作行为会表现得更为紧密，协作程度也相对较高。如 Wilkinson 等通过实证研究发现英文维基百科高质量词条在词条编辑次数、参与编辑的用户数、用户讨论页的修订次数这几个方面有明显的优势，其中用户讨论页修订次数这个指标与词条质量之间的相关性比另外两个表征词条编辑属性的指标要更为显著[57]。Arazy 等也发现用户协作的紧密程度对词条质量具有显著的正向影响，说明用户之间的交流协作在高质量词条生成中具有重要的作用[58]。Liu 等利用聚类算法将英文维基百科用户协作模式划分为不同的类型，研究用户协作模式与词条质量的关系，研究结果显示用户协作模式与词条质量之间显著相关。在作者所划分的 5 种协作模式中，特色词条和 A 等级词条(二者在英文维基百科中属于质量等级较高的词条)比例较高的是全能编辑者占主导的模式及全能编辑者承担较多任务的模式，分别为 92% 和 49%；而临时编辑者承担较多任务或发挥重要作用的协作模式中，其特色词条和 A 等级词条的比例明显偏低，分别为 6% 和 4%[59]。这说明用户在词条编辑过程中的角色能力及其协作活跃程度与词条质量之间有着密切的关联。

在不同质量等级词条静态比较的基础上，有学者开始从动态的角度来考察用户协作行为对于词条质量等级提升的影响，使这个问题的探讨得到了极大的拓展。如 Nemoto 等对用户协作关系与词条质量的关系作出了假设并进行验证：第一，用户之间联系得越紧密，协作程度越高(用协作网络聚类系数作为衡量指标)，他们执行复杂任务的能力越强，进而能帮助词条更快地达到高质量的水平。第二，在词条质量等级提升进程中以某个较低等级的时刻为区分点，在此等级时刻之前用户的协作情况代表先前的社会资本，由此考察先前的社会资本对于词条在该等级时刻之后获得质量提升的影响。作者通过先前用户协作比例(作者自定义的指标，取值为后期参与协作的用户数占先前用户总数的比例)、协作网络度数中心势和协作网络聚类系数等指标来测度词条用户先前所积累的社会资本，利用 Cox 比例风险模型来判断一个词条在时刻 t 被提升的可能性。结果表明用户先前形成的社会资本越高，越有助于词条质量的提升[60]。

国内关于用户协作行为对词条质量影响的相关研究近几年也开始出现。肖奎以维基百科中文词条为研究对象，研究了编辑者属性与词条质量的关系。实验结果说明，基于对话的编辑者网络对词条升级为高等级的特色词条有着积极的影响。词条创建之前，对话者比例越大，编辑者网络聚类系数越大，编辑者之间越熟悉，词条升级为特色词条的速度就越快。究其原因，是因为编辑者网络是具有共同兴趣的编辑者群体，他们围绕专题展开群体协作，在维基百科专题内相互交流，他们的对话虽然对单个词条影响不够明显，但是对整个专题却影响较大。维基百科以专题的形式号召志愿者编辑新词条，完善现有词条，这是基于对话的编辑者网络促进词条质量提升的直接体现[61]。这与 Nemoto 等学者考察先前的社会资本对于词条质量提升影响的思路是一致的，而肖奎的研究对象是维基百科中文词条，其得出的结论也验证了 Nemoto 等针对维基百科英文词条的研究结论。

6 结 语

作为 Web2.0 环境下大规模群体协作的典型应用，网络百科已成为学界研究的热点。早期的研究中较多侧重于网络百科的质量评价和控制问题，关于网络百科用户协作行为的研究近年来开始日益为学者所关注，并取得了一系列的研究成果。今后的研究可在以下几个方面进行拓展和深化。

第一，目前大部分研究主要是针对网络百科用户的编辑协作行为，对用户讨论协作行为的探讨相对来说还比较少。为了能够全面反映用户的协作行为，需要加强对其讨论协作行为方面的分析，并进一步考虑如何将编辑协作行为与讨论协作行为进行整合研究。

第二，社会资本理论的引入为网络百科词条质量提升过程的纵向考察提供了很好的视角和方法，但对用户协作行为本身的动态演化仍缺乏深入的探讨，后续的研究需要进一步阐释，用户协作行为和协作关系随着时间推移是如何变化的。

第三，在研究对象上，对于英文维基百科研究得比较多，中文维基百科以及其他的中文网络百科研究得比较少。中文网络百科（如百度百科、互动百科等）上的用户协作行为是怎样的，不同语种和不同平台上的用户协作行为是否有差异，这些也是值得研究的问题。

第四，目前该领域的研究多以实证定量化研究为主，选取一定规模的百科词条作为样本，利用所抓取的词条样本数据来分析用户的协作行为。这类研究具有丰富的数据支持，并可对数据结果进行可视化呈现。但由于实证研究所采集的数据样本各不相同，各项研究所得出的结论尚缺乏普适性，需要在实证研究的基础上从理论层面进一步归纳提炼出更具通用性的用户协作行为模型，并探讨不同用户协作关系的形成机理。

参 考 文 献

[1]杨欣. 国内维基类网络百科研究[D]. 武汉：武汉理工大学,2012.

[2]维基百科[EB/OL].[2015-08-12]. https://zh. wikipedia. org/wiki/Wikipedia：首页.

[3]倪奕. 基于维基百科的社会网络分析技术研究[D]. 长沙：国防科学技术大学,2011.

[4]尹开国. 维基百科社群发展策略研究[J]. 图书情报知识,2007(3):95-98.

[5]Stvilia B, Twidale M B, Smith L C, et al. Information quality work organization in Wikipedia[J]. Journal of the American Society for Information Science & Technology, 2008, 59(6): 983-1001.

[6]田莹颖, 吴克文, 赵宇翔等. 维基百科信息内容评议模式及其对传统期刊评议的借鉴[J]. 情报理论与实践, 2010(12):92-96.

[7]维基百科-百度百科[EB/OL].[2015-10-10]. http://baike.baidu. com/link? url = jsO1ksX-pW5D4ScMI9cR0FOld2-GehDkqLXgE9 xg-8049LuwuAmh6sQ0wJzebGWKGN9HWkweEDcVjtSg7NI4k_.

[8] 维基百科 [EB/OL]. [2015-08-12]. https://zh. wikipedia. org/wiki/Wikipedia:首页.

[9] Alexa China [EB/OL]. [2015-08-11]. http://alexa. chinaz. com/index.asp? domain=baidu.com.

[10] 张博, 乔欢, 张新智. 协同知识生产社区内容质量评估研究综述——基于维基百科[J]. 情报杂志, 2015(2):180-187.

[11] Chesney T. An empirical examination of Wikipedia's credibility [EB/OL]. [2015-09-20]. http://journals.uic.edu/ojs/index.php/fm/article/view/1413/1331.

[12] Lewandowski D, Spree U. Ranking of Wikipedia articles in search engines revisited: fair ranking for reasonable quality? [J]. Journal of the American Society for Information Science & Technology, 2011, 62(1): 117-132.

[13] 王丹丹. 维基百科自组织模式下质量保证机制分析[J]. 情报科学, 2009(5):695-698.

[14] 万力勇, 赵呈领. 用户生成性学习资源的质量控制框架与策略研究——以维基百科为例[J]. 远程教育杂志, 2013(6):18-25.

[15] 周学春. 社会化媒介的价值, 机制和治理策略研究[D]. 武汉: 武汉大学, 2013.

[16] Chevalier F, Huot S, Fekete J D. WikipediaViz: conveying article quality for casual Wikipedia readers [C]// Proceedings of PacificVis 2010: IEEE Pacific Visualization Symposium. Taipei, Taiwan, China, 2010: 49-56.

[17] Nofrina H, Viswanathan V, Poorisat T, et al. Why some wikis are more credible than others: structural attributes of collaborative websites as credibility cues[J]. Observatorio (OBS *) Journal, 2009, 3(2):146-168.

[18] Gabriel D L C, Dekhtyar A. On measuring the quality of Wikipedia articles[C]// Proceedings of the 4th Workshop on Information Credibility (WICOW'10). ACM, New York, USA, 2010:11-18.

[19] 许博. 网络百科全书公众参与影响因素研究[J]. 科学学研究,

2011(5):665-669.

[20]Simidchieva B, Christov S. Quality evaluation of Wikipedia articles [R/OL].[2015-02-10]. http//upioad. wikimedia. org/wikipedia/commons/8/87/Group8 FinaiReport.pdf.

[21] Chesney T. An empirical examination of Wikipedia's credibility [EB/OL].[2015-09-20]. http://journals.uic.edu/ojs/index.php/fm/article/view/1413/1331.

[22]Arazy O, Kopak R. On the measurability of information quality[J]. Journal of the Association for Information Science & Technology, 2011, 62(1): 89-99.

[23]裴江南,翁楠,徐胜国,等. 基于C4.5的维基百科页面信息质量评价模型研究[J]. 情报学报,2012(12):1259-1264.

[24]丁敬达.维基百科词条信息质量启发式评价框架研究[J].图书情报知识,2014(2):11-17.

[25]吴克文. 互联网群体协作中冲突管理与改进设计——以维基百科为例[D]. 南京:南京大学,2013.

[26]张薇薇, 朱庆华. 开放式协作生产内容的可信性评估研究[J]. 情报资料工作, 2011 (6):21-26.

[27]Lowry P B, Curtis A M, Lowry M R. A taxonomy of collaborative writing to improve empirical research, writing practice, and tool development[J]. Journal of Business Communication, 2004, 41 (1): 66-99.

[28] Maleewong K, Anutariya C, Wuwongse V. SAM: semantic argumentation based model for collaborative knowledge creation and sharing system [C]// Proceedings of First International Conference, ICCCI 2009. Wroclaw, Poland, 2009: 75-86.

[29]Tosic M, Nejkovic V. Collaborative wiki tagging[M]//Pellegrini T, Auer S, Tochtermann k, Schaffert S (eds). Networked Knowledge-Networked Media: Integrating Knowledge Management, New Media Technologies and Semantic Systems. Springer, Heidelberg, 2009: 141-153.

［30］Lowry P B，Curtis A，Lowry，M R. A taxonomy of collaborative writing to improve empirical research，writing practice，and tool development［J］. Journal of Business Communication，2004，41（1）：66-99.

［31］吴莎. 互联网大规模协作知识网络演化机理与仿真［D］. 长沙：湖南大学，2010.

［32］维基百科：讨论页［EB/OL］.［2015-04-11］. http：//zh.wikipedia.org/wiki/Wikipedia：讨论页.

［33］黄令贺，朱庆华. 网络百科用户贡献行为研究综述［J］. 图书情报工作，2013（22）：138-144.

［34］Kittur A，Suh B，Pendleton B A，et al. He says，she says：conflict and coordination in Wikipedia［C］// Proceedings of the SIGCHI Conference on Human Factors in Computing Systems. New York：ACM Press，2007：453-462.

［35］Liu J，Ram S. Who does what：collaboration patterns in the Wikipedia and their impact on article quality［C］// Proceedings of 19th Workshop on Information Technologies and Systems. Phoenix，Arizona，USA，2009：175-180.

［36］Liu J，Ram S. Who does what：collaboration patterns in the Wikipedia and their impact on article quality［C］// Proceedings of 19th Workshop on Information Technologies and Systems. Phoenix，Arizona，USA，2009：175-180.

［37］Voss J. Measuring Wikipedia［C］// Proceedings of the Tenth International Conference of the International Society for Scientometrics and Informetrics. Amsterdam：Elsevier，2005：221-231.

［38］Ortega F，Gonzalez Barahona J M. Quantitative analysis of the Wikipedia community of users［C］// Proceedings of the 2007 International Symposium on Wikis. New York：ACM Press，2007：75-86.

［39］黄令贺，朱庆华. 百科词条特征及用户贡献行为研究——以百

度百科为例[J]. 中国图书馆学报,2013,39(203):79-88.

[40] Wilkinson D M, Huberman B A. Cooperation and quality in Wikipedia[C]// Proceedings of the 2007 International Symposium on Wikis. New York: ACM Press, 2007: 157-164.

[41] Kittur A,Suh B,Pendleton B A,et al. He says,she says: conflict and coordination in Wikipedia[C]// Proceedings of the SIGCHI Conference on Human Factors in Computing Systems. New York: ACM Press,2007: 453-462.

[42] 李小宇, 罗志成. 中文维基百科演化趋势与政策环境结构研究[J]. 情报杂志, 2009, 28(2):160-166.

[43] 黄令贺,朱庆华. 网络百科用户贡献行为研究综述[J]. 图书情报工作, 2013(22):138-144.

[44] 刘军.整体网分析讲义:UCINET 软件实用指南[M]. 上海:格致出版社, 2009.

[45] Brandes U, Lerner J. Visual analysis of controversy in user-generated encyclopedias[J]. Information Visualization, 2008, 7(1): 34-48.

[46] Tang L V, Biuk-Aghai R P, Fong S. A method for measuring co-authorship relationships in Mediawiki[C]// Proceedings of the 4th International Symposium on Wikis. New York: ACM Press, 2008: 1-10.

[47] Viégas F B, Wattenberg M, Dave K. Studying cooperation and conflict between authors with history flow visualizations[C]// Proceedings of the SIGCHI Conference on Human Factors in Computing Systems. New York: ACM Press, 2004: 575-582.

[48] Viegas F B, Wattenberg M, Kriss J, et al. Talk before you type: coordination in Wikipedia[C]// Proceedings of the 40th Annual Hawaii International Conference on System Sciences. Big Island, HI, USA, 2007: 1-10.

[49] Nemoto K, Gloor P, Laubacher R. Social capital increases efficiency of collaboration among Wikipedia editors[C]//

Proceedings of the 22nd ACM Conference on Hypertext and Hypermedia. Eindhoven, Holland, 2011: 231-240.

[50]苏东旭, 杨建梅. 百度百科合作网络的分形生长机制研究[J]. 计算机应用研究, 2010 (12):4520-4522.

[51]赵东杰, 郝黎, 李德毅, 等. 维基百科词条编辑特性研究[J]. 计算机科学,2011(S1):153-156.

[52]倪奕. 基于维基百科的社会网络分析技术研究[D]. 长沙: 国防科学技术大学,2011.

[53]倪奕,余淮,陈侃,等. 基于维基百科的社会网络分析研究[J]. 计算机技术与发展,2011(12):1-8.

[54]万力勇. 网络百科用户协同创作的互动机制研究——以百度百科贴吧为例[J]. 情报杂志, 2014(1):167-172.

[55]李欣荣. 百度百科与谷歌开源社区比较研究[D]. 广州: 华南理工大学,2011.

[56]肖奎.维基百科大数据的知识挖掘与管理方法研究[D]. 武汉: 武汉大学,2013.

[57] Wilkinson D M, Huberman B A. Cooperation and quality in Wikipedia[C]// Proceedings of the 2007 International Symposium on Wikis. New York: ACM Press, 2007: 157-164.

[58]Arazy O, Nov Oded. Determinants of Wikipedia quality: the roles of global and local contribution inequality[C]. // Proceedings of the 2010 ACM Conference on Computer Supported Cooperative Work. Savannah, Georgia, USA, 2010: 233-236.

[59] Liu J, Ram S. Who does what: collaboration patterns in the Wikipedia and their impact on article quality[C]// Proceedings of 19th Workshop on Information Technologies and Systems. Phoenix, USA, 2009: 175-180.

[60] Nemoto K, Gloor P, Laubacher R. Social capital increases efficiency of collaboration among Wikipedia editors [C]// Proceedings of the 22nd ACM Conference on Hypertext and Hypermedia. Eindhoven, Holland, 2011: 231-240.

［61］肖奎.维基百科大数据的知识挖掘与管理方法研究［D］.武汉：
武汉大学,2013.

【作者简介】

宋恩梅，女，1978 年生，管理学博士，
武汉大学信息管理学院副教授，硕士生导师。
研究方向为用户信息行为、信息资源管理，
在专业权威及核心期刊上发表论文 30 余篇，
主持和参加国家社会科学基金项目、国家自
然科学基金项目、教育部人文社会科学项目、
武汉大学人文社会科学研究青年项目等 10 余
项，出版专著 1 部，参编教材 4 部。

苏环，女，1989 年生，管理学硕士，研
究方向为用户信息行为，发表核心期刊及会
议论文 4 篇。现工作单位为河南省国防科技
情报信息站。

国外搜索日志分析研究述评

姜婷婷

(武汉大学信息管理学院)

[摘　要]搜索日志记录了用户与搜索系统的交互情况，是目前研究网络搜索行为的重要数据来源之一。本文以国外出版物上发表的搜索日志分析研究文献为对象，对搜索日志分析方法论以及相关实证研究进展进行了梳理与分析。研究发现：由数据采集、处理、分析三个阶段组成的搜索日志分析过程已经获得了广泛的使用，其中分析阶段包含三个分析层次，即关键词、查询式和搜索会话，几乎所有的相关研究都是在其中一个或多个层次上开展的；基于搜索日志这种数据形式进行的实证研究以探讨各种搜索系统的用户基本搜索行为为主，同时衍生出了丰富的研究主题；虽然研究人员非常注重分析结果的比较，但是过分依赖单一研究方法。在日志文件可获得的前提下，搜索日志分析研究未来可以考虑移动搜索、社会搜索、探寻式搜索等发展方向。

[关键词]搜索日志　搜索日志分析　关键词　查询式　搜索会话

A Review of Search Log Analysis Studies

Jiang Tingting

(School of Information Management, Wuhan University)

[**Abstract**] Search logs which capture users' interaction with search systems have become an important data source of current research on Web searching behavior. This paper presents a survey of the literature on search log analysis studies published in foreign publications. The methodology of search log analysis and related empirical studies are reviewed. Our analysis shows that the search log analysis process consisting of data collection, processing, and analysis has been adopted widely. The analysis stage further divides into three levels, i. e. term, query, and session. Almost all the empirical studies were conducted at one or more of these levels. Search logs have been used to explore users' basic searching behavior in various search systems, and a number of other research topics have also used this type of data. In spite of the emphasis on the comparisons of analysis results, researchers showed excessive reliance on the single method. Given the availability of log files, search log analysis studies may be seen in such research directions such as mobile search, social search, and exploratory search in the future.

[**Keywords**] search logs   search log analysis   terms   queries   sessions

1 引　言

随着网络的普及和搜索技术的发展，各类网络搜索系统已经成为人类日常生活和工作中获取信息最为重要的来源，这一现象也引起了学术界极大的研究兴趣。纵观信息搜寻与检索文献，搜索日志分析(search log analysis)是研究用户信息搜索行为最常见的方法之一，它利用网络服务器上的日志文件记录了真实用户与搜索引擎之间发生的所有交互，然后通过对日志文件中的"踪迹数据"(trace data)进行分析来了解用户行为，包括查询式的构建和重构、搜索结果相关度的评价、结果条目链接的点击率等方面[1]。这对于改进搜索引擎算法提升检索系统性能、改善界面设计和功能增强用户体验都具有显著的实际意义。

本文对信息搜寻与检索领域内大量的搜索日志分析研究进行了细致的梳理，希望能够全面反映人们依赖搜索日志这一特定形式的数据研究各类相关问题的情况。本文接下来将首先介绍 Jansen 提出的搜索日志分析方法论[2]，该方法论已经获得了广泛认可和采用；然后将系统回顾自 1998 年以来出现的搜索日志分析实证研究，并且按照主题特点将其划分为用户搜索行为研究和基于搜索日志的多样化研究；最后将深入讨论搜索日志分析作为一种研究方法的优势和问题以及以往相关研究的重要特征，并在此基础上对搜索日志分析研究未来的发展方向进行展望。

2 搜索日志分析方法论

2.1 搜索日志分析方法概述

搜索日志记录了在特定搜索片段内发生在搜索引擎和用户之间的所有交互，搜索日志分析是使用搜索日志里的数据研究相关问题的方法，涉及用户、搜索引擎或信息内容之间的交互[1]。作为一种方法论，搜索日志分析与社会学中的扎根理论（grounded theory）和心理学中的行为学派（behaviorism）具有一定的关联。一方面，扎根理论研究不倚赖理论假设，而是从数据搜集入手，在数据分析的过程中从编码到概念再到类别自下而上建立理论[3]；同样搜索日志分析也是基于对现实世界的观察得到结论并归纳出理论或模型。另一方面，行为学派研究关注的是可观察到的人类行为，而不是存在于他们脑海中的思想或感受，认为只有外在行为才能得到科学的描述[4]；而搜索日志中所包含的正是用户的信息搜索行为，这种行为可能是由用户自身的目标和需求驱动的，也有可能是对外界环境的反应。

搜索日志分析方法的起源可以追溯到 20 世纪 60 年代，当时的数据库检索系统出于监察管理、系统恢复等考虑会将用户使用系统的情况以事务日志（transaction logs）的形式记录下来，而人们分析事务日志的目的也仅限于系统性能评估。到了 20 世纪 70、80 年代，事务日志分析的意义延伸到用户行为研究，它不仅能够揭示用户在与系统交互的过程中是如何做的，而且还能够预测他们为了有效使用系统下一步应该做什么，这个时期内图书馆公共目录系统（OPAC）的引入也为分析提供了新的研究背景，并且延续至今[5]。在网络逐步走入人们日常生活的 20 世纪 90 年代，记录网站访问情况的网络日志（web logs）引起了人们的注意[6]，而搜索引擎的迅速普及使得网络日志分析很快聚焦于搜索日志分析这个子集。特别是在世纪之交的时候出现了一系列以当时主流网络搜索引擎为背景的开拓性搜索日志分析研究[7][8][9]，开启了基于日志数据研究网络搜索行为的新范式。

2.2 搜索日志分析过程

自 1998 年以来，人们对搜索日志的利用日益频繁，尽管所探讨的研究问题多种多样，然而在开展搜索日志分析的手段上彼此之间存在很多重合，只是未形成统一、可复制的模式。Baeza-Yates 等曾对搜索引擎使用数据的挖掘方法进行了专门探索，他们强调了数据预处理的必要性，提出了一个涵盖搜索会话、查询式、关键词、点进、URL、热度等关系的数据模型，试图将研究结果应用于查询式推荐系统和结果排序算法[10]。直到 2006 年，Jansen 正式提出了由数据采集、处理和分析三个阶段组成的搜索日志分析过程（如图 1 所示），并对各阶段所包含的任务内容进行了详细的描述，尤其是分析阶段的三个层次，即关键词（term）、查询式（query）和搜索会话（session）[2]，这也成为了相关研究纷纷遵循的方法指引。

2.2.1 数据采集

搜索日志是网络日志的一种特殊形式。目前最常用的网络日志格式主要有 NCSA 普通日志格式和 W3C 扩展日志格式，后者支持字段的定制，可以记录更为丰富的内容，例如用户身份、日期时间、请求资源及类型、来源页面、用户代理等[11]。作为网络日志的一个子类，搜索日志侧重于反映搜索交互的特点。除了常规的用户身份和日期时间以外，搜索日志中最重要的字段就是用户所提交的查询式，即他们在搜索框里输入的关键词组合。其他具有研究价

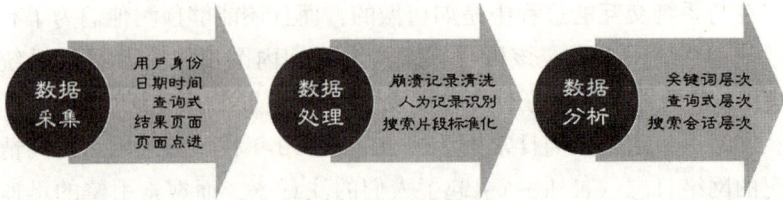

图 1　搜索日志分析方法论

值的字段还包括结果页面和页面点进(click-through)，其中前者是搜索引擎根据用户查询式返回的一组结果条目集合，后者是用户通过点击特定条目去访问的页面[12]。在数据采集时选取哪些字段应该依据研究问题而定。

2.2.2　数据处理

从服务器上获取的搜索日志原始数据在进入分析阶段前通常都需要经过一系列的处理。首先，日志文件中可能存在一定数量的崩溃记录，这是由于记录数据时发生了错误，如字段内容的缺失或错位。崩溃记录的筛查一般都依赖人工来完成，可以依次对所有的字段进行排序，错误数据会出现在每个字段列的两端或是聚集到一起。其次，日志文件还可能包含来自于计算机代理的查询记录，这对于人类行为研究没有价值。计算机代理的特征是在短时间内提交大量的查询式，因此可以规定一个阈值，比如认为连续提交查询式的数量不超过 100 个的才是真实的用户。最后一项工作是搜索片段(searching episode)的规范化。用户提交查询式、点击某个结果条目、查看外部网页，当再返回搜索引擎的时候，服务器会生成一条新的记录，其中查询式保持不变，只是更新了时间，这样会给查询式数量的统计带来误差，所以需要将日志文件中的查询式提交记录和结果页面请求记录区分开来，然后对同一个用户的相同查询式进行合并[2]。

2.2.3　数据分析

以上数据处理步骤有助于保证接下来数据分析的准确性。Jansen 的搜索日志分层分析框架是根据搜索交互的基本构成提出来的：关键词是对意义的表达，在形式上不可再分，是最小的单元；
查询式由一个或多个关键词组成，代表了用户的信息需求；搜索会
话是指用户为了实现特定搜索目标而进行的一系列活动，包括查询
式的提交和结果条目的点击，一段搜索会话中可能出现一个或多个
查询式。需要特别指出的是，关键词和查询式是可以直接从日志文
件中提取的；而如果一个用户拥有多个搜索会话，这些会话之间不
存在可见的边界，必须根据一定的机制来进行划分。一种方法是规
定一个会话时长阈值，凡是超过该时长的记录都划入下一个会
话[12]；另外一种方法是规定一个会话间隔阈值，如果两条相邻记
录之间的时间间隔超过该值，那么它们就属于不同会话[13]。

　　搜索日志分析可以在关键词、查询式、搜索会话这三个层次中
的一个或多个上进行，表 1 列举了各层次上值得考虑的分析指标并
简要描述了其具体内容[1][12]。

表 1　　　　　　　　　　搜索日志分层分析框架

分析层次	分析指标	分析内容
关键词	关键词总数	数据集中所包含的所有关键词的总数
	关键词频次	每个关键词在数据集中出现的总次数
	独立关键词	数据集中所包含的所有不同关键词
	高频关键词	数据集中出现频次最高的若干个关键词
	关键词共现	关键词两两出现于同一查询式的频次和概率
查询式	初始查询式	一个特定用户在搜索引擎中提交的第一个查询式
	改进查询式	由同一用户提交的不同于之前所有查询式的查询式
	相同查询式	由同一用户提交的与之前一个或多个查询式完全等同的查询式
	独立查询式	数据集中所包含的所有不同查询式
	重复查询式	数据集中来自于不同用户的相同查询式
	查询式复杂度	查询式语法分析，即用户对布尔逻辑或其他算符的使用
	查询式长度	组成一个查询式的关键词的个数

续表

分析层次	分析指标	分 析 内 容
搜索会话	会话长度	用户在一段会话中所提交查询式的个数
	会话时长	用户从提交初始查询式到最后离开搜索引擎之间的时长
	点进分析	用户通过点击搜索结果页面上的条目查看到的外部网页
	网页查看时长	用户从点击搜索结果页面上的条目到回到搜索引擎之间的时长

3　搜索日志分析实证研究

搜索日志是用户使用搜索系统留下的痕迹，搜索日志分析的主要目的就是研究用户的基本搜索行为，揭示他们如何利用系统满足自己的信息需求，对于实现以用户为中心的系统构建具有十分重要的意义。已有的大多数搜索日志分析研究都表现出这样的特征。但搜索日志也可以用于更为广泛的研究问题，可能涉及特定用户的特定行为，也可能通过用户行为反映特定的现象。因此，以下对搜索日志分析实证研究的综述将分为用户基本搜索行为研究和基于搜索日志的多样化研究两个主要部分。

3.1　用户基本搜索行为研究

3.1.1　通用网络搜索引擎相关研究

针对通用网络搜索引擎的用户基本行为研究始于 Hölscher 对德文搜索引擎 Fireball 的日志分析，该研究主要关注查询式结构[7]。紧随其后的是 Silverstein 等的 AltaVista 研究和 Jansen 等的 Excite 研究，关键词、查询式、搜索会话三个层次在基于这两个搜索引擎的日志分析中得以不同程度的体现，并且带来了较为相似的结果[8][9]。这些早期的开拓性研究揭示了搜索引擎发展初期的用户行为特征，其中普遍存在的特征包括：查询式长度很短、布尔逻辑算符使用比例很低、查询式改进不太常见、查看结果页面数量很少。此外，AltaVista 研究还发现高度相关的关键词通常都是固定搭配短语的组成部分，Excite 研究则显示关键词使用频率呈高度偏态分布，搜索主题呈现出多样化特点，其中与性相关的主题较为突出。

几年后 Jansen 等再次采集并分析了 AltaVista 的日志数据，通过对比 Silverstein 等的 AltaVista 研究反映出用户搜索行为的变化[14]：搜索会话和查询式长度都有所增加，表明用户与系统之间的交互增强；尽管交互频率增长，但是大多数的搜索会话时长都不超过 5 分钟；高频关键词所占的比例不足 1%，说明用户的信息需求变得更为广泛。

在搜索日志分析方法论确立的同时，Jansen 和 Spink 对 9 项搜索引擎日志研究的结果进行了元分析(meta-analysis)，这些研究开展的时间差距长达 5 年，其中涉及来自于美国和欧洲的 5 个搜索引擎[15]。他们对比了这些研究所报告的搜索会话长度和查询式长度，发现各搜索引擎差别不大，都是以只包含单一查询式的搜索会话和只包含单一关键词的查询式为主，且两者所占比例未随时间发生明显变化。然而在查询式复杂度和结果页面查看这两个方面趋势较为明显，即查询式高级算符的使用增加了，而针对每个查询式查看结果页面的数量减少了，同时美国搜索引擎的用户比欧洲搜索引擎的用户更常使用算符。查询式主题分析表明，人名、地名、事件、商业、旅游、就业、经济等相关主题的查询式所占比例稳步提升。

随后 Jansen 等将目光转向了元搜索引擎(metasearch engines)[16]，这种新型的搜索系统帮助用户同时搜索多个来源搜索引擎，增强了结果的多样性和相关度，避免了冗余操作。该研究分析了 Dogpile 元搜索引擎的日志数据，结果显示其用户的搜索行为与普通搜索用户相比表现出更强的交互性，他们的查询式更长，而搜索会话时长却更短，半数以上的会话不到一分钟，不过元搜索所涉及的主题范围与普通搜索类似。

相对于元搜索，多媒体搜索(主要包括图片、音频和视频搜索)受到了更多关注，基于不同搜索引擎的日志分析研究所得到的结论各不相同。在 Excite 中，多媒体查询式在所有查询式中所占的比例呈下降趋势，长度比非多媒体查询式更长，其中音频查询式比图片或视频查询式更多[17]。在 AltaVista 中，多媒体搜索比一般的文字性搜索要更加复杂，用户与搜索引擎之间的交互更明显，表现为更长的查询式和会话、更多的点进，但是查询式算符的使用率仍然较低[18]。在 Dogpile 中，图片搜索是多媒体搜索最主要的类型，多媒体搜索会话的时长很短，使用到的关键词很少[19]。此外还有一项图片搜索日志分析研究发现，描述性的和专题性的查询式比较普遍，布尔逻辑算符的使用很频繁，但并不是太有效，以至于用户需要改进查询式，而改进策略却显得不太成熟，大多都是试验性质的[20]。

以上所提及的搜索引擎，除 Fireball 外均为英文搜索引擎。在非英文搜索引擎研究中，基于中文搜索引擎 Timway 的日志分析非常具有代表性，因为除了常见的搜索会话、查询式、主题分析外，该研究还引入了针对中文的字符分析。分析所得到的会话长度与英文搜索引擎研究结果相当，但是中文查询式所包含字符的个数远高于英文查询式所包含关键词的个数，而整个数据集中的独立中文字符却远少于英文查询式中的独立关键词，这些差别可能来自于中英文词汇构成方式的不同。中文查询式中布尔逻辑算符的使用很少见，这可能与中文是表意文字有关[21]。另一项大规模的非英文搜索引擎研究分析了韩文搜索引擎 NAVER 的日志数据。该研究结果显示用户在搜索时比较被动，很少会去更改系统的默认搜索设置；用户的搜索行为也很简单，查询式很短，查看的结果页面很少，不常使用高级搜索功能；在改进查询式的时候，他们往往不会在原有查询式的基础上增加或删除关键词，而是改成完全不同的查询式[22]。

3.1.2　其他搜索系统相关研究

除通用网络搜索引擎外的其他搜索系统一般只能覆盖有限的用户范围并为他们提供特定类型的搜索服务。针对这些搜索系统的搜索日志分析更多是以了解系统使用情况为目的，例如 OPAC 功能升级效果监测[23]、数字图书馆搜索界面评价[24]等，这样得到的结论往往只对当前研究的系统适用。此外，由于系统本身或所获得的日志数据存在一定的特殊性，相关研究在形式和内容上都表现得更加个性化。

Sakai 和 Nogami 分析的搜索系统引入了 Wikipedia 链接结构，该系统鼓励用户开展探寻式搜索、寻求偶然发现，因而他们在研究中主要关注用户需求的转变，并发现需求转变一般都发生在同一查询式类别中，如从一个人（地）名到另一个人（地）名[25]。Wang 等从美国一大学网站获得了长达四年的搜索日志，通过对此纵向数据中的查询式、词汇、关键词关联、拼写错误等方面进行统计分析，他们发现查询式数量和主题呈现出季节性的变化，这可能受到了教学周期和本地活动的影响，但总体来说用户的搜索行为在四年间并未发生明显变化[26]。Han 等以一个图片数字图书馆为分析对象，其搜索日志中包括图片集合内部搜索数据和来自于搜索引擎的外部数据，他们分别针对内、外部搜索进行了高频查询式、关键词、关键词共现以及搜索算符使用情况分析，发现两者存在明显区别[27]。另外还有两项针对网站的研究[28][29]，数据是以事务日志的形式获取的，用于分析用户访问网站的整体情况，搜索行为只是其中一部分。

需要特别指出的是，移动搜索、社会搜索、垂直搜索是网络搜索发展的新领地，近年来这几个重要主题在搜索日志分析研究中也得以体现。

针对移动设备的搜索日志分析最早见于 2005 年，当时 Kamvar 等研究了 Google 移动搜索界面上的用户行为模式，包括 12 键的传统手机和全键盘的 PDA[30]；以 Kamvar 为核心的 Google 科学家团队在后续研究中还关注了用户移动搜索行为的变化趋势[31]，并且增加了对 iPhone 这种流行设备的分析[32]。他们的分析结果显示，移动搜索在查询式和会话长度、结果查看数量、搜索主题多样性等方面都不及电脑设备上的一般网络搜索，但是在用户行为演化的过程中这些方面都有增长的趋势，而且高端移动设备（如 iPhone）上的搜索行为已经比较接近电脑。此外，Baeze-Yates 等[33] 和 Yi

等[34]也先后对 Yahoo！的移动搜索日志进行了分析，他们的研究在三个基本分析层次之外还考虑了不同的语言或国家给移动搜索用户行为带来的区别，比如日语中不同的输入方式使得日语查询式比英语更短，而美国用户使用的查询式比国际用户更长。特别地，Yi等研究了移动设备上的语音搜索这一特有现象，发现语音查询式因为更接近自然语言而比文字查询式更长，并且集中于零售、本地、汽车、金融等主题类别[35]。

社交媒体既是流行的在线社交平台，也是人们获取信息的重要来源。为了研究著名微博网站 Twitter 上的用户搜索行为及其与一般网络搜索的区别，Teevan 等结合了搜索日志分析和搜索动机定性分析，发现 Twitter 上的搜索往往与时间（如突发新闻、流行趋势）或人物（如针对搜索者的定制内容、大众观点和看法）相关。与网络搜索相比，Twitter 用户提交的查询式更短、更常用、更零碎。Twitter 上的搜索重复性很高，因为人们希望对相关结果的更新进行追踪，而在网络搜索中他们则会围绕某一主题不断改进查询式。就搜索内容而言，Twitter 搜索结果中包含更多社交聊天和活动的内容，而在网络搜索的结果中则会更多地看到基本事实和导航性的内容[36]。

随着垂直搜索的逐步兴起，研究人员开始关注其特定形式之一——人物搜索。在人物搜索引擎日志数据的帮助下，Weerkamp 等针对人物搜索提出了一套分类方案，包括查询式、搜索会话和用户三个层次，并在各层次上识别出了不同的类型。该研究发现，人物搜索与一般网络搜索具有一些明显的区别，大量的人物搜索用户只输入单一关键词，只包含单一查询式的会话所占比例更大，而点进率更低，并且用户更倾向于点击社会媒体类结果[37]。

3.2 基于搜索日志的多样化研究

3.2.1 特定搜索行为相关研究

以上用户基本搜索行为研究旨在反映用户与各类搜索系统发生交互的总体特征，分析内容囊括了交互过程的各个方面。然而相关文献中也存在一些专门研究，聚焦于某一种特定的搜索行为，其中最受关注的是用户的查询式重构行为，其次还有他们获得搜索结果后的浏览行为，两者在基本行为研究中也都有所涉及。

利用搜索日志数据开展的查询式重构行为研究主要专注于重构模式分析。Rieh 和 Xie 很早就关注了查询式重构的模式顺序问题，他们从 Excite 的搜索日志中提取了包含多次查询式改进的搜索会话，分析得到了查询式重构的三个维度，即内容、格式和资源，大多数重构都涉及内容的改变，15% 的重构与格式改变有关。他们还通过顺序分析得到了 6 种重构模式，包括具体化重构、平行重构、一般化重构、动态重构、格式重构和替换性重构[38]。Jansen 等基于对 Dogpile 的搜索日志的研究将查询式重构模式划分为 8 种，其中"重构"和"帮助"占到了 45%，然后利用 n-gram 模型预测了查询式重构模式之间的转换，从而了解用户在什么时候需要帮助以及需要什么类型的帮助[39]。最近 Kato 等还利用 Bing 的日志数据专门研究了用户使用系统查询式建议的行为，结果显示用户在五种情况下使用比较多：初始查询式比较偏；初始查询式只包含一个关键词；查询式建议比较明确；查询式建议是对初始查询式的概括或错误修正；用户在第一个搜索结果页面上点击几个 URL 之后[40]。

在搜索结果浏览行为研究中，Jansen 和 Spink 基于搜索引擎 FAST 发现，用户面对大量的搜索结果时缺乏耐心，每次提交查询式后查看结果页面以及点进查看结果文档的数量都很少。他们认为用户的信息需求大多不太复杂，如果搜索引擎在索引和排序方面做得比较好，用户一般查看两个结果文档后就能找到所需信息[41]。Wolfram 基于 Excite 得到的结论与之比较接近，即用户基本上只会浏览前面一两个结果页面，不论他们在构造查询式时付出了多少努力[42]。

相关文献中还有一项针对用户重复搜索行为的研究，即再次查找以前曾经找到过的结果，这种行为是非常普遍的，而且可以根据用户以往的查询式和点进来进行预测。该研究结果表明，搜索结果排序的改变会降低用户重复点进的可能性或减慢他们重复点进的速度，因此搜索引擎应该依据用户的期望返回结果[43]。

3.2.2　特定搜索用户群体相关研究

以特定用户群体为对象开展研究是信息搜寻行为领域的常见做法。针对特定用户群体的搜索日志分析通常会明确指出研究对象，以期揭示其搜索行为特征，并且与普通网络用户搜索行为进行比较。这类研究所采用的日志数据可能来自于通用搜索引擎，也可能来自于专业搜索系统。

Torres 等试图研究儿童信息的搜索与普通信息的搜索之间可能存在的差别，前者的搜索主体一般为儿童。基于 AOL 搜索日志分析的结果显示：儿童在搜索时会用到更长的查询式，查询式构建过程中会更常用到自然语言、形容词和动词词组以及疑问句式；由于无法有效判断信息的相关性，儿童往往需要在搜索会话中提交更多的查询式并花费更多时间；此外，儿童的搜索表现相对较差，他们常常会点击排名更靠后的结果[44]。

Tsikrika 等关注的则是医学专业人士的图像信息搜索行为，旨在了解他们的典型信息需求及其查询式改进行为。该研究采用的日志数据来自于一家专门提供放射影像搜索的医学搜索引擎，分析揭示了"MRI"（核磁共振成像）、"CT"（计算机断层扫描）、"Ultrasound"（超声）、"Xray"（X射线）等高频关键词，这对于创建实际的医学视觉信息搜索任务十分有用。在查询式改进分析中，研究基于 5713 对包含共同关键词的相邻查询式发现，查询式改进的常见方法包括重构、扩展和细化，而且用户采用哪种方法与系统检索到的结果数量具有一定的关系[45]。

为了研究科技信息用户的搜索行为，Park 和 Lee 采集了科技信息检索系统 NDSL 一整年的搜索日志数据，并且明确地基于关键词、查询式、搜索会话这三个层次开展分析。结果表明：与网络搜索引擎的使用相比，该系统所接收到的查询式更加简短，搜索会话长度却要长得多；就会话时长而言，三分之一的会话不到一分钟，其成功率只有 17.1%，但随着会话时长的增加，成功率逐渐提高，超过一小时的会话能够取得 80% 以上的成功率；在搜索主题方面，70% 的会话都与生命科学、机械、医药等领域相关，高频关键词和经常共现的关键词也常常来自于这些领域[46]。

3.2.3 以查询式为中心的相关研究

查询式本身就是搜索日志分析中最重要的研究层次，但是相关文献中有研究将分析对象限定为特殊类型的查询式。Bendersky 和 Croft 将 MSN 搜索日志中长度大于 4 但不超过 12 的查询式定义为长查询式，并将其进一步划分为问句式、算符式、复合式、名词短语式和动词短语式，分析结果表明用户的点击行为与查询式长度、形式、频率都存在一定关系[47]。Pu 基于图片搜索引擎的日志数据研究了失败查询式，发现与成功查询式相比，失败查询式更长，差异性和独特性更明显，失败后用户会尝试改进查询式并以概念上的改进为主[48]。

另外，研究人员采取了多样化的方法来研究查询式。考虑到一天之中高峰时段和非高峰时段的区别，Beitzel 等对 AOL 搜索引擎日志中的查询式按小时进行分析，发现每小时里查询式重复率变化不大，大多数查询式出现的次数不多，高峰时段的查询式彼此之间更相似；此外他们还对查询式按其主题类别进行了分析，结果显示有的主题类别在关注度上变化显著，不同类别中的查询式也呈现出不同程度的相似性[49]。Hollink 等指出，从语义角度分析查询式更有助于确定查询式的含义以及会话中相邻查询式之间的关系。他们基于一家商业图片门户的搜索日志揭示了语义分析相对于语法分析的优势，特别是对于无法确定查询式改进类型的情况，因为很多查询式改进通常不包含相同的关键词[50]。查询式聚类可用于发现搜索引擎上的流行话题。Wen 等认为，如果用户在两个查询式所返回的结果中点进了相同或相似的文档，那么这两个查询式就是相似的，因而搜索日志可以为查询式聚类提供有用的数据。他们利用 Encarta 百科网站的搜索日志开展实验的结果显示，将基于关键词和基于点进的方法结合起来会达到更好的聚类效果[51]。

3.2.4 以搜索会话为中心的相关研究

研究搜索会话的前提是实现搜索日志中会话的自动识别。Göker 和 He 采取了间隔法，为了确定一个合理的间隔阈值，他们选取了多个阈值来处理日志文件，比较了每次不同长度会话的分布情况，并通过对比人工实验的结果发现最优的间隔取值应该在 11~

15 分钟[13]。他们在接下来的另一项研究中提出，实现会话自动识别更科学的方法是计算两相邻活动间发生会话转换的可能性，因此采用 Dempster-Shafer 理论并结合会话时间间隔和用户搜索模式类型这两个方面，对路透集团网站的搜索日志进行了会话识别实验，取得了较为理想的效果[52]。

以搜索会话为中心的研究并不多见，主要围绕会话特征展开。Wolfram 等采用聚类分析的方法研究了三种不同网络环境中的搜索会话特征，包括学术网站、普通搜索引擎和健康信息门户，发现不同网络环境中都普遍存在着三类会话，即聚焦特定主题的超短会话、关注流行主题的简短会话、使用模糊关键词且查询式改进频繁的持续性会话。特别地，利用学术网站搜索日志数据进行的纵向分析表明，随着时间的推移，第一类会话数量减少了而第二类增多了。了解搜索会话特征有助于系统针对不同类型的用户提供相应的搜索功能[53]。用户的领域知识水平是其搜索过程和表现的主要影响因素之一，而搜索本身能够令用户接触到更多的领域相关信息，从而提高其知识水平。Eickhoff 等利用搜索引擎日志文件深入分析了用户是如何在搜索中学习的，他们将分析的重点放在获取两类知识的搜索会话上，即关于如何做某事的过程性知识和关于某事物是什么的陈述性知识，研究了用户在特定主题上的查询语言和搜索行为的变化情况，发现会话中的学习可以在会话间延续，并且识别了对学习具有明显推动作用的那些会话和页面访问。在此基础上，他们还提出了一种能够自动预测页面访问对于用户领域知识增长重要性的方法[54]。

3.2.5 查询意图相关研究

近年来搜索日志成为了信息检索领域查询意图研究的重要数据来源之一。网络用户查询意图一般可分为"信息型"（即获取网页上信息）、"导航型"（即访问特定网站）和"事务型"（即实现交互活动）[55]。一系列研究对搜索日志中所包含的查询式进行了意图识别。Broder 发现三种类型的查询式所占比例分别为 48%、20%、30%[56]；与之相比，Rose 和 Levinson 的分析结果中信息型查询式略多、导航型查询式略少，且大部分的信息型查询式都是为了找到特定的商品或服务，而不是了解其相关信息[57]。Jansen 等的结论与之前的研究差别较大：约80%的查询式属于信息型，导航型和事务型查询式仅各占10%[58]；在一项后续研究中，Zhang 等得到三者之间的比例为12：1：2，并发现信息型查询式的数量在一天中的不同时间段变化很大，另外两种类型的查询式受时间影响不明显[59]。这些研究结果上的差异很可能是由不同数据集造成的。

早期的查询意图识别是基于人工判断的，为了实现大量查询式的快速分类，研究人员尝试了各种方法对查询意图进行自动识别。Pu 等从搜索日志中抽取一定数量的高频关键词作为分类特征[60]；Baeza-Yates 等基于 SVM 和 PLSA 模型，采取了先确定查询式目标内容再将查询式划分到 ODP（open directory project）相应类别中去的做法[55]；Jansen 等通过找出每种类型查询式的外在特征创建了自动分类算法，实验取得了74%的准确度[58]；而 Strohmaier 和 Kröll 的算法旨在从搜索日志中自动识别带有明确意图的查询式，从而抽取出多种多样的用户意图，可用于补充现有的人类目标常识知识库[61]。

3.2.6　搜索系统功能相关研究

在以用户为导向的搜索技术革新中，搜索日志为系统功能的探讨提供了最直接、可靠的用户数据。搜索引擎缓存技术能够降低服务器负担、加快响应速度，搜索引擎日志数据曾用于缓存机制的研究。Xie 和 O'Hallaron 基于 Vivisimo 和 Excite 这两个搜索引擎的日志数据研究了查询式的局部性，发现30%到40%的查询式都是之前已经提交过的。他们根据研究结果指出，广大用户普遍使用的查询式可以缓存在服务器端，而由同一用户提交的查询式可以缓存在用户端，前者应该缓存数天，后者只需缓存数小时就足够了，同时两者都可以考虑基于用户词典的预取操作[62]。Lempel 和 Moran 在研究搜索结果页面缓存时提出了 PDC（概率驱动缓存）方案，他们利用 AltaVista 的搜索日志评价了该方案，结果显示 PDC 优于 LRU、SLRU 等传统方案，而且如果整合预取技术能够大幅提高缓存命中率[63]。

聚类是组织搜索结果的有效方式，能够帮助用户快速识别相关结果，但是很多时候聚类产生的类别并不是用户感兴趣的，而且类名所提供的信息比较有限。对此 Wang 和 Zhai 提出了一种新想法，即针对一个查询式可以对与其相关的过往查询式及点进行为进行聚类，然后将该查询式对应的结果划分到那些类别中去，并用过往查询式来命名分类。他们利用 MSN 搜索日志开展的实验证明了该方法的有效性[64]。

查询式建议是一种有用的搜索帮助，能够解决用户构建查询式过程中的许多问题，以此为主题的搜索日志分析研究比较丰富，主要目的在于探索如何从日志中挖掘、抽取出可以用于建议的相关查询式。Huang 等尝试基于相似搜索会话中的关键词共现提供关键词的建议，而不是从检索的结果文档中抽取关键词[65]。Cui 等通过搜索日志挖掘来构建查询式关键词和网页文档关键词之间的概率相关性[66]。Shi 和 Yang 等利用改进的关联规则挖掘模型从搜索日志中识别相关查询式并按照相关度对其排序[67]。White 等比较了两种查询式改进技术，即传统的伪相关反馈和从搜索日志中抽取的流行查询式扩展[68]。Zhang 和 Nasraoui 将从搜索日志中挖掘出来的用户连续搜索行为作为搜索系统提供查询式建议的基础[69]。也有研究关注了特定语言和跨语言查询式建议。Jones 等专门根据日文搜索日志的特点探讨了日文相关查询式的自动生成[70]。Gao 等提出在计算两种不同语言的查询式之间的相似度时可以利用搜索日志里的关键词共现、点进数据[71]。此外，信息检索评价也曾用到搜索日志，考虑了不同用户的不同检索背景，区别于以往以检索到的文档为中心的评价方式[72]。

4　结论与展望

4.1　搜索日志分析研究方法讨论

从以上实证研究调查可以看出，搜索日志分析的引入，丰富了信息搜寻与检索领域用户信息行为研究方法，使得人们可以通过定量的方式分析并展示搜索用户的客观行为特征，从而给整个研究领域带了许多通过访谈、观察、调查、实验等传统方法无法获得的发现[73]。从数据采集的角度来讲，搜索日志实现了大规模数据的低成本采集，为研究人员准确识别用户的行为模式提供了可能。更重要的是，搜索日志属于"非介入性"的数据采集方式[74]，它对于出于个人真实目的而使用搜索系统的用户来说是不可见的，这样不会出现由于研究人员的介入而导致研究参与者搜索行为偏离实际的情况，保证了研究的效度。

然而，搜索日志分析方法的软肋也存在于数据采集阶段，因为日志数据的可获得性是采用这一方法的根本前提。众所周知，搜索日志作为研究数据公开发布曾遭到严重质疑，即使是匿名用户的身份也有可能通过他们的搜索内容识别出来，对用户隐私造成了威胁①。因此往往只有搜索系统内部人员或与之建立起密切合作关系的研究人员才能获得数据，这种排他性导致搜索日志分析研究难以复制，所得结果无从验证。此外，并不是上文提到的所有实证研究都基于比较理想的数据集，有的是日志数据比较陈旧，无法反映近期的情况；有的则是数据时长非常有限，最短的只覆盖了数小时，可能不足以得到稳定可靠的研究结论。针对搜索日志数据可获得性的问题，学术界已经进行了一些有意义的尝试，比如一项名为LogCLEF 的研究计划已经为跨语言评价论坛的参与者提供了多个搜索日志文件资源，其中包括中文搜索引擎搜狗的数据[75]。

4.2 搜索日志分析实证研究特点

近十多年来，信息搜寻与检索领域积累了大量基于搜索日志的实证研究，但却一直缺乏全面的回顾与整理。领域内引用最广泛的综述性文章发表于 2001 年，文中主要评价了 Fireball、AltaVista、Excite 三项开拓性研究，并提及了当时已有的一些网络搜索研究，主题可分为网站研究、搜索相关反馈、多媒体搜索、查询式关键词等[76]。本文中所囊括的研究则大多出现在这一时间以后，这些研究也因整个领域的发展和演进而表现出新的特点。

---

① http：//en. wikipedia. org/wiki/AOL_ search_ data_ leak.

在研究方法上，由关键词、查询式、搜索会话三个层次组成的分析框架得到了广泛的应用，几乎所有的相关研究都是在其中一个或多个层次上开展的。关键词层次上涉及的分析内容主要包括关键词频次分布、高频关键词、关键词共现等；查询式层次上包括查询式长度及复杂度、查询式主题分类、查询式改进等；搜索会话层次上包括会话长度及时长、结果页面查看、结果点进等。值得注意的是，不同的研究对某些分析指标的理解和处理方式可能存在差异。举例来说，Jansen 计算查询式长度时采用的是查询式中所包含关键词的个数，但是有其他研究人员采用的是查询式中所包含字符的个数；此外，对于亚洲国家的文字来说，由于不像英文单词间会有空格，将查询式分隔成关键词本身就是一个难题，给查询式长度的计算带来了挑战。

在研究模式上，现有的搜索日志分析表现出两个较为明显的特点。一方面，研究人员非常注重比较，包括横向比较和纵向比较，以 Jansen 和 Spink 的元分析研究[15]为代表。有的研究本身定位就是比较型研究，例如比较多个系统用户搜索行为之间的区别，或是比较特定系统在相当长一段时间内用户行为的变化。这往往对日志数据获取要求很高，要么可以接触到多个数据源，要么需要保证数据的时间跨度。大多数研究则都是在报告分析结果时与以往的研究进行比较，有基于同一搜索系统的，更常见的是比较特定系统或用户群体与通用搜索引擎或普通搜索用户之间的区别。而另一方面，研究人员过分依赖单一方法，即搜索日志分析。任何一种方法都存在其固有的不足之处，搜索日志分析是一种定量分析，可以客观反映用户的外在搜索行为，但却无法揭示行为发生的内在影响因素，因为日志文件捕捉不到用户的人口统计特征、搜索动机、情感认知特征或外界环境。已有相关研究基本仅仅停留于行为分析上，而进一步的探索有必要将搜索日志分析与定性方法结合起来，互相弥补不足。

在研究内容上，我们看到的是日益多样化的搜索日志分析。尽管利用搜索日志研究网络搜索行为已经成为一种成熟范式，但是研究人员逐渐意识到人类搜索行为具有高度复杂性，早期主要以通用搜索引擎为背景的浅层概况分析所带来的研究发现对于领域的发展推动力有限，因而他们开始扩展研究范围、细化研究主题。网站内部搜索系统、图书馆 OPAC、数字图书馆、元搜索引擎、多媒体搜索引擎、专业领域搜索系统、移动设备、社交媒体、垂直搜索系统等相继走进研究人员的视野，极大地丰富了搜索日志分析的研究背景，这也使得面向特定搜索用户群体的研究成为可能，如科技信息用户、医学专业人士、儿童等。同时，用户利用各类搜索系统满足信息需求过程中的不同阶段也获得了专门的关注，主要包括查询式的构建和重构、搜索结果的点进和查看等，其中不乏一些针对性很强的研究，深入探讨了特殊类型的查询式和搜索会话。特别要指出的是，目前搜索日志的利用已经超越了搜索行为研究，渗透到信息检索领域的查询意图和系统功能研究。

4.3 搜索日志分析研究发展趋势

综合考虑搜索日志分析研究相关文献、信息搜寻与检索领域的发展以及网络搜索技术的革新，本文认为搜索日志这种数据形式及其分析方法将在以下研究主题内获得更为广泛的应用。

移动搜索。移动设备已经成为人们上网的重要工具，在 2014 年 1 月的时候，美国人使用移动设备上网的时间超过了使用电脑上网的时间①；在中国，目前在手机设备上使用搜索引擎的用户规模为 4.06 亿，占所有手机上网用户的 77%②。以上提到的移动搜索日志分析开拓了新的研究方向，但是仍局限于普通搜索日志的分析手段，因而尚无法清晰反映移动设备的固有特征会给用户搜索行为带来的影响，如屏幕较小、物理鼠标和键盘消失、使用环境不确定等，而且移动用户的搜索动机和搜索类型本身就具有特殊性。此外，移动设备也为网络搜索带了新的选择：在查询式的输入方式上，除了文字输入，通过地理位置、语音、图像、手绘图形输入也

① http://www.pewinternet.org/2012/03/09/search-engine-use-2012/.

② http://www.cnnic.net.cn/hlwfzyj/hlwxzbg/hlwtjbg/201407/P020140721507223212132.pdf.

得以实现；搜索结果的展示方式也更为丰富，如地图映射、增强实境、语音输出等[77]。移动搜索日志无疑可以为这些方面的研究提供一定的实证数据，而如何改进分析方法以满足特定需求是值得研究人员思考的问题。

社会搜索。社会搜索可以分为直接和间接两种，前者指的是在搜索过程中从周围人那里寻求帮助，又称为协作式搜索；后者则是指利用各种社会性交互的信息搜寻和意义构建活动，这些交互可能是在异时、异地发生的，通过社会网络或聚合智慧的方式支持着信息搜索[78]。社交媒体作为流行的在线交互平台在过去十年内已经成为备受关注的研究对象，可是研究人员对其社会属性更感兴趣，即人们是如何利用社交媒体建立社会关系、实现相互交流合作的，而忽视了随之产生的信息资源。其实以社会性标签系统为代表的社交媒体更是表现出明显的信息属性，用户在这里存储并分享了海量的信息资源，也希望在这里发现并获取更多，同时他们为信息资源添加的社会性标签能够像查询式一样带来相关结果，创造了全新的搜索方式[79]。因此，来自于社交媒体的日志数据对信息搜索的研究也具有重要的价值。

探寻式搜索。移动搜索和社会搜索这两个研究主题在搜索日志分析的相关文献中已经有所体现，它们强调的是搜索环境的变化，而探寻式搜索的研究则是要揭示人类搜索模式的变化。已知条目的搜索可以满足明确的信息需求，具体的查询式能够带来准确的结果；可是复杂或模糊的信息问题很难一次性表述成恰当的查询式，因为用户对搜索目标所涉及的知识领域并不熟悉，或者不清楚如何才能达到目标，又或者目标本身就不明确[80]。所以搜索有可能并不单纯是为了获取信息，而更像是与之交织在一起的学习和研究，表现为一种非线性的探索过程，用户在这一过程中与搜索系统会发生深度的交互，通过查询式构建和搜索结果浏览的不断交替完成信息问题的识别、定义、解决以及答案陈述[81]。目前搜索日志分析比较偏向定量研究，并未清楚区分不同的搜索模式，而了解用户探寻式搜索行为需要加强查询式的改进或重构研究，特别是查询式主题的定性分析将有助于行为特征的抽取。

参 考 文 献

[1] Jansen B J. Understanding user-web interactions via web analytics [J]. Synthesis Lectures on Information Concepts, Retrieval, and Services, 2009, 1(1):1-102.

[2] Jansen B J. Search log analysis: what it is, what's been done, how to do it [J]. Library & Information Science Research, 2006, 28 (3):407-432.

[3] González-Teruel A, Abad-García M F. Grounded theory for generating theory in the study of behavior [J]. Library & Information Science Research, 2012, 34(1):31-36.

[4] Skinner B F. About behaviorism [M]. Random House LLC, 2011.

[5] Peters T A. The history and development of transaction log analysis [J]. Library Hi Tech, 1993, 11(2):41-66.

[6] Waisberg D, Kaushik A. Web analytics 2.0: empowering customer centricity [J]. The Original Search Engine Marketing Journal, 2009, 2(1):5-11.

[7] Hölscher C. How Internet experts search for information on the Web [C]// Proceedings of the World Conference of the World Wide Web, Internet, and Intranet, 1998.

[8] Silverstein C, Henzinger M, Marais H, Moricz M. Analysis of a very large Web search engine query log [J]. Sigir Forum, 1999, 33(1): 6-12.

[9] Jansen B J, Spink A, Saracevic T. Real life, real users, and real needs: a study and analysis of user queries on the web [J]. Information Processing & Management, 2000, 36(2):207-227.

[10] Baeza-Yates R, Hurtado C, Mendoza M, Dupret G. Modeling user search behavior [C]// Proceedings of the Third Latin American Web Congress, 2005.

[11] Booth D, Jansen B J. A review of methodologies for analyzing

websites [M] // Jansen B J, Spink A, Taksa I. Handbook of research on Web log analysis. Hershey, PA: Idea Group Incorporated, 2008:141-162.

[12] Jansen B J. The methodology of search log analysis [M] // Jansen B J, Spink A, Taksa I. Handbook of research on Web log analysis. Hershey, PA: Idea Group Incorporated, 2008:99-121.

[13] Göker A, He D. Analysing Web search logs to determine session boundaries for user-oriented learning [C] // Proceedings of the International Conference of Adaptive Hypermedia and Adaptive Web-based Systems, 2000:319-322.

[14] Jansen B J, Spink A, Pedersen J. A temporal comparison of AltaVista Web searching [J]. Journal of the American Society for Information Science and Technology, 2005, 56(6):559-570.

[15] Jansen B J, Spink A. How are we searching the World Wide Web? A comparison of nine search engine transaction logs [J]. Information Processing & Management, 2006, 42(1):248-263.

[16] Jansen B J, Spink A, Koshman S. Web searcher interaction with the Dogpile. com metasearch engine [J]. Journal of the American Society for Information Science and Technology, 2007, 58 (5): 744-755.

[17] Ozmutlu S, Spink A, Ozmutlu H C. Multimedia Web searching trends: 1997-2001 [J]. Information Processing & Management, 2003, 39(4):611-621.

[18] Jansen B J, Spink A, Pedersen J O. The Effect of Specialized Multimedia Collections on Web Searching [J]. Journal of Web Engineering, 2004, 3(3-4):182-199.

[19] Tjondronegoro D, Spink A, Jansen B J. A study and comparison of multimedia Web searching: 1997-2006 [J]. Journal of the American Society for Information Science and Technology, 2009, 60 (9): 1756-1768.

[20] Jörgensen C, Jörgensen P. Image querying by image professionals

［J］. Journal of the American Society for Information Science and Technology, 2005, 56(12):1346-1359.

［21］Chau M, Fang X, Yang C C. Web searching in Chinese: a study of a search engine in Hong Kong［J］. Journal of the American Society for Information Science and Technology, 2007, 58 (7): 1044-1054.

［22］Park S, Ho Lee J, Jin Bae H. End user searching: a Web log analysis of NAVER, a Korean Web search engine［J］. Library & Information Science Research, 2005, 27(2):203-221.

［23］Blecic D D, Bangalore N S, Dorsch J L, Henderson C L, Koenig M H, Weller A C. Using transaction log analysis to improve OPAC retrieval results［J］. College & Research Libraries, 1998, 59(1): 39-50.

［24］Jones S, Cunningham S J, McNab R, Boddie S. A transaction log analysis of a digital library［J］. International Journal on Digital Libraries, 2000, 3(2):152-169.

［25］Sakai T, Nogami K. Serendipitous search via Wikipedia: a query log analysis［C］//Proceedings of the 32nd International ACM SIGIR Conference on Research and Development in Information Retrieval, 2009:780-781.

［26］Wang P, Berry M W, Yang Y. Mining longitudinal Web queries: trends and patterns［J］. Journal of the American Society for Information Science and Technology, 2003, 54(8):743-758.

［27］Han H, Jeong W, Wolfram D (2014). Log analysis of academic digital library: user query patterns［C］// Proceedings of iConference, 2014:1002-1008.

［28］Connaway L S, Clifton S. Transaction log analysis of electronic (E-Book) usage［J］. Against the Grain, 2005:85-89.

［29］Huurnink B, Hollink L, Van Den Heuvel W, De Rijke M. Search behavior of media professionals at an audiovisual archive: a transaction log analysis［J］. Journal of the American Society for

Information Science and Technology, 2010, 61(6):1180-1197.

[30] Kamvar M, Baluja S. A large scale study of wireless search behavior: Google mobile search [C]//Proceedings of the SIGCHI Conference on Human Factors in Computing Systems, 2006: 701-709.

[31] Kamvar M, Baluja S. Deciphering trends in mobile search [J]. IEEE Computer, 2007, 40(8):58-62.

[32] Kamvar M, Kellar M, Patel R, Xu Y. Computers and iphones and mobile phones, oh my!: A logs-based comparison of search users on different devices [C]// Proceedings of the 18th International Conference on World Wide Web, 2009:801-810.

[33] Baeza-Yates R, Dupret G, Velasco J. A study of mobile search queries in Japan [C]// Proceedings of the International World Wide Web Conference, 2007.

[34] Yi J, Maghoul F. Mobile search pattern evolution: the trend and the impact of voice queries [C]//Proceedings of the 20th International Conference Companion on World Wide Web, 2011: 165-166.

[35] Yi J, Maghoul F, Pedersen J. Deciphering mobile search patterns: a study of Yahoo! mobile search queries [C]//Proceedings of the 17th International conference on World Wide Web, 2008:257-266.

[36] Teevan J, Ramage D, Morris M R. # TwitterSearch: a comparison of microblog search and web search [C]//Proceedings of the fourth ACM International Conference on Web search and data mining, 2011:35-44.

[37] Weerkamp W, Berendsen R, Kovachev B, Meij E, Balog K, De Rijke M. People searching for people: analysis of a people search engine log [C]// Proceedings of the 34th International ACM SIGIR Conference on Research and Development in Information Retrieval, 2011:45-54.

[38] Rieh S Y, Xie H. Patterns and sequences of multiple query

reformulations in web searching: a preliminary study [C]// Proceedings of the Annual Meeting of the American Society for Information Science, 2001:246-255.

[39]Jansen B J, Booth D L, Spink A. Patterns of query reformulation during Web searching [J]. Journal of the American Society for Information Science and Technology, 2009, 60(7): 1358-1371.

[40] Kato M P, Sakai T, Tanaka K. When do people use query suggestion? A query suggestion log analysis [J]. Information Retrieval, 2013, 16(6): 725-746.

[41]Jansen B J, Spink A. An analysis of Web documents retrieved and viewed [C]// Proceedings of the International Conference on Internet Computing, 2003:65-69.

[42] Wolfram D. A query-level examination of end user searching behaviour on the excite search engine [C]// Proceedings of the 28th Annual Conference Canadian Association for Information Science, 2000.

[43]Teevan J, Adar E, Jones R, Potts M. History repeats itself: repeat queries in Yahoo's logs [C]//Proceedings of the 29th Annual International ACM SIGIR Conference on Research and Development in Information Retrieval, 2006:703-704.

[44]Torres S D, Hiemstra D, Serdyukov P. Query log analysis in the context of information retrieval for children [C]// Proceedings of the 33rd International ACM SIGIR Conference on Research and Development in Information Retrieval, 2010:847-848.

[45]Tsikrika T, Müller H, Kahn Jr C E. Log analysis to understand medical professionals' image searching behavior [J]. Studies in Health Technology and Informatics, 2011(180):1020-1024.

[46] Park M, Lee T S. Understanding science and technology information users through transaction log analysis [J]. Library Hi Tech, 2013, 31(1):123-140.

[47]Bendersky M, Croft W B. Analysis of long queries in a large scale

search log[C]// Proceedings of the 2009 Workshop on Web Search Click Data, 2009:8-14.

[48]Pu H T. An analysis of failed queries for web image retrieval[J]. Journal of Information Science, 2008, 34(3):275-289.

[49]Beitzel S M, Jensen E C, Chowdhury A, Grossman D, Frieder O. Hourly analysis of a very large topically categorized web query log [C]//Proceedings of the 27th Annual International ACM SIGIR Conference on Research and Development in Information Retrieval, 2004:321-328.

[50] Hollink V, Tsikrika T, De Vries A P. Semantic search log analysis: a method and a study on professional image search[J]. Journal of the American Society for Information Science and Technology, 2011, 62(4):691-713.

[51]Wen J R, Nie J Y, Zhang H J. Query clustering using user logs [J]. ACM Transactions on Information Systems, 2002, 20(1): 59-81.

[52]He D, Göker A, Harper D J. Combining evidence for automatic web session identification [J]. Information Processing & Management, 2002, 38(5):727-742.

[53] Wolfram D, Wang P, Zhang J. Identifying Web search session patterns using cluster analysis: a comparison of three search environments[J]. Journal of the American Society for Information Science and Technology, 2009, 60(5):896-910.

[54] Eickhoff C, Teevan J, White R, Dumais S. Lessons from the journey: a query log analysis of within-session learning [C]// Proceedings of the 7th ACM International Conference on Web Search and Data Mining, 2014:223-232.

[55] Baeza-Yates R, Calderón-Benavides L, González-Caro C. The intention behind web queries [C]// Proceedings of the 13th International Conference on String Processing and Information Retrieval, 2006:98-109.

[56] Broder A. A taxonomy of web search [J]. Sigir Forum, 2002, 36 (2):3-10.

[57] Rose D E, Levinson D. Understanding user goals in web search [C]// Proceedings of the 13th International Conference on World Wide Web, 2004:13-19.

[58] Jansen B J, Booth D L, Spink A. Determining the informational, navigational, and transactional intent of Web queries [J]. Information Processing & Management, 2008, 44(3):1251-1266.

[59] Zhang Y, Jansen B J, Spink A. Time series analysis of a Web search engine transaction log [J]. Information Processing & Management, 2009, 45(2):230-245.

[60] Pu H T, Chuang S L, Yang C. Subject categorization of query terms for exploring Web users' search interests [J]. Journal of the American Society for Information Science and Technology, 2002, 53 (8):617-630.

[61] Strohmaier M, Kröll M. Acquiring knowledge about human goals from search query logs [J]. Information Processing & Management, 2002, 48(1):63-82.

[62] Xie Y, O'Hallaron D. Locality in search engine queries and its implications for caching [C]// Proceedings of the 21st Annual Joint Conference of the IEEE Computer and Communications Societies, 2002: 307-317.

[63] Lempel R, Moran S. Predictive caching and prefetching of query results in search engines [C]//Proceedings of the 12th International Conference on World Wide Web, 2003:19-28.

[64] Wang X, Zhai C. Learn from web search logs to organize search results [C]// Proceedings of the 30th Annual International ACM SIGIR Conference on Research and Development in Information Retrieval, 2007:87-94.

[65] Huang C K, Chien L F, Oyang Y J. Relevant term suggestion in interactive web search based on contextual information in query

session logs [J]. Journal of the American Society for Information Science and Technology, 2003, 54(7):638-649.

[66]Cui H, Wen J R, Nie J Y, Ma W Y. Probabilistic query expansion using query logs [C]// Proceedings of the 11th International Conference on World Wide Web, 2002:325-332.

[67]Shi X, Yang C C. Mining related queries from web search engine query logs using an improved association rule mining model[J]. Journal of the American Society for Information Science and Technology, 2007, 58(12):1871-1883.

[68]White R W, Clarke C L, Cucerzan S. Comparing query logs and pseudo-relevance feedback for web-search query refinement[C]// Proceedings of the 30th Annual International ACM SIGIR Conference on Research and Development in Information Retrieval, 2007:831-832.

[69]Zhang Z, Nasraoui O. Mining search engine query logs for social filtering-based query recommendation[J]. Applied Soft Computing, 2008, 8(4):1326-1334.

[70]Jones R, Bartz K, Subasic P, Rey B. Automatically generating related queries in Japanese [J]. Language Resources and Evaluation, 2006, 40(3-4):219-232.

[71]Gao W, Niu C, Nie J Y, Zhou M, Hu J, Wong K F, Hon H W. Cross-lingual query suggestion using query logs of different languages[C]//Proceedings of the 30th Annual International ACM SIGIR Conference on Research and Development in Information Retrieval, 2007:463-470.

[72]Zhang J, Kamps J. Search log analysis of user stereotypes, information seeking behavior, and contextual evaluation [C]// Proceedings of the 3rd Symposium on Information Interaction in Context, 2010:245-254.

[73] Case D O. Looking for information: a survey of research on information seeking, needs and behavior [M]. Emerald Group

Publishing, 2012.

[74]Webb E J, Campbell D T, Schwartz R D, Sechrest L.Unobtrusive measures[M]. Sage Publications, 1999.

[75]Agosti M, Crivellari F, Di Nunzio G M. Web log analysis: a review of a decade of studies about information acquisition, inspection and interpretation of user interaction[J]. Data Mining and Knowledge Discovery, 2012, 24(3):663-696.

[76]Jansen B J, Pooch U. A review of web searching studies and a framework for future research[J]. Journal of the American Society for Information Science and Technology, 2001, 52(3):235-246.

[77] Russell-Rose T, Tate T. Designing the search experience: the information architecture of discovery[M]. Morgan Kaufmann, 2012.

[78]Evans B M, Chi E H. Towards a model of understanding social search[C]//Proceedings of the 2008 ACM Conference on Computer Supported Cooperative Work, 2008:485-494.

[79] Jiang T. An exploratory study on social library system users' information seeking modes[J]. Journal of Documentation, 2013, 69 (1):6-26.

[80]Nolan M. IA column: exploring exploratory search[J]. Bulletin of the American Society for Information Science and Technology, 2008, 34(4):38-41.

[81]Marchionini G. Exploratory search: from finding to understanding [J].Communications of the ACM, 2006, 49(4):41-46.

【作者简介】

姜婷婷，博士，副教授，硕士生导师。2005 年获全额奖学金赴美国匹兹堡大学信息科学学院留学，2010 年取得由其颁发的哲学博士学位。2011 年作为引进人才进入武汉大学信息管理学院工作，2014 年开始担任武汉大学欧美同学会秘书长一职。目前研究方向为信息搜寻行为、信息构建、信息可视化及社会网络，已在

Journal of Documentation、*Journal of Informetrics*、*Journal of Information Science* 等国际高水平期刊和会议论文集上发表学术论文 20 余篇，并在 iConference、IA Summit、ICIS、ALISE 等会议上受邀发表主题演讲，另出版译著 2 部。现主持国家自然科学基金青年项目 1 项、教育部人文社会科学青年基金项目 1 项、百度公司委托研究横向项目 1 项。

信息安全行为研究：
文献综述与整合模型

孙永强

（武汉大学信息管理学院）

[摘　要]信息安全已经成为当今世界的一个重要问题，越来越多的企业开始实施一系列信息安全政策（Information Security Policy，缩写为 ISP）以预防因信息泄露而带来的潜在风险。由于信息安全政策的有效性很大程度上取决于企业内部员工是否严格遵循相关的信息安全政策，信息安全政策遵循行为受到学术界与实践界越来越多的关注。在本研究中，我们对信息安全政策的以往文献进行了系统综述，对阐述信息安全政策遵循行为的相关理论与影响因素进行了梳理，并提出了一个整合模型以指明未来的研究方向。具体而言，基于刺激-机体-响应框架（stimulus-organism-response framework，即 SOR 框架），研究提出社会刺激（包括政策设计、技术监控与社会环境）能够触发员工的认知与情感处理机制，并最终引发信息安全行为，进而影响个体与组织绩效。整合模型进一步指出个体特征（包括调节焦点与道德推理水平）将调节刺激、机体与响应之间的关系。该研究丰富了信息安全行为的研究文献，为未来的实证研究提供了理论基础，为实践提供了决策参考。

[关键词]信息安全　政策遵循　刺激-机体-响应框架　文献综述　整合模型

Information Security Policy Compliance:
A Critical Literature Review and an
Integrative Research Model

Sun Yongqiang

(School of Information Management, Wuhan University)

[**Abstract**] As information security has become a critical issue around the world, more and more organizations enact a variety of information security policies (ISPs) to avoid potential risks brought by information leak. As the extent to which employees would like to comply with these ISPs is closely associated with the effectiveness of policies, ISP compliance behavior attracts increasing practical and academic attentions. In this study, we provide a critical review of pervious literature on ISP compliance including the key theories and factors used to explain ISP compliance and propose an integrative research model to guide future research directions. Specifically, based on the stimulus-organism-response framework, we propose that social stimuli (including the design of policy, technology and environment) can trigger employees' cognitive and affective mechanisms which finally lead to their policy-related behaviors and individual and organizational performance. The proposed relationships may be moderated by individual characteristics. The paper provides insights into the field of ISP compliance behavior with further discussions on theoretical contributions and practical implications of the study.

[**Keywords**] information security policy compliance stimulus-organism-response framework literature review integrative model

1 绪 论

企业信息安全管理者的主要职责是设计并实施信息安全政策以预防来自于企业内部与外部的信息安全威胁[1][2][3][4]。最近的相关报告指出企业信息安全事故的主要诱因并非来自于企业外部的黑客攻击，而是来自于公司内部人并未严格遵循企业信息安全政策[5][6][7][8]。所谓企业内部人（organizational insiders）指的是由于工作惯例行为而对组织内部流程具有接入特许权与专业知识的企业员工[3][5]。因为企业员工在多大程度上愿意遵循企业信息安全政策与信息安全政策的有效性紧密相关[9][10]，以往大量文献致力于探究影响信息安全政策遵循行为的影响因素[3]。

以往研究从多个理论视角对信息安全政策遵循行为进行了解读。具体而言，有些学者将信息安全政策遵循行为视作一般个体行为的一个特例，运用那些可以解释一般个体行为的理论如理性行为理论（Theory of Reasoned Action，即 TRA）或计划行为理论（Theory of Planned Behavior，即 TPB）来解释员工的信息安全政策遵循行为[11][12]。另外一些学者则基于犯罪心理学或道德决策理论提出信息安全政策遵循行为可运用威慑理论（Deterrence Theory）来解释，即当企业员工预感到因违反信息安全政策而带来的惩罚的可能性与严重性越大时，其遵循信息安全政策的意愿越强烈[2][13]。其他学者则基于组织行为学相关理论提出信息安全政策遵循行为受到惩罚公正性[14]和社会键[15]的影响。尽管这些研究从不同角度阐明了员工信息政策遵循行为的潜在作用机理，目前的研究中尚缺乏融合多种理论观点的整合模型。

该研究试图弥补此研究缺陷并实现如下两个研究目的：第一，该研究将对已有文献进行系统深入的综述，厘清以往研究中的重要理论与关键因素并阐明不同理论观点之间的联系。第二，基于文献综述，该研究将提出一个整合研究模型以调和以往各种观点，并指明未来的研究方向。具体而言，基于以往研究的不足，整合模型将强调组织干预策略、情感机制、不同政策类型的作用，并进一步分析信息安全政策遵循行为对于个体绩效与组织绩效的影响。

2 文献综述

以往关于信息安全政策遵循行为的研究总体上可分为三个研究分支，每个研究分支都具有不同的研究侧重点与理论视角。这三个研究分支分别基于理性决策理论（包括理性行为理论、计划行为理论、理性选择理论、人际行为理论与保护动机理论），道德决策理论（包括威慑理论、惩罚理论、中和技术理论与道德发展理论）与组织理论（包括社会键理论、公平理论等）。我们将按照各个研究分支分别对以往研究文献进行综述。

2.1 理性决策理论

基于理性决策理论的信息安全行为研究的相关文献如表1所示。相对于后面将介绍的道德决策理论而言，理性决策理论关注于行为人自身的得失。在该理论框架下，理性行为理论或计划行为理论、人际行为理论（Theory of Interpersonal Behavior）、理性选择理论（Rational Choice Theory）以及保护动机理论（Protection Motivation Theory）被具体运用于实证分析之中。见表1。

表1   **基于理性决策理论的信息安全行为研究**

理　论	因素	文献
理性行为理论或计划行为理论	态度 主观规范 感知行为控制	[11, 12, 15-20]
人际行为理论	态度 情感 社会因素 使能条件 习惯	[21, 22]

理　　论	因素	文献
理性选择理论	遵循收益 遵循成本 违背收益 违背成本	［11，23，24］
保护动机理论	严重性 易感性 反应成本 反应效能 自我效能	［2，16，18，25-29］

　　这些理论之间存在着千丝万缕的联系，其演化过程如图 1 所示。理性行为理论提出个体行为由行为意愿决定，而行为意愿又进一步取决于态度与主观规范[30]。其中，态度指的是个体对于行为所产生的所有可能后果(包括积极的与消极的后果)的综合性评价，而主观规范指的是个体在执行某个行为时在多大程度上符合与其关系密切的重要人物的预期。理性行为理论虽然可以用于解释很多个体行为，但其适用于那些个体具有决策自主权的行为。然而，有时人的行为不仅取决于自身的行为动机，还取决于其是否具备执行行为的条件。为弥补理性行为理论的上述不足，Ajzen[31]修正了理性行为理论，提出将感知行为控制(perceived behavioral control)引入到原来的理性行为理论之中，并将修正后的理论称之为计划行为理论(TPB)，其中感知行为控制刻画了个体在执行某一行为时的难易程度。计划行为理论指出感知行为控制对个体行为既具有直接作用，又具有间接作用。一方面，个体对于行为执行难易程度的评估会影响到其行为意愿，并进一步影响其真实行为(即间接作用)；而另一方面，在某些情况下即使个体具备行为意愿，如果没有行为条件，其行为亦无法真实发生，所以感知行为控制也可以直接影响个体行为。除了指出态度、主观规范和感知行为控制对于行为意愿和行为的影响之外，TRA 与 TPB 进一步指出态度、主观规范和感知行为控制的前置变量。具体而言，行为信念、规范信念与控制信念分别影响态度、主观规范和感知行为控制。根据研究情景，确定

具体的信念(beliefs)作为三个 TPB 主要变量的前置变量的模型又称
之为分解的 TPB 模型(Decomposed TPB)[32]。见图 1。

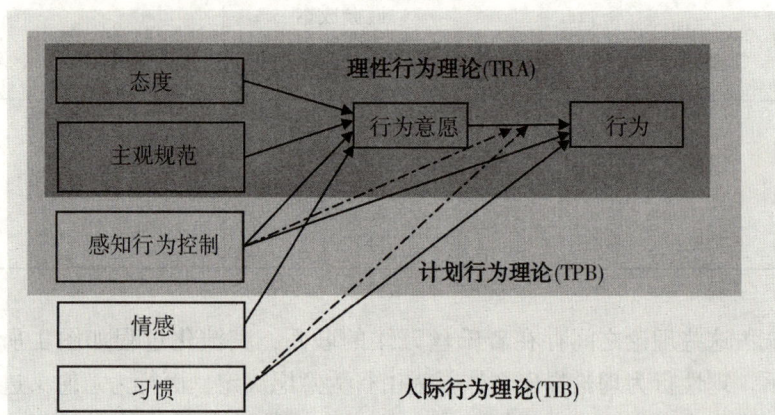

图 1　理性决策理论的演化

在对影响态度的行为信念进行分解时，理性选择理论(Rational
Choice Theory，RCT)为理解员工的信息安全政策遵循行为提供了
分析框架。RCT 指出企业员工可以在遵循信息安全政策与违背信
息安全政策两个行为之间进行抉择，而无论是遵循还是违背都会产
生相应的收益与成本，因此员工在进行决策时需要从遵循-违背与
收益-成本两个维度来综合考虑。如表 2 所示，员工在作出决策时，
需要在遵循收益、遵循成本、违背收益、违背成本四方面的因素之
间进行权衡取舍，当政策遵循行为带来的净收益高于政策违背行为
带来的净收益时，员工将对政策遵循行为产生积极的态度并致力于
政策遵循行为[11]。

在信息安全政策的文献中，TRA、TPB 与 RCT 经常被用作分
析信息安全政策遵循行为或违背行为的理论基础。具体而言，Hu
等[12]直接运用 TPB 来检验态度、主观规范与感知行为控制对信息
政策遵循行为的影响；Ifinedo [18] 将自我效能作为感知行为控制的
代理变量来检验其作用。其他研究利用分解的 TPB 模型与 RCT 来
分析态度的前置变量如遵循收益、遵循成本、违背成本[11][19]、感

528

知惩罚等[17][19]，见表2。

表2　　　　　　　　　　理性选择理论的分析逻辑

	政策遵循行为	政策违背行为
收益	遵循收益	违背收益
成本	遵循成本	违背成本

　　除了 TRA、TPB 和 RCT，Triandis[33] 的人际行为理论（Theory of Interpersonal Behavior，TIB）为分析个体行为提供了一个更全面的研究框架。人际行为理论在 TPB 的基础上增加了两个重要的影响因素：情感与习惯。尽管 TRA 和 TPB 能够很好地解析基于认知的有意识的个体行为，其并不适用于解释基于潜意识的冲动行为或习惯行为。人际行为理论指出，除了认知机制之外，情感机制与习惯机制同样重要。其中，情感指的是个体通过行为所获得的欢乐、兴奋、愉悦、沮丧、厌恶、不满、憎恨等情绪[22]，而习惯则指某个行为经过高频重复后变成一个自动的无需认知思考的行为。除了情感与习惯这两个因素外，人际行为理论中的其他变量虽然与 TRA 或 TPB 中的变量措辞不同，但表达的意思是相近的。人际行为理论用感知后果（perceived consequences）代替态度来刻画对行为后果的总体感知，用使能条件（facilitating conditions）代替感知行为控制来刻画与行为相关的外部条件，用社会因素（social factors）代替主观规范来刻画他人观点对行为的影响[22][34]。人际行为理论指出，感知后果、情感与社会因素影响行为意愿，而行为意愿又进一步与使能条件和习惯一起影响行为。与 TPB 所不同的是，人际行为理论认为使能条件和习惯将调节行为意愿与行为之间的关系。尽管在原始的人际行为理论中存在关于调节作用的描述，后期基于人际行为理论的实证分析论文却未能对调节作用进行检验。

　　在信息安全政策的文献中，Pee 等[22] 比较了 TPB 与 TIB 在预测非工作计算机使用行为（non-work-related computing behavior）的有效性，指出 TIB 比 TPB 更具预测能力。Moody 和 Siponen[21] 检验了

TIB 中的五个主要因素对非工作计算机使用行为的直接作用以及行为意愿、使能条件与习惯之间的交互作用。

除了 TRA、TPB、TIB 这些解释一般个体行为的理论之外，其他一些与研究情景紧密结合的其他理论也被引入到信息安全行为的研究之中。其中，Rogers[35] 的保护动机理论(Protection Motivation Theory，PMT)是运用最广泛的理论之一。PMT 最早源于健康行为领域，其用于解释人们是如何处理恐惧诉求(fear appeal)与威胁的。PMT 指出威胁处理过程由两个评估过程组成：威胁评估过程(threat appraisal)与处理评估过程(coping appraisal)(见图2)。威胁评估过程包括对于奖赏以及威胁的严重性与易感性的评价，其中奖赏是指非健康行为的积极作用，而严重性指的是非健康行为可能带来伤害的严重程度，易感性指的是个体感染这种伤害的可能性。威胁评价将激发个体的负面情绪，使其有动机去处理这种威胁。一旦个体认为有必要去处理这种威胁时，其将启动第二个评价过程，即处理评估过程。处理评估过程包括对于反应效能(response efficacy)、自我效能(self-efficacy)和反应成本(response cost)的评价。其中，反应效能指的是建议行为在多大程度上能够消除或防止可能的伤害，自我效能指的是个体是否觉得自己具有执行建议行为的能力，而反应成本指的是执行建议行为所需付出的代价。威胁评估与处理评估将推动个体执行建议的健康行为。

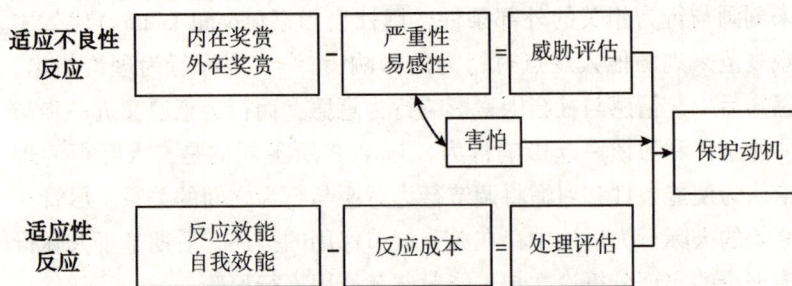

图 2　保护动机理论的认知中介过程

因为违背信息安全政策将会给组织带来伤害，因此信息安全政策遵循行为与健康行为具有很大的相似性。因此，已有文献将保护动机理论引入到信息安全行为的研究之中。具体而言，Herath 和 Rao[25]提出感知威胁严重性、感知威胁可能性、反应成本、反应效能与自我效能影响员工对于信息安全政策遵循行为的态度。Siponen 等[16]、Tu 等[27]、Vance 等[28]实证检验了 PMT 因素对于信息安全政策遵循行为的影响。Johnston 和 Warkentin[26]对 PMT 进行了适当调整，指出感知威胁严重性与感知威胁易感性是反应效能、自我效能的前置变量，在扩展模型中，其进一步指出 PMT 因素将与正式或非正式惩罚一起对信息安全政策遵循意愿产生影响[2]。

2.2 道德决策理论

与理性决策理论关注于个人收益与成本不同，道德决策理论则将关注点转移至外部制度环境的影响。这类理论包括广义威慑理论（General Deterrence Theory，GDT）、惩罚理论（Sanction Theory）或社会控制理论（Social Control Theory）、中和技术理论（Neutralization Theory）或道德脱离理论（Moral Disengagement Theory）（见表 3、图 3）。

表 3 　　　　　基于道德决策理论的信息安全行为研究

理论	因素	文献
广义威慑理论	惩罚可能性 惩罚严重性	[2,7,9,13,14,19,20,23,25,36-38]
社会控制理论或惩罚理论	正式控制（正式惩罚） 社会控制（社会惩罚） 自我控制（自我惩罚）	[6, 7, 36, 39]
中和技术理论或道德脱离理论	否认责任 否认损害 否认被害人 必要性辩护 总账暗喻 谴责谴责者 高效忠诉求	[7, 29, 37]
道德发展理论或道德推理理论	前习俗水平 习俗水平 后习俗水平	[40]

GDT 是在研究信息政策违背行为的文献中影响最深远、运用最广的理论之一[9][10][37]。该理论指出人的背离行为由两种与惩罚相关的观念决定：惩罚确定性与惩罚严重性。惩罚的确定性是指人在多大程度认为其背离行为将会被发现并惩罚，而惩罚的严重性是指一旦背离行为被发现，惩罚的强度有多大。GDT 指出惩罚确定性与惩罚严重性将负向影响个人的背离行为。

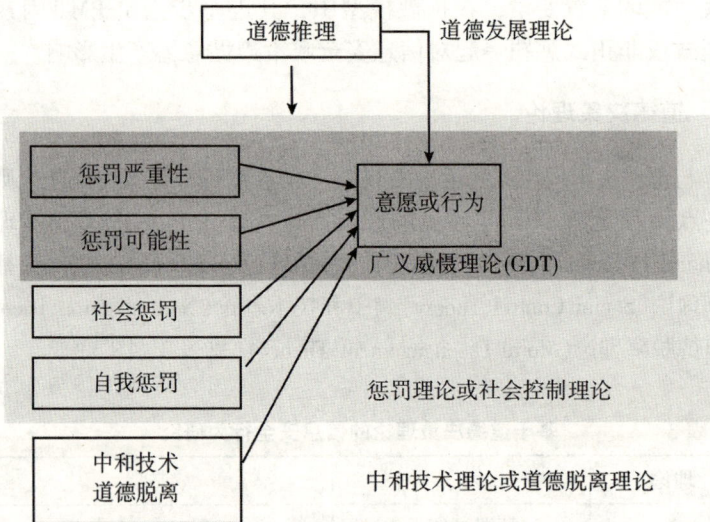

图 3　道德决策理论的演化

不过，虽然 GDT 考虑了正式惩罚(formal sanctions)或正式控制(formal control)，却未能分析其他形式的惩罚或控制的作用。正式惩罚或控制是与明文书写的制度、章程、规则等相关的[36]。然而，后续研究指出，除了正式惩罚外，其他类型的惩罚如非正式惩罚或自我惩罚(即羞愧心)同样对政策遵循行为具有影响[7][41]。这种扩展模型又称之为社会控制理论[36]或惩罚理论[39]。社会控制理论强调施加于员工身上的外部环境或者控制机制，而惩罚理论则关注于因为员工的背离行为而引致的惩罚感知。社会控制理论和惩罚理论都指出存在三种不同的控制机制或惩罚机制：正式惩罚、非正式惩罚与自我惩罚。与正式惩罚取决于制度不同，非正式惩罚则基于习俗、规范、道德或其他社会价值[36]，而自我惩罚则与政策违背行为导致的愧疚或尴尬的感受相关[7]。

GDT 及其扩展模型（如社会控制理论）在信息安全行为研究中有着广泛的应用。例如，基于 GDT，Herath 与 Rao[25]，D'Arcy 等人[9]及 Sojer 等人[19]实证检验了惩罚的确定性与严重性对信息安全政策违背行为的影响；Cheng 等人[36]研究了正式控制与非正式控制对信息安全政策违背行为的影响；Siponen 与 Vance[7]则调查分析了正式惩罚、非正式惩罚及羞愧的作用。

意识到惩罚的存在并不一定能引致员工的信息安全政策遵循行为，这是因为员工可能会采取一系列技巧为自己的信息安全政策违背行为辩护。基于中和技术理论[42]，人们可能会采取七种技术手段为自己的过失行为辩护：否定责任、否定伤害、否定受害人、谴责谴责者、高效忠诉求、总账暗喻及必要性辩护。具体而言，运用否定责任技术，一个人会辩护称"那不是我的责任，因为有很多不可控的因素"；运用否定伤害技术，一个人会辩护称"这个行为并未带来太大的伤害"；否定伤害人技术则辩护称"受害人罪有应得"；谴责谴责者技术则将注意力转移至行为目标，即员工可能通过指责信息安全政策本身的合理性来证明信息安全政策违背行为的合理性；高效忠诉求技术则指出人处于一种尴尬境地使其不得不违背信息安全政策来实现更高级的目标（如完成工作）；总账暗喻技术则指出某个人可以适当地做一些政策违背的行为，这种行为可以通过以往的善行来补偿；必要性辩护技术则指出某人参与政策违背行为是因为其没有其他的选择。

在信息安全政策文献中，Siponen 与 Vance[7]实证检验了中和技术对于信息安全政策违背意愿的影响，发现中和技术的作用要高于正式惩罚、非正式惩罚及羞愧的作用。Harington [37]则指出否定责任技术调节正式惩罚与计算机滥用意愿之间的关系。

道德背离理论（Moral disengagement theory，MDT）是与中和技术理论相似的一个理论，其从另一个侧面刻画了人们的合理化辩护技术。MDT 提出了三种道德背离机制：重构行为、模糊与歪曲后果、贬低目标。具体而言，基于重构行为机制，人们可能会将政策违背行为重构为一种可以被社会接纳的行为，并将伤害看做"微不足道"的。根据模糊与歪曲后果机制，人们可能声称政策违背行为源于社会压力而非个人责任。运用贬低目标机制，人们可能声称制度或规则本身就是不合理的。D'Arcy 等人[29]引用 MDT 理论指出道德背离将中介基于安全的压力与信息安全政策违背之间的关系。

信息安全行为的以往文献还指出个体在道德决策过程中的性格差异也会影响信息安全政策遵循行为。例如，基于 Kohlberg[43] 的道德发展模型（moral development model）或道德推理模型（moral reasoning model），Myyry 等人[40]实证检验了道德推理对信息安全政策遵循行为的影响。具体而言，道德推理被分为 3 个水平 6 个阶段：第一水平为前习俗水平，在该水平，人们关注于个人得失，并尽力避免惩罚、追求奖赏；第二水平为习俗水平，在该水平，人们将关注点从个人得失转移至人际关系，希望自己的行为满足社会期望，遵从法律或社会秩序。第三阶段为后习俗水平，在该水平，人们的行为由个人确立的原则决定，这些原则包括社会一致性与普世原则。个体的道德推理可以直接地影响信息安全政策遵循行为，也可以调节道德信念与信息安全政策遵循行为之间的关系。

2.3　组织理论

表4　　　　　　　基于组织理论的信息安全行为研究

理论	因素	文献
组织文化理论	目标导向文化 规则导向文化	[12]
社会键理论	社会键	[15]
公平理论	分配公平 过程公平 人际公平 信息公平	[14, 44]

续表

理论	因素	文献
调节焦点理论	提升焦点 防御焦点	[45]
抗拒理论	自由威胁 自由重要性 自由 抗拒倾向	[46]
问责理论	可辨识性 监控警觉性 评价警觉性 社会存在警觉性	[47]
社会学习理论或社会认知理论	自我效能 情境支持 口头说服 替代经验	[15，27，48]

信息安全行为研究的第三个分支则运用各种各样的组织理论对员工的信息安全政策遵循行为进行解析（见表4）。例如，Hu等人[12]整合了组织文化理论与计划行为理论，指出感知的目标导向文化与制度导向文化将影响个人的态度、主观规范与感知行为控制。其中，目标导向文化指的是合理性、可说明性与权变奖励，而制度导向文化则指的是遵从权威、过程与规则合理性、分层结构与正式沟通[12]。此外，基于社会键理论（Social Bond Theory），Ifinedo[15]提出社会键（包括依附感、承诺、卷入与个人规范）影响态度与主观规范，并进而影响信息安全政策遵循行为。公平或公正理论（Justice Theory）是另一个被经常运用的理论。基于公平理论，Li等人[14]指出组织公平（包括过程公平、人际公平、信息公平和分配公平）将影响个人伦理感知与信息安全政策遵循意愿。Xue等人[44]进一步指出感知惩罚的公平性比感知惩罚的可能性对信息安全政策遵循行为的影响更大。另外一些研究则从社会学习（Social

Learning Theory)或社会认知理论(Social Cognitive Theory)[15][27][48],抗拒理论(Reactance Theory)[46]和问责理论(Accountability Theory)[47]分析了各种各样的组织因素对感知惩罚与信息安全政策遵循行为的影响。除了将组织因素视作个体认知的前置变量,有些研究也将组织因素作为调节变量处理。例如,基于调节焦点理论(Regulatory Focus Theory),Liang 等人[45]指出提升焦点将调节奖赏期望与遵循行为之间的关系,而防御焦点则调节惩罚希望与遵循行为之间的关系。

3 整合模型

基于信息安全行为的历史文献,我们提出了一个统一模型来整合三个研究分支,并指明未来的研究机会(见图4)。该整合模型是基于刺激-处理-反应(Stimulus-Organism-Response, SOR)框架建立的[49]。其中刺激指的是能够诱发员工有意识或无意识地参与某项行动的外部线索;处理指的是将外部刺激内化并形成个体反应的内部中介过程;反应描述了员工应对外部刺激所产生的行为。在本研究中,除了信息安全行为外,行为的个体与组织影响也被作为因变量纳入讨论。

该模型有三大创新之处:

①该模型指出了各种各样的外部环境刺激如何塑造员工的情感与认知;

②该模型指出了情感与认知如何影响员工的信息安全行为与绩效;

③该模型指出了个体特征如何调节刺激、机体与反应之间的关系。

在以下章节中,我们将首先对理论模型进行介绍,对模型中的变量进行定义,然后对变量之间的关系提出假设,并进行论证。

3.1 理论模型与构念

如图4所示,该整合模型包括了刺激、情感、认知、行为与绩

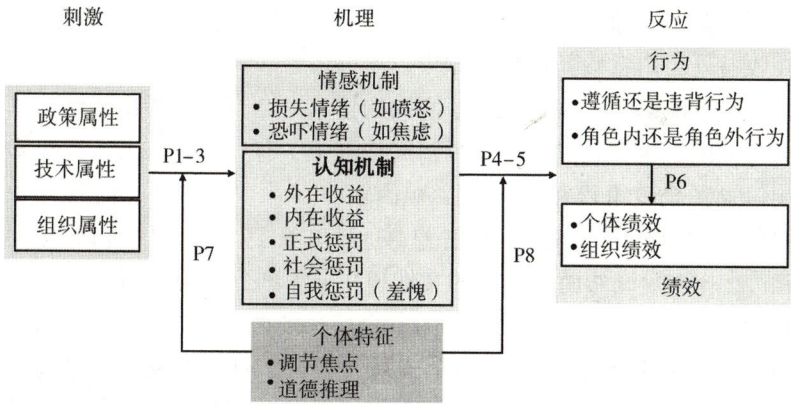

图 4　整合模型

效。在刺激部分，模型考虑了与政策、技术和组织分别相关的三类刺激。对于组织属性而言，我们关注信息安全政策到底是基于惩罚的还是基于奖赏的。基于惩罚的政策是指当员工作出违背信息安全政策的行为时将会被惩罚，而基于奖赏的政策是指当员工自觉遵守信息安全政策时将会受到奖赏[50]。尽管惩罚性政策已经在以前的文献中被广泛用作实现信息安全的措施，先前的文献却很少对奖励性政策进行研究。对于技术属性而言，我们关注于企业是否有能力通过技术手段对员工的信息安全政策违背行为进行监控与侦测，其技术监控能力将与员工的惩罚感知紧密相关[47]。对于组织属性而言，该模型中主要强调组织规范如何通过社会交互过程对员工的信息安全行为产生影响。

　　机理既包括情感机制，又包括认知机制。在情感机制方面，人的情感可以根据两个维度（威胁-机会维度和可控性维度）分成四个类别：成就情感、挑战情感、损失情感与恐吓情感。由于信息安全政策与威胁而非机会相关，在本研究中我们只考虑与威胁相关的两种情感——愤怒与焦虑。愤怒属于损失情感，而焦虑属于恐吓情感[51]。在认知机制方面，与先前文献一致，内在收益与外在收益，正式惩罚、非正式惩罚与自我惩罚（即羞愧）被作为认知信念被列入模型之中。根据理性选择理论，收益又可进一步分为遵循收益与违背收益[11]。值得指出的是，除了经常在以前文献中所考虑的外在收益外，内在收益在该模型中也予以考虑。

在反应部分，我们区分了不同的信息安全行为并指出影响这些行为的因素也存在差别。在以前的文献中，有些研究致力于探讨影响信息安全政策遵循行为的影响因素[2][12][15][24][28][45]，而另外一些研究则试图分析影响信息安全政策违背行为的影响因素[7][29][36][47]。然而，以前的文献却并未深刻分析遵循行为与违背行为之间的关系，到底二者是同一个变量的两端(即一端是遵循行为，一端是违背行为)还是两个不同的变量。对于这两个变量的不同看待方法将使得与信息安全行为相关的理论构建亦有不同。如果说遵循行为与违背行为是两个不同的变量，那非常有必要去探讨影响这两个不同变量的不同影响因素。此外，员工的信息安全行为有些属于角色内行为(in-role behavior)，有些属于角色外行为(extra-role behavior)[6]。角色内行为指的是那些由信息安全政策明确定义的行为，员工需要按照规定行事，使得其工作方式符合预期。而角色外行为指的是那些并非由信息安全政策明文规定的行为，员工可以参与一些更好的保证信息安全但并未被企业强制要求的行为，这样做不会带来任何奖赏或惩罚[6]。从定义可以看出，角色内和角色外信息安全行为可能有不同的决定因素。

为进一步探究信息安全行为的影响，我们将个人绩效与组织绩效也包含在整合模型中，用以反映信息安全政策的有效性。其中，个体绩效指的是员工的工作效率或生产率，组织绩效指的是组织竞争优势、运营绩效和财务绩效。已有文献大部分集中于探讨信息安全行为的影响因素，却很少研究信息安全行为对个人或组织的影响。这些研究的一个基本前提是信息安全行为与个人绩效或组织绩效呈正相关关系，然而信息安全行为有时也可能与绩效呈负相关关系，这是因为个人目标与组织目标未必是一致的。

最后，除了提出刺激-机体-反应这一因果链外，我们进一步提出个体特征将调节刺激-机体-反应因素之间的关系。具体而言，整合模型包含了两个个体特征——调节焦点(regulatory focus)[45]与道德推理(moral reasoning)[40]。对于具有不同调节焦点和道德推理水平的员工，刺激因素对情感与认知的影响可能会不同，不同认知因素对信息安全行为的影响也可能会不同。

3.2　政策属性的影响

先前关于信息安全政策的文献主要关注于惩罚性政策，却很少探讨奖赏性政策的作用。在整合模型中，我们提出惩罚性政策和奖赏性政策对情感与认知具有不同的影响。与惩罚性政策强调对员工的政策违背行为进行惩罚不同，奖赏性政策鼓励员工遵循企业政策以获得相应奖励[52]。因此，惩罚性政策是一种威胁导向的政策，目的是使得员工未来避免惩罚而不做违背政策的事；而奖赏性政策是一种机会导向的政策，目的是使得员工为了获得奖赏而做组织所期望的事。考虑到愤怒与焦虑对应于威胁相关的情感[51]，惩罚性政策将比奖赏性政策对愤怒与焦虑的影响更大。因此，我们提出如下假设：

假设1a：采取惩罚性政策的组织比采取奖赏性政策的组织更容易触发员工的愤怒与焦虑情绪。

根据理性选择理论[11]，员工将在两种行为(即遵循行为与违背行为)的成本与收益之间进行权衡取舍并做出最终决定。惩罚性政策与奖赏性政策可能会引致不同的收益认知。由于奖赏性政策指出当员工遵循信息安全政策时可以获得奖赏，而其违背信息安全政策时也不会受到惩罚，这样奖赏性政策将与遵循收益相关，而与遵循成本、违背收益、违背成本无关。相反，由于惩罚性政策预示着当员工违背信息安全政策时将会受到惩罚，而其遵循信息安全政策时也不会受到奖赏，所以惩罚性政策与违背成本相关，而与遵循收益、遵循成本和违背收益无关。对比这两类政策，我们提出那些采取奖赏性政策的组织中的员工将预期到更高的遵循收益。值得指出的是，根据自我决定理论(Self Determination Theory)，只有那些由外部制度环境决定的外在收益是与政策相关的，内在收益并不会受到制度政策的影响[53]。因此，我们提出假设：

假设1b：采用奖赏性政策的组织比采用惩罚性政策的组织更

容易触发员工的外在遵循收益认知。

如前所述，惩罚性政策与违背成本（即正式惩罚）相关[11][23][24]，而奖赏性政策则与违背成本无关。因此，实行惩罚性政策的组织中的员工，相比于实行奖赏性政策的组织中的员工，将预期到更高的正式惩罚。惩罚性政策除了影响正式惩罚之外，因为惩罚性政策的信号作用，其也可以影响非正式惩罚和自我惩罚（即羞愧）[54]。信号理论阐述了一方所发送的信号如何向另一方传递潜在含义，并进一步影响其行为。在本研究中，惩罚性政策向企业员工传递了一个信号：信息安全政策违背行为是与规范或道德相背离的一种行为。员工接收到这种信号后会相应调整对于非正式惩罚和羞愧的认知判断。相反，奖赏性政策传递的信号只说明信息安全政策遵循行为是被鼓励的，但政策违背行为也未被明令禁止，这样其对非正式惩罚与羞愧的认知将不会被触发。所以，我们提出：

假设1c：采用惩罚性政策的组织将比采用奖赏性政策的组织更容易触发员工对于惩罚（包括正式惩罚、非正式惩罚与羞愧）的认知。

3.3 技术属性的影响

采用技术手段对员工的信息技术使用行为进行监控并预防其信息安全政策违背行为是企业的一种通行做法[10]。不过，企业在利用技术手段对员工行为进行监控的能力却存在差异[47]。在整合模型中，我们提出技术监控水平将影响员工的情感与认知。具体而言，当企业采用严格的技术监控措施时，员工将觉得其行为的自由性受到约束，生活受到威胁。由于愤怒与焦虑是由个体面临的威胁触发的[51]，严格的技术监控将使得员工感受到更强烈的愤怒与焦虑。所以，我们提出：

假设2a：采用严格技术监控的组织将比采用宽松技术监控的组织更容易引发员工的愤怒与焦虑。

严格的技术监控可以增强企业侦测员工的信息安全政策违背行为的能力，其对员工的认知具有两种不同的作用。一方面，当员工的信息安全政策违背行为被侦测到时，可以通过技术手段终止员工的政策违背行为，使得企业免受伤害[10][55]，这样员工将无法获得政策违背行为所带来的收益。另一方面，严格的技术监控增加了政策违背行为被侦测和处罚的可能性，根据广义威慑理论，员工将因为惩罚可能性的提升而对正式惩罚有更高的预期[2][9][23][25]。也就是说，技术监控也可以影响员工对于正式惩罚的认知。因此，我们提出：

假设 2b：采用严格技术监控的组织将更容易减弱员工对于违背行为外在收益的认知。

假设 2c：采用严格技术监控的组织将更容易增强员工对于正式惩罚的认知。

尽管技术监控与违背行为外在收益之间是负相关的，技术监控与违背行为内在收益之间的关系却是正相关的。员工可能会故意违反信息安全政策来体现其高超的信息技术能力并获得一种自我成就感(一种重要的内在收益)[56]。当技术监控更严格时，员工因为信息安全政策违背而获得的成就感将更为突出。所以，我们提出：

假设 2d：采用严格技术监控的组织将更容易增强员工对于违背行为内在收益的认知。

3.4　组织属性的影响

规章制度是调整员工信息安全行为的硬性手段，而组织规范是引导员工行为的软性手段。在该研究中，组织规范是指在多大程度上遵循信息安全政策是一种被广泛认可的行为。根据社会控制理论，正式惩罚关注于明文说明、评价、奖励与惩罚，而非正式控制则与社会化策略相关[6]。组织规范作为一种非正式控制手段也将影响员工对于惩罚的认知。规章制度等正式控制手段与正式惩罚紧密相关，而组织规范则与非正式惩罚和羞愧相关。根据定义，非正式惩罚是指同事或朋友对于某行为的不认可[7]。当企业存在一种遵循信息安全政策的组织规范时，信息安全政策的违背行为将不会被同事或朋友所认可，从而使其感受到更多的非正式惩罚。此外，羞愧是指因参与某不受欢迎的行为而引起的内疚、自责或尴尬的感觉[7]。当员工将信息安全政策内化之后，其将因信息安全政策违背行为而感到尴尬。因此，我们提出：

假设 3：组织规范与非正式惩罚和羞愧正相关。

3.5 遵循行为与违背行为

信息安全政策遵循行为[2][12][15][24][28][45]与违背行为[7][29][36][47]在先前文献中都被作为因变量研究过，然而遵循行为与违背行为之间的差别却很少有过讨论。在整合模型中，基于双因素理论，我们提出遵循行为与违背行为是两个不同的构念，其影响因素亦不同。双因素理论提出满意度与不满意度时两个不同的变量，满意度是与激励因素相关的，而不满意度则是与保健因素相关的[57]。相似地，由于遵循行为与违背行为有不同的行为导向，在进行决策思考时，员工的决策关注点也会不同。

此外，理性选择理论指出员工将平衡与遵循行为和违背行为相关的收益及成本[11]，但在平衡过程中，针对两种不同的行为，员工可能会对不同的收益和成本赋予不同的权重。以遵循行为作为因变量时，员工将关注于与遵循行为紧密相关的后果，即遵循收益与遵循成本；而当违背行为作为因变量时，员工则将注意力转移至与违背行为紧密相关的后果，即违背收益与违背成本。因此，我们提出：

假设 4a：遵循收益与成本对遵循行为的影响将强于对违背行为的影响。

假设 4b：违背收益与成本对违背行为的影响将强于对遵循行为的影响。

此外，两种负面情感——愤怒与焦虑——可以被看作保健因素，即当愤怒与焦虑情绪存在时，员工将违反信息安全政策，而当愤怒与焦虑情绪不存在时，员工也不一定遵循信息安全政策。先前关于技术抵制的相关研究也指出用户的技术抵制行为与负面情绪关系更紧密[51]。因此，我们提出：

假设 4c：愤怒与焦虑对政策违背行为的影响强于对政策遵循行为的影响。

3.6 角色内行为与角色外行为

先前关于信息安全行为的研究主要关注于角色内行为，即由信息安全政策明文规定的操作指南或行为列表，而很少讨论角色外行为[6]。角色外行为是指那些并非在信息安全政策中明文书写，由员工自发地进行的信息安全行为。角色外行为是一种亲社会性行为（pro-social behavior），其在协作或相关依赖的工作环境中具有重要作用[58]。因为一个员工的信息安全行为与其他员工或组织的利益紧密相关，员工是否会参与到角色外的信息安全行为对企业具有重大意义。不过，角色内与角色外信息安全行为可能有不同的影响因素。在整合模型中，我们尝试分析不同的收益与成本观念对于不同行为的影响。

对于收益而言，根据理性选择理论，员工将在遵循收益与违背收益之间进行权衡取舍[11]。根据自我决定理论[53]，我们进一步将遵循收益与违背收益分为外在收益与内在收益。遵循外在收益是指员工因其政策遵循行为而获得的奖赏，遵循内在收益是指员工因政策遵循行为而获得的愉悦、满足、满意的感受[11]。这里的内在收益与其他文献中所提及的利他主义紧密相关，内在收益是亲社会行为的一个重要决定变量[56]。违背外在收益是指因政策违背行为而获得的物质回报，例如，员工可能因向竞争者出售企业内部信息而获得金钱回报。违背内在收益是指因违背信息安全政策而获得的成就感。

根据角色内行为与角色外行为的定义，角色内信息安全行为与信息安全政策的明文规定紧密相关，而角色外行为则与政策规定关系不大[6]，也就是说，信息安全政策中所规定的收益将对角色内行为具有更大的影响。由于遵循外在收益、违背外在收益及违背内在收益均与信息安全政策相关，而遵循内在收益并没有在信息安全政策中明文规定，所以前三种收益将与角色内行为相关，而最后一种收益将与角色外行为相关。因此，我们提出：

假设 5a：遵循内在收益将比遵循外在收益或违背收益对角色外信息安全行为的影响更大，而遵循外在收益或违背收益将比遵循内在收益对角色内信息安全行为的影响更大。

在成本方面，信息安全行为相关文献探讨了三类惩罚：正式惩罚、非正式惩罚与羞愧[7]。非正式惩罚与羞愧在其他文献中又被称作内在成本[11]。由于正式惩罚是在信息安全政策中所明确规定的显性惩罚，而非正式惩罚或羞愧却未在政策中明确规定[7]，可以预测正式惩罚将比非正式惩罚或羞愧对角色内行为有更大的影响。与此相反，非正式惩罚与羞愧是基于社会控制机制而非正式控制机制[6]，这与亲社会性行为的原则是一致的[58]，因此，作为亲社会行为的角色外行为将更主要地由非正式惩罚与羞愧而非正式惩罚所决定。所以，我们提出：

假设 5b：正式惩罚比非正式惩罚或羞愧对角色内行为的影响更大，而非正式惩罚或羞愧比正式惩罚对角色外行为的影响更大。

3.7 行为与绩效之间的关系

现有信息安全行为的文献集中于探讨影响信息安全行为的前置变量，却很少研究信息安全行为的后置变量。这种研究现状的存在时因为先前的研究存在一种基本假定，即信息安全行为一定会带来积极影响。基于这种基本假设，学者们将信息安全行为等价于信息安全政策的有效性[2][9][12]。然而，在现实生活中，信息安全行为是一把双刃剑，其在带来积极影响的同时也会带来消极后果。在整合模型中，我们将对信息安全行为的阴暗面进行阐述。

在本研究中，我们指出信息安全行为可以带来两种相反的结果：一方面，员工的信息安全行为能够保证其计算机不受病毒侵害，其商业数据也不会被黑客篡改，这样其工作效率将提升；另一方面，遵循信息安全政策可能会干扰其主要的业务目标[59]，阻碍其业务进程[11]，从而最终降低其工作效率。因此，我们提出：

假设 6a：在个体层面上，信息安全政策遵循行为对个体绩效具有两种相反的作用机制：因信息安全保障带来的积极作用和因工作阻碍带来的消极作用。

在探讨员工信息安全行为与组织绩效之间的关系时，我们将关注点放在组织利益与个人利益的冲突上。组织实行信息安全政策的目的是确保组织信息安全，以实现其战略目标(如防止其机密信息泄露给竞争者)。然而，信息安全政策的实施可能会伤害员工的个人利益，并诱发其抵抗行为[46]。例如，D'arcy 等人[29]指出信息安全政策会增加员工与信息安全相关的压力，如工作超载、复杂性与不确定性。因此，信息安全行为对于组织绩效的影响也具有两面性：一方面，信息安全政策遵循行为可以为企业营造安全的商业环境，满足其战略目标，提升组织绩效；另一方面，信息安全政策可能与员工的个人目标相悖，诱发员工的抵抗行为，降低工作热情，并最终降低个人绩效与组织绩效。因此，我们提出：

假设 6b：在组织层面，信息安全政策遵循行为对组织绩效具有两种相反的作用机制：因信息安全保障带来的积极作用和因与员工利益冲突带来的消极作用。

3.8　个体特征的调节作用

基于认知匹配(cognitive fit)观点[45]，我们进一步指出前面阐述的主效应的作用强度取决于个体特征。该整合模型主要考虑了两个紧密相关的个体特征：调节焦点与道德推理。这两个个体特征的调节作用可以通过调节匹配理论(regulatory fit)或调节焦点理论(regulatory focus)[60][61]与道德推理理论(moral reasoning theory)或道德发展理论(moral development model)[43]来解释。

在讨论政策特点对员工情感与认知的影响时，我们指出惩罚性政策与奖赏性政策是基于不同的逻辑机制的：惩罚性政策指出员工在违背政策时会受到惩罚，而奖赏性政策指出员工在遵循政策时会得到奖赏。当员工的决策关注点不同时，政策对员工情感与认知的作用强度亦有不同。具体而言，当一个员工倚重于防御焦点时，其更关注于潜在的损失[45]，而当员工倚重于提升焦点时，其将更关注于潜在的收益[45]。根据调节匹配理论，惩罚性政策与防御焦点相匹配，而奖赏性政策与提升焦点相匹配，因此，我们提出：

假设 7a：惩罚性政策对防御焦点的员工更有效，而奖赏性政策对提升焦点的员工更有效。

此外，由于技术监控致力于侦测员工的政策违背行为并对其实施惩罚，技术监控与惩罚或损失紧密相关而与奖励关系不大。根据调节匹配理论，技术监控与防御焦点相匹配，所以，我们提出：

假设 7b：防御焦点增强技术监控与情感和认知之间的关系。

道德推理理论提出了道德推理的三层次模型：前习俗水平、习俗水平、后习俗水平[43]。前习俗水平与个人利益得失(如惩罚或奖励)相关；习俗水平关注于人际关系的一致性、服从、法律与社会秩序；后习俗水平强调个人持有原则及普世原则。由于惩罚性政策或奖赏性政策、技术监控等都是通过调整员工的惩罚或奖赏观念来发挥作用的，根据道德推理理论，其作用强度取决于员工的前习俗道德推理水平。此外，组织规范对员工情感与认知的影响是通过社会或人际影响来发挥的，其作用强度取决于员工的习俗道德推理水平。因此，我们提出：

假设 7c：前习俗道德推理调节政策类型与情感和认知之间的关系。

假设 7d：前习俗道德推理调节技术监控与情感和认知之间的关系。

假设 7e：习俗道德推理调节组织规范与情感和认知之间的关系。

员工的认知与行为之间的关系也将被调节焦点和道德推理所调节。根据调节匹配理论[60][61]，惩罚与防御焦点相匹配而收益与提升焦点相匹配，所以，惩罚与信息安全行为之间的关系将被防御焦点所调节，而收益与信息安全行为之间的关系将被提升焦点所调节[45]。所以，我们提出：

假设 8a：防御焦点增强惩罚与行为之间的关系。

假设 8b：提升焦点增强收益与行为之间的关系。

根据道德推理理论，前习俗道德推理是以成本-收益计算为基础的[43]，所以采用前习俗道德推理的员工将强调收益与正式惩罚在决策中的作用[40]。习俗道德推理与后习俗道德推理分别和社会规范及自身原则相关，这两种道德推理水平与非正式惩罚和羞愧相匹配[40]。因此，我们提出：

假设 8c：前习俗道德推理调节感知收益与行为之间的关系。

假设8d：前习俗道德推理调节正式惩罚与行为之间的关系。

假设8e：习俗道德推理调节非正式惩罚与行为之间的关系。

假设8f：后习俗道德推理调节羞愧与行为之间的关系。

4 总结与展望

在该研究中，我们对信息安全行为的相关文献进行了综述并基于SOR框架提出了一个整合理论模型，其理论贡献、实践意义及未来研究趋向阐述如下。

4.1 研究与实践贡献

该研究从以下方面提升了对信息安全行为的理解：

第一，该研究从多种理论视角对信息安全行为进行了文献综述，并且阐释了不同理论视角之间的区别与联系。具体而言，文献综述将以往的研究分作三个理论分支：理性决策理论、道德决策理论与组织理论。在阐释理性决策理论的演化过程时，我们指出理性行为理论在增加感知行为控制这一变量后演化为计划行为理论，而在此基础上进一步考虑情感与习惯时，又发展成为了人际行为理论。此外，理性选择理论与保护动机理论则有助于明确计划行为理论中的关键信念。在阐释道德决策理论的演化过程时，我们指出社会控制理论在广义威慑理论的基础上进一步考虑了非正式惩罚与自我惩罚（即羞愧），而中和技术理论则指明员工可能会利用多种借口为自己的政策违背行为进行辩护。在阐释组织理论时，我们指出组织文化理论、公平理论与调节焦点理论如何能够用以解释信息安全行为。该文献综述为理解信息安全行为提供了一幅全景式画面，也指明了未来的研究机会。

第二，该研究构建了一个整合的理论模型以包含与信息安全行为紧密相关的关键变量。据我们对已有文献的掌握，这是第一个基于刺激-机体-反应框架对信息安全行为作出整合分析的模型。该模型指出了社会刺激如何影响员工的情感与认知，并进一步影响其行为与绩效。该整合模型凸显了一些在历史文献中尚未被关注和研究的问题。针对刺激因素，该模型指出政策特征、技术特征与组织特征是三种社会刺激。在政策特征中，该模型又将关注点放在惩罚性政策与奖赏性政策之间的差异上，这是在以往研究中很少涉及的。在技术特征与组织特征中，该模型分析了技术监控与组织规范对员工信息安全行为的影响。

在机体方面，除了以往研究比较关注的认知因素外，该模型还指出了两种情形——愤怒与焦虑对信息安全行为的影响。在认知因素方面，基于理性选择理论，该模型提出员工行为由遵循收益、遵循成本、违背收益与违背成本所决定。根据自我决定理论，收益又可以进一步区分为外在收益与内在收益；根据社会控制理论，违背成本又可以进一步区分为正式惩罚、非正式惩罚与羞愧。

在反应方面，基于双因素理论，模型区分了信息安全政策违背行为与遵循行为，并进一步指出其影响因素有所不同。模型还进一步区分了角色内与角色外的信息安全行为，并探讨了惩罚与收益对两类行为的不同影响。此外，模型还将个人绩效与组织绩效融入模型之中来反映信息安全政策的有效性，并分析了信息安全行为与绩效之间的双重作用机制。

基于认知匹配观点，整合模型提出前面所述的关系受到个体特征(即调节焦点与道德推理)的调节。这种权变分析指出同时考虑信息安全政策本身与参与到政策实施过程中的员工才能对信息安全行为有更全面、深刻的认识。

该研究对信息安全的实践者也具有一定借鉴意义。首先，整合模型提出员工的信息安全行为受到三种社会刺激(即政策设计、技术监控、组织规范)的影响，因此，信息安全管理者们应该认识到惩罚性政策与奖赏性政策各自的利弊，并根据实际情况对政策进行选择。其次，信息安全管理者们应该认识到政策遵循行为与违背行为、角色内与角色外信息安全行为取决于不同的影响因素，因此根据企业需要，管理者们可以适当调整基于收益与成本的策略。最后，信息安全管理者们需要认识到并不是所有的信息安全行为都会带来绩效的提升。当信息安全政策阻碍了员工的正常业务活动时，信息安全行为可能会对绩效具有负面影响。

4.2　未来研究方向

虽然该研究基于文献综述提出了一个整合的理论模型，但是模型的提出仅仅是深入研究的第一步，在未来研究中还有许多工作要做。

第一，整合模型提出了刺激、机体、反应因素之间的理论关系，但并未对这些关系进行实证验证，这是在未来研究中需要完善的。在进行实证研究时，可以采用现场实验（field experiment）或情景调查（scenario-based survey）的方法对自变量（如政策设计、技术监控等）进行操控。变量的测量既可以选用主观指标（如行为意愿），也可以选择客观指标（如实际行为）。此外，由于整合模型比较复杂，在实际研究过程中需要将该模型拆解为不同的小模型来分别进行实证检验。例如，未来研究可以专门针对角色内与角色外信息安全行为的不同影响因素展开调查。

第二，基于刺激-机体-反应（SOR）框架，该整合模型仅包括了某些有趣的研究变量。例如，在分析政策特征的影响时，模型仅选择了惩罚性政策与奖赏性政策作为切入点。除此之外，还有更多的政策特征、技术特征与组织特征并未在模型中体现。因此在未来的研究中，可以基于 SOR 框架去寻找更多的刺激、机体或反应因素，完善该研究中所提出的模型。

参 考 文 献

[1] Posey C, Roberts T L, Lowry P B, et al. Insiders' protection of organizational information assets: development of a systematics-based taxonomy and theory of diversity for protection-motivated behaviors[J]. MIS Quarterly, 2013, 37(4): 1189-1210.

[2] Johnston A C, Warkentin M, Siponen M. An enhanced fear appeal rhetorical framework: leveraging threats to the human asset through sanctioning rhetoric[J]. MIS Quarterly, 2015, 39(1): 113-134.

[3] Willison R, Warkentin M. Beyond deterrence: an expanded view of

employee computer abuse[J]. MIS Quarterly, 2013, 37(1): 1-20.

[4]Doherty N F, Anastasakis L, Fulford H. Reinforcing the security of corporate information resources: a critical review of the role of the acceptable use policy [J]. International Journal of Information Management, 2011, 31(3): 201-209.

[5] Hu Q, West R, Smarandescu L. The role of self-control in information security violations: insights from a cognitive neuroscience perspective [J]. Journal of Management Information Systems, 2015, 31(4): 6-48.

[6]Hsu J S, Shih S, Hung Y W, et al. The role of extra-role behaviors and social controls in information security policy effectiveness[J]. Information Systems Research, 2015, 26(2): 282-300.

[7]Siponen M, Vance A. Neutralization: new insights into the problem of employee information systems security policy violations[J]. MIS Quarterly, 2010, 34(3): 487-502.

[8]Warkentin M, Willison R. Behavioral and policy issues in information systems security: the insider threat [J]. European Journal of Information Systems, 2009, 18(2): 101.

[9]D'arcy J, Hovav A, Galletta D. User awareness of security countermeasures and its impact on information systems misuse: a deterrence approach[J]. Information Systems Research, 2009, 20 (1): 79-98.

[10]Straub D W, Nance W D. Discovering and disciplining computer abuse in organizations: a field study[J]. MIS Quarterly, 1990, 14 (1): 45-60.

[11]Bulgurcu B, Cavusoglu H, Benbasat I. Information security policy compliance: an empirical study of rationality-based beliefs and information security awareness[J]. MIS Quarterly, 2010, 34(3): 523-548.

[12]Hu Q, Dinev T, Hart P, et al. Managing employee compliance with information security policies: the critical role of top

management and organizational culture [J]. Decision Sciences, 2012, 43(4): 615-660.

[13] Chen Y, Ramamurthy K, Wen KW. Organizations' information security policy compliance: stick or carrot approach? [J]. Journal of Management Information Systems, 2012, 29(3): 157-188.

[14] Li H, Sarathy R, Zhang J, et al. Exploring the effects of organizational justice, personal ethics, and sanction on internet use policy compliance [J]. Information Systems Journal, 2014, 24(6):479-502.

[15] Ifinedo P. Information systems security policy compliance: an empirical study of the effects of socialisation, influence, and cognition[J]. Information & Management, 2014, 51(1): 69-79.

[16] Siponen M, Adam Mahmood M, Pahnila S. Employees' adherence to information security policies: an exploratory field study [J]. Information & Management, 2014, 51(2): 217-224.

[17] Guo K H, Yuan Y, Archer N P, et al. Understanding nonmalicious security violations in the workplace: a composite behavior model[J]. Journal of Management Information Systems, 2011, 28(2): 203-236.

[18] Ifinedo P. Understanding information systems security policy compliance: an integration of the theory of planned behavior and the protection motivation theory[J]. Computers & Security, 2012, 31(1): 83-95.

[19] Sojer M, Alexy O, Kleinknecht S, et al. Understanding the drivers of unethical programming behavior: the inappropriate reuse of internet-accessible code [J]. Journal of Management Information Systems, 2014, 31(3): 287-325.

[20] Workman M, Gathegi J. Punishment and ethics deterrents: a study of insider security contravention [J]. Journal of the American Society for Information Science and Technology, 2007, 58(2): 212-222.

[21] Moody G D, Siponen M. Using the theory of interpersonal behavior to explain non-work-related personal use of the Internet at work [J]. Information & Management, 2013, 50(6): 322-335.

[22] Pee L G, Woon I M Y, Kankanhalli A. Explaining non-work-related computing in the workplace: a comparison of alternative models[J]. Information & Management, 2008, 45(2): 120-130.

[23] Hu Q, Xu Z, Dinev T, et al. Does deterrence work in reducing information security policy abuse by employees? [J]. Communications of the ACM, 2011, 54(6): 54-60.

[24] Li H, Zhang J, Sarathy R. Understanding compliance with internet use policy from the perspective of rational choice theory [J]. Decision Support Systems, 2010, 48(4): 635-645.

[25] Herath T, Rao H R. Protection motivation and deterrence: a framework for security policy compliance in organisations [J]. European Journal of Information Systems, 2009, 18(2): 106-125.

[26] Johnston A C, Warkentin M. Fear appeals and information security behaviors: an empirical study[J]. MIS Quarterly, 2010, 34(3): 549-566.

[27] Tu Z, Turel O, Yuan Y, et al. Learning to cope with information security risks regarding mobile device loss or theft: an empirical examination [J]. Information & Management, 2015, 52(4): 506-517.

[28] Vance A, Siponen M, Pahnila S. Motivating IS security compliance: insights from habit and protection motivation theory [J]. Information & Management, 2012, 49(3-4): 190-198.

[29] D'arcy J, Herath T, Shoss M K. Understanding employee responses to stressful information security requirements: a coping perspective [J]. Journal of Management Information Systems, 2014, 31(2): 285-318.

[30] Ajzen I, Fishbein M. Understanding attitudes and predicting social behavior[M]. Englewood Cliffs, NJ: Prentice-Hall Inc., 1980.

［31］Ajzen I. The theory of planned behavior［J］. Organizational Behavior and Human Decision Processes, 1991, 50(2): 179-211.

［32］Taylor S, Todd P A. Understanding information technology usage: a test of competing models［J］. Information Systems Research, 1995, 6(2): 144-176.

［33］Triandis H C. Interpersonal behavior［M］. Monterey, CA: Brooks/ Cole Pub. Co., 1977.

［34］Venkatesh V, Morris M, Davis G B, et al. User acceptance of information technology: toward a unified view［J］. MIS Quarterly, 2003, 27(3): 425-478.

［35］Rogers R W. A protection motivation theory of fear appeals and attitude change［J］. Journal of Psychology, 1975, 91(1):93-114.

［36］Cheng L, Li Y, Li W, et al. Understanding the violation of IS security policy in organizations: an integrated model based on social control and deterrence theory［J］. Computers & Security, 2013(39): 447-459.

［37］Harrington S J. The effect of codes of ethics and personal denial of responsibility on computer abuse judgments and intentions［J］. MIS Quarterly, 1996, 20(3): 257-278.

［38］Son J Y. Out of Fear of Desire? Toward a better understanding of employees' motivation to follow IS security policies［J］. Information & Management, 2011, 48(7): 296-302.

［39］Guo K H, Yuan Y. The effects of multilevel sanctions on information security violations: a mediating model［J］. Information & Management, 2012, 49(6): 320-326.

［40］Myyry L, Siponen M, Pahnila S, et al. What levels of moral reasoning and values explain adherence to information security rules? An empirical study［J］. European Journal of Information Systems, 2009, 18(2): 126-139.

［41］Piquero A R, Tibbetts S G. Specifying the direct and indirect effects on low self-control and situational factors in offenders decision making: toward a more comparative model of rational offending[J]. Justice Quarterly, 1996, 13(3): 481-510.

[42] Sykes G M, Matza D. Techniques of neutralization: a theory of delinquency[J]. American Sociological Review, 1957, 22(6): 664-670.

[43] Kohlberg L. The psychology of moral development[M]. New York: Harper & Row, 1984.

[44] Xue Y, Liang H, Wu L. Punishment, justice, and compliance in mandatory IT settings[J]. Information Systems Research, 2011, 22 (2): 400-414.

[45] Liang H, Xue Y, Wu L. Ensuring employees' it compliance: carrot or stick? [J]. Information Systems Research, 2013, 24(2): 279-294.

[46] Lowry P B, Moody G. Proposing the control-reactance compliance model (CRCM) to explain opposing motivations to comply with organizational information security policies[J]. Information Systems Journal, 2015(25): 433-463.

[47] Vance A, Lowry P B, Eggett D. Using accountability to reduce access policy violations in information systems [J]. Journal of Management Information Systems, 2013, 29(4): 263-290.

[48] Warkentin M, Johnston A C, Shropshire J. The influence of the informal social learning environment on information privacy policy compliance efficacy and intention [J]. European Journal of Information Systems, 2011, 20(3): 267-284.

[49] Mehrabian A, Russell J A. An approach to environmental psychology[M]. Cambridge, MA: MIT Press, 1974.

[50] Wong S, Lee O, Lim K. Managing non-work related computing within an organization: the effect of two disciplinary approaches on employees' commitment to change[C]. Proceedings of the the 9th Pacific Asia Conference on Information Systems Bangkok, Thailand, F, 2005.

[51] Beaudry A, Pinsonneault A. The other side of acceptance: studying the direct and indirect effects of emotions on information technology use[J]. MIS Quarterly, 2010, 34(4): 689-710.

[52] Osigweh C A B, Hutchison W R. Positive discipline[J]. Human Resource Management, 1989, 28(3): 367-383.

[53] Deci E L, Ryan R M. Intrinsic motivation and self-determination in human behavior[M]. New York: Springer, 1985.

[54] Connelly B L, Certo S T, Ireland R D, et al. Signaling theory: a review and assessment[J]. Journal of Management, 2011, 37(1): 39-67.

[55] Kankanhalli A, Teo H-H, Tan B C Y, et al. An integrative study of information systems security effectiveness [J]. International Journal of Information Management, 2003, 23(2): 139-154.

[56] Kankanhalli A, Tan B C Y, Wei K K. Contributing knowledge to electronic knowledge repositories: an empirical investigation [J]. MIS Quarterly, 2005, 29(1): 113-143.

[57] House R J, Wigdor L A. Herzberg's dual - factor theory of job satisfaction and motivation: a review of the evidence and a criticism [J]. Personnel Psychology, 1967, 20(4): 369-390.

[58] Griffin M A, Neal A, Parker S K. A new model of work role performance: positive behavior in uncertain and interdependence contexts[J]. Academy of Management Journal, 2007, 50(2): 327-347.

[59] West R. The psychology of security[J]. Communications of the ACM, 2008, 51(4): 34-40.

[60] Higgins E. Making a good decision: value from fit[J]. American Psychologist, 2000, 55(11): 1217-1230.

[61] Higgins E. Regulatory focus theory: implications for the study of emotions at work[J]. Organizational Behavior and Human Decision Processes, 2001, 86(1): 35-66.

【作者简介】

孙永强，武汉大学信息管理学院副教授，博士生导师，中国科学技术大学与香港城市大学联合培养博士，2013 年入选湖北省"楚天学者计划"（楚天学子）和武汉大学"351 人才计划"（珞珈青年学者）。研究方向包括知识管理、虚拟社区与电子商务。目前已在信息系统领域内的国际顶级期刊 *Information Systems Research*、*Journal of the AIS*、*Information & Management*、*Decision Support Systems* 等发表论文 10 余篇。目前担任的主要学术兼职有武汉大学信息系统研究中心副主任、SSCI 期刊 *Journal of Electronic Commerce Research* 编委以及包括 *MIS Quarterly* 在内的 10 余家 SSCI 期刊的审稿人。

科研机构研究领域的可视化挖掘综述 *

安　璐

（武汉大学信息管理学院）

[摘　要]科研机构是国家科技创新与学术交流的主体。随着科学技术的发展与人类知识的积累，科研机构的研究领域日益复杂多样，所产出的学术文献及知识存储也日益丰富。为了更好地掌握科研机构科研产出的主题特征，本文全面回顾了国内外科研机构的主题分析、新兴与热点主题及其探测方法与实践、信息可视化及其在科研机构研究领域挖掘中的应用，指出目前研究的不足及未来的研究方向。

[关键词]科研机构　研究领域　可视化挖掘

Overview of Visually Mining Research Fields by Research Institutions

An Lu

(School of Information Management, Wuhan University)

[Abstract] Research institutions are the main body of science and technology innovation and academic communication in a nation. With the development of science and technology and the accumulation of human knowledge, research fields of research institutions are increasingly

---

＊ 本文系国家社会科学基金项目(项目编号：11CTQ025)和国家自然科学基金项目(项目编号：71373286)的研究成果之一。

complex, and academic literatures and knowledge storage are increasingly rich. To better reveal thematic characteristics of research outputs by institutions, this paper comprehensively reviewed topics by domestic and foreign research institutions, detection methods and practices of emerging and salient topics, information visualization and its application in research field mining of research institutions. The limitations of current research and future research were presented.

[**Keywords**] research institutions   research field   visual mining

1 引　言

科研机构是国家创新体系建设的重要组成部分和创新主体之一，担负着基础性、战略性和前瞻性的研究工作，主要包括高等学校与科研院所。科研机构的发展吸引了科研资助机构、高等教育系统、科研机构自身、研究人员与公众等的广泛关注。科研机构作为一种知识密集型组织，其生命力和竞争力在于不断创新并产生新知识，注重科技创新，因此理想的科研机构除了杰出的科研绩效之外，还应当在所处学科的热点与前沿领域中占据领先位置，在若干重要的研究领域中保持平衡与竞争优势。

为了实现这些目标，科研机构需要科学有效地评价其过去与现在的研究主题，对未来的研究领域进行积极的筹划，而不是任其发展；在更加广泛深入的层次上揭示其科研成果的内在特征，如成果的主题与创作者特点，与国内外同行的科研成果内在特征进行横向与纵向比较，发现自身的不足以及潜在的合作交流对象与手段，为研究者与公众提供引导性的科研成果利用指南。

在科研机构的评价过程中，研究领域的识别、分析与比较是必要的前提、评价内容和手段。科研机构的研究领域可以从多种渠道予以追踪，例如科学出版物，包括图书、期刊、会议论文集、研究报告、专利等的标题、主题词、关键词、分类号、引文等。利用各种统计计量方法、先进的数据挖掘方法，如人工神经网络、机器学习、信息可视化等方法深入地分析各科研机构研究领域的特点、相似性与差异、热点、前沿与特色、发展趋势等，有助于科研机构与研究人员全面深入地掌握特定学科领域的发展状况，了解特定科研机构的优势与不足，发现所在学科领域的前沿与发展趋势，促进科研机构之间的合作与交流。

对科研机构的主题特征进行可视化挖掘具有重要的现实意义，具体表现在以下几个方面：

（1）有助于研究主题与子领域的识别与界定。

科学出版物涉及众多的研究主题与资源主题，而这些主题的表述形式多种多样，不同的作者可能给予相同的主题以不同的关键词或标题词，而许多看似不同的主题之间却存在一些内在或外在的联系与相关性。因此，有必要对科研机构的科学出版物进行主题分析，有效地识别与界定关键词、标题词及主题、分类号、子领域之间的关系，为科研机构的研究领域或资源特色评价奠定基础。

（2）为新进入的研究者或公众提供所关注领域的引导。

新进入的研究者与公众往往不明确或不清楚某领域的研究重点、有意义的主题及未来的发展方向。通过分析科研机构对新兴与热点主题的国内外研究现状、特点与演化过程，可以帮助新进入的研究者与公众了解国内外该学科领域的主题结构与分布，提高研究者与公众对某些外部事件或新兴技术、资源的关注度，为其提供所关注领域的引导。

（3）帮助科研机构的管理者从机构层面发现学习的标杆与自身不足。

通过分析国内外同行机构的研究主题、新兴与热点主题的发展状况和趋势，能够及时探询该学科领域各研究主题的现状与进展情况，有助于研究者及时把握科学研究与文化交流的动态，迅速发现自身与先进科研机构之间的差距，从而确定或修改研究计划及学术交流规划，挖掘具有价值或发展潜力的研究主题，或是预测研究趋势。

综上所述，对科研机构的主题特征进行分析挖掘具有重要意义。然而，科研机构的主题特征分析是一项艰巨的任务。随着科学技术与人类文明的发展，科学出版物的存量日益庞大，且增长速度之快令人惊叹。各种科学文献数据库，如国外的 Web of Science、Scopus、Wiley 等，国内的中国知网、万方数据、重庆维普等如雨后春笋般涌现，这些数据库动辄收录数千种期刊、几十万篇会议论文与博士硕士学位论文、几千种参考书与年鉴、数百种报纸以及几乎所有的专利全文。究其原因，各科研机构的研究人员越来越以高产的速度产出科研成果。据中国科学技术信息研究所发布的 2013 年度中国科技论文统计结果，2013 年我国作者为第一作者的论文共 20.41 万篇，其中 82.77% 的论文产自高校[1]。

如此数量庞大的科学出版物所涉及的主题数量，即使进行严格的规范化，在同一学科领域内仍然可能高达数千个。一般的统计计量方法无法处理如此高维的数据，因此需要利用人工神经网络、机器学习与信息可视化等方法对这些海量的高维主题予以分析和揭示。因此，本文旨在广泛深入地回顾科研机构的主题特征可视化挖掘的方法与实践，为该领域的研究奠定理论基础。其研究结果有助于科研机构定期开展类似的分析与挖掘工作，了解自身与同行机构的研究和资源主题状况及发展趋势。

2 科研机构的主题研究进展

关于科研机构的主题分析，诸多医学[2][3]、情报学[4]、会计学[5]、犯罪学[6]与材料科学[7]的学者进行了大量的研究。早期的研究主要是计算特定研究领域各个机构的研究产出的数量，缺乏对特定研究主题的详细分析，例如文献[4]和[5]。

之后，一些研究者不仅区分出特定领域的重要科研机构，而且识别出领先的研究主题。但是，他们没有详细调查科研机构与其研究主题之间的关系[1][2][6]。仅有少数几位学者研究了科研机构与其研究主题之间的关系。但是，其主要目的是揭示机构研究的专注性是否与更好的研究绩效相关联[3]。

由此可见，人们较少在特定领域针对各机构的子领域进行深入的分析，例如在图情领域。虽然一些文献计量机构，例如，ISI

Web of Knowledge 会定期研究揭示不同学科科研机构的学术活动，但是这些研究通常是聚集在高校或广泛的学科层次。例如，在 Web of Knowledge 中，图书馆学情报学（Library and Information Science）与其他的一些学科一起被包括在一般社会科学（Social Science，General）这个学科中。用户只能得知一所高校在一个广泛的学科，例如一般社会科学中的研究活动，而难以识别特定领域，如图情领域的一个学院或系的研究活动。

科研机构的主题分析可以揭示机构之间的潜在合作，测量一个高校或国家的研究领先性。Boyack[8] 提出一种根据识别其论文落入相同论文聚类的作者，从而识别两个机构之间合作机会的方法。作者设计了一个合作潜在指数，用于测量所有美国高校与 Sandia 国家实验室之间的潜在重合性。Klavans 和 Boyack[9] 开发了一种新方法来测量一所高校与三个国家的研究领先性。该方法考虑研究者的多学科活动，并被证明与传统方法相比，该方法能够更准确地测量国家层次的研究领先性。

现有的文献通常是采用统计学、文献计量学、内容分析或其他方法来研究机构的研究绩效或特定领域的研究主题。少数研究采用一些可视化技巧，例如主题图[10]、内容图分析[11][12]、块建模[10] 来识别核心作者与机构，或是识别特定领域的主要主题与领域。但是，关于研究领域的研究主题之间相似性的可视化分析却并不多见，如安璐等人[13]利用自组织映射方法，生成若干全面的信息可视化输出来显示各科研机构组之间的合作潜力。

关于图情领域科研机构的主题研究现状，大部分国内外图情领域的研究者仅涉及一个特定的主题，如知识管理[14]、数字图书馆[15]、竞争情报[16]等，不能全面反映图情领域的主题研究状况。大多数图情领域的主题研究是静态的，不能反映不断变化的研究主题动态。少数期刊论文研究了图情领域的研究热点发展趋势[17]。然而，其时间跨度较短，未能反映该学科的长期发展历程。大多数研究使用统计或定性方法，不能反映科研机构及其研究领域之间的关系。

3　新兴主题及其探测方法与实践

3.1　新兴主题概念的提出

早在 1965 年，著名学者 Price 就已经提出研究前沿的概念，通过自定义即时指数推断相互引用最近发表文章的趋势，用于描述特定研究领域中引用时间比较短的一类文献[18]。他认为一个研究前沿大概由 40~50 篇最近发表的论文组成，也可理解为是在某一时段内以突现文献(burst article)为知识基础的一组文献所研究的问题。在特定的科学领域内，研究前沿则是指研究人员在分析突现文献和突现词(burst terms)的基础上，结合对施引文献(citing articles)的分析，利用频繁引用文章的主题来综合判断和探测一个研究领域的发展状况[19]。

2002 年 Matsumura 等人提出"新兴主题"(emerging topics)的概念，它是指在某个当前正在研究的特定科学领域中，研究人员发现新的一组由多个关键词或词组来表示的主题领域簇，可用来表示该域中极具发展潜力的研究方向或趋势[20]。随后，Kontostathis 等学者提出新兴研究趋势(emerging trend)，即随着时间推移逐渐引起学者兴趣及被讨论的主题领域，也可理解成探索某一特定领域中的焦点、热点，在挖掘最新的变化趋势时进行主动提示的过程[21]。新兴研究趋势是目前文献挖掘中一个新兴的研究方向，它能够揭示某个特定领域在一定时间内显示出来的研究方向的变化情况。深入挖掘文献集合中包含的时间相关信息具有重要的意义，借助计算机技术去主动探测 emerging trend 可以提高科研人员与情报人员对科学研究动态及时把握和处理的能力，提示他们注意某些外部事件或者新兴的技术对研究领域的影响，帮助他们快速的探询研究方向的进展情况，有利于其确定或修改研究计划。

国内关于新兴主题的认识与国外学者相似。杨良选等人[22]认为研究前沿(research fronts)，又称科学研究前沿，是指某一时点上某一焦点领域出现的具有发展潜力的研究方向，是科学发展中最先进、最有发展潜力、最新的研究主题。侯海燕也用研究前沿进行了概况，根据引文聚类[23]将其定义为一组突现的动态概念和潜在的研究问题，知识基础（intellecture base）是它在科学文献中（即由引用研究前沿术语的科学文献所形成的演化网络）的引文和共引轨迹[24]。

关于对新兴研究趋势的判断过程，Hoang 将其分为主题描述（topic representation）、主题界定（topic identification）、主题判断（topic verfication）三个部分，并加入了研究人员、研究机构、文献来源等关注主体的考虑。同时还根据文献的统计结果和挖掘法计算赋予每个主题 6 个属性值，根据这 6 个属性值来确定每个主题的受关注程度和有用性，其中用属性值 1、3、5、6 的平均值来衡量主题受关注的程度，用属性值 2、4、5、6 的平均值来衡量主题的有用性。主题根据受关注程度和有用性属性值可分为：受关注程度和有用性的属性值均大于 0 为新兴主题；受关注程度大于 0 而有用性小于等于 0 则为潜在的新兴研究趋势（potentially emerging trends）；受关注程度和有用性的衡量值均小于等于 0 为已过时研究趋势（obsolete trends）；受关注程度小于等于 0 而有用性大于 0 则为不显著但对研究有影响的趋势（creative trends）[25]。

3.2 新兴主题探测方法的研究

许多学者都在新兴主题的探测方面提出了多种方法，开发了相关的原型系统。从自动化角度可分为需要专家或用户介入的半自动化系统以及基于机器学习方法的全自动化系统。殷蜀梅从技术方法角度，将新兴主题探测方法分为文献计量学法、机器学习法和共引聚类网络分析法[26]，并指出新兴主题的探测需要统计文献中术语出现的频率、与主题相关关键词的共现频率，且与信息抽取和命名实体识别技术息息相关。

文献计量学方法通常应用于科研论文的统计、量化，通过对某学科的文献数量进行计算分析来追溯某一学科的研究现状及趋势，同时通过对科研发展过程的需求关系、内部结构的变更情况等潜在的动态趋势进行定量分析、评价和预测，可以有效帮助科研人员了解目前该学科的研究前沿和发展趋势[27]。

1997 年，Lent 等人[28]开发了 PatentMiner 系统，采用序列模式挖掘和趋势识别技术，来揭示专利数据库的趋势。类似的范例还有技术机会分析(TOA)系统[29]、ThemeRiver 系统[30]和探究式建设与合作多媒体电子学习(CIMEL)系统[31]。其中，TOA 系统监控相关关键词的出现次数以及所涉及的机构，从中提取新技术的有用知识。ThemeRiver 系统将不同强度的主题可视化为不同宽度的"电流"。在 CIMEL 系统中，用户可以输入一个新兴主题，系统将搜索文献数据库与网上资料，生成显示出版物数量的图形以及所涉及的机构等。这些系统使用户能够迅速直观地掌握发展趋势和研究前沿，并节省大量时间。然而，大多数系统通常采用统计和文献计量学的方法，存在一定的局限性。

近年来，人们开发了其他的先进技术，例如机器学习方法，用于检测新兴主题。例如，Pottenger 等人[32]开发了分层分布式动态标引(hierarchical distributed dynamic indexing, HDDI)算法，由计算机自动抽取信息对文献进行选择与挖掘，从而探测新兴主题，有利于掌握对新兴主题的判断。首先，计算机对文献做处理，按规则表达式抽取复杂名词短语，然后设置 0、1 可变阈值，对新兴主题归类。该法认为一个新兴主题至少应具有两个特点：一是随着时间变化其语义内容，即领域内出现的概念更加丰富；二是被引用次数增多，与之相关的概念出现频率增加。也就是说，随着时间推移，一个主题出现的频率呈递增趋势，同时与它相关的一些主题的共现频率也明显呈递增趋势，这时该主题就被认为是新兴主题。

机器学习法通过设置阈值，使机器可以自动归纳新兴主题。然而，该方法对文献并不是一视同仁，而是考虑了各个文献指标在主题研究趋势判断中占有的权重，通过对阈值的调整来修正输出的结果。于是，该方法在应用的最终效果评价上并不太好，精度和召回率都不算高，而且机器学习法选用的文献计量指标只选择了词频和共词，若是考虑将包含的主题作为其中的一个衡量指标，这样一来虽在信息采集上获得的精度和召回率都比较好，但在新兴主题判定上得到的效果并不理想。

范云满等人[33]总结了基于潜在狄利克雷分配(LDA)技术检测新兴主题的方法。人们回顾并比较了许多基于 LDA 方法的改进,如动态主题模型[34]、相关主题模型[35]、双词主题模型[36]等。

共引聚类网络分析方法是由 Small 提出的,它是指两篇文献通过另外一篇或者多篇文献建立联系。Small 认为,文献主题的研究是揭示文献之间引用与被引用的关系,文献的引用能反映主题之间的关系,可以反映出文献之间的联系程度和结构关系,引用的文献主题是被引用文献主题的发展与改进[37]。

Small[38]通过三段时间间隔之上的共引聚类,来揭示新兴研究主题,并预见术语变化。Morris 等人[39]提出的研究前沿时间线可视化模型,Boyack[40]关于基金对论文数量与被引次数影响的研究,以及 White[41]的作者共被引研究均对新兴主题的可视化作出了努力。另一个值得注意的范例是 CiteSpace II[42],被广泛用于识别和显示新兴趋势的学术文献(例如文献[43][44][45])。该软件适用于分析某一学科新兴主题的变化,利用共引聚类研究新兴主题之间的相互关系,分析不同新兴主题之间的内部联系,最后通过可视化,使用户能直接分辨新兴主题的变化路径。具体流程为:首先取一时间段,以特定关键词检索数据库,得到文献集合,然后计算集合中每个文献被引用的次数,以一定阈值挑选文献,缩小文献集,然后再对文献集聚集,形成文献簇。该软件可以分析随时间变化某一研究领域不同阶段的研究前沿,以及研究前沿与知识基础之间的关系,预测学科或知识领域的研究前沿。

Schult 等人[46]提出主题监测算法来识别和监控稳定主题的文献子集,并发现新的主题。Khan 等人[47]提出时间数据的双重支持先验算法,从时间数据中发现新趋势。Lee[48]采用共词分析来发现信息安全领域的发展趋势。Glanzel 等人[49]提出使用核心文档来发现新兴主题,通过分析核心文档和学科聚类在不同时期的交叉引用来发现新兴主题。Cataldi 等人[50]采用一种新的术语老化模型,计算 Twitter 上每个术语的突发性,使用户能够搜索他们感兴趣的新兴主题。Takahashi 等人[51]提出,通过度量 Twitter 发布中的异常来识别新兴主题,并取得比基于词频的传统方法更好的性能。

此外，国内学者还采用内容分析法、引文分析法等对文献内容进行系统的定量分析方法，对大量的文献进行标注，通过特征识别研究文献中隐含的深层信息。陈悦等人利用多维尺度等方法绘制了中国管理科学作者的合作情况知识图谱[52]。韩涛[53]提出采用共词、共引等方法对主题数据聚类。他认为主题簇之间的关系由特定阈值的共词或共引关联强弱来确定，通过自动检测分析不同阈值的聚类结构之间的差异性，可以发现宏观结构性的潜在结构，从而反映出科学领域的主题分布结构，该项研究揭示了共被引分析中隐藏在低阈值层中有重要意义的潜在簇。王翼等人[54]采用基于极大团的社团发现算法和基于中心的社团演化算法分析生命科学领域的合作者网络，对中国生命科学中 150 万论文杂志聚类，发现我国医学研究前沿。章成志等人[55]采用主题聚类方法，基于主题的角度对包含时间信息的学科学术论文集进行了主题分析与主题聚类，通过全面分析后归纳出某一特定学科的研究热点和这些热点的发展趋势。实验结果表明，基于主题聚类的学科热点及其趋势监测方法，其监测结果在很大程度上接近于常规方法的监测结果，但基于主题聚类的监测方法在监测成本和监测信息时效方面得到改善，通过对学科领域的文献信息可视化使研究人员能够直观的辨识出学科研究前沿的演化路径及学科领域内的经典基础文献。

这些方法和系统为学术文献与专利数据库、社交网络发布等各种文档集中的新兴主题探测提供了丰富的线索和工具。研究者们为新兴主题的检测和可视化付出了充分的努力。然而，列举或可视化新兴主题实际上并不是知识发现的目的。进一步深入分析或采取其他方式利用新兴主题的结果可以使研究者更好地了解新兴主题的贡献者，这将反过来产生更多的新兴主题。

3.3　新兴主题探测的实证研究

在丰富的检测和可视化新兴主题的方法论支持下，关于新兴主题的实证研究已经在各个领域中进行。典型的范例包括知识管理[56]、情报学[57][58][59]、信息计量学[60]、知识图谱[61]、信息安全[62]、大灭绝和恐怖主义[42]、生命科学、应用科学和社会科学[63]、商业[64]、战略管理[65]领域，或在特定的刊物，如《图书情报工作》[66]中新兴主题的分析。

许振亮等人[67]运用多维尺度、聚类分析、因子分析等可视化技术，分析发现国际生物科学与工程技术领域存在以"基因工程、蛋白质工程、酶工程""基因组学、蛋白质组学"与"细胞工程、组织工程"为内涵的三个主流知识群，绘制出国际生物科学与工程技术前沿领域的知识图谱。刘菁等人[68]应用 CiteSpace 软件对《中文核心期刊要目总览》(2008 年版)和 CSSCI 数据库中 1998—2009 年所有"移动学习"的文献进行定量和定性分析，绘制了关键词共现网络，对国内移动学习的变化趋势和研究热点进行了可视化分析。侯剑华等人[69]应用 CitesSpace 工具，对 Web of Science 数据库中的纳米文献进行了信息可视化分析，绘制了突现词共引混合网络图谱。赵蓉英等人[70]利用 CiteSpace 工具对 Web of Knowledge 数据库中的网络计量学文献进行了图谱分析，通过检测主题变化来确定网络计量学的研究热点和发展趋势，发现网络计量学的新兴主题包括网站、社会网络、链接分析等。

陈立新等人[71]以力学领域的 14 种国际代表性期刊为研究对象，利用 CiteSpace 软件对引文和主题词数据进行分析，生成共被引文献网络和施引文献主题词共词网络组成的共被引与共词的混合网络图，以知识图谱的方式揭示了流体力学主流研究、固体力学主流研究和计算力学主流研究等的演化过程、研究热点及前沿发展趋势。李雅[72]采用聚类分析与多维尺度分析(MDS)图谱相互验证的方法，将 Web of Science 数据库中与动物肠道纤维素酶基因工程相关的关键词聚为关键词类别，根据关键词类别反映该领域的研究趋势及关键词的相关性。马费成和宋恩梅利用作者同被引分析方法，揭示了 1994—2005 年之间我国情报学学科的结构和研究状况[73]。

在具体领域的新兴主题实证研究演示了各种技术如何应用于检测和可视化新兴主题，并揭示所在领域的研究前沿。然而，很少有研究对科研机构和新兴主题之间的联系进行探索。新兴研究主题不断涌现，来自不同科研机构的学者对其进行探索。针对不同科研机构对新兴主题的贡献度调查有助于促进科研机构之间的交流与合作，并鼓励科研机构进行更多的创新。

4 热点主题及其探测方法与实践

4.1 热点主题的探测方法研究

关于热点主题的探测方法与实践，许多学者进行了大量研究。一个典型的热点主题分析通常通过术语频率计数，并识别高频术语。聚类分析往往与热点主题探测相结合或先于其进行。例如，Bruns 等人[74]从澳大利亚博客中提取最常用的关键词，分析不同博客聚类中的热点话题内容。一些先进的方法，如基于人工神经网络技术的方法也被提出用于检测热点主题。例如，安璐和李纲[75]提出并采用一种新的自组织映射（SOM）输出——属性叠加矩阵，从60 种图情英文期刊中识别出七组热点主题。安璐等人[13]分别从中美图情科研机构的公开出版物中识别出前十个热点受控术语，提出一种新的 SOM 输出方式——综合成分图，揭示对中美热点受控术语作出主要贡献的科研机构。然而，被调查研究机构对各热点主题的贡献度仍然是未知的，也没有区分每个术语的热点程度。

共词分析法最早于 20 世纪 80 年代后期由法国文献计量学家 Law 等人[76]提出，到了 20 世纪 90 年代，更多研究者通过共词聚类方法分析各自的学科领域，使共词聚类方法得到快速发展，成为数据挖掘研究中的热门使用方法。研究者通常用聚类方法处理所构建的共词矩阵，揭示学科领域的研究主题结构。经过多年的发展，该方法已经普遍应用于学科领域热点主题的探索。

共词分析法属于内容分析法中的一种，主要是统计分析一组词同时出现在一篇文献中的频次，通过统计出来的"共现"频次大小反映词与词之间的关联程度强弱。两个词的共词强度（指两个词同时出现于一篇文献中的频次）越高，则这两个词之间的关系越密切；反之，则这两个词之间的关系越疏远。在共词聚类法应用中，SPSS 等统计软件可提供聚类分析（冰柱图分析和树状图分析）与多维尺度分析功能，用于探索学科领域的研究热点分布和主题结构。

早在 1996 年，崔雷[77]在专题文献高频主题词的共词聚类分析中，发现运用共词聚类分析法对某一专题文献的高频主题词是非常有效的，其表现形式容易理解，而且一目了然，结果令人满意。与文献计量方法中单纯的主题词统计和排序，再分析研究热点和学科主题变化相比，共词聚类分析法不仅筛选出高频的主题词，更注重这些词之间的关联性和联系程度，能够更好地反映研究主题之间的关系。与同被引聚类分析法相比，共词聚类分析法的主要特点是被分析和聚类的对象是关键词，词与词之间的关系代表着概念间相互的关系，因而聚类处理之后所形成的类能够比较容易理解，而且一目了然地揭示学科的结构或主题的变化。崔雷正是根据上述原理，选取某一专题的文献运用共词聚类分析法对某一专题文献的高频主题词，从而将此方法应用于图情领域，尤其是科学计量学研究的探索与实践中。

郭春侠和叶继元通过对国外 2005—2009 年发文中的高频词进行共现聚类分析[78]，揭示这些高频词之间的亲疏关系，从而归纳出国外这 5 年间图情学科研究关注的领域。马费成等人对 CNKI 数据库中十年期间知识管理领域发表的期刊论文进行共词聚类分析[79]，采用系统聚类法，对各关键词之间的关联程度进行研究总结，探讨了国内外知识管理领域的研究热点和结构变化。杨颖和崔雷筛选出医学信息学领域的高频主题词，用一种改进的共词聚类法分析该领域的热点主题演变[80]。王小华等人运用 IDF 关键词提取方法提取新闻语料库中的关键词，然后构建共词矩阵，采用 Bisecting K-means 算法进行聚类。实验结果证明该方法具有可实施性和准确性，可用于发现网络热点主题[81]。陆伟等人[82]采用自组织映射方法对关键词相似性矩阵进行训练，生成 U-matrix 输出，结合 SOM 结点中关键词的语义和背景颜色，采用人工方法将所有关键词分为不同的聚类，每个聚类分别代表该学科领域内的一个研究热点主题。

除了数学和自动化方法，一些主观方法，如德尔菲法和文献综述法，也被用于识别热点主题。例如，Malcolm 等人[83]采用德尔菲法来确定关键利益相关者对于儿童临终关怀意见的热点主题，并建议它们成为未来的研究重点。Wareham 等人[84]强调移动计算产业中的热点主题，回顾了关于这些主题的研究。Winston[85]也进行了类似的研究，将律师事务所知识管理的论文首次分为几个热点主题，然后进行分析。

4.2 热点主题分析的方法与实证研究

与热点主题相关的实证研究涉及多个领域，如图书馆学情报学[2]、医疗保健[4]、移动计算[5]、知识管理[6]和网络博客[1]。热点主题的识别也为其他研究奠定了基础，如多文档综合。例如，Piwowarski 等人[86]提出一种基于量子信息存取的框架，首先从文档中提取热点主题，然后从每个主题的不同文档中抽取热点语句，生成摘要。

大多数图情领域的热点研究主题及其发展趋势的研究是采用文献计量学的方法[87]和共词分析[88]。1969 年，Pritchard[89]首先提出文献计量学的术语。1976 年，Narin 等人[90]首先提出评价性文献计量学的术语。Courtial[91]根据科学交流网络的属性，利用共词分析的方法来分析科学计量领域的研究趋势，并预测该领域的未来发展趋势。Ding[92]通过调查被 SCI 和 SSCI 收录的相关论文，分析了一定时期内信息检索领域的主题与变化。Zhou[93]研究了知识管理领域的热点研究主题的变化。

20 世纪 90 年代，加拿大蒙特利尔大学的 Dalpe 教授等人整理了一份关于国际纳米科技研究现状的分析报告提供给加拿大国家研究理事会(NRC)，通过分析统计国际纳米科技研究领域中关键词的词频，总结归纳了纳米科技论文和专利在全球各个地区的分散和布局情况[94]。黄小燕运用词频分析方法对 1999—2003 年情报学领域的论文关键词进行了统计，总结这 5 年间情报学领域的研究热点和发展变化的情况[95]。一些研究者表明，对热点主题的研究正处于快速增长势头，在未来将成为主流研究热点[96]。

黄晓斌分析了 1994—2002 年间国家社会科学基金图情档领域的立项项目数据，通过人工选择学科领域的研究主题，研究了项目主题内容的发展轨迹，分析得出图情档领域研究的热点[97]。苏新宁对 CSSCI 收录的图情档学科论文的关键词以及被引次数较高的论文进行分析，分析总结该学科的研究热点与趋势[98]。

迄今为止，论文关键词或主题词通常被热点主题研究者作为分析单元，研究者通常提取高频术语，构建术语共现矩阵，通过共词聚类分析探索学科热点及前沿主题，分析当前学科领域的研究热点有助于揭示该学科领域的研究主题结构。

4.3 图情领域的热点主题研究

随着信息技术与互联网的发展，网络信息资源不断增长，人们面临信息超载的挑战。同时，各学科领域对信息技术的利用程度不断加深，信息系统和信息管理实践也在不断完善和改进，人们越来越认识到信息管理的重要性。因此，图书馆学情报学研究也随之受到很深的影响和强大的冲击，于是图情学科正经历着跨越式发展。图书情报事业所面临的巨大变化使得图情领域的研究出现了大量的热点主题。因此，关于图情领域的热点主题研究纷至沓来。

张果果对重庆维普中文期刊数据库 1996—2005 年期间的图书馆学论文，按照中图法的主题分类进行统计分析，发现图书馆学基础理论、图书馆管理、读者工作和各类型图书馆是近十年的研究热点[99]。赵晓玲从维普中文科技期刊数据库收录的 17 种图书情报学核心期刊自 2001 年至 2006 年间关于图书馆基础理论研究的论文关键词中提取高频词，进行共词聚类分析，发现这 5 年来基础理论研究中的热点问题[100]。刘孝文从 2002—2006 年国家社会科学基金课题指南和图书馆学研究生培养方向中提取高频词，并运用共词聚类分析来考察图书馆研究现状[101]。

李长玲和翟雪梅从 CNKI 中国优秀硕士学位论文全文数据库中搜集了 2002—2006 年图书馆学专业硕士学位论文，从学位论文中提取高频关键词，进行共词聚类分析，发现图书馆学硕士学位论文的研究热点[102]。魏群义等人对 2001—2010 年期间的情报学学位论文的关键词进行统计分析，发现我国情报学学位论文的研究主题主要为图书馆信息服务、信息检索与技术、竞争情报与知识产权、情报技术与应用四大类，其中知识管理、电子商务、竞争情报等主题是学位论文研究的热点[103]。安璐等人构造了自组织映射用于数据分析的方法体系[104]，并分析了 60 种有代表性的国外图书情报类期刊的热点主题及 *Journal of Information Science*（JIS）1981—2007 年的主题发展趋势与规律[75]，其研究方法为期刊热点主题识别及发展趋势研究提供了较为完整的工具与思路。

曹玲等人收集了 CNKI 中国期刊全文数据库中收录的 1997—2008 年与竞争情报相关的期刊论文，研究各高频关键词之间的内在联系，分析竞争情报领域的研究热点，管窥国内竞争情报领域的研究现状[105]。曹福勇和詹佳佳对 ProQuest 博硕士论文文摘数据库中收录的 2005—2009 年图书馆学学科的博士学位论文中的关键词进行统计，并对其高频关键词进行共词聚类分析，揭示国外图书馆学博士学位论文的研究热点[106]。

综上所述，现有的研究非常重视热点主题探测方法或是从期刊、学位论文等学术文献中识别特定领域的热点主题，开展实证研究。然而，探索科研机构对热点主题的贡献度比识别整个领域的热点主题粒度更细。相关研究包括安璐等人[107]在识别热点主题及其聚类的基础上，构建科研机构对热点主题的贡献度测量方法，并利用 Treemap 信息可视化方法显示其结果。有关科研机构对热点主题的贡献度研究结果将有助于各科研机构了解其研究实力以及热点主题在科研机构之间的分布。此外，现有的研究成果大多是给出特定学科领域的热点主题列表或聚类结果，较少以可视化的方式输出热点主题及聚类的构成。

5 信息可视化及其在科研机构研究领域挖掘中的应用

由于科学出版物呈指数级增长，相关研究者开发并应用越来越多的信息可视化技巧，对其进行评价，并从海量的科学出版物中生成有用的知识。典型的范例包括 iOPENER Workbench[108]，后来命名为 Action Science Explorer（ASE）[109]、GoPubMed[110]、Web of Knowledge 的引文树[111]，VxInsight[40][112]以及由国际著名信息可视化专家陈超美[113]开发的基于 CiteSpace 的可视化方法。

上述可视化研究通常是聚集在基于引文或共引网络的作者或论文层次。实际上，丰富的公开出版物及其涉及的关键词、受控术语或分类号以及从文化资源中提取的元数据为挖掘科研文化机构的研究领域和资源主题提供了潜在的线索。然而，较少有研究者基于机构所包含的主题内容在机构层次上开展研究。

信息可视化的工具众多，典型的工具包括 SPSS、TDA[114]、CiteSpace[45]、PersonalBrain[115]等。其中，SPSS 是 Statistical Package for Social Sciences 的简称，即社会科学统计程序。它用对话框方式实现各种管理和数据分析功能，包括基础统计、高级统计、专业统计等几个大类的统计分析，清晰直观、易学易用，已广泛应用于生物学、教育学、心理学、医疗卫生等领域[116]。TDA 是 Thomson Data Analyzer 的简称，是 Derwent Analytics 的升级产品[117]。由于汤姆逊公司对于科学知识图谱的研究及应用处于世界前列，该软件在绘制科学知识图谱方面的功能很强大。然而，相对于其他信息可视化工具，对该软件功能进行剖析的文献比较少，用以进行科学知识图谱的研究也相对较少。

CiteSpace Ⅱ是陈超美博士开发的科学图谱及知识可视化软件，采用谱聚类的方法对共被引网络进行聚类，分别通过 TF-IDF、Log-likelihood ratio（LLR）、Mutual information（MI）三种抽词排序法则从引文的标题、文摘、索引词中抽取名词短语，作为共被引聚类的标识，通过 Modularity Q 指标和 Silhouette 指标对聚类结果和抽词结果进行评价，从中选取最合适的结果[118]。自 1998 年以来，陈超美博士在《美国信息科学与技术会刊》（*Journal of the American Society for Information Science and Technology*，现更名为 *Jounal of the Assocation for Information Science and Technology*）等国际权威期刊上发表了大量关于信息可视化的论文。他利用 CiteSpace 软件，根据社会网络分析中的中间中心性指标（betweenness）识别共引网络中的关键节点，揭示了 1990—2003 年恐怖主义和 1981—2003 年物种灭绝两大主题的研究进展[42][118]。著名的信息计量学专家 White 和 McCain[119]，Noyons[120]等人也利用各种信息可视化分析方法与工具，构建知识图谱，分析世界范围内特定学科的前沿领域。

6 结 束 语

科研机构作为国家科技创新与文化交流的主体，其公开出版物与知识存储具有丰富的内容与很高的价值。对这些文献的主题可视化挖掘有助于科研资助与管理机构从整体上把握学科发展与知识传播和交流的现状，帮助科研机构更好地了解自身所处的地位、优势与不足，有助于新进入的研究者与广大公众更好地了解科研机构的主题特征，采取相应的求学、求职、交流、知识利用等决策。

科研机构的主题特征可视化挖掘是一项复杂繁琐的任务。这一方面是因为科研机构的主题表征载体的丰富性与多样性，另一方面是因为科研机构主题挖掘的角度与内容颇为繁杂。研究者需要厘清分析的目的与用途，选择恰当的研究对象与分析单元，利用各种可视化知识发现的方法与工具来实现其目标。

本文全面深入地回顾了国内外科研机构的主题可视化挖掘的理论、方法与实践，将科研机构的主题分析归纳为科研机构研究领域的可视化比较、科研机构对新兴与热点主题的贡献度分析、科研机构的研究领域演化分析等若干任务。在科研机构研究领域的可视化比较方面，指出以国内外特定学科的科研机构为研究对象，利用自组织映射、多维标度、自定义的综合成分图等方法，对被调查的科研机构进行主题聚类分析，可以发现潜在的国内外合作机构，识别被调查机构的热点与特色研究领域，并揭示对热点研究领域作出主要贡献的科研机构。

在科研机构对新兴与热点主题的贡献度可视化分析方面，可以建立一套区分主题的新兴与热点程度并加权的方法，以国内外特定学科领域的科研机构为例，利用树图等信息可视化方法，量化并可视化地显示科研机构对新兴与热点主题的贡献度过程。在科研机构的研究领域演化分析方面，可以将科研机构的公开出版物数据划分为若干时间段，利用树图等可视化方法显示科研机构研究领域的演化过程。

现有的研究不足之处在于，关于新兴主题的识别还缺乏比较研究，我们建议相关学者利用多种方法与工具，例如 VOSviewer 等识别新兴主题，与现有的根据分类号的引入时间所识别的新兴主题[121]进行比较。此外，在科研机构的潜在合作机构识别方面，相关学者可以利用非相关文献的知识发现等方法找出分别属于不同的机构聚类，但存在主题联系的潜在合作机构。此外，还有科研机构的专利主题可视化挖掘等也值得进一步的研究。

参 考 文 献

［1］晋浩天. 2013 年度中国科技论文统计结果发布［N］. 光明日报，2014-10-29(6).

［2］Shen J, Yao L, Li Y, Clarke M, Gan Q, Fan Y, Zhong D, Li Y, Gou Y, Wang L. Visualization studies on evidence-based medicine domain knowledge (series 1): mapping of evidence-based medicine research subjects［J］. Journal of Evidence-Based Medicine, 2011, 4 (2): 73-84.

［3］Shen J, Yao L, Li Y, Clarke M, Gan Q, Fan Y, Li Y, Gou Y, Zhong D, Wang L. Visualization studies on evidence-based medicine domain knowledge (series 2): structuraldiagrams of author networks ［J］. Journal of Evidence-Based Medicine, 2011, 4(2): 85-95.

［4］Moed H F, Moya-Anegón F, López-Illescas C, Visser M. Is concentration of university research associated with better research performance? ［J］. Journal of Informetrics, 2011, 5(4): 649-658.

［5］Daigle R J, Arnold V. An analysis of the research productivity of AIS faculty［J］. International Journal of Accounting Information Systems, 2000, 1(2): 106-122.

［6］Reid E F, Chen H. Mapping the contemporary terrorism research domain［J］. International Journal of Human-Computer Studies, 2007, 65(1): 42-56.

［7］Huang Z, Chen H, Chen Z K, Roco M C. International

nanotechnology development in 2003: country, institution, and technology field analysisbased on USPTO patent database [J]. Journal of Nanoparticle Research, 2004, 6(4): 325-354.

[8]Boyack K W. Using detailed maps of science to identify potential collaborations[J]. Scientometrics, 2009, 79(1): 27-44.

[9]Klavans R, Boyack K W. Toward an objective, reliable and accurate method for measuring research leadership [J]. Scientometrics, 2010, 82(3): 539-553.

[10]Blessinger K, Hrycaj P. Highly cited articles in library and information science: an analysis of content and authorship trends [J]. Library & InformationScience Research, 2010, 32 (2): 156-162.

[11]Mammo Y. Rebirth of library and information science education in Ethiopia: retrospectives and prospectives [J]. The International Information & Library Review, 2011, 43(2): 110-120.

[12]Sethi B B, Panda K C. Growth and nature of international LIS research: an analysis of two journals [J]. The International Information & Library Review, 2012, 44(2): 86-99.

[13]An L, Yu C, Li G. Visual Research Field Analysis of Chinese and American Library and Information Science Research Institutions [J]. Journal of Informetrics, 2014, 8(1):217-233.

[14]李婷婷. 图书情报学领域中的知识管理研究综述[J]. 四川图书馆学报, 2011(4): 94-96.

[15]王素琴. 近十年来我国数字图书馆研究综述[J]. 现代情报, 2005, 25(8):97-99.

[16]李纲, 吴瑞. 国内近十年竞争情报领域研究热点分析——基于共词分析[J]. 情报科学, 2011, 29(9):1289-1293.

[17]王倩飞, 宋国建, 苏学, 吕少妮, 天永晓, 朱启贞. 关键词词频分析透视2003—2007年情报学领域研究热点[J]. 情报探索, 2009(8): 33-34.

[18]Price D J. Networks of scientific papers[J]. Science, 1965, 149

（3683）:510-515.

[19] Titus M A. No college student left behind: the influence of financial aspects of a state's higher education policy on college completion[J]. Review of Higher Education, 2006, 29(3): 293-317.

[20] Matsumura M N, Matsuo Y, Ohsawa Y, Ishizuka M. Discovering emerging topics from WWW[J]. Journal of Contingencies and Crisis Management, 2002, 10(2):73-81.

[21] Mawhinney T C. Total quality management and organizational behavior management: an integration for continual improvement [J]. Journal of Applied Behavior Analysis, 1992, 25(3): 524-543.

[22] 杨良选, 李自力, 王浩. 基于 CiteSpaceII 的研究前沿可视化分析[J]. 情报学报, 2011, 30(8): 883- 889.

[23] Staw B M, Sandelands L E, Dutton J E. Threat-rigidity effects in organizational behavior: a multilevel analysis[J]. Administrative Science Quarterly, 1981, 26(4): 501-524.

[24] 侯海燕.科学计量学知识图谱[M]. 大连: 大连理工大学出版社, 2008.

[25] Hoang L M. Emerging trend detection from scientific online documents[OL].[2007-08-01]. http:// www.jaist.ac.jp/ library/ thesis/ ks- do ctor-2006/ paper/ hoangle/ paper.pdf.

[26] 殷蜀梅. 判断新兴研究趋势的技术方法分析[J]. 情报科学, 2008, 26(4):536-540.

[27] 章成志. 基于样本加权的文本聚类算法研究[J]. 情报学报, 2008, 27(1):42-48.

[28] Lent B, Agrawal R, Srikant R. Discovering trends in text database [C]// Proceedings of Knowledge Discovery and Data Mining (KDD-97), 1997: 227-230.

[29] Porter A L, Detampel M J. Technology opportunities analysis[J]. Technological Forecasting and Social Change, 1995, 49(3):

237-255.

［30］Havre S, Hetzler E, Whitney P, Nowell L. ThemeRiver：visualizing thematic changes in large document collections［J］. IEEE Transactions on Visualization and Computer Graphics, 2002, 8(1)：9-20.

［31］Blank C D, Pottenger W M, Kessler G D, Herr M, Jaffe H, Roy S, Gevry D, Wang Q. CIMEL：constructive, collaborative inquiry-based multimedia e-learning［C］// In Proceedings of the Sixth Annual Conference on Innovation and Technology in Computer Science Education (ITiCSE), June 2001.

［32］Pottenger W M, Kim Y B, Meling D D. HDDITM：hierarchical distributed dynamic indexing.［OL］.［2007-08-01］. http://www. dimacs.rutgers.edu/~billp/pubs/HDDIFinalChapter.pdf.

［33］范云满, 马建霞. 利用LDA的领域新兴主题探测技术综述［J］. 现代图书情报技术, 2012(12)：58-65.

［34］Blei D M, Lafferty J D. Dynamic topic models［C］//In Proceedings of the 23rd International Conference on Machine Learning (ICML'06). New York：ACM, 2006：113-120.

［35］Blei D M, Lafferty J D. A correlated topic model of science［J］. Annals of Applied Statistics, 2007, 1(1)：17-35.

［36］Wallach H M. Topic modeling：beyond bag-of-words［C］//In Proceedings of the 23rd International Conference on Machine Learning (ICML'06). New York：ACM, 2006：977-984.

［37］王伟. 国际信息计量学研究前沿与热点分析［J］. 医学信息学杂志, 2010, 31(2)：1-4, 25.

［38］Small H. Tracking and predicting growth areas in science［J］. Scientometrics, 2006, 68(3)：595-610.

［39］Morris S A, Yen G. Timeline visualization of research fronts［J］. Journal of the American Society for Information Science and Technology, 2003, 55(5)：413-422.

［40］Boyack W. Indicator-assisted evaluation and funding of research：

visualizing the influence of grants on the number and citation counts of research papers [J]. Journal of the American Society for Information Science and Technology, 2003, 54(5):447-461.

[41] White D. Pathfinder networks and author cocitation analysis[J]. Journal of the American Society for Information Science and Technology, 2003, 54(5):423-434.

[42] Chen C. CiteSpace II: detecting and visualizing emerging trends and transient patterns in scientific literature[J]. Journal of the American Society for Information Science and Technology, 2006, 57(3): 359-377.

[43] 肖明, 陈嘉勇, 李国俊. 基于 CiteSpace 研究科学知识图谱的可视化分析[J]. 图书情报工作, 2011, 55(6): 91-95.

[44] 周金侠. 基于 CiteSpaceII 的信息可视化文献的量化分析[J]. 情报科学, 2011, 29(1): 98-101,112.

[45] 卫军朝, 威海燕. 基于 CiteSpaceII 的数字图书馆研究热点分析[J]. 图书馆杂志, 2011, 30(4): 70-77, 88.

[46] Schult R, Spiliopoulou, M. Discovering emerging topics in unlabelled text collections [C]//Manolopoulos Y, Pokorny J, Sellis T. (Eds.) Advances in Databases and Information Systems, Lecture Notes in Computer Science, Berlin: Springer, 2006 (4152): 353-366.

[47] Khan M S, Coenen F, Reid D, Patel R, Archer L. A sliding windows based dual support framework for discovering emerging trends from temporal data[J]. Knowledge Based Systems, 2010,23 (4): 316-322.

[48] Lee W H. How to identify emerging research fields using scientometrics: an example in the field of Information Security[J]. Scientometrics, 2008, 76(3): 503-525.

[49] Glanzel W, Thijs B. Using 'core documents' for detecting and labelling new emerging topics[J]. Scientometrics, 2012, 91(2): 399-416.

［50］Cataldi M, Caro L D, Schifanella C. Personalized emerging topic detection based on a term aging model［J］. ACM Transactions on Intelligent Systems and Technology, 2013, 5(1):1-27.

［51］Takahashi T, Tomioka R, Yamanishi K. Discovering emerging topics in social streams via link-anomaly detection［J］. IEEE Transactions on Knowledge and Data Engineering, 2014, 26(1): 120-130.

［52］Chen Y, Liu Z. Co-authorship on management science in China［C］// Proceedings of the 10th Internationai Conference of the Internationai Society for Scitometrics and Informetrics. Stockhoim, Sweden: Karoiinska Unversity Press, 2005.

［53］韩涛. 知识结构演化深度分析的方法及其实现［D］. 北京：中国科学院文献情报中心, 2008.

［54］王翼, 杜楠, 吴斌. 复杂网络在文献信息服务中的应用及实现方法［J］. 数字图书馆论坛, 2008(6): 34-37.

［55］章成志, 梁勇. 基于主题聚类的学科研究热点及其趋势监测方法［J］. 情报学报, 2010, 29(2): 342-349.

［56］张勤, 马费成. 国外知识管理研究范式——以共词分析为方法［J］. 管理科学学报, 2007, 12(6): 65-75.

［57］赖茂生, 王琳, 李宇宁. 情报学前沿领域的调查与分析［J］. 图书情报工作, 2008, 52(3): 6-10.

［58］杨文欣, 杜杏叶, 张丽丽, 等. 基于文献的情报学前沿领域调查分析［J］. 图书情报工作, 2008, 52(3): 11-14.

［59］赖茂生, 王琳, 杨文欣, 等. 情报学前沿领域的确定与讨论［J］. 图书情报工作, 2008, 52(3): 15-18.

［60］王伟, 王丽伟, 朱红. 国际信息计量学研究前沿与热点分析［J］. 医学信息学杂志, 2010, 31(2): 1-4, 25.

［61］范云满, 马建霞, 曾苏. 基于知识图谱的领域新兴主题研究现状分析［J］. 情报杂志, 2013, 32(9): 88-94.

［62］Lee W H. How to identify emerging research fields using scientometrics: an example in the field of Information Security［J］.

Scientometrics, 2008, 76(3): 503-525.

[63] Glanzel W, Thijs B. Using 'core documents' for detecting and labelling new emerging topics[J]. Scientometrics, 2012, 91(2): 399-416.

[64] Griffith D A, Cavusgil S T, Xu S. Emerging themes in international business research[J]. Journal of International Business Studies, 2008, 39(7): 1220-1235.

[65] 侯剑华, 陈悦. 战略管理学前沿演进可视化研究[J]. 科学学研究, 2007, 25(s1): 15-21.

[66] 侯素芳, 汤建民, 朱一红, 等. 2000—2011年中国图情研究主题的"变"与"不变"——以《图书情报工作》刊发的论文为样本[J]. 图书情报工作, 2013, 57(10): 25-32.

[67] 许振亮, 刘则渊, 葛莉, 赵玉鹏. 基于知识图谱的国际生物科学与工程前沿计量研究[J]. 情报学报, 2009, 28(2): 296-302.

[68] 刘菁, 董菁, 韩骏. 基于科学知识图谱的国内移动学习演进与前沿热点分析[J]. 中国电化教育, 2012(2): 126-130.

[69] 侯剑华, 刘则渊. 纳米技术研究前沿及其演化的可视化分析[J]. 科学学与科学技术管理, 2009(5): 23-30.

[70] 赵蓉英, 王静. 网络计量学研究热点与前沿的知识图谱分析[J]. 情报学报, 2011, 30(4): 424-434.

[71] 陈立新, 刘则渊, 梁立明. 力学各分支学科研究前沿和发展趋势的可视化分析[J]. 情报学报, 2009, 28(5): 736-744.

[72] 李雅, 黄亚娟, 杨明明, 陈玉林. 知识图谱方法科学前沿进展实证分析——以动物肠道纤维素酶基因工程研究为例[J]. 情报学报, 2012, 31(5): 479-486.

[73] 马费成, 宋恩梅. 我国情报学研究分析: 以 ACA 为方法[J]. 情报学报, 2006, 25(3): 259-268.

[74] Bruns A, Burgess J, Highfield T, Kirchhoff L, Nicolai T. Mapping the Australian Networked Public Sphere[J]. Social Science Computer Review, 2011, 29(3): 277-287.

[75] 安璐，李纲. 国外图书情报类期刊热点主题及发展趋势研究 [J]. 现代图书情报技术，2010(9)：48-55.

[76] Law J, Bauin S, Courtial J P, Whittaker J. Policy and the mapping of scientific change: a co-word analysis of research into environmental acidification [J]. Scientometrics, 1988, 25 (14): 251-264.

[77] 崔雷. 专题文献高频主题词的共词聚类分析 [J]. 情报理论与实践，1996，19(4)：49-51.

[78] 郭春侠，叶继元. 基于共词分析的国外图书情报学研究热点 [J]. 图书情报工作，2011(20)：19-22.

[79] 马费成，张勤. 国内外知识管理研究热点——基于词频的统计分析 [J]. 情报学报，2006，25(2)：163-171.

[80] 杨颖，崔雷. 应用改进的共词聚类法探索医学信息学热点主题演变 [J]. 现代图书情报技术，2011(1)：83-85.

[81] 王小华，徐宁，谌志群. 基于共词分析的文本主题词聚类与主题发现 [J]. 情报科学，2011，29(11)：1622-1624.

[82] 陆伟，彭玉，陈武. 基于 SOM 的领域热点主题探测 [J]. 现代图书情报技术，2011(1)：63-68.

[83] Malcolm C, Knighting K, Forbatm L, Kearney N. Prioritisation of future research topics for children's hospice care by its key stakeholders: a Delphi study [J]. Palliative Medicine 2009, 23 (5): 398-405.

[84] Wareham J D, Busquets X. Austin R D. Creative, convergent, and social: prospects for mobile computing [J]. Journal of Information Technology, 2009, 24(2): 139-143.

[85] Winston A M. Law firm knowledge management: a selected annotated bibliography [J]. Law Library Journal, 2014, 106(2): 175-197.

[86] Piwowarski B, Amini M R, Lalmas M. On using a quantum physics formalism for multidocument summarization [J]. Journal of the American Society for Information Science and Technology,

2012, 63(5): 865-888.

[87]胡海荣, 赵丽红. 2002—2007 年浙江省图书情报学研究论文的文献计量分析[J]. 图书馆研究与工作, 2008(4): 24-28.

[88]李纲, 吴瑞. 国内近十年竞争情报领域研究热点分析——基于共词分析[J]. 情报科学, 2011, 29(9): 1289-1293.

[89]Pritchard A. Statistical bibliography or bibliometrics[J]. Journal of Documentation, 1969, 25(4): 348-349.

[90]Narin F, Pinski G, Gee H H. Structure of the biomedical literature [J]. Journal of the American Society for Information Science, 1976, 27(1): 25-45.

[91] Courtial J P. A co-word analysis of scientometrics [J]. Scientometrics, 1994, 31(3): 251-260.

[92] Ding Y, Chowdhury G G, Foo S. Bibliometrics cartography of information retrieval research by using co-word analysis [J]. Information Processing and Management, 2001, 37(6): 817-842.

[93]周爱民. 从 2006 年中文文献关键词看知识管理领域研究热点的变迁[J]. 现代情报, 2007, 27(10): 110-113.

[94]Dalpe R, Gauthier E, Lppersiel M P. The State of Nanotechnology Research [R]. Ottawa: National Research Council of Canada, 1997.

[95]黄晓燕. 情报领域研究热点透视——情报领域论文关键词词频分析(1999—2003)[J]. 图书与情报, 2005(6): 82-84, 110.

[96]王小华, 徐宁, 谌志群. 基于共词分析的文本主题词聚类与主题发现[J]. 情报科学, 2011, 29(11): 1622-1624.

[97]黄晓斌. 我国图书馆、情报与文献学研究热点的发展——近年来国家社会科学基金立项项目的分析[J]. 情报资料工作, 2003(1): 13-16.

[98]苏新宁. 图书馆、情报与文献学研究热点与趋势分析 2000—2004——基于 CSSCI 的分析[J]. 情报学报, 2007, 26 (3): 373-383.

[99]张果果. 图书馆学近十年来研究热点分析及趋势预测[J]. 新

世纪图书馆, 2007 (1): 13-15.

[100]赵晓玲. 近五年来我国图书馆学基础理论研究热点问题探析 [J]. 图书馆学刊, 2008 (1): 24-27.

[101]刘孝文. 试论我国图书馆学研究热点及走向——基于国家社 科基金课题指南和研究生培养方向的分析[J]. 情报资料工 作, 2007 (1): 30-33.

[102]李长玲, 翟雪梅. 基于硕士学位论文的我国图书馆学与情报 学研究热点分析[J]. 情报科学, 2008, 26 (7): 1056-1060.

[103]魏群义, 侯桂楠, 霍然. 近10年国内情报学硕士学位论文研 究热点统计分析[J]. 图书情报工作, 2012, 56(2): 35-39.

[104]安璐, 张进, 李纲. 自组织映射用于数据分析的方法研究 [J]. 情报学报, 2009, 28(5): 720-726.

[105]曹玲, 杨静, 夏严. 国内竞争情报领域研究论文的共词聚类 分析[J]. 情报科学, 2010, 28(6): 923-930.

[106]曹福勇, 詹佳佳. 基于共词聚类的国外图书馆学博士学位论 文研究热点分析[J]. 中山大学研究生学刊(社会科学版), 2010, 30(3): 103-110.

[107]An L, Lin X, Yu C, Zhang X. Visualizing the contributions of Chinese and American Library and Information Science research institutions to Emerging Themes[J/OL]. Scientomet-rics. http:// link.springer.com/article/10.1007%2Fs11192-015-1640-4.

[108]Dunne C, Shneiderman B, Dorr B, Klavans J. iOpener Workbench: tools for rapid understanding of scientific literature [C]// In Human-Computerinteraction Lab 27th Annual Symposium University of Maryland, College Park, MD. [2010-05-27]. ftp://ftp. umiacs. umd. edu/pub/bonnie/iOPENER-5-27-2010.pdf.

[109]Dunne C, Shneiderman B, Gove R, Klavans J, Dorr B. Rapid understanding of scientific paper collections: integrating statistics, text analysis, and visualization[R]. College Park: University of Maryland, Human-Computer Interaction Lab, 2011.

［110］Transinsight. GoPubMed［OL］.［2011-12-31］. http://www. gopubmed.org.

［111］Thomson Reuters. ISI web of knowledge［OL］.［2011-12-31］. http://www.isiwebofknowledge.com.

［112］Davidson G S, Hendrickson B, Johnson D K, Meyers C E, Wylie B N. Knowl-edge mining with vxinsight: discovery through interaction［J］. Journal of Intelligent Information System, 1998, 11(3): 259-285.

［113］Chen C. Searching for intellectual turning points: progressive knowledge domain visualization［C］// Proceedings of the National Academy of Sciences of the United States of America, 2004, 101 (1): 5303-5310.

［114］廖胜姣. 科学知识图谱绘制工具: SPSS 和 TDA 的比较研究［J］. 图书馆学研究, 2011(3): 46-49.

［115］韩永青. 高校图书馆学科知识服务可视化研究——学科思维导图绘制［J］. 情报科学, 2011, 29(8): 1262-1267.

［116］卢纹岱, 朱一力, 沙捷. SPSS for windows 从入门到精通［M］. 北京: 电子工业出版社, 1997.

［117］李鹏. Thomson Data Analyzer 软件介绍［J］. 专利文献研究, 2008(2): 1-15.

［118］Chen C, Ibekwe-SanJuan F, Hou J. The structure and dynamics of co-citation clusters: a multiple-perspective co-citation analysis ［J］. Journal of American Society for Information Science and technology, 2010, 61(7): 1386-1409.

［119］White H D, McCain K W. Visualization of Literatures［J］. Annual Review of Information Science and Technology, 1997 (32): 99-168.

［120］Noyons E C M. Bibliometrics Mapping of Science in A Science Policy Context［J］. Scientometrics, 2001, 50(1):83-98.

［121］安璐, 余传明, 董丽, 潘青玲. 科研机构对新兴主题的贡献度研究——以中美图情科研机构为例［J］. 图书情报工作,

2014，58（13）：68-74.

【作者简介】

安璐，女，1979 年生，博士，副教授，硕士生导师，珞珈青年学者，《图书情报知识》编辑，主要研究方向为可视化知识发现。曾先后进入美国威斯康星密尔沃基大学做联合培养博士生、武汉大学管理科学与工程博士后流动站及美国德雷塞尔大学访问学者。目前在国内外权威与核心期刊、重要国际学术会议上发表学术论文近四十篇，其中被 SSCI 收录的期刊论文 6 篇，被 EI 收录的论文 5 篇，在国内权威期刊上发表论文 7 篇，出版专著两部，主持国家社会科学基金等多个科研项目。

基于 LDA 的文本主题建模研究综述

李旭晖[1]　朱佳晖[2]　彭　敏[2]

(1. 武汉大学信息管理学院；2. 武汉大学计算机学院)

[摘　要] 主题建模对于把握文本中的内容，了解用户兴趣，进行商品推荐等意义重大。然而，在实际情景下，主题建模往往面临大数据环境、实时性需求、短文本处理、相关性挖掘和语义性强化这五个挑战。围绕这五大挑战，本文首先介绍了主题建模的基本部分，包括模型参数推断方法和评价指标。其次介绍了时空主题建模，从时间顺序、空间关系阐述主题的变化和关联。进而介绍语义主题模型，分别从有监督的学习方式、短语、分布的稀疏性以及领域知识四个方面探讨如何提高主题的语义理解性。最后引申出分布式主题建模，从理论上解决实时性和可扩展性问题。通过对此类主题模型的总结和分析，归纳出主题模型未来的前景以及亟待解决的关键问题。

[关键词] LDA　主题建模　时空　语义　分布式

A Review of LDA-based Topic Modeling on Texts

Li Xuhui[1]　Zhu Jiahui[2]　Peng Ming[2]

(1. School of Information Management, Wuhan University;

2. Computer School, Wuhan University)

[Abstract] Topic modeling is helpful for grasping content idea, understanding users' interests and performing e-commerce recommendation. However, in real-world topic modeling cases, there are mainly five challenges: big data environment, real-time requirement, short texts processing, relation mining and semantic reinforcement. Along with these challenges, first we introduce the basic part of topic modeling, including the model inference and the evaluation metrics. Then we present the Spatio-temporal topic modeling, which describes the topic evolution and relation in both temporal order and spatial relation. Furthermore, we analyze the semantic topic modeling, and explain it with supervised topic modeling, phrases topic modeling, focused topic modeling and knowledge topic modeling, aiming at improving its semantic interpretation. Finally, we summarize the distributed topic modeling, which theoretically satisfies the real-time requirement and improves the scalability. Additionally, we also sum up the future of the topic modeling and some of its key problems which need to be promptly solved.

[**Keywords**] LDA   topic modeling   spatio-temporal model   semantics   distributed model

1 引　　言

主题是文本中语义信息的载体，在 TDT（Topic Detection and Tracking）任务中的定义为一个种子事件以及所有与该事件相关的其他事件的总和[1]。挖掘文本信息中的主题能够使用户清晰准确地掌握文本中的语义信息，对突发事件检测[2]、主题趋势分析[3]、商品推荐[4]、文本标注[5]、软件开发[6]等任务意义重大。LDA（Latent Dirichlet Allocation）[7]是最为常见的概率主题模型之一。它自上而下由文档、主题、词汇三个方面构成，将文档表现为关于主题的多项式分布，将主题表现为关于词汇的多项式分布，而这些多项式分布的先验参数又服从 Dirichlet 分布。

近年来，Twitter、新浪微博等一系列社会网络媒体蓬勃发展，为用户发布信息、表达个人意见和感受提供了更为广阔更为个性化的平台。至 2015 年第二季度，Twitter 月活跃用户数已达 3.16 亿①，而国内的新浪微博的用户数至 2014 年第三季度也已达到 1.67 亿②。承载着如此巨大的用户群体，这些社会网络平台每天产生的微博文本数量也是巨大的。相关数据显示，仅 2014 年 1 月 1 日的第一分钟，用户发布的新浪微博数量便达到 808298 条③。这些文本中包含着丰富的主题信息，能够反映用户兴趣、生活方式和购买习惯等④。随着这些社会网络媒体的兴起，LDA 主题模型也被广泛地用在社会网络文本分析方面，譬如 Twitter-LDA[8] 和 MB-LDA[9]。Twitter-LDA 首次将 LDA 主题建模运用到 Twitter 文本分析方面，并与传统的 LDA 做了系统的对比，展示了在社会网络短文本和传统长文本上进行主题建模的差别。针对微博文本短小，语义信息不丰富等缺陷，MB-LDA 综合考虑了社会网络结构接触相关性和文本相关性，以增强主题建模的可靠性。此外，利用 LDA 进行社交文本挖掘的相关系统有 TEDAS[10]，在实时性、可靠性方面展现了良好的性能。

在现有的社会网络环境下，文本主题建模的挑战主要有五个方面：①庞大的文本数量使得主题模型必须要适应大数据的环境，提高可扩展性。②源源不断的文本产生速度使得主题模型必须要考虑在线处理的问题，提高实时性。③社会网络中用户产生的文本往往是短文本，词共现几率小，上下文信息不丰富，使得主题模型必须要重新构建特征空间或采取其他有效方法。④单个的主题与主题之间往往还存在一定的关联，如何挖掘出主题之间的这种关联关系，使得主题层面从平面走向立体，也是一个值得研究的问题。⑤主题模型产生的主题只是关于词汇的概率分布，往往混杂各式各样的词汇，表意不清，语义可理解性不强。因此，主题建模过程中要充分考虑主题的语义信息，以更好地被人理解。

---

① http：//www.199it.com/archives/371011.html.

② http：//www.199it.com/archives/324955.html.

③ http：//tech.sina.com.cn/i/2014-01-01/02409059293.shtml.

④ http：//www.199it.com/archives/350839.html.

针对以上五个方面的挑战，本文从主题建模基本部分、时空主题建模、语义主题建模和分布式主题建模四个大点进行展开。针对大数据的挑战，本文的描述贯穿始终；针对实时性的挑战，本文主要从主题模型推断、时间主题建模、时空主题建模和分布式主题建模来展开描述；针对短文本的挑战，本文主要围绕基于短语或顺序的主题建模展开；针对挖掘主题关联关系的挑战，本文专注于介绍空间主题建模和时空主题建模；针对增强主题语义理解性的挑战，本文着重介绍语义主题建模。

2 主题建模基本部分

2.1 主题模型推断

文档-主题分布参数以及主题-词汇分布参数的推断是主题建模中最为核心的步骤。由于在 LDA 模型参数推断过程中，所构造的关于文档-主题分布、主题-词汇分布以及主题分配序列的联合后验概率表达式往往十分复杂，因此参数推断往往采用随机算法或者近似算法。一般地，对于模型参数推断，主要有两大类方法：一类是吉布斯采样（Gibbs Sampling, GS）[11]；另一类是变分贝叶斯推断（Variational Bayesian Inference, VB）[7]。

吉布斯采样是一种随机算法，一般在 LDA 等主题模型中，采用的往往都是坍缩吉布斯采样（Collapsed Gibbs Sampling, CGS）[12]。CGS 同一般的 GS 的区别在于对待采样的联合后验分布依次关于文档-主题参数和主题-词汇参数进行积分，只留下关于主题分配序列的后验分布。这种将联合后验分布中的相关变量通过积分"隐去"的方法即为所谓的"坍缩"。CGS 首先为每个文档的每个词汇随机分配一个主题编号，由此得到一个主题分配序列。然后依据采样的规则不断根据排除当前词汇状况下的主题分配情况进行迭代更新，最终可得到收敛状况下的主题分配。依据该收敛的主题分配可推断出文档-主题分布和主题-词汇分布的参数。针对在线学习的场景，Song 等人提出了增量式的坍缩吉布斯采样算法 ILDA[13]。在该算法中，主题分配序列并非根据排除当前词汇的状况进行采样，而是直接根据历史的主题分配状况进行采样。该算法不仅加快了坍缩吉布斯采样的速度，而且还能够根据贝叶斯选择策略有效地实现主题个数的动态更新，具有较强的实时性和鲁棒性。Banerjee 等人也提出了一种增量式的坍缩吉布斯采样算法 o-LDA[14] 应对在线学习问题。o-LDA 先采用一般的 CGS 方法初始化采样前若干个词汇的主题分配，然后依据前面词汇的主题分配序列采样后面词汇的主题分配。在 o-LDA 算法中，初始化采样的过程至关重要，选取的词汇集合若不能较好地代表文本，则会对采样的精度造成影响[15]。因此在文献[15]中，改进了 o-LDA 的初始化采样步骤，并且能够采样历史数据中的旧主题。文献[15]还提出了一种基于 Rao-Blackwellized 滤波[16] 的采样算法，该算法将主题分配序列和词汇映射到状态空间模型，将动态随机性融入采样迭代过程，解决了主题分配序列的快速更新问题，而且所需的内存消耗也比 o-LDA 要少。

变分贝叶斯推断是一种近似算法，它将模型参数的后验概率表达式用一个简单的变分分布(一般是指数族分布)来近似，并通过 EM 算法迭代最大化变分下界来估计模型参数。结合变分贝叶斯推断和坍缩吉布斯采样，便可得到坍缩变分贝叶斯推断(Collapsed Variational Bayesian Inference, CVB)[17]。与 VB 不同，CVB 假设变分参数之间存在着一定的相关性，通过显式地声明这种相关性，达到了与坍缩吉布斯采样中"隐去"变量相同的效果。由于考虑到了变分参数之间的相关性，因此 CVB 比 VB 的近似程度要更优。然而这种优势也是有条件的，即在短文本的情况下，这种近似的优势较为明显，而在长文本情况下，这种优势将无法正常体现[18]。此外，在 CVB 的参数推断过程中，考虑到计算简便性，可直接选取其推断表达式的 0 阶部分而舍弃指数部分，这种推断方法被称为 CVB0[19]。CVB0 和 CGS 在似然概率上是差不多的，但是收敛速度更快。还有一种 CVB0[20]，是将推断表达式进行泰勒级数展开，然后选取 0 阶部分进行计算。CVB0 是一种特殊的 α-收敛投影，能够很好地解释其优良的性能。从计算角度而言，VB 需要计算复杂的对数 gamma 函数，CVB 需要维护方差信息，CGS 由于其随机化的特性而收敛较慢，而 CVB0 能够有效地弥补以上三者的缺陷。为了适应大规模数据，Blei 等人提出了在线变分贝叶斯推断 OVB（Online Variational Bayesian Inference，OVB）[21]，通过随机梯度优化来更新参数。OVB 的推断框架整体沿用 VB 的模式，但是对于主题-词汇分布参数的更新采用随机学习方式，从而避免了扫描整个文档，提高了推断过程的速度。OVB 方式的推断被广泛运用于一系列 LDA 主题建模工具中，譬如基于 Python 的 gensim①。Mimno 等人[22]在文献[21]的基础上也提出了一种在线推断的算法。该算法结合了变分推断和吉布斯采样两方面的优势，将变分推断用于构造目标表达式，将吉布斯采样用于词汇的稀疏化更新，模型参数的更新同样是使用随机梯度优化的方法。该方法能在一定程度上缓和变分推断的偏差，并能够做到有差别地学习不同时间段的文本，最终效果也优于 VB 和 CGS。随机变分推断（Stochastic Variational Inference，SVI）[23]也是一个基于随机优化的变分推断方式，它的随机优化主要是通过梯度噪声估计来实现的，而噪声又是通过重复的分段采样来生成的。与 OVB 不同的是，SVI 每次所处理的是整个数据集的一个样本，因此大大提高了推断速度。

此外，还可基于分类器来进行模型参数的推断。文献[24]提出了一种基于最大熵模型的推断方法，先根据最大熵准则估计文档-主题分布参数，并以此为条件采样主题分配序列。同传统 LDA 的推断方法相比，该方法在速度上能够提升 20 倍左右。

表 1 模型参数推断方法比较

	算法性质	模型复杂性	收敛速度	内存消耗	备注
CGS	随机	简单	较慢	中等	—
ILDA		中等	中等	—	增量式
o-LDA		中等	中等	较大	增量式
[15]		复杂	较快	中等	增量式、滤波

① http://radimrehurek.com/gensim/.

	算法性质	模型复杂性	收敛速度	内存消耗	备注
VB	近似	复杂	中等	较大	—
CVB		复杂	中等	较大	坍缩式
CVB0-1		中等	较快	—	0 阶部分
CVB0-2	随机、近似	中等	较快	—	0 阶泰勒级数
OVB		复杂	较快	中等	在线随机梯度优化
[22]		复杂	较快	中等	在线随机梯度优化
SVI		复杂	较快	中等	随机优化、噪声估计
[24]	—	中等	较快	—	最大熵

2.2 主题模型评价

主题模型的评价一般涉及模型整体的评价和产生主题的评价。模型整体的评价包括对主题模型泛化能力的评价以及第三方应用效果的评价；主题的评价则是对模型所产生的主题是否具有语义上的可读性和可理解性的评价。

模型泛化能力的评价一般采用困惑度(perplexity)[7]或留存数据似然概率(held-out likelihood)[25]。这两者虽然表达形式不同，但原理相通。对于困惑度，通常是越低越好；而对于留存数据的预测似然概率，则是越高越好。从留存数据似然概率这个指标又可以衍生出一系列与之相关的指标，譬如退火重要性采样(annealed importance sampling)[27]、调和平均方法(harmonic mean method)[28]、"从左往右"评价(left-to-right evaluation)[29]、Chib-style 估计[30]等。相关的一些研究工作表明，在这些衍生指标中，"从左往右"评价和 Chib-style 估计相对来说更具有评价可靠性[31]。

第三方应用效果的评价指的是将主题模型运用到文本分类、信息检索等场合时的相关指标的评价。譬如文献[7]中就通过文本分类效果来间接评价 LDA 模型的优缺点，而文献[26]则通过信息检索来评价 LDA 模型的优点。在这些情况下，往往会采用准确率、召回率、F 值等一些经典指标来侧面评价主题模型的性能。

主题语义性评价可分为人工评价和自动评价两大类。人工评价是一种比较可靠的评价主题是否具有意义的方法，而且比较适用于来源复杂、没有标注的文本。文献[32]首次提出了人工评价主题的语义理解性，并将冲突词数(topic intrusion case)作为评价指标。冲突词是指一个主题中的另类词，即与该主题主要内容不相符的词汇，冲突词数越少越好。自动评价是通过预先设定的评价指标让机器自动判别主题的语义理解性。自动评价往往需要借助相关的语料库，譬如 Word-Net①、Wikipedia②、Google 搜索引擎等，涉及的指标往往也纷繁庞杂。但是在众多的自动评价指标中，点对互信息(point-wise mutual information，PMI)是最为常用最为权威的一个[33]。标准化的点对互信息(normalized point-wise mutual information，NPMI)[34]是点对互信息的条件概率标准化形式，也是评价主题语义理解性的主要指标之一。此外还有对数条件概率(log conditional probability，LCP)[35]、分布相似度(distributional similarity，DS)[36]等，都是 PMI 的变体。基于 PMI 及其变体的自动评价指标往往与人工评价的结果高度契合[37]，能够较好地反映出主题的语义信息强弱，因此可作为主题语义评价的首选。

然而时至今日，LDA 所表现出的统计行为依然存在一定的不确定性，也没有相关正式的基础理论能够解释 LDA 的行为。后验收缩分析(posterior contraction analysis)[38]是一种针对 LDA 潜在缺陷的统计分析方法。它旨在通过主题多面体收缩来量化分析 LDA 的一些限制条件的影响程度，譬如分析文档长度、主题个数、主题语义解释性、Dirichlet 先验参数等对主题建模的影响。通过后验收缩分析，可以得到如下一些结论：

(1)在 LDA 中，文档数目对主题建模的影响是最关键的，小规模文档集上进行 LDA 主题建模缺乏统计学意义。

(2)文档长度对主题建模的影响也较为明显，LDA 适合长文

① http：//wordnet. princeton. edu/.
② https：//www. wikipedia. org/.

本，不适合短文本。

（3）当每个主题只关于少数几个词汇相关时，主题表现出的性能是比较好的。

（4）若要使每个文档只与少数几个主题相关，则将文档-主题先验参数调低；若要使每个主题只与少数几个词汇相关，则将主题-词汇先验参数调低。

3 时空主题建模

3.1 时间主题模型

实际应用场景中，文本往往是以时间顺序组织的，譬如在线的电商平台、社交网络。由此，这些文本中的主题往往也随时间发生着一定的变化，具有一定程度的时效性。对于时间因素的考虑早已经在 TDT[1] 任务中有所体现。在 TDT 中，通过追踪主题在时间序列上的变化情况，可以反映相关的新闻事件的发展态势，以把握舆情走向、辅助决策。

早期的基于 LDA 的时间主题模型可以追溯到 DTM（Dynamic Topic Model）[39]，它基于时间序列上的主题-词汇分布构建状态空间模型，并结合卡尔曼滤波和非参数小波回归来进行参数的变分推断。DTM 能够快速并直观地展示每一个时间点下的主题的词汇分布。TOT（Topics over Time）[40] 则视时间信息的产生过程服从 Beta 分布，并将其融合进 LDA 的生成过程中，扩展出一个"时间-文档-主题-词汇"的四层结构。TOT 有效地解决了对于时间因素的连续型建模问题，并能够对主题的词汇分布进行预测。CDTM（Continuous Time Dynamic Topic Models）[41] 是 DTM 在连续时间上的改进模型，它通过布朗运动刻画主题在不同时间片下的联系，在模型推断效率方面优于 DTM。MTTM（Multiscale Topic Tomography Model）[42] 是一个能够将主题-词汇分布在时间序列上以"断层摄影"的方式展现出来的主题模型。它采用不均匀泊松过程来建模词汇的产生过程，并采用哈尔小波来对主题的演化进行多尺度分析，能够在各个时间粒度上为用户提供主题的演化序列。TTM(Topic Tracking Model)[43]则是从推荐系统的角度进行时序主题建模。它以概率模型刻画出用户在不同时刻下的购买行为，并以此追踪用户的兴趣偏好，达到预测消费者行为的目的。

在文本数据流中，随着时间的发展，往往会出现一些新主题或突发的主题。Online-LDA[44]①是 LDA 的在线应用，其主要思路就是根据以往的历史数据来估计当下的主题-词汇分布的参数。与DTM 不同的是，Online-LDA 中的前后时间片之间的关联能够被充分利用；而与 MTTM 不同的是，Online-LDA 中的每个时间片的数据不需要满足数量均匀的假设。此外，Online-LDA 还能够有效地进行突发主题的探测。与 Online-LDA 类似的还有文献[45]，文献[45]针对的是 Twitter 文本中的趋势，因此更多地考虑了短文本的特性，并在前后时间片的先验参数变化上作了相应的改进。针对突发主题时间序列的瞬时尖端性和沉重拖尾性等特点，Chang 等人提出了一个基于产品生命周期的突发主题检测模型 K-MPLC[46]。K-MPLC 将所有反映主题瞬时变化的模式信息融合在一起构成概率图模型，并能准确地将尖端部分与拖尾部分分离，实现对于主题的聚类。

与突发主题相对的是公共主题，在一些文献中也叫 meme[48]。公共主题是普遍存在的，长时间持续的主题，一般表现为大众热点话题、大众兴趣爱好等。文献[49]针对多个异步的文本数据流进行公共主题挖掘，旨在把握公共主题的时间同步性以及建立主题之间的时序关联。该挖掘过程表现为一个迭代更新的优化过程，即首先通过合适的时间戳挖掘公共主题，然后依据得到的主题的时间分布重新调整时间戳信息，以实现逐步的同步化。该方法能有效地实现多个数据流间公共主题的挖掘以及重组，提高主题的可区分性。TM-LDA(Temporal LDA)[50]也是一个适用于公共主题的演化模型，

---

① 在一些文献中，文献[21]中的模型也叫 Online LDA。本文为了避免命名冲突，将文献[21]中的模型称为 OVB，而将文献[44]中的模型称为 Online LDA。

它的独特之处在于将矩阵分解方法运用到了贝叶斯概率模型的框架之中。在 TM-LDA 中，前后两个时间片下的文档之间存在一个转移关系矩阵，通过对于历史数据的训练拟合，可找寻出反映最佳转移关系的矩阵，该矩阵即代表了主题演化的一般规律。TM-LDA 中采用了 QR 分解的方式，大大加快了对于转移矩阵的求解和更新，能够描绘出时间序列上的公共主题的权重变化。虽然 TM-LDA 对于主题探测具有较强的效果，但是模型本身限制条件较多，譬如需要每个时间片下的文本数量相同或相近，而且前后时间片下需要存在一定数量重复的文本以提高拟合的准确性，这样便使得主题演化推进的速度较慢。

由于受具体情景的影响，主题除了表现出突发性之外，还可能具有周期性，例如一些常规讨论的话题和一些年度或是季度发生的新闻及事件。周期性分析也是主题时序变化分析的一个重要组成部分，能够有助于把握主题宏观的变化规律，指导预测判决。LPTA（Latent Periodic Topic Analysis）[51] 是一个基于周期性分析的主题模型。在 LPTA 中，主题具有在固定时间间隔重复出现的可能性，而它的目标便是挖掘所有满足周期性规律的主题。为此，LPTA 将主题分为公共主题、突发主题和周期主题三种，并分别以均匀分布、高斯分布、混合高斯分布进行采样。它能够将周期主题同其他主题区分开来，能够对文档进行周期性模式挖掘和大规模实时分析。

主题随着时间的发展，在概率分布、词汇表达、强度等方面会呈现出相应的变化。识别主题的演化及其相应的演化模式，是主题追踪的一个重要目标。由 Masada 等人提出的 LYNDA（Latent dYNnamically-parameterized Dirichlet Allocation）[52] 是一个适用于演化建模、趋势分析的主题模型，它的核心在于根据文档的时间信息对于 Dirichlet 先验参数的优化，然后采用梯度下降方法进行动态优化。多尺度动态主题模型 MDTM（Multiscale Dynamic Topic Model）[47] 是一个旨在探究主题时序演化规律的模型。它基于 DTM，但是在 DTM 的基础上结合了多尺度关联分析。所谓多尺度关联是指当前时刻下的主题可能与之前一个时刻下的主题有关，也可能与之前若干个时刻下的主题有关，具体相关的时刻点视主题的情况而定(一般突发的主题尺度小,稳定的主题尺度大)。多尺度变量作为模型参数的一部分,亦服从关于词汇的多项式分布,各尺度值的加权共同构成了主题-词汇分布的先验参数。与 LDA 不同的是,文档-主题分布的先验参数服从以各个尺度权值为参数的 gamma 分布。MDTM 的推断过程不需要借助历史数据的主题分配,并且允许在不同的时间粒度上进行主题的演化分析。趋势分析模型 TAM(Trend Analysis Model)[53]是一个基于 DTM 和 TOT 的主题模型。DTM 中的变化仅仅是主题-词汇分布之间的变化,而在 TAM 中,所要刻画的变化是趋势类型变量之间的变化。TAM 中的趋势变量主要分为三种:背景变量、趋势变量和主题词变量,它通过趋势选择变量来控制词汇是由哪一种趋势变量生成的,每一种趋势变量均包含关于主题或词汇的多项式分布以及关于时间的 Beta 分布。TAM 通过将文本映射到低维潜在趋势空间中来实现控制和预测,模型困惑度和预测的效果均优于 TOT。TVTTM(Term Volume Temporal Topic Model)[54]①首次提出实时追踪的应用任务。以往的基于趋势的主题模型往往将趋势等作为随机变量,例如 LYDNA 和 TAM,或是没有明确地建模趋势变量,例如 DTM 和 iDTM,而 TVTTM 以词汇量为基本统计量,以状态空间模型为时序演化依托,不仅能实现对于关键词和主题的实时追踪,还能实现准确预测。在 TVTTM 中,主题-词汇分布变量的先验参数均为状态空间模型参数,前后时刻下的两个主题-词汇分布参数构成状态空间模型的基本范式,并通过变分法进行参数推断。该模型不仅能实现主题和词汇两个层面上的演化分析,还能依据词汇的其余特征进行扩展,具有较强的适应性。npTOT(Nonparametric Topics over Time)[55]是一个非参数的 TOT 模型,它同 TOT 一样,将时间视为一组随机变量,依据时间进行主题建模。与 TOT 不同的是,npTOT 不限制主题个数,可以拥有任意数量的主题。无限主题的机制主要通过 GEM 分布[56]来实现,GEM 分布的采样和折棒过程(Stick Breaking Process)[57]具有相通之处,且均能够产生无限划分。npTOT 由于无

---

① 为方便起见,此处将该主题模型以首字母缩写形式展现。

需指定主题个数，因而更显灵活，而且能够依据时间序列的变化模式预测主题的相关状况。CKF(Collaborative Kalman Filter)[58]是一个基于卡尔曼滤波的协同过滤和相关分解模型。它将所有低维的用户或文本对象的变量均采用多维布朗运动来建模，且每一个观测变量均服从参数满足布朗运动的分布。CKF 同一般的卡尔曼滤波不同的是它允许动态演化漂移，以完成对用户偏好变化的建模。该模型能够应用在推荐系统的用户偏好变化预测、股票价格预测、体育赛事预测以及自动教学系统上，具有较高的预测准确度。

近来，分析主题在情感趋势上的变化也成为主题演化分析的重点工作。社会网络或电商平台中的文本往往带有用户的情感倾向，捕捉用户评论文本中的情感对于兴趣挖掘、商品推荐意义重大。TSCA(Topic Sentiment Change Analysis)[59]是一个旨在分析情感变化的主题模型，它将文本按主题进行句子划分，然后对句子进行情感词分析来得出主题的情感极性，最后通过时间序列建模来刻画情感的变化以及引起这些变化的原因。在某些特定领域，主题演化分析也具有重要的应用价值。例如在文献管理方面，Masada 等人提出了一个语料库级别主题演化的模型 TERESA(Topic Evolutions from References in Scientific Articles)[60]。TERESA 根据文献之间的引用情况构建主题转移矩阵，以此来维系相关的主题，并通过 GPU 加速提高了模型的推断速度，增强了可扩展性。Wang 等人提出的 Citation-LDA[61]构建出关于文献主题的演化模型，从主题重要性、主题依赖性和主题演化模式三方面引导读者和作者更好地理解相关期刊或会议近年来的议题变化。还有在软件工程领域，分析源代码或错误报告中的主题变化能够有助于理解项目的变迁过程。Diff 模型[62]是一个基于差分的主题模型，它将前后时刻下的同一个或同一类主题的主题-词汇分布进行差分来刻画主题的变化情况。虽然该模型能够找寻出文档变化的线索，但往往缺乏具体的量化指标，且对于参数的依赖性较强。

3.2 空间主题建模

主题不仅可以从时间顺序上相关联，也可以从空间关系上相关联。一种最直接的空间主题模型就是层次主题模型，即将各个主题依据它们之间的某些关系构建成层次树状结构。层次主题模型以hLDA[63]为基础，往往在一般的 LDA 上附加了一些层次化的随机过程，譬如中餐馆过程（Chinese Restaurant Process，CRP）[64]、嵌套中餐馆过程（Nested Chinese Restaurant Process，nCRP）[63]、印度自助餐厅过程（Indian Buffet Process，IBP）[65]等。与一般的 LDA 不同，层次主题模型不需要指定主题个数，而是将主题个数的确定转化为对于主题层次关系的构建，而且一般允许任意数量的主题，任意广度和任意深度的层次结构。一般地，对于不需要指定主题个数等额外参数的主题模型，都称为非参数主题模型[66]。

HDP（Hierarchical Dirichlet Processes）[67]也是早期的具有较大影响力的层次主题模型，它基于 hLDA 之上，同样是非参数的主题模型。与 hLDA 不同的是，HDP 的吉布斯采样路径是多路的，并不局限于在单条路径上进行采样。HPAM（Hierarchical Pachinko Allocation Model）[68]则是基于 PAM（Pachinko Allocation Model）[27]的层次化模型，它既像 hLDA 一样拥有树状结构，又像 PAM 一样能够整合各个叶子节点的主题信息。因此，在对于未知数据的预测能力上，HPAM 明显优于 hLDA 和 PAM。HBP-DL[69]结合层次化 Beta 过程（Hierarchical Beta Process，HBP）和字典学习（Dictionary Learning，DL）来构建层次化的主题模型，旨在将层次主题模型拓展到图像处理、音频处理等领域。在 HBP-DL 中，字典学习中的原子和稀疏编码将从高斯过程中采样或更新，文字的注解也能被有效地运用到推断过程上。

主题层次除了通过嵌套中餐馆过程、印度自助餐厅过程等形式构建外，还可以通过极大化生成概率来构建，譬如通过类似于贝叶斯玫瑰树（Bayesian Rose Tree，BRT）[70]的数据结构。为了适应多叉树状结构的实际情景，贝叶斯玫瑰树的生成过程包含了合并、吸收和塌陷三种，其中后两者操作均可实现多叉的效果。在生成过程中，对每一种操作的生成概率的计算涉及文档或主题的边缘概率，按照 LDA 的思想，一般该边缘概率服从 Dirichlet-多项式共轭分布[71]，因此可以采用类似于 LDA 的方法进行计算。Zhu 等人便基于此构建出语义性主题的空间层次 CTH（Coherent Topic Hierarchy）[72]，以此表现主题演化的关联情况。与一般的主题层次结构不同的是，该 CTH 是基于 BTM-2（Biterm Topic Model）[73]①提取的主题，并进行了稀疏化处理以增强语义解释性。在构建主题空间层次方面，也没有直接使用贝叶斯玫瑰树，而是基于主题分布的特点，采用了分布相似度增强的贝叶斯玫瑰树，更能符合数据的真实状况。在时间序列建模方面，采用树间随机游走模型构建相邻时刻下树状结构之间的关联关系，避免了关系的复杂性。

GTM（Group-Topic Model）[74]能够发现社会网络中的用户组、用户组的主题以及相关事件。GTM 可用于社群发现、用户行为分析、用户兴趣挖掘等。相比于传统的基于网络结构的社群发现方法，GTM 基于内容的特性更容易理解，且算法复杂度往往较小。SA-LDA（Self-Adaptively LDA）[75]也是一个结合社会网络结构的自适应主题模型。SA-LDA 中提出了一个基于正弦相似度的主题关联分析指标，并基于此继续主题划分，自适应确定主题个数。SA-LDA 能够适应社会网络中主题分析的需求，特别是基于社群的主题分析。基于网络结构或图状结构的主题模型还有 Graph-Sparse LDA[76]。在 Graph-Sparse LDA 中，词汇是以图状的形式相关联的，而主题则表现为处于较顶层的概念词汇的分布。由于词汇关联的依据是领域相关性，因此该模型的关键是需要一个合适的领域本体。而 Graph-Sparse LDA 中的稀疏性主要通过折棒过程和伯努利过程来实现。通过 Graph-Sparse LDA 挖掘得到的主题具有较强的语义解释性，能够反映出领域相关特性。

3.3 时空主题建模

随着应用场景的复杂化，主题建模过程往往要同时兼顾时间变化和空间变化。为了解决彼此之间关联的文本集合上的主题建模以及主题演化的问题，Zhang 等人提出了一个主题演化模型 EvoHDP

---

① 原文缩写为 BTM，但为了与文献[89]中的 BTM 相区别，这里的 BTM 写作 BTM-2。

（Evolutionary Hierarchical Dirichlet Processes）[77]。EvoHDP 在 HDP 的基础上融入了时间序列，且前后两个时刻下的主题之间存在着时间上的依赖，参数可依据级联的坍缩吉布斯采样进行推断。EvoHDP 不仅能构建主题模型本身，还能揭示主题演化的各种模式，譬如突发、消失、单文档集内演化、多文档集间演化等。Ahmed 等人提出的 iDTM（Infinite Dynamic Topic Model）[78] 与 EvoHDP 一样也是基于层次 Dirichlet 过程的时序主题模型。iDTM 从主题生命周期的角度出发来进行趋势建模，每一个主题可以在任意时刻产生或灭亡，主题-词汇分布随时间序列的变化满足一阶马尔可夫模型。通过引入嵌套中餐过程，iDTM 避免了主题个数的设定，可以拥有无限数目的主题，更符合文本的实际状况。ITCM（Infinite Topic-Cluster Model）[79]①虽然也致力于层次化的时序主题模型的构建，但它是从主题聚类的角度展开的。ITCM 强调整个故事线的构建，即注重将主题以时序进行组织。它在空间层次结构方面同 iDTM 一样都是基于嵌套中餐馆过程，是非参数的主题模型，推断的方式采用 MCMC。Zhang 等人提出的 TAT（temporal-author-topic）[80]模型也从时间和空间两方面进行微博文本主题建模。在时间上，TAT 按照时间顺序组织文本排列；在空间上，TAT 将微博文本按照会话将微博文本分成一条条线索。针对每一条线索，TAT 首先进行局部主题建模，产生局部主题，然后依据线索标签进行规约产生全局主题。它在微博文本特征表达、文本聚类方面效果良好，线索式的主题挖掘方式也充分利用了微博的上下文信息。文献[81]强调了社会网络文本中的突发主题和公共主题的混合特性，提出了一个基于时空信息的主题模型 EUTB。EUTB 将空间先验信息以正则化的方式引进，将时间先验信息以突发权值平滑的方式进行处理，然后采用广义的 EM 算法进行模型参数的推断。EUTB 不仅融合了用户的时空信息，还充分考虑了词汇的突发特性和空间分布，是一个全方位的基于时空信息的主题模型，能够有效地区分社会网络文本中的突发主题和公共主题，实现主题分类。

---

① 为方便起见，此处将该主题模型以首字母缩写形式展现。

4 语义主题建模

4.1 基于监督的主题建模

主题建模的过程大多是一个无监督学习的过程，但是在一些应用场景中，需要将文本的附加属性共同考虑，以提高准确性。譬如根据用户评论文本预测用户对某一商品的偏好程度时，需要结合该商品的类别属性。在这种情况下，基于 LDA 的有监督的主题模型 sLDA(Supervised LDA)[82]应运而生。与一般的 LDA 建模过程不同，sLDA 中的每一个文档都包含一个响应变量，以作为模型训练的指导。然而，在有些场景下，文本往往不止一个标签，而是拥有多个不同的标签，在这种情况下，如何为文本中的主题或词汇找寻最合适的标签也就成为了一个问题。L-LDA(Labeled LDA)[83]是一个建立在多标签文本之上的主题模型，它通过用户有监督的主题和标签配对来实现标签选择的问题。L-LDA 还能进一步建立词与标签之间的配对关系，以助于模型推断。L-LDA 与 sLDA 最大的不同之处在于，sLDA 中的标签来源于主题混合经验分布，而 L-LDA 中的标签是来源于文档本身或是用户选择，因而更具有可信度和实际意义。考虑到实际情况中并不是所有的文本都具有标签，而往往仅有一小部分文本带有标签。针对这种小部分带标签的情况，需要采用半监督方式的主题模型。PL-LDA(Partially Labeled LDA)[84]①便是一个半监督方式的主题模型，只依靠少部分带标记的文本，便能进行所有文本的主题标签配对。虽然 PL-LDA 不能解决同义词问题，但是相比于之前的带标记的主题模型，能够在一定程度上解决一义多词问题。PL-LDA 还能和 SIR 模型[85]结合应用在突发主题检测和主题追踪上[86]。

为了进一步探索主题在文档集之间的差异性，Rabinovich 等人

---

① 原文缩写为 PLDA，为了与后文中 Parallel LDA 的缩写相区别，这里缩写为 PL-LDA。

提出了一个基于逆向回归的主题模型 IRTM(Inverse Regression Topic Model)[87]。在 IRTM 中，文本的一些元数据或边缘信息充当响应变量，响应变量服从高斯分布，反映主题变化的扭曲参数服从拉普拉斯先验分布。IRTM 能够有效地建模主题在词汇表达形式上的差异性，并依据该差异性作出相关反馈。TDRM (Topic-Driven Relevance Model)[88]是一个结合 LDA 和一级伪相关反馈的主题模型，主要用于点对点信息检索领域。TDRM 依据每一次检索相关反馈的文档来进行主题建模，而并非整个文档集合，因而检索效率更高，而且语义信息丰富的主题模型更适合产生有意义的检索结果。

4.2　基于短语或顺序的主题建模

LDA 在进行建模时，是将文档视为一个"词袋"，因而忽略了词汇在文档中的出现顺序。然而词汇的顺序在某些应用场景下是不可或缺的，譬如文本压缩、语音识别，而且考虑词汇顺序可以有助于主题推断。基于此，Hanna 等人首先提出一种基于二元词组的主题模型 BTM(Bigram Topic Model)[89]，即以二元词组替换 LDA 中的词汇的概念，以二元词组为基本单位进行主题建模，并以吉布斯 EM 替代传统的坍缩吉布斯采样算法来进行模型参数的推断。该模型无论是在时间效率上还是主题的语义性方面，均优于 LDA。TNG (Topic N-gram)[90]同样也使用 N 元词组来进行主题建模，与 BTM 不同的是，TNG 是依据前后词汇之间的上下文信息来确定是否组成词组。TNG 产生的 N 元词组级别的主题虽然能够增强主题的语义表达能力，但是没有考虑到语义合成性，即并非所有的 N 元词组均能进行语义结合。因此，Lindsey 等人在 TNG 的基础上提出了 PD-LDA(Phrase-Discovering LDA)[91]模型，使主题表达的短语更具合理性。PD-LDA 采用层次化的 Pitman-Yor 过程来表达主题与词汇之间的结合关系，并通过马尔可夫蒙特卡罗采样来估计模型参数。PD-LDA 产生的主题短语在词汇冲突性方面较 TNG 有明显的优势，在二元词组和三元词组方面均有 15% 左右的准确率提升。此外，在短文本主题建模方面，Yan 等人也从二元词组入手提出 BTM-2[73]。BTM-2 与 BTM 虽然都是基于二元词组，但是有着本质的不同，BTM-2 中的二元词组不需要考虑顺序性和连贯性，可以是文档中的任意位置的两个词汇组成的词对，而且 BTM-2 中二元词组的生成过程是同时进行的。通过 BTM-2 的这种方式，可以使得短文本中词汇的上下文信息被充分地利用，避免了因词汇共现信息不足而导致主题建模病态。Fei 等人则注重保持短语的原始状态，使用广义的玻利亚罐（Generalized Pólya Urn，GPU）[92]模型来控制词汇之间的贡献以形成短语，所挖掘出的主题也具有较强的可理解性。Kawamae 则从监督学习的角度出发，提出有监督的 N 元主题模型 SNT(Supervised N-gram Topic Model)[93]。SNT 采用嵌套中餐馆过程来生成主题层次，使用 Pitman-Yor 过程来生成 N-gram 级别的主题-词汇分布，不仅解决了主题个数自适应问题，而且还能产生短语形式的主题，能适用于自动标注等应用场景。

主题建模往往涉及文档、主题、词汇三个层面的工作，因此，不仅需要将主题表达为有意义的词汇组合，也需要将文档表达为有意义的片段组合。NTSeg[94]是一个多粒度的主题模型，它不仅能像 TNG 一样产生短语级别的主题，还能产生文档级别的主题，即将文档表达为若干有意义片段的组合。这些有意义的片段一般是文档的句子或是段落，片段的关联建模采用马尔可夫模型。由于 NTSeg 能产生多粒度的主题，尤其是能产生文档级别的主题，因此能够被有效地运用在一些文档型任务上，譬如分本分类、文本摘要等。词汇需要考虑顺序，主题有时也需要考虑顺序，特别是在一些领域相关的主题建模场景，譬如百度百科中，关于城市的介绍往往以历史、地理、经济、政治的顺序展开。捕捉这类主题顺序信息有助于快速将文档进行主题划分，同时又能够洞悉该领域文档的组成结构。TMTO(Topic Model of Top-t Orderings)[95]是一个专注挖掘主题顺序信息的主题模型，它假设某领域的文档均拥有一个特定的主题顺序，但是允许文档与文档之间存在一定的差异性。通过多阶段的 top-t 主题的排序及调整，TMTO 能够构建适应多数文档主题顺序的模型，主题划分的效果优于 GM[96]、GMM[97]等模型。

4.3 基于稀疏的主题建模

LDA 得到的文档-主题分布和主题-词汇分布往往并不满足稀疏

性，使得在进行第三方任务时往往不具备较强的判决能力。而且为了使得到的主题具有较强的语义性，通常希望每个主题只跟若干个词汇相关，而不是跟整个词汇列表都相关。因此，保证文档-主题和主题-词汇分布的稀疏性有助于增强主题的语义表达能力。

稀疏主题的建模可追溯至凝聚主题模型 FTM（Focused Topic Model）[98]。FTM 在 LDA 的基础上通过印度自助餐厅过程来生成文档-主题稀疏表达模式，并使得每一个文档只跟若干个主题相关。FTM 在困惑度方面优于 HDP，体现出较强的泛化能力。ICD（IBP Compound Dirichlet Process）[99]则是在 HDP 的基础上融合印度自助餐厅过程的稀疏主题模型。ICD 使得主题在主题簇之间的联系与主题在文档内的重要性相分离，从而构建出更符合文本内容本身、概念表达凝练的主题。SAGE（Sparse Additive Generative）[100]从主题-词汇分布的产生模式入手，基于背景知识中的主题-词汇分布刻画偏差。通过引入背景主题-词汇分布，可有效地控制与某一主题相关联的词汇个数，达到分布稀疏化的效果。STC（Sparse Topical Coding）[101]对主题模型中混合分布（尤其是主题-词汇分布）的正则化约束进行松弛，创造性地将主题表现为词汇的稀疏编码，使得产生的主题模型具有以下两个特点：①主题-词汇分布具有稀疏性，表意更为明确；②模型的范式与凸优化问题相结合，能够被应用到一些机器学习的场景中。其中，稀疏编码的过程需要结合字典学习，而参数学习的过程需要借助坐标下降方法等。OSTC（Online Sparse Topical Coding）[102]是 STC 的在线改进，以适应大规模下文本主题建模的需求。同 STC 一样，OSTC 也涉及正则化约束和稀疏编码，所不同的是，OSTC 的梯度优化更新方式更具有可扩展性，收敛速度也更快。STC 和 OSTC 都只是单稀疏的主题模型，即只有主题-词汇分布是稀疏的。然而在有些情况下，也需要文档-主题分布的稀疏性，尤其是在社交网络短文本情景下，一个短文本由于其信息的简短性，往往只和少部分主题相关。DsparseTM（Dual-Sparse Topic Model）[103]是一个双稀疏化的主题模型，不仅主题-词汇分布是稀疏的，文档-主题分布也是稀疏的。一般地，一个分布若是稀疏化，往往平滑性就较差，而 DsparseTM 通过 Spike and Slab 先验分布能够将分布的稀疏性和平滑性相分离，从而解决了稀疏性和平滑性无法兼顾的难题。DsparseTM 在分类和聚类准确率方面均优于单稀疏的 STC，而且产生的主题也具有较强的语义解释性，在短文本主题挖掘方面具有一定的实际效果。由于双稀疏化引入过多的变量和参数，导致 DsparseTM 在推断过程中的计算复杂程度较高，因此一般可采用 CVB0 方法进行推断。

cFTM(Contextual Focused Topic Model)[104]是一个无参数的稀疏主题模型。与 STC 等稀疏主题模型不同的是，cFTM 强调了利用上下文的作用，并利用文本的作者和地点信息来辅助主题建模。cFTM 采用耦合伯努利过程的层次化 Beta 过程来生成文档到主题的分布以及主题到作者和地点的分布，且分布具有一定的稀疏性。由于将作者和地点信息作为特征能有效地实现对文本的分类，因此cFTM 在文本分类方面具有优良的性能，就分类准确性而言比 FTM有 10%左右的提升。SACM(Sparse Aspect Coding Model)[105]也是一个注重利用边缘信息(side information) 的稀疏主题模型。与 cFTM不同的是，SACM 的稀疏性是通过 L1 正则化约束来实现的。而与STC 不同的是，SACM 能够充分利用边缘信息派生出用户内在兴趣变量和商品内在质量变量，构建推荐系统场景下的主题模型。整个模型通过优化函数体现并采用块坐标下降优化算法进行求解，具有一定的实时性。同时，SACM 挖掘出的稀疏主题能够较好地反映用户或是商品的内在特性，实现更为准确的推荐效果。

4.4　基于领域知识的主题建模

在某些主题建模场景下，文本自身往往具有一定的领域知识。而将这些领域知识综合运用到主题建模中，往往能够增强主题的语义信息，使挖掘出的主题更具有意义。基于领域知识进行主题建模有两大难点：一是如何有效地进行知识的表达，二是如何挖掘领域知识。

针对领域知识的表达问题，文献[106] 提出了 Must-Link 和Cannot-Link 两种词汇表达集合来约束词汇之间的共现情况。所有语义相近的词汇均处于同一个 Must-Link 集合中，而一般不太可能共同出现的词汇则处于 Cannot-Link 集合中。这两者统一于 Dirichlet

森林先验分布之下，并基于此进行参数的推断，构建 DF-LDA（Dirichlet Forest LDA）模型。通过 DF-LDA 产生的主题比 LDA 产生的主题在语义概念上更为清晰，能够将表意相同的词汇较好地归结在同一个主题下。Newman 等人[107]基于外部知识构建词汇之间的依赖关系矩阵，将该矩阵正则化主题-词汇分布即可挖掘具有丰富语义信息的主题。词汇之间依赖关系主要借助 PMI 来刻画，而正则化的形式主要为二次型正则化或卷积正则化。Mukherjee 等人[108]首次采用预定义的种子词汇来挖掘具有用户观点的文本中的主题并进行主题分类，提出了 SAS（Seeded Aspect and Sentiment）模型和 ME-SAS（Maximum Entropy Seeded Aspect and Sentiment）模型。SAS 模型和 ME-SAS 以一种半监督的模式抽取主题，得到主题与词汇的共现关系，能够有效地反映出用户的相关兴趣和偏好。Kang 等人将雅虎、维基百科等带标注的语料库作为先验信息来辅助主题建模，提出了 thLDA（Transfer Hierarchical LDA）模型[109]。在 thLDA 中，首次借助了迁移学习的方式，将其他领域的信息用来指导当前文本集合的主题建模，有效地克服了短文本中词汇共现量不足、上下文信息不丰富的缺陷。此外 thLDA 还吸收了 hLDA 的主题关联方式，通过嵌套的中餐馆过程产生无限广度和无限深度的主题层次结构。由于采用了知识库，thLDA 产生的主题具有较强的语义理解性，能够有效地运用在大规模短文本主题建模中。Yin 等人借鉴社群挖掘来进行主题建模，提出 LCTA（Latent Community Topic Analysis）模型[110]。LCTA 的基本思想是社群与社群之间往往具有概念上的差异性，以社群来辅助主题建模能够挖掘出彼此语义不重叠的主题。LCTA 的生成过程需要结合整个社会网络关系图，它不仅要为每一个用户生成一个词汇，还需要为每一个用户与其余用户之间生成一条连边。Rajagopal 等人[111]提出了基于常识的主题建模，将常识反映到主题构建的过程中。在该模型中，文档并不是以全部词汇为特征，而是以"语义原子"为特征。此处的语义原子是指关于某一个概念的相关词汇或短语的集合，语义原子的挖掘主要通过语法树解析提取相关名词来实现。为了进一步提纯，所产生的主题还需要再一次经过层次聚类。基于常识构建的主题无需通过额外的语料库训练，且能够较为有效地运用在文本聚类中。Lim 等人提出了 TOTM(Twitter Opinion Topic Model)[112]来进行 Twitter 文本的意见和情感挖掘。在 TOTM 中，文本标签、表情符号、情感词等信息起到了十分重要的作用。不同于以往的一些基于情感的主题模型，TOTM 不需要构建主题关于情感的分布，而是直接构建意见-目标对。此外，为了增强情感分析的能力，TOTM 中引入论文情感词典作为情感先验知识，也增强了自适应学习的能力。TOTM 的意见和情感的分析功能能够被运用于推荐系统应用之中，以实现用户兴趣挖掘和行为预测。Chen 等人在 DF-LDA 的基础上进行相关改进，提出了一个融合多领域先验知识的主题模型 MDK-LDA(LDA with Multi-Domain Knowledge)[113]。MDK-LDA 同样注重运用领域知识，但是更注重以旧推新，使用 s-set 来包罗具有相同语义的词汇。与 DF-LDA 不同的是，MDK-LDA 不使用 Cannot-Link，只使用 Must-Link，并以 s-set 的形式进行语义关联强化，这样能够避免 Must-Link 带来的弊病，即相同意思的词汇对之间概率值会趋于相同。MDK-LDA 采用广义的玻利亚罐(Generalized Pólya Urn，GPU)模型建模生成过程，产生的主题比 LDA 和 DF-LDA 更具有语义解释性。紧随 MDK-LDA 的是 GK-LDA(General Knowledge LDA)[114]，它是一个基于广义领域知识的主题模型。广义的领域知识是指该模型并不依赖或局限特定的领域知识，所运用的知识具有一定的通用性。GK-LDA 中的知识以 LR-set 的形式体现，构造方法是词典语义关联法，主要是利用同义词、一词多义和形容词。GK-LDA 与 MDK-LDA 的不同之处在于它并不假设所有用户提供的知识均是正确的，且能够发现和解决错误的知识。它通过计算词汇关联信息矩阵即可判断当前的知识是否正确，并通过 LR-set 松弛来解决错误知识的问题。模型的参数推断同 MDK-LDA 一样也是采用 GPU，产生的主题在语义理解性方面要优于 DF-LDA 和 MDK-LDA。Chen 等人提出的 MC-LDA(LDA with m-set and c-set)[115]是又一个采用 Must-Link 和 Cannot-Link 词对约束的基于领域知识的主题模型。与 MDK-LDA 和 GK-LDA 不同的是，MC-LDA 丰富和完善了 Cannot-Link 集合的内容，提出了领域一致的 Cannot-Link 和领域不一致的 Cannot-Link，并通过扩展的广义玻利亚罐（Extended Generalized Pólya Urn，E-GPU）模拟生成过程进行参数推断。MC-LDA 取消了 Must-Link 的传递性，不仅可以解决一词多义问题，还能依据 Cannot-Link 集合的划分效果自动地确定主题个数，是一个注重聚类和主题抽取并举的模型。

领域知识并非与生俱来，在某些情况下，尤其是数据库较大的情况下，领域知识往往无法事先提供，需要进行挖掘整理。针对如何挖掘领域知识的问题，Chen 等人提出了基于自动先验知识学习的主题模型 AKL（Automated Prior Knowledge Learning）[116]。它与以往的领域知识主题模型的不同之处在于更专注于对于领域知识的自动挖掘，尤其是在事先没有提供任何知识的情况下。在首次使用时，由于没有任何先验知识，因此模型采用 LDA 挖掘潜在主题，然后对潜在主题集合进行频繁项集挖掘和聚类来产生一些词汇簇作为知识的表现形式。AKL 也采用 GPU 模型进行参数推断，但是在具体过程中需要结合词汇的贡献比率以及主题簇与生成主题之间的一致性。针对多领域知识的问题，Chen 等人又提出了多领域的主题模型 LTM（Lifelong Topic Model）[117]。LTM 是第一个基于生命周期学习的主题模型，能够学习历史数据得到领域信息，用于新一轮主题建模。它与 DF-LDA、MDK-LDA、GK-LDA、MC-LDA 以及 AKL 的不同在于能够在没有领域知识提供的基础上自动挖掘多领域的知识。一般地，LTM 首先通过 LDA 产生潜在主题集合，然后对潜在主题集合进行频繁项集挖掘来构建知识集 pk-set，最后结合 GPU 模型和 PMI 指标来模拟整个生成过程。LTM 在可操作性方面和主题语义解释性方面具有较为显著的提升，能够以无监督的方式实现有监督的效果。AMC（Automatically generated Must-links and Cannot-links）[118]是 Chen 等人提出的又一个基于生命周期学习的主题模型。AMC 相比于 LTM，更强调像人一样学习，强调大数据的应用场景。在 AMC 中，沿用了 Must-Link 和 Cannot-Link 的思想，采用频繁项集挖掘方法分别挖掘这两类知识，然后采用多元广义玻利亚罐模型（Multi-Generalized Pólya Urn，MGPU）进行推断。AMC 能够解决一词多义问题，也能够检测错误的领域知识，还能够避免使用 Cannot-Link 带来的弊端,是领域知识主题模型中的最新代表。

多领域的知识有时需要寻求一个平衡点,尤其是在对于同一个文本对象的主题建模上。mLDA(Multi-contextual LDA)[119]是一个构建在多个上下文情景上的主题模型,每一个上下文情景都是关于文本的一个视图,蕴含着某一方面的知识,所有的视图构成了每一个文档的完整信息。每一个视图下有着反映各自视图的主题,也有反映所有视图具有一致性的主题。协同正则化能够有效地管理多个视图中的信息,并在所有的视图中找寻一致性。mLDA 所挖掘的主题在语义解释性和聚类效果方面均有较为良好的效果。然而,对于这种多视图的主题建模方式,如何准确地选取有关联的视图,如何进行视图之间的重要性权值配比也是一个要深入讨论的问题。有限因子主题模型(Finite Factored Topic Model,FFTM)[120]是一个基于多方面信息的主题模型,旨在通过挖掘多类型的主题来从多个角度反映文本的原貌。FFTM 假设词汇的生成是由多个不同类型的主题共同产生的,且并不依赖特定的先验知识。有监督方式下的 FFTM 可以被用来进行评论预测,有助于商品推荐。此外,还可基于命名实体识别挖掘多领域知识。MfTM(Multi-Faceted Topic Model)[121]是一个多领域多方面的主题模型,它充分融合微博文本的多方面信息,譬如人物、时间、机构等信息,使得主题建模不再仅局限于文本词汇本身。这些多方面的信息可通过命名实体识别分别获取,所有的方面也服从 Dirichlet 分布,采用随机变分推断法进行参数估计。MfTM 具有良好的聚类性能,在主题的可区分性上也表现较好。

表 2 部分领域主题模型对比

主题模型	是否自动挖掘	是否多领域	知识表达	推断方法	特点备注
DF-LDA	否	否	Must-Link、Cannot-Link	Dirichlet 森林	扩展 Dirichlet 分布
MDK-LDA	否	否	Must-Link	GPU	解决 Must-Link 的趋同性

主题模型	是否自动挖掘	是否多领域	知识表达	推断方法	特点备注
GK-LDA	否	是	LR-set	GPU	基于广义领域知识、可容错
MC-LDA	否	否	Must-Set、Cannot-Set	EGPU	完善 Cannot-Link、自动确定主题个数
AKL	是	否	词汇簇	GPU	频繁项集挖掘
LTM	是	是	pk-set	GPU	生命周期学习、大数据
AMC	是	是	must-link knowledge、cannot-link knowledge	MGPU	迁移学习、词汇图、大数据

5　分布式主题建模

随着文本规模的扩大，对于主题挖掘的实时性要求也更加强烈，对于分布式主题建模的需求也更加迫切。Newman 等人[122]基于多处理器架构设计了两种分布式的 LDA：AD-LDA（Approximate Distributed LDA）和 HD-LDA（Hierarchical Distributed LDA），分别是对 LDA 和 HDP 推断过程的分布式改进。Asuncion 等人提出了一个异步分布式主题模型 Async-LDA[123]。与 AD-LDA 不同，Async-LDA 不需要主题-词汇共现信息的全局同步，而是以异步的方式在局部处理器上进行吉布斯采样更新，并在更新之后随机地与其余处理器进行主题-词汇信息的更新。Wang 等人基于 MPI 和 MapReduce 框架改进 LDA 的坍缩吉布斯采样算法，构建并行的主题模型 PLDA（Parallel LDA）[124]，以适应大规模文本下的挖掘任务。Liu 等人在 PLDA 的基础上又进行了加强，提出了 PLDA+[125]，并分别在数据分配、流水线处理、词汇绑定、优先级控制方面设定了较为有效的策略。在数据分配方面，PLDA+将 CPU 受限和通信受限的任务分离，保证了空间负载平衡；在流水线处理方面，PLDA+将吉布斯采样过程改造成流水线形式，既保障了吞吐量，又维护了全局信息；在词汇绑定方面，PLDA+通过将一系列单一出现的词汇捆绑在一起，增加了吉布斯采样的时间占比，使得数据通信开销被隐藏；在优先级控制方面，PLDA+采用伪随机调度策略来决定下一时刻进行吉布斯采样的词汇组合。PLDA+相比于 PLDA，不需要为每一个处理器都存储主题-词汇共现对信息，也不需要在处理器之间传递整个主题-词汇共现对信息。Bak 等人基于 MapReduce 框架对文献[21]做了分布式改进，提出了 DoLDA（Distributed Online LDA）模型[126]，将原先的迭代更新范式变成 Map 和 Reduce 范式，并将一些统计量进行预先计算来减少 IO 开销。在文本片规模较大的情况下，DoLDA 比文献[21]所花的时间开销要少，差不多能够收敛到一半左右。针对在线文本数据流海量性，Jiang 等人提出了 WSSM（Web Search Stream Model）模型[127]来实时快速地挖掘主题。WSSM 的核心是 SPI（Stream Parameter Inference），一种基于数据流的模型参数推断方法。SPI 建立在在线搜索矩阵（Web Search Matrix，WSM）的基础上，能够有效地避免 VB 和 CGS 中对于文本数据过多的遍历。SPI 和 WSM 是一种有效地解决大数据主题挖掘的策略，不仅具有良好的实时性，而且内存消耗也较少。

6 结 语

基于 LDA 的概率主题模型提供了一套文本主题分析的统一框架，无论是对于传统的文本集合，还是社会网络下的文本流，均有较为有效的解决方案。本文围绕主题建模中的大数据环境、实时性需求、短文本处理、相关性挖掘和语义性强化这五个挑战展开描述。首先介绍了主题建模的基本要素，并就主题建模中的各类参数推断方法和模型评价指标进行对比分析。其次引出了时空主题模型，并分别从时间、空间以及时空三方面对当下社会网络中的一些应用，例如主题探测、主题演化等进行总结归纳。接着又详细描述了语义主题模型，从提高主题语义解释性入手，探究有监督主题建模、短语顺序主题建模、稀疏主题建模以及领域知识主题建模这四类主题建模的基本思想和策略。最后延伸出分布式主题建模，将主题模型从一般场景推广到大数据场景。本文的研究为文本主题建模，尤其是如何采用概率主题模型进行主题挖掘提供了一定的依据。此外，本研究还深入展开了主题建模中的一些细节要素，有助于把握主题建模的难点以及细节，规避风险和错误，具有重要的理论和实践意义。

虽然基于 LDA 的主题模型已屡见不鲜，理论的发展也日趋成熟，但是较为复杂的模型在实际应用中仍不多见。因此可以预见，主题模型在未来的一段时间将会大规模地被应用到社会网络文本上。但是在这之前，仍然需要解决以下几个问题：

（1）如何针对海量的社会网络文本进行采样，使得训练主题的采样文本既能代表整体的信息，又能在合理的范围内，以满足实时性要求？

（2）如何合理地控制文本的时序推进，使得时序上的主题建模粒度合理，同时又能减少参数个数？

（3）如何更为准确地评价主题模型，以及评价主题探测和演化分析等任务，如何构建相关标准的语料库或测试集，使得评价工作科学有效？

（4）如何以可视化手段生动展现主题建模的结果，使得主题模型以及主题本身更符合人的理解？

参 考 文 献

[1] Allan J, Carbonell J G, Doddington G, et al. Topic detection and tracking pilot study final report[J]. 1998.

[2] Sakaki T, Okazaki M, Matsuo Y. Earthquake shakes Twitter users: real-time event detection by social sensors[C]//Proceedings of the 19th International Conference on World Wide Web. ACM, 2010: 851-860.

[3]Mathioudakis M, Koudas N. Twittermonitor: trend detection over the twitter stream [C]//Proceedings of the 2010 ACM SIGMOD International Conference on Management of Data. ACM, 2010: 1155-1158.

[4] Sasaki K, Yoshikawa T, Furuhashi T. Online Topic Model for Twitter Considering Dynamics of User Interests and Topic Trends [C]//Proceedings of the 2014 Conference on Empirical Methods in Natural Language Processing (EMNLP). 1977-1985.

[5]Ma Z, Sun A, Yuan Q, et al.Tagging your tweets: a probabilistic modeling of hashtag annotation in twitter [C]//Proceedings of the 23rd ACM International Conference on Conference on Information and Knowledge Management. ACM, 2014: 999-1008.

[6]Thomas S W, Adams B, Hassan A E, et al. Validating the use of topic models for software evolution [C]//Source Code Analysis and Manipulation (SCAM), 2010 10th IEEE Working Conference on. IEEE, 2010: 55-64.

[7]Blei D M, Ng A Y, Jordan M I. Latent dirichlet allocation [J]. The Journal of Machine Learning Research, 2003(3): 993-1022.

[8]Zhao W X, Jiang J, Weng J, et al. Comparing twitter and traditional media using topic models [M]//Advances in Information Retrieval. Springer Berlin Heidelberg, 2011: 338-349.

[9]Zhang C, Sun J. Large scale microblog mining using distributed MB-LDA [C]//Proceedings of the 21st International Conference Companion on World Wide Web. ACM, 2012: 1035-1042.

[10]Li R, Lei K H, Khadiwala R, et al. Tedas: a twitter-based event detection and analysis system [C]//Data Engineering (icde), 2012 Ieee 28th International Conference on. IEEE, 2012: 1273-1276.

[11]Carter C K, Kohn R. On Gibbs sampling for state space models [J]. Biometrika, 1994, 81(3): 541-553.

[12]Griffiths T L, Steyvers M. Finding scientific topics [J].

Proceedings of the National Academy of Sciences, 2004, 101 (suppl 1): 5228-5235.

[13] Song X, Lin C Y, Tseng B L, et al. Modeling and predicting personal information dissemination behavior[C]//Proceedings of the eleventh ACM SIGKDD International Conference on Knowledge Discovery in Data Mining. ACM, 2005: 479-488.

[14] Banerjee A, Basu S. Topic Models over Text Streams: A Study of Batch and Online Unsupervised Learning[C]//SDM, 2007(7): 437-442.

[15] Canini K R, Shi L, Griffiths T L. Online inference of topics with latent Dirichlet allocation [C]//International Conference on Artificial Intelligence and Statistics, 2009: 65-72.

[16] Doucet A, De Freitas N, Murphy K, et al. Rao-Blackwellised particle filtering for dynamic Bayesian networks[C]//Proceedings of the Sixteenth Conference on Uncertainty in Artificial Intelligence. Morgan Kaufmann Publishers Inc., 2000: 176-183.

[17] Teh Y W, Newman D, Welling M. A collapsed variational Bayesian inference algorithm for latent Dirichlet allocation[C]// Advances in Neural Information Processing Systems, 2006: 1353-1360.

[18] Mukherjee I, Blei D M. Relative performance guarantees for approximate inference in latent Dirichlet allocation[C]//Advances in Neural Information Processing Systems, 2009: 1129-1136.

[19] Asuncion A, Welling M, Smyth P, et al. On smoothing and inference for topic models[C]//Proceedings of the Twenty-Fifth Conference on Uncertainty in Artificial Intelligence. AUAI Press, 2009: 27-34.

[20] Sato I, Nakagawa H. Rethinking collapsed variational bayes inference for lda[J]. ArXiv Preprint ArXiv:1206.6435, 2012.

[21] Hoffman M, Bach F R, Blei D M. Online learning for latent dirichlet allocation [C]//Advances in Neural Information Processing Systems. 2010: 856-864.

[22] Mimno D, Hoffman M, Blei D. Sparse stochastic inference for latent Dirichlet allocation [J]. ArXiv Preprint ArXiv: 1206. 6425, 2012.

[23] Hoffman M D, Blei D M, Wang C, et al. Stochastic variational inference[J]. The Journal of Machine Learning Research, 2013, 14(1): 1303-1347.

[24] Yao L, Mimno D, McCallum A. Efficient methods for topic model inference on streaming document collections[C]//Proceedings of the 15th ACM SIGKDD International Conference on Knowledge Discovery and Data Mining. ACM, 2009: 937-946.

[25] Blei D, Lafferty J. Correlated topic models[J]. Advances in Neural Information Processing Systems, 2006(18): 147.

[26] Wei X, Croft W B. LDA-based document models for ad-hoc retrieval[C]//Proceedings of the 29th Annual International ACM SIGIR Conference on Research and Development in Information Retrieval. ACM, 2006: 178-185.

[27] Li W, Mccallum A. Pachinko allocation: DAG-structured mixture models of topic correlations [C]//Proceedings of the 23rd International Conference on Machine Learning. ACM, 2006: 577-584.

[28] Newton M A, Raftery A E. Approximate Bayesian inference with the weighted likelihood bootstrap [J]. Journal of the Royal Statistical Society. Series B (Methodological), 1994: 3-48.

[29] Wallach H M. Structured topic models for language[D]. University of Cambridge, 2008.

[30] Murray I, Salakhutdinov R R. Evaluating probabilities under high-dimensional latent variable models [C]//Advances in Neural Information Processing Systems, 2009: 1137-1144.

[31] Wallach H M, Murray I, Salakhutdinov R, et al. Evaluation methods for topic models [C]//Proceedings of the 26th Annual International Conference on Machine Learning. ACM, 2009: 1105-1112.

[32] Chang J, Gerrish S, Wang C, et al. Reading tea leaves: how humans interpret topic models [C]//Advances in Neural Information Processing Systems. 2009: 288-296.

[33] Newman D, Lau J H, Grieser K, et al. Automatic evaluation of topic coherence [C]//Human Language Technologies: The 2010 Annual Conference of the North American Chapter of the Association for Computational Linguistics. Association for Computational Linguistics, 2010: 100-108.

[34] Bouma G. Normalized (pointwise) mutual information in collocation extraction[J]. Proceedings of GSCL, 2009: 31-40.

[35] Mimno D, Wallach H M, Talley E, et al. Optimizing semantic coherence in topic models[C]//Proceedings of the Conference on Empirical Methods in Natural Language Processing. Association for Computational Linguistics, 2011: 262-272.

[36] Aletras N, Stevenson M. Evaluating topic coherence using distributional semantics[C]//Proceedings of the 10th International Conference on Computational Semantics (IWCS 2013)-Long Papers, 2013: 13-22.

[37] Lau J H, Newman D, Baldwin T. Machine reading tea leaves: automatically evaluating topic coherence and topic model quality [C]//Proceedings of the Association for Computational Linguistics, 2014: 530-539.

[38] Tang J, Meng Z, Nguyen X, et al. Understanding the limiting factors of topic modeling via posterior contraction analysis[C]// Proceedings of The 31st International Conference on Machine Learning, 2014: 190-198.

[39] Blei D M, Lafferty J D. Dynamic topic models[C]//Proceedings of the 23rd International Conference on Machine Learning. ACM, 2006: 113-120.

[40] Wang X, Mccallum A. Topics over time: a non-Markov continuous-time model of topical trends [C]//Proceedings of the

12th ACM SIGKDD International Conference on Knowledge Discovery and Data Mining. ACM, 2006: 424-433.

[41] Wang C, Blei D, Heckerman D. Continuous time dynamic topic models[J]. Arxiv Preprint ArXiv:1206.3298, 2012.

[42] Nallapati R M, Ditmore S, Lafferty J D, et al. Multiscale topic tomography [C]//Proceedings of the 13th ACM SIGKDD International Conference on Knowledge Discovery and Data Mining. ACM, 2007: 520-529.

[43] Iwata T, Watanabe S, Yamada T, et al. Topic Tracking Model for Analyzing Consumer Purchase Behavior[C]//IJCAI, 2009 (9): 1427-1432.

[44] AlSumait L, Barbará D, Domeniconi C. On-line lda: adaptive topic models for mining text streams with applications to topic detection and tracking[C]//Data Mining, 2008. ICDM'08. Eighth IEEE International Conference on. IEEE, 2008: 3-12.

[45] Lau J H, Collier N, Baldwin T. On-line Trend Analysis with Topic Models: \# twitter Trends Detection Topic Model Online [C]// COLING, 2012: 1519-1534.

[46] Chang Y, Yamada M, Ortega A, et al.Ups and Downs in Buzzes: Life Cycle Modeling for Temporal Pattern Discovery [C]//Data Mining (ICDM), 2014 IEEE International Conference on. IEEE, 2014: 749-754.

[47] Iwata T, Yamada T, Sakurai Y, et al. Online multiscale dynamic topic models [C]//Proceedings of the 16th ACM SIGKDD International Conference on Knowledge Discovery and Data Mining. ACM, 2010: 663-672.

[48] Leskovec J, Backstrom L, Kleinberg J. Meme-tracking and the dynamics of the news cycle [C]//Proceedings of the 15th ACM SIGKDD International Conference on Knowledge Discovery and Data Mining. ACM, 2009: 497-506.

[49] Wang X, Zhang K, Jin X, et al. Mining common topics from

multiple asynchronous text streams[C]//Proceedings of the Second ACM International Conference on Web Search and Data Mining. ACM, 2009: 192-201.

[50] Wang Y, Agichtein E, Benzi M. TM-LDA: efficient online modeling of latent topic transitions in social media [C]// Proceedings of the 18th ACM SIGKDD International Conference on Knowledge Discovery and Data Mining. ACM, 2012: 123-131.

[51] Yin Z, Cao L, Han J, et al. LPTA: a probabilistic model for latent periodic topic analysis[C]//Data Mining (ICDM), 2011 IEEE 11th International Conference on. IEEE, 2011: 904-913.

[52] Masada T, Fukagawa D, Takasu A, et al. Dynamic hyperparameter optimization for bayesian topical trend analysis[C]//Proceedings of the 18th ACM Conference on Information and Knowledge Management. ACM, 2009: 1831-1834.

[53] Kawamae N. Trend analysis model: trend consists of temporal words, topics, and timestamps [C]//Proceedings of the fourth ACM International Conference on Web Search and Data Mining. ACM, 2011: 317-326.

[54] Hong L, Yin D, Guo J, et al. Tracking trends: incorporating term volume into temporal topic models[C]//Proceedings of the 17th ACM SIGKDD International Conference on Knowledge Discovery and Data Mining. ACM, 2011: 484-492.

[55] Dubey A, Hefny A, Williamson S, et al. A Nonparametric Mixture Model for Topic Modeling over Time[C]//SDM, 2013: 530-538.

[56] Pitman J. Random discrete distributions invariant under size-biased permutation[J]. Advances in Applied Probability, 1996: 525-539.

[57] Sethuraman J. A constructive definition of Dirichlet priors [R]. Florida State Univtallahassee Dept of Statistics, 1991.

[58] Gultekin S, Paisley J. A Collaborative Kalman Filter for Time-Evolving Dyadic Processes [C]//Data Mining (ICDM), 2014 IEEE International Conference on. IEEE, 2014: 140-149.

[59] Jiang Y, Meng W, Yu C. Topic sentiment change analysis[M]// Machine Learning and Data Mining in Pattern Recognition. Springer Berlin Heidelberg, 2011: 443-457.

[60] Masada T, Takasu A. Extraction of topic evolutions from references in scientific articles and its GPU acceleration[C]//Proceedings of the 21st ACM International Conference on Information and Knowledge Management. ACM, 2012: 1522-1526.

[61] Wang X, Zhai C, Roth D. Understanding evolution of research themes: a probabilistic generative model for citations [C]// Proceedings of the 19th ACM SIGKDD International Conference on Knowledge Discovery and Data Mining. ACM, 2013: 1115-1123.

[62] Thomas S W, Adams B, Hassan A E, et al. Modeling the evolution of topics in source code histories[C]//Proceedings of the 8th Working Conference on Mining Software Repositories. ACM, 2011: 173-182.

[63] Griffiths D, Tenenbaum M. Hierarchical topic models and the nested Chinese restaurant process [J]. Advances in Neural Information Processing Systems, 2004(16): 17.

[64] Aldous D J. Exchangeability and related topics [M]. Springer Berlin Heidelberg, 1985.

[65] Ghahramani Z, Griffiths T L. Infinite latent feature models and the Indian buffet process [C]//Advances in Neural Information Processing Systems, 2005: 475-482.

[66] Blei D M. Probabilistic topic models[J]. Communications of the ACM, 2012, 55(4): 77-84.

[67] Teh Y W, Jordan M I, Beal M J, et al. Hierarchical dirichlet processes [J]. Journal of the American Statistical Association, 2006, 101(476).

[68] Mimno D, Li W, McCallum A. Mixtures of hierarchical topics with pachinko allocation [C]//Proceedings of the 24th International Conference on Machine Learning. ACM, 2007: 633-640.

[69] Li L, Zhou M, Sapiro G, et al. On the integration of topic modeling and dictionary learning[C]//Proceedings of the 28th International Conference on Machine Learning (ICML-11). 2011: 625-632.

[70] Blundell C, Teh Y W, Heller K A. Bayesian rose trees[J]. ArXiv Preprint ArXiv:1203.3468, 2012.

[71] Liu X, Song Y, Liu S, et al. Automatic taxonomy construction from keywords [C]//Proceedings of the 18th ACM SIGKDD International Conference on Knowledge Discovery and Data Mining. ACM, 2012: 1433-1441.

[72] Zhu J, Li X, Peng M, et al. Coherent Topic Hierarchy: A Strategy for Topic Evolutionary Analysis on Microblog Feeds[M]//Web-Age Information Management. Springer International Publishing, 2015: 70-82.

[73] Yan X, Guo J, Lan Y, et al. A biterm topic model for short texts [C]//Proceedings of the 22nd International Conference on World Wide Web. International World Wide Web Conferences Steering Committee, 2013: 1445-1456.

[74] Wang X, Mohanty N, McCallum A. Group and topic discovery from relations and text[C]//Proceedings of the 3rd International Workshop on Link Discovery. ACM, 2005: 28-35.

[75] Lu F, Shen B, Lin J, et al. A Method of SNS Topic Models Extraction Based on Self-Adaptively LDA Modeling [C]// Intelligent System Design and Engineering Applications (ISDEA), 2013 Third International Conference on. IEEE, 2013: 112-115.

[76] Doshi-Velez F, Wallace B, Adams R. Graph-Sparse LDA: A Topic Model with Structured Sparsity[J]. ArXiv Preprint ArXiv:1410.4510, 2014.

[77] Zhang J, Song Y, Zhang C, et al. Evolutionary hierarchical dirichlet processes for multiple correlated time-varying corpora [C]//Proceedings of the 16th ACM SIGKDD International Conference on Knowledge Discovery and Data Mining. ACM,

2010：1079-1088.

[78] Ahmed A, Xing E P. Timeline：a dynamic hierarchical Dirichlet process model for recovering birth/death and evolution of topics in text stream[J]. ArXiv Preprint ArXiv：1203.3463, 2012.

[79] Ahmed A, Ho Q, Teo C H, et al. Online inference for the infinite topic-cluster model：storylines from streaming text [C]// International Conference on Artificial Intelligence and Statistics, 2011：101-109.

[80] Zhang J, Xia Y, Ma B, et al. Thread Cleaning and Merging for Microblog Topic Detection[C]//IJCNLP. 2011：589-597.

[81] Yin H, Cui B, Lu H, et al. A unified model for stable and temporal topic detection from social media data [C]//Data Engineering (ICDE), 2013 IEEE 29th International Conference on. IEEE, 2013：661-672.

[82] Mcauliffe J D, Blei D M. Supervised topic models[C]//Advances in Neural Information Processing Systems. 2008：121-128.

[83] Ramage D, Hall D, Nallapati R, et al. Labeled LDA：a supervised topic model for credit attribution in multi-labeled corpora[C]//Proceedings of the 2009 Conference on Empirical Methods in Natural Language Processing：Volume 1-Volume 1. Association for Computational Linguistics, 2009：248-256.

[84] Ramage D, Manning C D, Dumais S. Partially labeled topic models for interpretable text mining[C]//Proceedings of the 17th ACM SIGKDD International Conference on Knowledge Discovery and Data Mining. ACM, 2011：457-465.

[85] Dietz K. Epidemics and rumours：a survey[J]. Journal of the Royal Statistical Society. Series A (General), 1967：505-528.

[86] Chu V W, Wong R K K, Chen F, et al. Microblog Topic Contagiousness Measurement and Emerging Outbreak Monitoring [C]//Proceedings of the 23rd ACM International Conference on Conference on Information and Knowledge Management. ACM,

2014: 1099-1108.

[87] Rabinovich M, Blei D. The inverse regression topic model [C] // Proceedings of the 31st International Conference on Machine Learning. 2014: 199-207.

[88] Deveaud R, SanJuan E, Bellot P. Are Semantically Coherent Topic Models Useful for Ad Hoc Information Retrieval? [C] // ACL (2). 2013: 148-152.

[89] Wallach H M. Topic modeling: beyond bag-of-words [C] // Proceedings of the 23rd International Conference on Machine Learning. ACM, 2006: 977-984.

[90] Wang X, McCallum A, Wei X. Topical n-grams: Phrase and topic discovery, with an application to information retrieval [C] // Data Mining, 2007. ICDM 2007. Seventh IEEE International Conference on. IEEE, 2007: 697-702.

[91] Lindsey R V, Headden W P, Stipicevic M J. A phrase-discovering topic model using hierarchical pitman-yor processes [C] // Proceedings of the 2012 Joint Conference on Empirical Methods in Natural Language Processing and Computational Natural Language Learning. Association for Computational Linguistics, 2012: 214-222.

[92] Fei G, Chen Z, Liu B. Review topic discovery with phrases using the pólya urn model [C] // Proceedings of the 25th International Conference on Computational Linguistics (COLING-2014). 2014.

[93] Kawamae N. Supervised N-gram topic model [C] // Proceedings of the 7th ACM International Conference on Web Search and Data Mining. ACM, 2014: 473-482.

[94] Jameel S, Lam W. An unsupervised topic segmentation model incorporating word order [C] // Proceedings of the 36th International ACM SIGIR Conference on Research and Development in Information Retrieval. ACM, 2013: 203-212.

[95] Du L, Pate J K, Johnson M. Topic models with topic ordering

regularities for topic segmentation [C]//Data Mining（ICDM），2014 IEEE International Conference on. IEEE，2014：803-808.

[96] H Chen，Branavan S R K，Barzilay R，Karger D R. Content modeling using latent permutations [J]. Journal of Artificial Intelligence Research，2009(36)：129-163.

[97] Meila M，Chen H，Dirichlet process mixtures of generalized Mallows models[C]// UAI，2010：358-367.

[98] Williamson S，Wang C，Heller K，et al. Focused topic models [C]//NIPS Workshop on Applications for Topic Models：Text and Beyond，Whistler，Canada. 2009.

[99] Williamson S，Wang C，Heller K A，et al. The IBP compound Dirichlet process and its application to focused topic modeling [C]//Proceedings of the 27th International Conference on Machine Learning（ICML-10）. 2010：1151-1158.

[100] Eisenstein J，Ahmed A，Xing E P. Sparse additive generative models of text [C]//Interational Conference on Machrne Learning，2011：1041-1048.

[101] Zhu J，Xing E P. Sparse topical coding[J]. ArXiv Preprint ArXiv：1202.3778，2012.

[102] Zhang A，Zhu J，Zhang B. Sparse online topic models[C]// Proceedings of the 22nd International Conference on World Wide Web. International World Wide Web Conferences Steering Committee，2013：1489-1500.

[103] Lin T，Tian W，Mei Q，et al. The dual-sparse topic model：mining focused topics and focused terms in short text[C]// Proceedings of the 23rd International Conference on World wide web. ACM，2014：539-550.

[104] Chen X，Zhou M，Carin L. The contextual focused topic model [C]//Proceedings of the 18th ACM SIGKDD international conference on Knowledge discovery and data mining. ACM，2012：96-104.

[105] Xu Y, Lin T, Lam W, et al. Latent Aspect Mining via Exploring Sparsity and Intrinsic Information[C]//Proceedings of the 23rd ACM International Conference on Conference on Information and Knowledge Management. ACM, 2014：879-888.

[106] Andrzejewski D, Zhu X, Craven M. Incorporating domain knowledge into topic modeling via Dirichlet forest priors[C]// Proceedings of the 26th Annual International Conference on Machine Learning. ACM, 2009：25-32.

[107] Newman D, Bonilla E, Buntine W. Improving Topic Coherence with Regularized Topic Models[C]. NIPS, 2011：496-504.

[108] Mukherjee A, Liu B. Aspect extraction through semi-supervised modeling[C]//Proceedings of the 50th Annual Meeting of the Association for Computational Linguistics：Long Papers-Volume 1. Association for Computational Linguistics, 2012：339-348.

[109] Kang J H, Ma J, Liu Y. Transfer Topic Modeling with Ease and Scalability[C]//SDM, 2012：564-575.

[110] Yin Z, Cao L, Gu Q, et al. Latent community topic analysis：integration of community discovery with topic modeling[J]. ACM Transactions on Intelligent Systems and Technology (TIST), 2012, 3(4)：63.

[111] Rajagopal D, Olsher D, Cambria E, et al. Commonsense-based topic modeling[C]//Proceedings of the Second International Workshop on Issues of Sentiment Discovery and Opinion Mining. ACM, 2013：6.

[112] Lim K W, Buntine W. Twitter Opinion Topic Model：Extracting Product Opinions from Tweets by Leveraging Hashtags and Sentiment Lexicon[C]//Proceedings of the 23rd ACM International Conference on Conference on Information and Knowledge Management. ACM, 2014：1319-1328.

[113] Chen Z, Mukherjee A, Liu B, et al. Leveraging multi-domain prior knowledge in topic models[C]//Proceedings of the Twenty-

Third International Joint Conference on Artificial Intelligence. AAAI Press, 2013: 2071-2077.

[114] Chen Z, Mukherjee A, Liu B, et al. Discovering coherent topics using general knowledge [C]//Proceedings of the 22nd ACM International Conference on Conference on Information & Knowledge Management. ACM, 2013: 209-218.

[115] Chen Z, Mukherjee A, Liu B, et al. Exploiting Domain Knowledge in Aspect Extraction [C]//EMNLP, 2013: 1655-1667.

[116] Chen Z, Mukherjee A, Liu B. Aspect extraction with automated prior knowledge learning [C]//Proceedings of ACL, 2014: 347-358.

[117] Chen Z, Liu B. Topic modeling using topics from many domains, lifelong learning and big data [C]//Proceedings of the 31st International Conference on Machine Learning (ICML-14), 2014: 703-711.

[118] Chen Z, Liu B. Mining topics in documents: standing on the shoulders of big data[C]//Proceedings of the 20th ACM SIGKDD International Conference on Knowledge Discovery and Data Mining. ACM, 2014: 1116-1125.

[119] Tang J, Zhang M, Mei Q. One theme in all views: modeling consensus topics in multiple contexts [C]//Proceedings of the 19th ACM SIGKDD International Conference on Knowledge Discovery and Data Mining. ACM, 2013: 5-13.

[120] Jiang Y, Saxena A. Discovering different types of topics: factored topic models[C]//Proceedings of the Twenty-Third International Joint Conference on Artificial Intelligence. AAAI Press, 2013: 1429-1436.

[121] Vosecky J, Jiang D, Leung K W T, et al. Dynamic multi-faceted topic discovery in twitter [C]//Proceedings of the 22nd ACM International Conference on Conference on Information &

Knowledge Management. ACM, 2013: 879-884.

[122]Newman D, Smyth P, Welling M, et al. Distributed inference for latent dirichlet allocation[C]//Advances in Neural Information Processing Systems, 2007: 1081-1088.

[123]Smyth P, Welling M, Asuncion A U. Asynchronous distributed learning of topic models[C]//Advances in Neural Information Processing Systems, 2009: 81-88.

[124]Wang Y, Bai H, Stanton M, et al. Plda: parallel latent dirichlet allocation for large-scale applications[M]//Algorithmic Aspects in Information and Management. Springer Berlin Heidelberg, 2009: 301-314.

[125]Liu Z, Zhang Y, Chang E Y, et al. Plda +: Parallel latent dirichlet allocation with data placement and pipeline processing [J]. ACM Transactions on Intelligent Systems and Technology (TIST), 2011, 2(3): 26.

[126]Bak D K J Y, Kim D, Oh A. Distributed online learning for latent dirichlet allocation[C]//NIPS Workshop on Big Learning, 2012: 1-8.

[127]Jiang D, Leung K W T, Ng W. Fast topic discovery from web search streams[C]//Proceedings of the 23rd International Conference on World Wide Web. ACM, 2014: 949-960.

【作者简介】

李旭晖，男，1975 年生，武汉大学信息管理学院副教授。2003 年毕业于武汉大学计算机学院计算机软件与理论专业，获计算机工学博士学位。主要研究方向：语义数据建模与处理、知识工程、程序语言理论、分布并行计算。

朱佳晖，男，1991 年生，2014 年获武汉大学计算机学院学士学位，现为武汉大学软件工程国家重点实验室硕士研究生。主要研究方向为文本挖掘、主题建模。

彭敏，女，1973 年生，武汉大学计算机学院教授，博士生导师，国家多媒体软件工程技术研究中心副主任，美国新墨西哥大学电子与计算机工程系博士后。主要研究方向为自然语言处理、信息检索等。主要研究课题和成果涉及在线社交网络分析、自动文本摘要、复杂网络路由、主题演化分析等研究内容。